南京林业大学研究生课程系列教材

植物生物学专题

方炎明　丁雨龙　主编

中国林业出版社

图书在版编目(CIP)数据

植物生物学专题/方炎明，丁雨龙主编. —北京：中国林业出版社，2016.11(2018.6 重印)
南京林业大学研究生课程系列教材
ISBN 978-7-5038-8733-8

Ⅰ.①植… Ⅱ.①方… ②丁… Ⅲ.①植物学－研究生－教材 Ⅳ.①Q94

中国版本图书馆 CIP 数据核字(2016)第 239507 号

国家林业局生态文明教材及林业高校教材建设项目

中国林业出版社·教育出版分社

策划、责任编辑：康红梅
电　　话：(010)83143551　　　**传　　真**：(010)83143516

出版发行　中国林业出版社(100009　北京市西城区德内大街刘海胡同 7 号)
　　　　　E-mail:jiaocaipublic@163.com　电话：(010)83143500
　　　　　http://lycb.forestry.gov.cn
经　　销　新华书店
印　　刷　中国农业出版社印刷厂
版　　次　2016 年 11 月第 1 版
印　　次　2018 年 6 月第 2 次印刷
开　　本　850mm×1168mm　1/16
印　　张　29.25　　彩插　8
字　　数　712 千字
定　　价　78.00 元

《植物生物学专题》编写人员

主　　编： 方炎明　丁雨龙

副 主 编： 王贤荣　尹增芳　谢寅峰　郑琰燚

编写人员： 方炎明　丁雨龙　张　强　尹增芳

李文凤　施大伟　陈　颖　张开梅

苑兆和　林树燕　何开跃　陈　林

李雪霞　段一凡　伊贤贵　王贤荣

汤庚国　许晓岗　魏　强　陈　昕

序

进入新世纪以来，我国研究生教育规模迅速扩大。2000 年全国研究生招生规模不到 13 万人，而 2016 年全国研究生招生数超过 58 万人，15 年间扩大了好几倍。与此同时，研究生教育的培养模式也发生了重大变革：由原来单一的全日制研究生培养模式，改为学术型和专业型两种培养模式。研究教育规模扩张与培养模式改革不仅备受社会关注，而且也向研究生教育工作者提出了新的挑战。

高校研究生规模扩张带来的挑战是生源多样化。读理学专业的研究生，可能是文学、工学或管理学学士，可能是推荐免试大学生、“专转本”学生或专科生；可能来自综合性大学、也可能来自师范院校或农林院校，这对研究生课程教学和因材施教都提出了很高的要求。学术型和专业型分类培养模式，对研究生教育工作者也提出了挑战。专业硕士学制两年，偏重专业训练，注重职业发展导向；学术硕士学制 3 年，偏重学术研究，注重学术发展导向。在教育实践中，研究生教育工作者难免存在理念上的偏差和误区。例如：重学术型，轻专业型，即认为优秀学生选择学术发展道路，一般学生选择专业发展道路；或者认为学术型研究生培养要求高，专业型研究生培养要求低。研究生规模扩张和培养模式改革还带来了其他的一些挑战。例如，基础训练与创新能力培养之间如何求得平衡？理论知识传承与实践能力培养如何求得平衡？这些都是值得研究生教育工作者认真思考的问题，也确实需要在教育实践中加以解决。

《植物生物学专题》作为“南京林业大学研究生系列教材”之一，其主要意图是为农林院校植物学专业研究生提供一本可供选择的教材。但确切地讲，应该是一本教学参考书，当然也不仅限于植物学专业研究生使用。为了编好这本教材，编者基于对上述挑战的冷静思考，对教材的内容和形式进行了精心设计。

该教材的特点之一是“经典与前沿平衡”。“经典”即基础训练，“前沿”即创新能力培养。基础训练，是通过具有一定关联的知识专题，引导研究生适量阅读经典学术著作，以夯实自身的基础知识和基础理论。按照永恒主义教学论，“真理是普遍的，不依赖于空间、时间和人”（永恒主义教学论的推崇者赫钦斯在芝加哥大学的教育实践，为该大学走向世界一流奠定了良好基础）。然而，“经典”只是研究生培养内容的一部分，“经典”只有与“前沿”结合，才是完整的研究生培养体系和过程。创新能力培养，则是通过专题的介绍，引导学生了解最新知识，从而贴近前沿科学问题，提升创新意识和学术潜质。

“系统性与个性化兼顾”是该教材的另一个特点。所谓“系统性”，即按“细胞、组织、器官”“营养与代谢”“生长与发育”“植物与环境”“遗传与变异”和“系统与分类”6 个“篇”来限定学科范围和方向；所谓“个性化”，即在“篇”的范围内，“章”体现教材编写者和使用者的个性化。而且“章”的编写者考虑了自身的学术专长和研究特色。教材主讲教师和学习者可以根据自身学术背景来对专题进行选择，按照因材施教原则，帮助不同的学生选择探究不同的科学问题。

编写一本研究生教材很不容易。该编写团队从内容和编排形式方面进行了有益的尝试和大胆的实践，期待《植物生物学专题》在研究生培养中发挥作用，期望该教材不断完善、精益求精。

中国工程院院士 曹福亮

2016 年 9 月 1 日

前　　言

“植物生物学”是植物类学科（或专业）研究生的必修课程之一。植物生物学其实就是植物学，也称为植物科学。按照教科书〈Stern's Introductory Plant Biology〉（第12版），研究植物的学问称为植物学（botany）。“botany”一词来自3个希腊单词“*botanikos*（植物学的）”“*botane*（植物或本草）”和“*boskein*（养活）”，以及法语单词“*botanique*（植物学的）”。植物学的原初兴趣是实用主义的，中心内容在于植物的利用价值：食用、纤维、燃料和药用；植物学的最终追求是理想主义的，中心兴趣在于植物的生长、发育和繁衍。植物学作为一门学科具有鲜明特点：第一，注重观察、记录、整理和分类科学事实；第二，讲究实验、观察、验证、归纳推理等科学过程；第三，崇尚质疑、假说、验证、理论创新等科学方法。作为一门完整的学科，植物学包含若干分支学科或相关学科，如植物解剖学（plant anatomy）、植物生理学（plant physiology）、植物分类学（plant taxonomy）、植物系统学（plant systematics）、植物地理学（plant geography）、植物生态学（plant ecology）、植物形态学（plant morphology）、遗传学（genetics）、细胞生物学（cell biology）、经济植物学（economic botany）和民族植物学（ethnobotany）。随着分子生物学的兴起，其方法已经渗透到植物生物学的诸多领域，产生了一些新的研究方向或领域，如植物分子生理学、植物分子系统学、植物分子生态学、植物分子遗传学、植物分子细胞生物学。另一方面，分子生物学方法也架起了不同学科之间交叉的桥梁，促进了系统与进化、发育与遗传、遗传与生态、生态与进化之间交叉学科的发展。

出版一本研究生教科书，对于编写者来说是一项艰巨的任务。原因有两点：第一，在一个植物生物学发展突飞猛进的时代，由于知识疆界和科学视野的局限，编写者很难跟上学科发展的步伐、接近学科发展的前沿；第二，在一个植物生物学发展突飞猛进的时代，知识的更新很快，现在的前沿科学问题和热点研究领域，5年后就不再是“前沿”或“热点”。尽管有这样那样的顾虑，编写者还是希望通过主观努力、通过学习借鉴、通过组建团队来编好这本教科书。本教材不是按本科教材那样追求体系完整、结构严密，而是采用模块的思路，按综述或进展类文章的体例去编写，尽量发挥整个学科的力量完成一本有特色的研究生教材。本教材力图呈现以下“四个体现”：①体现经典，精选教材主要内容、提供术语和图表信息，体现植物生物学的基本知识、基础理论和科学方法；②体现创新，重点介绍研究进展，体现植物生物学相关领域的前沿和热点科学问题；③体现能力训练，着力推介新技术、新方法、新书目和新文献，引导和训练研究生的科学实验和外语应用能力。④体现研究特色，重点展示编写者自身学术专长和研究成果，体现南京林业大学植物学研究团队的研究特色。

本教材主编为方炎明、丁雨龙，副主编为王贤荣、尹增芳、谢寅峰、郑琰燚。各篇章的编写者分别为(按篇章顺序)：第一篇，细胞、组织、器官，由张强、尹增芳、方炎明编写；第二篇营养与代谢，由李文凤、施大伟、尹增芳、陈颖、张开梅编写；第三篇生长与发育，由苑兆和、丁雨龙、林树燕、方炎明编写；第四篇，植物与环境，由张强、何开跃、方炎明、谢寅峰编写；第五篇，遗传与变异，由陈林、方炎明、李雪霞、王贤荣、段一凡编写；第六篇，系统与分类，由方炎明、王贤荣、伊贤贵、汤庚国、许晓岗、丁雨龙、魏强、陈昕编写。林树燕和张强负责教材编写过程中的具体事务，并参与统稿工作。郑琰燚及南京林业大学期刊部的田亚玲、刘昌来负责教材初稿的编辑工作。

最后，感谢南京林业大学研究生院将《植物生物学专题》列入“南京林业大学研究生系列教材”计划，并提供资助；也感谢为教材付出智慧和辛劳的所有单位和个人。由于编写者知识、信息、能力和精力所限，教材中瑕疵和错误在所难免，敬请读者批评指正。

编　者

2016 年 8 月 15 日

目　录

第二篇 营养与代谢

第三篇 生长与发育

第四篇 植物与环境

第五篇 遗传与变异

第六篇　系统与分类

第一篇

细胞、组织、器官

专题1　流式细胞术在植物细胞生物学研究中的应用

Application of Flow Cytometry in Plant Cell Biology

张　强[1]，张　敏[2]

1. 南京林业大学南方现代林业协同创新中心，生物与环境学院　江苏南京　210037；2. 江苏省林业科学研究院　江苏南京　211153

【内容提要】流式细胞术是一种细胞定性和定量分析技术。已在生物医学研究的多个领域广泛应用，如免疫学、血液学、肿瘤学等。而其在植物学研究中的应用自20世纪80年代才得以迅速发展。目前，流式细胞术在植物学研究中的应用，主要涉及DNA含量测定、基因组大小分析、倍体分析、DNA碱基组成分析、原生质体及染色体分析与分选、细胞周期分析、次生代谢产物分析、基因表达分析等。本专题仅就流式细胞术的基本原理及其在植物细胞生物学研究中的应用实例作简要介绍。

流式细胞术(flow cytometry)是利用流式细胞仪(flow cytometer)对细胞或细胞器的物理化学特征进行快速定量分析的一门技术。流式细胞术还具有一项延伸功能，即对细胞群中的单个细胞进行分选，被称为流式分选(flow sorting)(Robinson et al.，2004；陈朱波和曹雪涛，2010)。自19世纪60年代末至70年代初流式细胞仪开始商业化生产以来，流式细胞术已在生命科学的多个领域扮演重要角色，而应用最广的领域当属医学(Vrána et al.，2014)。虽然德国波恩大学的Heller早在1973年就已发表了利用流式细胞术测定植物DNA含量的文章，但是这一重要技术在当时并未受到足够重视(Heller，1973)。直到1983年美国内布拉斯加大学David Galbraith的研究论文发表以后，流式细胞术才逐渐为广大植物学家所关注(Galbraith et al.，1983)。目前，该技术已在植物学的多个领域中得以应用，主要涉及DNA含量测定与基因组大小分析、倍体分析、生殖模式检测、原生质体分析与分选、细胞周期分析、次生代谢产物分析、基因表达分析等。

1.1　流式细胞术基本原理

流式细胞术的工作原理是：在流式细胞仪中，鞘液将细胞或微粒传送到液流中的激光照射区，在该区域激光照射到细胞后发生散射和折射，即形成前向散射(forward scatter，FSC)和侧向散射(side scatter，SSC)(图1-1)，散射光被检测器收集后转换为电信号。同时，细胞所携带的荧光染料被激发后发射出荧光，经一系列双色滤镜(dichroic mirrors)过滤后不同颜色的荧光转向不同的光电倍增管检测器，荧光信号被转换成电信号(图 1-2)(Robinson，2008)。这些电信号再经放大及数据处理后储存进计算机，最后由计算机程序将这些数据转换成直观可视的流式图。

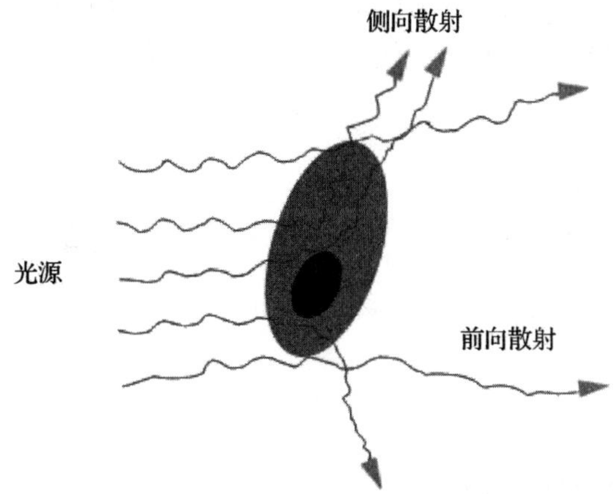

图 1-1 前向散射与侧向散射

Fig. 1-1 Forward scatter and side scatter

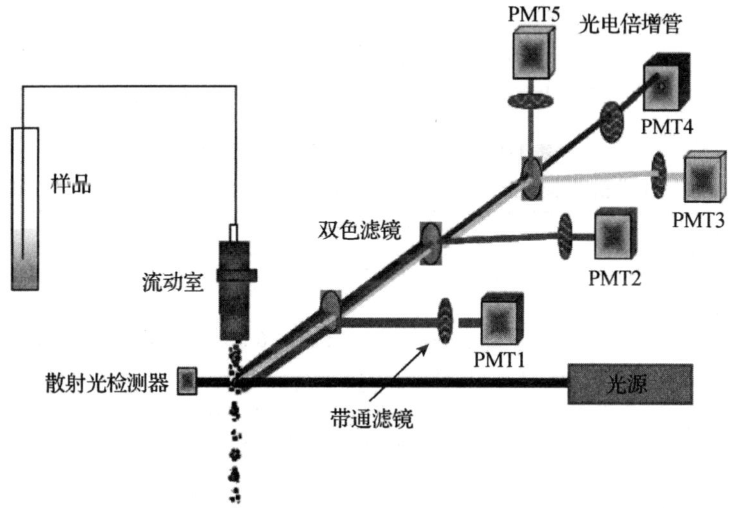

图 1-2 光源与光学系统(Robinson，2008)

Fig. 1-2 Light source and optical system

1.2 流式细胞术的应用

1.2.1 DNA 含量测定与基因组大小分析

细胞核 DNA 含量测定是流式细胞术在植物科学研究中最为广泛的应用之一。尽管早在 19 世纪 70 年代初流式细胞术就已应用到植物科学研究中，但直到 1983 年 Galbraith 等人首次采用一种简单的机械切碎方法分离完整的细胞核之后，流式细胞术才被广泛应用到植物细胞核 DNA 含量测定及基因组大小分析(Galbraith et al.，1983)。Galbraith 等所采用的方法是用刀片将植物材料在合适的缓冲液中切碎，然后过滤除去大的碎片颗粒，从而获得足够的完整细胞核用于流式分析(图 1-3)。此后，其他植物学家也相继提出了一些用于植物细胞核分离的缓冲液配方(表 1-1)(Doležel & Bartoš，2005)。值得一提的是，Galbraith 在其研究中首次采用鸡红细胞作为内参考标准来测定植物基因组大小。

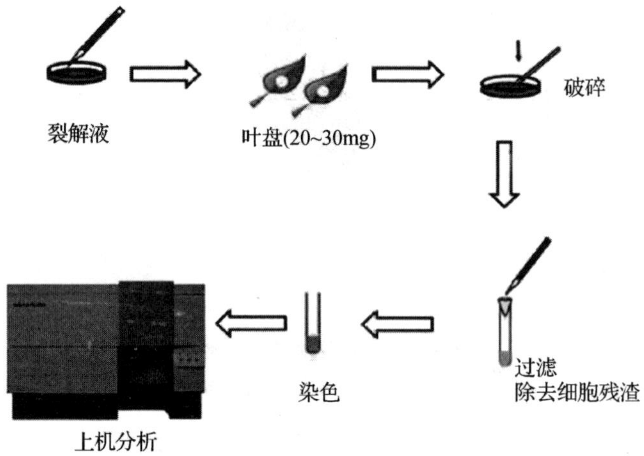

图 1-3 DNA 含量测定程序(Pasqual et al.，2012)

Fig. 1-3 Scheme of DNA content estimation

表 1-1 常用细胞核悬液制备缓冲液

Tab. 1-1 The most popular buffers used for preparation of nuclei suspensions

缓冲液名称	成 分
Galbraith's buffer	45mmol/L $MgCl_2$; 30 mmol/L sodium citrate; 20 mmol/L MOPS; 0.1% (*w/v*) Triton X-100; pH 7.0
LB01	15mmol/L TRIS; 2 mmol/L Na_2-EDTA; 0.5 mmol/L spermine · 4HCl; 80 mmol/L KCl; 20 mmol/L NaCl; 15 mmol/L β-mercaptoethanol; 0.1% (*v/v*) Triton X-100; pH 7.5
Arumuganathan and Earle	9.53mmol/L $MgSO_4 \cdot 7H_2O$; 47.67 mmol/L KCl; 4.77 mmol/L HEPES; 6.48 mmol/L DTT; 0.25% (*w/v*) Triton X-100; pH 8.0
Marie's nuclear isolation buffer	50mmol/L glucose; 15 mmol/L KCl; 15 mmol/L NaCl; 5 mmol/L Na_2-EDTA; 50 mmol/L sodium citrate; 0.5% (*v/v*) Tween 20; 50 mmol/L HEPES; 0.5% (*v/v*) β-mercaptoethanol; pH 7.2
Otto buffers	Otto I buffer: 100mmol/L citric acid; 0.5% (*v/v*) Tween 20(pH approx. 2.3) Otto II buffer: 400mmol/L $Na_2HPO_4 \cdot 12H_2O$(pH approx. 8.9)
Tris-$MgCl_2$	200mmol/L TRIS; 4 mmol/L $MgCl_2 \cdot 6H_2O$; 0.5% (*v/v*) Triton X-100; pH 7.5

处在增殖期的一群细胞并非都是同步增殖的，在细胞周期中不同时期的细胞核 DNA 含量亦有所不同，这可以用 C 值(生物体的单倍体基因组所含 DNA 总量)来描述。在 G_0/G_1 期，细胞核 DNA 含量为 2C；G_2/M 期的细胞核 DNA 含量为 4C；S 期细胞核 DNA 含量为 2C ~4C。典型的流式细胞术 DNA 含量分析结果直方图中，G_1、G_2 期呈窄的单峰而 S 期表现为从 2C 到 4C 的宽矮峰(图 1-4)(Vrána et al.，2014)。

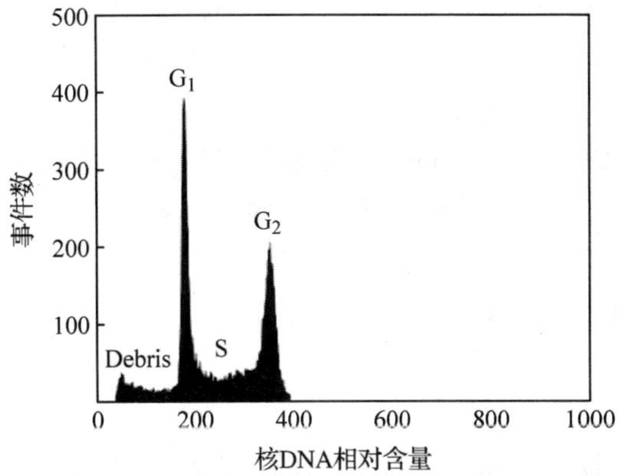

图 1-4 细胞周期中的细胞核 DNA 含量分布(Vrána et al. , 2014)

Fig. 1-4 Distribution of nuclear DNA content in a population of cycling cells

核基因组大小是一个重要的植物学特征，在植物分类学、生态学和进化生物学研究中具有重要意义。核基因组大小通常用 DNA 的绝对含量(pg 或 Mbp，1 pg = 980 Mbp)表示(Doležel et al. , 2003)。要实现 DNA 含量的精确计算就需要有已知基因组大小(或 DNA 含量)的样品作为参照标准，并按以下公式计算待测样品的 DNA 含量：

待测样品 DNA 含量 =(待测样品 G_0/G_1 峰平均荧光强度 ÷ 参照样品 G_0/G_1 峰平均荧光强度)× 参照样品 DNA 含量(pg)。

在进行流式细胞分析时，为减小误差，常采用内标法即待测样品与参照样品细胞核同时染色并同时上机测定(图 1-5)(Doležel，1991)。

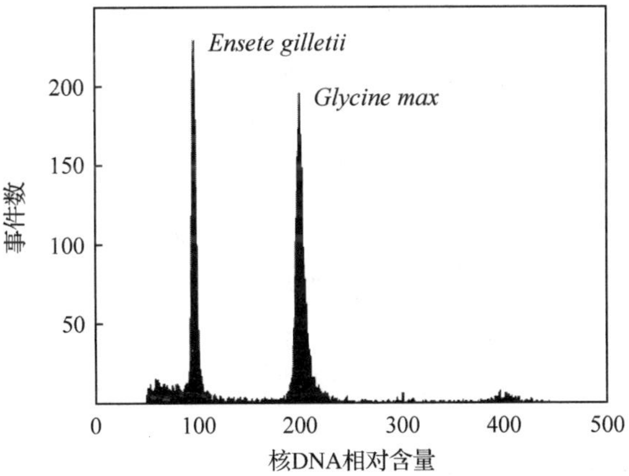

图 1-5 象腿蕉(*Ensete gilletii*)核 DNA 绝对含量测定(Doležel & Bartoš，2005)

Fig. 1-5 Estimation of absolute nuclear DNA amount in *Ensete gilletii*

以大豆(*Glycine max*)作为内标参照标准，大豆的 DNA 含量为 2.5pg

在采用流式细胞术进行 DNA 含量测定与基因组大小分析时，除了选择合适的细胞核解离液之外，DNA 染料的选择也至关重要。流式细胞术 DNA 检测的常用染料主要包括：溴化乙锭(ethidium bromide，EB)、光神霉素(mithramycin)、Hoechst 染料、碘化丙锭(propidium iodide，PI)、DAPI(4′,6-diami dino-2-phenylindole，即 4′,6-二脒基-2-苯基吲哚)等。其中，EB 和 PI 均是嵌入双链 DNA 和 RNA 中与之结合，无碱基特异性。因此，采用这两种染料进行染色前需要用 RNA 酶处理样品以排除双链 RNA 干扰。光神霉素对双链 DNA 的结合具有高度特异性，选择性结合于 DNA 富含 G—C 碱基对的区域(Van Dyke & Dervan，1983)。而 Hoechst 染料如 33342 和 33258 特异结合到双链 DNA 的 A—T 碱基对富含区(Portugal & Waring，1988)。多数情况下参照样品和待测样品 DNA 中的 AT/GC 含量存在差异，这就使得 DNA 绝对含量测定存在误差。因此，AT 或 GC 区结合染料不适宜用于 DNA 绝对含量测定。

1.2.2 倍体分析

植物倍体分析在植物系统学、进化生物学、作物遗传育种等研究中均具有重要意义。目前最为可信的倍体分析方法仍是染色体计数法，然而这一方法费时费力并且需要经验丰富的细胞学家完成。此外，还有一些间接的方法用于倍体水平分析，如叶片气孔密度和大小、保卫细胞叶绿体数目、花粉直径测定等，但这些方法可信度均不高(Vrána et al.，2014)。自 20 世纪 80 年代末，随着流式细胞术在植物生物学研究中的应用，这一技术已成为分析植物基因组拷贝数变异的重要工具。通过分析细胞核 DNA 相对含量，流式细胞术提供了一种快速方便的植物倍体分析方法。在系统生物学和进化生物学研究中，流式细胞术已经发展成为一种研究种质资源系统发育过程中物种间亲缘关系的重要分析手段。以下就流式细胞术在植物系统学、生态学、进化生物学研究中的应用及注意事项作简要介绍。

1.2.2.1 流式细胞术在植物系统学研究中的应用

(1)异倍体分类

染色体加倍是维管植物中普遍存在的现象，并且在表型和生殖特征上可加以区分(Otto & Whitton，2000)。因此，植物的倍性常作为指导植物分类的一项重要指标。流式细胞术因其是一种快速、精确鉴定不同倍性植物分类的方法，目前已被用于多个植物类群的系统分类学研究，如杜鹃花科(Ericaceae)越橘亚属(*Vaccinium* subg. *Oxycoccus*)(Suda & Lysák，2001)、唇形科(Lamiaceae)野芝麻亚属(*Lamium* subg. *Galeobdolon*)(Rosenbaumová et al.，2004)等。在这些应用实例中流式细胞术联合形态特征分析在解决异倍体的分类问题中发挥了重要作用，特别是在对一些形态上不能区分的异倍体的分类流式细胞术表现出明显优势。

(2)稀有细胞型检测

稀有细胞型对作物和观赏植物育种具有重要意义，这些稀有倍体可能具有重要经济价值或可作为特异种质来源。然而，想要获得这些稀有种质资源却并不容易。流式细胞术可以进行大规模样品筛选，恰好满足了大样本分析需求。采用流式细胞术分析发现柳兰(*Chamerion angustifolium*)、茴芹(*Pimpinella saxifraga*)、*Draba lonchocarpa* 均存在三倍体。此外，利用流式细胞术还相继发现一些高倍体细胞型，如七倍体北美黑莓(*Rubus ursinus*)、六倍体千屈菜(*Lythrum salicaria*)、九倍体偃麦草(*Elytrigia repens*)等。

(3)系统发育推断

除用于分类学研究和检测稀有细胞型，流式细胞术还被用于重构多倍体类群的系统发育关系。除了单倍体孤雌生殖这样的特例外，多倍体进化的方向是单向的，即从二倍体到更高倍性。基于这一假设，可以预见近期出现的高倍性多倍体来源于混合倍体。因此，倍性分析可用于分类群中个体之间亲缘关系的确定。通过基因组大小分析，流式细胞术可以用来追踪多倍体类群的原始祖先。例如，Lysák 等研究发现异源三倍体香蕉品种其基因组成分中的小果野蕉(*Musa acuminata*)与野蕉(*M. balbisiana*)DNA 含量存在 12% 的差异(Lysák et al.，1999)。由此，他们认为对基因组大小的比较分析可能有助于鉴定三倍体无性系栽培蕉的二倍体祖先。再如，六倍体小麦包含 3 种不同的二倍体基因组，其中 D 基因组(2C = 5.05pg)的 DNA 含量比 A 基因组(2C = 6.15pg)和 B 基因组(2C = 6.09pg)小(Lee et al.，1997)。

1.2.2.2 流式细胞术在植物生态学和进化生物学研究中的应用

(1)倍性变化的空间格局

自然群体中倍性变化空间格局研究的传统方法是核型分析技术。在染色体数目过多的情况下，这一技术的应用受到很大限制。与之相比，采用流式细胞术可以对倍性变化进行大空间尺度和大样本分析。例如，近年来的地理研究经常从 1000 个以上个体采集 DNA 倍性数据(Baack，2004)。采用流式细胞术对植物倍性进行广泛调查已经解决了一些种群生物学研究的问题。目前研究人员能够更深入地研究二倍体与其多倍体子代间的分布格局和生态重叠程度，除了用于分析整个地理范围内的变化，流式细胞术的应用使得单个种群内多倍体在精细尺度上的分布研究成为可能。

(2)生殖途径研究

植物倍性变化可能在生殖途径的各个阶段发生，包括未减数分裂的配子、无性种子以及杂交。流式细胞术可以通过检测不同时期(配子、种子、幼苗、成年植物体)细胞核的倍性差异为多倍体起源提供线索。多倍体经常通过未减数配子的有性生殖过程而产生。鉴定产生未减数分裂配子的植物并估算其产生频率，对园艺育种及自然群体中多倍体的生态学和进化研究具有重要意义。传统上用于鉴定未减数分裂花粉的方法主要依据花粉形态差异，如花粉大小、萌发孔数目等。但花粉的这些形态特征差异并不一定是由倍性的不同所引起的。Sugiura 等将柿子(*Diospyros*)的花粉按大小进行分组，然后用流式细胞仪测定每组的 DNA 含量，发现不同倍性花粉的大小有重叠，因此他们认为通过细胞核 DNA 含量区分倍性优于通过花粉大小进行区分(Sugiura et al.，2000)。除了可以估算未减数分裂配子的产生频率，流式细胞术还可用于减数分裂和未减数分裂花粉发育研究。在双核花粉中，正常生殖核处于 2C 阶段，并且在几个物种(如百合、蔷薇、柳兰)检测到相同数目的营养核($1n$)和生殖核($2n$)。

异倍体类群间的杂交通常会产生与母本倍性水平不同的子代。流式细胞术在分析子代的倍体水平以鉴别杂交子代的研究中具有显著优势，特别是在以下几种情况：①分支类群不能通过形态标记区分；②核型分析不可行(如一些染色体数目过大的种类)；③杂种子代很难存活，必须对子代进行大规模筛选。同倍体类群间杂交有时也能产生具有不同倍体水平的后代。如生长在中欧的鳞毛蕨包括两个四倍体类群，这两个类群的染色体数目相同但基因组大小存在大约 20% 的差异，因此采用流式细胞术不仅能把两个类群加以区分，还能鉴定它们的杂交子代(图 1-6)(Doležel et al.，2007)。

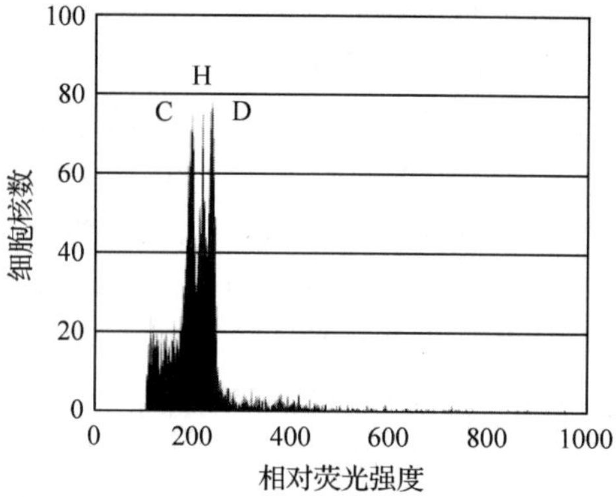

图 1-6 流式细胞术分析鳞毛蕨同倍体间的杂交

(Doležel et al. , 2007)

Fig. 1-6 Flow cytometric evidence of interspecific hybridization in homoploid *Dryopteris carthusiana*

C = *Dryopteris carthusiana*, D = *D. dilatata*, H = *D.* × *deweveri*; C、D、H 的染色体数目均为 $2n = 164$

1.2.3 细胞周期分析

细胞周期即细胞增殖过程，是所有生命有机体的基本特征。在此过程中 DNA 含量加倍，并通过有丝分裂平均分配到 2 个子代细胞中去(刘姜瑾，姜孝成，2004)。细胞分裂是生长发育的基础，细胞周期分析在理论研究和生产实践中均有重要意义。例如，在植物细胞培养过程中细胞核在不同细胞周期时相($G_0 + G_1$期、S 期或 G_2期)的分布可以用来判断细胞的分裂潜力(Brown & Bergounioux，1989)。最早有关 DNA 复制和细胞增殖的研究是采用放射标记技术，如使用放射性的 DNA 合成前体^{3}H－胸腺嘧啶脱氧核糖核苷酸，但这一技术存在安全问题(Howard & Pelc，1953)。细胞核 DNA 含量能够反映细胞所处的某个细胞周期时相，而流式细胞术可以方便地测定细胞群的 DNA 含量，因此这一定量分析技术常被用于植物细胞周期研究。早期采用流式细胞术进行的细胞周期分析是单参数(即 DNA 含量)分析。Pawlowski 等利用这种单参数流式细胞术分析了挪威枫(*Acer platanoides*)种子休眠解除期间的细胞周期活动(Pawlowski et al. , 2004)。Sandoval 等则采用这一技术研究椰子树(*Cocos nucifera*)不同体外培养组织中细胞在各细胞周期时相的分布(图 1-7)(Sandoval et al. , 2003)。然而这种单参数流式细胞术也存在一些缺陷，如不能区分 G_0/G_1 期细

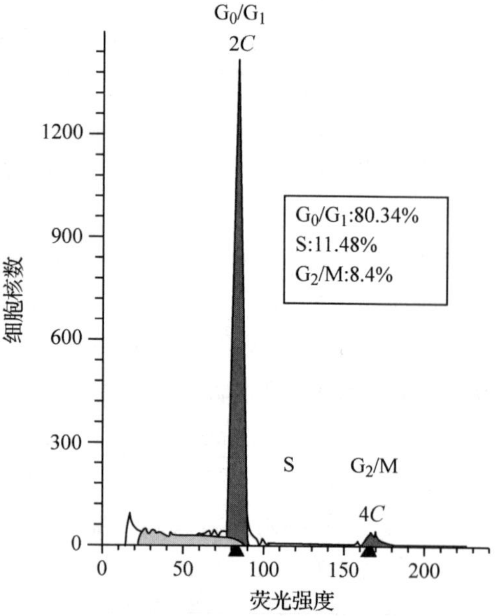

图 1-7 椰子树未成熟叶片中细胞在各细胞周期时相的分布

(Sandoval et al. , 2003)

Fig. 1-7 Distribution of the cell population of immature coconut leaves over cell-cycle phases

胞和静止细胞；不适合动力学研究(Vrána et al. , 2014)。

为了克服单参数流式细胞术的这些缺陷，一些学者提出了更为精巧的方法。这些新方法能够同时测定 DNA 含量和细胞周期中的一些关键过程或关键分子(如 DNA 合成、细胞周期蛋白依赖性激酶)。其中一些方法依赖于 DNA 合成过程的检测，如将胸苷类似物脱氧尿苷(BrdU)整合到新合成的 DNA 中，然后再利用荧光标记的 BrdU 抗体或 Hoechst - DNA 复合物的荧光淬灭进行检测(Vrána et al. , 2014)。Lucretti 等采用这种双参数的 DNA-BrdU 流式细胞术研究了豌豆、蚕豆和玉米的细胞周期(图 1-8)(Lucretti et al. , 1999)。但这种分析方法未得到广泛应用，可能是由于样品制备过程较为复杂的缘故。之后的很长一段时间内这种基于 BrdU 的检测方法被认为是流式细胞术研究细胞周期的金标准。最近，Buck 等提出了一种新的细胞周期检测方法，这种方法是将胸苷类似物 5-乙炔基-2′-脱氧尿苷(EdU)整合到新合成的 DNA 中再利用点击化学(click chemistry)进行检测，这种新方法正逐渐取代传统的 BrdU 检测法(Buck et al. , 2008)。Kotogány 等的试验结果证实了这一新方法在植物细胞周期研究中的可行性。他们将 EdU 检测法与传统的 BrdU 检测法进行了比较，发现 EdU 检测法操作更为简单、检测速度更快，并且不需要消化细胞壁和 DNA 变性(Kotogány et al. , 2010)(图 1-9)。

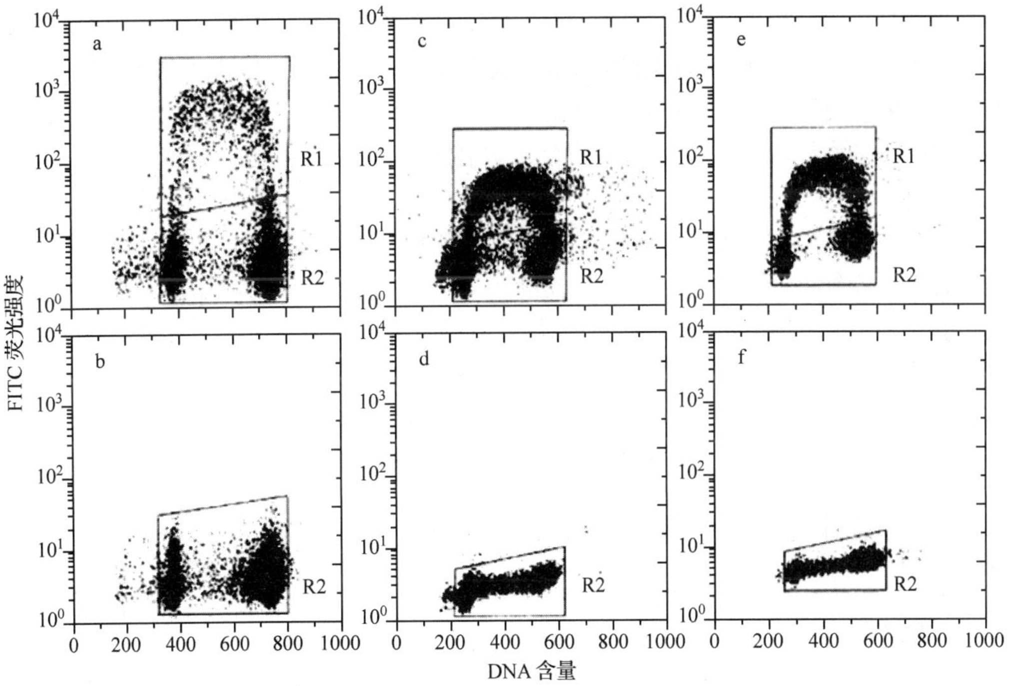

图 1-8 DNA-BrdU 双参数流式细胞分析(Lucretti et al. , 1999)

Fig. 1-8 Bivariate dot-plot BrdU/DNA flow cytometric analysis

a、b 为蚕豆，c、d 为豌豆，e、f 为玉米；a、c、e 为 10 μM 的 BrdU 处理 30 min 的结果，b、d、f 为未加 BrdU 的对照。R1 区为 S 期细胞核，R2 区为 G_1 和 G_2 期细胞核

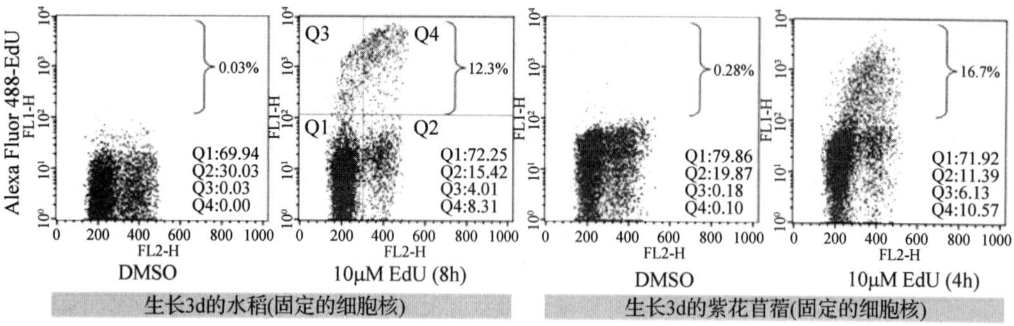

图 1-9 EdU－流式细胞术细胞周期分析(Kotogány et al., 2010)

Fig. 1-9 Cell cycle analysis with EdU using flow cytometry

细胞核采用甲醛固定；FL1，Alexa Fluor 488-EdU 荧光强度；FL2，PI 荧光强度；Q1，G_1 期 EdU 阴性细胞；Q2，G_2 期 EdU 阴性细胞；Q3，早/中 S 期细胞；Q4，中/晚 S 期 + G_2 期细胞

1.2.4 次生代谢产物分析

单个细胞，不论是悬浮培养的单细胞、固定化细胞，还是已分化组织中的细胞，在某些次生代谢产物生产能力方面可能存在较大差异。例如，有研究发现长春花悬浮培养细胞中大约只有 10% 的细胞可以积累花色素苷，而且不同培养间总花色素苷含量的差异主要是由于花色苷生产细胞数量的差异造成的(Hall & Yeoman，1987)。因此，鉴定和筛选植物细胞培养中的这些自然变异体对于开发和维持高产细胞系具有重要意义。

细胞中积累的次生代谢产物可以用流式细胞术检测，并且可以将这些细胞与其他细胞进行有效分离(Yanpaisan et al.，1999)。具有自发荧光的次生代谢产物如小檗碱、噻吩等在采用流式细胞术进行检测时，可以直接将流式细胞仪的激发光源调到适当波长进行检测。其他不具有自发荧光的次生代谢产物可以使用荧光染料对细胞进行染色然后采用流式细胞仪检测。Sakamoto 等采用异硫氰酸荧光素(FITC)染色结合流式细胞术筛选花色素苷高产土当归(*Aralia cordata*)细胞(Sakamoto et al.，1994)。

1.2.5 染色体分析与分选

染色体结构、功能分析可以追溯到 19 世纪末，当时新出现了一门学科——细胞遗传学。染色体分析可以采用一系列不同方法在不同分辨率水平进行，其中可见光和荧光显微术是最常用的分析技术。随着分子细胞遗传学和计算机技术的发展使得染色体结构可以在 DNA 水平进行更为详细的分析。计算机控制的显微技术和自动图像分析技术的联合应用能够在短时间内分析大量中期染色体。值得一提的是，在这种分析技术过程中需要有专业人员对核型变化做出判断，而目前市售的软件会对人为判断造成限制。如果想对染色体的超微结构进行分析可以采用透射或扫描电镜观察。

以上提到的各种显微技术在原理和操作过程方面可能存在较大差异，但它们的一个共同特点是在进行分析时染色体需要固定在一个平面上，这就会对染色体高通量分析和染色体操作造成很大限制。对于染色体操作来说，唯一可行的方法是采用手动切割或激光捕获显微切割。采用流式细胞术进行的染色体分析和分选或者可以叫作流式细胞遗传学的出现恰好可以克服这些限制。因为采用流式细胞术进行染色体分析是在悬浮液中进行的，分析速度极快，可达 10^3 个染色体/s。

采用流式细胞术进行染色体分析分选主要包括以下几个步骤：①细胞周期同步化和中期细胞富集；②中期染色体制备；③染色体的 DNA 荧光染料处理；④流式细胞分析与分选。流式细胞术分析结果以相对荧光强度的直方图(histogram)或流式核型图显示。理想情况下，每个染色体在流式核型图中都应有一个独特的峰出现(图 1-10)(Doležel et al., 2007)。流式细胞遗传学已在植物染色体分析的多个领域得到应用，如流式核型分析、染色体分选及相关下游研究。

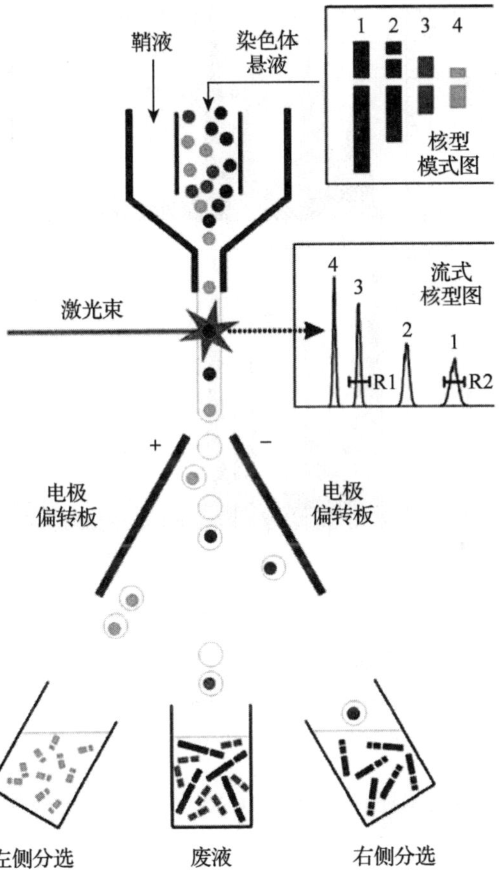

图 1-10 染色体流式细胞术分析分选模式图(Doležel et al., 2007)

Fig. 1-10 Scheme of chromosome analysis and sorting with flow cytometry

1.2.5.1 流式核型分析

越来越多的试验证据证实流式核型分析可以用来检测染色体数目或结构的变化。Lee 等采用单参数流式核型分析技术，成功检测到大麦中 6 号染色体的三体性(图 1-11)(Lee et al., 2000)。此外，还有研究人员利用这种技术检测到外源染色体和染色体臂增加现象。例如，Kubaláková 等利用核型分析技术研究小麦—黑麦染色体附加品系，不仅检测到外源黑麦染色体而且检测到其在整个群体内的发生频率(Kubaláková et al.,

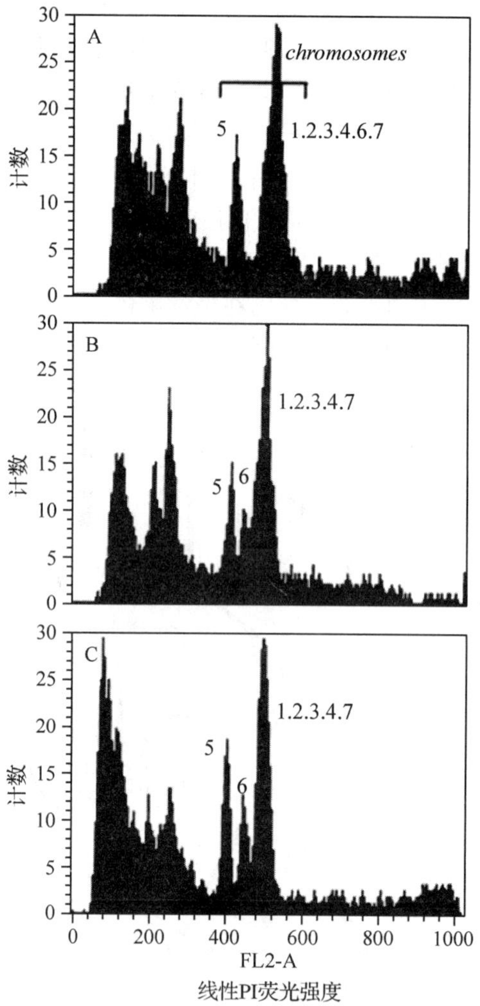

图 1-11 大麦染色体流式核型分析(Lee et al., 2000)

Fig. 1-11 Flow Cytometric analysis of karyotype in barley(*Hordeum vulgare*)

A. NE 86954 B. Elgina C. 6 号染色体三体品系

2003)。采用流式核型分析技术还在菜豆、豌豆、硬粒小麦等检测到染色体缺失和易位。

1.2.5.2 染色体分选

经流式分选的染色体可根据所需染色体数目等不同要求进行下一步的植物基因组学研究，如物理图谱及基因—物理整合图谱构建、细胞遗传图谱构建、靶向分子标记筛选、重组 DNA 文库构建等。

若要将 DNA 序列定位到特定染色体上可以利用流式分选的染色体作为模板以序列特异引物进行 PCR 扩增。Macas 等的研究结果首次证实了这种方法的可行性。他们将菜豆种子的储藏蛋白基因定位到特定染色体上并将遗传和物理图谱进行了整合(Macas et al., 1993)。

参考文献

陈朱波，曹雪涛．2010．流式细胞术——原理，操作及应用［M］．北京：科学出版社，1-3．

刘姜瑾，姜孝成．2004．植物细胞周期及其调控[J]．植物生理学通讯，40(4)：401-408．

BAACK E J. 2004. Cytotype segregation on regional and microgeographic scales in snow buttercups(*Ranunculus adoneus*: Ranunculaceae)[J]. Am J Bot, 91: 1783-1788.

BROWN S C, BERGOUNIOUX C. 1989. Plant flow cytometry [C]//: Yen A. Flow cytometry: advanced research and clinical applications, vol. 2. Boca Raton FL: CRC Press, 195-220.

BUCK S B, BRADFORD J, GEE K R, et al. 2008. Detection of S-phase cell cycle progression using 5-ethynyl-20-deoxyuridine incorporation with click chemistry, analtcrnativc to using 5-bromo-20-dcoxyuridinc antibodies[J]. Biotechniques, 44: 927-929.

DOLEZĚL J, GREILHUBER J, SUDA J. 2007. Flow cytometry with plant cells: Analysis of genes, chromosomes and genomes [R]. WILEY-VCH Verlag GmbH & Co. KGaA, Weinheim.

DOLEZĚL J. 1991. Flow cytometric analysis of nuclear DNA content in higher plants[J]. Phytochem Analysis, 2: 143-154.

DOLEZĚL J, BARTOŠ J. 2005. Plant DNA flow cytometry and estimation of nuclear genome size[J]. Ann Bot, 95: 99-110.

DOLEZĚL J, BARTOŠ J, VOGLMAYR H, et al. 2003. Nuclear DNA content and genome size of trout and human[J]. Cytometry, 51A: 127-128.

GALBRAITH D W, HARKINS K R, MADDOX J M, et al. 1983. Rapid flow cytometric analysis of the cell cycle in intact plant tissues[J]. Science, 220: 1049-1051.

HALL R D, YEOMAN M M. 1987. Intercellular and intercultural heterogeneity in secondary metabolite accumulation in cultures of *Catharanthus roseus* following cell line selection[J]. J Exp Bot, 38: 1391-1398.

HELLER F O. 1973. DNS-Bestimmung an Keimwurzeln von *Vicia faba* L. mit Hilfe der Impulscytophotometrie [J]. Bericht der Deutschen Botanischen Gesellschaft, 86: 437-441.

HOWARD A, PELC S R. 1953. Synthesis of deoxyribonucleic acid in normal and irradiated cells and its relation to chromosome breakage[J]. Heredity, 6(Suppl.): 261-273.

KOTOGÁNY E, DUDITS D, HORVÁTH G V, et al. 2010. A rapid and robust assay for detection of S-phase cell cycle progression in plant cells and tissues by using ethynyl deoxyuridine[J]. Plant Methods, 6: 5-19.

KUBALÁKOVÁ M, VALÁRIK M, BARTO J, et al. 2003. Analysis and sorting of rye(*Secale cereale* L.) chromosomes using flow cytometry[J]. Genome, 46: 893-905.

LEE J H, ARUMUGANATHAN K, CHUNG Y S, et al. 2000. Flow cytometric analysis and chromosome sorting of barley(*Hordeum vulgare* L.)[J]. Mol Cells, 10: 619-625.

LEE J H, YEN Y, ARUMUGANATHAN K, et al. 1997. DNA content of wheat monosomics at interphase estimated by flow cytometry[J]. Theor Appl Genet, 95: 1300-1304.

LUCRETTI S, NARDI L, TRIONFETTI P, et al. 1999. Bivariate flow cytometry DNA/BrdUrd analysis of plant cell cycle[J]. Method Cell Sci, 21: 155-166.

LYSÁK MA, DOLEŽELOVÁ M, HORRY J P, et al. 1999. Flow cytometric analysis of nuclear DNA content in *Musa* [J]. Theor Appl Genet, 98: 1344-1350.

MACAS J, DOLEŽEL J, LUCRETTI S, et al. 1993. Localization of seed protein genes on flow-sorted field bean chromosomes[J]. Chromosome Res, 1: 107-115.

OTTO S P, WHITTON J. 2000. Polyploid incidence and evolution[J]. Annu Rev Genet, 34: 401-437.

PASQUAL M, PIO L A S, OLIVEIRA A C L, et al. 2012. Flow cytometry applied in tissue culture [C]//Leva A, Rinaldi LMR. Recent advances in plant *in vitro* culture. Rijeka, Croatia: InTech. 109 - 122.

PAWLOWSKI T A, BERGERVOET J H W, BINO R J, et al. 2004. Cell cycle activity and β-Tubulin accumulation during dormancy breaking of *Acer platanoides* L. seeds[J]. Biol Plant, 48: 211 - 218.

PORTUGAL J, WARING M J. 1988. Assignment of DNA binding sites for 4′, 6-diamidino-2-phenylindole and bisbenzimide (Hoechst 33258). A comparative footprinting study[J]. Biochim Biophys Acta, 949: 158 - 168.

ROBINSON J P. 2008. BMS 631-Lecture 6 Flow Cytometry: Theory. Flow cytometry talks. Purdue University Cytometry Laboratories. Accessible at http://www.cyto.purdue.edu/flowcyt/educate/pptslide.htm.

ROBINSON J P, DARZYNKIEWICZ Z, DEAN P N, et al. 2004. Current protocols in cytometry [M]. New York: John Wiley & Sons, 1.1.1 - 1.1.8.

ROSENBAUMOVÁ R, PLAČKOVÁ I, SUDA J. 2004. Variation in *Lamium* subg. *Galeobdolon* (Lamiaceae) - insights from ploidy levels, morphology and isozymes[J]. Plant Systemat Evol, 244: 219 - 244.

SAKAMOTO K, IIDA K, KOYANO T, et al. 1994. Method for selecting anthocyanin-producing cells by a cell sorter[J]. Planta Med, 60: 253 - 259.

SANDOVAL A, HOCHER V, VERDEIL J L. 2003. Flow cytometric analysis of the cell cycle in different coconut palm (*Cocos nucifera* L.) tissues cultured in vitro[J]. Plant Cell Rep, 22: 25 - 31.

SUDA J, LYSÁK M A. 2001. A taxonomic study of the *Vaccinium* sect. *Oxycoccus* (Hill) W. D. J. Koch (Ericaceae) in the Czech Republic and adjacent territories[J]. Folia Geobotan, 36: 303 - 320.

SUGIURA A, OHKUMA T, CHOI Y A, et al. 2000. Production of nonaploid ($2n = 9x$) Japanese persimmon (*Diospyros kaki*) by pollination with unreduced ($2n = 6x$) pollen and embryo rescue culture[J]. J Am Soc Hort Sci, 125: 609 - 614.

VAN DYKE M W, DERVAN P B. 1983. Chromomycin, mithramycin, and olivomycin binding sites on heterogenous deoxyribonucleic acid. Footprinting with (methidiumpropyl-EDTA) iron (Ⅱ) [J]. Biochemistry, 22: 2373 - 2377.

VRÁNA J, CÁPAL P, BEDNÁŘOVÁ M, et al. 2014. Flow cytometry in plant research: a success story [C]// Nick P, Opatrný Z. Applied plant cell biology: cellular tools and approaches for plant biotechnology. Berlin Heidelberg: Springer-Verlag. 395 - 430.

YANPAISAN W, KING N J C, DORAN P M. 1999. Flow cytometry of plant cells with applications in large-scale bioprocessing[J]. Biotechnol Adv, 17: 3 - 27.

作者简介

张强：南京林业大学生物与环境学院，博士，讲师；E-mail：zhangqiang@njfu.edu.cn；

张敏：江苏省林业科学研究院，博士，副研究员；E-mail：nmzhang@163.com。

专题2　管状分子分化离体培养系统的建立及影响因素

Establishment and Influencing Factors of in Vitro Culture System for Tracheary Element Differentiation

尹增芳，杜玉梁，陈　叶，刘彩虹

南京林业大学南方现代林业协同创新中心，生物与环境学院　江苏南京　210037

【内容提要】管状分子是植物木质部的主要组成成分，具有复杂的形态学特征，在植物的生长发育过程中发挥重要作用。在离体培养条件下，植物细胞可以通过分化或转分化的方式形成管状分子，为此建立了百日草、拟南芥、杨树等离体培养模式系统，用于观测管状分子分化细胞形态结构特征性的变化，以及相关影响因子的调节作用，并取得了较大的进展。研究资料表明，离体条件下不同植物细胞分化形成管状分子培养条件不同，其中植物激素、木质形成素、渗透压、Ca^{2+}、起始细胞密度、pH 等均参与管状分子的分化调控。迄今为止，百日草系统是研究管状分子分化较为成熟的系统，杨树系统是研究管状分子分化最具前景的林木模式系统。这些模式系统的建立为单细胞水平上研究管状分子的分化提供了极好的平台，可在分子水平上帮助人们认识细胞分化进程及其调节机制，最终达到木材改良的目的。本专题对管状分子分化的离体培养模式系统和管状分子分化中的影响因素两个部分进行了阐述，最后对该研究主题进行了展望。

管状分子(tracheary element，TEs)是高度特化的细胞，在形态结构、生化和分子组成、发育及生理功能上都具有明显的特点，一直是植物解剖学、发育生物学和细胞生物学的研究热点之一。管状分子包括导管和管胞两种类型，导管经端壁分化形成穿孔板再融合构成物质运输的通道，管胞则通过细胞壁上的纹孔进行细胞间物质的转运，从而实现植物体内横向、纵向运输水分与矿物质的功能以及机械支撑等重要作用。形成层细胞经过细胞扩增、次生壁沉积、胞内物质自溶、出现端壁穿孔等步骤形成管状分子(Turner et al.，2007；Yin et al.，2009)。多年来，学者们利用建立的整体实验系统和离体实验系统，对维管系统进行一定的解剖学和生理学观察检测，并初步研究了维管组织发育的分子机理与调控机制(尹增芳等，2000；王洁华等，2011)，其中以草本植物和木本植物建立了细胞分化离体实验系统，如百日草(*Zinnia elegans*)(Fukuda et al. , 1980; Church et al. , 1988a; Church et al. , 1989; Roberts et al. , 1992; Twumasi et al. , 2010)、拟南芥(*Arabidopsis thaliana*)(Encina et al. , 2001; Richard et al. , 2001; Alonso et al. , 2003; Motose et al. , 2004; Oda et al. , 2005)、杨树(*Populus* spp.)(Ohlsson et al. , 2006; 马清滢, 2011; Yamagishi et al. , 2013)、花旗松(*Pseudostuga menszziesii*)(Pillai et al. , 2011)等模式系统，在细胞分化的形态发育过程、生理生化与分子机制等研究工作取得一定的进展，本专题就近 20 年来管状分子分化离体培养系统的建立及影响因素进行总结，并对今后这一领域的研究提出一些战略性的设想。

2.1　管状分子分化的离体培养模式系统

在诱导管状分子分化的多种离体培养系统中(表 2-1)，百日草叶肉细胞离体培养系统是截至目前分化效果最好的实验系统。这一系统开创性地展现了离体条件下管状分子转分化的基本过程，此后，众多学者以此为基础相继改进培养条件，使百日草系统管状分子分化率得以进一步提高。目前已经确定了多种参与管状分子分化的基因(表 2-2)。利用百日草离体系统，Pesquet 等(2005)通过抑制性消减杂交(SSH)构建了后期木质部发生文库(LXL)。LXL 包含有 236 个非重复 cDNA，在 TE 分化过程有 77% 的 cDNA 编码与已知表达序列标签不同的新序列，极大地丰富了管状分子分化后期特定表达的基因类型。另外，从百日草系统培养液中获得了一种管状分子分化抑制因子(TDIF)(Ito et al. , 2006)。

表 2-1　管状分子分化离体培养模式系统一览表

Tab. 2-1　The List of TEs differentiation culture system *in vitro*

离体培养模式系统 *In vitro* culture model system		培养材料 Materials	研究成果 Research achievement	参考文献 References
草本植物 Herbaceous plant	百日草 (*Zinnia elegans*)	离体叶肉细胞 isolated mesophyll cells	首次建立管状分子分化离体培养系统，第 3d 分化率最大占 30% First established the TEs differentiation culture system *in vitro*. The highest proportion of TEs (about 30%) was found 3 days after culture	(Fukuda et al. , 1980)
		离体叶肉细胞 isolated mesophyll cells	对 Fukuda 的百日草系统进行简化，得到与 Fukuda 原初培养系统相当甚至略高的管状分子分化率 A simplified medium has been developed for the differentiation of TEs. Compared with Fukuda's system, this differentiation rate similar or even lightly higher	(Roberts et al. , 1992)
		离体叶肉细胞 isolated mesophyll cells	改进了 Fukuda 百日草系统培养基成分，培养 48 h 后实现 76% 的最大分化率，并且实验结果稳定、可以重复 Application of this improved culture method resulted in stable and reproducible amounts of TEs as high as 76%	(Twumasi et al. , 2009)
		叶片组织 leaf disks	只有部分叶肉细胞分化为管状分子，同步性及分化率不如游离叶肉细胞悬浮培养 Only part of the mesophyll cells differentiated into TEs. Induced differentiation in leaf disks is thus less synchronous than in suspension culture of *Zinnia* mesophyll cells	(Church et al. , 1989)

（续）

离体培养模式系统 In vitro culture model system		培养材料 Materials	研究成果 Research achievement	参考文献 References
草本植物 Herbaceous plant	拟南芥（*Arabidopsis thaliana*）	离体叶肉细胞 isolated mesophyll cells	培养 72 h 后叶肉细胞次生壁开始形成，168 h 时管状分子达最高分化率，约为 30% The secondary walls were simultaneously observed in a 72 hcultured cell. The highest proportion of TEs(about 30%) was found 168h after culture	(Oda et al. , 2005)
木本植物 Ligneous plants	‘南林 895 杨’（*Populous* × *euramericana*）‘Nanlin 895’	茎段诱导的愈伤 callus derived from stem cutting	适宜的游离细胞密度、培养液成分与渗透压，可以实现杨树单细胞诱导分化形成管状分子的目标 Suitable cell density, medium composition and osmotic pressure can achieve the goal of Poplar single mesophyll cells differentiated into TEs	(马清滢, 2011)
	杂交黑杨（*Populus sieboldii* × *P. grandidentata*）	叶柄诱导的愈伤 callus derived from petioles	诱导获得的管状分子中一部分类似初生木质部管状分子；另一部分类似次生木质部管状分子 Some differentiated cells look like TEs of second xylem. Other differentiated cells resembled TEs of primary xylem	(Yamagishi et al. , 2013)
	欧美杂种山杨（*Populus tremula* × *P. tremuloides*）	茎段诱导的愈伤 callus derived from stem cutting	悬浮培养细胞的稳定增长期观测到管状分子的分化 Inspection of the cell suspension cultures revealed the occurrence of TEs in their stationary phase	(Ohlsson et al. , 2006)
	花旗松（*Pseudostuga mensziesii*）	枝条形成层诱导的愈伤 callus derived from cambial tissue isolated from branches	成功建立木本植物管状分子分化的固体培养和液体悬浮培养系统，65% 的细胞分化形成管状分子类似细胞 This research successfully established solid culture system and liquid suspension culture system of woody TEs differentiation. Approximately 65% of the callus cells differentiated to TE like cells	(Pillai et al. , 2011)

表 2-2 百日草叶肉细胞管状分子离体分化过程中的特异性表达基因

Tab. 2-2 Specific expressed genes TEs differentiation of *Zinnia* mesophyll cells *in vitro*

分化进程 Differentiation process	特异性表达基因 Specificity expressed genes	基因功能与表达状况 Gene function and expression	参考文献 References
时期Ⅰ Stage Ⅰ (0～24 h)	*ZePI*-1、*ZePI*-2 *ZePAL1*、*ZePAL2*、*ZePAL3*	*ZePI*-1/2 编码蛋白酶抑制剂；*ZePAL*1-3 编码损伤刺激诱导的基因，如苯丙氨酸裂解酶 *ZePI*-1 and *ZePI*-2 encode protease inhibitors. *ZePAL1*、*ZePAL2*、*ZePAL3* encode genes which injury induced, eg phenylalanine lyase	(Fukuda, 1996; Fukuda, 1997; Fukuda, 2000)
时期Ⅱ Stage Ⅱ (24～48 h)	*TED2* *TED4* *TED3*	*TED2*、*TED4*、*TED3* 依次表达于原形成层细胞、分化中或即将分化的木质部细胞、正在分化或具有分化潜能的 TEs，分别编码疏水蛋白、脂质转运蛋白、细胞壁蛋白 *TED2*、*TED4*、*TED3* expressed specifically in procambial cells, differentiating or upcoming differentiation xylem cells, differentiating TEs or TEs with differentiation potential, respectively. These genes encode hydrophobic protein, lipid transfer protein, cellwall proteins, respectively	(Demura et al. , 1993; Demura et al. , 1994)

（续）

分化进程 Differentiation process	特异性表达基因 Specificity expressed genes	基因功能与表达状况 Gene function and expression	参考文献 References
时期Ⅲ Stage Ⅲ （48～96 h）	*ZePAL*1、*ZePAL*2、*ZePAL*3 *ZEN*1、*ZRNaseI* *ZCP*4、*p*48*h*-17 *ZPO-C*	*ZePAL*1-3 编码与木质素合成相关酶；*ZEN*1、*ZRNase*1 编码核酸酶；*ZCP*4、*p*48*h*-17 编码半胱氨酸蛋白酶；*ZPO-C* 编码过氧化物酶 上述基因表达后，诱导次生壁沉积和细胞程序性死亡，完成 TEs 分化 *ZePAL*1、*ZePAL*2、*ZePAL*3 encode enzymes about lignin biosynthesis. *ZEN*1 and *ZRNase*1 encode a nuclease and an RNase. *ZCP*4 and *p*48*h*-17 encode a cysteine protease. *ZPO-C* encodes a peroxidase. After the above expression, induced secondary wall deposition and programmed cell death and completed the TEs differentiation	（Fukuda et al.，1982；Fukuda，1996；Fukuda，1997；Fukuda，2000）

拟南芥具有相对较小的基因组、丰富的突变体资源，使其成为植物发育生物学研究模式植物，从而在管状分子分化方面取得了丰硕的研究进展（Encina et al.，2001；Richard et al.，2001；Alonso et al.，2003）。与百日草系统相比，拟南芥系统没有实现管状分子的高分化率和高同步性，但是它也有自身的优点，比如系统简单、可重复利用反复继代过的悬浮培养细胞，无需从完整植株中重复获取新鲜的细胞进行悬浮培养（Oda et al.，2005），所以拟南芥系统是除了百日草系统之外可用于研究管状分子分化的又一草本植物离体培养系统。

杨树作为林木研究的模式植物，其基因组测序已经完成（Tuskan et al.，2006），利用转基因技术可以实现快速转基因（Busov et al.，2005），且其解剖学背景的研究较详细（尹增芳等，2000；Yin et al.，2009），是林木发育生物学功能基因验证的极好平台。目前利用‘南林 895’杨（*Populus* × *euramericana*‘NanLin 895’）、欧美杂种山杨（*Populus tremula* × *P. tremuloides*）的愈伤组织为试验材料，建立了游离细胞悬浮培养系统，证实在离体培养条件下，可以实现杨树单细胞诱导分化形成管状分子的目标（马清滢，2011；Ohlsson et al.，2006），但是分化的同步性不如百日草系统。此外，杂交黑杨（*Populus sieboldii* × *P. grandidentata*）叶柄愈伤组织也可体外诱导形成管状分子（Yamagishi et al.，2013）。

花旗松愈伤组织离体培养系统，目前可作为研究裸子植物松柏科植物初生壁、次生壁形成过程中管状分子分化的模式系统。Pillai 等（2011）利用花旗松枝条形成层诱导的愈伤组织，分别建立了管状分子分化的固体培养和液体悬浮培养系统。花旗松的培养细胞在形成管状分子过程中，随着细胞分化程度的提高，木糖和甘露糖含量升高。木糖和甘露糖参与了次生壁的构成（Fengel et al.，1989），类似的结果也在樟子松（*Pinus sylvestris*）和辐射松（*Pinus radiata*）管状分子分化进程中加以证实，其细胞壁单糖组分中葡萄糖、木糖、甘露糖含量均有所上升（Möller et al.，2003）。

2.2 管状分子分化中的影响因素

管状分子分化过程中受到多种因素的调节控制，研究发现，植物激素、木质形成素、Ca^{2+}、渗透压、起始细胞密度及 pH 等多种因素均参与其中。值得注意的是，各种因素之间的作用是相互的，每一种因素既不独立存在，所起的作用也不能被单独认知。采用上述草本、木本离体培养系统等研究方法，在揭示管状分子分化过程中所涉及的影响因子及其调控作用等方面取得了一定的研究进展(表 2-3)。

表 2-3 管状分子分化过程的影响因素

Tab. 2-3 Influencing factors of TEs Differentiation

<table>
<tr><th colspan="2">影响因素
Influencing Factors</th><th colspan="2">TE 分化效应
TE Differentiation effect</th><th>参考文献
References</th></tr>
<tr><td rowspan="4">植物激素和植物生长调节剂
Plant hormones and plant growth regulator</td><td>生长素
Auxin</td><td>诱导管状分子分化不可或缺
indispensible</td><td rowspan="2">二者结合使用，适宜浓度下预处理游离单细胞可以实现较高的 TE 分化率
The appropriate combination of pretreatment concentrations can achieve a higher rate of TEs differentiation</td><td rowspan="2">(Fukuda et al., 1980; Church et al., 1988a; Church et al., 1988b; Milioni et al., 2001; Sato et al., 2011)</td></tr>
<tr><td>细胞分裂素
Cytokinin</td><td>单独使用无效，必须与生长素协同作用
Cytokinin alone is invalid and must synergy with auxin</td></tr>
<tr><td>芸苔素内酯
Brassinolide</td><td colspan="2">作用于 TE 分化后期，促进 TE 分化，其生物合成抑制剂可抑制 TE 分化，添加外源芸苔素内酯则恢复 TE 分化
Brassinolides are required for the later stages of TEs differentiation and promote TEs differentiation. The addition of inhibitor of BRs blocks the transdifferentiation of TE and the addition of exogenous BRs restores TEs differentiation</td><td>(Clouse, 1996; Asami et al., 2000; Milioni et al., 2001; Yamagishi et al., 2013)</td></tr>
<tr><td>乙烯、赤霉素、脱落酸、茉莉酸
Ethylene, Gibberelline, Abscisic acid, Jasmonic acid</td><td colspan="2">均参与 TE 分化，大都需要结合生长素使用
They are involved in TEs differentiation and in line with auxin</td><td>(Eriksson et al., 2000; Pesquet et al., 2011)</td></tr>
<tr><td colspan="2">木质形成素
Xylogen</td><td colspan="2">由已发生木质化的细胞分泌，促进未发生木质化的细胞分化形成 TE
Xylogen derives from lignified cells and accelerates TE differentiation</td><td>(Fukuda, 2004; Motose et al., 2004; Hirakawa et al., 2011)</td></tr>
<tr><td colspan="2">Ca^{2+}</td><td colspan="2">TE 分化所必需的，作用于 TE 分化过程中次生壁的沉积，一定范围内，随 Ca^{2+} 浓度的升高，TE 分化率升高
Calcium ion accompanies the onset of cellwall thickening in TEs developing. TEs differentiation rate increases with increasing calcium ion concentration within a certain range</td><td>(Roberts et al., 1990; 马清滢, 2011; Ma qingying, 2011)</td></tr>
<tr><td rowspan="2">渗透压
Osmotic pressure</td><td>甘露醇
Mannitol</td><td colspan="2" rowspan="2">主要调节渗透压
Regulate the osmotic pressure</td><td>(Twumasi et al., 2010; 马清滢, 2011; Ma qingying, 2011)</td></tr>
<tr><td>蔗糖
Sucrose</td><td>(Wetmore et al., 1955; 李建安等, 2006; Li jianan et al., 2006)</td></tr>
</table>

（续）

影响因素 Influencing Factors	TE 分化效应 TE Differentiation effect	参考文献 References
起始细胞密度 Initial cell density	10^5 个/mL 为最佳的起始细胞密度，分化率高、同步性好 The best initial cell density is 10^5 cells/ml	（Fukuda et al.，1980；Twumasi et al.，2009；马清滢，2011；Ma qingying，2011）
pH	最适 pH 为 5.5 The optimum pH value is 5.5	（Roberts et al.，1994）

2.2.1 植物激素

植物激素及生长调节剂几乎都参与了管状分子的分化。通常认为生长素是管状分子分化的一个基础性诱导因子，在百日草细胞分化系统中生长素是不可或缺的（Fukuda et al.，1980；Church et al.，1988a；Church et al.，1988b；Milioni et al.，2001）。Fukuda 等（1980）认为植物激素对管状分子的形成是必需的，在最先建立的百日草叶肉细胞离体培养系统中添加了 0.1 mg/L NAA 和 1 mg/L 6-BA，最终实现大约 30% 的分化率。Church 等（1988b）研究了生长素和细胞分裂素不同浓度的组合对管状分子分化的诱导效果，最终发现 0.5 μmol/L NAA 和 0.5 μmol/L 6-BA 搭配使用，培养 3 d 后管状分子可实现 53% 的最大分化率。Sato 等（2011）在含有 0.1 μmol/L NAA 和 0.2 μmol/L 6-BA 的培养液中观察发现，有 25%～40% 的百日草叶肉细胞分化为管状分子。Milioni 等（2001）则证实，将刚分离的百日草叶肉单细胞在不含有任何植物激素的基本培养基中培育时间即将达到 48 h 时，转移至含有 1 mg/L 生长素和细胞分裂素的培养液中处理 5～10 min，96 h 之后足以诱导管状分子的同步分化，但是在只有生长素或细胞分裂素的培养液内培养的细胞则不会有相应的分化效果。这一现象表明适宜浓度的生长素、细胞分裂素，对于管状分子形成的某一关键阶段是不可或缺的，而且细胞分裂素需要结合生长素才可以在管状分子分化过程中促进其分化（Fukuda，1997；Fukuda，2004；Turner et al.，2007；Ohashi-Ito et al.，2010；Hirakawa et al.，2011）。

芸苔素内酯在培养百日草细胞及其培养液之间起媒介作用。芸苔素内酯生物合成过程中的许多中间产物在管状分子形态建成之前急剧增多，说明百日草系统中初始的植物激素（生长素和细胞分裂素）可以引起芸苔素内酯的合成（Iwasaki et al.，1991）。对菊芋（*Jerusalem artichoke*）块茎培养的研究发现，外源芸苔素内酯可以加快管状分子的分化，且是在分化的后期发挥作用（Clouse，1996）。将芸苔素内酯的一种生物合成抑制剂——烯效唑添加至百日草细胞培养液中，观察发现管状分子分化受到抑制，而添加外源芸苔素内酯可以克服这一抑制现象（Yamamoto et al.，1997；Turner et al.，2007）；芸苔素唑也可以抑制木质部分化，这一现象同样可以通过外施油菜素甾醇类物质得以恢复（Asami et al.，2000）。此外，有报道称在拟南芥细胞悬浮培养系统中，在培养基含有 1μmol/L 芸苔素内酯、不含生长素时，管状分子分化率可达 30%（Yamagishi et al.，2013）。

除生长素、细胞分裂素、芸苔素内酯之外，在整体培养系统中通过转基因植株表达性状分析，已了解到其他植物激素（如乙烯、赤霉素、脱落酸、茉莉酸）均参与管状分子分化(Eriksson et al.，2000；Pesquet et al.，2011)，但是在离体培养系统中并没有详细的研究，调节机制也没有完全解读清楚。

2.2.2 木质形成素

利用生物化学的方法从百日草正在转分化的叶肉细胞中分离获得被称为木质形成素(xylogen)的复合物，目前认为它是木质部发育过程中新的调节因子；这一蛋白质(ZeXYP1)包含一个N端糖基位点、一个信号肽、一个假定的糖基磷脂酰肌醇位点，这些结构均符合阿拉伯半乳聚糖蛋白(AGPs)的特点(Motose et al.，2004)。从烟草(*Nicotiana tabacum*)细胞中分离获得的木质形成素，可以在百日草细胞培养系统中促进管状分子分化(Motose et al.，2004)，且木质形成素从已发生木质化的细胞分泌至未发生木质化的细胞中，引起原形成层细胞分化的连续性，提升木质部组织的连通性(Hirakawa et al.，2011)。

关于木质形成素在管状分子分化中的作用，可经下述假说进一步解释：由于木质形成素的出现，邻近的细胞被吸引、诱导至管状分子分化的路径中，与此同时这些细胞又产生更多的木质形成素，如此往复形成一个积极的反馈调节机制(Fukuda，2004)。木质形成素效应可能依赖于与细胞极性相关的信号路径或者其他不明确的路径(Motose et al.，2004)。

2.2.3 Ca^{2+}

在百日草细胞培养系统中，Ca^{2+}由游离状态变为束缚状态时伴随着管状分子细胞壁加厚的开始(Roberts et al.，1989)。Roberts等(1990)发现将培养液中$CaCl_2$含量由1 mmol/L降至0.2 mmol/L时，管状分子平均分化率下降20%；培养液无$CaCl_2$的情况下，管状分子平均分化率下降了78%；继续添加$CaCl_2$至1 mmol/L，管状分子分化率停止下降并转为上升，分化率可由13.8%上升至21.8%。上述试验现象说明胞外Ca^{2+}的吸收对于百日草系统管状分子的分化是必需的。当然，由于培养液中还含有Mg^{2+}、Mn^{2+}等可以阻塞Ca^{2+}通道的物质，所以该系统培养基成分中Ca^{2+}含量一般相对较高。Ca^{2+}对南林895杨管状分子分化作用的研究也得出类似的结果：一定浓度的Ca^{2+}对南林895杨悬浮培养细胞管状分子分化的诱导起到促进作用，而且不同来源的悬浮培养细胞所需的外源Ca^{2+}浓度也有所不同；添加1 mmol/L $CaCl_2$培养6 d后，来自于愈伤组织的悬浮细胞管状分子分化率高达53.18%；添加0.25 mmol/L $CaCl_2$培养8 d后，来自'南林895'杨叶肉细胞的管状分子分化率可达24.57%(马清滢，2011)。

2.2.4 渗透压

在管状分子分化离体细胞悬浮培养系统内，不同类型的游离单细胞在管状分子分化进程中需要适宜的渗透压以保持细胞活力。南林895杨愈伤组织游离单细胞在甘露醇浓度0.1~0.15 mol/L时，培养96 h后细胞活力仍保持最大，而叶肉单细胞在甘露醇浓度0.01~0.02 mol/L时培养活力最大(马清滢，2011)；而在不添加甘露醇的条件下培养百日草叶肉单细胞，管状分子的分化会被抑制(Fukuda et al.，1980)。由于胞内渗透压的影响，百日草游离叶肉细胞培养过程中会出现不同的管状分子分化率，说明适宜的渗透压是管状分子分化良好的前提条件(Lee et al. ，2004)。

植物材料的渗透压也会影响离体培养时管状分子的产量和形态。13~15 d 龄百日草第一枚完全伸展的叶片，在光强从 50 μmol/(m^2 · s)增至 100 μmol/(m^2 · s)时，叶片渗透压增加 17%，使得最终管状分子分化率增加 116%。此外，百日草根系环境电导率为 4 dS/m 时，培养后叶肉细胞管状分子分化率高达 75%（Twumasi et al. ，2010）。因此，光强和根系环境的电导率能够影响百日草植株的叶片渗透压，具有不同渗透压的叶片又会影响离体培养进程中管状分子的发育及形态。

与甘露醇的作用类似，蔗糖也可用于管状分子分化的渗透压调节。蔗糖不仅提供了细胞生长所必需的碳源，而且还能保持培养液适当的渗透压，如浓度过低，细胞不仅得不到充足的碳源保证，还会发生营养物质外渗现象，最终导致细胞死亡；浓度过高，也会因为细胞内水分外渗而出现生理性缺水现象(李建安等，2006)。蔗糖可以影响洋丁香(*Syringa vulgaris*)组织培养过程中维管组织的发生，培养基内蔗糖浓度为 1% 时，愈伤组织中木质部数量很少；蔗糖浓度为 2% 时，木质部形成，韧皮部不能形成；浓度为 2.5%~3.5% 时，木质部和韧皮部都能形成；蔗糖浓度为 4%，则韧皮部形成，木质部不能形成(Wetmore et al. ，1955)。因此，蔗糖浓度可能是通过调节渗透压来影响所培养细胞的生长、发育和分化。

2.2.5 起始细胞密度

细胞培养起始密度对叶肉细胞的分化也有较大影响。悬浮培养系统中细胞生长具有群聚效应，细胞密度太低，生长缓慢，死亡率高；细胞密度过高，容易积累有害分泌物。适宜的起始细胞密度应该是既能使细胞达到最佳生长速率，又不会引起养分的过度消耗和有害物质的积累(吴晓玲等，2002)。在众多的管状分子离体培养系统中，均严格控制起始细胞密度，一般地 10^5 个/mL 是起始细胞密度的最佳选择。如 Fukuda 等(1980)建立的百日草悬浮培养系统，起始细胞密度为(0.4×10^5~3.3×10^5)个/mL 时管状分子分化较好，同步性较高；起始细胞密度降低，管状分子分化率随之降低。Twumasi 等(2009)采用 10^5 个/mL 的起始细胞密度，管状分子分化率高达 76%；Church 等(1988a)采用起始细胞密度是 1.5×10^5 个/mL，用以观察叶肉细胞转分化的动态进程效果较好；马清滢(2011)试验证明，'南林 895'杨叶肉细胞起始密度在 5×10^5~10^6 个/mL 之间时，细胞分散均匀，且活力保存的时间较长。

2.2.6 pH

pH 对悬浮培养细胞的生理、生化活性影响显著，从而决定了细胞生长状况与分化进程。在通常情况下，百日草系统培养液 pH 设定为 5.5，随着培养时间的延长，pH 会在 4.8~5.6 之间变动，在出现细胞次生壁加厚之前，培养液 pH 降至最低。较高的 pH 则抑制管状分子分化，但会引起细胞体积扩增(Roberts et al. ，1994)。不同 pH 对新疆紫草(*Arnebia euchroma*)悬浮培养细胞生长有所影响，适合紫草细胞生长的 pH 在7.25~9.5 之间(Malik et al. ，2011)。

一般地，通过改变培养体系中营养状况、植物激素水平以及其他化学因子等成分，可以获得相对较高的管状分子分化率。显然，不同植物材料离体培养系统管状分子分化的稳定性及高效性不尽相同。在细胞离体培养过程中，植物材料的选择是首要的条件，保持一定的细胞起始密度、维系一定的渗透压强度、维持一定的 pH 水平，则是管状分子分化培养的先决条件，而实现植物激素及其他生长调节物质的合理配比则是管状分子分化的必要条件。只有在各个因素综合平衡的条件下，才能完成植物体外管状分子分化的进程。

2.3 展望

综上所述，管状分子分化离体培养系统的研究在草本、木本植物中已广泛展开，这些系统为诱导和促进管状分子分化的研究建立了有效的平台，并获得了一定数目的关键基因和调节因子，初步揭示了管状分子分化的分子机制，使得在单细胞水平上认识细胞分化与转分化路径、分化过程影响因素的作用成为可能，但构建复杂、精确的分子机制仍需要进行深入探索。管状分子分化具有复杂的时空特异性，具备庞大的综合调控网络，针对植物激素中生长素、细胞分裂素作为管状分子分化的基本调节因素，尽管开展了大量的研究并取得了一定成果，但其他几种激素如赤霉素、乙烯和脱落酸等作用效果研究资料极少。特别地，植物激素的作用机制尚不明确。更为重要的是，在所有离体培养模式系统中，百日草系统研究较为成熟，管状分子分化率及同步性较高，其他植物系统管状分子分化的诱导和促进效果均有待进一步提升，尤其是作为木本植物模式物种的杨树，进一步改进并优化其游离单细胞的离体培养方法、确定管状分子分化最佳条件、提高管状分子分化率及其同步性具有重要意义；在此基础上识别参与调节管状分子分化的相关基因及蛋白质，掌握不同影响因素的分子机制及信号转导网络，进而可为木本植物管状分子发育，特别是木材形成的内在分子机理提供基本理论资料。

此外，综合实验方法的应用是十分必要的。利用先进的技术手段，综合分子生物学、细胞生物学、生物信息学及系统生物学研究方法，多学科、多角度展开研究工作，更全面地了解管状分子分化的动态过程和调节机理，可以在分子水平上实现人为调控管状分子发育过程，达到改良木材材性的最终目标。

参考文献

李建安，胡芳名．2006. 拟南芥悬浮细胞生长特性及其继代培养条件[J]．经济林研究，24(1)：26－29.

马清滢．2011. 南林‘895 杨’管状分子分化离体培养体系的构建[D]．南京：南京林业大学．

王洁华，卢孟柱．2009. 木本植物次生维管系统形态建成的基因调控与信号转导研究进展[J]．林业科学，45(11)：127－134.

吴晓玲，邓光存，丁向真．2002. 植物细胞次级代谢产物生产条件的调控[J]．生物学通报，37(12)：56－58.

尹增芳，樊汝汶．2000. 杨树维管组织细胞生物学研究进展[J]．南京林业大学学报，24(6)：83－88.

ALONSO J M，STEPANOVA A N，LEISSE T J，et al. 2003. Genome-Wide Insertional Mutagenesis of *Arabidopsis thaliana*[J]．Science，301(5633)：653－657.

ASAMI T, MIN Y K, NAGATA N, et al. 2000. Characterization of brassinazole, a triazole-type brassinosteroid biosynthesis inhibitor[J]. Plant Physiol, 123(1): 93 - 100.

BUSOV V B, BRUNNER A M, MEILAN R, et al. 2005. Genetic transformation: a powerful tool for dissection of adaptive traits in trees[J]. New Phytol, 167(1): 9 - 18.

CHURCH D L, GALSTON A W. 1988a. Kinetics of determination in the differentiation of isolated mesophyll cells of *Zinnia elegans* to tracheary elements[J]. Plant Physiol, 88(1): 92 - 96.

CHURCH D L, GALSTON A W. 1988b. Hormonal induction and antihormonal inhibition of tracheary element differentiation in *Zinnia* cell cultures[J]. Phytochemistry, 27(8): 2435 - 2439.

CHURCH D L, GALSTON A W. 1989. Hormonal induction of vascular differentiation in cultured *Zinnia* leaf disks[J]. Plant Cell physiol, 30(1): 73 - 78.

CLOUSE S D. 1996. Molecular genetic studies confirm the role of brassinosteroids in plant growth and development[J]. The Plant Journal, 10(1): 1 - 8.

DEMURA T, FUKUDA H. 1993. Molecular cloning and characterization of cDNAs associated with tracheary element differentiation in cultured *Zinnia* cells[J]. Plant Physiol, 103(3): 815 - 821.

DEMURA T, FUKUDA H. 1994. Novel vascular cell-specific genes whose expression is regulated temporally and spatially during vascular system development[J]. The Plant Cell, 6(7): 967 - 981.

ENCINA C L, CONSTANTIN M, BOTELLA J. 2001. An easy and reliable method for establishment and maintenance of leaf and root cell cultures of *Arabidopsis thaliana*[J]. Plant Molecular Biology Reporter, 19(3): 245 - 248.

ERIKSSON M E, ISRAELSSON M, OLSSON O, et al. 2000. Increased gibberellin biosynthesis in transgenic trees promotes growth, biomass production and xylem fiber length [J]. Nature Biotechnol, 18 (7): 784 - 788.

FENGEL D, WEGENER G. 1989. Wood-chemistry, ultrastructure, reactions[M]. New York: Walter de Gruyter.

FUKUDA H. 1996. Xylogenesis: initiation, progression, and cell death[J]. Annu Rev Plant Physiol Plant Mol Biol, 47: 299 - 325.

FUKUDA H. 1997. Tracheary element differentiation[J]. Plant Cell, 9(7): 1147 - 1156.

FUKUDA H. 2000. Programmed cell death of tracheary elements as a paradigm in plants[J]. Plant Molecular Biology, 44(3): 245 - 253.

FUKUDA H. 2004. Signals that Control Plant Vascular Cell Differentiation[J]. Nature Reviews Molecular Cell Biology, 5(5): 379 - 391.

FUKUDA H, KOMAMINE A. 1980. Establishment of an Experimental System for the Study of Tracheary Element Different From Single Cells Isolated From the Mesophyll of *Zinnia elegans*[J]. Plant Physiol, 65(1): 57 - 60.

FUKUDA H, KOMAMINE A. 1982. Lignin Synthesis and its Related Enzymes as Markers of Tracheary Element Differentiation in Single Cells Isolated From the Mesophyll of *Zinnia elegans*[J]. Planta, 155(5): 423 - 430.

HIDEO K, HIROO F. 2000. Regulation of Tracheary Element Differentiation[J]. Journal of Plant Growth Regulation, 20(1): 35 - 51.

HIRAKAWA Y, KONDO Y, FUKUDA H. 2011. Establishment and Maintenance of Vascular Cell Communities through Local Signaling[J]. Current Opinion In Biology, 14(1): 17 - 23.

ITO Y, NAKANOMYO I, MOTOSE H, et al. 2006. Dodeca-Cle Peptides as Suppressors of Plant Stem Cell Differentiation[J]. Science, 313(5788): 842 - 845.

IWASAKI T, SHIBAOKA H. 1991. Brassinosteroids Act as Regulators of Tracheary-Element Differentiation in Isolated *Zinnia* Mesophyll Cells[J]. Plant and Cell Physiology, 32(7): 1007 – 1014.

MOTOSE H, SUGIYAMA M, FUKUDA H. 2004. A proteoglycan mediates inductive interaction during plant vascular development[J]. Nature, 429(6994): 873 – 78.

LEE S, ROBERTS A W. 2004. Tracheary Element Differentiation is Correlated with Inhibition of Cell Expansion in Xylogenic Mesophyll Suspension Cultures[J]. Plant Physiol Biochem, 42(1): 43 – 48.

MALIK S, BHUSHAN S, SHARMA M, et al. 2011. Physico-Chemical Factors Influencing the Shikonin Derivatives Production in Cell Suspension Cultures of *Arnebia euchroma*(Royle) Johnston, a Medicinally Important Plant Species[J]. Cell Biol Int, 35(2): 153 – 158.

MILIONI D, SADO P, STACEY N J, et al. 2001. Differential Expression of Cell-Wall-Related Genes During the Formation of Tracheary Elements in the *Zinnia* Mesophyll Cell Sestem[J]. Plant Mol Biol, 47(1 – 2): 221 – 238.

MÖLLER R, MCDONALD A G, WALTER C, et al. 2003. Cell Differentiation, Secondary Cell-Wall Formation and Transformation of Callus Tissue of *Pinus radiat* D. Don[J]. Planta, 217(5): 736 – 747.

MOTOSE H, SUGIYAMA M, FUKUDA H. 2004. A Proteoglycan Mediates Inductive Interaction During Plant Vascular Development[J]. Nature, 429(6994): 873 – 878.

ODA Y, MIMURA T, HASEZAWA S. 2005. Regulation of Secondary Cell Wall Development by Cortical Microtubules During Tracheary Element Differentiation in *Arabidopsis* Cell Suspensions[J]. Plant Physiology, 137(3): 1027 – 1036.

OHASHI-ITO K, HIROO F. 2010. Transcriptional Regulation of Vascular Cell Fates[J]. Current Opinion in Plant Biology, 13(6): 670 – 676.

OHLSSON A B, DJERBI S, WINZELL A, et al. 2006. Cell Suspension Cultures of *Populus tremula* × *P. tremuloides* Exhibit a High Level of Cellulose Synthase Gene Expression that Coincides with Increased in Vitro Cellulose Synthase Activity[J]. Protoplasma, 228(4): 221 – 229.

PESQUET E, RANOCHA P, LEGAY S, et al. 2005. Novel Markers of Xylogenesis in *Zinnia* are Differentially Regulated by Auxin and Cytokinin[J]. Plant Physiol, 139(4): 1821 – 1839.

PESQUET E, TUOMINEN H. 2011. Ethylene Stimulates Tracheary Element Differentiation in *Zinnia elegans* Cell Cultures[J]. New Phytologist, 190(1): 138 – 149.

PILLAI K V, MCDONALD A G, WAGNER F G. 2011. Developing a Model System in Vitro to Understand Tracheary Element Development in Douglas-Fir(*Pseudostuga mensziesii*)[J]. Maderas. Cienciay Techlolgia, 13(1): 3 – 18.

RICHARD C, GRANIER C, INZE D, et al. 2001. Analysis of Cell Division Parameters and Cell Cycle Gene Expression During the Cultivation of *Arabidopsis thaliana* Cell Suspensions[J]. Journal of Experimental Botany, 52(361): 1625 – 1633.

ROBERTS A W, HAIGLER C H. 1989. Rise in Chlorotetracycline Fluorescence Accompanies Tracheary Element Differentiation in Suspension Cultures of *Zinnia*[J]. Protoplasma, 152(1): 37 – 45.

ROBERTS A W, HAIGLER C H. 1990. Tracheary-Element Differentiation in Suspension-Cultured Cells of *Zinnia* Requires Uptake of Extracellular Ca^{2+}[J]. Planta, 180(4): 502 – 509.

ROBERTS A W, HAIGLER C H. 1994. Cell Expansion and Tracheary Element Differentiation are Regulated by Extracellular Ph in Mesophyll Cultures of *Zinnia elegans* L[J]. Plant Physiol, 105(2): 699 – 706.

ROBERTS A W, KOONCE L T, HAIGLER C H. 1992. A Simplified Medium for in Vitro Tracheary Element Differentiation in Mesolhyll Suspension Cultures From *Zinna elegans* L[J]. Plant Cell, 28(1): 27 – 35.

SATO Y, YAJIMA Y, TOKUNAGA N, et al. 2011. Comparison Between Tracheary Element Lignin Formation and Extracellular Lignin-Like Substance Formation During the Culture of Isolated *Zinnia elegans* Mesophyll Cells[J]. Biologia, 66(1): 88 – 95.

TURNER S, GALLOIS P, BROWN D. 2007. Tracheary Element Differentiation[J]. Annu Rev Plant Biol, 58: 407 – 433.

TUSKAN G A, DIFAZIO S, JANSSON S, et al. 2006. The Genome of Black Cottonwood, *Populus trichocarpa*(Torr. & Gray)[J]. Science, 313(5793): 1596 – 1604.

TWUMASI P, SCHEL J H, IEPEREN W V, et al. 2009. Establishment *in Vitro Zinnia elegans* Cell Suspension Culture with High Tracheary Element Differentiation [J]. Cell Biology International, 33(4): 524 – 533.

TWUMASI P, SCHEL J, IEPEREN W V. 2010. Osmotic Potential of Zinnia Elegans Plant Material Affects the Yield and Morphology of Tracheary Elements Produced *in Vitro*[J]. African Journal Of Biotechnology, 9(51): 8712 – 8721.

WETMORE R H, SOROKIN S. 1955. On the Differentiation of Xylem[J]. Arnold Arbor, 36(1): 305 – 324.

YAMAGISHI Y, YOSHIMOTO J, UCHIYAMA H, et al. 2013. In *Vitro* Induction of Secondary Xylem-Like Tracheary Elements in Calli of Hybrid Poplar(*Populus sieboldii* × *P. grandidentata*)[J]. Planta, 237(4): 1179 – 1185.

YAMAMOTO R, DEMURA T, FUKUDA H. 1997. Brassinosteroids Induce Entry Into the Final Stage of Tracheary Element Differentiation in Cultured *Zinnia* Cells[J]. Plant and Cell Physiology, 38(8): 980 – 983.

YIN Z, FAN R. 2009. Ultrastructural Analysis of the Differentiation Process of Secondary Xylem Vessel Element in *Populus deltoides*[J]. Frontiers of Forestry in China, 4(4): 484 – 488.

作者简介

尹增芳：南京林业大学生物与环境学院，博士，教授；E-mail：zfyin@njfu.edu.cn；

杜玉梁(326841238@qq.com)，陈叶(282755960@qq.com)，刘彩虹(845592892@qq.com)：均为南京林业大学生物与环境学院研究生。

专题3　石斛形态发生与植株再生

Dendrobium Morphogenesis and Plant Regeneration

方炎明

南京林业大学南方现代林业协同创新中心，生物与环境学院　江苏南京　210037

【内容提要】本专题首先介绍了兰科植物种子特性，以及石斛种子萌发过程和原球茎的形态；其次，引入了拟原球茎的概念，以及愈伤组织再生、胚胎发生和器官发生3个阶段；第三，以蝴蝶兰为模式，在组织学水平上介绍了兰科植物拟原球茎的形成过程，并与合子胚的发育过程进行对比，揭示了拟原球茎的形成过程与体胚发生本质；第四，综述了石斛属植物体胚发生的生化与分子研究的阶段成果；第五，归纳了影响体胚发生的主要因子——基本培养基、有机添加物、植物生长调节物质、碳源、光照和温度；最后，梳理了与石斛快速繁殖相关的种子无菌萌发技术、茎叶薄切片培养技术、冷冻保存与人工种子技术和生物反应器培养技术，对石斛形态发生研究进行了展望。

石斛属(*Dendrobium*)植物是重要的观赏植物，与卡特兰、蝴蝶兰、万带兰并列为观赏价值最高的四大观赏兰花；作为名贵的药用植物，铁皮石斛被尊称为“中华九大仙草”之首。全世界石斛属植物超过1000种，《中国植物志》记载有我国石斛属植物74种和2变种，主产秦岭以南各地。因此，我国石斛属植物资源丰富，开发利用前景广阔，产业化前景乐观。

做大做强石斛产业，繁殖技术非常关键。微繁殖技术是石斛产业化的前提，学界和业界对此均非常重视，也是新近的研发热点之一。关于石斛的微繁殖、外植体和培养基选择、培养温度与光照、薄层培养技术、体胚发生、原生质体培养，石斛专家新近对文献进行了全面分析和综述(郑晓君等，2010；da Silva et al.，2015)。然而，有关石斛原球茎发育、拟原球茎发育和体胚发生等形态学问题，目前尚未进行梳理和总结，这却是石斛属兰花培育的基础科学问题。

3.1　种子萌发与幼苗形成

兰科植物种子，数量极多，细小如粉，不具胚乳，种胚微小，养分储存极少，无法满足种子萌发所需养分要求。在自然条件下，种子萌发过程完全依赖菌根真菌为其提供养分，萌发率极低。由于兰科植物的种子数量极大，园艺工作者利用这一特性来对其进行大规模快速繁殖。在培养条件下，兰科植物种子萌发途径有共生萌发和非共生萌发两条技术途径(郑晓君等，2010)。共生萌发是指在真菌侵染条件下兰科种子萌发的过程；而非共生萌发是指在无真菌侵染条件下人工培养基上的兰科种子萌发过程。非共生萌发是一条切实有效、经济快速的萌发途径。

在离体人工培养条件下，兰科植物种子的萌发，先后经历以下发育阶段：①种子吸水与胚胎膨胀；②膨胀的胚胎突破种皮；③假根的形成；④茎尖的突起；⑤真叶的形成；⑥根的形成。因此，兰科植物的种子萌发与幼苗形成一般可分为 7 个发育阶段：①膨胀胚胎期，胚胎由椭圆体膨胀为近球形，仍具有种皮[图 3-1(a)]；②球形胚胎期，胚胎突破种皮[图 3-1(b)]；③原球茎早期，胚胎近圆球状，具有假根[图 3-1(c)]；④原球茎晚期，原球茎的茎尖突起，具有假根[图 3-1(d)]；⑤单叶幼苗期，幼苗具有一片真叶[图 3-1(e▶)]；⑥双叶幼苗期，幼苗具有两片真叶[图 3-1(e→)]；⑦成熟幼苗期，幼苗具有完整的根、茎、叶器官。

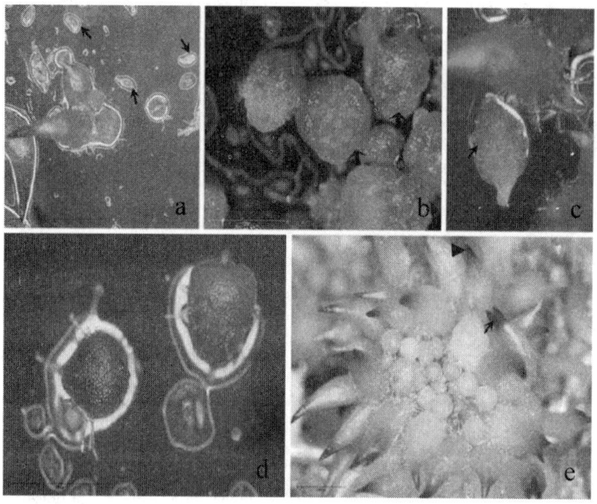

图 3-1　石斛(*Dendrobium nobile*)的种子萌发与幼苗形成(Vasudevan & van Staden，2010)

Fig. 3-1　Seed germination and seedling formation of *Dendrobium nobile*

a. 吸水种子具有膨胀的胚胎(时期 1)，包被在种皮内　b. 膨胀胚胎突破种皮(时期 2)　c. 具假根的原球茎(时期 3)　d. 具突出茎尖和假根的原球茎(时期 4)　e. 具有一片(时期 5)或两片(时期 6)真叶的幼苗

a，标尺 = 10 μm；b ~ e，标尺 = 1000 μm

需要指出的是，国外学者一般将兰科植物的种子萌发与幼苗形成划为时期 1、时期 2、时期 3、时期 4、时期 5、时期 6(图 3-1)。也有学者将膨胀胚胎变绿之前的阶段称为时期 0(图 3-2)。不同的兰科植物因其生物学特性不同，发育阶段也会有所差异。另外，需要指出的是关于原球茎的概念。在文献中，一般将吸水膨胀之后到第一片真叶形成之前近球形的绿色胚胎称为原球茎(protocorm)。此外，根据形态学观察，假根的形成与原球茎的极性有关。假根一般着生在茎尖突起相反的位置，即形态学下端，至少在形态学下端，假根更密集(Udomdee et al.，2014)。在根形成之后，假根便消失，因此，假根可能在幼苗形成早期起营养吸收功能。最初形成的原球茎，还可以产生次生原球茎(secondary protocorms)(Hossain et al.，2013)。

有关石斛属植物的种子萌发与幼苗形成的形态学基础，国内研究不多，目前的报

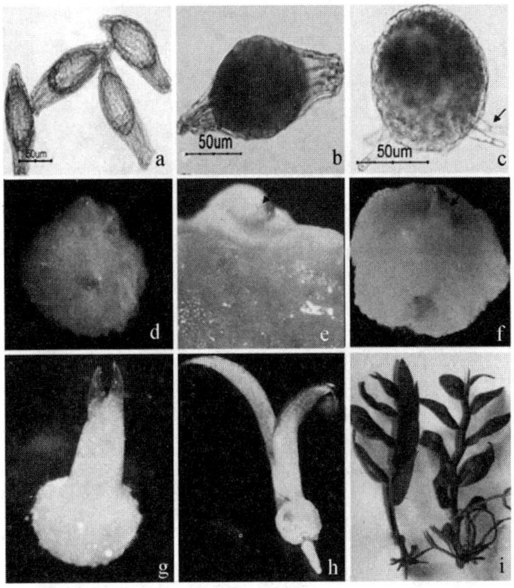

图 3-2 兜唇石斛(*D. aphyllum*)的种子萌发与幼苗形成(Hossain et al., 2013)

Fig. 3-2 Seed germination and seedling formation of *Dendrobium aphyllum*

a. 成熟种子 b. 培养两周后膨胀的胚胎(时期 0) c. 具叶绿素的薄壁组织性质块状或球状物(时期 1) d. 原球茎(时期 2) e、f. 具有突起的原球茎(时期 3) g. 从突起位置发育出真叶(时期 4) h. 基部形成根(时期 5) i. 完整幼苗

道仅有少数几个种，如大苞鞘石斛(陈娜等，2013)。

3.2 拟原球茎与植株再生

拟原球茎(protocorm-like bodies，PLBs)是由 G M Morel 于 1960 年在兰属植物茎尖培养过程中发现的结构，该再生结构类似于原球茎的生长与结构特征，拟原球茎因此而得名(Lee et al.，2013)。拟原球茎的形态因发育时期不同而异。早期的拟原球茎一般呈球形，具有外层排列整齐的原表皮，基部与外植体组织或愈伤组织连接处收缩。拟原球茎萌发时，茎尖先突起；然后，拟原球茎伴随叶的形成；最后形成根，完成幼苗的形态建成(图 3-3)。在光照条件下，拟原球茎一般呈绿色或黄绿色(图 3-4)。

从愈伤组织经拟原球茎到植株形成的过程，可划分为愈伤组织再生(callogenesis)、胚胎发生(embryogenesis)和器官发生(organogenesis)3 个阶段(Rafique et al.，2013)。这里所指的胚胎发生，是指体细胞胚胎发生。现已报道多种石斛的快速繁殖经历这 3 个阶段，如流苏石斛(Roy & Banerjee，2003)、鼓槌石斛(Roy et al.，2007)、铁皮石斛(Zhao et al.，2008)和霍山石斛(Lee & Chen，2014)。也有报道，从茎叶外植体可以直接形成拟原球茎。例如，在细胞分裂素的作用下，叶子可以通过直接体胚发生途径，形成初生体胚；初生体胚有时形成次生体胚(Chung et al.，2005；Chung et al.，2007)。在噻苯隆(thidiazuron，TDZ)或 N_6-苄氨基嘌呤(N_6-benzylaminopurine，BAP)的作用下，茎尖可以直接形成拟原球茎(Roy et al.，2007)。

在木石斛(*D. crumenatum*)中还观察到愈伤组织可以直接进行器官发生产生植株

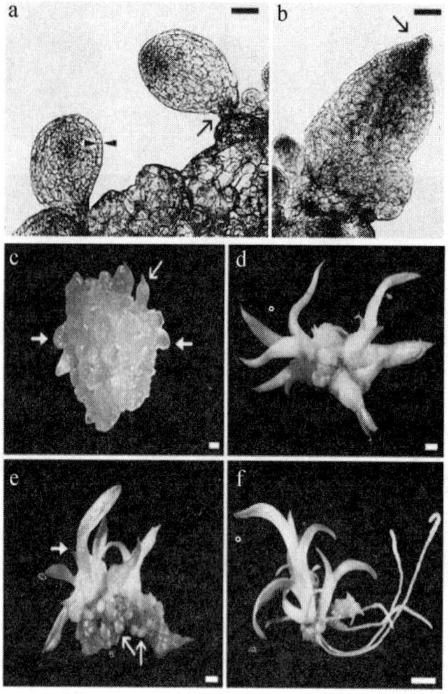

图 3-3 拟原球茎萌发与幼苗形成(Roy et al., 2007)

Fig. 3-3 Germination and seedling formation of protocorm-like bodies

a. 愈伤组织起源的拟原球茎：▶指原表皮，→指基部收缩的柄 b. 拟原球茎茎尖原基的分化：→指茎尖原基 c. 胚性愈伤组织与拟原球茎发育早期：➡指无茎尖突起，→指有茎尖突起 d. 拟原球茎伸长与叶子发育 e. 块状愈伤组织上异步发育的拟原球茎：➡指小植株，→指球形拟原球茎 f. 拟原球茎发育成具根系的植株

a，b，标尺 =0.25 mm；c~f，标尺 =2 cm

图 3-4 4 种石斛的拟原球茎(Winarto et al., 2013)

Fig. 3-4 Protocorm-like bodies of four *Dendrobium* Species

a. 石斛品种‘索尼娅 28’(*D.* sonia-28)，标尺 =5 mm(Julkiflee et al., 2014) b. 霍山石斛(*D. huoshanense*)，标尺 =1.2 cm(Lee & Chen, 2014) c. 铁皮石斛(*D. candidum* = *D. officinale*)，标尺 =2.7 mm(Lin et al., 2011) d. 石斛品种‘扎赫拉 FR62’(*D.* ‘Zahra FR 62’)

(Meesawat & Kanchanapoom，2002)。以茎为外植体，形成的愈伤组织，后续发育路径有两条：①体胚发生途径：愈伤组织块的表皮和亚表皮组织，产生染色深的分生组织，形成瘤状紧密结构，再发育成球形胚或胚状结构，然后形成拟原球茎；②器官发生途径：观察到独立起源的叶原基，然而叶原基是从茎上产生的。因此，愈伤组织是否能直接完成营养器官的发育，仍需进一步观察。

3.3 体胚发生的组织学与细胞学特征

兰科植物的拟原球茎即体胚，拟原球茎形成过程即体胚发生过程，蝴蝶兰的拟原球茎发育研究证实了这一观点(Lee et al.，2013)。其发育过程如下：①愈伤组织中的易碎松散胚性细胞，形成显著的核，核周围有淀粉粒，细胞质中形成明显的大液泡(图 3-5a)。②胚性细胞行第一次有丝分裂，形成两个不等细胞(图 3-5b)。③较小的顶细胞，形成所谓“原球茎本体”，由其发育成拟原球茎(图 3-5c～h)。④较大的基细胞分裂次数较少，其子细胞仍然液泡化(图 3-5d～f)。蝴蝶兰合子胚的发育过程具有以下特点：①在球形胚早期，胚细胞液泡化，有细小淀粉粒(图 3-6a)。②在球形胚时期，形成原球茎表皮，胚本体细胞具有大小梯度，细胞仍然液泡化，细胞核周围淀粉粒更多(图 3-6b)。③当球形胚内部细胞停止分裂时，贮藏物质开始消失(图 3-6c)。④在胚成熟早期，淀粉粒仍然丰富，大液泡被小液泡所取代，小液泡中开始有蛋白质积累(图 3-6c)。⑤在种子成熟期，胚细胞质浓，具丰富蛋白质沉淀。

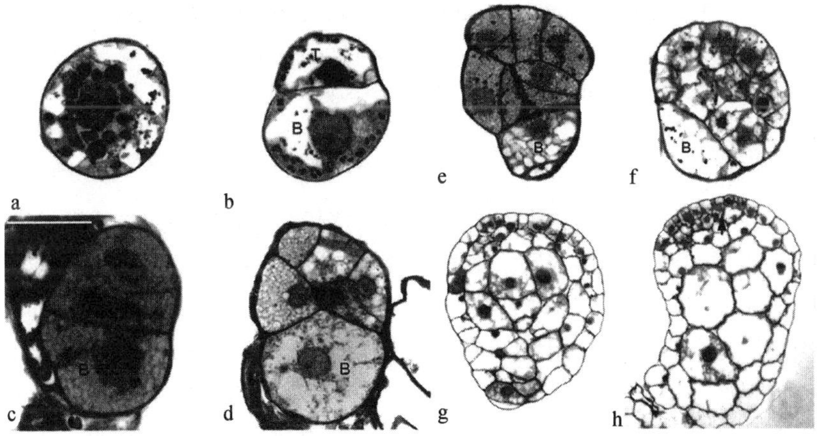

图 3-5 蝴蝶兰品种(*Phalaenopsis* ‘Taisuco Yellow’)愈伤组织形成拟原球茎的组织学观察

(Lee et al.，2013)

Fig. 3-5 Histological observation of protocorm-like bodies developed from callus of *Phalaenopsis* ‘Taisuco Yellow’

a. 松散愈伤组织中分离的单细胞，具有显著的细胞核，核周围积累淀粉粒 b. 2-细胞拟原球茎，顶细胞(T)小，基细胞(B)大，淀粉粒尚存 c. 3-细胞拟原球茎，小液泡取代大液泡，细胞质小泡状，淀粉粒消失 d. 顶细胞继续分裂，基细胞不分裂、具有大液泡，顶端细胞细胞质维持小泡状 e. 经垂周、平周分裂后膨大的拟原球茎，顶部细胞细胞质维持小泡状 f. 继续膨大的拟原球茎，细胞质有大液泡，拟原球茎内部细胞体型更小 g. 成形的拟原球茎，表皮细胞比内部细胞更小 h. 进一步膨胀的拟原球茎，细胞大小有明显梯度，细胞质浓的细胞标志着茎极出现(箭头)。a～c，标尺 = 30 μm；d，标尺 = 10 μm；e，标尺 = 25 μm；f，标尺 = 60 μm；g，标尺 = 150 μm；h，标尺 = 150 μm

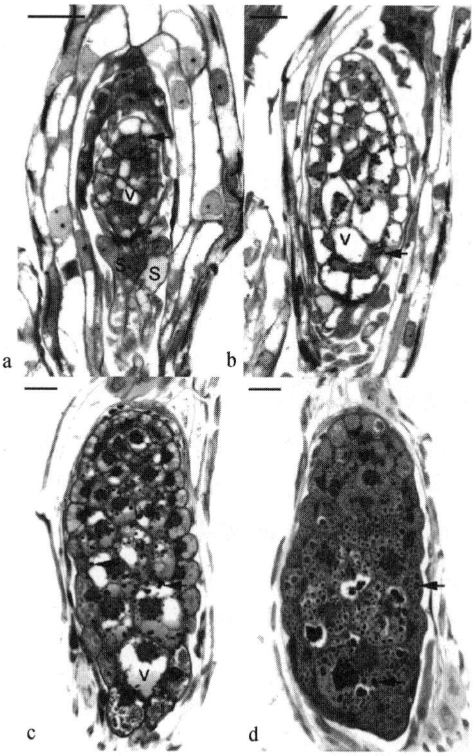

图 3-6 蝴蝶兰品种(*Phalaenopsis* 'K678')人工授粉产生合子胚的组织学观察(Lee et al., 2013)

Fig. 3-6 Histological observation of zygotic embryos from *Phalaenopsis* 'K678' under hand pollination

a. 早期球形胚，具有发育完好胚柄(S)，胚细胞液泡化，细胞质具有小型淀粉粒(箭头) b. 膨大的胚，具有明显的表皮，细胞高度液泡化并具有淀粉 c. 球形胚内细胞停止分裂，贮藏物开始出现，大液泡被小液泡和蛋白体(箭头)取代 d. 种子成熟，胚细胞中有大量蛋白体(箭头)。标尺 = 20 μm

有关石斛属植物体胚发生的组织学与细胞学观察，报道不多，因而，目前还未获得类似蝴蝶兰那样的细致观察结果。根据台湾学者报道(Chung et al., 2007)，石斛品种'粉清迈'('Chiengmai Pink')叶外植体可直接形成体胚。其过程如下：①叶上表皮细胞或由叶肉细胞分化形成分生组织细胞；②观察到球形胚；③球形胚分化形成顶端分生组织；④成熟胚具有第一片真叶和维管组织。有时，初生体胚还可产生次生体胚。铁皮石斛拟原球茎结构和发生的组织学观察也有报道(张启香，方炎明，2006；张启香等，2009)。西南交通大学的王万军研究组，也报道了铁皮石斛体胚发生过程中的组织学特征(Zhao et al., 2007)。其他还有石斛品种'索尼亚-28'(*D.* 'sonia-28')的报道(Poobathy et al., 2013)。

褐化现象是兰科植物植株再生的限制因子之一，它会造成再生能力的丧失和细胞死亡。研究发现，褐化的愈伤组织呈现细胞排列疏松、主要细胞器变形、核被膜破损、线粒体功能失调、小泡填充单宁和叶绿体泡肿等现象，超微结构解体涉及细胞核、线粒体和叶绿体，以酶氧化褐变为典型特征(Kaewubon et al., 2015)。

3.4 体胚发生的生化与分子基础

关于体胚发生过程中的生化变化，报道不多。有学者比较研究了金耳石斛(*D. hookerianum*)种子萌发形成原球茎以及腋芽诱导拟原球茎的过程，分析了蛋白质含量，以及多酚氧化酶(polyphenol oxidase，PPO)、过氧化物酶(peroxidase，POX)和过氧化氢酶(catalase，CAT)活性(Paul et al.，2014)。两个培养体系分为4个发育时期：Ⅰ期：发育中的原球茎和拟原球茎(培养后2~3周)；Ⅱ期：原球茎和拟原球茎出现突起的营养顶端(培养后4~5周)；Ⅲ期：原球茎和拟原球茎出现叶原基(培养后6~7周)；Ⅳ期：原球茎和拟原球茎出现根原基(培养后8~10周)。试验结果得到两个结论：①不同时期拟原球茎的蛋白质含量和酶活均高于原球茎；②蛋白质含量、POX、CAT酶活随发育时期持续上升，在Ⅳ期达到高峰，而PPO升高到Ⅲ期达到峰值后下降。另一项研究则揭示了拟原球茎转化过程中多胺(PAs)的生理作用(Wang et al.，2009)。在霍山石斛拟原球茎萌发过程中，内源亚精胺(Spd)和腐胺(Put)水平提高；添加2.0 mM的Spd或Put，不仅提高内源PAs水平，而且促进拟原球茎萌发；伴随细胞分裂素(CTKs)对吲哚-3-乙酸(IAA)比率的提高，其原因是IAA的降低和CTKs的提高，相应地细胞分裂素氧化酶的降解作用受抑制，而IAA氧化酶的降解作用受到促进；添加PAs抑制剂，则抑制拟原球茎萌发，降低细胞分裂素对IAA的比率和Spd或Put水平。上述有关拟原球茎转化过程中多胺(PAs)的生理作用，在铁皮石斛中得到了证实(Wei et al.，2010)。

细胞周期蛋白依赖性激酶(Cyclin-dependent kinases，CDKs)在生物胚胎发育与后胚胎发育过程中细胞周期调控起着重要作用。为了揭示铁皮石斛胚胎发生调控中CDKs的分子机制，采用3′RACE -PCR技术鉴定了该物种的A型*CDK*基因，命名为*Denca*；*CDKA*；1；实时定量PCR分析表明，*Denca*；*CDKA*；1转录水平，以拟原球茎最丰富(4.76倍)，从高到低依次是根(4.19倍)、种子(2.57倍)和茎(1.57倍)(Zhang et al.，2012)。另一项石斛发育的分子基础研究涉及植物特有的"*no apical meristem*"基因，该基因家族是转录因子，在植物发育与胁迫响应中扮演多样的角色；作者对铁皮石斛*DcNAC*基因进行了克隆和表达分析，结果显示在拟原球茎中检测到高水平的*DcNAC* mRNA(Zhao et al.，2011)。此外，在铁皮石斛中还鉴定了甘露聚糖生物合成相关基因(He et al.，2015)。研究者还克隆了2个糖基转移酶基因*DoGAUT*1和*DoPGSIP*6，进行了不同昼夜温差下的表达分析(张春柳，赖钟雄，2015)。该研究组还采用同源克隆的方法，成功得到了铁皮石斛*Do-HDR*基因的全长，并通过qPCR对其相对表达量进行分析(林艳君，赖钟雄，2015)。虽然目前对于石斛体胚发生的分子机制研究尚不够深入，但为今后进一步的研究奠定了基础。

3.5 影响体胚发生的因子

(1)基本培养基

石斛属植物的培养基类型相当丰富。现已知的基本培养基有KC(Knudson C)、M

(Mitra et al.)、MS(Murashige & Skoog)、1/2MS、NP(New Phalaenopsis)、PM(Phytamax, Sigma Chemical Co. USA)和 VW(Vacin & Went)等。不同培养基对植株再生有显著影响(Akter et al., 2007)。不同石斛植物，其最佳培养基可能也不同。如兜唇石斛(*D. aphyllum*)以 PM 培养基最好(Hossain et al., 2013)，而霍山石斛则多采用 1/2 MS 为基本培养基(Lee & Chen, 2014)。不同的培养目标或发育阶段，最佳基本培养基也可能不同。例如，在聚石斛(*D. aggregatum* = *D. lindleyi*)的微繁殖过程中，种子萌发培养以 PM 培养基为佳；次生原球茎诱导，以添加 2.0 mg/L BAP + 1.0 mg/L NAA 的 MS 培养基为佳；由假鳞茎(pseudobulb)诱导多枝芽(multiple shoot buds)，以 MS +2.0 mg/L BAP + 0.5 mg/L 毒莠定(picloram)培养基为佳；生根培养，以 MS + 0.5 mg/L IAA 培养基为佳(Hossain et al., 2014)。

(2)有机添加物

蛋白胨、香蕉匀浆、番茄匀浆、椰子汁、马铃薯汁、番木瓜汁、玉米汁和活性炭都可以成为石斛组培中的有机添加物。不同的有机添加物对植株再生有显著影响(Akter et al., 2007)。在兜唇石斛植株再生过程中，有机添加物蛋白胨比活性炭效果更好(Hossain et al., 2013)。对于石斛品种‘Alya Pink’拟原球茎增殖，椰子汁是最好的有机添加物，而香蕉或番茄匀浆则无效(Nambiar et al., 2012)。另一项石斛器官发生试验表明，马铃薯汁、番木瓜汁、玉米汁均可作为有机添加物，但马铃薯汁最好(Parvin et al., 2014)。香蕉汁的添加，有利于喇叭唇石斛(*D. lituiflorum*)同步苗的形成(Vyas et al., 2011)。

(3)植物生长调节物质

在石斛组织培养中常用的植物生长调节物质有两类。一类是生长素，如 2,4-二氯苯氧乙酸(2,4-D)、吲哚-3-乙酸(IAA)、吲哚-3-丁酸(IBA)和萘乙酸(NAA)等。另一类是细胞分裂素，如 N^6-异戊烯基腺嘌呤(2IP)、N^6-苄基腺嘌呤(BA)、6-糠胺嘌呤(激动素)(KT)、1-苯基-3-(1,2,3-噻二唑-5-基)-脲(TDZ)和 6-反式-4-羟基-3-甲基-丁-2-烯基氨基嘌呤(玉米素)(ZA)等。不同的植物生长调节物质类别，对不同的生长发育事件的作用不同，因而，是影响石斛组培成败的关键因素。石斛品种‘粉清迈’(*D.* ‘chiengmai pink’)叶外植体诱导直接体胚发生试验表明，细胞分裂素(2IP、BA、KT、TDZ 和 ZA)促进叶外植体直接体胚发生，而生长素(2,4-D、IAA、IBA 和 NAA)抑制叶外植体直接体胚发生；在光照和 18.16mM TDZ 条件下，叶外植体直接体胚发生频率最高(Chung et al., 2005)。多胺(PAs)，如腐胺(Put)、亚精胺(Spd)和精胺(Sp)，是新确认的植物激素。研究发现，在 MS 培养基上添加 0.4mM 腐胺，可以促进石斛拟原球茎的形成，而亚精胺和精胺对拟原球茎形成无促进效果(Saiprasad et al., 2004)。

(4)碳源

现已报道，甘露醇、半乳糖、山梨糖醇、葡萄糖、蔗糖和果糖等多种物质，均可作为石斛组培的碳源。对于不同的石斛物种，促进拟原球茎生长的碳源不同。如葡萄糖、果糖和蔗糖有效地促进石斛品种‘Alya Pink’拟原球茎生长，而半乳糖、甘露醇和山梨糖醇则不能有效促进拟原球茎生长(Nambiar et al., 2012)。糖浓度对石斛的愈伤组织发生、胚胎发生和器官发生也有显著影响(Rafique et al., 2013)。

(5)光照

对铁皮石斛的研究表明，在黑暗、荧光灯白光(FW)、红色发光二极管(red light-emitting diodes，LEDs)、蓝色LED、50%红色+50%蓝色LED(RB 1:1)、67%红色+33%蓝色LED(RB 2:1)和33%红色+67%蓝色LED(RB 1:2)7种光照条件下，蓝色LED和33%红色+67%蓝色LED对于拟原球茎萌发效果好，萌发率高，分枝多，叶绿素和类胡萝卜素含量高(Lin et al.，2011)。

(6)温度

有关石斛组培过程中温度的控制，研究报道不多。霍山石斛拟原球茎萌发的最合适激素为20 mM KT + 10 g/L麦芽糖，10℃冷藏1~2周显著提高拟原球茎萌发率(Luo et al.，2009)。

3.6 体胚发生相关技术

(1)种子无菌萌发技术

在前文已经描述，不再赘述，进一步的信息可以参见表3-1。

表3-1 国产石斛属(*Dendrobium*)植物微繁殖研究概况*

Tab. 3-1 Micropropagation research overview of Chinese *Dendrobium* species

植物名称	试验材料及文献
钩状石斛(*D. aduncum*)	种子(罗玉婷等，2014)
兜唇石斛(*D. aphyllum*)	种子(杜刚等，2012；Hossain et al.，2013)
长苏石斛(*D. brymerianum*)	茎段(张莹等，2008)
束花石斛(*D. chrysanthum*)	种子(史永锋等，2005)
鼓槌石斛(*D. chrysotoxum*)	种胚(徐红，刘峻，2001)
玫瑰石斛(*D. crepidatum*)	种胚苗茎节或茎段(白音等，2006)
木石斛(*D. crumenatum*)	愈伤组织(Meesawat & Kanchanapoom，2002；Kaewubon et al.，2015)
齿瓣石斛(*D. devonianum*)	种子(高燕等，2010)
流苏石斛(*D. fimbriatum*)	种子、茎段(黄勇，2010；莫昭展，王云波，2013)
曲茎石斛(*D. flexicaule*)	种子(杨联河，何俊彦，1998)
滇桂石斛(*D. guangxiense*)	成熟种胚(包英华等，2008)
细叶石斛(*D. hancocki*)	原球茎(莫昭展等，2007)
疏花石斛(*D. henryi*)	种子(刘石泉，2008)
重唇石斛(*D. hercoglossum*)	种子(刘勇，刘贤旺，2004)
尖刀唇石斛(*D. heterocarpum*)	茎段(李媛等，2013)
金耳石斛(*D. hookerianum*)	种子、带节茎段(Paul et al.，2014)
霍山石斛(*D. huoshanense*)	茎段(金青等，2008；金青等，2009；李蕤等，2011)、细胞悬浮液(李蕤等，2011)、腋芽、不定芽、原球茎(秦自清等，2008)
聚石斛(*D. lindleyi*)	种子、茎段(Hossain et al.，2014)
喇叭唇石斛(*D. lituiflorum*)	成熟种胚(常俊等，2004；Vyas et al.，2011)
美花石斛(*D. loddigesii*)	原球茎(包英华等，2007)
罗河石斛(*D. lohohense*)	带芽茎段(韦莹等，2010)
长距石斛(*D. longicornu*)	种子(莫昭展，梁泽华，2007)

（续）

植物名称	试验材料及文献
细茎石斛(*D. moniliform*)	种子、茎段(田雪琪，张铁，2007)
杓唇石斛(*D. moschatum*)	人工授粉种子(黄卫昌等，2010)
石斛(*D. nobile**)	原球茎(蒋波等，2007；张宇斌等，2013)
肿节石斛(*D. pendulum*)	成熟种子(霍丽丽等，2010)、茎段(李媛等，2013)
铁皮石斛(*D. officinale*)	原球茎悬浮液(韩晓红等，2010)
报春石斛(*D. primulinum*)	茎段(张莹等，2009；李媛等，2013)
梳唇石斛(*D. strongylanthum*)	成熟种子(孔琼等，2006)
球花石斛(*D. thyrsiflorum*)	种子(王莲辉等，2007)
翅梗石斛(*D. trigonopus*)	种子(潘佳，敖金成，2014)
大苞鞘石斛(*D. wardianum*)	种子(王伟等，2008；陈娜等，2013；卓孝康等，2014)
广东石斛(*D. wilsonii*)	幼芽(付志惠等，2006)

*　金钗石斛(*D. nobile*) = 石斛(*D. nobile*)，铁皮石斛(*Dendrobium candidum*) = 铁皮石斛(*D. officinale*)，*D. aggregatum* = 聚石斛(*D. lindleyi*)。

(2)茎叶薄切片培养技术

石斛品种‘维多利亚’(*D. malones* ‘Victory’)可以通过愈伤组织或叶细胞等多途径来进行快繁，以叶子薄切片为外植体，在优化的培养基和激素配比条件下，可获得高频率的再生植株(Anjum et al.，2006)。茎薄切片培养技术则在铁皮石斛(*D. candidum* = *D. officinale*)中得到应用(Zhao et al.，2007)，以 1/2MS 为基本培养基，添加 2% 蔗糖、1.2 mg/L NAA 和 1.2 mg/L 6 - BA，是最佳的茎再生培养基，经生根培养和炼苗，成功地获得了再生植株。

(3)冷冻保存与人工种子技术

冷冻保存技术在动物胚胎、动植物种质资源保存等方面已经得到广泛应用。该技术在石斛拟原球茎保存方面也已开始应用。石斛品种‘索尼亚-28’(*Dendrobium* ‘sonia-28’)冷冻保存已进行试验研究，试验证明，采用包埋—玻璃化法(encapsulation-vitrification)短期保存拟原球茎是可行的(Ching et al.，2012)。采用包埋—脱水法(encapsulation-dehydration)和包埋—玻璃化法，实现了铁皮石斛(Yin & Hong，2009)、石斛(*D. nobile*)(Mohanty et al.，2012)和束花石斛(*D. chrysanthum*)(Mohanty et al.，2013)的冷冻保存。另外，以铁皮石斛原球茎为包埋体制作的人工种子也获得成功(张桂芳等，2011)，以腋芽、原球茎、不定芽为繁殖体制作的霍山石斛人工种子也宣告获得成功(秦自清等，2008)。这些试验案例为进一步开展石斛的种质资源保存奠定了重要基础。

(4)生物反应器培养技术

延边大学长白山生物资源与功能分子教育部重点实验室，利用气升式生物反应器培养铁皮石斛原球茎，获得成功，研究组建立了 3 L 气升式生物反应器培养体系，优化了培养时期、接种量、光照强度和通气量，检测了原球茎增殖生长和多糖及石斛碱积累，得出结论：铁皮石斛原球茎生物反应器培养是大量快速生产多糖和石斛碱的有效途径(姚睿等，2012；魏楠楠等，2014)。石斛品种‘扎赫拉 FR62’(‘Zahra FR 62’)是一个杂交品种，选择其茎段作为外植体进行拟原球茎诱导，培养基为 1/2MS + 1 mg/L

TDZ + 0.5 mg/L BA；拟原球茎增殖与生长最佳方案为500 mL 商用生物反应器(Schott，Duran，Germany)进行液体培养，并优化了相关参数和条件(Winarto et al.，2013)。

(5)快速繁殖技术体系

对于霍山石斛，从愈伤组织诱导到植株再生技术流程已经建立，以1/2 MS 培养基为基本培养基，主要技术步骤和要点如下：①愈伤组织诱导：根尖外植体，1 mg/L 2，4-D +1 mg/L TDZ，培养3 个月；②愈伤组织增殖：上述培养基培养1 个月；③拟原球茎诱导：2 mg/L NAA + 1 mg/L BA，培养2 个月；④小植株转化：0.1 mg/L IBA，培养4 个月(Lee & Chen，2014)。流苏石斛(*Dendrobium fimbriatum* var. *oculatum*)的植株再生技术也已建立，优化了外植体的选择、胚性愈伤组织诱导、愈伤组织维护与拟原球茎再生、腋芽增殖、生根及炼苗等技术环节(Roy et al.，2003)。国产石斛74 种和2 变种，现有33 种石斛已经开展了微繁殖研究(表3-1)，已研究的种占43%，表明石斛是组织培养的研究热点，也表明我国石斛快速繁殖技术已经走在世界前列。

综上所述，石斛属植物的体胚发生过程，形态学观察已经比较系统完整，组织学与细胞学观察相对薄弱，生化与分子生物学探索相对滞后。石斛的微繁殖技术、冷冻保存与人工种子技术、生物反应器培养技术的开发，已经具备良好基础，为石斛的产业化奠定了坚实基础。预期未来的研究工作将会在形态、细胞和分子不同水平上来探讨石斛的体胚发生与拟原球茎形成过程，技术研发方面将会整合、集成石斛快繁、保存、利用的技术体系。

参考文献

白音，包英华，王文全，等. 2006. 玫瑰石斛的组织培养及快速繁殖[J]. 植物生理学通讯，42(5)：903-903.

包英华，白音，何清清. 2007. 美花石斛原球茎增殖及分化的研究[J]. 安徽农业科学，35(3)：675-677.

包英华，白音，彭晓云. 2008. 滇桂石斛的离体培养和植株再生[J]. 植物生理学通讯，44(2)：290.

常俊，丁小余，保曙琳，等. 2004. 喇叭唇石斛组织培养的研究[J]. 中国中药杂志，29(4)：313-317.

陈娜，方炎明，程磊. 2013. 大苞鞘石斛种子萌发过程中形态变化研究[J]. 安徽农业科学(3)：1038-1040.

杜刚，来天超，杨海英. 2012. 兜唇石斛的组织培养研究[J]. 北方园艺(8)：140-141.

付志惠，李洪林，杨波. 2006. 广东石斛的组织培养[J]. 植物生理学通讯，41(4)：491-491.

高燕，李守岭，白燕冰，等. 2010. 齿瓣石斛组织培养技术研究[J]. 热带农业科技，33(2)：23-25.

韩晓红，段春红，阎贺静，等. 2010. 铁皮石斛原球茎液体悬浮培养研究进展[J]. 安徽农业科学(20)：10570-10572.

黄卫昌，殷丽青，胡永红，等. 2010. 杓唇石斛的种子培养与扩繁[J]. 植物生理学报(11)：1185-1186.

黄勇. 2010. 流苏石斛组织培养体系研究[J]. 安徽农业科学(2)：627-628.

霍丽丽，潘会堂，张启翔. 2010. 肿节石斛的无菌播种和快速繁殖[J]. 植物生理学报(12)：1269-1270.

蒋波，陶李华，梁泽华，等. 2007. 金钗石斛茎段诱导原球茎增殖的研究[J]. 玉林师范学院学报，27

(5)：70－74.

金青，马绍望，蔡永萍，等．2009. 霍山石斛类原球茎诱导及其发育过程研究[J]. 园艺学报，36(10)：1525－1530.

孔琼，袁盛勇，查应洪，等．2006. 梳唇石斛成熟胚的离体培养和植株再生[J]. 植物生理学通讯，41(5)：644－645.

李蕤，谭晓芳，陈群，等．2011. 霍山石斛细胞悬浮培养及条件优化[J]. 中草药，42(2)：358－362.

李媛，朱丹红，潘会堂，等．2013. 3 种石斛兰以茎段为外植体的离体快繁技术[J]. 东北林业大学学报，41(8)：77－81.

林艳君，赖钟雄．2015. 铁皮石斛 HDR 基因克隆及真菌诱导子对其表达和生物碱含量的影响[J]. 热带作物学报，36(4)：680－686.

刘石泉．2008. 疏花石斛的组织培养和快速繁殖(简报)[J]. 亚热带植物科学，37(4)：57－58.

刘勇，刘贤旺．2004. 重唇石斛种子试管苗培养简报[J]. 江西中医学院学报，16(1)：54－56.

罗玉婷，蓝玉甜，黄岚，等．2014. 钩状石斛组织培养技术研究[J]. 安徽农业科学，42(21)：6931－6933.

莫昭展，梁泽华．2007. 外源激素对长距石斛种子的发芽及原球茎增殖的影响[J]. 安徽农业科学，35(30)：9568－9570.

莫昭展，王云波．2013. 流苏石斛原球茎诱导初步探究[J]. 玉林师范学院学报，33(5)：45－50.

莫昭展，林凤华，韦江萍．2007. 细叶石斛原球茎和丛生芽增殖的研究[J]. 玉林师范学院学报，28(3)：61－64.

潘佳，敖金成．2014. 翅梗石斛组织培养与快繁技术(简报)[J]. 亚热带植物科学，43(1)：84－85.

秦自清，赵婷，邱婧，等．2008. 霍山石斛人工种子包埋繁殖体和萌发[J]. 生物工程学报，24(5)：803－809.

史永锋，付开聪，张宁，等．2005. 束花石斛快繁育苗技术的研究[J]. 中草药，36(3)：438－441.

田雪琪，张铁．2007. 细茎石斛组织培养研究[J]. 文山师范高等专科学校学报，20(3)：114－116.

王莲辉，朱玉琴，姜运力，等．2007. 球花石斛的组织培养与快速繁殖[J]. 植物生理学通讯，43(5)：894－895.

王伟，黄卫昌，金荷仙，等．2008. 大苞鞘石斛的离体培养与快速繁殖[J]. 植物生理学通讯，44(5)：959－960.

韦莹，李力，张占江，等．2010. 罗河石斛的组织培养与快速繁殖[J]. 植物生理学报(12)：1257－1258.

魏楠楠，姚睿，李阳，等．2014. 几种因素对反应器铁皮石斛原球茎生长及有效物质的影响[J]. 北方园艺(14)：156－159.

徐红，刘峻．2001. 鼓槌石斛组织培养研究[J]. 中国中药杂志，26(6)：378－381.

杨联河，何俊彦．1998. 曲茎石斛组织培养研究[J]. 中国中药杂志，23(11)：658－659.

姚睿，朴炫春，李铁军，等．2012. 利用气升式生物反应器培养铁皮石斛原球茎[J]. 中国中药杂志，37(24)：3763－3767.

张春柳，赖钟雄．2015. 铁皮石斛原球茎 *DoGAUT1* 和 *DoPGSIP6* 基因的克隆及其在不同昼夜温差下的表达分析[J]. 热带作物学报，36(3)：456－465.

张桂芳，黄松，刘宏源，等．2011. 铁皮石斛人工种子制作及影响因素研究[J]. 中草药，42(9)：1812－1816.

张启香，方炎明．2006. 铁皮石斛组织培养及试管苗营养器官和原球茎的结构观察[J]. 西北植物学报，25(9)：1761－1765.

张启香，付素静，方炎明，等．2009. 铁皮石斛拟原球茎的发生过程[J]. 浙江林学院学报，26(3)：

444 - 448.

张莹，王雁，李振坚. 2008. 长苏石斛的组织培养[J]. 中国花卉园艺(15)：96.

张莹，王雁，李振坚. 2009. 报春石斛再生体系的建立[J]. 浙江林学院学报，26(4)：603 - 606.

张宇斌，乙引，陈训，等. 2013. 液体悬浮培养诱导金钗石斛原球茎增殖的研究[J]. 贵州师范大学学报(自然科学版)，30(6)：8 - 11.

郑晓君，叶静，管常东，等. 2010. 兰科植物种子萌发研究进展[J]. 北方园艺(19)：206 - 209.

卓孝康，兰思仁，彭东辉，等. 2014. 大苞鞘石斛胚组织培养及植株再生研究[J]. 福建林学院学报，34(4)：289 - 296.

AKTER S, NASIRUDDIN K M, KHALDUN A B M. 2007. Organogenesis of *Dendrobium* orchid using traditional media and organic extracts[J]. Journal of Agriculture & Rural Development, 5(1): 30 - 35.

ANJUM S, ZIA M, CHAUDHARY F. 2006. Investigations of different strategies for high frequency regeneration of *Dendrobium malones* 'Victory'[J]. African Journal of Biotechnology, 5(19): 1738 - 1743.

CHING L P, ANTONY J J J, POOBATHY R, et al. 2012. Encapsulation-vitrification of *Dendrobium* sonia-28 supported by histology[J]. Plant Omics Journal, 5(4): 345 - 350.

CHUNG H H, CHEN J T, CHANG W C. 2005. Cytokinins induce direct somatic embryogenesis of *Dendrobium* chiengmai pink and subsequent plant regeneration[J]. In Vitro Cellular & Developmental Biology-Plant, 41(6): 765 - 769.

CHUNG H H, CHEN J T, CHANG W C. 2007. Plant regeneration through direct somatic embryogenesis from leaf explants of *Dendrobium*[J]. Biologia Plantarum, 51(2): 346 - 350.

DA SILVA J A T, CARDOSO J C, DOBRÁNSZKI J, et al. 2015. *Dendrobium* micropropagation: a review [J]. Plant Cell Reports, 34(5): 671 - 704.

HE C, ZHANG J, LIU X, et al. 2015. Identification of genes involved in biosynthesis of mannan polysaccharides in *Dendrobium officinale* by RNA-seq analysis[J]. Plant Molecular Biology, 88(3): 219 - 231.

HOSSAIN M M, SHARMA M, PATHAK P. 2013. In vitro propagation of *Dendrobium aphyllum*(Orchidaceae)-seed germination to flowering[J]. Journal of Plant Biochemistry and Biotechnology, 22(2): 157 - 167.

HOSSAIN M M. 2014. In vitro Embryo Morphogenesis and Micropropagation of *Dendrobium aggregatum* Roxb [J]. Plant Tissue Culture and Biotechnology, 23(2): 241 - 249.

JULKIFLEE A L, UDDAIN J, SUBRAMANIAM S. 2014. Efficient micropropagation of *Dendrobium* sonia-28 for rapid PLBs proliferation[J]. Emirates Journal of Food and Agriculture, 26(6): 545.

KAEWUBON P, HUTADILOK-TOWATANA N, DA SILVA J A T, et al. 2015. Ultrastructural and biochemical alterations during browning of Pigeon orchid(*Dendrobium crumenatum* Swartz) callus[J]. Plant Cell, Tissue and Organ Culture, 121(1): 53 - 69.

LEE P L, CHEN J T. 2014. Plant regeneration via callus culture and subsequent in vitro flowering of *Dendrobium huoshanense*[J]. Acta Physiologiae Plantarum, 36(10): 2619 - 2625.

LEE Y I, HSU S T, YEUNG E C. 2013. Orchid protocorm-like bodies are somatic embryos[J]. American Journal of Botany, 100(11): 2121 - 2131.

LIN Y, LI J, LI B, et al. 2011. Effects of light quality on growth and development of protocorm-like bodies of *Dendrobium officinale* in vitro[J]. Plant Cell, Tissue and Organ Culture, 105(3): 329 - 335.

LUO J P, WAWROSCH C, KOPP B. 2009. Enhanced micropropagation of *Dendrobium huoshanense* CZ Tang et SJ Cheng through protocorm-like bodies: The effects of cytokinins, carbohydrate sources and cold pretreatment[J]. Scientia Horticulturae, 123(2): 258 - 262.

MEESAWAT U, KANCHANAPOOM K. 2002. In Vitro Plant Regeneration through Embryogenesis and Organogenesis from Callus Culture of Pigeon Orchid(*Dendrobium crumenatum* Sw.)[J]. Thammasat International Journal of Science and Technology, 7(2): 9 - 17.

MOHANTY P, DAS M C, KUMARIA S, et al. 2012. High-efficiency cryopreservation of the medicinal orchid *Dendrobium nobile* Lindl[J]. Plant Cell, Tissue and Organ Culture, 109(2): 297 - 305.

MOHANTY P, DAS M C, KUMARIA S, et al. 2013. Cryopreservation of pharmaceutically important orchid *Dendrobium chrysanthum* Wall. ex Lindl. using vitrification based method[J]. Acta Physiologiae Plantarum, 35(4): 1373 - 1379.

NAMBIAR N, TEE C S, MAZIAH M. 2012. Effects of organic additives and different carbohydrate sources on proliferation of protocorm-like bodies in *Dendrobium* Alya Pink[J]. Plant Omics Journal, 5(1): 10 - 18.

PARVIN A M N, JOYA S R S D, PAUL S. 2014. Organogenesis of *Dendrobium* orchid with organic supplementations and sugar[J]. Eco-friendly Agriculture Journal, 7(07): 69 - 75.

PAUL S, KUMARIA S, TANDON P. 2014. Comparative study on the changes of proteins and oxidative enzymes occurring in protocorms and protocorm-like bodies systems of development in the orchid *Dendrobium hookerianum*[J]. Acta Physiologiae Plantarum, 36(8): 2113 - 2123.

POOBATHY R, SINNIAH U R, RATHINAM X, et al. 2013. Histology and scanning electron microscopy observations of cryopreserved protocorm-like bodies of *Dendrobium* sonia-28[J]. Turkish Journal of Biology, 37(2): 191 - 198.

RAFIQUE R, FATIMA B, USMAN M, et al. 2013. Effect of sucrose on in vitro callogenesis, embryogenesis and organogenesis of *Dendrobium sabin*[J]. International Journal of Modern Agriculture, 2(1): 43 - 47.

ROY J, BANERJEE N. 2003. Induction of callus and plant regeneration from shoot-tip explants of *Dendrobium fimbriatum* Lindl. var. *oculatum* Hk. f[J]. Scientia Horticulturae, 97(3): 333 - 340.

ROY J, NAHA S, MAJUMDAR M, et al. 2007. Direct and callus-mediated protocorm-like body induction from shoot-tips of *Dendrobium chrysotoxum* Lindl. (Orchidaceae)[J]. Plant Cell, Tissue and Organ Culture, 90(1): 31 - 39.

SAIPRASAD G V S, RAGHUVEER P, KHETARPAL S, et al. 2004. Effect of various polyamines on production of protocorm-like bodies in orchid—*Dendrobium* 'Sonia'[J]. Scientia Horticulturae, 100(1): 161 - 168.

UDOMDEE W, WEN P J, LEE C Y, et al. 2014. Effect of sucrose concentration and seed maturity on in vitro germination of *Dendrobium nobile* hybrids[J]. Plant Growth Regulation, 72(3): 249 - 255.

VASUDEVAN R, VAN STADEN J. 2010. Fruit harvesting time and corresponding morphological changes of seed integuments influence in vitro seed germination of *Dendrobium nobile* Lindl[J]. Plant Growth Regulation, 60(3): 237 - 246.

VYAS S, KAPOOR-PANDEY P, GUHA S, et al. 2011. Synchronous plantlet formation by using banana extract and in vitro hardening in orchid, *Dendrobium lituiflorum* Lindl[J]. Journal of Ornamental and Horticultural Plants, 1(3): 175 - 184.

WANG Y, LUO J P, WU H Q, et al. 2009. Conversion of protocorm-like bodies of *Dendrobium huoshanense* to shoots: the role of polyamines in relation to the ratio of total cytokinins and indole-3-acetic acidindole-3-acetic acid[J]. Journal of Plant Physiology, 166(18): 2013 - 2022.

WEI M, WEI S H, YANG C Y. 2010. Effect of putrescine on the conversion of protocorm-like bodies of *Dendrobium officinale* to shoots[J]. Plant Cell, Tissue and Organ Culture, 102(2): 145 - 151.

WINARTO B, RACHMAWATI F, SANTI A, et al. 2013. Mass propagation of *Dendrobium* 'Zahra FR 62', a new hybrid used for cut flowers, using bioreactor culture[J]. Scientia Horticulturae, 161: 170 - 180.

YIN M, HONG S. 2009. Cryopreservation of *Dendrobium candidum* Wall. ex Lindl. protocorm-like bodies by encapsulation-vitrification[J]. Plant Cell, Tissue and Organ Culture, 98(2): 179 - 185.

ZHANG G, SONG C, ZHAO M M, et al. 2012. Characterization of an A-type cyclin-dependent kinase gene from *Dendrobium candidum*[J]. Biologia, 67(2): 360-368.

ZHAO P, WANG W, FENG F S, et al. 2007. High-frequency shoot regeneration through transverse thin cell layer culture in *Dendrobium candidum* Wall Ex Lindl[J]. Plant Cell, Tissue and Organ Culture, 90(2): 131-139.

ZHAO P, WU F, FENG F S, et al. 2008. Protocorm-like body(PLB) formation and plant regeneration from the callus culture of *Dendrobium candidum* Wall ex Lindl[J]. In Vitro Cellular & Developmental Biology-Plant, 44(3): 178-185.

ZHAO P, WANG W, SUN M. 2011. Characterization and expression pattern analysis of DcNAC gene in somatic embryos of *Dendrobium candidum* Wall Ex Lindl[J]. Plant Cell, Tissue and Organ Culture, 107(1): 151-159.

作者简介

方炎明：南京林业大学生物与环境学院，博士，教授；E-mail：jwu4@njfu.edu.cn。

专题4　栎树繁殖生物技术进展*

Biotechnology Advances in Oak Tree Propagation

方炎明，廖　婧，张聪颖，虞木奎，蔡奇英

南京林业大学南方现代林业协同创新中心，生物与环境学院　江苏南京　210037

【内容提要】栎树是十分重要的森林树种。由于常规营养繁殖困难、种子繁育开花结实迟等原因，栎树的繁育问题一直未得到很好的解决。本专题总结了栎树繁殖生物技术的历史与进展，分析了栎树的体细胞胚胎从诱导到萌发的过程及机理，并且综述了欧洲栓皮栎等树种的小孢子胚胎发生技术、双单倍体培养技术、体胚遗传转化技术、人工种子技术，以及相关的遗传稳定性与变异性检测技术。本专题包含试管快繁技术、体细胞胚胎发生技术、小孢子胚胎发生及双单倍体胚胎培养技术、体胚遗传转化技术、遗传稳定性检测技术、人工种子技术6小节内容。

栎树为重要的森林植物，全球300种，分布于亚、非、欧洲；我国约60种，多为阔叶林主要树种和造林树种(郑万钧，1985)。栎树多为嘉木良材，栎材可生产薪炭和香菇，栎实可开发生物能源。然而，栎树人工林培育中存在的关键问题是：难以大规模生产种苗，培育经选择的优良种苗更困难，人工栎林生产力低。上述繁殖与育种难题是因为受到以下因素制约：结实量大小年现象明显，开花结实迟，幼年期与成年期特征相关性差，营养繁殖困难，难以建立种子园，不能连续回交获得纯系(Gingas & Lineberger，1989；Pintos et al.，2007a；Chalupa，2005)。针对这些问题，全球学者多方面开展了栎树快速繁殖与育种技术的研究。本专题将分析近年来有关栎树快速繁殖、体细胞胚胎发生、小孢子胚胎发生、体胚遗传转化、人工种子等研究方向上的进展，以期为我国的栎树快速繁殖与种质创新提供有益借鉴。

4.1　试管快繁技术

4.1.1　外植体选择

栎树的试管快繁，一般通过无菌短枝扦插和丛生芽增殖两条途径来实现。精心选择外植体是栎树培养成功的前提。外植体必须同时具备两个条件：具有增生潜力的结

---

* 部分内容已发表在《生物技术通报上》[2011(4)：60－65]。

构基础且处于无菌、健康状态，或易进行消毒处理的状态。初代培养所用外植体，通常选择具节幼嫩(或经复幼处理)的茎段，或成熟大树的带休眠芽嫩茎段等(Ostrolucka et al.，2007)。也可选择完整的胚，或去子叶后带胚芽的胚轴为外植体。而继代培养通常以伸长生长后的具节茎段为外植体，进一步诱导丛生芽(Vengadesan & Pijut，2009)。

4.1.2 消毒技术

由于栎树顶芽和茎段通常具有茸毛等附属物，对外植体进行表面消毒时，先用流水冲2 h以上，再用毛刷加洗涤剂清洗。如果以种子为外植体，则先于工作台上剥离种皮，再进行一般消毒处理。有时种子材料易褐变，则进行消毒与抗氧化复合处理。如采用多菌灵(杀菌剂)、抗坏血酸(抗氧化剂)和氯化汞3种试剂处理(Purohit et al.，2002)。另外，培养条件的控制与一般组培要求类似，采用16 h光照/8 h黑暗循环，控制25~26℃的培养温度。

4.1.3 培养基

栎树基本培养基一般为MS或WPM。茎段初代、继代增殖培养一般合用一种类型的培养基，生长调节剂以细胞分裂素和生长素为主，或两者配合使用。其中细胞分裂素以BA最为常见。赤霉素类对种子萌发有促进作用，配合使用可提高种子外植体的成功率(Chalupa，1990)。如果是胚培养，则除蔗糖外，通常还要添加其他营养物质，以满足胚胎成熟和萌发的需要。如北美红栎胚培养时，在MS基础上添加0~17.6 μmol/L的BA和0~4.5 μmol/L TDZ；或者在WPM基础上添加0~17.6 μmol/L的BA和0~2.9 μmol/L GA_3，所有培养基增加500 mg/L水解酪蛋白(Vengadesan & Pijut，2009)。生根培养一般添加一定量的IBA或NAA即可。

4.1.4 试管快繁成功的树种

迄今为止，成功开展离体快繁的栎树有南方红栎(*Quercus shumardii*)(Bennett & Davies，1986)、枹栎(*Q. serrata*)(Ide & Yamamoto，1987)、麻栎(*Q. acutissima*)(Sato et al.，1987)、大叶栎(*Q. crispula*)(Yoo，1990)、通麦栎(*Q. leucotrichophora*)(Purohit et al.，2002)、夏栎(*Q. robur*)、意大利柔毛栎(*Q. virgiliana*)与土耳其栎(*Q. cerris*)(Ostrolucka et al.，2007)、高山栎(*Q. semecarpifolia*)(Tamta et al.，2008)和北美红栎(*Q. rubra*)(Vengadesan & Pijut，2009)等。栎树快繁技术虽已成熟，但还不具备规模化生产的优化条件，栎树体细胞胚胎发生技术途径的研究应运而生。

4.2 体细胞胚胎发生技术

4.2.1 体细胞胚诱导的外植体

外植体的选择关系到体胚发生是否成功。不同外植体类型，体胚发生频率差异很大。一般地，外植体中胚性组织越多，体细胞胚诱导越高。因此，未分化胚性组织比已分化成熟组织相更易诱导体细胞胚。从现有的报道看，栎树合子胚、子叶、幼苗节间和叶片外植体，均能成功地诱导出体细胞胚。

在合子胚诱导体细胞胚胎发生方面已有多篇报道。北美红栎的幼胚，通过直接和间接的途径成功地实现无性胚胎发生和植株再生(Gingas & Lineberger，1989)。从欧洲栓皮栎未成熟的合子胚，成功诱导了体细胞胚，合子胚的心形期和早子叶期被认定为诱导体细胞胚的最佳时期(Chalupa，1990；Endemann & Wilhelm，1999)。麻栎经幼胚培养(Kim et al.，1994；Kim et al.，1997)和胚轴培养(Okamura et al.，2001)也成功诱导出体胚。从栓皮栎幼胚外植体(张存旭等，2005；Zhang et al.，2007)和北美红栎幼小子叶外植体(Vengadesan & Pijut，2009)均获得了体细胞胚。为探索麻栎快速繁殖技术新途径，廖婧等以成熟合子胚为外植体开展了诱导体胚发生试验，进一步培养形成幼苗。结果表明：体胚诱导以 MS + 1.0 mg/L 6-BA + 1.0 mg/L IBA + 1.0g/L 谷氨酰胺 + 0.5g/L 脯氨酸为最优，培养 30d 诱导率达 70%；体胚成熟以 1/2MS + 2.0 mg/L 6-BA + 0.5 mg/L IBA + 2.0 mg/L ABA + 4.0g/L 谷氨酰胺 + 2.0g/L 脯氨酸为佳，培养 60d，体胚完全成熟；体胚萌发最适培养基为 1/2MS + 0.2 mg/L 6-BA + 10g/L 山梨醇，且冷处理有利于体胚的萌发，萌发率高达 100%，萌发培养 80d，形成再生植株(廖婧等，2012；图 4-1)。该项研究首次以麻栎成熟合子胚作为外植体，成功获得大量麻栎体胚，建立了麻栎体胚发生技术体系，为栎属植物体胚发生提供了重要参考。

图 4-1 麻栎成熟合子胚诱导体胚发生与植株再生(廖婧等，2012)

Fig. 4-1 Somatic embryogenesis and plant regeneration induced from mature zygotic embryos of *Quercus acutissima*

a. 子叶胚 b. 鱼雷胚 c. 次生体胚 d. 再生植株

在营养器官诱导体细胞胚胎发生方面，也有多个研究案例。从欧洲栓皮栎(*Q. suber*)幼叶诱导了体胚发生(Fernandez-Guijarro et al.，1995)。以夏栎幼苗节间和叶段为外植体，体胚诱导率分别达到 4% 和 16%(Cuenca et al.，1999)。成年大树叶组织诱导体胚，最早在冬青栎(*Q. ilex*)中获得成功(Feraud-Keller & Espagnac，1989)，后来，分别在欧洲栓皮栎(Hernandez et al. , 2003a; Hernandez et al. , 2003b)和夏栎(Toribio et al. , 2004)中获得成功。由于成年大树叶诱导体胚发生相对苗期叶较困难，对成年植株进行必要的处理，如“复幼处理”，以伏芽枝萌生的幼叶(长0.5~1.5 cm)为外植体诱导体胚，可有效提高诱导效率。目前，大树叶诱导体胚技术已经初步应用于优良基因型的繁殖。以麻栎成熟茎段为外植体，诱导体胚发生，也进行了尝试，形态和组织学观察表明，胚性愈伤组织可以产生体胚(廖婧等，2011)。

另外，基因型、取材时间和两者交互作用对诱导率均有显著影响(Hernandez et al. , 2003b)。同一种植物的不同基因型，体胚发生频率相差很大。在相同的培养条件下，麻栎的不同家系体胚诱导率差异明显，有的高达91.2%，有的没有体胚发生(Kim et al. , 1997)。

4.2.2 体细胞胚发生的途径

植物体细胞胚胎发生有两种方式：直接体胚发生(direct somatic embryogenesis, DSE)和间接体胚发生(indirect somatic embryogenesis, ISE)(Quiroz-Figueroa et al. , 2006)。体胚可能由单细胞起源或多细胞起源(图4-2)。直接体胚发生是指体胚发生过程不经过愈伤组织阶段，间接体胚发生是指体胚发生过程经过愈伤组织阶段。直接体胚只能起源于胚胎发生预决定细胞(pre-embryogenic determined cells, PEDCs)，这类细胞非常接近于胚胎发生状态，易于诱导胚胎发生。这种方式最常见于合子胚组织的培养中。体胚直接形成于合子胚子叶表面，还可以产生于幼苗的叶片、叶柄等的膨大表面或创伤处(张存旭，姚增玉，2004)。在初级培养阶段中两种途径都存在，如在添加一定细胞分裂素的WPM培养基，或在添加5 μmol/L2,4－D和0.5 μmol/LBA的P24培养基上，由未成熟的夏栎幼胚直接诱导出白色的体胚(Chalupa, 1990; Endemann & Wilhelm, 1999)。

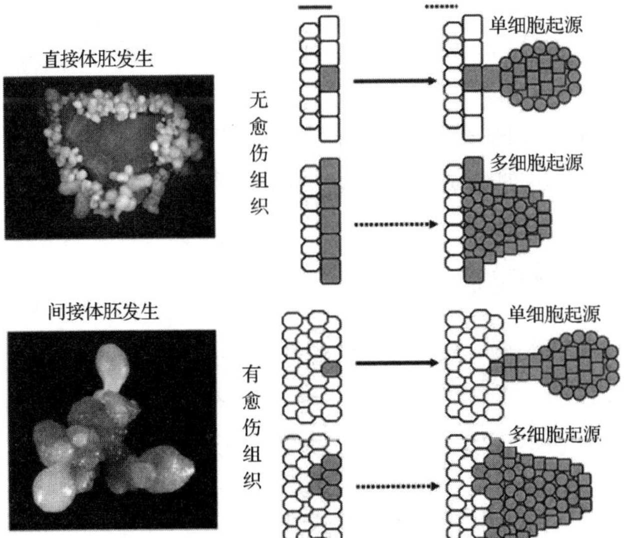

图4-2 体胚发生类型示意图(根据Quiroz-Figueroa et al. 改绘)

Fig. 4-2 A schematic diagram of somatic embryogenesis types

间接体胚发生来源于脱分化的胚性愈伤组织细胞，称为诱导的胚胎发生决定细胞(induced embryogenic determined cells，IEDCs)。对栓皮栎幼胚培养，获得了胚性和非胚性两种愈伤组织，于胚性愈伤组织表皮或近表皮的单细胞发生体细胞胚，经历合子胚相似的球形胚、心形胚、鱼雷胚和子叶胚发育阶段(Zhang et al.，2007)。在成年组织诱导体细胞胚的过程中，间接体胚发生方式尤为常见。夏栎大树叶可产生愈伤组织，由叶愈伤组织中胚性细胞连续分裂，形成胚性细胞团，最后按单细胞起源和多细胞起源两种方式发育为体胚(Corredoira et al.，2006)。

次生体胚的发生过程，同样也有直接和间接两条发生途径。在夏栎中观察到次生体胚发生的两种途径：间接途径发生的体胚起源于愈伤组织中快速分裂的细胞团块；直接途径发生的体胚起源于初生体胚 3～4 层表皮细胞(Zegzouti et al.，2001)。欧洲栓皮栎次生胚胎的形态发生观察表明，该树种也存在两种次生体胚发生途径：培养物在无激素培养条件下自发重复性形成的体胚，其胚轴通过直接途径产生次生胚胎；子叶在含 BA 和 NAA 培养基中通过间接途径产生次生胚胎，次生胚胎起源于切口处的愈伤组织(Puigderrajols et al.，2000)。

在体胚发生过程中，外植体经历了复杂的生理变化和细胞学事件。这些变化与激素有关，外植体激素水平直接决定了体胚发生与否。外源激素的加入可改变内源激素的水平，影响外植体内部代谢途径，进而调控体胚的发生过程。试验证明：IAA 和 ABA 相对含量对欧洲栓皮栎体胚发育与成熟起调控作用，在胚胎发育早期 IAA 含量高，随后降低；内源 ABA 含量低的体胚易发生次生体胚(Garcıa-Martın et al.，2005)。在重复增殖欧洲栓皮栎的次生体胚时，体胚胚轴起重要作用，它的存在与否直接影响体胚子叶的分化途径(Corredoira et al.，2006)。将分离的体胚子叶接种于无激素培养基上，子叶坏死，若培养基中添加 BAP 和 NAA，则产生次生体胚；而当体胚子叶带有胚轴时，在无激素培养基上没有发生明显的形态变化，而含有激素的培养基上则形成芽状体和叶状枝(Puigderrajols et al.，2000)。这可能与体细胞胚内源激素分布不均有关。子叶为贮养器官，ABA 含量相对较高。从欧洲栓皮栎多细胞和单细胞起源的次生胚胎早期亚细胞结构变化过程来看，两者的细胞均经历了相似的细胞重组过程，即前期细胞核质比下降，贮藏物质(如淀粉)含量显著上升，再进行细胞脱分化，贮藏物又显著减少，用以合成分生组织的细胞器。随着分生组织的扩增，开始形成球形胚(Puigderrajols et al.，2001)。

4.2.3 体细胞胚成熟与同步化

在悬浮培养中，体细胞胚胎发育的同步化(synchronization)是提高生产力、实现自动化、降低单位成本的关键步骤(Tonon et al.，2001)。为了实现同步化的目标，往往要在体胚的成熟培养过程中进行调控。体胚成熟培养可以促进体胚进一步发育，减少异常体胚，增强体胚萌发能力。ABA 是诱导体胚成熟的重要激素，能促进单个体胚的进一步发育和成熟，从而防止裂生多胚的发生，减少畸形胚。有研究显示，外源 ABA 能促进体胚的成熟，并且在不影响其水分含量的情况下，增加其鲜重和干重，防止体胚提早萌发，还能减少畸形胚(Garcıa-Martın et al.，2005)。体胚发育的不同步性是影响萌发率的重要因素之一。目前所报道的体胚发生系统多半是不同步的，在同一培养物中可以观察到不同发育阶段的胚状体。产生同步化群体的方法有两类，即选择同步化和诱导同步化。欧洲栓皮栎幼叶外植体体胚诱导试验表明，减少培养基营养成分含量有助于胚胎形成的同步化(Fernandez-Guijarro et al.，1995)。

4.2.4 体细胞胚萌发

栎树体细胞胚转化为幼苗的一个制约因素是萌发率低，这个问题可能与体细胞胚的内源激素水平及组织结构有关。在欧洲栓皮栎中，IAA 和 ABA 相对含量与体胚的发育与成熟有关(Garcıa-Martın et al.，2005)；在无梗花栎(*Q. petraea*)中，内源生长素和细胞分裂素水平低的体胚转化率高，内源细胞分裂素水平可以作为该树种体胚发育能力的标志(Malá et al.，2000)。

通过物理和化学刺激，可有效地提高栎树体细胞胚的萌发率；通过干燥和复水处理可以打破北美红栎体胚胚轴休眠，提高体胚萌发率，获得的小植株与正常种子萌发过程具有类似的形态变化(Gingas et al.，1989；Vengadesan & Pijut，2009)。但也有相反的研究结果：4℃冷藏对夏栎体胚转化效果不明显(Martınez et al.，2008)；用极低频(ELF)磁场处理夏栎一个基因型的体胚，萌发率由对照的66.5%降至55.2%；而抑制地磁场(GMF)却显著提高了体胚萌发率，由44.6%提高至58.3%(Celestino et al.，1998)。

外源细胞分裂激素的胁迫可明显促进栎树体细胞胚的萌发。研究发现，0.04~4 μmol/L 的 BA 可以促进欧洲栓皮栎体胚萌发，及小植株的顶端生长(Gonzalez-Benito et al.，2002)。另外，TDZ 明显地提高了夏栎体胚萌发率(Celestino et al.，1998)，胚胎成熟过程中的“饥饿”则有助于欧洲栓皮栎胚胎萌发(Fernandez-Guijarro et al.，1995)。

随着栎树体细胞胚胎诱导技术的日益成熟，相应的技术规范得以建立，这对于大规模生产具有重大应用价值。目前，欧洲栓皮栎、夏栎和无梗花栎体胚发生技术较成熟，已建立了相应的技术规程(Chalupa et al.，2005；Corredoira et al.，2006)。3 个技术规程对胚性组织诱导、胚性组织维持与增殖、体胚成熟、体胚萌发、炼苗等过程进行了较详细的规范。栎属的其他常用造林树种的体胚发生技术规程还有待进一步建立。

4.3 小孢子胚胎发生及双单倍体胚胎培养技术

小孢子胚胎发生产生的双单倍体植物(doubled haploid plants)，对于林木再生与育种具有关键作用，因为林木再生时间长、近交配衰退严重，采用传统的育种方法不实际(Ramìreza et al.，2004)。与传统的杂交育种相比，双单倍体植物在许多作物育种中越来越受到重视，获得近等基因系(isogenic lines)更加快速和可靠(Bueno et al.，2003)。

利用花药(或小孢子)培养诱导小孢子胚胎发生，是诱导双单倍体胚胎的前提。通过花药培养获得单倍体胚胎和再生植株，最早是在欧洲栓皮栎中实现的。对花药培养物进行饥饿和轻度热休克处理，然后转接到不加激素的培养基中培养，获得成功。蔗糖饥饿、热休克处理等胁迫，可能是抑制小孢子正常配子体发育途径、转向胚胎发育途径的主要诱因(Bueno et al.，1997)。通过 DAPI 染色等技术，观察经热激处理的欧洲栓皮栎花药培养物，91%的小孢子空泡化，小孢子开始启动胚胎发生，进行对称的有丝分裂，形成具有 2～10 个核的结构，形成多细胞的前胚，24d 后出现白色球形胚和子叶胚，进一步发育成根和茎干，产生小植株(Pintos et al.，2005)。

随后，欧洲栓皮栎双单倍体诱导研究取得重要进展：采用秋水仙素、氨磺乐灵和甲基氨草磷等 3 种抗有丝分裂剂，对花药起源的单倍体胚胎进行处理，通过流式细胞仪检测评价加倍效率，发现 0.01 mmol/L 的氨磺乐灵处理 48h 效果最好，获得了 50%的二倍体胚胎(Pintos et al.，2007b)。欧洲栓皮栎双单倍体诱导技术规程已经建立(Pintos et al.，2007a)。

与草本植物相比，木本植物小孢子胚胎发生的报道相当少，截至 2008 年，通过小孢子胚胎发生途径获得再生植株的木本植物仅有欧洲七叶树、阔荚合欢(*Albizzia lebbeck*)、番荔枝(*Annona squamosa*)、印楝(*Azadirachta indica*)等 13 个树种(Srivastava & Chaturvedi，2008)。因此，对更多树种在该领域的研究仍具有挑战性，预期会有更新成果产生。

4.4 体胚遗传转化技术

栎树体胚遗传转化研究工作，主要围绕欧洲栓皮栎来开展。采用农杆菌介导法建立了欧洲栓皮栎大树遗传转化体系，实施遗传操作的胚胎起源于循环增殖的胚性组织，接种农杆菌 EHA105 等菌株，载有质粒 pBINUbiGUSint，该质粒携带新霉素磷酸转移酶(Neomycin Phosphotransferase II，NPTII)基因和 β-葡糖醛酸酶(β-glucuronidase，uidA)基因；当新分离外植体接种菌株 AGL1 时，转化效率最高(4%)，*nptII* 和 *uidA* 基因 PCR 扩增、Southern 杂交法和 *uidA* 基因表达结果显示，外源基因已经被稳定地整合到胚胎基因组中，转基因胚胎发芽并成功地被转移到土壤中(Alvarez et al.，2004)。另一个研究组也报道了欧洲栓皮栎的遗传转化试验，同样采用农杆菌介导法，获得了 5.8% 的转化率(Sanchez et al.，2005)。采用农杆菌介导法对该树种进行遗传转化的技术规程已经建立，遗传转化的关键因子包括植物基因型、外植体类型和预培养期，接种密度和共培养期之间的交互作用也影响转化效率，转化效率达到 43%，比先前欧洲栓皮栎大树遗传转化效率有显著提高(Alvarez & Orda，2007)。

4.5 遗传稳定性检测技术

在体细胞胚胎发生或小孢子胚胎发生过程，维持繁殖体的遗传稳定性非常关键。尽管体胚或小孢子胚发生细胞系看作是一个遗传上稳定的系统，但是植物体细胞无性系变异是存在的，这种变异又称体细胞克隆变异(Bueno et al.，2000)。目前检测栎属树种体胚或小孢子胚发生细胞系遗传变异的途径主要为 DNA 分子标记技术和流式细胞术。

DNA 分子标记技术中，应用较多的有 RAPD、AFLP 及微卫星分析等。采用 RAPD 技术，对枹栎的 40 个胚性细胞系及其小植株样本进行检测的结果表明，该系统不存在克隆变异(Thakur et al.，1999)；4 个夏栎胚性细胞系的 RAPD 分析结果也显示，不存在克隆内和克隆间的变异(Sanchez et al., 2003);在成年夏栎大树起源的胚性细胞系中也未检测到克隆变异,因而认为,体细胞胚胎发生途径可以作为成年大树真实类型(true-to-type)克隆繁殖途径(Valladares et al., 2006);对欧洲栓皮栎花药培养获得的胚胎进行等位酶和 RAPD 分析,认为这些胚胎为单倍体起源(Bueno et al., 2000)。对6个欧洲栓皮栎胚性细胞系的 AFLP 分析结果中,也未发现胚性细胞系内变异,但两株大树萌条叶起源的胚性细胞系存在克隆变异,多态性分别为 5.6% 和 7.3% (Hornero et al., 2001)。微卫星分析证实,在欧洲栓皮栎花药诱导的小孢子胚胎时,单倍体胚起源于同一花药的不同小孢子,二倍体胚起源于花药壁(Bueno et al., 2003)。随后,在夏栎中检测到两个遗传不稳定位点(Wilhelm et al., 2005)。

流式细胞术分析,主要用于检测无性系染色体倍性的稳定性。采用流式细胞术,分析夏栎胚性细胞系培养过程中的染色体倍数稳定性发现,经过长期培养后,有 8% 的胚性细胞系为四倍体(Endemann et al., 2001)。对欧洲栓皮栎继代 12 个月后花药培养物进行检测,结果发现 90.7% 为单倍性,7.4% 为二倍性,而长期继代培养单倍性没有显著改变(Bueno et al., 2003)。在欧洲栓皮栎中却未检测到明显的无性系变异(Loureiro et al., 2005)。

因种源、培养方式和分析方法的不同,栎树体胚或小孢子胚发生细胞系的遗传变异会产生不同结果,有必要对培养的细胞系进行多重检测。目前欧洲栓皮栎体细胞胚胎发生过程中的遗传稳定性检测技术已相当成熟,开发了专门流式细胞术和微卫星监测技术,并建立了技术规程(Loureiro et al., 2005)。

4.6 人工种子技术

自 Murashige 提出人工种子(Murashige, 1978)的概念以来,这项技术在快速繁殖苗木和人工造林方面展现出很大的应用前景。已有对多种林木的相关报道,如辐射松(Aquea et al., 2008)、展叶松(Malabadi & van Staden, 2005)、日本花柏(Maruyama et al., 2003)、印度黄檀(Chand & Singh, 2004)和兰考泡桐等(Ipekci & Gozukirmizi, 2003)。但目前人工种子技术研究的主要进展来自实验室工作,人工种子还远不能像天然种子那样方便、实用和稳定。高质量同步化体胚、包埋过程自动化、成本等因素是决定木本植物人工种子技术成败的关键因素(Bapat & Mhatre, 2005)。

栎树人工种子技术同样取得了明显的进步。最早的栎树人工种子是在欧洲栓皮栎和冬青栎中实现的,不过这项技术包埋的并非体胚,而是合子胚轴(Gonzalez-Benito, 1999)。随后在对夏栎的研究中也取得进展,例如以海藻酸钠为包埋材料,将体胚包埋在含有 P24 基质和蔗糖的人工胚乳中,最高获得了 24% 的转化率,并成功得到植株(Prewein & Wilhelm, 2003);对夏栎和土耳其栎进行微扦插离体克隆繁殖,以顶芽和带节芽为材料,包埋在海藻酸钠基质中,结果夏栎顶芽比带节芽茎段呈现更大的再生潜力(Tsvetkova et al., 2005)。有人研究了如何用海藻酸钠包埋欧洲栓皮栎体细胞胚胎以生产人工种子,同时探讨了其耐贮性能,以及适合商业化生产的主要影响因素。通过采用图像采集数字系统自动监测体胚的生长发现:添加营养元素和不添加营养元素的培养基相比,前者的人工种子转换率高;添加蔗糖对转换率没有显著影响;人工种子存储在 4℃冷藏条件下，转换率没有显著降低(Pintos et al. , 2008)。

栎树快速繁殖与育种技术在近 15 年，特别是近 10 年取得了实质性的进展。在体细胞胚胎发生方面，经历了幼胚(成熟胚)诱导体胚阶段、幼苗叶(茎)组织诱导体胚阶段和大树叶组织诱导体胚 3 个技术发展阶段。大树叶诱导体胚的成功，对于经遗传测定的优良基因型的扩繁具有重要意义。在欧洲栓皮栎等树种的小孢子胚胎发生、双单倍体诱导、体胚遗传转化和人工种子方面同样取得了突破性的进展，得到了小植株，获得了新的育种材料，开发了分子育种技术。

然而，上述技术并没有得到有效的推广，各项技术之间还没有形成完整成熟的技术体系，同时各项技术本身还需要完善，因此，还难以形成大规模微繁殖优良基因型栎树的能力。将体胚发生技术、无性系选择技术、体胚遗传转化技术和人工种子技术整合为完整的技术体系，将是一个发展趋势，并将会取得新的突破，这也将对我国栎树和其他造林树种的繁育技术发展和实际育林工作产生深远的影响。

参考文献

廖婧，方炎明，虞木奎．2011. 麻栎茎段体胚发生和组织学观察初报[J]. 植物研究，31(5)：575 - 578.

廖婧，方炎明，虞木奎．2012. 麻栎成熟合子胚外植体体胚发生和植株再生[J]. 西北植物学报，32(2)：398 - 402.

张存旭，姚增玉．2004. 栎属植物细胞胚胎发生研究现状[J]. 西北植物学报，242(2)：356 - 362.

张存旭，姚增玉，赵忠．2005. 栓皮栎体胚诱导关键影响因素研究[J]. 林业科学，41(2)：174 - 177.

郑万钧．1985. 中国树木志(第 2 卷)[M]. 北京：中国林业出版社．

ALVAREZ R, ALONSO P, CORTIZO M, et al. 2004. Genetic transformation of selected mature cork oak (*Quercus suber* L.) trees[J]. Plant Cell Reports, 23: 218 - 223.

ALVAREZ R, ORDAS R J. 2007. Improved genetic transformation protocol for cork oak (*Quercus suber* L.)[J]. Plant Cell, Tissue and Organ Culture, 91: 45 - 52.

AQUEA F, POUPIN M J, MATUS J T, et al. 2008. Synthetic seed production from somatic embryos of *Pinus radiata*[J]. Biotechnology Letters, 30: 1847 - 1852.

BAPAT V A, MHATRE M. 2005. Bioencapsulation of somatic embryos in woody plants [C] // Jain S M, Gupta P K. Protocol for somatic embryogenesis in woody plants. Netherlands: Springer, 539 - 552.

BENNETT L K, DAVIES F T. 1986. In vitro propagation of *Quercus shumardii* seedlings[J]. Horscience, 21(4): 1045 - 1047.

BUENO M A, GOMEZ A, BOSCAIU M, et al. 1997. Stress-induced formation of haploid plants through anther culture in cork oak (*Quercus suber*)[J]. Physiologia Plantarum, 99: 335 - 341.

BUENO M A, AGUNDEZ M, GOMEZ A, et al. 2000. Haploid origin of cork oak anther embryos detected by enzyme and RAPD gene markers[J]. International Journal of Plant Sciences, 161(3): 363 - 367.

BUENO M A, GOMEZ A, SEPULVEDA F, et al. 2003. Microspore-derived embryos from *Quercus suber* anthers mimic zygotic embryos and maintain haploidy in long-term anther culture[J]. Plant Physiology, 160: 953 - 960.

CELESTINO C, PICAZO M L, TORIBIO M, et al. 1998. Influence of 50 Hz electromagnetic fields on recurrent embryogenesis and germination of cork oak somatic embryos[J]. Plant Cell, Tissue and Organ Culture,

54: 65 –69.

CHALUPA V. 1990. Plant regeneration by somatic embryogenesis from cultured immature embryos of oak (*Quercus robur* L) and linden(*Tilia cordata* Mill)[J]. Plant Cell Reports, 9: 398 –401.

CHALUPA V. 2005. Protocol of somatic embryogenesis: pedunculate oak(*Quercus robur* L.) and sessile oak (*Quercus petraea*(Matt.) Liebl.) [C]//Jain S M, Gupta P K. Protocol for somatic embryogenesis in woody plants. Netherlands: Springer, 369 –378.

CHAND S, SINGH A K. 2004. Plant regeneration from encapsulated nodal segments of *Dalbergia sissoo* Roxb., a timber-yielding leguminous tree species[J]. Journal of Plant Physiology, 161: 237 –243.

CORREDOIRA E, VALLADARES S, VIEITEZ A M. 2006. Morphohistological analysis of the origin and development of somatic embryos from leaves of mature *Quercus robur*[J]. In Vitro Cellular & Developmental Biology- Plant, 42: 525 –533.

CUENCA B, SAN-JOSÉ M, MARTÍNEZ M T, et al. 1999. Somatic embryogenesis from stem and leaf explants of *Quercus robur* L[J]. Plant Cell Reports, 18: 538 –543.

ENDEMANN M, WILHELM E. 1999. Factors influencing the induction and viability of somatic embryos of *Quercus robur* L[J]. Biologia Platarum, 42(4): 499 –504.

ENDEMANN M, HRISTOFORROGLU K, STAUBER T, et al. 2001. Assessment of age-related ploidy in *Quercus robur* L. somatic embryos and regenerated plants using DNA flow cytometry[J]. Biologia Platarum, 44(3): 339 –345.

FERAUD-KELLER C, ESPAGNAC H. 1989. Conditions d'apparition d'une embryogénèse somatique sur des cals issus de la culture de tissus foliaires du chêne vert(*Quercus ilex* L)[J]. Canadian Journal of Botany, 67: 1066 –1070.

FERNANDEZ-GUIJARRO B, CELESTINO C, TORIBIO M. 1995. Influence of external factors on secondary embryogenesis and germination in somatic embryos from leaves of *Quercus suber*[J]. Plant Cell, Tissue and Organ Culture, 41: 99 –106.

GARCIA-MARTIN G, MANZANERA J A, GONZALEZ-BENITO M E. 2005. Effect of exogenous ABA on embryo maturation and quantification of endogenous levels of ABA and IAA in *Quercus suber* somatic embryos [J]. Plant Cell, Tissue and Organ Culture, 80: 171 –177.

GINGAS V M, LINEBERGER R D. 1989. Asexual embryogenesis and plant regeneration in *Quercus*[J]. Plant Cell, Tissue and Organ Culture, 17: 191 –203.

GONZALEZ-BENITO M E, HERRADÓN E, MARTIN C. 1999. The development of a protocol for the encapsulation- desiccation and *in vitro* culture of embryonic axes of *Quercus suber* L. and *Q. ilex* L[J]. Silvae Genetica, 48: 25 –28.

GONZALEZ-BENITO M E, GARCIA-MARTIN G, MANZANERA J A. 2002. Shoot development in *Quercus suber* L. somatic embryos[J]. In Vitro Cellular & Developmental Biology-Plant, 38: 477 –480.

HERNANDEZ I, CELESTINO C, TORIBIO M. 2003a. Vegetative propagation of *Quercus suber* L. by somatic embryogenesis. I. Factors affecting the induction in leaves from mature cork oak trees[J]. Plant Cell Reports, 21: 759 –764.

HERNANDEZ I, CELESTINO C, ALEGRE J, et al. 2003b. Vegetative propagation of *Quercus suber* L. by somatic embryogenesis II. Plantregeneration from selected cork oak trees[J]. Plant Cell Reports, 21: 765 –770.

HORNERO J, CELESTINO I M C, GALLEGO F J, et al. 2001. Early checking of gnenetic stability of cork oak somatic embryos by AFLP analysis[J]. International Journal of Plant Sciences, 162(4): 327 –333.

IDE Y, YAMAMOTO S. 1987. In vitro plantlet regeneration from axillary buds of juvenile seedlings of konara

(*Quercus serrata*)[J]. Journal of the Japanese Forestry Society, 69: 109 - 112.

IPEKCI Z, GOZUKIRMIZI N. 2003. Direct somatic embryogenesis and synthetic seed production from *Paulownia elongata*[J]. Plant Cell Reports, 22: 16 - 24.

KIM Y W, LEE B C, LEE S K, et al. 1994. Somatic embryogenesis and plant regeneration in *Quercus acutissima*[J]. Plant Cell Reports, 13: 315 - 318.

KIM Y W, YOUN Y, NOH E R, et al. 1997. Somatic embryogenesis and plant regeneration from immature embryos of five families of *Quercus acutissima*[J]. Plant Cell Reports, 16: 869 - 873.

LOUREIRO J, PINTO G, LOPES T, et al. 2005. Assessment of ploidy stability of the somatic embryogenesis process in *Quercus suber* L. using flow cytometry[J]. Planta, 221: 815 - 822.

MALÁ J, CVRČKOVÁ H, BŘEZINOVÁ A, et al. 2000. Endogenous contents of phytohormones and phenylpropanoids in sessile oak somatic embryos in relation to their conversion potential[J]. Journal of Forest Science, 465: 197 - 204.

MALABADI R B, VAN STADEN J. 2005. Storability and germination of sodium alginate encapsulated somatic embryos derived from the vegetative shoot apices of mature *Pinus patula* trees[J]. Plant Cell, Tissue and Organ Culture, 82: 259 - 265.

Martınez T, Corredoira E, Valladares S, et al. 2008. Germination and conversion of somatic embryos derived from mature *Quercus robur* trees: the effects of cold storage and thidiazuron[J]. Plant Cell, Tissue and Organ Culture, 95: 341 - 351.

MARUYAMA E, HOSOI Y, ISHII K. 2003. Somatic embryo culture for propagation, artificial seed production, and conservation of sawara cypress(*Chamaecyparis pisifera* Sieb. et Zucc.)[J]. Journal of Forestry Research, 8: 1 - 8.

MURASHIGE T. 1978. The impact of plant tissue culture on agriculture. In: T. Thorpe ed. Frontiers of Plant Tissue Culture. The International Association for Plant Tissue Culture. Canada: University of Calgary Alberta, 15 - 26.

OKAMURA M, TANIGUCHI T, KONDO T. 2001. Efficient embryogenic callus induction and plant regeneration from embryonic axis explants in *Quercus acutissima*[J]. Journal of Forest Research, 6: 63 - 66.

OSTROLUCKA M G, GAJDOSOVA A, LIBIAKOVA G. 2007. Protocol for micropropagation of *Quercus* spp. [M]. // Jain S M, Häggman H. Protocols for micropropagation of woody trees and fruits, Netherlands: Springer: 85 - 91.

PINTOS B, MANZANERA J A, BUENO M A. 2005. Cytological analysis of early microspore divisions leading to gametic embryo formation in *Quercus suber* L. anther cultures[J]. Acta Physiologiae Plantarum, 27: 703 - 708.

PINTOS B, MANZANERA J A, BUENO M A. 2007a. Protocol for doubled-haploid micropropagation in *Quercus suber* Land assisted verification [C]//JainS. M., HäggmanH. Protocols for micropropagation of woody trees and fruits, Netherlands: Springer: 163 - 178.

PINTOS B, MANZANERA J A, BUENO M A. 2007b. Antimitotic agents increase the production of doubled-haploid embryos from cork oak anther culture[J]. Journal of Plant Physiology, 164: 1595 - 1604.

PINTOS B, BUENO M A, CUENCA B. 2008. Synthetic seed production from encapsulated somatic embryos of cork oak(*Quercus suber* L.) and automated growth monitoring[J]. Plant Cell, Tissue and Organ Culture, 95: 217 - 225.

PREWEIN C, WILHELM E. 2003. Plant regeneration from encapsulated somatic embryos of pedunculate oak (*Quercus robur* L.)[J]. In Vitro Cellular & Developmental Biology-Plant, 39: 613 - 617.

PUIGDERRAJOLS P, CELESTINO C, SUILS M, et al. 2000. Histology of organogenic and embryogenic responses in cotyledons of somatic embryos of *Quercus suber* L[J]. International Journal of Plant Sciences, 161 (3): 353 –362.

PUIGDERRAJOLS P, MIR G, MOLINAS M. 2001. Ultrastructure of early secondary embryogenesis by multicellular and unicellular pathways in cork oak(*Quercus suber* L.)[J]. Annals of Botany, 87: 179 –189.

PUROHIT V K, TAMTA S, CHANDRA S, et al. 2002. In vitro multiplication of *Quercus leucotrichophora* and *Q. glauca*: Important Himalayan oaks[J]. Plant Cell, Tissue and Organ Culture, 69: 121 –133.

QUIROZ-FIGUEROA F R, ROJAS-HERRERA R, GALAZ-AVALOS R M, et al. 2006. Embryo production through somatic embryogenesis can be used to study cell differentiation in plants[J]. Plant Cell, Tissue and Organ Culture, 86: 285 –301.

RAMÌREZA C, TESTILLANOA P S, PINTOS B, et al. 2004. Changes in pectins and MAPKs related to cell development during early microspore embryogenesis in *Quercus suber* L. [J] European Journal of Cell Biology, 83: 213 –225.

SÁNCHEZ M C, MARTKÍNEZ M T, VALLADARES S, et al. 2003. Maturation and germination of oak somatic embryos originated from leaf and stem explants: RAPD markers for genetic analysis of regenerants[J]. Journal of Plant Physiology, 160: 699 –707.

SANCHEZ N, MANZANERA J A, PINTOS B, et al. 2005. Agrobacterium-mediated transformation of cork oak(*Quercus suber* L.) somatic embryos[J]. New Forest, 29: 169 –176.

SATO T, MORI N, SATO A. 1987. In vitro plantlet regeneration from epicotyl segments of young seedlings of Kunugi(*Quercus acutissima*)[J]. Journal of the Japanese Forestry Society, 69: 113 –117(in Japanese).

SRIVASTAVA P, CHATURVEDI R. 2008. In vitro androgenesis in tree species: An update and prospect for further research[J]. Biotechnology Advances, 26: 482 –491.

TAMTA S, PALNI L M S, PUROHIT V K, et al. 2008. In vitro propagation of brown oak(*Quercus semecarpifolia* Sm.) from seedling explants[J]. In Vitro Cellular & Developmental Biology-Plant, 44(2): 136 –141.

THAKUR R C, GOTA S, ISHII K, et al. 1999. Monitoring genetic stability in *Quercus serrata* Thunb. somatic embryogenesis using RAPD markers[J]. Journal of Forestry Research, 4: 157 –160.

TONON G, BERARDI G, ROSSI C, et al. 2001. Synchronized somatic embryo development in embryogenic suspensions of *Fraxinus angustifolia*[J]. In Vitro Cellular & Developmental Biology-Plant, 37(4): 462 –465.

TORIBIO M, FERNANDEZ C, CELESTINO C, et al. 2004. Somatic embryogenesis in mature *Quercus robur* trees[J]. Plant Cell, Tissue and Organ Culture, 76: 283 –287.

TSVETKOV I, HAUSMAN J F. 2005. In vitro regeneration from alginate-encapsulated microcuttings of *Quercus* sp[J]. Scientia Horticulturae, 103: 503 –507.

VALLADARES S, SANCHEZ C, MARTINEZ M T, et al. 2006. Plant regeneration through somatic embryogenesis from tissues of mature oak trees: true-to-type conformity of plantlets by RAPD analysis[J]. Plant Cell Reports, 25: 879 –886.

VENGADESAN G, PIJUT P M. 2009. In vitro propagation of northern red oak (*Quercus rubra* L.)[J]. In Vitro Cellular & Developmental Biology-Plant, 45: 474 –482.

WILHELM E, HRISTOFOROGLU K, FLUCH S, et al. 2005. Detection of microsatellite instability during somatic embryogenesis of oak(*Quercus robur* L.)[J]. Plant Cell Reports, 23: 790 –795.

YOO S. 1990. In vitro plantlet regeneration from axillary buds of an adult mizunara(*Quercus crispula* Blume)[J]. Journal of the Japanese Forestry Society, 72: 143 –146(in Japanese).

ZEGZOUTI R, ARNOULD M F, FAVRE J M. 2001. Histological investigation of the multiplication step in secondary somatic embryogenesis of *Quercus robur* L[J]. Annals of Forest Science, 58: 681 – 690.

ZHANG C X, YAO Z Y, ZHAO Z, et al. 2007. Histological observation of somatic embryogenesis from cultured embryos of *Quercus variabilis* Bl[J]. Journal of Plant Physiology and Molecular Biology, 33(1): 33 – 38.

作者简介

方炎明：南京林业大学生物与环境学院，博士，教授；E-mail：jwu4@ njfu. edu. cn；

虞木奎：中国林业科学研究院亚热带林业研究所，博士，研究员；E-mail：ylsymk @ 126. com；

廖婧（ljlyy @ 126. com），张聪颖（zcyzcy415263 @ 163. com），蔡奇英（cqiying @ 126. com）：均为南京林业大学生物与环境学院研究生。

第二篇

营养与代谢

专题5　植物矿质营养
Plant Mineral Nutrition

李文凤

南京林业大学南方现代林业协同创新中心，生物与环境学院　江苏南京　210037

【内容提要】植物需要至少17种必需元素才能正常生长和发育，其中14种为矿质营养元素。本专题主要从矿质元素的生理功能、矿质营养的吸收和运输、矿质营养的基因组学研究，以及培育养分高效优良品种等几个方面进行介绍，并简要探讨了植物营养研究的机遇和挑战。

5.1　前言

植物为人类的衣食住行提供最根本的资源。随着世界上人口的不断增长，可耕种土地面积的不断减少，气候环境的不断恶化，如何满足人类的生活需求和改善环境是亟待解决的重大问题。尤其在人口众多的我国，为了保证有限的耕地生产出足够的农林产品，大量的化学肥料被投入，不仅加重经济成本负担，而且造成土壤肥力趋于恶化、农业面源污染增加和作物品质下降。为此，植物营养学成为研究的重要前沿领域。

植物的生长发育需要各种营养元素，在正常条件下，植物完成生活史所必需的元素称为必需元素；对能促进植物生长的非必需元素，或是仅对某些植物或在某特定条件下必需的元素，称为有益元素。植物必需元素至少有17种，包括碳(C)、氢(H)、氧(O)、氮(N)、钾(K)、钙(Ca)、镁(Mg)、磷(P)、硫(S)、氯(Cl)、铁(Fe)、硼(B)、锰(Mn)、锌(Zn)、铜(Cu)、镍(Ni)、钼(Mo)。碳主要以CO_2形式从空气中获取，氢来自H_2O中，CO_2和H_2O都提供氧。其他14种必需元素植物通常经过根系从土壤中获得，称为矿质元素。根据其在植物体内的相对含量，矿质元素分为大量元素和微量元素，大量元素包括氮、钾、钙、镁、磷和硫；微量元素包括氯、铁、硼、锰、锌、铜、镍和钼(表5-1)。迄今已发现的有益元素有硅(Si)、钠(Na)、钴(Co)、硒(Se)和铝(Al)。矿质元素参与合成各种有机物，在植物生长发育过程中行使不可替代的生理功能，因而对农作物和林木的种植和培育具有至关重要的影响。

表 5-1 矿质元素在植物体内的相对含量(假定 N 含量为 100%)

Tab. 5-1 Relative proportion of minerals found in plant tissue(assuming N levels at 100%)

大量元素		微量元素	
元素	相对含量	元素	相对含量
N	100	Cl	0.05
K	50	Fe	0.03
Ca	25	B	0.03
Mg	10	Mn	0.02
P	8	Zn	0.007
S	5	Cu	0.002
		Ni	0.0004
		Mo	0.0001

(修改引用自：Frans J. M. Maathuis 和 Eugene Diatloff，2013，Methods in Molecular Biology)

土壤中的植物必需矿质元素常常以植物不能吸收的形式存在，外部施用化学肥料成为保证足够产量的必要措施。大量氮肥的生产和投入，在增产的同时，也不可避免地造成了温室气体排放、土壤肥力下降、农业面源污染加剧和作物品质降低等负面影响。磷肥和钾肥都由含有该元素的矿石为原料生产，这些矿石是不可再生资源，预计将在未来 25～100 年间被开采耗尽。因此，研究肥料的合理施用和管理，是实现农林资源可持续发展、减少投入而仍能维持足够产出的重要课题。植物营养学主要研究养分的吸收、转运和利用的生理过程和调控机制(图 5-1)，以及调查和分析肥料应用相关问题。本专题主要介绍在功能基因组时代，植物必需矿质元素的功能、根部吸收矿质元素和矿质元素在植物体内运输和分布的过程，以及借助于现代分子生物学和系统生物学技术手段，对植物营养领域所研究取得的研究进展。本专题也涉及应用植物营养的研究，培育矿质元素吸收利用高效品种和富含人体必需营养元素的优良品种，为农林业的可持续发展和人类健康做出贡献。

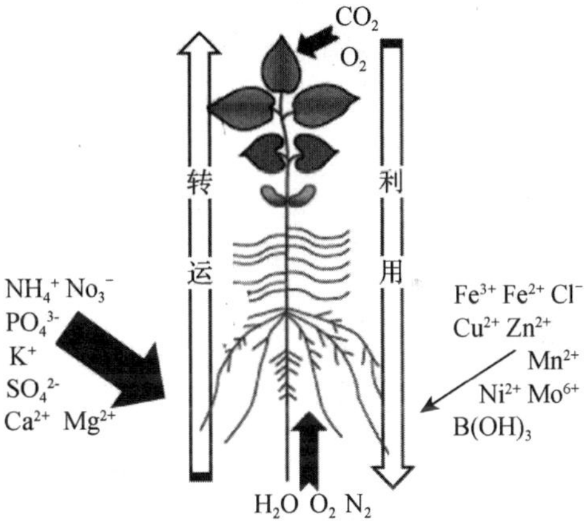

图 5-1 植物营养研究主要内容

Fig. 5-1 Areas in plant nutritional research

5.2 植物矿质元素的生理功能

一般地，大量元素占植物干重的 0.1% 以上，其中氮(N)是植物体内除碳元素外含量最多的元素。植物中约 85% 的 N 固定于氨基酸和蛋白质中，5% 左右存在于核苷酸中，其余 10% 以无机物和低分子量有机化合物形式分布在植株的各个部位。因此，N 在蛋白质和核酸的合成过程中有非常重要的功能，还参与其他生物化学途径，如辅酶、光和色素、多胺以及信号分子等。磷(P)参与了能量转化、大分子合成以及光合和呼吸作用等重要的代谢过程。磷作为质膜磷脂的组成成分对细胞结构的形成有重要作用。大部分的细胞代谢过程都涉及蛋白磷酸化修饰，磷也通过激酶和磷酸化酶介导的蛋白质磷酸化和去磷酸化途径，调节蛋白质活性，参与细胞代谢。钾(K)是激活细胞内多种酶类活性所必需的离子，参与淀粉合成和蛋白质合成等根本的生命活动过程。此外，钾是调节细胞膨胀的重要因子，如控制气孔的开关。钙不仅参与细胞壁的形成，还参与细胞膜上的磷脂协作，稳定脂质双层膜；另外，它还是细胞内重要的信号分子，已知多种生物和非生物胁迫，如病原物感染、温度刺激、干旱和营养缺乏，都会导致细胞溶质中游离钙离子浓度快速改变，再激发下游相关响应途径，调整植物生理生化和代谢反应，应对外界环境变化。植物体内 15%~30% 的镁(Mg)存在于叶绿体中，作为叶绿素的必要组分，镁是影响光合作用的重要因子；镁还是细胞内各种酶类的辅助因子，参与基因转录和翻译，影响细胞分化和蛋白质合成等基本生命活动。植物中的硫(S)主要存在于含有半胱氨酸和(或)蛋氨酸的蛋白质中，形成或打断二硫键可影响蛋白质的高级结构，进而影响其活性；硫还参与调节细胞内的氧化还原过程，保护细胞抵抗活性氧伤害。

与大量元素相比，植物的生存也需要微量元素：氯(Cl)的作用涉及渗透调节和光合作用。铁(Fe)是植物叶绿素合成所必需的微量元素，含铁的蛋白(如铁硫蛋白)参与电子传递，铁也作为多种酶的辅因子，影响光合作用和呼吸作用。铜(Cu)广泛参与植物体内的光合作用、呼吸作用、碳代谢和氮代谢，以及细胞壁的形成。80% 以上的硼(B)存在于细胞壁上，显示硼在细胞壁合成方面的重要功能。转录和翻译过程需要很多含锌(Zn)的酶来完成，如大量存在的具有锌指结构的转录因子。锰(Mn)在光合作用中发挥重要作用，也是多种酶的组成要素。镍(Ni)在植物氮代谢过程中扮演重要角色。钼(Mo)参与氮代谢和硫代谢。

5.3 矿质营养的吸收和运输

植物从土壤中获取所需的矿质元素，因此根系的形态和在土壤中的状态对矿质元素的吸收有重要影响。根系通过调整形态应对营养不足的外界环境。缺磷条件下，根系的形态会发生改变，主要表现在侧根增加、根毛密度和长度增加，甚至产生排根来增加根系的吸收面积。植物根系可通过分泌多种物质提高土壤中养分的利用率。缺磷可促进根系质子和有机酸的分泌以及磷酸酶和核酸酶活性升高，增加对无机磷的溶解和有机磷的再循环利用。植物根系与根际微生物有密切的互作，增进营养的转化和吸收。氮素主要以 NH_4^+ 或 NO_3^- 的形式被植物吸收，土壤中的细菌可以将空气中的 N_2 转化成 NH_4^+，或进一步氧化成 NO_3^- 供给植物。豆科植物如大豆、花生和苜蓿等与固氮菌共生形成根瘤，从而获取生长所需的氮素营养。植物根系和菌根真菌共生形成菌根，也可增进植物对磷的吸收。

植物细胞中含有各种离子泵、离子通道蛋白和转运蛋白，负责将营养从周围环境中运送到细胞内。水稻中 AMT 家族蛋白负责转运 NH_4^+，拟南芥根中定位在质膜上的高亲和性硝酸根转运蛋白 AtNRT1.1/CHL1 不仅可以转运硝酸根离子到胞内，在第 101 位的苏氨酸残基磷酸化修饰后，NRT1.1 还起感应蛋白(sensor)的作用，可以感应到胞外硝酸根离子缺乏，介导并启动下游基因的诱导表达。植物为了适应缺铁环境，形成了两种铁吸收机制。双子叶和非禾本科单子叶植物，如番茄、果树和模式植物拟南芥，采用机理Ⅰ（strategy Ⅰ），即：缺铁时，H^+-ATPase 活性增强，分泌更多质子，降低土壤 pH，增加根际土壤中铁的溶解；三价铁还原酶 FRO2 的活性升高，将 Fe^{3+} 还原成 Fe^{2+}；二价铁转运蛋白 IRT1 大量表达，将亚铁离子转运到细胞内。禾本科植物，如水稻、玉米，则采用机理Ⅱ（strategy Ⅱ），即：缺铁后合成并分泌大量的植物铁载体（phytosiderophores，PS），与土壤中的 Fe^{3+} 螯合，转运至细胞内。

矿质元素被植物根系吸收以后，经木质部运输到地上部，通过韧皮部在植物体内循环，供给各组织器官利用。细胞内游离的铁需要与柠檬酸盐和尼克酰胺（NA）等螯合剂结合，运输到植物的各个部位。柠檬酸运输载体属于 MATE（multidrug and toxic compound extrusion）家族蛋白，拟南芥 AtFRD3 和水稻 OsFRDL1 能够促进木质部中柠檬酸-三价铁螯合物向地上部的转运。Fe-NA 的转运主要依赖于 YSL 家族成员。转运到体内的矿质营养还需要分配到合适的细胞器中以便完成各种生命活动。三价铁还原酶 FRO7 和转运蛋白 PIC1 参与拟南芥中铁向叶绿体的跨膜转运。水稻铁转运蛋白 MIT 将铁运输到线粒体。NRAMP 转运家族蛋白 NRAMP3 和 NRAMP4 负责将铁从液泡输出到细胞质，而 VIT1 则负责从细胞质向液泡中输入铁。

5.4 矿质营养的基因组学研究

在植物营养领域，国内外科技工作者已经从形态学、生理生化和分子水平上做了大量的工作，鉴定出植物生存必需的元素和促进生长的有益元素，诊断出植物养分缺乏的症状，并分离出负责养分吸收、运输和利用的相关基因，也发现了一些关键调控因子和信号分子，极大地丰富了对植物吸收利用矿质元素的过程和机制的认识。固着生长的植物为了获得足量的矿质营养，在长期的演化过程中形成了复杂精细的调控网络，以实现养分的有效吸收、运输和储存，从而适应不断变化的外界环境，得以生存和发展。系统生物学的研究有助于我们更全面地认识营养吸收利用过程所涉及的生物进程、基因间互作和调控网络等重要问题。

随着植物基因组的揭示和分子生物学、系统生物学及生物信息学技术的发展和应用，植物营养组学的研究也取得了重要进展。借助微阵列（microarray）技术、新一代高通量测序技术（RNA-seq）和蛋白组学研究手段，包括双向电泳（2-DE）和相对与绝对定量的等位素标记（isobaric tags for relative and absolute quantitation，iTRAQ），植物响应缺铁的转录、转录后、翻译及翻译后修饰图谱都已经揭示。综合分析转录组和蛋白组的数据发现，许多 mRNA 与其编码的蛋白质丰度变化并不一致，表明可能存在转录后和翻译后调控参与植物应对缺铁的反应过程。整合定量蛋白组学（iTRAQ）和新一代高通量测序（RNAseq）技术，揭示了植物根系在缺磷胁迫下的转录组和蛋白组。蛋白组学和转录组学研究分别在拟南芥根系中鉴定到 13 298 个蛋白和 24 591 个基因，发现 356 个蛋白和 3106 个基因在缺磷胁迫下发生差异表达；质膜重塑（磷脂被糖脂和硫脂取代）和糖代谢相关基因的表达在缺磷条件下改变最大。

5.5 培育高效利用养分和富集营养元素的优良品种

培育养分高效品种，可减少肥料施用，既降低成本又节约资源，还可能在贫瘠土壤上耕种并不降低产出。钾既是保证农林作物生物量和品质的营养元素，又能增强植物对环境逆境的抵抗能力。改善钾的利用效率(K utilization efficiency，KUE)可有助于解决作物缺钾造成的问题。不同植物或同种植物的不同品种间常具有不同的钾吸收和利用效率，这使得通过筛选或遗传改良获得钾高效利用作物品种成为可能。在当前的研究基础上，主要有以下3种途径来提高KUE：①植物通过根来获取钾元素，因此，优化根的形态和对钾的吸收活性可以有效提高植物的KUE。例如，钾转运蛋白ZIFL1.1(Zinc-Induced Facilitator-Like 1.1)影响主根伸长和次根发生；过量表达RAP2.11可促进根毛伸长，从而增加根的表面积，增进对矿质营养的吸收。②植物通过钾离子通道和钾转运蛋白来吸收钾离子，拟南芥中负责钾吸收的主要是钾转运蛋白HAK5(high-affinity K^+ transporter 5)和钾离子通道AKT1(Arabidopsis K^+ transporter 1)，其同源基因在其他作物中也存在，增强它们的表达和活性可能会提高KUE。③筛选高KUE相关联的自然突变或QTLs，可为遗传改良提供有价值的信息和资源。

我国在磷高效利用研究中也做了很多工作。中国科学院遗传发育所李振声院士培育出磷高效利用的小麦品种‘小偃54’(图5-2a)，并通过机制分析发现，该品种一个磷转运蛋白的转录丰度在正常和缺磷条件下都增加了。又如，磷高效大豆基因型BX10具有更高的磷利用效率，以及更好的低磷环境适应能力(图5-2b)。

图5-2 磷高效小麦‘小偃54’(a)**和大豆BX10**(b)
在低磷土壤中长势良好(Xiaolong yan等，2006)
Fig. 5-2 The P-efficient wheat variety xiaoyan54 and Soybean breeding line Bx10 grew significantly better than the local variety in low-P Soil

人体需要至少25种矿质元素，其中大部分摄取自植物性食物。世界卫生组织(WHO)的报告指出，世界上有约20亿人口遭受缺铁性贫血，危及患者智力和体能的发育。缺铁是导致缺铁性贫血最主要的原因，相对于服用补铁剂等方法，饮食中增加富含铁的食物是预防缺铁性贫血最安全经济又有效的方法。矿质元素经根部吸收进植物体内，运输到各个组织器官，累积在可食用部位，可提供人类高营养的食物，满足健康需求。在水稻中过量表达铁储藏蛋白Ferritin，籽粒中的铁含量可升高2倍。目前，借助生物技术辅助育种，利用现有的功能基因资源，培育富铁高产的优良植物品种，成为铁营养研究的重要内容。

植物从土壤中吸收各种矿质元素，既有必需营养元素，也有非必需的元素。缺乏必需营养元素，植物不能正常生长和发育，但矿质元素的过量累积会导致植物毒性，如果某些对人体有害的元素如镉(Cd)和砷(As)等，累积在植物的可食用部位，会对人类健康造成严重损害。而耐受高浓度有害元素的植物则有望用于治理受到污染的土壤。

矿质元素的转运蛋白往往没有严格的特异性，比如运送 Fe^{2+}、Zn^{2+}、Mn^{2+} 或 PO_4^{3-} 的转运蛋白也能吸收镉和砷并分布到植物体内。因此，采用各种途径研究转运蛋白的底物选择特性，如通过晶体结构和点突变分析来鉴定转运蛋白选择性的关键位点、高通量测序寻找发现自然品系间转运蛋白底物特异性的多态性，在当前水土污染的严峻情况下，可以为基因工程辅助育种创建高营养的安全食品提供帮助。

5.6 植物营养研究的机遇和挑战

人们对植物矿质元素的研究已经延续了逾 150 年，在理论方面，对矿质元素的功能及其发挥功能的作用机制取得了广泛而深入的认识；在应用领域，大量和微量元素肥料的施用为粮食的增产做出了巨大的贡献。现代科学技术的发展和多学科的交叉融合，为植物营养学的研究提供了前所未有的机遇。例如，影像学技术的发展和应用可以揭示矿质元素在细胞和亚细胞水平的定位和分布，结合分子遗传学的研究方法，将有助于阐明参与细胞内元素平衡的基因的功能。充分了解转运蛋白的结构，鉴定出其底物选择性的关键位点，利用新兴起的基因编辑技术，有望实现精确营养(precise nutrition)，即在植物的可食用部位只累积有益元素；或创制选择性富集有害元素的植物材料，用于污染土壤或水源的生物修复。

当今世界面对的是不稳定的气候变化、遭受污染的水源和土壤，以及有限的耕地面积，如何采用可持续的方式，为不断增长的人口提供足量、营养又安全的食物，是植物营养学研究面临的重大挑战。

参考文献

CHIOU T J, LIN S I. 2011. Signaling network in sensing phosphate availability in plants[J]. Annu Rev Plant Biol, 62: 185 – 206.

FRANS J M MAATHUIS, EUGENE DIATLOFF. 2013. Roles and functions of plant mineral nutrients[J]. Plant Mineral Nutrients: Methods and Protocols, Methods in Molecular Biology, 953.

JEONG J, GUERINOT M L. 2009. Homing in on iron homeostasis in plants[J]. Trends Plant Sci, 14: 280 – 285.

KOBAYASHI T, NISHIZAWA N K. 2012. Iron uptake, translocation, and regulation in higher plants[J]. Annu Rev Plant Biol, 63: 131.

MATHER A KHAN, NORMA CASTRO-GUERRERO, DAVID G MENDOZA-COZATL. 2014. Moving toward a precise nutrition: preferential loading of seeds with essential nutrirnts over non-essential toxic elements [J]. Frontiers in Plant Science, 5: 51.

NAOKO OHKAMA-OHTSU, JUN WASAKI. 2010. Recent progress in plant nutrition research: cross-talk between nutrients, plant physiology and soil microorganisms[J]. Plant Cell Physiol, 51(8): 1255 – 1264.

NICOLAUS VON WIREN. 2011. Grand challenges in plant nutrition[J]. Front. Plant Sci. , 2: 4.

WHITE P J, BROWN P H. 2010. Plant nutrition for sustainable development and global health[J]. Annals of Botany, 105: 1073 – 1080.

PING LAN, WENFENG LI, WOLFGANG SCHMIDT. 2012. Complementary proteome and transcriptome profiling in phosphate-deficient Arabidopsis roots reveals multiple levels of gene regulation[J]. Molecular and Cellular Proteomics, 11(11): 1156.

PING LAN, WENFENG LI, TUAN-NAN WEN, et al. 2011. iTRAQ protein profile analysis of Arabidopsis roots reveals new aspects critical for iron homeostasis[J]. Plant Physiol, 155(2): 821.

XIAOLONG YAN, PING WU, HONGQING LING, et al. 2006. Plant nutriomics in China: An overview[J]. Annals of Botany, 98: 473 – 482.

YI-FANG TSAY. 2014. How to switch affinity[J]. Nature, 507: 44 – 45.

YI WANG, WEI-HUA WU. 2015. Genetic approaches for improvement of the crop potassium acquisition and utilization efficiency. Current Opinion in Plant Biology, 25: 46 – 52.

作者简介

李文凤：南京林业大学生物与环境学院，博士，教授；E-mail：wfli@ njfu. edu. cn。

专题 6　木本植物光合作用

Photosynthesis of Woody Plants

施大伟

南京林业大学南方现代林业协同创新中心，生物与环境学院　江苏南京　210037

【内容提要】光合作用是木本植物使用光能合成还原态碳的过程，它为生态系统的建立和正常运转提供了主要的物质和能量来源。叶片是光合作用的主要场所，其他组织如子叶、芽、茎、花和果实也可以进行少量光合作用。叶绿体是木本植物进行光合作用的主要场所，为双层膜的细胞器，内膜系统较为复杂，含有色素、脂分子和蛋白质，其中主要蛋白质为核酮糖二磷酸羧化-加氧酶(Rubisco)。

在光合反应过程中，色素分子捕获光能并传递给反应中心，反应中心光化学反应再驱动电子经过一系列载体进行传递。在电子传递的同时，还产生了大量的高能中间产物，最终形成 ATP 和 NADPH，为随后的由 Rubisco 酶所催化的 C_3 固碳反应提供还原力。在 C_3 反应中核酮糖二磷酸首先与 CO_2 结合，之后还原形成 3-碳糖。形成的 3-碳糖可以以蔗糖的形式输出，也可以在叶绿体中合成淀粉。C_4 途径和 CAM 途径是 C_3 光合过程的有益补充。大部分木本植物为 C_3 型植物，但也有一些 C_4 和 CAM 途径植物已经得到鉴定。

木本植物的光合速率受到多种环境、植物因素的相互影响。种间和基因型间光合速率的差异与代谢和叶解剖结构有关，而总光合作用的差异则是由于叶产量的不同。昼夜和季节的交替会引起光合速率的变化。早晨光合速率一般较低，正午前后则达到最大值，午后植物常常光合速率暂时下降即光合午休，随后会出现第二个高峰，此后在下午后期随光强的降低而逐渐下降。光合速率的季节性变化在针叶树中表现得更为明显。影响光合作用的环境因素主要包括光强、温度、CO_2、干旱、土壤淹水、矿质营养，以及这些因素之间的相互作用。光合速率还受到一些植物因素的影响，如叶龄或是树木本身的年龄等。

光合作用是绿色植物获取光能并利用二氧化碳和水合成还原态碳水化合物的过程。几乎所有进入生物圈的能量都来源于光合作用。全球森林的平均净初生产物生产量占到世界总产量的1/4 以上，相当于农业用地生物产量的1/2 以上。人类使用的很多天然产物都是从木本植物的光合作用转变而来的。例如，许多国家将木材作为最主要的能量来源，煤炭和石油等远古时期存留下来的植物资源也得到了大力开发。此外，从果实、种子到地上部分的树皮、树叶，木本植物的可食用部分又极大地丰富了人类的营养来源。但无论被用于何种用途，植物中的能量和干物质都是通过光合作用被储存起来，从而得以利用的。

6.1 木本植物叶绿体的结构和成分

植物叶片是光合作用的主要场所。此外，在其他绿色组织中也不同程度地进行着光合作用。大部分植物种类的主要光合组织为子叶和叶片，与之相比其他组织的光合产出量相对较低。例如，刺槐、柠檬、柑橘、鳄梨、葡萄和李树等植物的绿色果实其光合作用根本不足以满足它们自身生长所需。生殖器官的光合作用输出量依植物种类不同而变化很大，有时也具有极为重要的意义。某些植物的嫩枝和茎也具有一定的光合能力，但通常光合作用较低，比如在东方棉白杨中嫩枝和茎的光合作用约为植株光合作用总量的5%(Schaedle，1975)。某些种类的落叶树，其幼树的无叶嫩枝在冬季进行着活跃的光合作用。枝和树皮的光合作用也是某些干旱地区树种的重要特征。一些沙漠灌木的叶片在旱季脱落，通过茎和枝活跃的光合作用得以存活。例如，假紫荆在一年的大部分时间里处于无叶状态，其绿色枝的光合产量可以高达植物年光合产物总量的40%。

6.1.1 叶绿体的结构

高等植物的能量捕获和CO_2固定发生在叶绿体(图6-1)。叶绿体广泛分布于叶片，但也存在于子叶、芽、茎和枝的外皮、花、果实和球果中。

成熟叶绿体起源于球形前质体，前质体具有双层胞膜和原始内膜结构。在质体形成初期，质体中存在原叶绿素酸酯，它是叶绿素形成的前体物质。在被子植物体中，原叶绿素酸酯在光下通过光敏色素介导机制转变为叶绿素，而松树子叶的叶绿素a和叶绿素b的积累不需要光照诱导(Lewandowska & Oquist，1980)。在叶绿素的形成期伴随有膜系统的大量积累和蛋白质合成的迅速升高，其中的一些蛋白质是叶绿体DNA编码并在叶绿体核糖体上进行翻译合成的；而另一些叶绿体蛋白质(如1,5-二磷酸核酮糖羧化酶/加氧酶，即Rubisco，以及捕光色素蛋白复合体)则由核DNA编码，并在细胞质核糖体上进行合成，随后转运进入叶绿体，并在叶绿体中最终转变为其功能形态。

与线粒体一样，叶绿体也是通过双层被膜与周围的细胞区域相分隔的。除双层被膜外，在叶绿体内部的基质中还悬浮存在另一套膜系统，即叶绿体类囊体膜结构。类囊体膜结构中包含有色素、蛋白和脂质分子，它们在空间上以高度复杂的有序方式排列在类囊体膜上。类囊体蛋白具有两种功能，它们可以与色素分子相结合作为酶而发挥作用，也可以与辅基基团相结合发挥电子载体功能。进入叶绿体的光能在类囊体膜系统中被捕获并转变为在代谢中可利用的能量形式。

6.1.2 叶绿体的成分

叶绿体约含75%的水分。在干物质中，以蛋白质、脂类、色素和无机盐为主。蛋

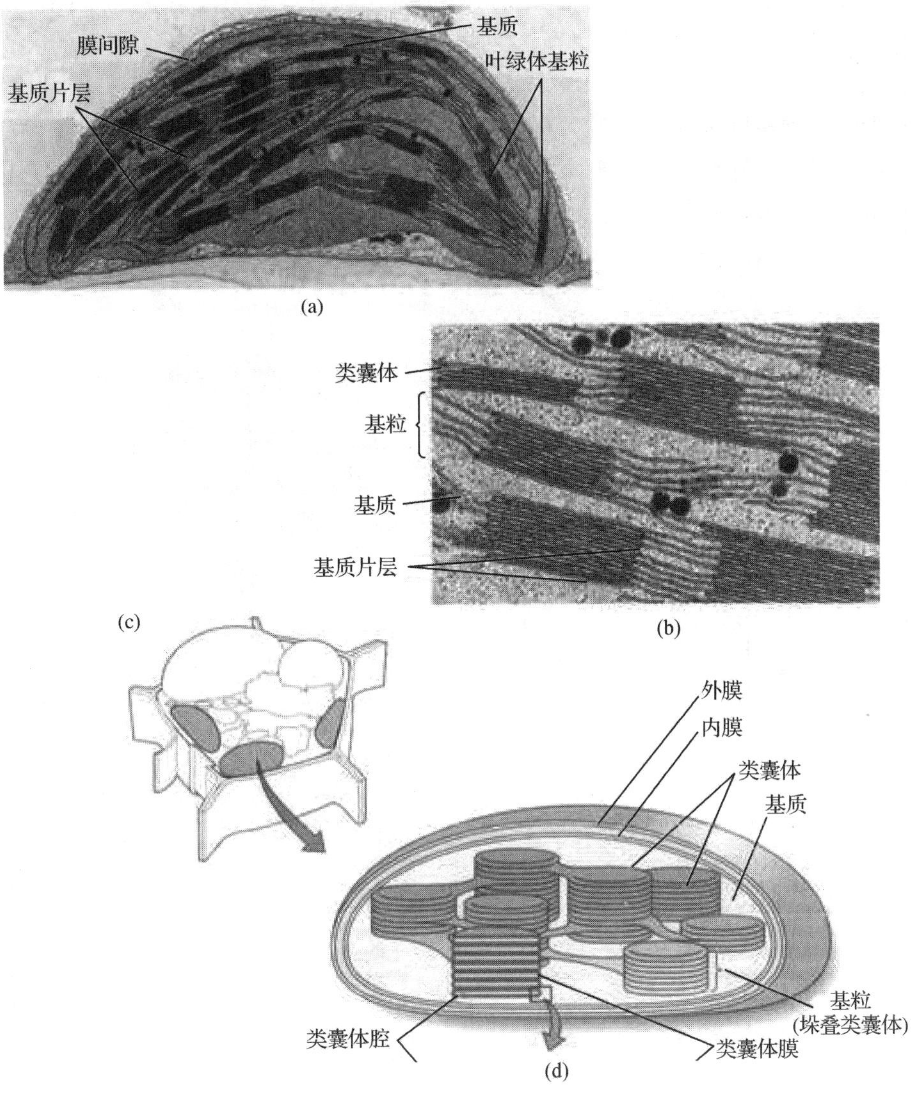

图 6-1 高等植物细胞叶绿体超微结构与三维结构模式图(潘瑞炽，2004)

Fig. 6-1 Chloroplast ultrastructure and 3D stmcture model of cells in higher plants

白质是叶绿体的结构基础，一般占叶绿体干重的 30%~45%。叶绿体的色素很多，占干重 8% 左右，在光合作用中起着决定性的作用。叶绿体含有 20%~40% 的脂类，它是组成膜的主要成分之一。叶绿体中还含有 10%~20% 的贮藏物质(淀粉等)，10% 左右的灰分元素(铁、铜、锌、钾、磷、钙、镁等)。此外，叶绿体还含有各种核苷酸(如 NAD^+ 和 $NADP^+$)和醌(如质体醌)，它们在光合过程中起着传递质子(或电子)的作用。

(1)色素

就丰富程度和功能重要性而言，叶绿素是叶绿体中最为重要的色素。在高等植物中存在着两种叶绿素形式——叶绿素 a 和叶绿素 b(图 6-2)。另外，叶绿体色素中还包含类胡萝卜素，如 β-胡萝卜素和叶黄素，它们能够将能量传递到叶绿素或在保护和调节方面发挥作用。叶绿素的吸收光谱在可见光区有两个吸收高峰，一个在蓝光波长区域，一个在红光波长区域。吸收光谱最大吸收波长随叶绿素分子环境的不同而有所改变。叶绿素在绿光区域的吸收较弱，这种相对吸收缺失阐明了为什么植物的大部分地区都呈现为绿色。

有少数几种树因为它们的叶片中存在花青素，叶片呈现出红色或紫色，例如，紫叶欧洲山毛榉、紫叶挪威槭和日本枫树。花青素与叶绿素不同，它们不存在于叶绿体中，而是存在于液泡中。

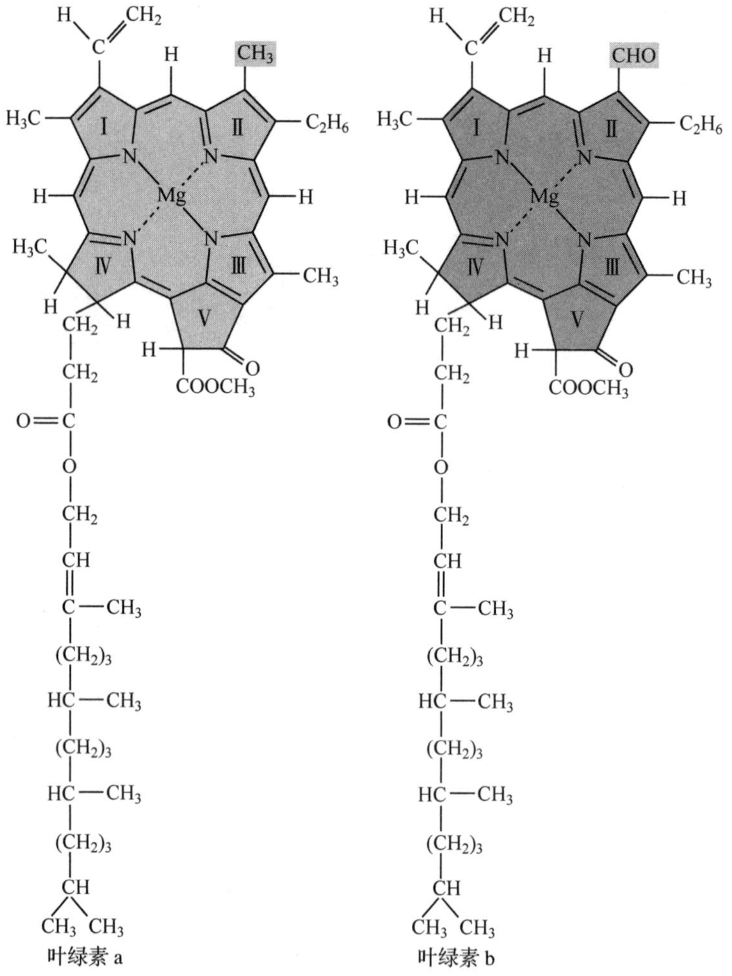

图 6-2 叶绿素 a 和叶绿素 b(郑彩霞，2013)

Fig. 6-2 Chlorophyll a and b

(2)蛋白质

前质体暴露于光下会迅速进行蛋白质的积累。经过约 4d 的时间，基粒片层和基质片层蛋白(与固碳核代谢相关)均快速增长。这些蛋白质种类很多，其中一些蛋白质的合成同时涉及叶绿体和细胞质两个场所，它们先在细胞质中合成，随后通过叶绿体被膜转运进入叶绿体。

蛋白质在叶绿体中最重要的功能是作为代谢过程中的催化剂，现在已知，叶绿体中含有光合磷酸化酶系、CO_2 固定和还原酶系等几十种酶。高达半数的叶绿体蛋白为

Rubisco，它们是大多数植物叶片中最为丰富的蛋白质，很可能也是地球上最为丰富的蛋白质。另外，起电子传递作用的细胞色素、质体蓝素(plastocyanin)等，都是与蛋白质结合的，所有色素也都与蛋白质相连成为复合体。

6.2 木本植物光合作用机制

光合作用的机制是一个比较复杂的问题，从表面上看，光合作用的总反应式似乎是一个简单的氧化还原过程，但实质上包括一系列的光化学步骤和物质转变问题。与许多生理过程一样，光合作用也是由若干步骤组成，大致分为三大步骤：①原初反应；②电子传递和光合磷酸化；③碳同化。①②基本属于光反应，③属于暗反应。

6.2.1 原初反应

原初反应是光合作用的第一幕，它包括光能的吸收传递与转换过程。光合色素受到激发后，色素分子中的电子接受光能跃迁高能级态，可以发生荧光反应；可以将能量传递给其他色素分子，或以热能的形式散失掉。类胡萝卜可将能量传递给捕光复合体中的叶绿素分子，并通过防止由氧气和激发态叶绿素 a 分子诱发产生单线态氧而发挥光保护功能。

光合色素受到激发后，能量经历若干次色素间传递，最终传递到与蛋白质形成特殊排列的叶绿素分子，引起光化学反应。这些涉及光化学反应的色素蛋白复合体称为反应中心。绿色植物中含有两种反应中心(P700 和 P680)，它们均以捕光复合体形式存在，分别为光系统Ⅰ和光系统Ⅱ(PSⅠ和 PSⅡ)。

$$[CX]\rightarrow[C*X]\rightarrow[C^{+}X^{-}]$$

光能被传递到反应中心后便会引起电荷分离。电荷分离发生在反应中心，从而形成离子对。这个离子对由一个氧化态的正电荷叶绿素二聚物(C^{+})和一个还原态的电子受体(X^{-})组成。形成离子对标志着光能转化为化学能。一旦离子对形成，电子可以通过再结合过程迅速返回离子对电子受体，或者经历一系列电子传递造成电荷在空间上进一步分离。

6.2.2 电子传递

从氧化还原角度来看，完整的光合电子传递机制与字母“Z”形状相似，因此普遍称之为“Z 方案”(图 6-3)。电子从高能级(更负)向低氧化还原潜势方向传递。在两个光反应中心，光还原电子对提供能量使氧化还原态升高，即变得更负。

有关光合电子传递链结构和功能方面的研究已取得了较大进展，但也有一些反应步骤仍不清楚。PSⅡ系统的最初电子供体是水，通过水解产生分子氧，然而其确切反应机制尚不明确。电子传递链的最终还原产物是 NADPH，其某些组成部分在分布上具有特异性，它们定位于膜的不同区域。例如，PSⅡ光系统广泛存在于基粒的垛叠区，而 PSI 光系统仅存在于基粒类囊体膜外侧和基质类囊体膜中。细胞色素 b6f 复合体(cytb6f)在基粒垛叠区和基质类囊体中的分布几乎相当，cytb6f 在 PSⅡ光系统一侧接受质体醌(PQ)提供的电子变为还原态，随即又将电子传递给 PSⅠ光系统一侧的质体蓝素

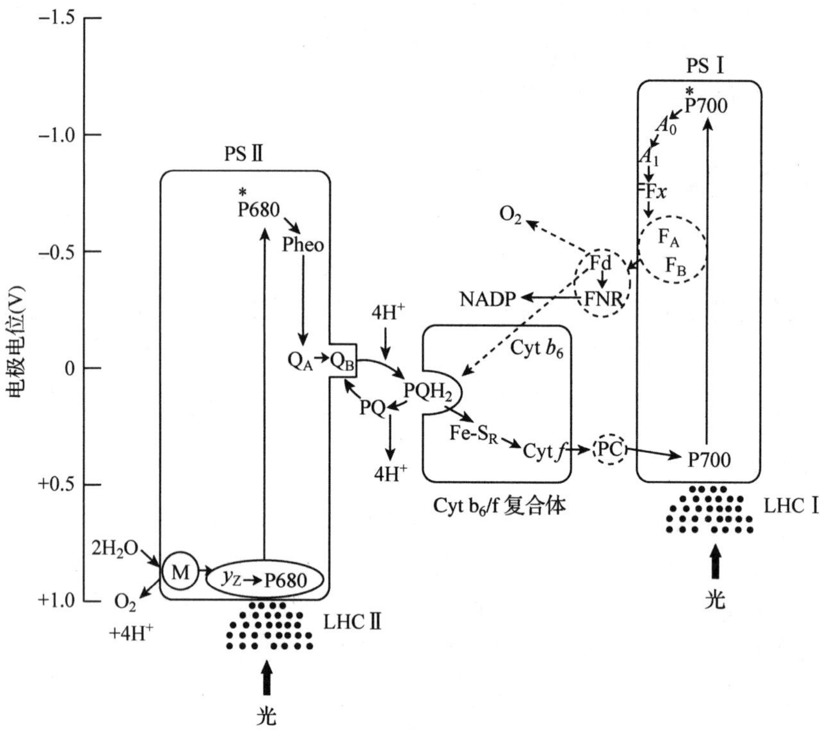

图 6-3 叶绿体的电子传递路径(“Z 方案”)(余叔文，汤章城，1998)

Fig. 6-3 Electron transport pathway in chloroplast(“Z” scheme)

(PC)。质体醌是脂溶性的，可在膜内自由扩散；与之相反，质体蓝素是水溶性的，可在类囊体水相空间进行扩散。

这两种化合物扩散性质的不同解决了因光系统空间分布而产生的阻隔效应问题。然而，这种效应也对电子传递体产生了一定的限制作用。例如，PQ 库相对较慢的还原速率和随后进行的再氧化大大限制了整个光合电子传递过程。质体蓝素与质体醌的运行距离相同，相对于质体醌移动较快，因此不会对电子传递链的整体流动产生很大限制。

随着电子的传递，跨类囊体膜的 pH 浓度梯度得以建立。pH 浓度梯度的建立与 PQ 分子有关，因为 PQ 分子在氧化的同时会向类囊体膜外侧释放 H^+。铁氧还蛋白(Fd)随电子流经 PS Ⅰ 系统而被还原，随即又被位于类囊体基质侧的铁氧还蛋白——$NADP^+$ 还原酶所氧化。这个酶最终将 $NADP^+$ 还原为 NADPH，后者在将固定的二氧化碳转化为简单碳水化合物过程中充当还原力。此外，在 PS Ⅰ 系统和 cytb6f 复合体之间还存在着一条电子传递环路，它与生成 NADPH 无关，仅用以合成 ATP，称为环式电子传递，对光合作用起调节作用。

6.2.3 光合磷酸化

Arnon 等(1954)在 20 世纪 50 年代发现离体叶绿体在光下可以进行光合磷酸化反应。但研究发现，叶绿体进行磷酸化作用，并不一定需要光照，只需建立跨类囊体膜的质子动力势，质子动力势就可把 ADP 和无机磷酸合成 ATP。由于光合磷酸化与光合电子传递是偶联在一起的，电子传递一旦停止，光合磷酸化就不能进行。

叶绿体中 ATP 是通过存在于基质和基粒外侧的 ATP 合成酶催化形成的。ATP 合酶将 ATP 的合成与电子传递和 H^+ 跨膜转运偶联起来，故又称为偶联因子。叶绿体 ATP 合酶由两部分组成（CF_0和 CF_1）。CF_0 亚基为脂溶性，嵌合在类囊体膜中，CF_1 亚基为水溶性，位于 CF_0 亚基处的膜外侧（图 6-4）。CF_1 亚基是一个六元（3 个 α 和 3 个 β 多肽）单位组成的对称环状复合体，似橘子一样，两者与 ADP 和磷酸结合，催化 ADP 的磷酸化。CF_0 亚基是一个由 9～12 个相同多肽（c 亚单位）构成的桶型复合体，可能在连接 ATP 合酶的膜部分和催化部分起作用，形成跨膜通道，使质子从内腔运动到基质。在 ATP 合酶的外侧存在有两个跨 CF_0 和 CF_1 的结合多肽（b 和 b′）和两个辅助结合多肽（a，δ）。在 CF_0-CF_1 两亚基的中间空间，γ 多肽与 CF_0 亚基底部相连并延伸进入 CF_1 亚基环状中空区域。在两亚基的中间空间还存有另一多肽 ε，它与 γ 多肽相结合。

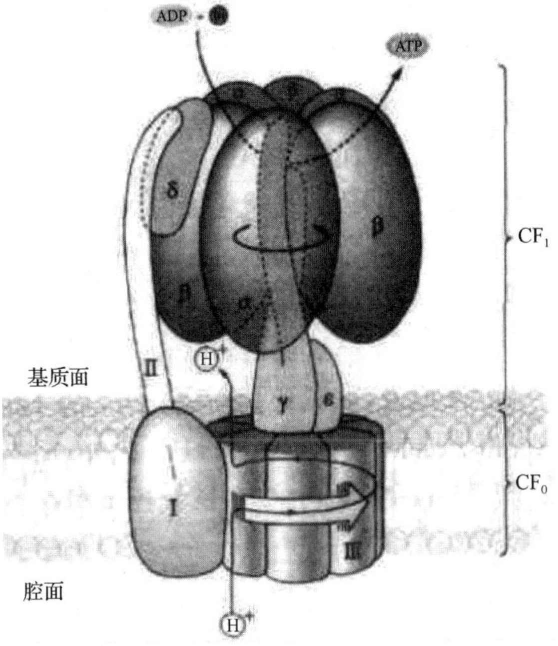

图 6-4 ATP 合成酶结构（Buchanan et al.，2000）

Fig. 6-4 ATP synthase stnuture

ATP 合成与质子通过 CF_0，形成质子动力势（PMF）相联系，但确切机制尚不清楚。现在被人们广泛接受的是 1997 年的诺贝尔化学奖的获得者 P. D. Boyer 最早提出的“结合变化机制”。质子流经过 CF_0 时，释放能量，直接推动多肽 c 亚单位以及与其相连的 γ 和 ε 多肽旋转，于是带动 β 多肽转动，构象循环地变化；γ 多肽的旋转引起 β 多肽的构象变化，在 β 多肽上的核苷酸的结合位点也发生变化。CF_1 亚基具有 3 个核苷酸结合位点，这 3 个核苷酸、磷酸结合位点在开放（O）、松散（L）和紧密（T）这 3 种构造间不断交替转换。结合变化机制认为，这种构象的依次转化是和质子通过引起 γ 多肽的旋转相偶联的。如果把 ATP 合成酶比喻成一个运转的马达，那么 CF_0 亚基及与 ε 结合并转动的 γ 多肽就构成了它的转子，而 b 和 b′臂，以及 a 亚基则起到马达稳定器的作用。

6.2.4　碳同化

几乎所有的木本植物都是 C_3 植物，因为它们通过五碳糖-核酮糖二磷酸(RuBP)结合 CO_2后产生两分子三碳化合物-磷酸甘油酸(PGA)(图6-5)。Rubisco 酶具有羧化/加氧双重活性，因此 O_2是固定 CO_2的竞争性抑制剂。Rubisco 酶在植物生理中具有核心地位，是一个高度调节酶。其活性调节有若干类型，包括结合 Mg^{2+} 和 CO_2的相关反应、RuBP 浓度和 pH 的影响、光合活化酶的活化作用以及与某些代谢物有关的抑制反应。

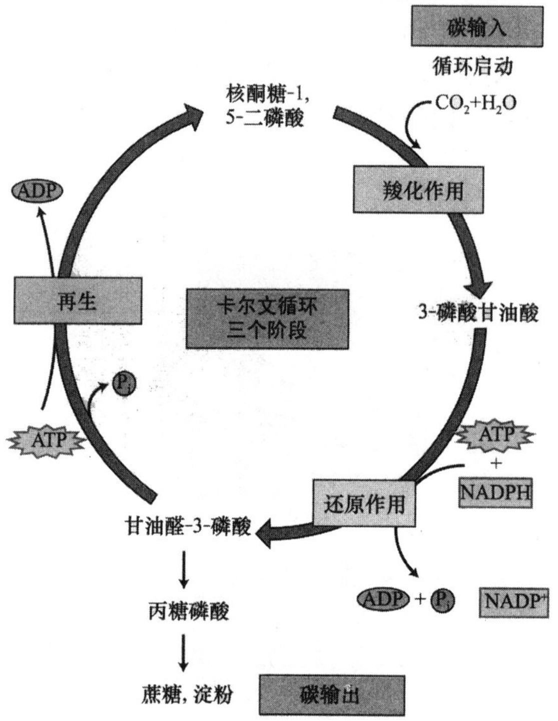

图 6-5　C_3 或卡尔文循环的固碳途径(Taiz & Zeiger, 2006)

Fig. 6-5　Carbon fixation of C_3 or Calvin cycle

在其他植物，如玉米和甘蔗中，第 1 个光合产物是四碳化合物，主要是天冬氨酸、苹果酸或草酰乙酸，因此称为 C_4 植物(图 6-6)。在 C_4 途径中，磷酸烯醇式丙酮酸(PEP)作为 CO_2的受体，PEP 羧化酶作为反应的固定酶。PEP 羧化酶对 CO_2具有很高的亲和力，不会像 Rubisco 酶那样受到 O_2的竞争性抑制。木本植物中，只有大戟科的少数种类和干旱地区的某些灌木进行 C_4 光合途径(Pearcy & Calkins, 1983; Pyankov et al., 2000)。

大多数 C_4 植物的叶肉细胞具有被称为"Kranz"环的花环形结构。C_4 途径将 C_4 有机酸运输到维管束鞘脱羧提高了 Rubisco 酶附近的 CO_2浓度，抑制了 Rubisco 酶的加氧活性，提高了 Rubisco 酶的固碳效率。可见，C_4 光合途径是 C_3 途径的补充机制，在一些条件下有助于提高 C_3 途径的效率。而卡尔文循环才是真正的自催化反应，因为它能够通过产生更多的 CO_2 受体提高固碳净产量。

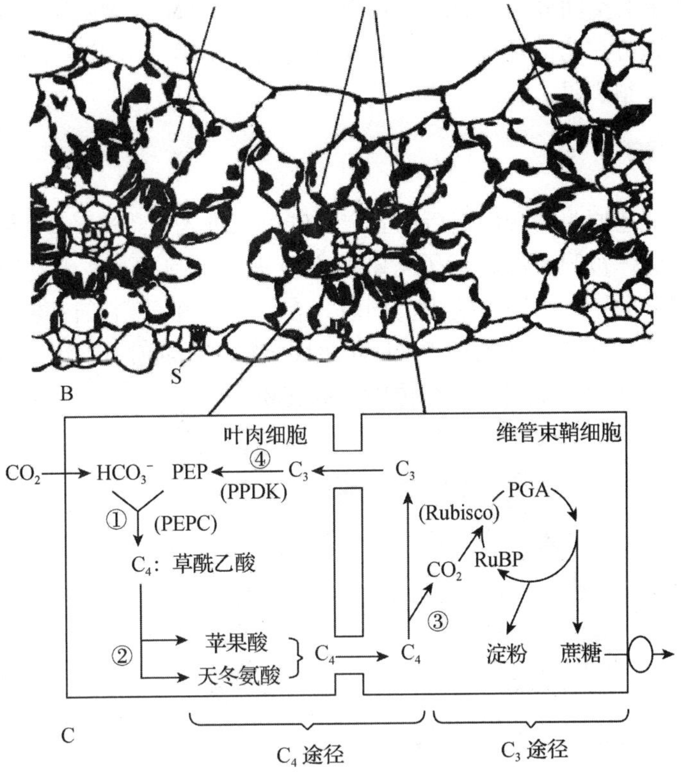

图 6-6　C_4 或 Hatch-Slack 途径的固碳途径(李合生，2012)

Fig. 6-6　Carbon fixation of C_4 or Hatch-Slack pathway

与 C_4 植物相比，C_3 植物具有更高的 CO_2 补偿点，相对较低的光饱和光强，且随着氧气浓度的下降 C_3 植物的光合速率随之升高。C_3 植物具有高 CO_2 补偿点很大程度上是因为 Rubisco 酶的羧化活性受到 O_2 的竞争性抑制。降低 O_2 的浓度会导致 C_3 植物固碳反应的大幅度升高。增加 CO_2 浓度可以降低 Rubisco 酶的加氧活性，有利于增加 CO_2 固定的净产量。C_3 植物与 C_4 植物对 CO_2 的敏感程度不同，研究表明，C_4 植物的光合作用对 CO_2 浓度的升高不敏感，大气 CO_2 浓度升高更有利于 C_3 植物进行光合作用。

光呼吸会消耗光合产物，常常被视为一种代谢缺陷。几乎所有的木本植物都是 C_3 植物，都表现出较高的光呼吸，但它们在进化生存方面较为成功。虽然 C_4 途径的光合速率在叶片水平上比 C_3 途径更高，且进化出一套机制降低光呼吸，然而 C_4 机制在林分(植物群体)水平上并不占优势。另外，光呼吸有合成作用，可以产生丝氨酸，且还可对内进行 CO_2 的再固定，保护外部 CO_2 缺乏条件下光合系统免受强光损伤。原因是缺乏电子受体会导致生成具有破坏作用的氧自由基和超氧阴离子，而光呼吸在产生 CO_2 过程中连续不断消耗 ATP 和 NADPH，使电子受体重新得以生成。

还有一种碳同化方式是景天酸代谢途径(CAM)，多存在于大多数肉质植物和少数其他可在暗中固定 CO_2 的植物中。CAM 羧化反应在黑暗中通过 PEP 羧化酶的作用形成谷氨酸和苹果酸。在光下苹果酸脱羧产生丙酮酸并释放出 CO_2，CO_2 进入卡尔文循环进行光合作用。景天酸代谢植物夜间酸度升高，白天糖含量升高酸度下降；夜间气孔开放，吸收 CO_2，白天部分或全部关闭防止因蒸腾作用导致过多的水分损失。C_4 植物通

过 CO_2 捕获和固定的空间分离避免了光呼吸作用，而 CAM 植物则利用 CO_2 捕获和固定的时间分离得以适应恶劣的环境。这种方式对生长在干旱环境下的草本植物十分有效，但在木本植物中却很少见。

6.2.5　光合产物

将磷酸甘油酸还原为磷酸丙糖后，固定的碳可以进入多条途径(图 6-7)。磷酸丙糖可以通过位于叶绿体被膜上的转运子与磷酸交换进入细胞质。在细胞质中磷酸丙糖转变为蔗糖，大部分蔗糖从细胞中输出。同时，在叶绿体中，磷酸丙糖也可以进入一个互变序列，通过这个复杂循环消耗 Rubisco 酶固定的 CO_2 再生 RuBP。最后，在这个循环中果糖-6-磷酸还可以分流进入叶绿体中合成淀粉。

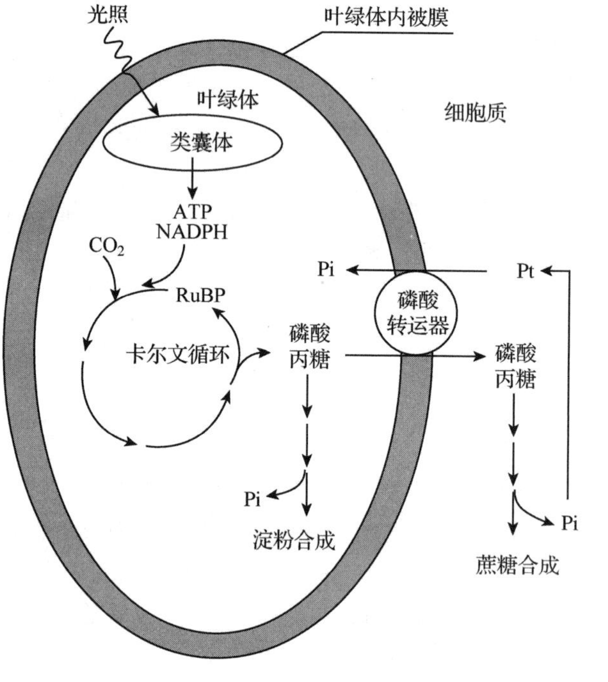

图 6-7　光合产物输出的途径(武维华，2003)

Fig. 6-7　The ontput of photosynthotic products

光合碳同化中固定的碳合成糖的方向(即形成淀粉或蔗糖)是一个高度调控的过程。如果植物体中存在对光合产物需求很强的库时，大量新固定的磷酸丙糖会进入细胞质用于合成蔗糖，随后将蔗糖输出。释放出的无机磷酸则通过转运子重新返回叶绿体。若植物体中的库对光合产物的需求量较小，磷酸由于不能及时返回叶绿体(即叶绿体中磷酸亏损)，会导致 PGA(磷酸甘油酸)和磷酸丙糖在叶绿体中发生积累，随后由于低磷酸、高 PGA 水平激活淀粉合成，将光合固定碳用于在叶绿体中的淀粉合成。淀粉的积累对光合作用存在明显的制约，即如果输出和淀粉合成不能跟上现有光合速率的速度将导致光合速率下降，光合产量降低。这种光合作用的降低可能是由于叶绿体中磷酸亏缺限制了光合磷酸化作用，也可能是由于积累蔗糖的反馈抑制使光合基因的表达量下降。

6.3 影响木本植物光合作用的因素

木本植物的光合速率变化较大，受到多种环境、植物因素的相互影响。有时也因调查者所用测量技术和衡量光合速率指标的不同，难于对光合速率进行行之有效的比较。例如，苹果树的光合速率变化就很大，有人认为这些差异是由于测定方法和环境对叶片解剖结构的影响造成的(Avery，1977)。还比如以桃树为例，若以叶面积为光合作用的衡量指标，光合速率随着光强的减弱一直保持恒定，只有当光强下降到饱和光强的20%以下时光合速率才随之降低；而用每单位叶绿体为衡量指标时发现，光合速率与可利用光强呈线性关系，即光合速率随可利用光强的减弱而降低；当以每单位叶片干重为衡量指标时，光合速率随光强减弱呈现上升趋势。

一些被子植物的光合作用受到光强影响较小，即使在低光强条件下其光合作用也运行良好，且与高光强条件下的光合效率差异较小。而裸子植物的光合作用则明显受到光强的影响，高光强条件下效率更高。因此在高、低两种光强条件下分别比较两类植物的光合能力其结论会有差异。另外，常绿树木在休眠季节干重也常有所增加(仍进行光合作用)，而落叶被子植物在休眠季节则产生了干重负增长，即发生呼吸消耗。因此，常绿树木虽然在生长季节中光合速率低于落叶树种，但其一年中的干物质总积累却可能更多。

6.3.1 种与基因差异

光合能力在种间和基因型间的变化很大。这些差异通常与代谢或叶片解剖结构的性质有关。此外，种、基因型光合能力的不同还与树冠发育和结构、产叶量或生长季节的长短有关，更大的产叶量和更长的生长季节常常可补偿因光合效率低下造成的影响。

(1)种间差异

一般来说，当以叶片干重作为衡量指标时，落叶树种较常绿树种光饱和状态下的光合速率更高。例如，在测定中发现，杨树、苹果树、白蜡树和桉树是光合速率较高的被子植物，而裸子植物则以花旗松、落叶松、水杉较高(Larcher，1969)。

以每单位叶面积作为衡量指标测定时发现，北部红橡、白橡的CO_2吸收远高于狗木花或火炬松幼苗。花旗松的光合速率较高，挪威云杉的光合速率较低，而白松则介于两者之间。在水分状况良好的条件下测定发现，星毛栎和白橡的光合速率高于枫树或黑核桃幼苗。油棕的成熟叶片光合速率非常高(Ceulemans & Saugier，1991)。亲缘关系很近的种间光合速率也存在明显差异。例如，有人发现在桉属的几个种间，光合作用的差异广泛存在。

果树和坚果树也存在着光合速率上的差异。研究发现，在温带落叶果树作物中，以樱桃、油桃和甜樱桃的光合速率最高，苹果、桃、南方越橘和扁桃次之，杏树最低(Flore & Lakso，1989)。柑橘树的光合速率通常低于苹果树，而在柑橘树中以橙子和葡萄柚的光合速率最高，柠檬最低。另有研究表明，以叶面积作为测定指标时，桃、棕榈和樱桃树的最大光合速率平均值接近，居于扁桃和杏树之间。

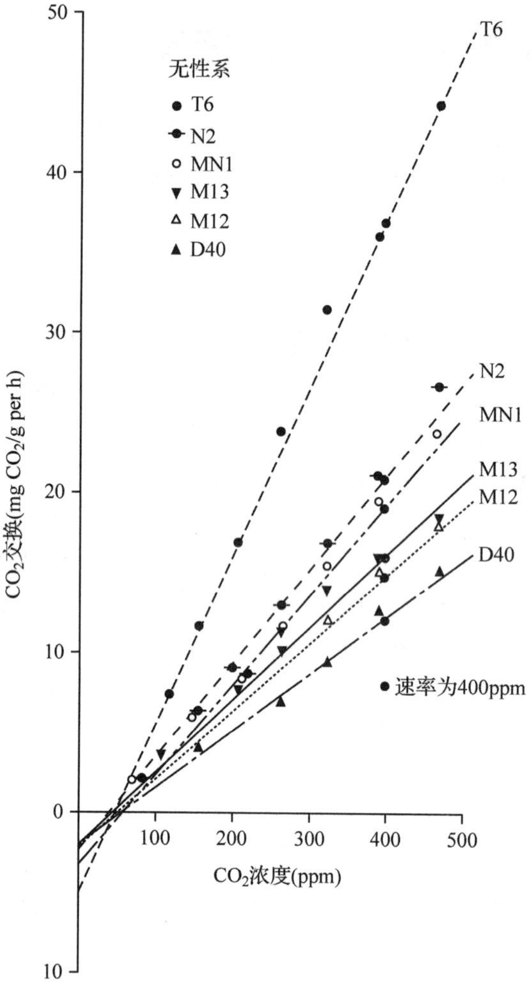

图 6-8　25℃条件下环境中 CO_2 浓度对 6 种杨树无性系净光合作用影响

(Luukkanen & Kozlowski, 1972)

Fig. 6-8　Effects of CO_2 concentration on net photosyhthetic rates of six poplar clones in 25℃

(2)种内及杂交差异

光合作用因植物基因型的不同也存在着差异。有研究报道，杜鹃花的栽培品种之间，以及橡胶树、非洲轻木、无花果树和白杨的无性系之间都存在差异(图 6-8)。

有报道显示，生长在高海拔地区的糖槭树后代其光合能力高于低海拔处的糖槭树后代。挪威云杉、欧洲赤松和黑云杉不同种源之间也存在着光合速率方面的差异(Johnsen et al. , 1996)。另外，橄榄栽培品种间光合作用最适温度也有不同，通常是与其原产地的气候有关。

植物之间光合作用的基因型差异反映出产叶率和叶保留时间上的不同。例如，佛罗里达火炬松幼苗的光合产量高于佐治亚火炬松幼苗，是由于在产叶量方面存在差异，而不是因为叶片的光合效率不同。佛罗里达火炬松幼苗光合产量也高于阿肯萨斯、俄克拉荷马或德克萨斯火炬松幼苗，则是因为叶面积和每单位叶面积净光合作用的不同。佛罗里达种源因在季节晚期仍然进行着生长和光合作用，从而进一步扩大了在生长季节早期建立起来的与其他地区同种植物之间的种源差异。此外，一些杂交毛白杨秋季叶片保留时间的延长使光合产量和晚季光合产物储存大幅度上升。

6.3.2 光合速率的日变化

光合速率在一天之内变化很大，清晨时分速率较低，主要与光强和温度有关，随着光强和气温逐渐升高，气孔导度和净光合速率迅速增大，接近中午时分达到最大值。当植物光合速率达到最大值后有时会发生光合午休现象，即光合速率出现暂时性下降，直到在下午后半段时间里迎来一天之中的第 2 个光合作用高峰，此后伴随光强和温度的降低，植物的光合作用在下午后期或黄昏时分最终减弱(图 6-9)。这种光合作用的日双峰模式十分普遍，在温带植物、干旱地带植物、地中海气候植物和北寒带植物中均有发现。

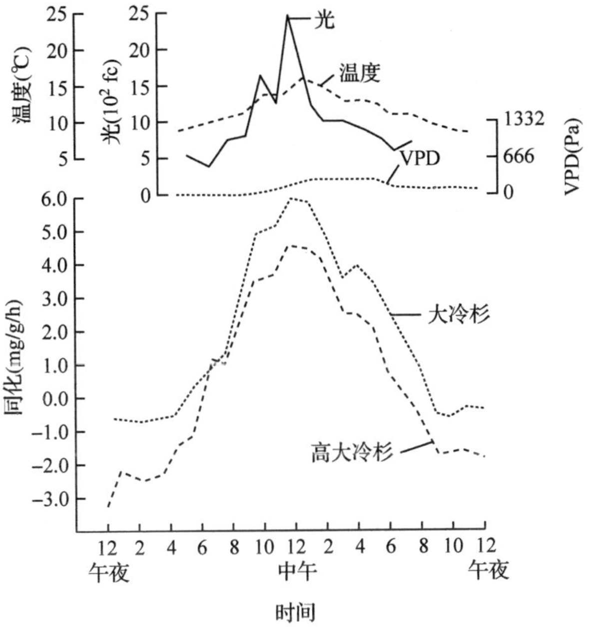

图 6-9 夏季阴天时大冷杉、高大冷杉光合作用的日变化(Hodges, 1967)

VPD，水蒸气压亏缺

Fig. 6-9 Diurnal changes in photosynthesis in *Abies grandis* and *Abies procera* under summer cloudy days

光合作用的日变化与光强的改变密切相关，例如，在开阔地带生长的被子植物的光合速率日最大值发生的时间与日照峰值完全一致。而生长在树冠下层的植物其光合速率日波动很大，光合速率的最大值常发生在光斑照射期间。裸子植物光合作用的日变化则受天气阴晴变化的影响很大。在多云或阴雨天，大冷杉与红冷杉的净光合速率在中午时分达到最大值，此后立刻降低或保持 1~2 h 后最终减弱。与之相比，在阳光充足的晴天里光合作用迅速升高，在 9:00~12:00 之间达到最大值，随后发生光合午休现象，光合速率下降直到下午后半段再次达到第二个光合作用高峰，但较最大值有所降低。

导致光合作用发生日变化的因素很多，分为环境影响，包括光、VPD(水蒸气压亏缺)影响气孔导度，温度和光影响叶肉细胞光合能力，以及能够影响气孔或叶肉光合能力的植物内部因素。在饱和光强光照的前 1～2min 内，RuBP 再生是光合作用的主要限制因子，随后光刺激引起的气孔开放和 Rubisco 酶活性则成为调控光合速率的主要因素。

高 VPD 和叶片水分胁迫可分别诱导一些植物发生气孔关闭和气孔导度减小。例如，高 VPD 可诱导美洲黑杨，而叶片水分胁迫则诱导猕猴桃等(Panthre et al.，1998)。气孔关闭及导度下降对光合器官具有潜在的危害作用，这是因为接受光驱动电子传递系统的 CO_2 库由于气体交换不能正常进行而受到限制，导致光合反应中心累积过量激发能易引起光合器官损伤。

植物中存在一些适应性反应以保护光合器官免受永久性损伤。例如，中午时分一些植物的光呼吸作用有所上升，可回补叶片内部 CO_2 库以接受光合电子传递。许多植物的光合午休与 PSⅡ量子产额瞬时下降、叶黄素循环热耗散过程升高和 pH 梯度所诱导的叶绿素反应中心构象变化有关。有研究发现，在杨树无性系中光能在光合电子传递或热耗散间的分配存在交互反应。这种动态光抑制可能是植物的一种适应性机制，因为它会在下一个早晨时分消失或大大减弱，从而避免对光合电子传递造成长期性的降解损伤。

6.3.3 季节变化

自然条件下，每天实际光合速率呈现很大波动性，这是由环境条件的变化造成的，因此有必要区分出与叶片个体发育有关的光合能力的季节变化。

6.3.3.1 裸子植物光合作用的季节变化

在温带地区，常绿裸子植物与落叶被子植物相比，其光合能力呈现明显的季节性变化，即随春天温度升高相伴的夜霜期减少，裸子植物的光合能力随之上升，等到秋季又随季节的变化而逐渐下降。有报道显示，裸子植物在美国西北部地区之所以能够广泛分布并占据优势地位，与其在非生长季的高光合潜力，在生长季水分胁迫对所有植物净光合作用的限制，以及较高的营养利用效率有关。

瑞典欧洲赤松的光合作用持续期约为 8 个月(4～11 月)。尽管如此，气候变化往往对光合作用的年季节持续时间产生影响，发生 1 个月左右的波动变化(Linder 和 Troeng，1980)。因冬季低温丧失活性的光合器在早春重新恢复活性，然而直至土壤水分解冻才真正开始发生净光合作用。光合器从冬季低温效果中恢复活性到重建最大光合能力至少需要 2 个月的时间。光合速率在夏季达到最高值，在很大程度上受到光强、空气温度和水分供给的影响。秋季由于白天缩短、光照强度降低引起光合速率随之下降。

将生长在室外的火炬松和东部白松幼苗带入实验室，在 25℃ 的光饱和条件下定期测定 CO_2 吸收，发现这两种树种每单位叶簇的光合速率从 2 月开始直至 4 月的 3 个月间增长缓慢，4 月后光合速率迅速升高，当进入秋冬季节后又明显降低(图 6-10)。火炬松幼苗的光合速率在 9 月中旬达到最大值，此后迅速下降，而东部白松的最大光合速率出现在 7 月 15 日到 9 月 15 日之间，光合速率在秋季逐渐降低。火炬松幼苗的光合作用高峰与东部白松相比发生时间较晚并且峰值较高，主要是因为火炬松幼苗经历了 3

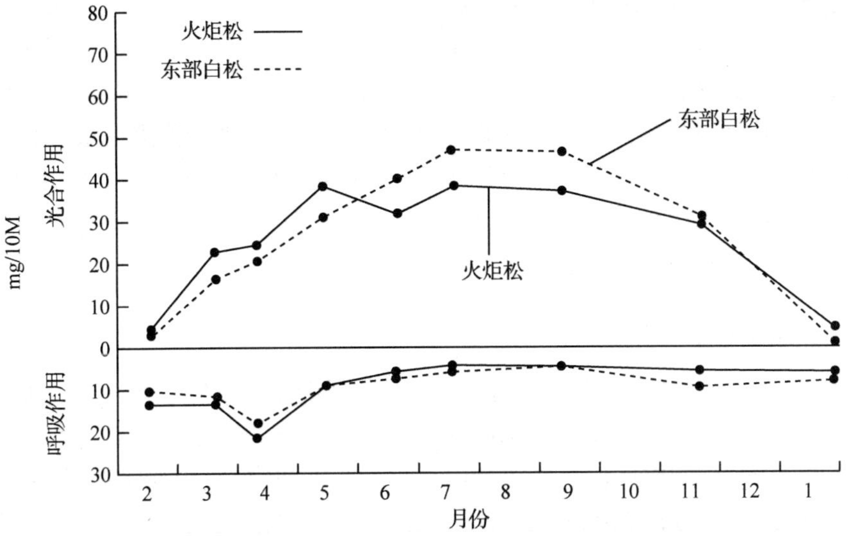

图 6-10 火炬松(实线)和东部白松(虚线)幼苗单位分支长度中净光合作用和呼吸作用的季节性变化(McGregor & Kramer, 1963)

Fig. 6-10 Seasonal changes in net photosynthesis and respiration of coblolly pine and eastern white pine seedlings

注：mg/10m 代表每 10m 分支长度交换的 CO_2 毫克数

次新梢生长高峰，直到夏末为止新生出了许多针叶参与光合作用，而东部白松幼苗仅存在一次新梢生长高峰，发生在初夏。

6.3.3.2 被子植物光合作用的季节变化

许多落叶被子植物的光合速率随季节变化表现出一种典型的变化过程，即随春季叶片内萌发迅速加快，夏季进入全速运转期，在夏末或初秋随叶片衰老(在落叶前)而减慢(Wilson et al.，2000)。

落叶被子植物的全树季节性光合能力依叶片发育类型的不同存在种间差异。完全依赖冬芽的树种在初夏生长即达到叶面积最高峰，而其他树种在夏季或逐渐或以爆发的形式仍在持续增加新叶。因此，总光合能力应该随叶面积的增长而发生变化。绿色叶片的保留时间延长进入秋季，对于一些阔叶树种的快速增长十分重要。例如，快速生长的杨树无性系绿色叶片保留时间较长，在第一次夜霜来临之前一直维持可观的光合速率。赤杨的叶片保留时间多出白桦树 1 个月，直至 10 月中旬仍持续进行光合作用。欧洲酸樱桃的绿叶保留时间长于美国山毛榉或糖槭，可达深秋季节。

苹果树的嫩枝叶片展叶迅速，在完全展开几周里保持相对恒定的光合速率，然后随叶片衰老而降低。长枝叶片的光合速率高于短枝，在 8 ~9 月能够达到短枝的 3 倍。

6.3.4 光强

光强对光合速率影响很大，种植者可以通过林间分伐、整枝等栽培方式改变植物周围的光微环境。因此，为了在不影响质量的前提下最大限度地提高水果产量，通常采取尽可能多的增加树冠暴露面积的栽培措施。

气孔导度和非气孔光合过程都受到光强的影响。气孔可以直接对光作出响应，也可以通过叶肉中的光合作用对 CO_2 的消耗匮缺效应或者通过二者共同影响气孔的导度。光除了为光合作用提供能量外，一些临界时长的光诱导对光合能力的最大化也起到十分重要的作用，这可能是通过调控光合过程中的重要酶(如 Rubisco 酶)实现的。光强对光合作用的影响程度受到其他环境因素的相互作用，例如，极端的干旱或温度可加大光强对光合器的损伤(即光抑制)。

6.3.4.1　树冠与光合作用

光合光量子通量密度(PPFD)随树冠厚度的增大而迅速下降。在开阔地带生长的树木其树冠外侧的叶片一般较树冠内部叶片具有更高的光合速率。苹果树的外侧树冠高光强区域的平均净同化速率为 16.7μmol/(m^2 · s)，而树冠内侧的低光强区域仅为 4.7μmol/(m^2 · s)。随着苹果树叶片在5月完全展开，树冠各部分的光合速率都处于高速运转状态。尽管如此，在6月底至8月初之间阴面树冠内侧的光合速率都快速降低。

一般而言，冠层顶端叶片光合速率更高，与冠层底部相比也具有更高的饱和光强。这些差异与冠层顶部向底部的气孔导度和叶肉光合能力的逐渐降低成正相关。尽管 CO_2 浓度、温度和湿度都随冠层高度变化很大，但光强状况才是随冠层高度变化最大的因素。

裸子植物和被子植物的总光合输出均随树高变化很大，这主要是由于叶片数量和遮光的双重差异造成的。树龄为 38a 的美国花旗松其最大光合速率发生在当年生的自顶部向下介于全光和全阴区域之间的第7轮分枝附近，光合速率向树冠基部逐渐降低(Woodman, 1971)。尽管树冠都存在光合作用的日、季两重差异，树冠表面可通过划分冠层归入光合作用的高效区域。处于封闭受控环境中高达 7m 的辐射松其光合能力也随冠高发生变化。树冠顶部和中部 1/3 处的针叶量分别占树冠总叶片产量的 14% 和 60%，而它们的光合作用则分别占到总光合产物的 19% 和 60%。挪威云杉树冠顶部的照光部分约占总叶重的2/3，达到日光合总量的71%，冠层下部的阴蔽部分的叶重和光合产量则分别为总叶重的 6.4% 和日光合总量的 3.4%。

植物冠层对散射性辐射的光利用率高于直射辐射，这是因为处于散射辐射下的低于光饱和点的叶面积值相对较高，提高了光能的可利用度(在直射辐射下，由于叶片达到光饱和点，一部分光能无法被叶片利用，造成了光能的浪费)。因此当以总入射 PPFD 为基础时，即总 PPFD 一定时，散射辐射的叶片利用率更高。

6.3.4.2　弱光驯化

光合作用在一定光强幅度内的反应曲线已广泛应用于耐阴和喜光植物对光强差异的研究(图 6-11)。研究发现，4 种热带树种遮阴后的变化十分显著。与光合速率变化相比，其中生长速率的变化尤为明显，这表明碳水化合物分配对于生长具有重要意义(Ramos & Grace, 1990)。在高光强条件下生长的植物其最大光合速率高于低光强条件下生长的同种植物。同时，研究结果也显示，在野外生长或处于冠层下方时，喜光树木的光合能力均高于耐阴的同种植物。

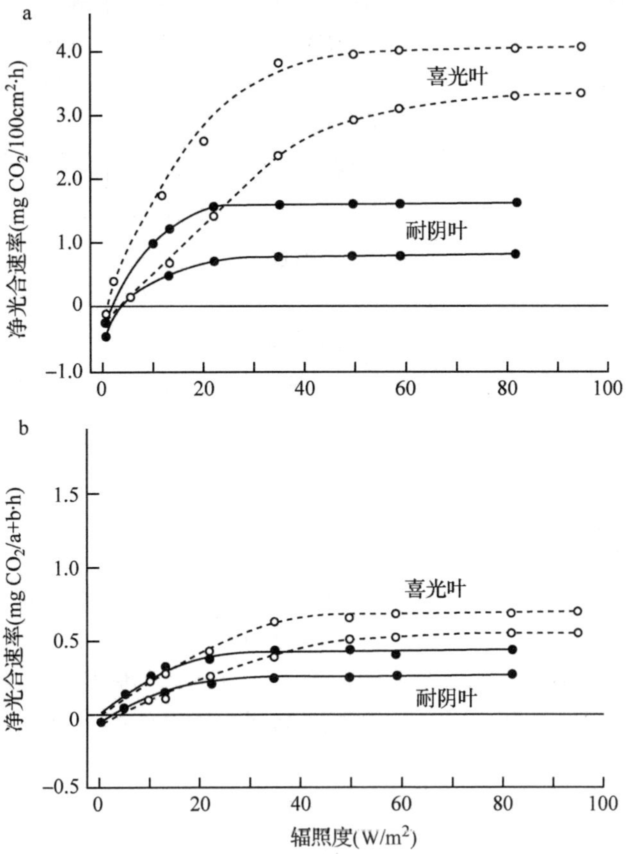

图 6-11 欧洲山毛榉喜光叶(空心)和耐阴叶(实心)净光合速率(Pn)对光强的反应
以叶面积(a)和叶绿素含量(b)来测定光合速率(Lichtenthaler et al., 1981)
Fig. 6-11 The responses of net photosynthetic rates(Pn) to light intensity in light favorate leaves and shade tolerant leaves of ewropean beech

在低光强条件下许多树种的耐阴叶片比喜光叶片具有更高的光合效率。耐阴叶的量子产率呈现典型性的升高趋势。由于树冠中大多数叶片在不同程度上都会受到遮阴作用的影响，更高的量子产率可以提高耐阴叶的光能利用率，使其更好地适应这种遮阴微环境。例如，对耐阴(欧洲小叶椴)和非耐阴(欧洲山杨)植物冠层顶部向基部的叶片进行捕光成分分析发现，冠层下部(即光辐照较弱)叶片具有更高水平的叶绿素和氮含量。这种叶绿素和氮含量的升高在处于低光照水平的耐阴植物叶片中尤为明显。一些树种的耐阴叶在低光强条件下具有更高的光合速率，温带树种包括山毛榉、糖槭、黑核桃、红花槭、北方红栎和美国鹅掌楸，热带树种则有咖啡树等。垂叶榕的耐阴叶片在低 PPFD 条件下与喜光叶相比更具光合优势，与此相反高光强条件下喜光叶则更具光合优势。

6.3.4.3 遮阴适应

树木对于在其他树木遮蔽下生长的适应能力变化很大，这种能力差异常常是树种能否在竞争环境下成功生存的决定因素。耐阴树种间这种适应能力上的差异主要取决于光合器对低光强的适应能力。光合适应与遮阴对叶生成量和光合能力的影响有关。成功适应低光强环境并良好生长，需要植物具备以下特点，即能够有效捕获可利用(弱光)光，随后将之转化为化学能，维持低水平的呼吸作用，以及分配更多的碳水化合物用于叶片生长。

与非耐阴植物相比，耐阴树种暗呼吸速率通常较低，因此具有更低的光补偿点和光合作用的光饱和点。耐阴树种叶片中单位叶表面 Rubisco 酶、ATP 合酶和电子载体含量一般较低。这些成分含量的减少与电子传递和固碳能力的减弱相吻合。研究发现，在耐阴树种和非耐阴树种的日间暗呼吸和最大羧化速率(V_{cmax})之间存在着紧密联系，表明羧化速率升高必定伴随着呼吸水平的上升(Niinemets et al. , 1998)。例如，非耐阴的欧洲山杨比耐阴的欧洲小叶椴和欧洲榛子能维持更高的暗呼吸和 V_{cmax} 水平。

6.3.5 温度

6.3.5.1 空气温度

木本植物进行光合作用的温度范围很广，从 0~40℃，具体的温度范围具有种间和基因型差异，此外还受到植物年龄、植物起源和季节的影响。当 CO_2 供给和光强升高时，净光合速率通常随空气温度的上升而增大，直到达到临界点后开始迅速降低。在大多数温带树种中，净光合速率在一定温度范围内随温度的上升而增大，下限为接近冰点，上限则在 15~25℃之间(图 6-12)。气温对于光合作用的这种影响效应可被多种因素改变，包括光强、CO_2 可利用度、土壤温度、水分供给，以及环境因素的预适应效应。

将植物置于高温或低温都会对随温度变化的光合速率产生影响。低于冰点的温度会对光合机制产生抑制作用，但在一定时间内当温度回升至冰点以上，这种抑制损伤一般都能够消除。高温预适应的抑制效应可以持续许多天，这种后效应对光合作用的

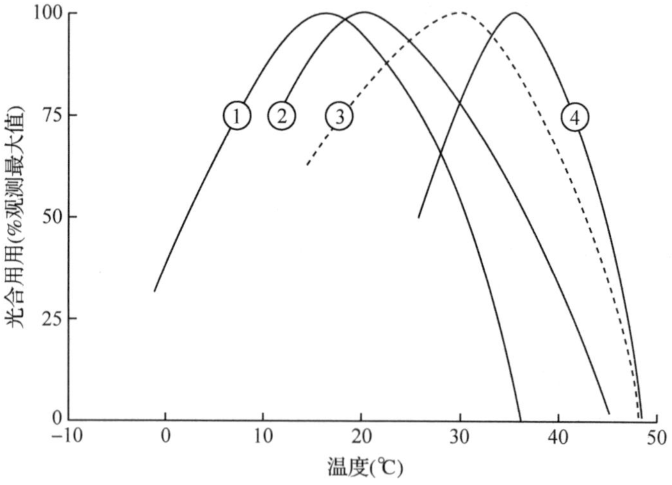

图 6-12 温度对温带地区树种(曲线 1，瑞士石松；曲线 2，欧洲山毛榉)**及热带树种**(曲线 3，印度月桂；曲线 4，相思树)**光合作用的影响**(Kozlowski et al. , 1991)

Fig. 6-12 Effects of temperature on photosynthesis of trees in temperate and tropical regions

影响更为强烈(与呼吸作用相比)。

低温诱导光合作用减慢涉及对光合机制的多重作用。针叶树在冬季光合系统的变化包括叶绿体结构发生改变、叶绿素含量减少、光合酶活性的改变、光合电子传递链的中断，以及气孔关闭。研究表明，越冬常绿植物的光合器官经历了高激发压力的潜在伤害效应，这种高激发压力是一种持续不断的光能捕获和低温诱导的固碳和光合碳还原循环消耗的还原力和 ATP 能力降低的综合结果(Oquist & Huner, 2003)。此时，严重的光抑制和叶绿素的光氧化可伴随如下情况发生：光合作用量子产额下降、光系统Ⅱ荧光释放、叶绿素和 PSⅡ反应中心的 D_1 蛋白的损耗。质体醌库在 PSⅡ的下游侧变为还原态，但重新氧化过程受到抑制。光系统Ⅰ似乎对于冰点温度引起的抑制具有更强的耐受力。

高温对于净光合速率的抑制常常发生，这是因为当温度超过光合作用的临界高温时光合作用就开始下降，而呼吸作用此时仍在持续增大。尽管高温常常能使气孔逐渐关闭，其引起光合作用减弱的主要原因却不是气孔关闭作用。这种关闭现象通常是由于叶片温度升高时对升高的叶—空气 VPD 产生的气孔反映所造成的。另外，高温对光合系统的损伤在很大程度上反映了对叶绿体功能的直接抑制。高温下光合作用的减弱与一些因素有关，包括类囊体膜性质的改变、光合碳代谢酶的失活，以及由于变性和沉积所导致的可溶性叶蛋白含量的下降。

6.3.5.2 土壤温度

土壤温度和空气温度都对光合作用产生影响，CO_2吸收速率在低温下降低。夜晚低温过后，土壤低温会上升为光合作用的主要限制因素。光合作用对土壤低温的降低反应常常涉及气孔和非气孔抑制。由于土壤低温水分吸收降低造成的气孔关闭是北美云杉幼苗光合作用下降的部分原因，这种光合作用减弱主要的表现形式为叶肉导度大幅度降低(Turner & Javis, 1975)。与之相反，一种灌木三齿蒿的根系处于5℃时，其处于气温 20℃的地上部分气孔导度减少 50%，而胞间 CO_2 浓度则下降 10%，这一结果表明气孔限制是这种植物的主要限制因素。

土壤高温也可以导致光合作用的减弱。生长在土温 38~42℃ 3 周的冬青植株其光合速率低于生长在土温 30℃或 34℃的同种植物。叶片叶绿素和类胡萝卜素含量随土壤温度的升高而下降，相反叶片可溶性蛋白的水平则呈现增高趋势。每单位叶鲜重中 Rubisco 酶的活性随根部温度升高呈现线性反应，而当以每单位蛋白质或叶绿素作为基础衡量时发现 Rubisco 活性在 42℃和 30℃均发生下降。冬青植物在高根系温度下光合作用减慢适中，这可能是由于在高根系温度下冬青可通过调整代谢或进行光合产物的再分配而维持光合速率的基本稳定。

6.3.6 二氧化碳

当木本植物水分状况和光照条件良好时光合作用主要受到空气中低 CO_2浓度(即 375μmol/mol)的影响。光合细胞对于 CO_2的可利用性由于其向内扩散路径的阻力受到了强烈的限制，这种阻力包括界面层、空气、角质、气孔和叶肉空气空间，以及液相扩散阻力。大多数松树针叶的界面层很薄，随叶片体积增大而增大，并随风速的提高而减小。由于大多数叶片的角质层表面对于 CO_2 存在相对的难以透过性，气孔导度在 CO_2 吸收方面就变得十分重要。叶肉总导度取决于生化和扩散特性，也与光合羧化酶浓度和叶片的光化学能力有关。

空气中 CO_2 浓度升高对光合作用的潜在效果越来越受到人们的关注。交通工具对化石燃料的大量使用、工业过程及可能的对森林的广泛破坏导致了空气中 CO_2 浓度升高速度的加快。研究分析表明，空气中的 CO_2 在许多年里一直呈上升趋势，从 19 世纪中期的约 260 μmol/mol 升高到 21 世纪初期的 300 μmol/mol。预测到 2050 年和 2100 年，CO_2 浓度将分别升高至 500 μmol/mol 和 700 μmol/mol(Prentice et al.，2001)。

科学家对空气 CO_2 浓度升高的植物效应进行了大量的研究工作。植物可被空气 CO_2 浓度所影响，同时也可影响空气 CO_2 的浓度。大量对于 CO_2 的研究主要集中在通过将盆栽苗在升高的 CO_2 环境下(高于环境浓度 200~400 μmol/mol)，进行短期或长期性暴露研究 CO_2 浓度的升高对植物的影响。当水分和矿质元素供给状况良好时，在温室和室内受控环境下植物的光合作用伴随 CO_2 浓度的升高而增大，并伴有植物干重的增加。另外，CO_2 浓度的增加虽在开始阶段可促使光合速率的提高，然而随即会使光合速率逐渐下降。

事实上，大气 CO_2 浓度升高从工业时代开始就已经发生，并使植物的生长不再受到 CO_2 的限制。在这种情况下科学家预测树木组织中的碳水化合物和脂含量将发生损耗，但实际测量发现在极端环境下生长的植物与常态植物相比并未表现出损耗现象。可见，CO_2 浓度升高环境下的库强度限制制约了光合作用和植物生长的进一步增加。

6.3.7 水分供给

光合作用对于水分十分敏感，土壤干旱或洪涝均会导致光合速率的降低。

6.3.7.1 土壤干旱和光合作用

水分匮缺可通过一些方式降低光合作用，包括关闭气孔、降低固碳效率、抑制叶片形成和展开，以及诱导叶片脱落。密苏里白栎的日净光合作用平均值和最大速率在土壤水分良好的条件下分别为 >5.1 μmol/(m^2 · s)和 >8.8 μmol/(m^2 · s)，而在严重干旱条件下其平均值和日最大净光合作用分别减少到 <1.0 和 5.1 μmol/(m^2 · s)。

当叶片发生脱水时，ψ 值变得更负并且光合速率也随之降低(图 6-13)。确定叶 ψ 的精确值十分困难，这是因为树种、基因型、生境、植物前处理和普遍存在的环境条件都会对叶 ψ 产生影响。此外，叶 ψ 可以与其他一些因素相互作用，例如，通过蒸腾流转运的激素和调控气孔开度的 VPD。

与湿地植物相比，干旱地区木本植物常常可在较低的叶 ψ 值下维持光合作用。例如，桤木和披针叶桦的光合速率直到叶 ψ 降至 -1.0MPa 时才开始降低，而二叉拉瑞阿(一种沙漠灌木)的临界叶 ψ 值为 -2.0MPa。生长在溪流生境中的金叶复叶槭的临界茎 ψ 值为 1.5MPa，高于干旱地区根柏栎和大鼠尾草。星毛栎光合作用的叶 ψ 临界值接近 -3.0MPa。湿地黑核桃的光合作用对于叶 ψ 更为敏感。

气孔闭合在光合作用减弱中十分重要。研究发现在气孔开度、蒸腾作用和光合速

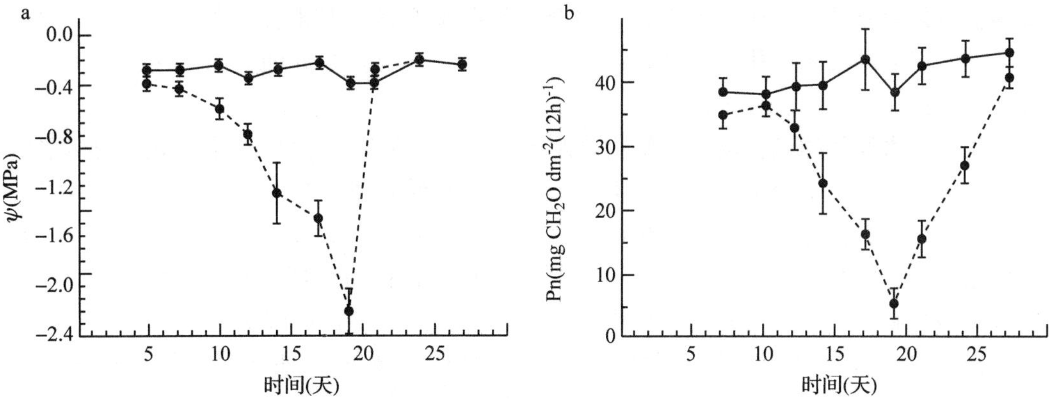

图 6-13 在土壤干旱和复水过程中浇灌(实线)和未浇灌(虚线)的可可幼苗成熟叶片水势(ψ)和净光合速率(*Pn*)的时间变化曲线。注：从 0d 开始对幼苗停止浇灌，在第 19d 恢复供水(Deng et al.，1989)

Fig. 6-13 Changes in water potential(ψ) and net photosynthetic rates(Pn) in mature leaves of cocoa seedlings under irrigation and non-irrigation during soil drought and re-watering

率之间存在密切相关。苹果树叶片的气孔开度和光合作用之间存在线性关系。水分胁迫显著增加了星毛栎和黑云杉幼苗光合作用的气孔限制(与非气孔限制相比)。光合作用的光合午休现象普遍存在，常常与气孔闭合有关，因为气孔闭合限制了叶片对 CO_2的吸收。

干旱期间光合作用减弱除气孔闭合因素以外也可能是由于光合器出现抑制。例如，沙漠毒菊、苹果、白栎、山毛榉、糖槭、黑核桃和火炬松，在土壤干旱期间的光合速率降低是由于气孔和非气孔因素共同作用的结果。水分胁迫对光合电子传递的抑制作用相对较小。与之相反，光合磷酸化和光合碳代谢对于脱水更为敏感。光合磷酸化对于伴随叶绿体脱水导致的 Mg^{2+}浓度升高的毒害作用尤为敏感。有研究指出在水分胁迫的向日葵叶片中 ATP 和 ATP 合酶的量均发生降低。水分胁迫对于碳代谢的主要影响似乎不涉及 Rubisco 酶，大量研究表明 Rubisco 酶活性在水分胁迫情况下仅表现出轻微减弱。在向日葵中，Rubisco 酶其中的一个再生底物——RuBP 在 ψ 降低时受到逐步抑制。由于光合碳还原循环酶活性和其他代谢物的浓度受胁迫影响变化不大，可以得到如下结论，即 RuBP 再生是水分胁迫情况下的一个重要限制因子。水分胁迫植物 RuBP 水平降低似乎反映了 ATP 减少和光合碳还原循环酶活性的维持(即未发生降低)(Lawlor & Cornic，2002)。

6.3.7.2 淹水和光合作用

土壤淹水通常导致光合速率快速降低。例如，柑橘、苹果、美洲黑杨、银白槭、枫香、樱皮栎、蓝莓和美国花旗松在受到水淹之后，光合速率在 1～2 d 之内会出现剧烈下降。

淹水植物光合速率的早期减弱与气孔的闭合有关，气孔闭合导致叶片的 CO_2吸收减少。可可树在土壤水淹 2 h 内气孔开始闭合。研究结果显示，美洲格尼帕树幼苗在 63d 连续淹水期间的光合作用减弱很大程度上是由于气孔闭合和叶面积减少(Mielke et al.，2003)。在短期淹水过后，气孔常常缓慢张开，光合速率也随之升高。例如，淹水后的兔眼蓝浆果植物的气孔在几天内发生闭合，并在淹水终止 18d 后才恢复张开。与之相似，淹水芒果的关闭气孔在淹水结束后也会重新打开。淹水 7d 的美国山核桃的闭合气孔在淹水停止后 15d 恢复张开。

延长淹水期间的光合反应依植物淹水耐受力的不同存在种间差异。淹水敏感型植物在土壤缺氧环境下明显缺乏气孔重开机制。例如纸皮桦树的气孔在淹水 2 周期间一直保持闭合状态。与之相比，淹水耐受植物落羽杉虽在淹水初期发生气孔闭合造成光合作用下降，但在淹水 14d 内气孔重新打开并且光合作用也恢复到初始水平的 92%。从长期角度看，淹水植物的光合作用也会为光合能力的不良反应所抑制，这些不良反应包括羧化酶的改变，叶片叶绿素含量降低，叶面积减少等(亦即叶片形成和展开受抑、损伤和脱落)。

6.3.8 矿质营养

缺乏必需大量元素和微量元素，以及营养不均衡都可能降低光合速率。叶片中的每一种元素含量可在一定范围内波动，在这一合理范围内不会对光合速率造成明显改变。尽管叶片黄化病和坏死病常常伴随矿质营养缺乏，导致叶片光合能力的下降，但事实上光合作用降低通常在这些症状表现出之前即已发生。

矿质营养对于光合作用的效果较为复杂，包括直接效应和间接效应。在矿质营养缺乏的叶片中，造成净光合速率降低的因素包括叶绿素合成抑制，光合电子传递能力降低，气孔导度减小和呼吸作用升高。从长期效应来看，叶面积减少在很大程度上造成了矿质缺乏植物的总光合作用减弱。

施肥有助于增大木本植物的光合速率。木本植物对肥料的反应可随以下因素发生变化，包括：树木长势、种类、树龄；肥料施用量、施肥时间、肥料组成；林分密度、土壤湿度；土壤肥力、温度以及光照条件。

6.3.8.1 大量元素

氮(N)缺乏普遍存在，与其他营养元素缺乏相比对光合作用的影响(降低光合作用)更为显著。N 缺乏对光合作用最重要的长期效应是降低叶片生长，导致总光合产物产量下降。给火炬松幼苗施用 N 肥可以使叶面积提高 50%。无论水分状况如何，只要提高美国榆幼苗的 N 可利用率也可促进叶面积增长，光合产量增加。施用 N 肥可提高碳水化合物产量，反映了叶片数量、体积、寿命的增加，以及叶片光合活性的时间延长。施加 N 肥也可增加栅栏组织数量，从而提高每单位叶面积的光合作用潜势。

现已证明，在大量木本植物中都存在着这种光合速率和叶 N 的相关性。例如，桃树和其他核果类果树、北美东部森林的某些落叶树种，以及一些针叶树。许多地方的桉树树种也存在光合作用与叶 N 含量的高度相关(图 6-14)。许多落叶树种及常绿树种都存在着上述相关性，并且表现出不受地域限制及跨区域性，因此可根据大范围叶 N 含量测定对群落水平的光合能力进行评估(Tan & Hogan，1995)。

N 缺乏对于光合作用的减弱效果涉及多方面因素的变化，包括叶绿素合成、羧化及其他光合酶的水平和活性，以及 CO_2 传递的气孔导度。通过测定 Rubisco 酶活力可对非气孔叶 N 限制进行衡量。羧化效率下降(很有可能是由于 Rubisco 酶活力减弱)似乎

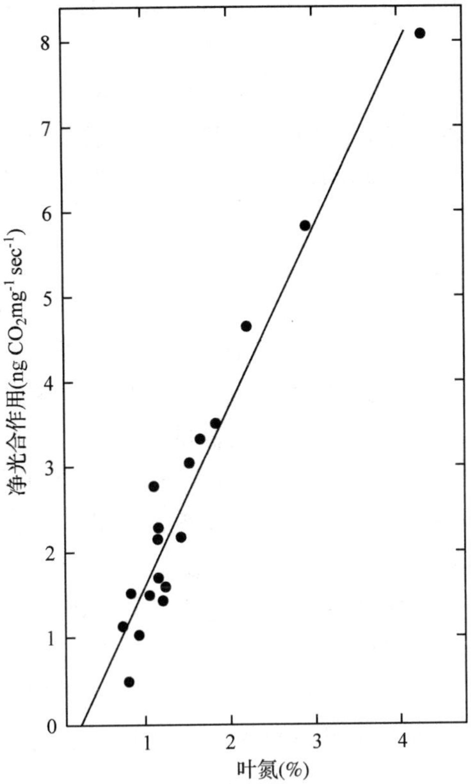

图 6-14 桉树叶片的 N 含量和净光合速率之间的关系(Mooney et al., 1978)

Fig. 6-14 The relationship between nitrogen contents and net photosynthetic rates of encalypt's leaves

是缺 N 短叶松幼苗光合作用的主要限制因素。研究发现在美国花旗松中存在着叶 N 浓度和光合作用强烈的正相关。高 N 茎与低 N 茎相比具有更高的叶肉导度。高 N 植物光合作用的增加可能是由于更多的叶 N 流向 Rubisco 酶所致。

除 N 缺乏外，其他大量元素的缺乏(低水平)也常会对光合作用产生抑制。在东部白松和辐射松中光合速率与总叶 P 呈高度相关。在桃树中 CO_2 同化、叶肉导度和水蒸气叶导度与叶 P 呈线性相关。施用磷肥可增大北美枫香幼苗叶面积(尤其是在 N 肥施用量很高的情况下)，从而增加植物体的总光合能力。K 缺乏与 P 缺乏一样，可阻碍光合能量传递并提高呼吸速率，从而降低净光合速率。

6.3.8.2 微量元素

许多微量元素都对光合作用具有直接或间接的影响。植物对于每种元素的需求量可在适当范围内波动。

铁离子影响光合作用是因为它是叶绿素合成的必需离子，并且还可影响酶的活性。铁离子存在于铁氧还蛋白和细胞色素中，它们是光合作用、呼吸作用电子传递系统中的重要成分(Keller & Koch, 1964)。铁缺乏通常会引起植物黄化病和光合速率降低。杨树叶片的叶绿素含量与 Fe 含量高度相关。在一定范围的光强下，施用氯化铁肥料的杨树其光合速率高于未施用的植株。

Mn是光合放氧过程中的重要辅助因子，还可作为酶系统的激活子，因此Mn含量过低也会影响光合作用。Mn缺乏使挪威云杉的光合作用受到抑制，施加Mn元素后光合速率随即增高。锰缺乏抑制桐叶CO_2吸收，更多地是通过减少叶面积而降低单位叶面积的光合效率。部分脱绿叶片的光合效率与施用硫酸锰后恢复正常绿色的叶片相差不大。严重缺乏Cu和Zn分别可降低桐叶片光合速率的30%~55%，但一般不会造成叶片黄化和坏死。

6.3.9 叶龄、植物年龄

叶片光合能力在其各个生长阶段变化很大。幼叶与成熟叶片以及各叶龄的成熟叶片之间都存在光合差异。无论光强如何，当以叶面积作为衡量标准时洋常春藤成熟叶片的光合作用均高于幼叶。成熟叶片具有更高的光合能力与细胞叶绿体数量较高、叶片厚度和栅栏层厚度较大、羧化效率和Rubisco酶活力更高有关。一般而言，幼叶的特性与耐阴叶片相似。发育初期的幼叶光合速率普遍较低，随着叶片的逐渐展开光合速率达到最大值，此后又随叶片衰老而下降。当美国黑杨叶片处于萌发阶段时(非常小)光合作用呈现负值，随着叶片逐渐生长展开达到完全展开体积的1/20时即升高变为正值，并且持续升高直到叶片完全展开。当叶片开始衰老后，光合速率又转而下降(图6-15)。葡萄叶光合速率在叶片完全展开时达到最大值，随后即逐渐降低。欧洲酸樱桃叶片的光合速率在叶片展开达最大展开体积的80%时达到最大值，2~4周内保持相对稳定，随后逐渐降低。

松针的光合速率通常随针叶体积的增大而逐渐升高，在针叶体积达到最大后即转而下降。在叶龄大于1a的针叶中光合速率呈逐年下降的趋势。在黑云杉各个叶龄针叶中，叶龄1a针叶的净光合速率最大。完全展开的当年生针叶光合速率略低于叶龄1a

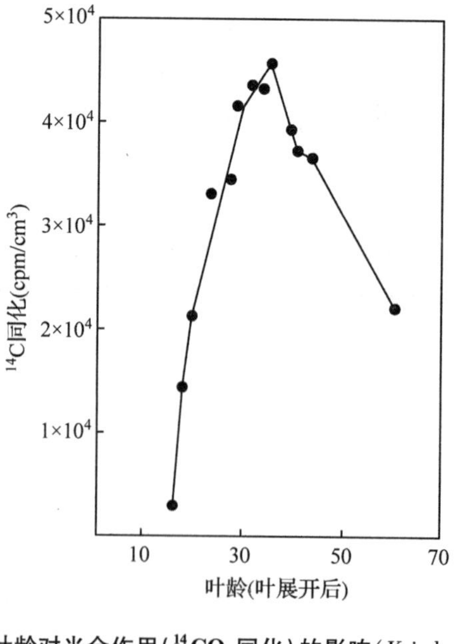

图6-15 葡萄叶片叶龄对光合作用($^{14}CO_2$同化)的影响(Kriedemann et al.，1970)

Fig. 6-15 Effects of leaf age on photosynthesis ($^{14}CO_2$ assimilation) in grape leaves

的针叶。4 年生针叶光合速率较高，随叶龄的进一步增长(4 年以上)光合速率逐渐降低。10 年生针叶的光合速率仅约为最大光合速率的 40%，温哥华冷杉当年生针叶发育缓慢，6 月底开始展开，直至 8 月达到最大展开体积，9 月或 10 月达到最大光合速率。叶龄 1a 的针叶在 7 月达到光合速率的最大值，这与 7 月是当年生针叶的主要展开时间相一致。净光合作用随针叶叶龄的增大而逐渐下降。尽管如此，7 年生针叶的光合速率与叶龄 1a 针叶相比仅减少了 48%，这表明老龄针叶对生长的贡献仍然十分显著。

各叶龄裸子植物叶片光合能力的差异对于生长组织源—库关系具有重要意义。例如，红松的快速展开叶片对碳水化合物的需求量较高，其合成的光合产物不能满足自身生长所需，因此，在生长早期它们从 1a 叶龄的针叶中获取大量的光合产物，这些叶龄为 1 a 的针叶具有更高的光合速率，从而取代老叶成为碳水化合物的主要输出源。

光合作用随叶龄的变化与解剖结构的不同和生理改变有关。光合作用在叶片展开期的增大与下列因素有关：内部叶组织和气孔、叶绿素合成的发育；气孔导度、光合电子传递能力、光合磷酸化、蛋白质合成，以及 Rubisco 酶活力的提高和增大；线粒体呼吸作用的突然降低。苹果树发育叶片光合作用增大的最快期与叶片膨大展开、叶绿素合成，以及气孔导度增加的最活跃阶段相一致。叶片全部展开后光合作用的下降与气孔导度降低、磷酸化作用和 Rubisco 酶数量减少有关。

对不同树龄段的相同树种进行光合作用的比较发现，净光合速率(亦即气孔导度)随树龄增大而呈现下降趋势(Bond，2000)。针对这一现象提出了不同假设解释这种差异，包括植物木质部运输阻力增大抑制了叶 ψ，与衰老有关的光合能力减少、叶解剖结构改变、在老树中气孔对于 VPD 更为敏感，以及由于生物量对可利用氮固定导致老树可利用氮的减少。对与树龄相关的光合下降与其成因的考察尚需对树种和树龄进行更为详细的调查和研究。

参考文献

斯蒂芬·帕拉帝. 2011. 木本植物生理学[M]. 3 版. 尹伟伦，郑彩霞，李凤兰，等译. 北京：科学出版社.

武维华. 2003. 植物生理学[M]. 北京：科学出版社.

余叔文，汤章城. 1998. 植物生理与分子生物学[M]. 2 版. 北京：科学出版社.

JANSSON S, DOUGLAS C J. 2007. Populus: A Model System for Plant Biology[J]. Annu. Rev. Plant Biol., 58: 435 – 458.

LIM P O, KIM H J, NAM H G. 2007. Leaf Senescence[J]. Annu. Rev. Plant Biol., 58: 115 – 136.

TAIZ L, ZEIGER E. 2006. Plant Physiology[M]. 4th ed. Sunderland: Sinauer Associates Inc.

作者简介

施大伟：南京林业大学生物与环境学院，博士，讲师；E-mail：sdw1982@njfu.edu.cn。

专题 7　植物维管组织形态建成的分子调控机制

Molecular Regulation Mechanism of Vascular Pattern Formation in Plant

尹增芳，杜玉梁，陈　叶，刘彩虹

南京林业大学南方现代林业协同创新中心，生物与环境学院　江苏南京　210037

【内容提要】在植物个体发育过程中，维管组织形态建成受多种外源及内源因子的共同影响。研究表明，植物激素、CLE 短肽信号分子、多种转录因子、热精胺、NO 等均在维管组织形态建成中发挥重要调控作用。AUX、CTK、ET、BRs、GA 等共同参与调节原形成层与形成层细胞的增殖和分化；CLE 短肽信号分子可促进(原)形成层细胞增殖并抑制木质部分化；*HD-ZIP* Ⅲ基因家族、KAN、NAC、MYB 转录因子及木质形成素与木质部、韧皮部的布局排列及发育相关；热精胺与 NO 影响着木质部细胞的分化。多种调节因子相互关联构建形成复杂的调控网络，作用于植物维管组织的形态建成过程。本专题包括研究维管组织发育的模式植物及其分子调控机制两个部分，对维管组织形态建成分子调控网络的后期工作重点进行了展望。

植物维管组织作为植物体的“骨架”，是植物体各项生理活动顺利进行的必要前提。维管组织包括木质部和韧皮部，木质部主要运输水分和矿物质，还可以提供机械支持作用；韧皮部运输光合产物以及与植物生长发育相关的营养物质。近年来，围绕植物维管组织形态建成的研究已经广泛展开，一些分子调控机制也逐渐得以揭示。维管组织发育是一个多种基因调控、多种内外环境影响的生理过程，至今人们对其发育分化和调控机理还知之甚少。本专题对近几年维管组织形态建成分子调控机制的研究进展进行总结，并对今后这一领域的研究方向提出一些设想，以期为植物发育生物学的研究提供一些基础理论资料。

7.1　维管组织发育的模式植物

目前应用于维管组织发育方面研究的模式植物包括百日草(*Zinnia elegans*)、拟南芥(*Arabidopsis thaliana*)和杨树(*Populus* spp.)。百日草离体培养诱导管状分子分化的实验系统建立最早，利用百日草幼嫩叶片获得的游离叶肉单细胞在生长素和细胞分裂素等植物激素的诱导下，可以成功转分化形成管状分子(Roberts A W et al.，1992)。百日草离体培养系统的优点不仅在于管状分子分化同步，分化率可高达80%(Fukuda H，et al.，1980；Milioni D et al.，2001)，而且对管状分子分化的动态变化也可以进行实时观察，从而获得分化过程不同阶段如细胞特化、次生壁加厚、细胞程序性死亡(PCD)等阶段的关键性基因(Milioni D et al.，2001)。拟南芥在器官水平上研究维管组织发育及形态建成的资料较多，如维管组织的排列方式(José R D et al.，2004)、叶脉脉络的构建(Koji K et al.，2000)、原形成层细胞的分裂(Ari Pekka M et al.，2000)、初生木质部及次生木质部的分化(Jae-Heung K et al.，2006)、韧皮部和木质部建成的启动以及木质化细胞分化(Kyoko O et al.，2005)等。在林木发育研究中，杨树因基因组较小、全基因组测序完成(Tuskan G A et al.，2006)、解剖形态清晰(Yin Zengfang et al.，2009)、构建遗传图谱种类多、易实现快速转基因、杂交杨生长速度快(Busov V B et al.，2005)等特点迅速成为林木研究的重要模式树种。虽然发育生物学证实拟南芥和杨树木质部发育在调控机制上具有相似性，但杨树木质部发育远比拟南芥的木质部复杂(Yin Zengfang et al.，2009)。利用模式植物杨树直接对植物次生生长过程进行研究，有利于林木木材形成调控机理研究的深入开展。

7.2 维管组织形态建成的分子调控

维管组织形态建成过程中分子调控机制复杂多样化，研究发现植物激素、CLE短肽信号分子、多种转录因子等均参与其中，调控网络的合理构建对于维管组织的格局及其连贯性的保持具有重要的作用。采用百日草叶肉细胞离体培养系统、拟南芥突变体分析、杨树基因特异表达技术等方法，在揭示维管系统形态建成过程中所涉及的影响因子及其调控等方面取得了一定的研究成果。

7.2.1 植物激素

7.2.1.1 极性生长素流(AUXIN flow)启动原形成层细胞分化

在拟南芥胚胎发育的早期阶段，由球形胚向心形胚发育的过渡胚时期4个中央细胞作为原形成层前体细胞，经过横向、纵向分裂及伸长，变成原形成层(Scheres B et al.，1995)。在叶脉中，AUXIN flow由一个极性分布的跨膜载体蛋白*PIN*1引导，在原形成层前体细胞分化之前*PIN*1已经完成极性分布并表达上调(Scarpella E et al.，2006)，随着*PIN*1表达的上调，AUXIN flow强度随之增强，由此而决定原形成层前体细胞状态(Wenzel C L et al.，2007)。

MONOPTEROS(*MP*)/*AUXIN RESPONSE FACTOR*5(*ARF*5)是关键的生长素信号调节因子，直接参与原形成层前体细胞分化，*mp*突变体胚中缺失原形成层(Hardtke C S et al.，1998)，维管束减少且不连续，对生长素敏感性降低(Mattsson J et al.，2003)。NAA可诱导形成原形成层前体细胞，使*MP*基因转录变得活跃(Fukuda H，2004)，*MP*又可以诱导*PIN*1的表达(Wenzel C L et al.，2007)。*PIN*1表达下调、AUXIN flow强度

降低，则抑制原形成层前体细胞的形成，表明 *PIN*1 的表达参与原形成层前体细胞的形成(Ilegems M et al.，2010)。根据上述现象，Wenzel 等(2007)提出一个包含极性 AUXIN flow、MP 和 PIN1 的反馈调控机制，如图 7-1 所示。AUXIN flow 诱导 MP 表达，MP 诱导 *PIN*1 表达，*PIN*1 表达上调后提升 AUXIN flow 强度，不断往复循环，在 *PIN*1 的表达和 AUXIN flow 共同诱导下，原形成层前体细胞开始分化。

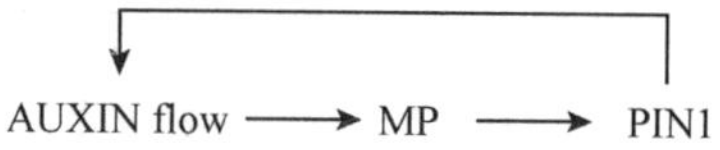

图 7-1 生长素反馈调控环

Fig. 7-1 Auxin feedback control loop

目前在拟南芥中发现 5 个 *HD-ZIP Ⅲ* 基因，即 *PHB*、*PHV*、*REV*、*ATHB*15、*ATHB*8，其中 *ATHB*8 在原形成层前体和原形成层细胞中特异表达，同时又是 MP 的靶基因(Donner T J et al.，2009)，最近发现的几个 MP 靶基因如 *TARGET OF MP*5 (*TMO*5)、*TMO*6 都是在原形成层前体和原形成层细胞中特异性表达(Schlereth A et al.，2010)。*athb*8 突变体叶原基原形成层前体细胞数目较野生型植株更多，而 *PHB*、*PHV*、*REV*、*ATHB*15、*ATHB*8 功能性缺失突变植株分化形成大量原形成层细胞，但不分化(Carlsbecker A et al.，2010)。研究 *PIN*1 的表达发现 *ATHB*8 降低了生长素的敏感性(Donner T J et al.，2009)，因此，*ATHB*8 有助于保持原形成层前体细胞特性，使原形成层前体细胞不受 AUXIN flow 干扰，最终定向转变为狭长型原形成层细胞(Donner T J et al.，2009)。于是，Ohashi-Ito 和 Fukuda(2010)在"生长素反馈调控环"的基础之上，将 *ATHB*8 融于其中得到新的反馈机制如图 7-2 所示。*MP* 在诱导 *PIN*1 表达的同时，也诱导 *ATHB*8 的上调表达，*ATHB*8 与原生长素流反馈机制彼此合作，促进原形成层前体细胞转变为原形成层细胞。

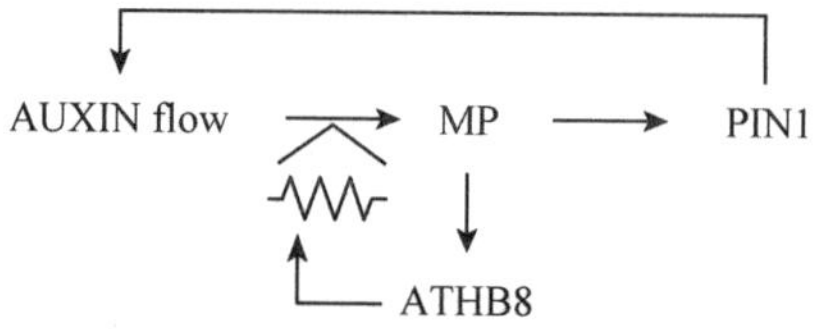

图 7-2 ATHB8 参与的生长素反馈调控模式图

Fig. 7-2 Auxin feedback control loop in which ATHB8 is involved

7.2.1.2 细胞分裂素(CTK)维持原形成层细胞特性

原形成层细胞一方面不断增殖产生新细胞；另一方面不断分化形成管状细胞，因此要维持其特性必须促进增殖、抑制分化。CTK 可以促进原形成层细胞增殖(Ohashi-Ito K et al.，2010)。CTK 受体包括 CYTOKININ RESPONSE1/WOODEN LEG/ARABIDOPSIS HISTIDINE KINASE4(CRE1/WOL/AHK4)和 AHK2/AHK3，缺失一个受体的 *wol*(*wooden leg*)突变体以及缺失 3 个受体的突变体植株均形成过多的原生木质部细胞，而原形成层细胞减少(Mähönen A P et al.，2006)。AHK2/AHK3 在细胞核内激活 B-型 ARABIDOPSIS RESPONSE REGULATORS(ARRs)，B-型 ARRs(ARR1、ARR12)可活化细胞分裂素信号通路促进原形成层细胞增殖(Kieber J J et al., 2010)。

在茎顶端分生组织(SAM)中,转录因子 WUSCHEL(WUS) 作用于 CLV3(CLE 肽)-CLV1(LRR-RLK) 信号转导途径的下游,形成 CLV3-CLV1-WUS 信号通路调节原形成层细胞的分裂(Veit B, 2004)。WUS 可以直接抑制 A-型 ARRs(ARR5、ARR6、ARR7、ARR15)的表达,而这几个 A-型 ARRs 都负向调控 CTK 信号(Leibfried A et al., 2005)。所以 CLE 肽-LRR-RLK 信号通路与 CTK 一起维持原形成层细胞增殖。此外,百日草管状分子分化培养表明 CTK 可以促进未分化细胞向原形成层前体细胞的转化(Fukuda H, 2004)。

7.2.1.3 生长素和细胞分裂素共同作用于原生木质部分化

Mahonen 等(2006)发现 CTK 可以抑制原生木质部分化,而 AHP6(缺少功能性组氨酸残基的磷酸转移蛋白)可以消减 CTK 信号,从而促进原生木质部的形成。Bishopp 等(2011)的后续研究发现拟南芥根系维管系统中,原生木质部细胞处 AUX 浓度高、CTK 浓度低,而原形成层细胞处 CTK 浓度高、AUX 浓度低,二者恰好相反。因此,推测原形成层细胞中较高的 CTK 浓度提升了 *PIN*1 基因和极性分布的 PIN1 蛋白的表达,从而自原形成层细胞向分生组织细胞形成 AUXIN flow,促进原生木质部的形成;与此同时又加强了 *AHP*6 的表达,反过来 CTK 信号的转导,促进了木质部的分化(Bishopp A et al., 2011)。

拟南芥 GRAS 家族的一个转录因子 SHORT ROOT(SHR)也参与根系维管组织形态建成。Cui 等(2011)发现 *shr* 突变体植株中 CTK 浓度较高,SHR 可直接调节细胞分裂素氧化酶(CKX3),CKX3 可降解 CTK,特异性表达于原生木质部细胞。因此 SHR 可以降低 CTK 水平,促使原生木质部分化;当出现 *shr* 突变或者外源添加 CTK 时,则抑制原生木质部分化。

7.2.1.4 乙烯(ET)的双重功效:维持形成层细胞特性,促进木质部分化

LOVE 等(2009)在研究转基因杨树时发现,ET 可以刺激形成层细胞的分裂。拟南芥根系分生组织中,*ETHYLENE OVERPRODUCER*1 (*ETO*1)突变引起 ET 过度累积,加快根尖不活动中心细胞的分裂,而正常情况下不活动中心细胞几乎不分裂(Ortega-Martínez O et al., 2007),相应地,6 周龄的拟南芥 *eto*1 突变体原形成层细胞数目明显增加(Etchells J P et al., 2012)。Pesquet 和 Tuominen(2011)则认为 ET 在维管发育过程中具有双重功效:一方面可以刺激管状分子分化;另一方面在次生生长过程中可以控制干细胞区域的大小。

ETHYLENERE SPONSE FACTOR(ERF)转录因子和 ET 在拟南芥维管发育过程中共同调节细胞分裂,*erf* 突变体中维管组织细胞数目减少,如 *erf* 109*erf* 018 双突变植株维管束中细胞数目减少至野生型植株的 78%,胚轴的直径降为野生型的 83%,充分说明 ERFs 对维管组织细胞的分裂具有促进作用(Etchells J P et al., 2012)。此外,ET 可以诱导百日草管状分子分化。管状分子成熟时,乙烯含量及 ACC 氧化酶(1-氨基环丙烷-1-羧酸氧化酶,乙烯生物合成的中间酶)活性均达到峰值,而且成熟后的百日草管状分子会继续积累 ET(Pesquet E et al., 2011)。如果利用硫代硫酸银(STS,一种乙烯抑制

剂)阻断乙烯信号通路，发现管状分子不能达到成熟状态(Bollhoner B et al. ，2012)。

7.2.1.5 油菜素内酯(BRs)促进木质部分化

缺乏 BRs 的拟南芥突变体极度矮小、光形态建成改变、韧皮部细胞增多、木质部细胞严重减少(Szekeres M et al. ，1996)。在水芹(*Lepidium sativum*)培养过程中施加芸苔素唑(BRs)生物合成抑制剂，发现分化形成了过量的韧皮部，而木质部的量减少(Nagata N et al. ，2001)，预示着胞内 BRs 可以促进木质部分化、抑制韧皮部分化。Yamamoto 等(1997；2001)认为，BRs 生物合成抑制剂并不抑制木质部分化过程中叶肉细胞的脱分化，以及脱分化细胞转变为类 TEs 前体细胞基因的表达，而是专门抑制 TEs 分化后期次生壁沉积和程序性细胞死亡过程中大多数基因的表达。胞内 BRs 对于类 TEs 前体细胞的持续分化至关重要。类原形成层细胞产生、类 TEs 前体细胞分化时 BRs 合成骤增，表明 BRs 在类原形成层细胞合成过程中用于启动 TEs 分化后期的次生壁沉积及细胞程序性死亡。

详细分析百日草中 *HD-ZIP* Ⅲ基因，发现 *ZeHB*10、*ZeHB*11、*ZeHB*12、*ZeHB*13 分别对应拟南芥中 *AtHB*8、*REV*、*REV*、*AtHB*15。百日草木质部细胞分化过程中，BRs 缺失会严重抑制 *ZeHB*10、*ZeHB*11、*ZeHB*12 在木质部前体细胞及正在分化的木质部细胞中的表达，但是对原形成层及木质部前体细胞中 *ZeHB*13 表达的抑制并不严重(Ohashi-Ito K et al. ，2003)。BRs 可诱导 *ZeHB*10、*ZeHB*11、*ZeHB*12 等 3 个基因 1h 之内表达，使脱分化细胞转变为类 TEs 前体细胞，这也说明 BRs 可以调节原形成层细胞向木质部细胞的分化，*HD-ZIP* Ⅲ基因会受 BR 信号影响从而在维管组织分化中发挥作用(Ohashi-Ito K et al. ，2002)。

7.2.1.6 赤霉素(GA)作用于木质部分化后期

杨树中 GA 合成基因 *GIBBERELLIN* 20-*OXIDASE*1 (*GA*20*ox*)超表达之后，杨树生长速度加快、木纤维细胞伸长(Eriksson M E et al. ，2000)。*GA*20*ox* mRNA 和具有生物活性的 GA 都分布于正在发育中的木质部区域，如果降低具生物活性的 GA 及其前体的浓度将会导致次生生长发育不良(Mauriat M et al. ，2011)。添加 GA_3可以提升百日草管状分子的分化及木质素含量，施加 GA 合成抑制剂后则降低管状分子分化(Tokunaga N et al. ，2006)。这都表明 GA 在木质部发生过程中发挥了作用。Ragni 等(2011)认为，拟南芥中的 GA 是茎端分泌激素的信号，花芽形成之后可以促进木质部膨大。

GA 和 AUX 在维管发育过程中可能存在关联效应：GA 诱导 PIN1 表达，加快 AUX 运输。给去顶树木外施 GA 和 AUX 能促进形成层生长，单独施加 GA 则不可以引发木质部的分化，结果使形成层细胞不能正常增殖分化(Björklund S et al. ，2007) 。说明正常的形成层活动需要一定浓度的 AUX，而且 GA 仅作用于木质部分化的后期。

7.2.2 CLE 肽

7.2.2.1 TDIF/CLE41/CLE44 维持原形成层细胞分裂

TDIF 为管状分子分化抑制因子，最初是分离于百日草叶肉细胞培养系统的一个

CLE 肽，由 *CLE*41、*CLE*44 基因编码，并与二者 CLE 结构域完全一致，可参与短距离信号转导及胞间联系（Fukuda H et al.，2007）。*cle*41 突变体原形成层细胞数目降低（Hirakawa Y et al.，2010），*CLE*41、*CLE*44 超表达及经 CLE 肽处理的植株木质部导管不连续，而原形成层细胞增殖。同样，外施 TDIF 不仅抑制拟南芥原形成层细胞向木质部分化，而且促进胚轴和叶片中原形成层细胞的分裂（Hirakawa Y et al.，2008）。

TDR/PXY（TDIF RECEPTOR/PHLOEM INTERCALATED WITH XYLEM）是 TDIF 的受体，属于富含亮氨酸重复序列的类受体蛋白激酶（LRR-RLK），TDR 在原形成层前体细胞和形成层细胞中特异性表达，而 *CLE*41 在韧皮部细胞特异性表达。*CLE*44 表达于韧皮部及其周边细胞，表达范围略广（Hirakawa Y et al.，2008）。也就是说，*CLE*41、*CLE*44 产生于韧皮部细胞，被原形成层及其前体细胞的 TDR/PXY 所感受，进而调节原形成层细胞增殖和木质部细胞分化。

*WUSCHEL-related HOMEOBOX*4（*WOX*4）位于 TDIF-TDR 信号通路下游，TDIF 信号提升 *WOX*4 在原形成层/形成层区域的表达（Hirakawa Y et al.，2010；Ji J et al.，2010）。功能缺失性研究表明，*WOX*4 对于（原）形成层细胞增殖而言是必需的，但其缺失并不抑制形成层细胞向木质部的分化（Ji J et al.，2010）。*tdr* 突变体邻近韧皮部的原形成层细胞通常分化为木质部，然而在 *wox*4 突变体中，则至少保持一层原形成层细胞（Hirakawa Y et al.，2010）。因此认为 *WOX*4 是 TDIF-TDR 信号的下游靶基因，只负责 TDIF-TDR 途径中的一条信号通路，即可以保持形成层细胞的不断分裂；在另一条抑制木质部分化的信号通路中，*WOX*4 并不是关键基因，其下游靶基因仍然未知。

众所周知，CLV3-CLV1-WUS 信号通路控制 SAM 中干细胞命运。*WUS* 基因在 SAM 组织中心表达，诱导上部 CLV3 表达，激活 CLV1、CLV2 受体激酶感受 CLV3 信号，该信号反过来抑制 WUS 表达，从而形成一个反馈抑制环调节茎尖分生组织细胞命运（Brand U et al.，2000；Schoof H et al.，2000）。在根端分生组织（RAM）中具有类似的 CLE40-ACR4-WOX5 反馈抑制环：根尖静止中心的 *WOX*5 特异性表达，使 CLE40 基因在根冠柱细胞表达，通过受体 ACR4 负向调控 *WOX*5 表达，CLE41 的表达也随之降低，往复循环调控根尖分生组织细胞命运（Sarkar A K et al.，2007；Stahl Y et al.，2009）。维管形成层中也有类似的调节机制，实际上 TDIF-TDR-WOX4 与上述两条信号通路存在极大的相似性，都是由一个 CLE 肽、一个肽受体 LRR-RLK、一个 WOX 转录因子组成，但是彼此之间也存在不同，在 SAM、RAM 中肽信号都是抑制 WOX 转录因子表达，而维管形成层中 TDIF 则是促进 *WOX*4 表达（Hirakawa Y et al.，2010）。

7.2.2.2 A 型 CLE 肽抑制木质部分化

CLE 肽家族可以分为 A 型和 B 型两大类：A 型肽包含有大部分的 CLE 肽，如 CLE10、CLE11、CLE40 等；B 型 CLE 肽主要是 TDIF、CLE41、CLE42、CLE44（Whitford R et al.，2008）。A 型 CLE 肽抑制原生木质部分化，如 CLE10 在根系维管组织特异性表达，外施 CLE10 肽或 *CLE*10 基因超表达，会严重抑制根系原生木质部分化以及抑制根系生长。这种抑制作用似乎是通过抑制两个拟南芥响应因子（ARR）-*ARR*5、*ARR*6 的表达来实现（Kondo Y et al.，2011）。*arr*5*arr*6 双突变植株的侧根中原生木质部导管发育不完全，ARR5、ARR6 可以负向调节 CTK 信号，而 CTK 可以促进原形成层细胞增殖，抑制木质部分化(Leibfried A et al. , 2005；Kondo Y et al. , 2011)。此外，Kondo 等(2011)还发现 CLE10 的受体可能是 CLV2，因而 *clv*2 突变体原生木质部的形成受抑制。

7.2.3 *HD-ZIP* Ⅲ家族，KANADI

*HD-ZIP*Ⅲ(亮氨酸拉链同源结构域转录因子)基因家族包括 5 个成员：*PHB*、*PHV*、*REV*、*ATHB*15、*ATHB*8，主要表达于原形成层和木质部前体细胞，KANs(GARP 转录因子 KANADI)主要表达于韧皮部细胞，二者共同作用调节维管束中木质部和韧皮部的极性排列(I Baima S et al. , 2001；Legems M et al. , 2010)。

拟南芥根系中，*HD-ZIP* Ⅲ 发生基因功能获得性突变以及 *KAN* 基因不表达的 *kan*1*kan*2*kan*3 三重突变，维管束的排列方式由正常的并列式转变为周木维管束；相反，*HD-ZIP*Ⅲ 发生基因功能缺失性突变形成的则是周韧维管束(Emery J F et al. , 2003)。*HD-ZIP*Ⅲ基因的表达受到 miRNA165/166 的负调控，miRNA165 在拟南芥中的过量表达可以降低 *HD-ZIP*Ⅲ基因家族所有成员的转录水平(Zhou G et al. , 2007)。

虽然 *HD-ZIP* Ⅲ基因 *phb phv rev athb*15 *athb*8 功能性缺失突变植株，以及 *KAN*1 超表达植株可分化形成大量原形成层细胞而无维管组织发育(Carlsbecker A et al. , 2010)，但是，*HD-ZIP* Ⅲ基因中任意 4 个基因发生突变表现为在根系中出现木质部的异位形成(Carlsbecker A et al. , 2010)，*ATHB*8 超表达促进维管束中木质部分化(Baima S et al. , 2001；Carlsbecker A et al. , 2010)。*KAN* 功能缺失性突变体也能发育形成韧皮部，表明 *KAN* 基因并不是韧皮部分化所必需的(Ilegems M et al. , 2010)。因此 *HD-ZIP*Ⅲ控制着茎中正常的维管组织模式建成、韧皮部的分布及其细胞排列；KAN 可能通过调节 miRNA165/166对 *HD-ZIP* Ⅲ进行负调控、控制木质部的分布及其细胞排列，二者共同作用于维管束中木质部和韧皮部的极性排列(Kim J et al. , 2005)。

7.2.4 NAC、MYB 转录因子

木质部中有许多种类型的细胞，研究发现，这些细胞的分化和细胞壁的合成受到 NAC(NAM，ATAF1/2，CUC1/2)和 MYB(V-MYB AVIAN MYELOBLASTOSIS VIRAL ONCOGENE HOMOLOG)转录因子家族的调节。VNDs(VASCULAR RELATED NAC DOMAIN)和 NSTs(NAC SECONDARY WALL THICKENING PROMOTING FACTOR)是 NAC 转录因子家族的一个子集，由 10 个基因组成，大都参与调节木质部分化，尤其是 *VND*6、*VND*7 分别被认为是启动次生木质部和原生木质部的关键调节因子。*VND*6、*VND*7 超表达诱导木质部导管的异位形成，包括在维管束组织及其他非维管束组织，如表皮、皮层、叶肉组织等(Zhong R et al. , 2009)。*NST*1、*NST*2 以及 *SND*1/*NST*3(*SECONDARY WALL-ASSOCIATED NAC-DOMAIN* 1)是调节次生壁加厚的关键因子，尤其是调节纤维细胞的分化。SND1 在束间纤维细胞中特异性表达，SND1 功能受到抑制后，纤维细胞的细胞壁合成强烈受阻(Mitsuda N et al. , 2007)。MYB 转录因子家族成员如 *MYB*46、*MYB*83 是 SND1 的靶基因，在其下游发挥作用，促进次生壁组分的合成，如纤维素、木质素等(Mccarthy R L et al. , 2009)。此外，*MYB*58、*MYB*63 和 *MYB*85 在纤维细胞及导管细胞中特异表达，也处于 SND1 下游，特异性上调木质素合成相关的基因。

上述基因的异位表达则使得薄壁细胞出现木质素沉积(Zhou J et al., 2009)。

7.2.5 Xylogen

木质形成素是一种可移动的胞外阿拉伯糖蛋白，最早发现于培养的百日草叶肉细胞分化形成的管状分子过程中。木质形成素从已分化的木质部细胞分泌，促进未分化的细胞分化形成管状分子，使原形成层细胞不断地分化为木质部，并保持其连续性(Motose H et al., 2004)。Kobayashi等(2011)发现，拟南芥中存在*XYLOGEN PROTEIN* 1、2 (*AtXYP*1、*AtXYP*2)基因以及13个类似木质形成素的基因(*XYLP*)，其中*AtXYP*1、*AtXYP*2在维管组织中表达，可编码木质形成素；*xyp*1*xyp*2双突变体中无木质形成素生成，不能形成连续木质部束。迄今为止，木质形成素作用于木质部分化的具体分子机制尚不明确，但是可以通过以下假说进行理解：木质形成素分泌于已分化的木质部细胞，诱导邻近的未分化细胞朝向管状分子分化，随后又产生更多的木质形成素，再次诱导周围细胞分化，如此循环往复形成一个正向的反馈调节机制(Fukuda H, 2004; Motose H et al., 2004)。

7.2.6 其他调控因子

热精胺是一种新型的植物生长调节剂(Yoshimoto K et al., 2012)，在木质部分化过程中热精胺与AUX之间存在相互作用，可以抑制AUX诱导的木质部分化。*ACL5*基因编码热精胺合成酶，在原形成层及木质部导管细胞特异性表达，催化亚精胺生成热精胺，可防止木质部导管分子的过早成熟和死亡。*acl5*突变体植株矮小，缺少木纤维细胞和不成熟的导管，并且次生生长混乱，这暗示*ACL5*在木质部分化中起作用(Muñiz L et al., 2008)。*acl5*突变表型分析显示其木质部分化时机不合适、分化进行过快，缺乏营养物质运输和木质纤维支撑，导致植株发育不良。

NO的时空浓度梯度与木质部的分化程度恰恰相反(Gabaldón C et al., 2005)，木质部前体细胞在分化之前会出现NO骤增的现象。在百日草细胞叶肉细胞转分化过程中添加NO清除剂，抑制了管状分子的分化，但细胞活力增强。上述现象表明NO参与木质部分化的早期阶段，作用于次生壁沉积和PCD之前。Parra-Lobato等(2011)也发现在橄榄(*Canarium album*)果实离区近轴面木质部中产生NO，显示NO参与细胞壁木质化及木质部分化。

7.3 展望

在植物维管组织发育过程中，植物激素信号分子与CLE肽信号及多种转录因子形成复杂的调控网络，共同参与植物维管组织的发育，彼此之间的相互作用也得到了初步分析和阐述，综合现有的研究资料，作用于植物维管组织形态建成分子调控网络如图7-3所示。

值得注意的是，多种调节因子之间的作用是以相互影响的网络形式存在的，每一种因素既不独立存在，所起的作用也不能被单独认知。实际上，我们对植物维管组织形态建成过程的了解还很有限，目前仍有一些重要问题亟待解决。因此，后期工作重

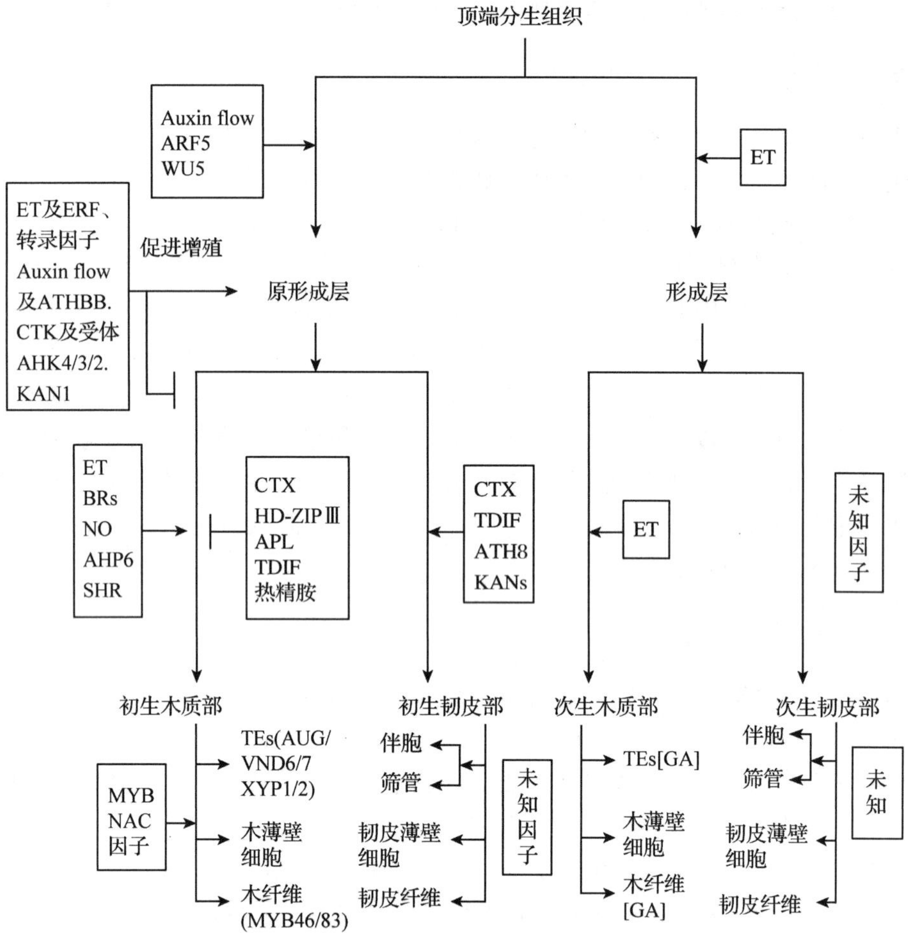

图7-3　植物维管组织形态建成分子调控网络示意图

Fig. 7-3　Diagram of network of vascular tissue morphogenesis molecular regulation

点应该以模式植物为材料，着重研究植物激素信号分子与 CLE 肽信号及多种转录因子形成的复杂调控网络，以及调控植物维管组织发育的细节，从而深入揭示调控机制。主要集中在以下几个方面：

①关于韧皮部发育的基因研究少见报道。Bonke 等(2003)发现 *ALTERED PHLOEM DEVELOPMENT*(*APL*)基因，它编码一个双螺旋形 MYB 转录因子，是韧皮部分化的关键调节因子。APL 在维管组织发育过程中可能具有抑制木质部分化、促进韧皮部分化的双重功效。一些木质部细胞分化的负调节因子也可能参与了韧皮部细胞的分化，如 TDIF 和 ATHB15 等(Hirakawa Y et al.，2008)，但 *APL* 基因对韧皮部细胞分化的调控机制尚需深入研究。

②维管组织的发育在不同器官之间可能存在不同特点，如 TDIF 强烈抑制叶片中木质部导管分子分化，而在胚轴及根系中的效果却没那么显著，所以有必要在器官甚至物种之间综合比较分析，以期全面了解器官水平上维管组织形态建成的基本特征。

③CLE 肽信号与植物激素之间大多有交互效应，如 CLE10 可以活化 CTK 信号从而抑制原生木质部分化，存在 AUX 时 CLE 对原形成层细胞增殖的促进效应更为显著，但

是 CLE 肽与植物激素之间到底是如何联系共同调节维管发育，仍需要继续研究。

④韧皮部通过分泌 TDIF、CLE41、CLE44 等信号经 TDR/PXY 感受，在下游上调 *WOX4* 基因表达，以此调节木质部分化。但是在这一过程中并没有发现木质部释放出作用于韧皮部分化的信号分子及其受体，韧皮部细胞分化的分子机制有待进一步阐明。

⑤对于新发现的热精胺及 NO 等物质影响维管组织形态建成的分子机制尚不明确，它们与植物激素、CLE 肽、转录因子等之间的相互作用也不清楚，相关的基因及受体的研究并没有广泛展开。

这些问题的解决，不仅将填补对维管组织形态建成途径认识的空白，丰富和完善分子调控机理，也将有助于全面了解植物个体形态建成的分子调控网络系统，为植物发育生物学研究提供宝贵的基础理论资料。

参考文献

ARI PEKKA M, MARTIN B, LEILA K, et al. 2000. A novel two-component hybrid molecule regulates vascular morphogenesis of the *Arabidopsis* root[J]. Genes Dev, 14(23): 2938 – 2943.

ARI PEKKA M, ANTHONY B, MASAYUKI H, et al. 2006. Cytokinin Signaling and Its Inhibitor AHP6 Regulate Cell Fate During Vascular Development[J]. Science, 311(5757): 94 – 98.

BAIMA S, POSSENTI M, MATTEUCCI A, et al. 2001. The *Arabidopsis* ATHB-8 HD-Zip Protein acts as a differentiation-promoting transcription factor of the vascular meristems[J]. Plant Physiology, 126(2): 643 – 655.

BISHOPP A, HELP H, EL-SHOWK S, et al. 2011. A Mutually Inhibitory Interaction between Auxin and Cytokinin Specifies Vascular Pattern in Roots[J]. Current Biology, 21(11): 917 – 926.

BJÖRKLUND S, ANTTI H, UDDESTRAND I, et al. 2007. Cross-talk between gibberellin and auxin in development of *Populus* wood: gibberellin stimulates polar auxin transport and has a common transcriptome with auxin[J]. The Plant Journal, 52(3): 499 – 511.

BOLLHONER B, PRESTELE J, TUOMINEN H. 2012. Xylem cell death: emerging understanding of regulation and function[J]. Journal of Experimental Botany, 63(3): 1081 – 1094.

BONKE M, THITAMADEE S, MÄHÖNEN A P, et al. 2003. APL regulates vascular tissue identity in *Arabidopsis*[J]. Nature, 426(6963): 181 – 186.

BRAND U, FLETCHER J C, HOBE M, et al. 2000. Dependence of stem cell fate in *Arabidopsis* on a feedback loop regulated by CLV3 activity[J]. Science, 289(5479): 617 – 619.

BUSOV V B, BRUNNER A M, MEILAN R, et al. 2005. Genetic transformation: a powerful tool for dissection of adaptive traits in trees[J]. New Phytol, 167(1): 9 – 18.

CARLSBECKER A, LEE J, ROBERTS C J, et al. 2010. Cell signalling by microRNA165/6 directs gene dose-dependent root cell fate[J]. Nature, 465(7296): 316 – 321.

CUI H, HAO Y, KOVTUN M, et al. 2011. Genome-Wide Direct Target Analysis Reveals a Role for SHORT-ROOT in Root Vascular Patterning through Cytokinin Homeostasis[J]. Plant Physiology, 157(3): 1221 – 1231.

DONNER T J, SHERR I, SCARPELLA E. 2009. Regulation of preprocambial cell state acquisition by auxin signaling in *Arabidopsis* leaves[J]. Development, 136(19): 3235 – 3246.

DONNER T J, SCARPELLA E. 2009. Auxin-transport-dependent leaf vein formation[J]. Botany, 87(7):

678 – 684.

ERIKSSON M E, ISRAELSSON M, OLSSON O, et al. 2000. Increased gibberellin biosynthesis in transgenic trees promotes growth, biomass production and xylem fiber length [J]. Nature Biotechnology, 18: 784 – 788.

EMERY J F, FLOYD S K, ALVAREZ J, et al. 2003. Radial patterning of *Arabidopsis* shoots by class Ⅲ HD-ZIP and KANADI genes[J]. Current Biology, 13(20): 1768 – 1774.

ETCHELLS J P, PROVOST C M, TURNER S R. 2012. Plant vascular cell division is maintained by an interaction between PXY and ethylene signalling[J]. PLOS Genetics, 8(11): 1 – 14.

FUKUDA H, HIRAKAWA Y, SAWA S. 2007. Peptide signaling in vascular development[J]. Current Opinion In Biology, 10(5): 477 – 482.

FUKUDA H, KOMAMINE A. 1980. Establishment of an experimental system for the study of tracheary element different from single cells isolated from the mesophyll of *Zinnia elegans*[J]. Plant Physiol, 65(1): 57 – 60.

FUKUDA H. 2004. Signals that control plant vascular cell differentiation[J]. Nature Reviews Molecular Cell Biology, 5(5): 379 – 391.

GABALDÓN C, ROS L V G, PEDREÑO M A, et al. 2005. Nitric oxide production by the differentiating xylem of *Zinnia elegans*[J]. New Phytologist, 165(1): 121 – 130.

HARDTKE C S, BERLETH T. 1998. The *Arabidopsis* gene *MONOPTEROS* encodes a transcription factor mediating embryo axis formation and vascular development[J]. The EMBO Journal, 17(5): 1405 – 1411.

HIRAKAWA Y, KONDO Y, FUKUDA H. 2010. TDIF peptide signaling regulates vascular stem cell proliferation via the *WOX4* Homeobox Gene in *Arabidopsis*[J]. The Plant Cell, 22(8): 2618 – 2629.

HIRAKAWA Y, SHINOHARA H, KONDO Y, et al. 2008. Non-cell-autonomous control of vascular stem cell fate by a CLE peptide/receptor system[J]. Proc Natl Acad Sci USA, 105(39): 15208 – 15213.

ILEGEMS M, DOUET V, MEYLAN-BETTEX M, et al. 2010. Interplay of auxin, KANADI and Class Ⅲ HD-ZIP transcription factors in vascular tissue formation[J]. Development, 137(6): 975 – 984.

JAE-HEUNG K, ERIC P B, KYUNG-HWAN H. 2006. Global comparative transcriptome analysis identifies gene network regulating secondary xylem development in *Arabidopsis thaliana.* [J]. Molecular genetics and genomics, 276(6): 517 – 531.

JI J, STRABLE J, SHIMIZU R, et al. 2010. WOX4 promotes procambial development[J]. Plant Physiol, 152(3): 1346 – 1356.

JOSÉ R D, MARTIN F Y. 2004. Vascular patterning: xylem or phloem[J]. Current Biology, 14(3): 112 – 114.

KIEBER J J, SCHALLER G E. 2010. The perception of cytokinin: a story 50 years in the making[J]. Plant physiology, 154(2): 487 – 492.

KIM J, JUNG J, REYES J L, et al. 2005. microRNA-directed cleavage of ATHB15 mRNA regulates vascular development in *Arabidopsis* inflorescence stems[J]. The Plant Journal, 42(1): 84 – 94.

KOBAYASHI Y, MOTOSE H, IWAMOTO K, et al. 2011. Expression and genome-wide analysis of the xylogen-type gene family[J]. Plant and Cell Physiology, 52(6): 1095 – 1106.

KOJI K, MUNETAKA S, HIROO F. 2000. A series of novel mutants of *Arabidopsis thaliana* that are defective in the formation of continuous vascular network: calling the auxin signal flow canalization hypothesis into question[J]. Development(127): 3197 – 3204.

KONDO Y, HIRAKAWA Y, KIEBER J J, et al. 2011. CLE peptides can negatively regulate protoxylem vessel formation via cytokinin signaling[J]. Plant and Cell Physiology, 52(1): 37 – 48.

KYOKO O, MINORU K, TAKU D, et al. 2005. Class III homeodomain leucine-zipper proteins regulate xylem cell differentiation[J]. Plant and Cell Physiology, 46(10): 1646 – 1656.

LEIBFRIED A, BUSCH W, STEHLING S, et al. 2005. WUSCHEL controls meristem function by direct regulation of cytokinin-inducible response regulators[J]. Nature, 438(7071): 1172 – 1175.

LOVE J, BJÖRKLUND S, VAHALA J, et al. 2009. Ethylene is an endogenous stimulator of cell division in the cambial meristem of *Populus*[J]. Proc Natl Acad Sci USA, 106(14): 5984 – 5989.

MÄHÖNEN A P, HIGUCHI M, TÖRMÄKANGAS K, et al. 2006. Cytokinins regulate a bidirectional phosphorelay network in *Arabidopsis*[J]. Current Biology, 16(11): 1116 – 1122.

MATTSSON J, CKURSHUMOVA W, BERLETH T. 2003. Auxin Signaling in Arabidopsis Leaf Vascular Development[J]. Plant Physiology, 131(3): 1327 – 1339.

MAURIAT M, SANDBERG L G, MORITZ T. 2011. Proper gibberellin localization in vascular tissue is required to control auxin-dependent leaf development and bud outgrowth in hybrid aspen[J]. The Plant Journal, 67(5): 805 – 816.

MCCARTHY R L, ZHONG R, YE Z. 2009. MYB83 is a direct target of SND1 and acts redundantly with MYB46 in the regulation of secondary cell wall biosynthesis in *Arabidopsis*[J]. Plant Cell Physiol, 50(11): 1950 – 1964.

MILIONI D, SADO P, STACEY N J, et al. 2001. Differential expression of cell-wall-related genes during the formation of tracheary elements in the *Zinnia* mesophyll cell sestem[J]. Plant Mol Biol, 47(1 – 2): 221 – 238.

MITSUDA N, IWASEA A, YAMAMOTOC H, et al. 2007. NAC transcription factors, NST1 and NST3, are key regulators of the formation of secondary walls in woody tissues of *Arabidopsis*[J]. The Plant Cell, 19(1): 270 – 280.

MOTOSE H, SUGIYAMA M, FUKUDA H. 2004. A proteoglycan mediates inductive interaction during plant vascular development[J]. Nature, 429(6994): 873 – 878.

MUÑIZ L, MINGUET E G, SINGH S K, et al. 2008. ACAULIS5 controls *Arabidopsis* xylem specification through the prevention of premature cell death[J]. Development, 135(15): 2573 – 2582.

NAGATA N, ASAMI T, YOSHIDA S. 2001. Brassinazole, an inhibitor of brassinosteroid biosynthesis, inhibits development of secondary xylem in cress plants(*Lepidium sativum*)[J]. Plant and Cell Physiology, 42(9): 1006 – 1011.

OHASHI-ITO K, FUKUDA H. 2003. HD-Zip Ⅲ Homeobox Genes that include a novel member, *ZeHB*-13 (*Zinnia*)/*ATHB*-15 (*Arabidopsis*), are involved in procambium and xylem cell differentiation[J]. Plant and Cell Physiology, 44(12): 1350 – 1358.

OHASHI-ITO K, HIROO F. 2010. Transcriptional regulation of vascular cell fates[J]. Current Opinion in Plant Biology, 13(6): 670 – 676.

OHASHI-ITO K, DEMURA T, FUKUDA H. 2002. Promotion of transcript accumulation of novel *Zinnia* immature xylem-specific HD-Zip Ⅲ Homeobox Genes by brassinosteroids[J]. Plant and Cell Physiology, 43(10): 1146 – 1153.

ORTEGA-MARTÍNEZ O, PERNAS M, CAROL R J, et al. 2007. Ethylene Modulates Stem Cell Division in the *Arabidopsis thaliana* Root[J]. Science, 317(5837): 507 – 510.

PARRA-LOBATO M C, GOMEZ-JIMENEZ M C. 2011. Polyamine-induced modulation of genes involved in ethylene biosynthesis and signalling pathways and nitric oxide production during olive mature fruit abscission[J]. Journal of Experimental Botany, 62(13): 4447 – 4465.

PESQUET E, TUOMINEN H. 2011. Ethylene stimulates tracheary element differentiation in *Zinnia elegans* cell cultures[J]. New Phytologist, 190(1): 138-149.

RAGNI L, NIEMINEN K, PACHECO-VILLALOBOS D, et al. 2011. Mobile Gibberellin directly stimulates *Arabidopsis* hypocotyl xylem expansion[J]. The Plant Cell, 23(4): 1322-1336.

ROBERTS A W, KOONCE L T, HAIGLER C H. 1992. A simplified medium for *in vitro* tracheary element differentiation in mesolhyll suspension cultures from *Zinna elegans* L. [J]. Plant Cell, 28(1): 27-35.

SARKAR A K, LUIJTEN M, MIYASHIMA S, et al. 2007. Conserved factors regulate signalling in *Arabidopsis thaliana* shoot and root stem cell organizers[J]. Nature, 446(7137): 811-814.

SCARPELLA E, MARCOS D, FRIML J, et al. 2006. Control of leaf vascular patterning by polar auxin transport[J]. Genes & Dev, 20(8): 1015-1027.

SCHERES B, DI LAURENZIO L, WILLEMSEN V, et al. 1995. Mutations affecting the radial or ganisation of the *Arabidopsis* root display specific defects thr oughout the embryonic axis[J]. Development, 121(1): 53-62.

SCHLERETH A, MÖLLER B, LIU W, et al. 2010. MONOPTEROS controls embryonic root initiation by regulating a mobile transcription factor[J]. Nature, 464(7290): 913-916.

SCHOOF H, LENHARD M, HAECKER A, et al. 2000. The stem cell population of *Arabidopsis* shoot meristems is maintained by a regulatory loop between the *CLAVATA* and *WUSCHEL* genes[J]. Cell, 100(6): 635-644.

STAHL Y, WINK R H, INGRAM G C, et al. 2009. A signaling module controlling the stem cell niche in *Arabidopsis* root meristems[J]. Current Biology, 19(11): 909-914.

SZEKERES M, NÉMETH K, KONCZ-KÁLMÁN Z, et al. 1996. Brassinosteroids Rescue the Deficiency of CYP90, a Cytochrome P450, Controlling Cell Elongation and De-etiolation in *Arabidopsis*[J]. Cell, 85(2): 171-182.

TOKUNAGA N, UCHIMURA N, SATO Y. 2006. Involvement of gibberellin in tracheary element differentiation and lignification in *Zinnia elegans* xylogenic culture[J]. Protoplasma, 228(4): 179-187.

TUSKAN G A, DIFAZIO S, JANSSON S, et al. 2006. The genome of black cottonwood, *Populus trichocarpa* (Torr. & Gray)[J]. Science, 313(5793): 1596-1604.

VEIT B. 2004. Determination of cell fate in apical meristems[J]. Current Opinion in Plant Biology, 7(1): 57-64.

WENZEL C L, SCHUETZ M, YU Q, et al. 2007. Dynamics of *MONOPTEROS* and PIN-FORMED1 expression during leaf vein pattern formation in *Arabidopsis thaliana*[J]. The Plant Journal, 49(3): 387-398.

WHITFORD R, FERNANDEZ A, DE GROODT R, et al. 2008. Plant CLE peptides from two distinct functional classes synergistically induce division of vascular cells[J]. Proc Natl Acad Sci USA, 105(47): 18625-18630.

YAMAMOTO R, FUJIOKA S, DEMURA T, et al. 2001. Brassinosteroid levels increase drastically prior to morphogenesis of tracheary elements[J]. Plant Physiology, 125(2): 2556-2563.

YAMAMOTO R, DEMURA T, FUKUDA H. 1997. Brassinosteroids Induce Entry into the Final Stage of Tracheary Element Differentiation in Cultured *Zinnia* Cells[J]. Plant and Cell Physiology, 38(8): 980-983.

YIN Z, FAN R. 2009. Ultrastructural analysis of the differentiation process of secondary xylem vessel element in *Populus deltoides*[J]. Frontiers of Forestry in China, 4(4): 484-488.

YOSHIMOTO K, NOUTOSHI Y, HAYASHI K, et al. 2012. A chemical biology approach reveals an opposite action between thermospermine and auxin in xylem development in *Arabidopsis thaliana*[J]. Plant and Cell Physiology, 53(4): 635-645.

ZHONG R, YE Z. 2009. Transcriptional regulation of lignin biosynthesis[J]. Plant Signal Behav, 4(11):

1028 – 1034.

ZHOU G, KUBO M, ZHONG R, et al. 2007. Overexpression of miR165 affects apical meristem formation, organ polarity establishment and vascular development in *Arabidopsis*[J]. Plant Cell Physiol, 48(3): 391 – 404.

ZHOU J, LEE C, ZHONG R, et al. 2009. MYB58 and MYB63 are transcriptional activators of the lignin biosynthetic pathway during secondary cell wall formation in *Arabidopsis*[J]. Plant Cell, 21(1): 166 – 248.

作者简介

尹增芳：南京林业大学生物与环境学院，博士，教授；E-mail：zfyin@ njfu. edu. cn；

杜玉梁(326841238@ qq. com)，陈叶(282755960@ qq. com)，刘彩虹(845592892@ qq. com)：均为南京林业大学生物与环境学院研究生。

专题8 植物次生物质代谢及其调控

Plant Secondary Metabolism and Regulation

陈 颖

南京林业大学南方现代林业协同创新中心，生物与环境学院 江苏南京 210037

【内容提要】植物的新陈代谢包括初生代谢和次生代谢，相对应的代谢产物为初生代谢物和次生代谢物，次生代谢物是植物自身为适应环境而产生的保护性物质，它们与人类的生活密切相关，如食品添加剂、药物、营养品等都是人类生活中的必需品。植物体内的次生代谢产物种类非常丰富，逾20万种。本专题介绍了次生代谢(物)和初生代谢(物)的概念及相互关系、次生代谢物的分类、代谢途径及次生代谢物的作用和利用价值。着重介绍了次生代谢(物)的代谢调控技术和增加次生代谢物(有用药物)产量的方法，主要包括：环境调控、基因工程代谢调控、细胞代谢工程调控等，特别对基因工程和细胞代谢调控的技术和研究进展做了详细的阐述。对次生代谢(物)代谢调控技术研究中存在的问题和今后研究的重点、方向也做了介绍。

8.1 植物次生物质代谢

8.1.1 初生代谢(物)及次生代谢(物)

由于植物固着生活，不能移动，为了适应瞬息万变的生存环境，植物体内的代谢网络要比其他生物更加广泛和复杂。植物体内的代谢包括物质的合成代谢和分解代谢，总称为新陈代谢。1891年，Kossel首次将植物的新陈代谢分为初生代谢(primary metabolism)与次生代谢(secondary metabolism)。相对应这两条途径产生的物质分别叫作初生代谢产物(primary metabolism products)和次生代谢产物(secondary metabolism products)(Moller et al. , 1980)。

初生代谢是维持植物生命活动所必需的、维持新陈代谢的核心部分，是为植物的生存、生长、发育、繁殖提供能量和中间产物的代谢，存在于所有的植物中。初生代谢物主要是指糖类、蛋白质、脂质、核酸、维生素等对植物体生命活动不可缺少的物质，是生物体生存所必需的物质来源(潘瑞炽等，2007)。

次生代谢是利用初生代谢产物，在酶催化下，形成特殊化学物质的过程。这些特殊化学物质即为次生代谢物，如生物碱、黄酮等。次生代谢物又被称为“天然产物”，起初被人们误认为是初生代谢的副产品，没有什么代谢作用，但越来越多的研究发现，植物次生代谢在生长发育、抵御病虫害、环境适应等生理生态方面发挥着重要作用，成为地球上最丰富的有机化合物宝库(潘瑞炽等，2007；Hartmann et al.，2007)。

8.1.2 次生代谢物的分类

植物次生代谢产物的种类繁多，结构千变万化，目前仅已知结构的次生代谢物已超过20万个(Hartmann et al.，2007)。根据植物次生代谢物的结构、起源及其生理作用的不同，目前次生代谢物有如下3种划分方法：①根据其化学结构的差异划分为萜类化合物、酚类化合物和含氮化合物(以生物碱为主)3个主要类群；②根据其生物合成起源的不同，分为萜类、生物碱类、苯丙烷类及其衍生物3种类群；③根据在植物体内的生理生化作用不同，分为抗生素(植保素)、生长刺激素、维生素、色素、生物碱与植物毒素6种类群(阎秀峰等，2007；王莉等，2007)。本文以第①种划分进行阐述，初生代谢与次生代谢的关系如图8-1所示。

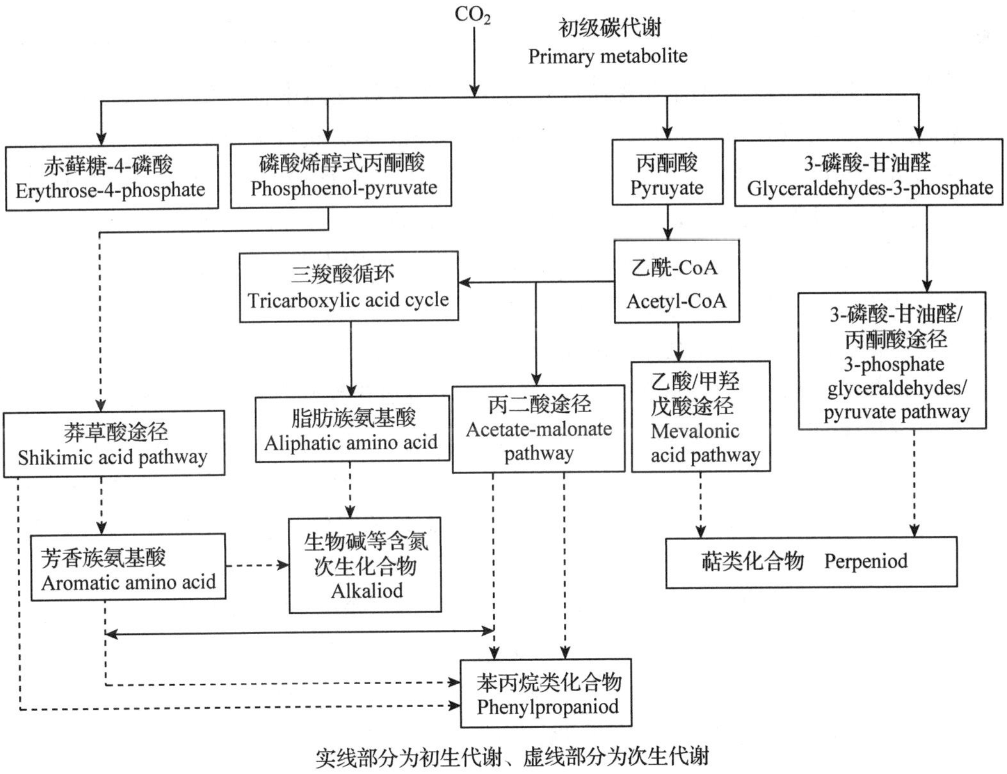

图8-1 植物初生代谢与次生代谢间的关系(Taiz L，2006；王莉，2007)

Fig. 8-1 The relationship between plant primary metabolism and secondary metabolism

8.1.2.1 萜类化合物

萜类化合物是植物次生代谢产物中最多的一类化合物，至今已从植物中分离到超过55 000种，分布广泛，种类繁多(Christianson，2008)。一般认为凡由异戊二烯聚合衍生的、其分子式符合(C_5H_8)n 的化合物统称为萜类化合物(terpenoid)，包括半萜、单萜、倍半萜、二萜、二倍半萜、三萜、四萜、多萜等萜类化合物和挥发油类化合物，其中C10($n=2$)化合物称为单萜，C15($n=3$)化合物称为倍半萜，C20($n=4$)化合物称为二萜，C30($n=6$)化合物称为三萜，C40 化合物称为四萜，C≥40 化合物称为多萜(萜类化合物的分类见表8-1)(宋晓凯，2004)。

表8-1　萜类化合物的分类及分布(宋晓凯，2004)

分　类	碳原子	通式(C_5H_8)n	存在来源
半　萜	5	$n=1$	植物油
单　萜	10	$n=2$	挥发油
倍半萜	15	$n=3$	挥发油
二　萜	20	$n=4$	树脂、苦味质、植物醇
二倍半萜	25	$n=5$	海绵、植物病毒、昆虫代谢物
三　萜	30	$n=6$	皂苷、树脂、植物、乳汁
四　萜	40	$n=8$	植物胡萝卜素
多聚萜	$7.5\times10^3\sim3\times10^5$	$n>8$	橡胶、硬橡胶

萜类化合物有许多都具有重要的药用价值，如从黄花蒿中提取的含过氧键的特殊倍半萜内酯青蒿素(Artemisinin)(由中国诺贝尔生理医学奖获得者屠呦呦从中医中悟出提取方法并成功提取出来，应于抗疟疾的治疗中，分子式为 $C_{15}H_{22}O_5$，分子量为282.34，结构式见图8-2)是目前最有效的抗疟特效药，对抗氯喹疟疾和脑型疟疾有特殊的疗效，且具有速效和低毒的优点，被世界卫生组织称为“世界上唯一有效的疟疾治疗药物”(祝叶华，2015；王建峰等，2015)。

环状二萜是萜类化合物中重要的化合物类群之一，其中紫杉醇、银杏内酯、穿心莲内酯、丹参酮(结构式见图8-2)、雷公藤内酯、甜菊苷等具有较强的生物活性，都是临床和保健的重要药物(汪建峰等，2015)。银杏萜类内酯包括银杏内酯(Ginkgolides)和白果内酯(Bilobalide)。银杏内酯是银杏根皮及叶的强苦味成分，目前已分离出银杏内酯A、B 、C、M、J(ginkgolides A，B，C，M，J)5种成分，结构式见图8-2。银杏内酯可作为抗血小板活化因子，用来治疗由血小板活化因子引起的休克状障碍，银杏内酯与银杏双黄酮是银杏制剂中两种重要的治疗心脑血管疾病的药用成分，具有多种药效价值，尤以血小板激活因子(PAF)的强颉颃剂而为医药界所重视(杨鹏飞等，2012)。紫杉醇(paclitaxel，商品名为Taxol，结构式见图8-2)是存在于红豆杉科红豆杉属(*Taxus* L.)植物中的一种四环二萜酰胺类化合物，由于其对癌症的独特疗效而日益受到人们关注，最早从太平洋红豆杉(*Taxus brevifolia*)的树皮中分离得到，1972年年底，美国的FDA批准上市，临床用于治疗卵巢癌、乳腺癌和肺癌疗效较好，是目前临床上使用最广泛的抗癌药物之一(唐培等，2013；宋晓凯，2010)。

三萜类化合物也是萜类较重要的一类化合物，包括三萜皂苷、甾基皂苷、植物甾醇、cardenolide(强心苷)及bufadienolides(蟾皮二烯内酯)、葫芦素、类柠檬苦素及苦木素类(quassinoids)。皂苷是一类植物糖苷化合物，因水溶性糖基结合于一个亲脂性的甾醇基(C27)或三萜类(C30)基团，具有降低表面张力的作用，类似于肥皂，因此叫皂苷。三萜类化合物在自然界的分布亦比较广泛，一些常用的中药，如人参、甘草、柴胡、桔梗、远志等都含有三萜类化合物，三萜类化合物具有一些特殊的生物活性(黄壮嘉等，2014)。四萜类化合物主要为胡萝卜烃类色素，多聚萜类化合物主要为橡胶及硬橡胶。

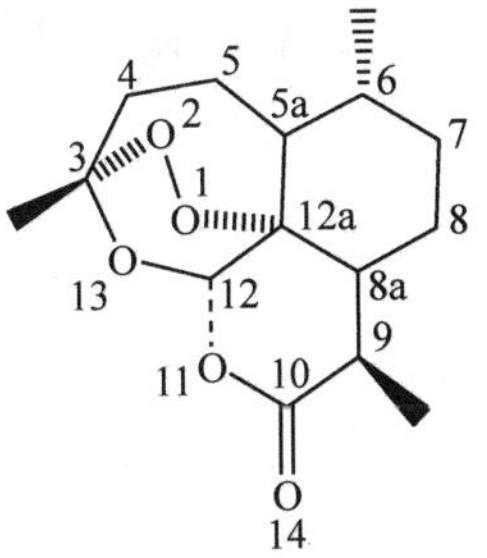

a

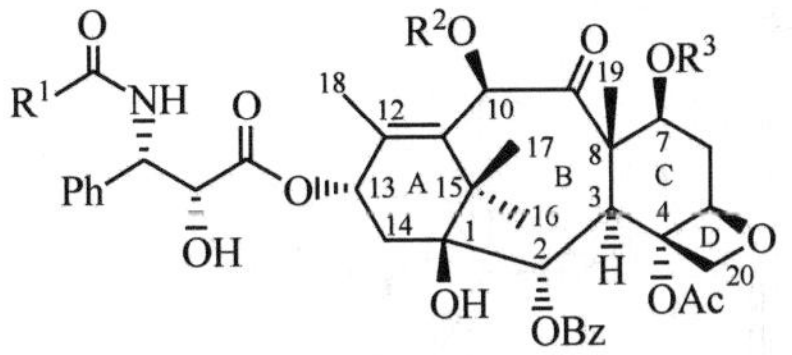

1R¹ = Ph，R² = Ac，R³ = H

b

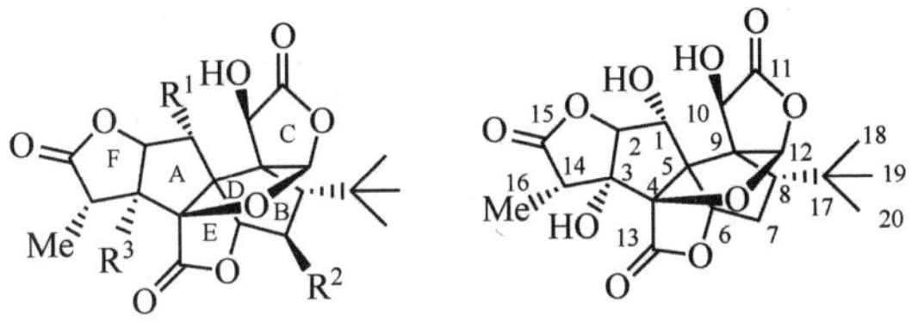

GA R¹ = H，R² = H，R³ = OH

GB R¹ = OH，R² = H，R³ = OH

GC R¹ = OH，R² = H，R³ = OH

GJ R¹ = H，R² = H，R³ = OH

GM R¹ = OH，R² = H，R³ = OH

c

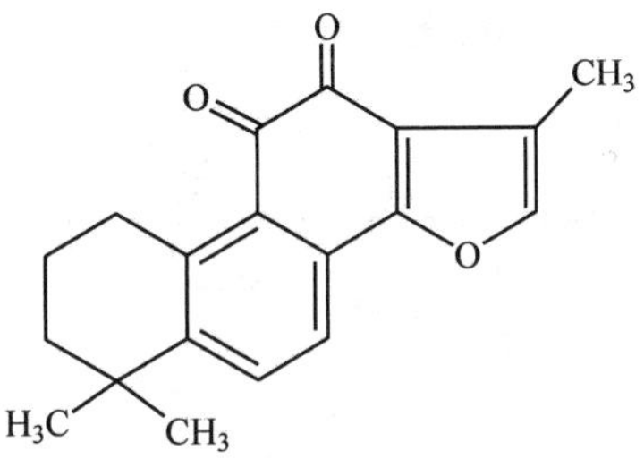

d

图 8-2 几种重要萜类化合物的结构

Fig. 8-2 Several important structure of the terpenoids

a. 青蒿素(Artemisinin)(韩利平等，2009) b. 紫杉醇(paclitaxel)(唐培，王峰鹏，2013)
c. 银杏内酯(Ginkgolides)(惠爱玲等，2013) d. 丹参酮(Tanshinone Ⅱ)(宋晓凯，2010)

8.1.2.2 酚类化合物

酚类化合物(phenolic)是芳香族环上的氢原子被羟基或功能衍生物取代后生成的一大类次生代谢产物，主要包括苯丙素类、香豆素类、类黄酮、醌类化合物等。酚类物质广泛地存在于高等植物、苔藓(*Bryophyta*)、地钱(*Marchantia polymorpha*)和微生物中，主要分布于植物体的上表皮、表皮毛、蜡质层、液泡中，多对紫外光敏感，像一个天然的 UV 过滤器，保护着植物体(李彦等，2013；董艳玲等，2002)。

黄酮类是酚类化合物中较为重要的一类，以苯色酮环为基础，即具有两个酚羟基的苯环(A-与 B-环)通过中央三碳原子联结而成(C15)的一系列化合物，都称为黄酮类化合物(具有 C_6-C_3-C_6 结构)(图 8-3)。根据 B 环上的连接位置不同，可将黄酮分为 2-苯基衍生物(黄酮、黄酮醇类)、3-苯基衍生物(异黄酮)和 4-苯基衍生物(新黄酮)，氢化衍生物(二氢黄酮类)，开链式黄酮类如查耳酮等(徐任生，2010)。黄酮及黄酮醇类广泛分布于各种植物的花瓣中，是花色苷的辅助色素，也是一些高等植物秋季叶色变化的主要色素物质，大多以糖苷形式存在于植物的叶片、花瓣、块茎中(潘瑞炽，2007；Fang et al.，2011；唐传核等，2005)。黄酮化合物母粒结构及几种重要黄酮化合物结构见图 8-3。

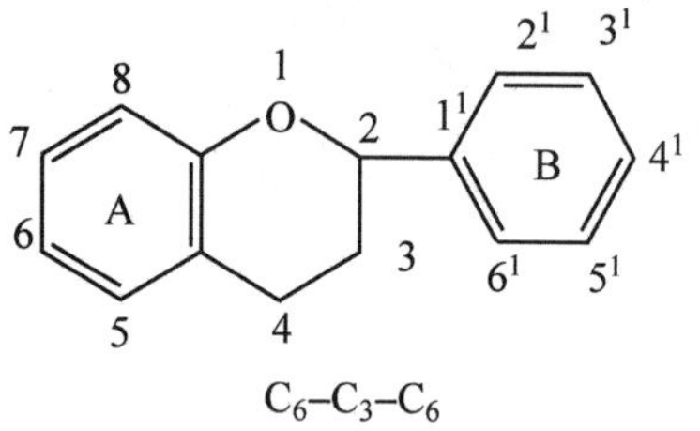

黄酮化合物的母核

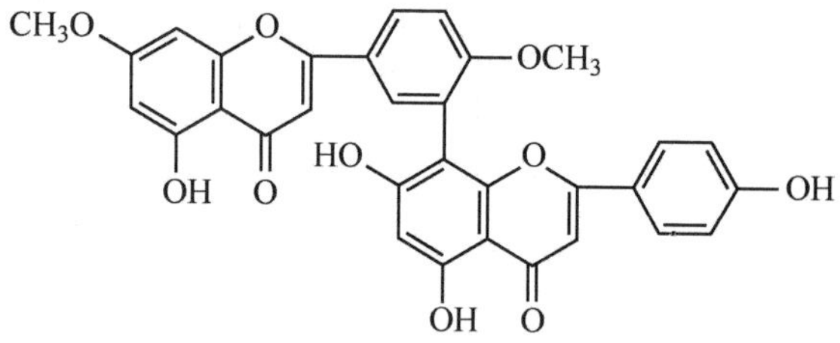

银杏双黄酮(bilobetin)

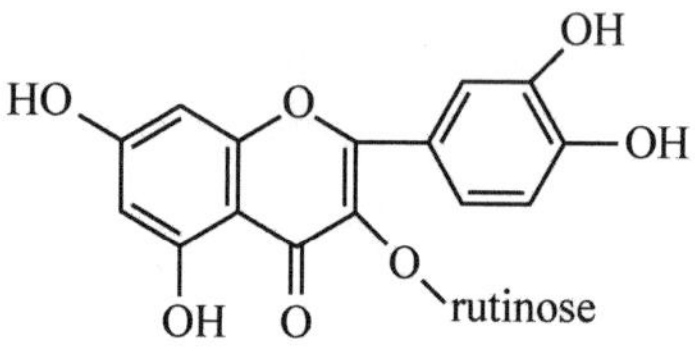

芦丁(rutin)

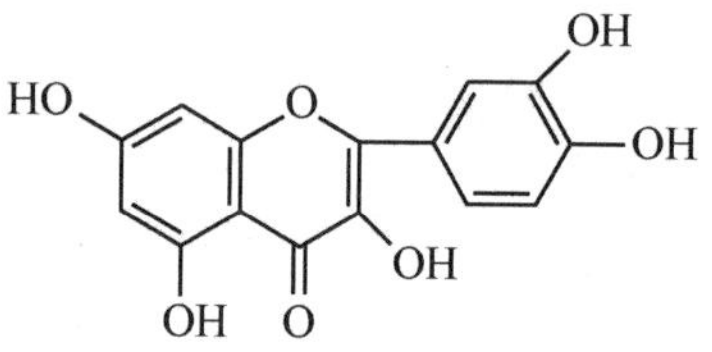

槲皮素(quercitrin)

图 8-3 黄酮结构及银杏叶中的主要黄酮成分(徐任生，2010；Sabater-Jara et al.，2013)

Fig. 8-3 Flavonoid structure and several flavonoids in *Ginkgo biloba* leaves

药用植物红花中的查耳酮类化合物红花黄色素(safflor yellow，SY)是红花中的主要有效成分，而羟基红花黄色素 A(HSYA)则是红花黄色素中含量较高的成分，红花黄色素具有抗缺氧、抗凝血、抗氧化等生物活性(Zhu et al.，2003)。另外，银杏叶中特有的黄酮化合物如金松双黄酮、银杏黄素、异银杏黄素、白果黄素，具有降血压、抗氧化、防衰老等功效而备受关注(Van Beek & Montoro，2009)。异黄酮化合物如大豆异黄酮，与其他类黄酮不同，通常以游离形式存在于植物，而不是以糖苷形式，具有雌激素的样作用，是天然的癌症化学预防剂(王长远等，2007；佟铁光等，2005)。

醌类化合物是酚大类中另一重要的化合物类群，是苯式多环烃碳氢化合物(如萘、蒽等)的芳香二氧化物的总称。醌类的存在也是植物呈色的主要原因之一，有些醌类是抗菌、抗癌的主要成分，如胡桃醌和紫草宁、大黄、虎杖等都是重要的中药材。酚类化合物对很多食品及饮料的色泽、味道及风味有着较大的贡献(徐任生，2010；李彦等，2013；董艳玲等，2002)。

总之，酚类物质具有防癌抗癌、抗肿瘤、抗心血管疾病、抗骨质疏松，清除自由基、抗氧化、雌激素样与抗雌激素样、镇痛、抗衰老、抗炎抗菌等多种药理活性，是一类重要的天然有机化合物。

8.1.2.3 含氮化合物

含氮有机化合物(nitrogen-containing compound)是一类分子结构中含有氮原子的植物次生代谢物质(蛋白质、氨基酸、核酸、维生素、低分子胺类等除外)，主要包括生物碱、胺类、非蛋白氨基酸和生氰苷。其中生物碱是一类最大的碱性含氮的有机化合物，分子结构中具有多种含氮杂环(王莉等，2007)。自 F. W. Sertrner 首次从鸦片中分离出吗啡碱(morphine)以来(图 8-4)，现已分离得到约 12 000 种生物碱类化合物，生物碱大多有明显的生理活性，有 100 多个科如豆科、夹竹桃科、罂粟科、茄科、茜草科、石蒜科等都含有多种生物碱。生物碱在植物体的分布不一致，如古柯碱集中在叶内，奎宁碱集中在树皮，石蒜碱集中在鳞茎中，喜树碱集中根部和叶片中。植物生物碱的含量比较低，占干重的 0.01 %~2.0 %，但是在自然干燥的罂粟果汁里浓度超过 25%(唐中华等，2003)。大多数生物碱都具有药理作用，如鸦片中的吗啡具有镇痛、麻醉作用；麻黄中的麻黄碱具有止咳平喘的作用；黄连中的小檗碱具有抗菌消炎的作用；长春花中的长春碱、喜树中的喜树碱具有抗癌活性(宋晓凯，2010；周贤春等，2006；唐中华等，2003)。

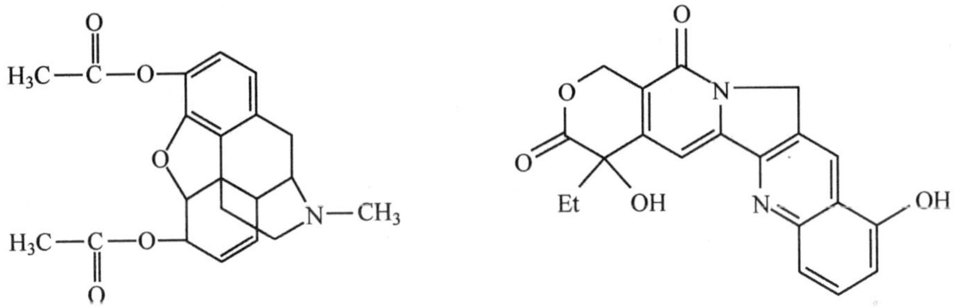

吗啡碱(morphine)　　　　喜树碱(camptothecin)

图 8-4　吗啡碱和喜树碱的结构(宋晓凯，2010)

Fig. 8-4　The structure of morphine and camptothecin

8.1.3 次生代谢物的特点

据推测，植物体内的次生代谢产物逾 20 万种，从 1891 年 Kossel 提出次生代谢概念以来，人类从事次生代谢产物的分离研究已近 200 多年，目前鉴定出结构的近 10 万种，这些次生代谢产物往往具有不同于初生代谢产物的特点：

(1)次生代谢产物由初生代谢衍生而来

次生代谢产物是由糖类等有机物代谢衍生而来的，是植物在能量释放过程中产生的，非植物生长发育所必需的代谢最终产物，起初人们认为大部分次生代谢产物不再参加代谢活动。但近年的研究表明，除已经公认的吲哚乙酸、赤霉素、叶绿素等次生代谢物直接参与植物生命的调节外，黄酮化合物也参与植物生命的调节作用，如作为主要抗氧化物质能够降低 UV-诱导的光氧化危害，UV-B 诱导了花青素和类黄酮的合成，同时后两者又对植物起到了光保护的作用而免受紫外线的伤害(阎秀峰等，2007)。

(2)次生代谢物具有种属、器官、生长发育期的遗传特异性

植物次生代谢产物贮存在植物的某一特定器官或组织中，具有类群、物种特异性，大部分储存在液泡或细胞壁的空隙中，如酚类化合物大部分存在于液泡中。次生代谢产物的合成和积累不但受遗传控制，同时还受树龄、季节(生长发育阶段)的影响，即同一植物不同种源在相同的环境下次生代谢物含量不同，如银杏黄酮含量在不同品种、不同种源、不同环境、不同季节、不同部位、不同年龄上都有差异。又如，木质素为细胞次生壁的重要组成成分(张康健等，2001；李彦等，2012；Agati et al.，2012)。

(3)次生代谢物维持植物特有性状，使植物富丽多彩

次生代谢物往往是各种植物色素的来源，维持着植物特有的性状和色彩。叶绿素、胡萝卜素和叶黄素不仅是植物光合作用的色素，而且使植物保持绿色、橙红色和黄色的特有色素；花色素及其糖苷使植物具有特有的色、香、味，吸引昆虫或动物来传粉和传播种子(Verpoorte & Memelink，2011；潘瑞炽，2007；李彦等，2012)。而这些色素往往是人类生活中重要的食品添加剂来源。

(4)次生代谢物是植物在长期进化中对环境适应的结果

植物在它们的生境中不断地遭受着环境变化的影响，如受到高光强和紫外线、极端低温和干旱和涝害及贫瘠土壤、盐碱地及昆虫、病害等非生物胁迫(abiotic stressors)和生物胁迫(biotic stressors)的侵扰，植物也发展出一条适应极端环境的生存途径，即产生次生代谢物。而且某些植物会产生对植物本身无毒而对动物或微生物有毒的次生代谢物，这些物质又被称为植保素(phytoalexin)，如萜类、异黄酮类、芪类、生物碱类等次生代谢物，能防御天敌吞食，保护自己(Kroymann et al.，2011；阎秀峰等，2007；蒋妮等，2012；刘高等，2007)。

(5)大多数次生代谢产物是天然产物和中药的主要有效成分，具有生理活性和药用价值

近年来，次生代谢产物在药用植物体内的分布和代谢及次生代谢产物的分类、化学、药理药效等方面有大量的研究和应用。次生代谢产物与人类的营养与健康密切关联，如生物碱具有抗炎、抗菌、强心、扩张血管、抗癌、平喘等作用；黄酮类化合物具有抗炎、抗氧化、抗菌、抗过敏、抗艾滋病、抗癌等多种药理作用，且无毒副作用，对人类的肿瘤、衰老、心血管疾病的防治具有重要意义。萜类化合物具有降血糖、降血脂、增强机体免疫功能等广泛的药理作用。目前有超过60%的抗癌药和75%治疗感染性疾病的药物来源于次生代谢产物，天然产物和中药已成为人们生活和健康必不可少的物品(Kroymann et al.，2011；王春丽等，2009；李彦等，2012；唐中华等，2003)。

8.1.4 植物次生代谢物合成的前体及途径

尽管植物次生代谢产物化学结构多种多样，种类繁多，但从生物合成途径看，次生代谢都是从代谢途径的几个主要分支点与初生代谢相连接，初生代谢的一些关键产物是次生代谢的起始物，这些起始物往往是链接初生代谢与次生代谢的枢纽物质。包括乙酰辅酶A、莽草酸及甲羟二戊酸3个重要的“代谢钮”，都处于初生代谢与次生代谢的分支点上，把糖酵解途径和TCA途径、PPP(戊糖磷酸途径，pentose phosphate pathway)等初生代谢途径与莽草酸途径、芳香族氨基酸等次生代谢途径连接在一起，构

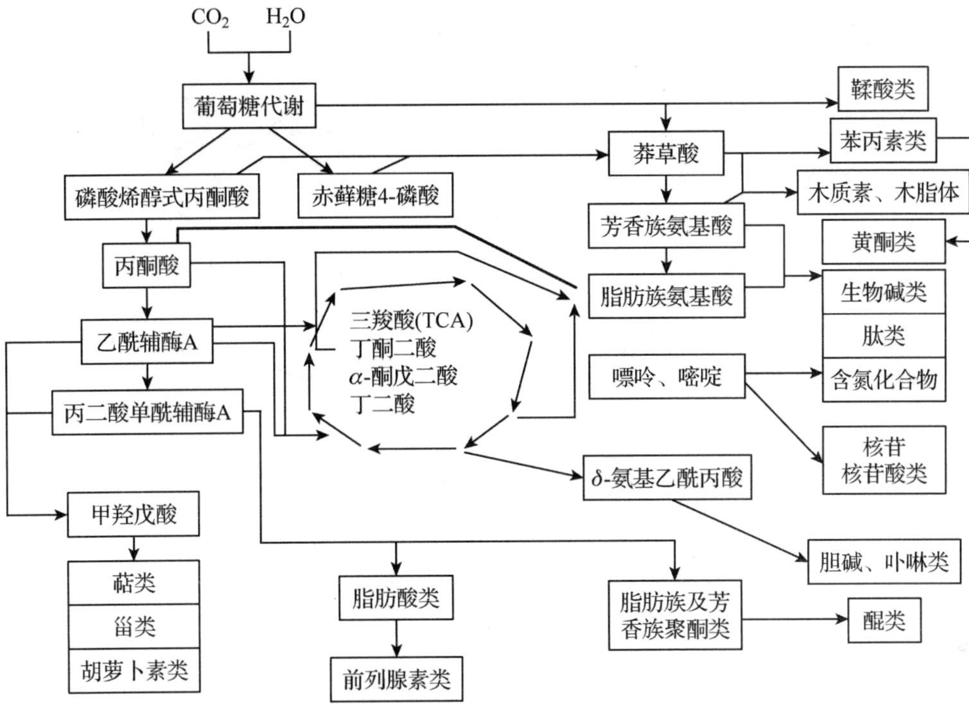

图 8-5 植物体内物质代谢的生物合成途径(宋晓凯，2010)

Fig. 8-5 The biosynthetic pathways of plant metabolism in plant

成植物体内复杂的有机物质代谢网络(宋晓凯，2010)。初生代谢与次生代谢的关系如图 8-5 所示。

目前次生代谢其主要合成途径有：

(1)甲羟二戊酸途径(萜类化合物的合成途径)

甲羟二戊酸代谢途径主要合成单萜、倍半萜、二萜和多萜等萜类次生代谢产物。代谢途径中，IPP(焦磷酸异戊烯酯)是萜类化合物合成的前体，IPP 的合成在甲羟二戊酸有两条不同的途径，一条是由乙酰-CoA 经过甲羟戊酸合成(mevalonic acid，MVA)途径，该途径合成的 IPP，主要在细胞质中用于合成倍半萜、三萜以及甾醇类(如油菜素内酯)的前体(FPP，C15)，进而合成甾醇、倍半萜和三萜等次生代谢物(图 8-6，图 8-7)；另一条 IPP 合成途径是以丙酮酸和甘油醛-3-磷酸为原料的脱氧木酮糖-5-磷酸(DXP)或甲基赤藓醇-4-磷酸(methylerythritol phosphate，MEP)途径(图 8-7)。该途径合成的 IPP 主要用于合成萜类化合物的直接前体物 GGPP(C20)，最终在质体中合成二萜、单萜、类胡萝卜素、赤霉素、植醇等次生代谢物(王凌建等，2013)(图 8-7)。

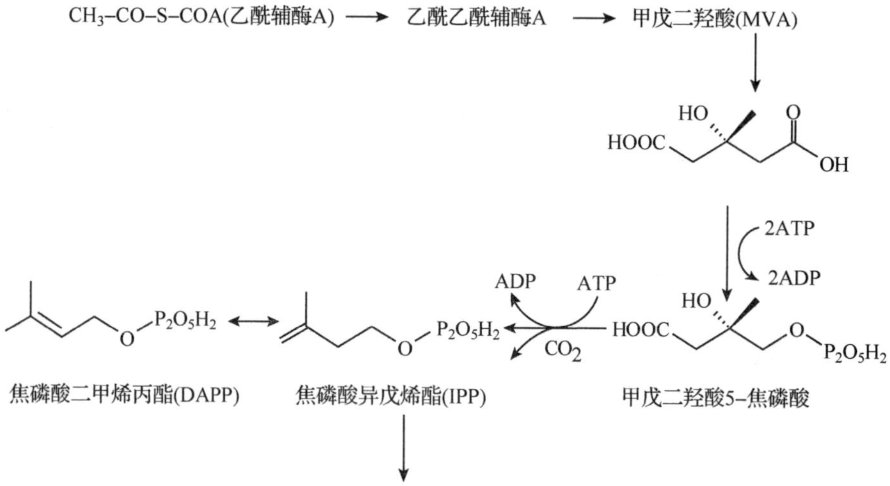

图 8-6　萜类化合物的生物合成(宋晓凯, 2010)

Fig. 8-6　Biosynthesis of terpenoids I

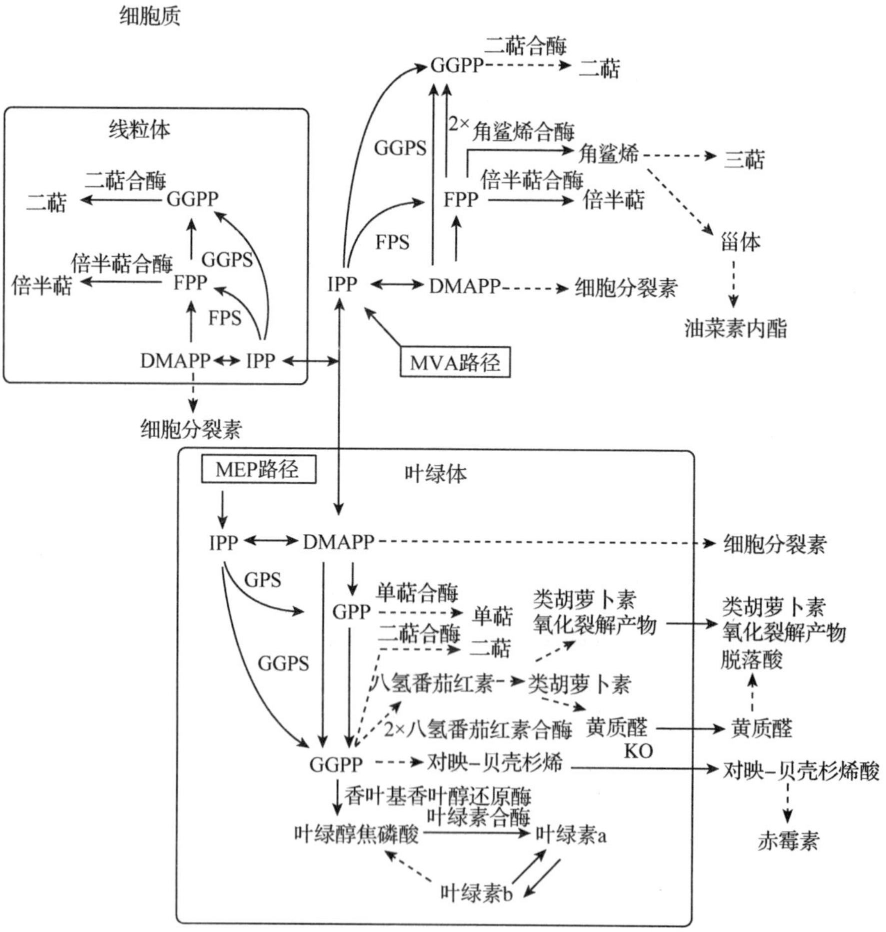

图 8-7　萜类化合物代谢途径及亚细胞定位(王凌建等, 2013)

Fig. 8-7　The metabolic pathways of terpenoids and in subcellular localization

虚线代表多步反应完成

（2）桂皮酸途径（酚类化合物的合成途径）

桂皮酸途径又叫莽草酸途径，该途径在植物次生代谢中起代谢中心的作用，许多以芳香族氨基酸前体的次生代谢产物均来自莽草酸代谢途径。这些产物都含有 C_6-C_3 及 C_6-C_1 的基本结构，由莽草酸形成苯丙氨酸后再形成桂皮酸，由桂皮酸形成香豆素类、木质素类、木脂体类及黄酮类化合物，桂皮酸途径次生代谢类化合物的生物合成途径如图 8-8 所示。

（3）氨基酸途径（生物碱类合成途径）

大多数生物碱类成分由此途径生成。有些氨基酸如鸟氨酸、赖氨酸、苯丙氨酸、酪氨酸及色氨酸等，经脱羧成为胺类，再经过一系列化学反应（甲基化、氧化、还原、重排等）生成各种生物碱。生物碱类化合物的生物合成途径如图 8-9 所示。

许多次生代谢物的合成由以上几种途径组成的复合途径（生成结构较为复杂的天然化合物），如查耳酮类、二氢黄酮类化合物的 A 环和 B 环由乙酸-丙二酸途径和莽草酸途径生成，再生成黄酮。植物体是一个复杂的代谢网络，各种次生代谢物之间的关系如图 8-10 所示。

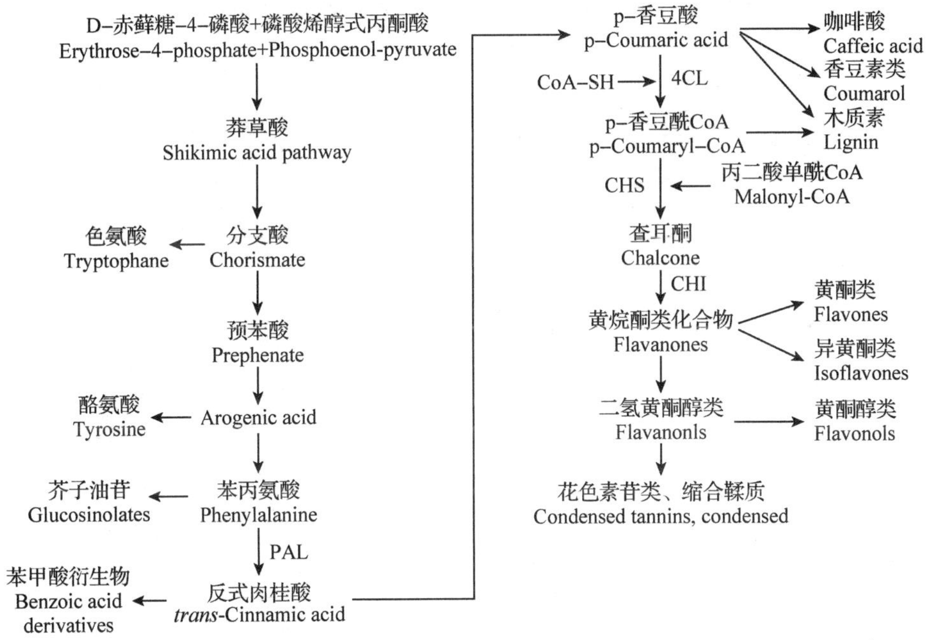

图 8-8　桂皮酸途径——黄酮类化合物的生物合成途径（Taiz L，2006；王莉，2007）

Fig. 8-8　The pathway of cinnamic acid——the biosynthetic pathways of flavonoids

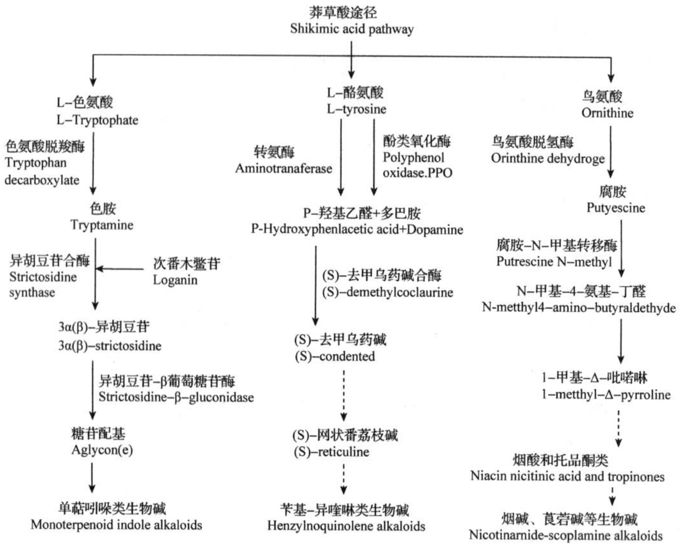

图 8-9 生物碱类化合物的生物合成途径(Dixon, 2001; 王莉, 2007)

Fig. 8-9 The biosynthetic pathways of alkaloids compounds

虚线表示由多步反应完成

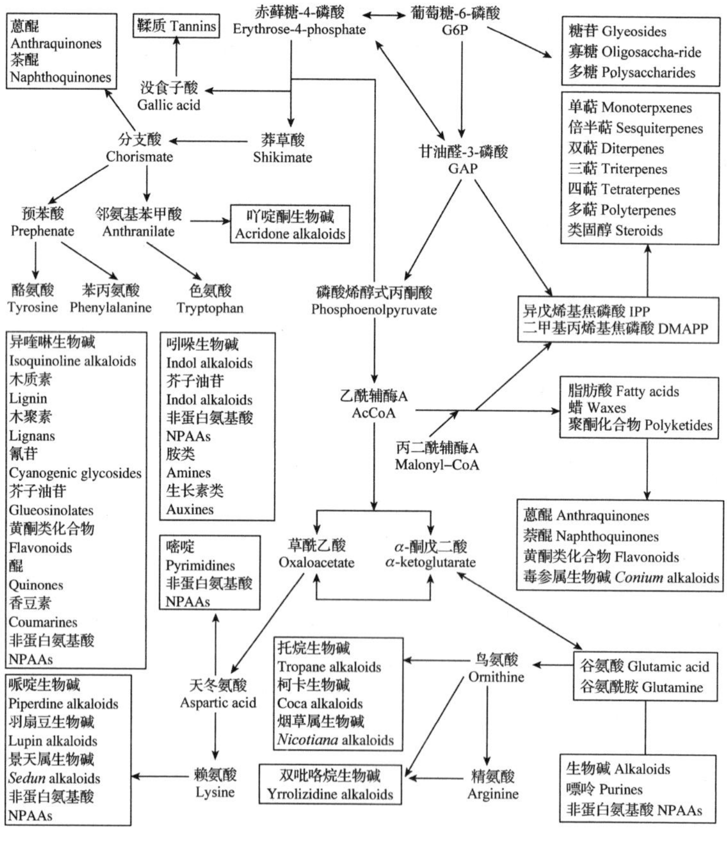

图 8-10 植物初生代谢与次生代谢的关系

(中国标准物质网: http: //www. gbw114. com/news/n7910. html)

Fig. 8-10 The relationship between plant primary wetabolism and secondary metabolism

8.2 次生代谢物的代谢调控

尽管大多数次生代谢物都与人类的健康、环保生活有关，是重要的食品、药物之源，但次生代谢物在植物体内的含量非常低，不能满足人们的日益需求，于是人们开发出很多的方法和技术来提高有用次生代谢物在植物体内的含量，或者通过刺激达到植物体向外释放次生代谢物的最大产量。因此，调控次生代谢、增加次生代谢物产量的技术成为近几十年来植物次生代谢研究和应用的热点。

植物次生代谢物在植物体内含量的高低与植物的代谢途径、所处环境及本身的遗传特性密切相关，目前调控技术主要从以下几个方面展开，包括环境调控、基因工程代谢调控、细胞代谢工程调控等。

8.2.1 环境调控

植物所处的环境中非生物因子有高、低温，干旱和涝害、土壤中的营养成分缺乏或过量(包括必需元素和重金属)、机械损伤、高光强、辐射、电损伤、盐碱地、环境污染等都会对植物的生长和发育产生各种各样的影响甚至胁迫(Hartmann et al., 2007)。而次生代谢产物则是植物为适应环境而产生的一种生理代谢物质，很多次生代谢产物都会因环境的影响而变化(图 8-11)。通过控制植物的生长环境可以达到促进次生物质代谢的目的，在此方面已经有较多的研究成果，根据调控的植物材料可分为实生苗调控和组培苗调控。如在干旱胁迫下，喜树(*Camptotheca acuminata*)叶片中的喜树碱含量增加(应叶青，2012；Liu et al., 2000)；土壤含水量下降，高山红景天(*Rhodiolasa chalinensis*)根中的红景天苷含量增加(尚辛亥等，2003)；轻度的水分胁迫则有利于乌拉尔甘草(*Glycyrrhiz auralensis*)中甘草酸的积累(徐鹏等，2010)。干旱胁迫下丹参地上部分的丹参素钠、原儿茶醛和迷迭香酸含量增加，而丹酚酸 B 在中度胁迫下积累量较大(左小荣，2011；韩立敏等，2008)；干旱和高温、光质和光强都能引起银杏黄酮苷和萜类内酯含量的增加(陈雷等，2013；程水源等，2004；冷平生等，2002)。全光照处理下青钱柳中的三萜类含量最高(李彦等，2013)；遮阴有利于喜树碱的积累等(王洋等，2004)。

UV-B 辐射是一种较为有效的提高植物体内次生代谢物含量的方法，如增强 UV-B 辐射可明显增加丹参叶片类黄酮、迷迭香酸和丹酚酸 B 的含量(周丽莉，2008)。UV-B 辐射下黄花蒿(*Artemisia annua*)中青蒿素含量均高于对照组，在花期比对照高出 10.5% (Rai et al., 2011)。UV-B 辐射能显著增加南方红豆杉(*Taxus chinensis* var. *mairei*)中紫杉醇的含量(于景华等，2011)；短期适度的 UV-B 辐射能够增加黄连(*Coptis chinensis*)根中小檗碱的含量(温泉等，2012)。UV-B 辐射显著促进积雪草中黄酮类化合物的积累(Bidel et al., 2015)；蓝光能诱导细胞培养的长春花中蛇根碱水平的增高(Hashimoto, Yamada；1994)。UV-B 辐射促进花色素含量的增加(Su et al., 2015；Bidel et al., 2015)等。环境调控次生代谢物合成的研究非常多，在此不一一列举。

在组培苗环境调控技术中，适宜的外植体和培养基是决定调控次生代谢物有效性的先决条件，各种植物的次生代谢物产生的部位各不相同，大多数是在叶片中，如黄

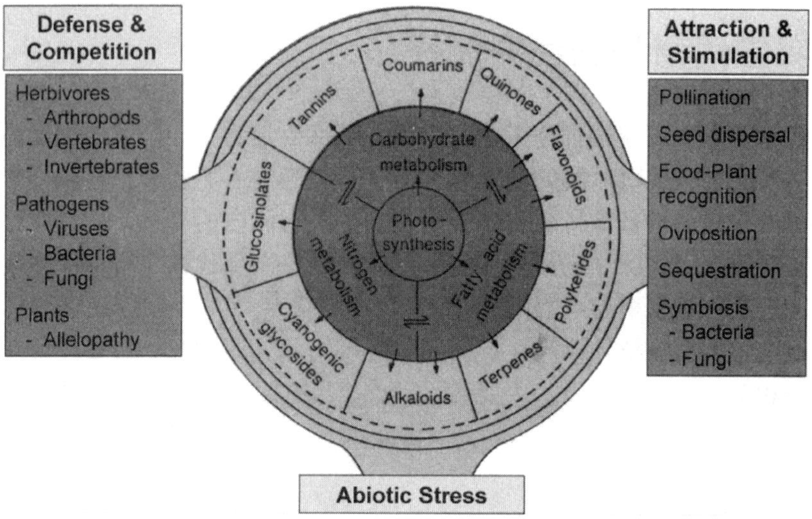

图 8-11 植物次生代谢与环境变化的相互关系(Hartmann, 2007)

Fig. 8-11 The relationship between plant secondary metabolism and environmental changes

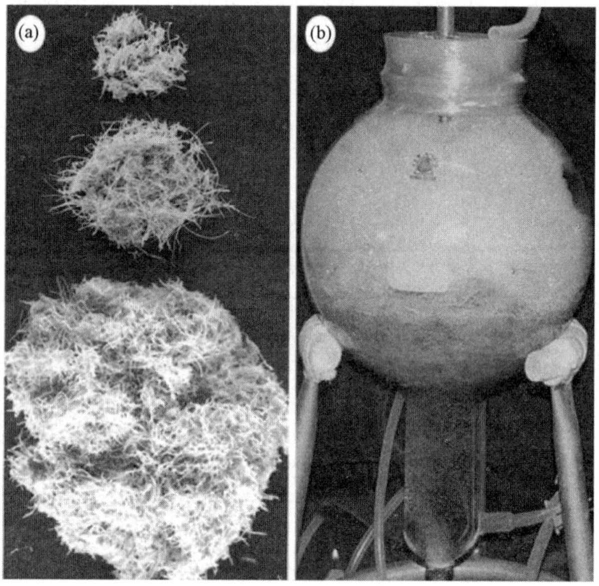

图 8-12 黄芪不定根的规模培养(Wu et al. , 2011)

Fig. 8-12 Bioreactor application on adventitious root culture of Astragalus membranaceus

酮类、萜类；有的是在根系中合成的，如生物碱、皂苷等，如黄芪不定根的规模培养可以获得黄芪皂苷、多糖等次生代谢物(Wu et al. , 2011)(图 8-12)。

8.2.2 基因工程代谢调控

植物次生代谢网络是一个复杂的整体，其中有大量的代谢酶调控着整个代谢的速度和方向，也影响着次生代谢的产量。从控制代谢途径入手，通过调控关键酶和限速酶基因水平而影响酶活性的基因工程技术成为代谢工程的最有效调控手段。基因工程的调控手段主要有4个方面：①转基因再生植物；②用发根农杆菌诱导培养毛状根；③反义RNA技术；④Micro RNA技术。

8.2.2.1 关键酶基因工程技术调控

在关键酶的调控中，通过导入或者敲除某些关键酶基因，可促进或抑制该基因的过量表达，从而引起次生代谢产物产量的变化。参与次生代谢途径的基因主要有两类，一类是结构基因，如黄酮类化合物合成途径中的查耳酮合成酶(Chalcone synthase，CHS)基因、查耳酮异构酶(Chalcone isomerase，CHI)基因、黄烷酮3′-羟化酶(Flavanone 3′-Hydroxylase，F3′H)基因、二氢黄酮醇还原酶(Dihydroflavonol 4-Reductase，DFR)、花色素合成酶(ANS)基因等；另一类是调控基因，如转录因子R_2R_3 MYB，bHLH(basic helix-loop-helix)、WD-repeat蛋白家族等调控基因(Schijlen et al.，2004)，植物次生代谢及其已经克隆的基因如图8-13所示。

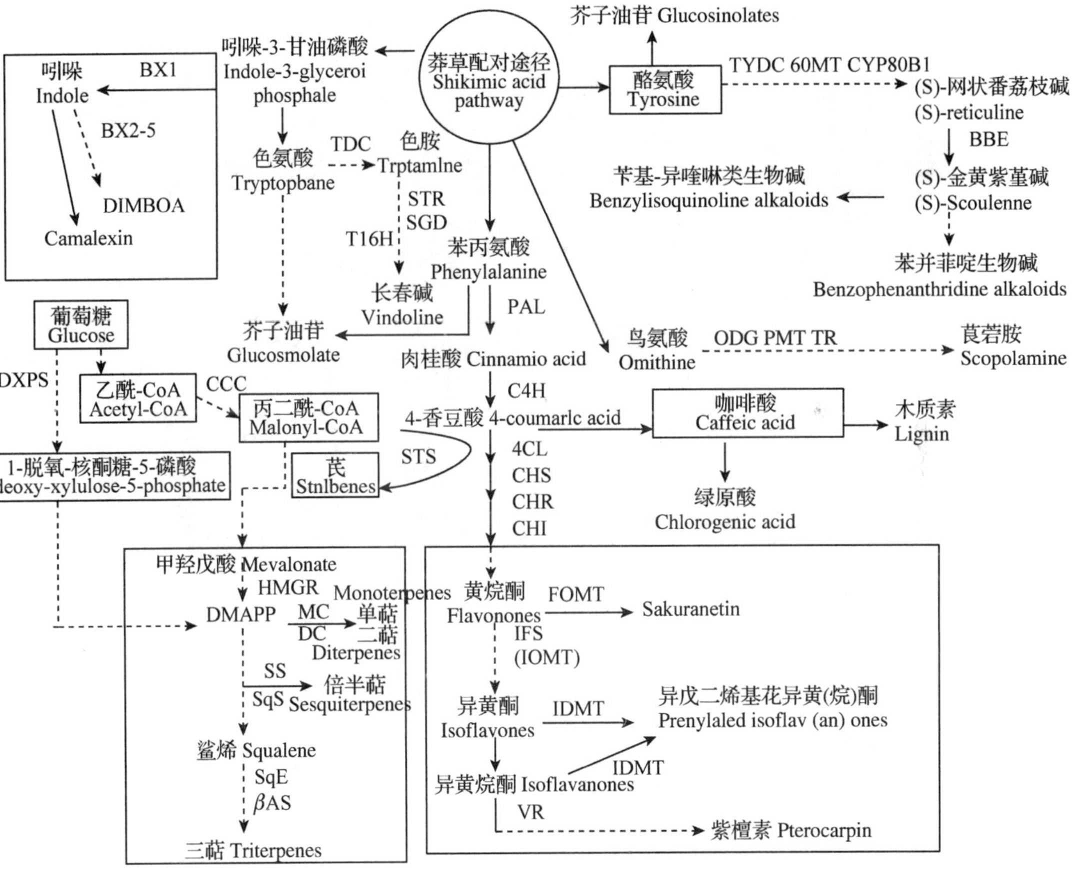

图8-13 植物次生代谢及其已经克隆合成关键酶的基因(何水林，2002)

Fig. 8-13 Plant secondary metabolism and key synthesis enzyme genes

在次生代谢途径中往往受到多个关键酶基因的控制，因此，在基因的转化工程技术中往往采用多基因的转化，如将调控莨菪类生物碱合成的两个关键酶莨菪碱-6-b-羟化酶和1,4-丁二胺-氮-甲基转移酶基因同时导入莨菪，使东莨菪碱含量在转基因的莨菪发根中比野生对照组提高了9倍(刘高等，2007)。将长春花的色氨酸脱羧酶(tryptophan decarboxylase，TDC）和异胡豆苷合酶（STR）的嵌合基因连接组成型启动子再转入到长春花中，转基因长春花细胞中萜类吲哚生物碱的含量有显著增加（Canel C. et al.，1998）；将与胡萝卜素代谢有关的八氢番茄红素合成酶、八氢番茄红素去饱和酶、z-胡萝卜素去饱和酶和番茄红素环化酶4个关键酶基因共同导入水稻中，使转基因水稻胚乳中合成和积累了β-胡萝卜素（维生素A原），成为表现黄色、富含维生素A的"黄金稻"（Ye et al.，2000；Paine et al.，2005）。通过黄花蒿中*FPS*基因的过表达（Yang et al.，2008）、通过鲨烯合酶基因表达抑制（Chen et al.，2011）、石竹烯合酶基因表达抑制等技术提高了转基因植物黄花蒿中青蒿素的含量。2013年，Paddon等人（2013）在原来的工程酵母中再导入新发现的P450酶CYB5和一个醇脱氢酶ADH1，使发酵生产青蒿酸的产量高达25g/L。在花色转基因技术，查耳酮合酶（Chalcoesynthase，CHS）是花色素合成途径中的一个关键酶，它在植物中表达量可能影响花的颜色，Davies等（1998）在开白花和深粉红色花的矮牵牛变种中转入苜蓿的查耳酮还原酶（CHS），分别得到了开黄色花和浅粉红色花的转基因植株（图8-14）。

图8-14 矮牵牛的花色转基因（Davis et al.，1996；杨翅春等，2007）

Fig. 8-14 The flower color transgenosis plant in of Petunias

目前主要经济植物银杏与黄酮代谢相关的关键酶克隆和鉴定的基因主要有苯丙氨酸解氨酶（Phenylalanine ammonialyas）PAL（陈新等，2004）；查耳酮合成酶CHS（Pang et al.，2004，2005）；黄烷酮3-羟化酶（F3′H）基因与黄酮醇合成酶基因（Flavonol Synthase，FLS）（Shen et al.，2006a）；花色素还原酶（Anthocyanidin Reductase，ANR）基因（Shen et al.，2006b）；*Gb*CHS2基因（Xu et al.，2007）；*GbPAL*、*GbCHI*基因（Cheng et al.，2011；Xu et al.，2008）；*GbDFR*1、*GbDFR*3和*GbDFRs*（Cheng et al.，2013）；通过这些酶的过量表达和调控，提高了银杏叶中黄酮化合物的含量。

另外，转录因子调控的应用是近几年来植物次生代谢基因工程中的一个新方向。MYB TFs（transcription factors）转录因子是高等植物中数量最多，功能最多样化的一类基因家族，在植物应答抗逆反应、次生代谢、毛状体发育等过程中有重要的调控作用。其氮端有一段高度保守的DNA结合结构域，成为MYB结构域，有52个氨基酸组成。

含有两个结构域重复数 R 的 R2R3-MYB 的转录因子与酚类包括花色素(anthocyanins)、原花青素(proanthocyanidins)、黄酮类、木质素、苯丙烷类的代谢关系密切。有些 R2R3-MYB 转录因子能够应答 JA 刺激诱导的过敏反应，如 PAP1-D 能够在拟南芥中调节花青素合成基因的超量表达，使植物体中紫色素的量明显积累(Borevitz et al., 2000)；同样 R2R3-MYB 转录因子也调控了银杏黄酮化合物的大量合成(Xu et al., 2014)。从长春花中分离的茉莉酸诱导型 AP2 区域转录因子 ORCA3，使长春花中生物碱合成关键酶表达增强，导致长春碱长春新碱含量的提高(Gantet and Memelink, 2002)。有些转录因子是植物体内次生代谢产物合成的抑制子，采用基因沉默技术关闭其对次生代谢起抑制作用的转录因子靶酶基因的表达，能够促使相关次生代谢物的合成。如 FaMYB1 是从草莓中克隆和鉴定的一个参与黄酮类代谢途径的转录因子，该转录因子抑制黄酮类合成下游一些步骤，因此抑制或降低 FaMYB1 就会增加花青素和黄酮类化合物的积累(Aharoni et al., 2001)。

WRKY TFs 是另外一个与次生代谢密切相关的转录因子，其氮端含有 60 个氨基酸，具有高度保守 WRKYGQK 的 7 肽序列，一些 WRKY TFs 与植物环境胁迫和发育进程、次生代谢密切相关(陆续等，2010；赵恒伟等，2012)。例如，棉花的 WRKY1 转录因子作为一个反式作用子能够对 1-D-杜松烯(CAD1)的启动子进行调控，参入植物抗毒素的合成(Xu et al., 2004)。同样，从青蒿素生物合成场所——腺状分泌毛状体分离出黄花蒿(*Artemisia annua*)的 AaWRKY1 转录因子，该转录因子能够作为一个反式作用子，反激活 *ADS* 基因的启动子，促进青蒿素的生物合成(Ma et al., 2009)。黄连 CjWRKY1 转录因子是生物碱生物合成途径中被鉴定的第 1 个 WRKY 转录因子。Yamada 等(2011)发现黄连原生质体中通过瞬时 RNAi 可减少 CjWRKY1 的表达，同时黄连素生物合成的基因表达下调；若黄连原生质中 CjWRKY1 转录因子过表达，黄连素生物合成增强。Suttipanta 等(2011)研究表明，长春花毛状根中 CrWRKY1 转录因子的过量表达能够上调色氨酸脱羧酶(TDC)和转录抑制子 *ZCT1*、*ZCT2* 和 *ZCT3* 基因，在 CrWRKY1 的毛状根中，TDC 的上调能够增加 TDC 活性，CrWRKY1 转化株毛状根积累的蛇根碱是对照的 3 倍。近年来，通过 RNAi 和酵母单杂交等技术研究 WRKY 转录因子对植物次生代谢物合成与积累的调控已逐渐成熟，为次生代谢(物)调控新技术的进一步开发创立了条件(王彩云等，2013)。

8.2.2.2 发根培养技术调控

植物次生代谢基因工程中，发根培养技术也已得到广泛应用，尤其是转基因毛状根培养的技术研究更为深入。利用发根农杆菌(*Agrobacterium rhizogenes*)感染植物材料，菌中 Ri 质粒上的 T-DNA 片段能够整合到植物细胞基因组内，进而诱导出毛状根的产生。形成的发根，生长速度快、遗传稳定性强、培养条件简单、不需外源激素，与悬浮细胞培养相比，具有更强的次生代谢物合成能力，毛状根的培养是生产次生代谢产物的一条新途径(刘高等，2007)。

发根农杆菌感染植物的方法主要有以下几个方面：①对整株幼苗采用直接注射法，即用活化细菌反复(2~3 次) 注射入受体；②对组织培养的材料如叶片、茎段等采用接种感染法，即把外植体切成片段，用活化细菌涂抹、注射、浸泡；③对悬浮细胞或原生质体为受体的材料采用共培养法，即将悬浮液与活化细菌共培养 1~5 d 后除菌，在含抗生素的培养基上培养获得已转化的克隆细胞(刘高等，2007)。在发根培养过程中氮源、碳源、光照、温度、激素、诱导子等都会影响到细胞培养的条件和细胞生理代谢，也同样会影响发根产生次生代谢物的产量和速度，也成为发根生产次生代谢物的主要调控技术之一。

目前发根培养技术诱导次生代谢的产生研究文献颇多，如利用发根培养技术诱导甘草的毛状根中5种黄酮类化合物的总量比愈伤组织中高1.5倍(杨世海等，2006)；人参发根在添加200μM的茉莉酸甲酯情况下，人参皂甙含量达27 mg/g DW(Kim et al.，2009)。渗透性物质如吐温80等促进人参发根培养中人参皂苷的合成，总皂苷增加4倍之多(Liang et al.，2014)，人参的发根培养如图8-15所示。黄芪毛状根培养3周后，在发酵罐中毛状根的生长量最高可达到起始值的35倍(郑志仁等，2006)。利用喜树愈伤组织和毛状根培养也促进了喜树碱的产量(李连强等，2006)；Weathers等(1996)与秦明波等(1994)利用Ri质粒转化青蒿建立了青蒿的发根培养体系，确定了最佳的转化条件，选出了高产的发根体系，显著了的提高了青蒿素的产量。银杏的发根技术也已经建立(张伦等，1999；孙天恩等，1999)。

目前已有逾100种植物成功诱导出毛状根培养体系，喜树碱、银杏酚和黄酮苷、葛根素、类黄铜、核黄素、积雪草苷等都开始尝试使用发根来生产，而紫草、长春花、甜菜、胡萝卜等植物的发根已能进行工业化生产，并通过毛状根培养生产次生代谢物。国内外对于这方面的研究均取得了很好的成果(陈伟莉等，2010)，最近Akhgari等(2015)利用*Rhazya stricta*的发根培养技术获得了高产量的吲哚生物碱，如图8-16所示。

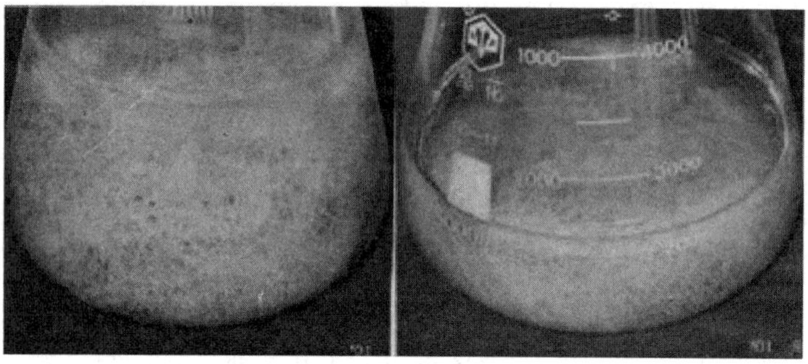

图8-15 人参毛状根的离体培养

Fig. 8-15 Ginseng hairy root in vitro culture

“一种提高人参种质皂苷含量的方法”(申请号：200810051508.9)

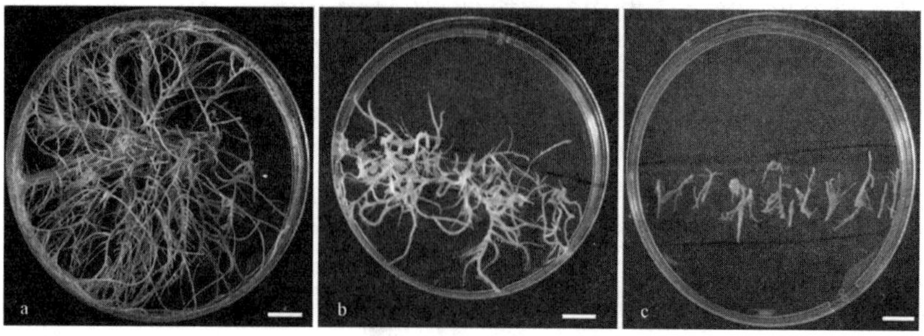

图8-16 *Rhazya stricta* 发根的诱导(Akhgari et al.，2015)

Fig. 8-16 Hairy root induction of *Rhazya stricta*

8.2.2.3 反义 RNA 技术调控

反义 RNA 是指与 mRNA 互补的 RNA 分子，能与 mRNA 分子特异性的互补结合，因而能够抑制该 mRNA 的加工与翻译，是原核细胞中基因表达的一种调控方式(梁燕，2002)。植物的次生代谢基因工程中，反义 RNA 技术也是调控次生代谢的一种有效手段，通过将反义 DNA 或 RNA 片段导入植物细胞，使催化某一分支代谢的关键酶活性受抑制或加强，促进或抑制该基因的表达，而引起植物次生代谢产物发生改变。如在花色改良方面，将 CHS(查耳酮合酶)的 cDNA 反向连接在 CaMV35S 启动子上，连接双元载体 Bin19 后转化矮牵牛，使原来的野生型紫红色为粉红色并夹有白色，甚至完全白色(van der Krol et al.，1988)。通过构建 CaMV35S 启动子驱动的胡萝卜茄红素 p-环化酶(LYC-b) cDNA 的反义 RNA 植物表达载体，将基因整合到番茄基因组中，发现 LYC-b 基因的反义表达能够提高番茄果实中番茄红素含量(徐加新，梁燕，2009)。通过 RNAi 技术抑制类固醇的生物合成途径，使转基因青蒿植株中青蒿素的含量达到 3.14% 干重(Zhang et al.，2009；王凌建等，2013)。

8.2.2.4 miRNA(micro RNA)调控

microRNA(miRNA)是一类内源性小分子单链 RNA，长度在 20~25 个核苷酸左右(周芳名，2013)。如果直接对 miRNA 的靶基因相关的生物合成酶基因或转录因子进行控制，或者通过 miRNA 抑制编码某种次生代谢物合成的负调控因子，可以对次生代谢进行调控。许多研究发现 miRNA(micro RNA)对次生代谢具有负调控作用，如双链 RNA 导致大豆中查耳酮合酶(CHS)基因的沉默从而抑制了黄酮化合物的合成(周芳名等，2013)。miR156-的靶基因 SPL(Squamosa Promoter Binding Proteinlike)转录因子对花色素的合成其负调控作用，miR156 在拟南芥中可靶向 SPL 转录因子(与次生代谢有关)，当上调 miR156 的表达时，拟南芥中花青素的积累增加，但当下调 miR156 的表达时花青素积累降低(Gou et al.，2011；Brodersen et al.，2012)。另外，对红豆杉的研究发现，miR164 和 miR171 可直接靶向紫杉醇合成途径中的紫杉烷 13α-羟基化酶(taxane 13α-hydro-xylase)和紫杉二烯 2α-O-苯甲酰转移酶(taxane 2α-O-benzoyltrans-ferase)基因，说明 miRNA 参与调控紫杉醇的生物合成(Hao et al.，2012)。

8.2.3 细胞代谢工程调控

利用生物技术生产有效成分，可缓解药用植物资源压力。对于某些珍稀植物资源及生长缓慢、产量小的如红豆杉、藏红花，生长条件要求严格(人参等)、采集困难、价值贵重的植物有重要意义。栽培过程的自然环境影响，使产量和质量难以控制。利用植物组织、细胞培养生产次生代谢产物可以解决自然生产药源缺乏的不足。而且植物组织、细胞培养技术培养的材料具有分散性好、长势均一、生长周期短等优势。自 Routine & Nickel(1956)首次提出用植物细胞培养技术生产有用次级代谢产物以来，应用植物细胞培养技术生产次生代谢产物的植物已达 1000 种以上(常钰等，2001)。细胞培养调控次生代谢调控技术主要有：培养条件(培养基、pH、生长调节剂、温度、光照等)调控、诱导子调控、前体饲喂、两相培养、发根培养等。

8.2.3.1 培养条件调控

在愈伤组织和悬浮细胞培养过程中培养基成分、光照、温度、通气状况、pH、激素及胁迫等因子等都能促进银杏等植物次生代谢物的合成，因此通过这些条件的定向调控可促进次生代谢物的合成(陈颖等，2005；肖春桥等，2005)。如激素和调节剂对细胞生长和次生代谢具有调节作用，2,4-D可以明显促进愈伤组织的生长，但通常会抑制次生代谢物的生成，如长春碱、天仙子、颠茄、罂粟等细胞培养物在有2,4-D存在时不产生生物碱，并且完全抑制蒽醌的生成(唐建军等，1999)；而降低磷酸盐和蔗糖的浓度，以及光照等均不同程度地促进了其次生代谢物薯蓣皂甙元的产生(Rojas et al.，1999)。过高或过低的供氧水平均不利于紫草细胞的生长及产物的合成，NH_4^+浓度的增加对紫草宁衍生物的合成产生明显的抑制作用(孙强等，1995)；蓝光照射下洋地黄组织培养中强心甙的含量增加，因此紫外区的光可刺激某些次级代谢产物的合成，包括胡萝卜素、类黄酮、多酚和质体醌形成(冯敏等，1994)。甘薯细胞生长pH 6.3的条件下，色醇产量是对照的2倍(吴云鹏，2007)；糖除作碳源外也可用来调节培养基的渗透压，细胞培养的蔗糖在30~40 g/L为宜，而在海巴戟(*Morinda citrifolia*)不定根的悬浮细胞培养中1%的蔗糖有利于蒽醌(251.89 g/L DW)、酚类(165.14 g/L DW)和黄酮(163.56 g/L DW)的合成(Baque et al.，2012)。金属离子Cu^{2+}促进红豆杉培养细胞紫杉醇的合成(李加儒等，1999)；紫外光刺激许多植物形成某些次生代谢物，如胡萝卜素、类黄酮(银杏中)、多酚和质体醌形成等(唐建军等，1999)。降低培养基的pH值，七叶甙和高山红景天细胞的红景天甙可有效的释放(许建峰等，1997)。有关培养条件的代谢调控研究颇多，可以查阅相关文献了解。

8.2.3.2 诱导子调控

诱导子的添加成为细胞培养生产次生代谢物的主要调控手段之一。所谓的诱导子(elicitor)是一类低量的促进活细胞内生物活性物质合成的一类微生物、化合物和物理因子，包括生物诱导子(biotic elicitor)和非生物诱导子(abiotic elicitor)。非生物诱导子是一类包括高盐、重金属、稀土、紫外线等化学物质和物理因子在内的诱导子；无机盐、稀土、紫外线等诱导子作为容易控制的、经济型的调控次生代谢物质生产的方法之一，已经应用到了细胞培养之中。添加NaCl、过氧化氢、稀土等诱导子，可使银杏叶片诱导的愈伤组织和悬浮细胞中总黄酮含量分别比对照增加了3倍多(Chen et al.，2014a，2014b；2015a，2015b；陈颖，2005)(图8-17)。NaCl处理能够促进长春花愈伤组织中阿玛碱积累(向蓓蓓等，2011)和飞廉悬浮细胞黄酮类物质的合成(管兰芳等，2009)。NaCl和Na_2CO_3能够促进甜菊中甜菊苷(steviol glycoside)的合成(Gupta et al.，2014)。稀土元素Ce^{4+}能够显著促进红豆杉(*Taxus yunnanesis*)细胞紫杉醇的含量(Yuan et al.，2002)。UV-B照射可促进银杏悬浮细胞中黄酮的含量(Hao et al.，2009)。

生物诱导子主要是指真菌孢子、菌丝体等内生菌(endophytes fungi)、各种酶类、微生物、多糖以及水杨酸(SA)和茉莉酸(JA)。真菌诱导子普遍能诱导生物碱、酚类、萜类、皂甙、黄酮类化合物、香豆素、迷迭香酸等多种次生产物的生产。1968年，Crutcjshand等发现从梗孢菌菌丝体提取物中的一种多肽能诱导菜豆的内果皮形成和积

图 8-17 铈对银杏细胞悬浮培养的影响

Fig. 8-17 The suspension cell culture of Ginkgo biloba under Ce^{3+} treatment

(图中 a 为对照，b～h 为不同浓度硝酸铈处理，Chen et al.，2015)

累菜豆素。红豆杉细胞体系中和银杏细胞体系加入真菌诱导子，能够诱导紫杉醇和黄酮苷的合成加强，产量显著提高(张长平等，2001；Hao et al.，2009)。丹参(*Salvia miltiorrhiza*)悬浮培养细胞体系中，加入真菌诱导子后，丹参醌的产量有明显的提高(冯玲玲等，2004)。用黑曲霉直接作为诱导子加入到红豆杉悬浮细胞系中，发现在对数生长期后期添加 40mg 的真菌诱导子后，紫杉醇含量提高了 2 倍多(Wang et al.，2001)。

水杨酸(SA)和茉莉酸(JA)是两种比较有效的诱导子，在细胞培养生产次生代谢物方面研究较多。如 SA 促进了丹参培养细胞中迷迭香酸的生物合成(焦蒙丽等，2012；Dong et al.，2010)；茉莉酸甲酯(MeJA)处理南方红豆杉(*Tax uschinensis* var. *meirei*)悬浮细胞后，其紫杉醇含量提高了 10 倍(孙彬贤等，2000；余龙江等，1999)，1～10 μM MeJA 能够显著促进苦苣菜悬浮细胞中酚类化合物特别是芦丁的含量(Gumerova et al.，2015)；SA 和 MJ(茉莉酸甲酯)能促进野葛(*Pueraria lobata*)悬浮细胞葛根素的积累(张春荣等，2003)。MJ、JA、SA 都能刺激人参细胞人参皂苷的积累，特别是 PPD 型人参皂苷的效果最明显(Oh et al.，2014)。另外，一氧化氮(NO)也是近几年研究颇多的诱导子。NO 是在细胞培养过程中植物为了防御生物或非生物胁迫而产生的，在肉果草属植物(*Atractylodes lancea*)的悬浮细胞培养中，内生真菌 *Cunninghamella* sp. AL4 菌株能够诱导 NO 的产生，而 NO 作为信号分子介导了茅苍术醇、β-桉叶醇、苍术素的产生(Fang et al.，2009)；外源 NO 能够诱导黄酮愈伤组织中黄酮的积累(Hao et al.，2009a)。

诱导子调控次生代谢的合成机制其实是一系列信号转导导致基因表达的过程，主要包括以下几个方面：首先诱导子与质膜受体的结合导致膜两侧离子流量的变化，再就是细胞内第二信使 IP3(inositol 1，4，trisphosphate)和 DAG(diacylglycerol)的合成及信号转导；蛋白激酶被激活及蛋白磷酸化模式的迅速改变，有关防卫基因的转录被激活，关键酶基因表达；防御相关蛋白合成；活性氧类物质的产生；植物防御分子产生；合成作为第二信使的信号分子水杨酸(SA)、茉莉酸(JA)和NO(一氧化氮)；植物获得系统抗性。如外源SA处理可以显著降低真菌诱导子对NahG转基因粉葛细胞中JA合成的促进作用；在粉葛悬浮细胞诱导子机制的研究中发现，NO是介导真菌诱导子诱发粉葛细胞中葛根素和SA生物合成所必需的上游信号分子(徐茂军，2009；齐凤慧等，2008)。

8.2.3.3 前体饲喂调控技术

前体饲喂技术也早已应用到次生代谢物的调控中，如Stierle等(1993)利用同位素标记过的前体物饲喂红豆杉细胞提高了紫杉醇的含量。利用亮氨酸前体饲喂喜树细胞获得喜树碱的大量合成。向银杏悬浮细胞中添加异戊二烯等前体物质，有效地提高了银杏内酯B的产量(戴均贵等，2000)；东北红豆杉悬浮细胞培养加入前体物苯丙氨酸和醋酸钠显著地提高了紫杉醇含量(元英进等，1997；陈永勤等，2000)。人参组培中加入花青甙的前体苯丙氨酸20 mg/L时，花青甙的含量是对照组的2倍(李树敏等，1990)。前体饲喂调控需要注意添加的浓度，添加的时间及细胞的状态。苯丙氨酸和乙酸钠两种前体同时添加，雪莲细胞黄酮合成增加(吕东平等，2001)。

8.2.3.4 高产细胞系的筛选

通过细胞诱变和放射免疫测定法结合单细胞克隆技术，可用于筛选次生代谢物合成能力稳定的高产细胞系中，如中科院植物所的叶和春等人在对新疆紫草高产细胞系的筛选中就利用该技术获得了遗传稳定性很高的6个细胞系，其中新疆紫草A-1高产细胞系遗传稳定，活性化合物含量超过原植物的6倍(李国凤等，1988；吴新，1991)。吴蕴祺等对4种红豆杉的愈伤组织培养物进行多次比较、选择，最终选择出“sinenxans”含量高、生长良好的细胞系(吴蕴祺等，1998)。利用小细胞团法筛选玫瑰茄花色苷含量高的细胞系，其花色苷含量最高者达2.33%，提高了14.5～16倍(杜金华等，1997)。通过测定细胞中次生代谢产物荧光的流动细胞法也是较为有用的一种筛选高产细胞株系的方法。

8.2.3.5 次生代谢物的胞外释放

化学物质从植物的悬浮细胞、发根、愈伤组织等分泌到其周围的培养基中的方法叫做代谢物的胞外释放(exudates)，植物有5%～21%的光合产物会从根系分泌到根外(Walker et al.，2003)。从植物的细胞或组织中提取和纯化某种化学物质是一个较为复杂的过程，不但费时、费力而且耗费昂贵；而非破坏性的从细胞或组织分泌到培养基中提取高产的植物化学物质的方法，耗时短、易提取且有利于下一步的纯化(Cai et al.，2012)。植物悬浮细胞(cell suspension culture)和发根(hairy root culture)培养是一个较为有效的通过胞外释放代谢物获得高产量次生代谢物的系统。植物的次生代谢物大多储存在液泡、细胞膜、微管、死细胞或质外体中，因此，促进这些次生代谢物从细胞中释放到液体环境中，液体悬浮细胞培养和发根培养是最佳的方法。在酿酒用的葡萄悬浮细胞培养时，有60%左右白藜芦醇被分泌到液体培养基中(Tassoni et al.，

2005)；有67%以上的二苯基乙烯产物被分泌到培养基中(Ferri et al.，2011)；在南方红豆杉的细胞培养中，有90%的紫杉醇被释放到培养基中(Zhang et al.，2007)。在一些发根培养中，释放到胞外的次生代谢物比滞留在细胞内的还要多，如在甘草的发根培养中，有94%~98%的总甘草查耳酮A和总黄酮被释放到培养基中(Zhang et al.，2011)。诱导子不但能够促进次生代谢物的合成，还能促进其胞外释放，因此高剂量的诱导子可以促进悬浮细胞内次生代谢物的向外释放，如加拿大红豆杉(*Taxus. canadensis*)的悬浮细胞培养中，MJ处理使得紫杉醇的胞外释放量由对照的2.0~6.5 mg/L提高到22.9~52.7 mg/L(Roberts et al.，2003)。通过增加细胞透性可以促进次生代谢物的胞外释放量，如离子强度、pH变化，二甲亚砜(DMSO)、Tween 20、壳聚糖等都能增加细胞的通透性，相应地增加次生代谢物的释放(Cai et al.，2012)；在红豆杉的悬浮细胞培养中，壳聚糖增加了细胞的通透性，紫杉醇适应壳聚糖细胞的胞外释放量是未适应的3倍(Zhang et al.，2007)。另外，通过物理电场刺激、细胞壁水解酶、培养基中代谢产物的转移等技术也可以达到次生代谢物的大量释放(Cai et al.，2012)。

总之，目前调控次生代谢的方法和技术很多，除上述技术以外，通过两相培养技术、固定化培养技术、共培养技术也都可以用来调控次生代谢物的含量，达到规模性生产(薛莲等，2002；岳才军等，2010；王丹等，2008)。另外，次生代谢物的调控方法不是单一的，如转基因后的植物以及诱导发根产生后，次生代谢物的连续生产也可以通过诱导子、改变细胞环境等方法达到更高的产量；诱导子在促进胞内次生代谢物合成的同时，较高浓度的诱导子又能够促进细胞的胞外释放等等。如人参皂苷的生物技术调控包括悬浮细胞培养、不定根培养、发根培养，诱导子调控、转基因、酵母工程等多方面的综合调控(Kim et al.，2015；2009)，如图8-18所示。还可以通过原生质体、工程菌结合培养技术提高次生代谢物的含量，如通过原生质体融合和基因工程技术(转基因、过表达等)可以筛选有益的菌株来提高次生代谢物的合成。在红豆杉紫杉醇的代谢调控中，两个突变菌株UV40-19和UL50-6经原生质体融合后获得HDF-68菌株，该菌株使紫杉醇含量达到468.62 μg/L，增加了24.51%(王世伟等，2005)。红豆杉菌株(*Ozonium* sp. EFY21)经根癌农杆菌介导的工程菌的基因转化技术(ATMT)也进一步地提高了紫杉醇的含量(Liu et al.，2013)等。因此，次生代谢调控技术的交叉使用是促进次生代谢物合成的较有效途径。

图8-18 人参皂苷的多技术调控技术(Kim et al.，2015)

Fig. 8-18 Approaches for the improvement of ginsenoside biosynthesis

8.3 问题与展望

植物次生代谢工程近年来发展迅速，应用前景广阔。尽管目前植物次生代谢途径中限速酶及关键酶基因的克隆、鉴定、转化、转录因子的研究都取得了突破性进展，但植物次生代谢产物的多样性及其代谢网络的复杂性、关键酶或限速酶多基因家族编码的特性和基因表达交叉性等因素增加了植物次生代谢基因工程调控的难度，往往单单采用一种调控技术达不到应有的效果。

目前人们在代谢途径的总体调控、初生代谢物向次生代谢的转化模式、次生代谢各代谢途径之间的相互协调等方面了解甚少，再加上次生代谢物的种类繁多，代谢途径的多样性、复杂性等因素的存在，给次生代谢(物)的有效调控带来一定的困难。利用细胞培养调控技术大量合成有用药物的工业化生产还只局限于少量的植物和种类；次生代谢与环境之间的相互关系，初生代谢与次生代谢的转变、各途径间信号转导机制都需要进一步深入研究。因此，植物次生代谢途径中间代谢物的详细途径及其各代谢网络的整体调控，包括次生代谢途径的中间产物和终产物的来龙去脉(初生代谢和次生代谢之间代谢流的调控)，参与各步反应的酶及其基因的表达与调控、次生代谢产物合成的细胞分区、定位和转运以及各代谢途径之间的相互联系、诱导子调控的信号转导机制等方面(生书晶，2010)都是未来次生代谢研究关注的重点。

另外，系统生物学整合了基因组学、转录组学、蛋白质组学和代谢物组学等几个密切关联的内容，解析植物初生代谢是如何向次生代谢转变的，对初生代谢与次生代谢代谢流向的系统生物学研究无疑是较为有效的工具。

参考文献

常钰，刘涤，胡之璧．2001．植物细胞和器官大规模培养研究的进展[J]．生物技术通讯(1)：31－36．

巢牡香，叶波平．2013．环境非生物因子对植物次生代谢产物合成的影[J]．药物生物技术，20(4)：365－368．

陈雷，常丽，曹福亮，等．2013．银杏叶黄酮类化合物含量及相关酶活性对温度和干旱胁迫的响应[J]．西北植物学报，33(4)：755－762．

陈士云，侯嵩生．1993．生产植物次生代谢物几项新技术研究进展[J]．生物工程进展，4(2)：43－45．

陈伟莉，牟旭鹏，刘冬影．2010．毛状根在植物次生代谢产物生产方面应用的研究进展[J]．黑河学院学报，1(4)：122－126．

陈新，万德光，严铸云，等．2004．银杏苯丙氨酸解氨酶(PAL)的基因克隆[J]．成都中医药大学学报，27(1)：32－34．

陈颖．2005．银杏组织、细胞培养及其生产黄酮的代谢调控研究[D]．南京：南京林业大学博士论文．

陈颖，杨华，乐利，等．2014．过氧化氢对银杏悬浮细胞黄酮含量及抗氧化酶活性的影响[J]．中南林业科技大学学报，34(12)：40－45．

陈永勤，朱蔚华．2000．前体物质和化学诱导子对云南红豆杉细胞生长和产生紫杉醇的影响[J]．湖北大学学报(自然科学版)，22(1)：91－94．

程水源，王燕，费永俊，等．2004. 提高银杏叶黄酮含量的措施及其调控机理的研究[J]. 果树学报，21(2)：116－119.

戴均贵，朱蔚华，吴蕴祺，等．2000. 前体及真菌诱导子对银杏悬浮培养细胞产生银杏内酯B的影响[J]. 药学学报，35(2)：151－155.

董妍玲，潘学武．2002. 植物次生代谢产物简介[J]. 生物学通报，37(11)：17－18.

杜金华，等．1997. 高产花色苷玫瑰茄细胞系的筛选[J]. 生物工程学报，13(4)：437－439.

冯玲玲，周吉源．2004. 丹参的研究现状与应用前景[J]. 中国野生植物资源，23(2)：4－11.

冯敏，毛学文，陈荃．1995. 不同光质和培养基对毛地黄叶组织培养中强心普积累的效应研究[J]. 韶关大学学报(自然科学版)，15(4)：70－73.

管兰芳，徐茂．2009. 盐胁迫对飞廉悬浮细胞的生长及黄酮类物质合成的影响[J]. 安徽农业科学，37(28)：13597－13599.

哈成勇，沈敏敏，刘治孟．2003. 天然产物化学与应用[M]. 北京：化学工业出版社.

韩立敏，俞嘉宁，魏新丽，等．2008. 干旱、盐胁迫处理对丹参无菌苗中丹参素含量的影响[J]. 中国中药杂志，33(10)：1211－1213.

韩利平，黄强，曾丽艳，等．2009. 青蒿素及其衍生物的抗疟疾机制研究进展[J]. 自然科学进展，19(1)：25－32.

何水林，郑金贵，王晓峰，等．2002. 植物次生代谢：功能、调控及其基因工程[J]. 应用与环境生物学报，8(5)：558－563.

黄壮嘉，刘迪秋，葛锋，等．2014. 植物三萜皂苷生物合成中关键后修饰酶研究进展[J]. 西北植物学报，34(10)：2137－2144.

惠爱玲，吴泽宇，袁媛，等．2013. 银杏内酯衍生物和类似物的合成及PAFR和GlyR颉颃活性研究进展[J]. 有机化学，33：1263－1272.

蒋妮，覃柳燕，李力，等．2012. 环境胁迫对药用植物次生代谢产物的影响[J]. 湖北农业科学，51(8)：1228－1231.

焦蒙丽，曹蓉蓉，陈红艳，等．2012. 水杨酸对丹参培养细胞中迷迭香酸生物合成及其相关酶的影响[J]. 生物工程学报，28(3)：320－328.

孔祥海．2005. 植物次生代谢物的细胞培养技术研究进展[J]. 龙岩学院学报，23(6)：60－63，70

冷平生，苏淑钗，王天华，等．2002. 光强与光质对银杏光合作用及黄酮苷与萜类内酯含量的影响[J]. 植物资源与环境学报，11(1)：1－4.

李国凤，伍正容，叶和春，等．1988. 离体培养的新疆紫草萘醌色素的诱导形成[J]. 植物学通报，5：84－86.

李家儒，刘曼西，曹孟德，等．1999. Cu^{2+}对红豆杉培养细胞中紫杉醇形成的影响[J]. 华中农业大学学报，18(2)：117－120.

李连强，潘夕春，谈锋，等．2006. 喜树碱的生物合成途径及生物技术研究进展[J]. 中草药，37(4)：623－626.

李树敏，朱蔚华．1990. 人参色素细胞培养的研究[J]. 植物学报，32(2)：103－111.

李彦，周晓东，方升佐，等．2015. 光照和种源对青钱柳叶三萜类化合物积累的影响[J]. 南京林业大学学报，39(5)：52－58.

刘高，饶力群，杨华．2007. 影响毛状根生长及其次生代谢产物合成因素的研究进展[J]. 生物技术通讯，18(5)：888－890.

刘素彦．2006. 中药中生物碱类化合物的药代动力学研究进展[J]. 河北医药，28(2)：124－125.

陆续，王玥月，张芳源，等．2010. 转录调控因子在中药次生代谢调控中的研究进展[J]. 中草药，41(1)：159－162.

吕东平，赵德修，黄艳，等．2001. 前体对水母雪莲悬浮培养细胞黄酮合成的影响[J]. 云南植物研究，23(4)：497－503.
蒙丽丽，黄初升，刘红星．2008. 具有生物活性的天然三萜化合物的研究进展[J]. 广西植物，28(6)：856－860.
潘瑞炽．2008. 植物生理学[M].7 版．北京：高等教育出版社．
庞秋颖，陈思学，于涛，等．2011. 盐胁迫对拟南芥和盐芥莲座叶芥子油苷含量的影响[J]. 生态学报，31(16)：4535－4540.
齐凤慧，詹亚光，景天忠．2008. 诱导子对植物细胞培养中次生代谢物的调控机制[J]. 天然产物研究与开发，20：568－573.
邱德有，张彬，杨艳芳，等．2015. 紫杉醇生物合成研究历史、现状及展望[J]. 生物技术通报，31(4)：56－64.
尚辛亥，王洋，阎秀峰．2003. 土壤水分对高山红景天生长和红景天苷含量的影响[J]. 植物生理学通讯，39：335－336.
宋晓凯．2010. 天然药物化学[M].2 版．北京：化学工业出版社．
孙彬贤，翁颖琦，刘涤，等．2000. 代谢中间产物和诱导子对南方红豆杉培养细胞生长和紫杉醇含量的影响[J]. 上海中医药大学学报，14(3)：54－56.
孙立影，于志晶，李海云，等．2009. 植物次生代谢物研究进展[J]. 吉林农业大学，34(4)：4－10.
孙敏，曾建军．2005. 长春花毛状根培养及抗癌生物碱产生的研究[J]. 中国中药杂志(10)：741.
孙强．1995. 新疆紫草细胞悬浮培养生产紫草宁衍生物的动态测定机理化因子调控[D]. 北京：中科院植物所硕士学位论文．
孙天恩，李根保．1998. 银杏发根克隆及其培养技术研究进展[J]. 中草药，29(增)：25－28.
唐传核．2005. 植物生物活性物质[M]. 北京：化学工业出版社．
唐建军，项田夫，张禄源，等．1999. 植物次生代谢、离体培养条件下次生代谢物积累及其调控研究进展[J]. 中国野生植物资源，17(4)：23－25.
唐培，王锋鹏．2013. 近年来紫杉醇的合成研究进展[J]. 有机化学，33：458－468.
唐中华，于景华，杨逢建，等．2003. 植物生物碱代谢生物学研究进展[J]. 植物学通报，20(6)：696－702.
佟铁光．2005. 黄酮类化合物的构效关系研究纂要[J]. 中医药学刊，23(2)：357－358.
汪建峰，蒙海林，王勇．2015. 萜类合成生物学研究进展[J]. 中国科学：生命科学，45(10)：1040－1050.
王彩云，张晓东，沈涛，等．2013. WRKY 在植物次生代谢物合成中的作用及研究进展[J]. 广东农业科学，20：137－144.
王长远，吴洪奎，于长青，等．2007. 黄酮类化合物研究进展[J]. 黑龙江八一农垦大学学报，19(2)：75－78.
王春丽，梁宗锁．2009. 外源刺激对植物次生代谢的调节及其信号转导途径研究进展[J]. 西北植物学报，29(5)：867－873.
王丹，王振月，王宗权，等．2008. 药用植物次生代谢产物生产途径的研究概述[J]. 中医药信息，25(1)：29－33.
王莉，史玲玲，张艳霞，等．2007. 植物次生代谢物途径及其研究进展[J]. 武汉植物学研究，25(5)：500－508.
王凌健，方欣，杨长青，等．2013. 植物萜类次生代谢及其调控[J]. 中国科学：生命科学，43(12)：1030－1046.
王世伟，王福全，马玺，等．2005. 紫杉醇产生菌及其工程菌株之间的 AFLP 遗传差异分析[J]. 生物技术，15(3)：15－17.
王洋，戴绍军，阎秀峰．2004. 光强对喜树幼苗叶片次生代谢产物喜树碱的影响[J]. 生态学报，24(6)：1118－1122.
温泉，张楠，曹瑞霞，等．2011. 增强 UV－B 对黄连代谢及小檗碱含量的影响[J]. 中国中药杂志，36(22)：3063－3069.
吴新．1991. 新疆紫草高产细胞系的筛选及其特性分析[D]. 北京：中科院植物所硕士学位论文．资料索取号：SS/：14/1991.
吴洋，房敏峰，岳明，等．2012. UV－B 辐射对药用植物次生代谢的影响研究进展[J]. 中国中药杂志，37(15)：2247－2251.
吴云鹏．2007. 忽地笑组织培养及次生代谢物加兰他敏含量分析[D]. 昆明：西南林学院硕士论文．
吴蕴祺，朱蔚华，陆俭，等．1998. 红豆杉愈伤组织中 sinenxans 高产细胞系的选择及其培养[J]. 中国中药杂志，33(1)：15－18.
向蓓蓓，朱晔荣，王文娟，等．2011. 盐胁迫对长春花愈伤组织生长及阿玛碱积累的影响[J]. 中草药，42(1)：167－170.
肖春桥，张华香，高洪，等．2005. 促进植物细胞培养生产次生代谢物的几种途径[J]. 武汉化工学院学报，27(1)：28－31.
徐加新，梁燕．2009. LYC－b 基因反义表达对番茄果实番茄红素含量的影响[J]. 西北农林科技大学学报(自然科学版)，37(12)：127－131.
徐茂军．2009. 植物细胞次生代谢产物合成信号转导机制研究进展[J]. 细胞生物学杂志，31(5)：651－657.
徐鹏，刘长利，许利平，等．2010. 干旱胁迫下甘草酸合成与脱落酸的相关性初步研究[J]. 中草药，41(8)：1375－1377.
徐任生．2010. 天然产物化学[M]. 2 版．北京：科学出版社．
许建峰，刘传斌，方晓丹，等．1997. 高山红景天细胞悬浮培养中 pH 值对红景天甙胞外释放及细胞活性的影响[J]. 植物学报，39(11)：1022－1029.
薛慧君，岳明．2004. UV－B 辐射增强对陆地植物次生代谢的影响[J]. 西北植物学报，24：1131－1137.
薛莲，孟琴，吕德伟．2002. 用吸附法固定化培养紫草细胞[J]. 植物生理与分子生物学学报，28(5)：369－374.
阎秀峰，王洋，李一蒙．2007. 植物次生代谢及其与环境的关系[J]. 生态学报，27(6)：2554－2562.
晏琼，胡宗定，吴建勇．2006. 生物和非生物诱导子协同作用对丹参毛状根培养生产丹参酮的影响[J]. 中草药，31(3)：188－191.
杨翅春，于静娟，赵倩，等．2007. 玉米花青素调节基因 Lc 对转基因烟草和矮牵牛花色的影响[J]. 农业生物技术学报，15(1)：85－89.
杨鹏飞，陈卫东．2012. 银杏内酯 B 药理作用研究进展[J]. 安徽中医学院学报(05)：86－90.
杨世海，刘晓峰，沈昕，等．2006. 甘草 Ri 质粒转化及不同理化因子对甘草毛状根生长的影响[J]. 中国中药杂志，31(11)：875－878.
姚银安，祖艳群，李元．2003. 紫外线 B 辐射与植物体内酚类次生代谢的关系[J]. 植物生理学通讯，39：179－184.
应叶青，刘鹏，王兴华，等．2010. 干旱对不同种源喜树苗木生长及叶片喜树碱产量的影响[J]. 林业科学，48(11)：30－35.
于景华，李德文，庞海河，等．2011. UV－B 辐射对南方红豆杉生活史型和紫杉烷类含量的影响[J]. 生态学报，31(01)：75－81.

余龙江，朱敏，刘幸福，等．1999. 茉莉酸甲醋对中国红豆杉胚性细胞紫杉醇生物合成的影响[J]. 武汉植物研究，17(4)：371－374.

元英进，许晖．1997. 前体饲喂东北红豆杉细胞强化紫杉醇生产研究[J]. 中草药，28(10)：9－12.

岳才军，臧忠婧，何彦平，等．2010. 共培养影响植物次级代谢产物生产的研究进展[J]. 安徽农学通报，16(10)：26－28.

张长平，李春，元英进，等．2001. 真菌诱导子对悬浮培养南方红豆杉细胞态势及紫杉醇合成的影响[J]. 生物工程学报，17(4)：436－440.

张成军，郭佳秋，陈国祥，等．2005. 高温和干旱对银杏光合作用、叶片中黄酮苷和萜类内酯含量的影响[J]. 农村生态环境，21(3)：11－15.

张春荣，等．2003. 水杨酸、茉莉酸甲酯和乙烯利对野葛细胞悬浮培养生产葛根素的影响[J]. 植物资源与环境学报，12(1)：56－57.

张康健，董娟娥．2001. 药用植物次生代谢[M]. 西安：西北大学出版社．

张伦，张熙，吴建军，等．1999. 银杏毛状根的诱导和培养[J]. 贵州科学，17(2)：132－134.

赵恒伟，葛锋，孙颖，等．2012. 植物萜类物质生物合成的相关转录因子及其应用前景[J]. 中草药，43(12)：2512－2519.

赵景联．1993. 植物细胞固定化技术及其在药物生产中的应用[J]. 中国药学杂志，28(5)：269－272.

赵淑娟，刘涤，胡之壁．2003. 植物次生代谢基因工程[J]. 中国生物工程杂志(7)：52－56.

郑志仁．1997. 黄芪毛状根的大量培养[J]. 植物生理学通讯，33(2)：133.

周芳名，白志川，卢善发．2013. 药用植物 microRNA[J]. 中草药，44(2)：232－237.

周丽莉，祁建军，李先恩．2008. 增强 UV－B 辐射对丹参产量和品质的影响[J]. 生态环境，17(3)：966－970.

祝叶华．2015. 青蒿素研究进展[J]. 科技导报，33(20)：36－41.

左小容．2011. 干旱对丹参的生长及有效成分的影响[D]. 咸阳：西北农林科技大学．

AARTHI VENUGOPALAN, SMITA SRIVASTAVA. 2015. Endophytes as in vitro production platforms of high value plant secondary metabolites[J]. Biotechnology Advances, 33: 873－887.

AGATI G, AZZARELLO E, POLLASTRI S, et al. 2012. Flavonoids as antioxidants in plants: location and functional significance[J]. Plant Sci, 196: 67－76.

AHARONI A, RIC De VOS C H, WEIN M, et al. 2001. The straw berry FaMYB1 transcription fact or suppresses anthocyanin and flavonol accumulation in transgenic tobacco[J]. Plant J, 28: 319－332.

AMIR AKHGARI, TEIJO YRJÖNEN, INTO LAAKSO, et al. 2015. Establishment of transgenic Rhazya stricta hairy roots to modulate terpenoid indole alkaloid production[J]. Plant Cell Rep, 34: 1939－1952.

AMNA T, AMINA M, SHARMA P R, et al. 2012. Effect of precursors feeding and media manipulation on production of novel anticancerpro-drug camptothecin from endophytic fungus[J]. Braz. J. Microbiol., 43: 1476－1489.

ANDREÉ KESSLER. 2015. The information landscape of plant constitutive and induced secondary metabolite production[J]. Current Opinion in Insect Science, 8: 47－53.

BAQUE MD A, ELGIRBAN A, LEE E J, et al. 2012. Sucrose regulated enhanced induction of anthraquinone, phenolics, flavonoids biosynthesis and activities of antioxidant enzymes in adventitious root suspension cultures of *Morinda citrifolia* (L.) [J]. Acta Physiol Plant, 34: 405－415.

BIDEL L P R, CHOMICKI G, BONINI F, et al. 2015. Dynamics of flavonol accumulation in leaf tissues under different UV-B regimes in *Centella asiatica* (Apiaceae) [J]. Planta, doi: http://dx.doi.org/10.1007/s00425-015-229 1－7.

BIDEL L P R, COUMANS M, BAISSAC Y, et al. 2010. Biological activity of phenolics in plant cells. In: Santos-Buelga C, Escribano-Bailon M T, Lattenzio, V. (Eds.), Recent Advances in Polyphenol Research, vol. II. Wiley- Blackwell Publishing, 163 - 205.

BOREVITZ J O, XIA Y, BLOUNT J, et al. 2000. Activation tagging identifies a conserved MYB regulator of phenylpropanoid biosynthesis[J]. Plant Cell, 12: 238 - 239.

BRODERSEN P, ACHARD L S, SCHALLER H, et al. 2012. Isoprenoid biosynthesis is required for miRNA function and affects membrane association of ARGONAUTE 1 in Arabidopsis[J]. Proc Natl Acad Sci USA, 109(5): 1778 - 1783.

CAI Z Z, KASTELL AA, KNORR D, et al. 2012. Exudation: an expanding technique for continuous production and release of secondary metabolites from plant cell suspension and hairy root cultures[J]. Plant Cell Rep, 31: 461 - 477.

CANELC, LOPES-CARDOSO M I, WHITMER S, et al. 1998. Effects of over-expression of stricto sidine synthase and tryptophan decarboxylase on alkaloid production by cell cultures of catharanthus rouses[J]. Planta, 205, 414 - 419.

CHEN D, YE H, LI G. 2000. Expression of a chimeric farnesyl diphosphate synthase gene in *Artemisia annua* L. transgenic plants via *Agrobacterium* tumefaciens-mediated transformation [J]. Plant Sci, 155: 179 - 185.

CHENG H, LI L, CHENG S, et al. 2011. Molecular cloning and function assay of a chalcone isomerase gene (GbCHI) from Ginkgo biloba[J]. Plant cell reports, 30: 1 - 14.

CHENG H, LI L L, CHENG S Y, et al. 2013. Molecular Cloning and Characterization of Three Genes Encoding Dihydroflavonol-4-Reductase from Ginkgo biloba in Anthocyanin Biosynthetic Pathway[J]. PLoS ONE, 8(8): e72017.

CHEN J L, FANG H M, JI Y P, et al. 2011. Artemisinin biosynthesis enhancement in transgenic Artemisia annua plants by downregulation of the beta-caryophyllene synthase gene[J]. Planta Med, 77: 1759 - 1765.

CHEN Y, LIN F Z, YANG H, et al. 2014. Effect of varying NaCl doses on flavonoid production in suspension cells of Ginkgo biloba: relationship to chlorophyll fluorescence, ion homeostasis, antioxidant system and ultrastructure[J]. Acta Physiol Plant, 36: 3173 - 3187.

CHEN Y, LUO Y Y, QIU N F, et al. 2015. Ce^{3+} induces flavonoids accumulation by regulation of pigments, ions, chlorophyll fluorescence and antioxidant enzymes in suspension cells of *Ginkgo biloba* L[J]. Plant Cell Tiss Organ Cult, DOI 10.1007/s11240-015-0831-2.

CHRISTIANSON D W. 2008. Unearthing the roots of the terpenome. Curr Opin Chem Biol, 12: 141 - 150.

DAVIS KM, BLOOR SJ, SPILLER GB, et al. 1998. Production of yellow color in flowers: redirection of flavonoid biosynthesis in Petunia[J]. Plant J, 13: 259 - 266.

DE GEYTER N, GHOLAMI A, GOORMACHTIG S, et al. 2012. Transcriptional machineries in jasmonate-elicited plant secondary metabolism[J]. Trends in Plant Science, 17(6): 349 - 359.

DIXON R. 2001. Natural products and plant disease resistance[J]. Nature, 411: 843 - 847.

DONG J N, WAN G W, LIANG Z S, et al. 2010. Accumulation of salicylic acid induced phenolic compounds and raised activities of secondary metabolic and antioxidative enzymes in Salvia miltiorrhiza cell culture[J]. J Biotechnol, 148: 99 - 104.

ECKER J R, DAVIS R W. 1996. Inhibition of gene expression in plant cells expression of antisense RNA[J]. Proceedings of the National Academy of Sciences of USA, 83: 5372 - 5376.

FANG F, DAI C, WANG Y. 2009. Role of nitric oxide and hydrogen peroxide in the essential oil increasing of suspension cells from Atractylodes lancea induced by endophytic fungal Cunninghamella sp. AL4 elicitor

[J]. Chin J Biotechnol, 25: 1490 - 1496(in Chinese).

FERRI M, RIGHETTI L. 2011. Tassoni A Increasing sucrose concentrations promote phenylpropanoid biosynthesis in grapevine cell cultures[J]. J Plant Physiol, 168: 189 - 195.

GANTET P, MEMELINK J. 2002. Transcription factors: tools to engineer the production of pharmacologically active plant metabolites[J]. Trends Pharma Sci, 23(12): 563 - 569.

GOU J Y, FELIPPES F F, LIU C J, et al. 2011. Negative regulation of anthocyanin biosynthesis in Arabidopsis by a miR156 - targeted SPL transcription factor[J]. Plant Cell, 23(4): 1512 - 1522.

GUMEROVA E A, AKULOV A N, RUMYANTSEVA N I. 2015. Effect of Methyl Jasmonate on Growth Characteristics and Accumulation of Phenolic Compounds in Suspension Culture of *Tartary buckwheat*[J]. Russian Journal of Plant Physiology, 62(2): 195 - 203.

GUPTA P, SHARMA S, SAXENA S. 2014. Effect of Salts(NaCl and Na_2CO_3) on Callus and Suspension Culture of Stevia rebaudiana for Steviol glycoside Production [J]. Appl Biochem Biotechnol, 172: 2894 - 2906.

HAO D C, YANG L, XIAO P G, et al. 2012. Identification of Taxus microRNAs and their targets with high-throughput sequencing and degradome analysis[J]. Physiol Plant, doi: 10. 1111/j. 1399 - 3054.

HAO G P, DU X H, ZHAO F X, et al. 2010. Fungal endophytes-inducedabscisic acid is required for flavonoid accumulation in suspension cells of *Ginkgo biloba* [J]. Biotechnol Lett, 32: 305 - 314.

HAO G P, DU X H, ZHAO F X, et al. 2009. Role of nitric oxide in UV-B-induced activation of PAL and stimulation of flavonoid biosynthesis in *Ginkgo biloba* callus[J]. Plant Cell Tissue Organ Cult, 97: 175 - 185.

HARTMANN T. 2007. From waste products to ecochemicals: Fifty years research of plant secondary metabolism[J]. Phytochemistry, 68: 2831 - 2846.

HUGHES E H, HONG S B, SHANKS J V, et al. 2002. Characterization of an inducible promoter system in Catharanthus roseus hairy roots[J]. Biotechnology Progress, 18(6): 1183 - 1186.

KIM O T, BANG K H, KIM Y C, et al. 2009. Upregulation of ginsenoside and gene expression related to triterpene biosynthesis in ginseng hairy root cultures elicited by methyl jasmonate[J]. Plant Cell Tiss Organ Cult, 98: 25 - 33.

KIM Y J, ZHANG D B, YANG D C. 2015. Biosynthesis and biotechnological production of ginsenosides[J]. Biotechnology Advances, 33: 717 - 735.

KROYMANN J. 2011. Natural diversity and adaptation in plant secondary metabolism. Current Opinion in Plant Biology, 14: 246 - 251.

LIANG Y, WU J, LI Y, et al. 2014. Enhancement of ginsenoside biosynthesis and secretion by Tween 80 in Panax ginseng hairy roots[J]. Biotechnol Appl Biochem, 1256. http: //dx. doi. org/10. 1002/bab. 1256.

LIU L, WEI Y M, ZHOU X W, et al. 2013. Agrobacterium tumefaciens-mediated genetic transformation of the Taxol-producing endophytic fungus Ozonium sp EFY21[J]. Genetics & Molecular Research Gmr, 12(3): 2913 - 2922.

LIU Z J. 2000. Drought- induced in vivo synthesis of camptothecin in Camptotheca acuminata seedlings[J]. Physiologia plantarum, 110(4): 483 - 488.

MA D, PU G, LEI C, et al. 2009. Isolation and characterization of AaWRKY1, an Artemisia annua transcription factor that regulates the amorpha-4, 11-diene synthase gene, a key gene of artemisinin biosynthesis[J]. Plant Cell Physiol, 50: 2146 - 2161.

MOLLER B L, CONN E E. 1980. The biosynthesis of cyanogenic glucosides in higher plants: channelling of intermediates in dhurrin biosynthesis by microsomal enzyme systems from *Sorghum bicolor*(L) Moench[J].

J Biol Chem, 255(7): 3049 - 3056.

OH H J, SHIN K C, OH D K. 2014a. Production of ginsenosides Rg1 and Rh1 by hydrolyzing the outer glycoside at the C-6 position in protopanaxatriol-type ginsenosides using β-glucosidase from Pyrococcus furiosus [J]. Biotechnol Lett, 36(1): 113 - 119.

PADDON C J, WESTFALL P J, PITERA D J, et al. 2013. High-level semi-synthetic production of the potent antimalarial artemisinin[J]. Nature, 496: 528 - 532.

PAINE J A, SHIPTON C A, CHAGGAR S, et al. 2005. Improving the nutritional value of Golden Rice through increased pro-vitamin A content[J]. Nat Biotechnol, 23: 482 - 487.

PANG Y, SHEN G A, LIU C, et al. 2004. Molecular Cloning and Sequence Analysis of a Novel Chalcone Synthase cDNA from Ginkgo biloba[J]. Mitochondrial DNA, 15(4): 283 - 290.

PANG Y, SHEN G, WU W, et al. 2005. Characterization and expression of chalcone synthase gene from Ginkgo biloba[J]. Plant Science, 168(6): 1525 - 1531.

RAI RASHMI, MEENA R P, SMITA S S, et al. 2011. UV-B and UV-C pretreatments induce physiological changes and artemisinin biosynthesis in Artemisia annua L. An antimalarial plant[J]. J Photochem Photobiol B-Biol, 105: 216.

REÉKA L, SZILVIA V, GYULA L, et al. 2009. Responses of leaf traits of European beech(*Fagus sylvatica* L.) saplings to supplemental UV-B radiation and UV-Bexclusion[J]. Agricultural and Forest Meteorology, 149(5): 745 - 755.

ROBERTS S C, NAILL M, GIBSON D M, et al. 2003. A simple method for enhancing paclitaxel release from Taxus Canadensis cell suspension cultures utilizing cell wall digesting enzymes[J]. Plant Cell Rep, 21: 1217 - 1220.

ROJAS R, VEDIER J M . 1999. Stimulated production of diosgeninin Dioscorea galeottiana cell suspension cultures by abiotic and biotic factors[J]. Biotechnology Letters, 21: 907 - 911.

SABATER-JARA A B, SOULIMAN-YOUSSEF S, NOVO-UZAL E, et al. 2013. Biotechnological approaches to enhance the biosynthesis of ginkgolides and bilobalide in Ginkgo biloba[J]. Phytochem Rev, 12: 191 - 205.

SAMSON, B M, CHIMPHANGO, CHARLES, F M, et al. 2015. Effects of UV-B radiation secondary metabolism in plants: focus on micro RNAs[J]. Biotechnol Lett, 37: 1719 - 1727.

SEHIJLEN E, RIC de VOS C, VAN TUNEN A, et al. 2004. Modifieation of fiavonoid biosynthesis in crop Plants[J]. Phytoehemistry, 65(19): 2631 - 2648.

SHEN G, PANG Y, WU W, et al. 2006a. Cloning and Characterization of a flavanone 3-hydroxylase gene from Ginkgo biloba[J]. Bioscience reports, 26(1): 19 - 29.

SHEN G, PANG Y, WU W, et al. 2006b. Isolation and characterization of a putative anthocyanidin reductase gene from Ginkgo biloba[J]. Journal of plant physiology, 163(2): 224 - 227.

SOLIMAN S S M, TROBACHER C P, TSAO R, et al. 2013. A fungal endophyte induces transcription of genes encoding a redundant fungicide pathway in its host plant[J]. BMC Plant Biol, 13: 93.

SU N, LU Y, WU Q, et al. 2015. UV-B-induced anthocyanin accumulation in hypocotyls of radish sprouts continues in the dark after irradiation[J]. J Sci Food Agric, doi: http: //dx. doi. org/10. 1002/jsfa. 7161.

SUTTIPANTA N, PATTANAIK S, KULSHRESTHA M, et al. 2011. The transcription factor CrWRKY1 positively regulates the terpenoid indole alkaloid biosynthesis in *Catharanthus roseus* [J]. Plant Physiol, 157(4): 2081 - 2093.

TASSONI A, FORNALE S, FRANCESCHETTI M, et al. 2005. Jasmonates and Na-orthovanadate promote resveratrol production in Vitis vinifera cv. Barbera cell cultures[J]. New Phytol, 166: 895 - 905.

VAN BEEK T A, MONTORO P. 2009. Chemical analysis and quality control of Ginkgo biloba leaves, extracts, and phytopharmaceuticals[J]. J Chromatogr A, 1216: 2002 - 2032.

VAN DER KROL A R, LENTING P E, VENNSTRA J, et al. 1988. Antisense chalcone synthrase gene in transgenetic plants inhibits flower pigmentation[J]. Nature, 333: 866 - 869.

VERPOORTE R, MEMELINK J. 2002. Engineering secondary metabolite production in plants[J] . Current Opinion in Biotechnology, 13: 181 - 187.

VICTOR P, BULGAKOV, TATIANA V. 2006. Avramenko New opportunities for the regulation of Zeiger E. Plant Physiology [M]. 4th ed. Sunderland, Massachusetts: Sinauer Associates Inc, Publishers.

WALKER T S, BAIS H P, GROTEWOLD E, et al. 2003. Root exudation and rhizosphere biology[J]. Plant Physiol, 132: 44 - 51.

WANG C G, WU J Y, MEI G. 2001. Enhancement of taxol production and excretion in Taxus Chinese culture by funal elicitation and medium renewal[J]. Appl. Microbiol Biot, 55: 404 - 410.

WANG J, GAO W, ZUO B, et al. 2013. Effect of methyl jasmonate on the ginsenosidecontent of Panax ginseng adventitious root cultures and on the genes involved intriterpene biosynthesis[J]. Res Chem Intermed, 39: 1973 - 1980.

WEATHERS P J, CHEETHAM R D, FOLLANSBEE E, et al. 1994. Art emisinin production by transformed roots of *Artemisia annua*[J]. Bioltechnol Lett, 16: 1281 - 1286.

WU S Q, MEI L L, RI G, et al. 2011. Bioreactor application on adventitious root culture of *Astragalus* membranaceus[J]. In Vitro Cell. Dev. Biol. —Plant, 47: 719 - 724.

XU F, CAI R, CHENG S, et al. 2008a. Molecular cloning, characterization and expression of phenylalanine ammonia-lyase gene from Ginkgo biloba[J]. African Journal of Biotechnology, 7(6): 721 - 729.

XU F, NING Y J, ZHANG W W, et al. 2014. An R2R3-MYB transcription factor as a negative regulator of the flavonoid biosynthesis pathway in Ginkgo biloba[J]. Funct Integr Genomics, 14: 177 - 189.

XU, Y H, et al. 2004. Characterization of GaWRKY1, a cotton transcription factor that regulates the sesquiterpene synthase gene(+)-d-cadinene synthase-A[J]. Plant Physiol, 135: 507 - 515.

YAMADA Y, KOKABU Y, CHAKI K, et al. 2011. Isoquinoline alkaloid biosynthesis is regulated by a unique bHLH-type transcription factor in Coptis japonica[J]. Plant Cell Physiol, 52(7): 1131 - 1141.

YANG R Y, FENG L L, YANG X Q, et al. 2008. Quantitative transcript profiling reveals down-regulation of a sterol pathway relevant gene and overexpression of artemisinin biogenetic genes in transgenic *Artemisia annua* plants[J]. Planta Med, 74: 1510 - 1516.

YE X, AL-BABILI S, KLOTI A, et al. 2000. Engineering the provitamin A(beta-carotene) biosynthetic pathway into(carotenoid-free) rice endosperm[J]. Science, 287: 303 - 305.

YUAN Y J, LI J C, GE Z Q, et al. 2002. Superoxide anion burst and taxol production induced by Ce^{4+} in suspension cultures of Taxus cuspidate[J]. J Mol Catal B-Enzym, 18: 251 - 260.

YU Z X, LI J X, YANG C Q, et al. 2012. The jasmonate-responsive AP2/ERF transcription factors AaERF1 and AaERF2 positively regulate artemisinin biosynthesis in *Artemisia annua* L[J]. Mol Plant, 5: 353 - 365.

ZHANG C H, FEVEREIRO P S, HE G, et al. 2007. Enhanced paclitaxel productivity and release capacity of Taxus chinensis cell suspension cultures adapted to chitosan[J]. Plant Sci, 172: 158 - 163.

ZHANG H C, LIU J M, CHEN H M, et al. 2011. Upregulation of licochalcone A biosynthesis and secretion by Tween 80 in hairy root cultures of *Glycyrrhiza uralensis* Fisch[J]. Mol Biotechnol, 47: 50 - 56.

ZHANG L, JING F, LI F, et al. 2009. Development of transgenic Artemisia annua (Chinese wormwood) plants with an enhanced content of artemisinin, an effective anti-malarial drug, by hairpin-RNA-mediated

gene silencing[J]. Biotechnol Appl Biochem, 52: 199 - 207.
ZHAO K, SUN L, MA X, et al. 2013. Improved taxol production in Nodulisporiumsylviforme derived from inactivated protoplast fusion[J]. Afr J Biotechnol, 10: 4175 - 4182.
ZHU H B, WANG Z H, MA C J, et al. 2003. Neuroprotective effects of Hydroxysafflor yellow A: In vivo and in vitro studies[J]. Planta Medica, 69(5): 429.

作者简介

陈颖：南京林业大学生物与环境学院，博士，教授；E-mail：chynjfu@163. com。

专题 9　蕨类植物配子体发育与生理生态研究进展

Review on Fern Gameto Phyte Development and Physiological Ecology

张开梅

南京林业大学南方现代林业协同创新中心，生物与环境学院　江苏南京　210037

【内容提要】蕨类植物的生活周期具有明显的世代交替现象。通过无性生殖产生孢子，由孢子发育形成单倍体的雌、雄配子体；有性生殖经配子体中的雌、雄配子融合产生二倍体的孢子体。蕨类植物的孢子体发达，配子体形态结构简单、生活期短，但能独立生活。蕨类植物配子体具有植物进化史上的特殊地位和独特的发育方式。配子体发育与环境因子有着密切的关系。植物生理生态学是研究生态因子与植物发育生理之间关系的科学。它从生理机制上探讨植物与环境的关系、物质代谢和能量流动规律以及植物在不同环境条件下的适应性。本章对近年来蕨类植物配子体发育和生理生态研究进行了总结和简评。其中，蕨类配子体发育研究新进展包括国内外配子体发育研究动态；蕨类配子体生理生态研究新进展包括配子体光合与呼吸作用、配子体对土壤逆境的响应、配子体对气候变化的响应和配子体对化感物质的响应。

9.1　蕨类配子体发育研究新进展

9.1.1　国内研究动态

据统计，2008—2013 年，我国学者对约 23 科 77 种蕨类植物进行了配子体发育研究。2013 年，刘保东团队对我国珍稀蕨类鹿角蕨（*Platycerium wallichii*）和中华水韭（*Isoetes sinensis*）进行了配子体基本形态研究，以及温度和光照对配子体生长的影响，阐述了鹿角蕨配子体的发育节律。该团队采用石蜡切片技术，以人工培养的中华水韭幼苗的最初几枚叶至成熟植株的叶为试验材料，连续解剖观察其叶舌和缘膜的发生、发育进程，并分析其发育进程与孢子囊和叶片的关系（李勇等，2008；郭捡等，2013）。在保护我国特有珍稀蕨类方面，刘保东研究组对我国特有蕨类细辛蕨（*Asarum sieboldii*）

进行了配子体发育研究，对细辛蕨配子体的假根、体细胞及叶绿体和精子器与颈卵器的发生进行了描述分析（李范等，2013）。陆树刚团队报导了3种假瘤蕨属植物的配子体发育和孢子体发育的形态比较（邵文等，2013）。王任翔等报道了爬树蕨属2种植物：爬树蕨（*Arthropteris pallisotii*）和桂南爬树蕨（*A. repens*）配子体发育及其系统学意义（王任翔等，2012）。

曹建国等对凤尾蕨科的蕨（*Pteridium aquilinum*）、铁线蕨科的扇叶铁线蕨（*Adiantum flabellulatum*）、水龙骨科的阔鳞瘤蕨（*Phymatosorus hainanensis*）以及实蕨科的中华刺蕨（*Egenolfia sinensis*）和长耳刺蕨（*Egenolfia bipinnatifida*）的配子体发育进行了系统研究，为蕨类植物配子体的形态发育和配子体和孢子体世代交替规律提供了重要的材料依据（黄武杰等，2011；曹建国等，2010；代小菲等，2010；郭严冬等，2013）。郭治友等对海金沙科的海金沙（*Lygodium japonicum*）、蹄盖蕨科的亮毛蕨（*Acystopteris japonica*）、肿足蕨科的肿足蕨（*Hypodematium crenatum*）、鳞毛蕨科的低头贯众（*Cyrtomium nephrolepioides*）和水龙骨科的龙头节肢蕨（*Arthromeris lungtauensis*）等蕨类植物的配子体进行了研究，丰富了我国蕨类配子体的研究内容（郭治友等，2009a；2009b；2009c；2010a；2010b）。张开梅等在美国《蕨类》杂志上发表了6种凤尾蕨科和8种鳞毛蕨科的蕨类配子体的发育研究成果（Zhang et al.，2008；2011）；石雷研究组在澳大利亚《植物学》杂志上发表了3种桫椤科植物孢子的低温储存研究（Li et al.，2010），加强了与国外同行的进一步交流。

但纵观国内蕨类配子体发育研究，仅限于配子体的形态部分，包括丝状体、片状体和毛状体的形态观察与假根的发育，以及颈卵器的发生和胚的发育等。而对外界环境变化影响蕨类配子体发育的研究报道较少，需要总结这方面的研究结果。

9.1.2 国外研究动态

同样，2008—2013年，国外学者对约26科104种蕨类植物进行过配子体发育研究。Martinez等（Martínez，2010）开展了美洲大陆的4种凤尾蕨科植物凤尾草（*Pteris cretica*）、剑叶凤尾蕨（*P. ensiformis*）、井栏边草（*P. multifida*）和蜈蚣草（*P. vittata*）的配子体发育研究。Johnson在水蕨（*Ceratopteris thalictroides*）的胚胎发育研究中，提出了一种结合蕨类植物发育特性和遗传特征的解剖方法（Johnson et al.，2008）。Ganguly等对印度和锡金南部的特有物种琉璃节肢蕨（*Arthromeris himalayensis*）进行了系统的配子体发育研究（Ganguly et al.，2009）。Srivastava等研究了水龙骨科*Microsorium punctatum*的配子体发生和精子囊器对生殖发育的影响（Srivastava et al.，2008）。Naoko等研究了不对称心形配子体密毛蕨科的*Anemia phyllitidis*的发育（Naoko et al.，2012）。

科学技术的发展和新技术手段的引入，大大丰富了蕨类配子体研究的内容。Kashiwabara等使用了X光透射技术对重金属砷胁迫后的禾秆蹄盖蕨（*Athyrium yokoscense*）、蜈蚣草和凤尾草进行观察研究，并记录了发育过程（Kashiwabara et al.，2010）。Ramirez-Trej等采用扫描电子显微镜，对鳞毛蕨科蕨属的*Pteridium caudatum*的配子体发育过程和幼孢子体的发生进行了清晰的记录（Ramirez-Trej et al.，2013）。Kazmierczak使用流式细胞术（FCM），对密穗蕨科*Anemia phyllitidis*的配子体进行了DNA含量的测定，通过记录DNA含量的变化描述配子体的发育（Kazmierczak，2008）。

9.2 蕨类配子体生理生态研究新进展

蕨类配子体的生理生态研究国内尚处于起步阶段。主要的研究方法是对配子体发育中的变化做了对比试验，如培养基的改变，光照强度的变化，孢子大小的情况变化等。蕨类配子体的体形小、结构简单，是研究植物对环境变化的良好材料。研究配子体的逆境生理，是认识环境影响的一个重要方式。蕨类配子体在环境变化与监控上也具有重要意义。

9.2.1 光合与呼吸作用

光合作用是植物能量循环中聚集能量的重要环节，也是整个地球生命圈的重要反应。光强度、CO_2浓度以及环境温度等一系列因素都会影响着能量的转移。Whittier 以东北石松(*Lycopodium clavatum*)配子体作为研究材料，以不同波长光的刺激，证明了红光波段的光波可抑制孢子萌发，即能量传递在植物中，波长较长的光具有抑制植物光合作用的特点(Whittier, 2008)。Tsuboi 等用不同光强度的光源刺激铁线蕨配子体(*A. capillus-veneris*)，观察铁线蕨中叶绿体的移动，发现叶绿体会随着光强度的变化产生移动，较强光时也会采取自我保护机制进行躲避(Tsuboi et al., 2011)。

呼吸作用与光合作用是植物体能量代谢的重要反应，是能量流动的基础。研究能量流动和物质循环，可以揭示植物体的生命发育。Crow 等研究了中国蕨科的 *Cheilanthes lanosa* 配子体发育过程中碳水化合物和脂质的变化，发现幼小的配子体碳水化合物含量相对较高，而脂质含量相对较低，而随着生长的继续两者含量都会升高(Crow et al., 2011)。由于现阶段实验手段还没有完全进入微定量分析阶段，植物个体的呼吸作用还不能实现实时定量监测，并且物质代谢也是一个微量的变化，加强这方面的研究在植物生理生态学未来的研究领域中是个突破点。

9.2.2 蕨类植物配子体对土壤逆境的响应

蜈蚣草可以富集大量重金属砷，成为21世纪最重要的发现之一，并已在土壤环境重金属污染治理上得到推广应用。但配子体对重金属砷的响应机制还不是很明确。戴锡玲等对砷超富集植物蜈蚣草的孢子和配子体的形态和生理发生进行了描述(戴锡玲等, 2012)。麻密研究组用重金属铜砷处理蜈蚣草配子体，发现在0.25mmol/L Na_3AsO_4处理下，随着时间的推移，配子体叶绿素含量增加，在1.0mmol/L Na_3AsO_4处理下细胞膜通透性增强；在同浓度$CuSO_4$处理下，叶绿素的含量和细胞存活率随着时间的推移而降低，而膜通透性也在1.0 mmol/L $CuSO_4$处理下增强(Zheng et al., 2008)。Raj 等研究了蜈蚣草配子体的抗氧化体系，对 SOD、CAT、APX、GR 和 GST 保护酶体系的分析，发现蜈蚣草配子体具有耐重金属砷的能力(Raj et al., 2008)。Sarangi 等研究了蜈蚣草配子体对砷的耐性和砷在植物体内的积累(Sarangi et al., 2008)。Turnau 等发现 Barberton 附近的 Agnes 矿区中，凤尾蕨科的 *Pellaea viridis* 配子体体内富集了较高浓度的 Ni、Cr、Fe、Co 和 Ti，首次发现配子体也能富集重金属(Turnau et al., 2013)。

土壤盐碱化也是土壤矿质元素研究的一个热点。Pangua 等在不同盐浓度的培养基中培养海滨铁角蕨配子体(*Asplenium marinum*),发现海滨铁角蕨是一种可以耐高盐的植物,可以在盐碱化较重的海岸生长(Pangua et al.,2009)。Bogdanović等选取了2种苔藓植物和3种铁角蕨科植物的配子体进行耐盐性比较试验,结果证明苔藓的耐盐性比蕨类植物要强,盐胁迫对蕨类的危害要比对苔藓高(Bogdanović et al.,2012)。

9.2.3 蕨类植物配子体对气候变化的响应

观察和研究配子体的生理变化对环境气候变化有着重要的意义。Groot 等以荷兰地区两种亲缘关系较近的常见鳞毛蕨科耳蕨属植物 *Polystichum aculeatum* 和 *P. setiferum* 作为研究对象,并对其生物量进行了为期3年的统计分析,结果表明,温度变化对 *P. aculeatum* 的配子体存活率影响不大,而 *P. setiferum* 配子体存活率受温度影响较大,温暖季节配子体存活率高,寒冷季节配子体存活率低(Groot et al.,2012)。Watkins 等开展了哥斯达黎加的热带雨林的植物生境分化研究,选取了21种附生植物和20种陆生的蕨类植物,发现20种蕨类植物都能以降解的半附生生物和一般化合物为养料,为蕨类植物和附生生物在自然条件下的共生关系研究提供了参考(Watkins et al.,2012)。Galka & Szmeja 等以水生蕨类槐叶苹(*Salvinia natans*)配子体为试验材料,发现槐叶苹配子体在2.1℃ ±1.1℃下可以正常生长发育,在6.8℃ ±4.5℃温度下孢子体可以产生孢子,表明槐叶苹是一种很好的可以监测全球气候变暖的指示植物(Galka & Szmeja,2008)。

9.2.4 蕨类植物配子体对化感物质的响应

近年来,随着人类活动范围的扩大和活动的频繁,一些物种由原生存地借助于人为作用或其他途径移居到另一个新的生存环境并在新的栖息地繁殖并建立稳定种群,由此危害了当地生物的多样性。蕨类植物作为一种较原始的植物类群,其对外来物种的入侵的敏感度可能比其他种子植物更高。对蕨类植物化感作用研究曾有过综述讨论(张开梅等,2004)。其后,以金毛狗(*Cibotium barometz*)的配子体为试验材料,以紫茎泽兰(*Ageratina adenophora*)的根、茎和叶水浸液来处理金毛狗的配子体,发现叶水提液的抑制作用最强,随着叶水提液浓度的升高,配子体发育阶段滞后(张开梅等,2008)。研究表明,紫茎泽兰根、茎、叶提取液会延迟蕨类孢子萌发,使配子体发育阶段滞后,甚至改变蕨类配子体形态(Zhang et al.,2007;2008)。本研究团队通过井栏边草(*Pteris multifida*)配子体叶绿素荧光在三叶鬼针草(*Bidens pilosa*)根系分泌物处理下的变化,发现三叶鬼针草根系分泌物可以通过破坏光系统(PS Ⅰ)中电子传递来抑制配子体光合作用的进行,高浓度的三叶鬼针草根系分泌物处理下,井栏边草配子体会发生致死反应,孢子体转化率明显降低,配子体的假根生长受到抑制,配子体形态发生变化,配子体抗氧化系统、细胞周期等都会发生一系列变化(Zhang et al.,2015;刘颖等,2015)。

Langeland & Hutchinson 发现旧世界的攀缘蕨(*Lygodium microphyllum*)在佛罗里达蔓延,就以攀缘蕨的配子体为材料,发现当地气候条件非常适合攀缘蕨生长,其作为一种入侵物种很难去除(Langeland & Hutchinson,2013)。在外来入侵物种研究的方向中,存在着许多困难,比如入侵植物的根系分泌物收集困难、蕨类配子体个体小,很难选择传统的生理指标等。但是,随着研究的深入和全面,在外来入侵物种的研究领域中,配子体研究会成为一个新的亮点。

9.3 小结

近年来，蕨类植物配子体已日益成为实验生物学家的一种极有用的研究材料。在蕨类植物干细胞和基因研究方向中，Nardmann 和 Werr 认为，在拟南芥中的 WOX 基因家族中 *WUS* 和 *WOX5* 的两个基因表达在根和茎的分生组织的干细胞中可以发生，通过5种蕨类植物比对发现，*WUS* 同源基因是真蕨类植物和种子植物共同祖先保留下来的，同时在真蕨类和种子植物中，其基因表达被放大和功能化，尤其在被子植物中的表现，这也是种子植物是植物较进化的证据之一(Nardmann & Werr，2012)。Kwantes 等以 *MIKC * MADS-box* 基因在蕨类植物中的分布，研究了维管束植物配子体进化的演变问题(Kwantes et al.，2012)。同样的，Bomfleur 等在1.8亿年前的紫萁科植物化石中，发现其核基因和叶绿体基因从来没有改变过，可见蕨类植物基因的保存对研究生物的系统进化具有较好的科学价值(Bomfleur et al.，2014)。但配子体部分的研究尚不充足，这也是值得关注的一个重要方面。

蕨类植物光合生理研究方向中，McAdam 和 Brodribb 发现蕨类植物的保卫细胞的张开与否与种子植物的内源 ABA 调节无关，蕨类植物叶片 ABA 的升高同样使保卫细胞的水势升高，作者也提出了关于这个问题的分子假设，认为这可能与气孔控制的渐变进化规律有关，进一步解释就是调节气孔的 ABA 及其合成的相关基因的渐变进化有关(McAdam & Brodribb，2014)，这也使得研究者在对蕨类植物配子体的生理中更关注其分子水平调节与进化的相关领域的深入研究。

蕨类植物营养生理研究方向，Chau 等发现澳大利亚的桫椤科白桫椤属的 *Sphaeropteris cooperi* 在夏威夷富含 N 和 P 营养元素的土壤中成为当地的优势蕨类物质，危害到了当地金毛狗蕨科金毛狗属的 *Cibotium glaucum* 的正常生长，并能改变当地植物对 N 的吸收(Chau et al.，2013)。蕨类植物由于其生态幅较大，这也为研究蕨类生境中植物营养的问题提供了思路。

化感作用研究方面，化合物 p-Hydroxybenzoic acid(pHBA)是一类广泛存在的具有化感效应的化合物，土壤中的 pHBA 能够明显抑制某些植物的生长发育。Guan 等利用模式植物拟南芥(*Arabidopsis thaliana*)为材料，发现极低浓度的 pHBA 就能够明显地抑制拟南芥根系的正常伸长，并在根系中伴随着大量的 CO 与 H_2O_2的产生；遗传学试验表明与野生型拟南芥相比，pHBA 处理不能在 CO 与过氧化氢 H_2O_2 相关突变体中有效诱导 CO 与过氧化氢 H_2O_2 的产生，并且 pHBA 处理加重这些突变体根系化感抑制作用，但是外源附加低浓度的 CO 与过氧化氢 H_2O_2 可以部分削弱 pHBA 处理对这些突变体的抑制作用(Guan et al.，2014)。但蕨类化感的细胞和分子水平研究还处于起步阶段，这也是蕨类植物研究的一个重要方向。

然而，与种子植物相比，蕨类植物配子体发育与生理生态研究起步较晚，研究的类群也有限，在诸多方面的研究需要深入。配子体发育必须结合新的领域才能继续发展，现在的电子显微成像技术、分子生物学技术以及流式细胞术等已经在其他植物学科领域得到广泛应用，相信在不久的将来，这些新的技术会在蕨类植物配子体研究中实现广泛应用，届时对该类植物的研究也将得到深入。

参考文献

曹建国，黄武杰，王全喜. 2010. 扇叶铁线蕨配子体发育及卵发生的显微观察[J]. 西北植物学报(4)：702－707.

代小菲，姜楠，曹建国，等. 2010. 阔鳞瘤蕨颈卵器形成与卵发生的初步研究[J]. 植物研究(4)：411－415.

戴锡玲，张蕾，王全喜. 2012. 富砷植物蜈蚣草孢子和配子体发育的显微观察[J]. 生物学通报，47(5)：55－56.

黄武杰，曹建国，王全喜. 2011. 蕨配子体发育及卵发生的显微结构观察[J]. 植物研究，31(2)：159－163.

李勇，杨建芬，贾媛，等. 2008. 细辛蕨配子体发育的研究[J]. 西北植物学报，28(8)：1596－1600.

郭捡，刘婷婷，孟宪利，等. 2013. 鹿角蕨的孢子培养及其繁殖[J]. 园艺学报，40(1)：155－162.

郭严冬，曹建国，戴锡玲，等. 2013. 中华刺蕨和长耳刺蕨配子体发育研究[J]. 西北植物学报，33(2)：301－305.

郭治友，刘红梅. 2009. 肿足蕨的配子体发育研究[J]. 热带亚热带植物学报，18(3)：245－250.

郭治友，张宪春. 2009. 龙头节肢蕨配子体发育的研究[J]. 植物研究，5：513－516.

郭治友，俞筱押. 2009. 石灰岩地区蕨类植物低头贯众的配子体发育研究[J]. 西北植物学报，6：1144－1148.

郭治友，刘保东，张宪春. 2010. 海金沙配子体形态学特征的新观察[J]. 植物研究，1：18－21.

郭治友，潘洪旭，何进，等. 2010. 亮毛蕨的配子体发育特征及其系统学意义[J]. 广西植物，30(2)：324－328.

李范，刘婧宏，邢建娇，等. 2013. 中华水韭叶舌和缘膜的发生及其发育进程研究[J]. 西北植物学报，33(1)：17－21.

刘颖，沈羽，张开梅，等. 2015. 三叶鬼针草根系分泌物对井栏边草配子体生长和发育的影响[J]. 西北农业学报，24(7)：149－155.

邵文，陆树刚. 2013. 假瘤蕨属植物配子体与幼孢子体发育的比较形态学研究[J]. 植物分类与资源学报，35(4)：522－528.

王任翔，刘灵，梁士楚，等. 2012. 爬树蕨属2种植物配子体发育及其系统学意义[J]. 广西师范大学学报(自然科学版)，30(3)：263－268.

张开梅，石雷，李振宇. 2004. 蕨类植物的化感作用及其对生物多样性的影响[J]. 生物多样性，12：466－471.

张开梅，石雷，姜闯道，等. 2008. 紫茎泽兰对金毛狗孢子萌发和配子体发育的化感作用[J]. 草业学报(2)：19－25.

BOGDANOVIĆ M, ILIĆ M, ŽIVKOVIĆ S. 2012. Comparative study on the effects of NaCl on selected moss and fern representatives[J]. Australian Journal of Botany, 59(8): 734－740.

BOMFLEUR B, MCLOUGHLIN S, VAJDA V. 2014. Fossilized nuclei and chromosomes reveal 180 million years of genomic stasis in royal ferns[J]. Science, 343(6177): 1376－1377.

CHAU M M, WALKER L R, MEHLTRETER K. 2013. An invasive tree fern alters soil and plant nutrient dynamics in Hawaii[J]. Biological invasions, 15(2): 355－370.

CROW W E, MACK M R, DIAMOND H L, et al. 2011. Narrow Substrate Niche of Cheilanthes lanosa, the

Hairy Lip Fern, is Determined by Carbohydrate and Lipid Contents in Gametophytes[J]. American Fern Journal, 101(2): 57-69.

GAłKA A, SZMEJA J. 2008. Phenotypic responses to water flow and wave exposure in aquatic plants[J]. Acta Societatis Botanicorum Poloniae, 77(1): 59-65.

GANGULY G, SARKAR K, MUKHOPADHYAY R. 2009. In vitro Study on Gametophyte Development of an Epiphytic Fern, Arthromeris himalayensis(Hook.) Ching, of South Sikkim, India[J]. American Fern Journal, 99(3): 217-225.

GROOT G A, ZUIDEMA P A, GROOT H, et al. 2012. Variation in ploidy level and phenology can result in large and unexpected differences in demography and climatic sensitivity between closely related ferns[J]. American Journal of Botany, 99(8): 1375-1387.

GUAN Y, LIN H, MA L, et al. 2014. Nitric oxide and hydrogen peroxide are important signals mediating the allelopathic response of Arabidopsis to p-hydroxybenzoic acid [J]. Physiologia plantarum, doi: 10.1111/ppl.12164.

JOHNSON G P, RENZAGLIA K S. 2008. Embryology of Ceratopteris richardii(Pteridaceae, tribe Ceratopterideae), with emphasis on placental development[J]. Journal of Plant Research, 121(6): 581-592.

KASHIWABARA T, MITSUO S, HOKURA A, et al. 2010. In vivo micro X-ray analysis utilizing synchrotron radiation of the gametophytes of three arsenic accumulating ferns, Pteris vittata L., Pteris cretica L. and Athyrium yokoscense, in different growth stages[J]. Metallomics. 2: 261-270.

KAŹMIERCZAK A. 2008. Cell number, cell growth, antheridiogenesis, and callose amount is reduced and atrophy induced by deoxyglucose in Anemia phyllitidis gametophytes[J]. Plant Cell Reports, 27: 813-821.

KWANTES M, LIEBSCH D, VERELST W. 2012. How MIKC MADS-Box genes originated and evidence for their conserved function throughout the evolution of vascular plant gametophytes[J]. Mol Biol Evol, 29(1): 293-302.

LANGELAND K A, HUTCHINSO J N. 2013. Natural Area Weeds: Old World Climbing Fern(Lygodium microphyllum)[J]. University of Florida IFAS Extension. SS-Agr-21.

LI Y, ZHANG Y L, JIANG C D, et al. 2010. Effect of storage temperature on spore viability and early gametophyte development of three vulnerable species of *Alsophila*(Cyatheaceae)[J]. Australian Journal of Botany, 58(2): 89-96.

MARTÍNEZ O G. 2010. Gametophytes and young sporophytes of four species of the fern genus Pteris(Pteridaceae) naturalized in the American continent[J]. Rev Biol Trop, 58(1): 89-102.

MCADAM S A M, BRODRIBB T J. 2012. Fern and lycophyte guard cells do not respond to endogenous abscisic acid[J]. The Plant Cell Online, 24(4): 1510-1521.

NAOKO T, CHIEKO K, NANA M, et al. 2012. Comparative development of heavily asymmetric-cordate gametophytes of *Anemia phyllitidis* (Anemiaceae) focusing on meristem behavior[J]. Journal of Plant Research, May 125, (3): 371-380.

NARDMANN J, WERR W. 2012. The invention of WUS-like stem cell-promoting functions in plants predates leptosporangiate ferns[J]. Plant molecular biology, 78(1-2): 123-134.

PANGUA E, BELMONTE R, PAJARÓN S. 2009. Germination and reproductive biology in salty conditions of Asplenium marinum(Aspleniaceae), a European coastal fern[J]. Flora, 204: 673-684.

RAJ A, PANDEY A K, SHARMA Y K, et al. 2008. Arsenate reduces copper phytotoxicity in gametophytes of Pteris vittata[J]. Journal of Plant Physiology, 165: 1906—1916.

RAMIREZ-TREJO M R, PEREZ-GARCIA B, MENDOZA-RUIZ A, et al. 2013. Observations of the spore, gametophyte and young sporophyte of *Pteridium caudatum*(L.) Maxon using scanning electron microscopy[J]. Micron, 45: 37 – 44.

SARANGI B K, CHAKRABARTI T. 2008. Characterization of an ecotype of brake-fern, *Pteris vittata*, for arsenic tolerance and accumulation in plant biomass[J]. Cytology and Genetics, 42(5): 300 – 313.

SRIVASTAVA R, SRIVASTAVA J, BEHERA S K, et al. 2008. In vitro studies on development of gametophyte, sex-ontogeny and reproductive biology of a threatened fern, *Microsorium punctatum*(L.) Copel. [J]. Indian Journal of Biotechnology, 7(2): 266 – 269.

TSUBOI H, WADA M. 2011. Chloroplasts can move in any direction to avoid strong light[J]. Journal of Plant Research, 124(1): 201 – 210.

TURNAU K, PRZYBYŁOWICZ W J, Ryszka P, et al. 2013. Mycorrhizal fungi modify element distribution in gametophytes and sporophytes of a fern *Pellaea viridis* from metaliferous soils [J]. Chemosphere, 92: 1267 – 1273.

WATKINS JR J E, CARDELÚS C L. 2012. Ferns in an Angiosperm World: cretaceous radiation into the epiphytic niche and diversification on the forest floor[J]. International Journal of Plant Sciences, 173(6): DOI: 10. 1086/665974.

WHITTIER D P. 2008. Red light inhibition of spore germination in Lycopodium clavatum[J]. American Fern Journal, 98(4): 194 – 198.

ZHANG K M, SHI L, JIANG C D, et al. 2007. Influence of root, stem and leaf leachates of Ageratina adenophora weed on the gametophyte development of Pteris finotii[J]. Allelopathy Journal, 20: 203 – 212.

ZHANG K M, SHI L, ZHANG X C, et al. 2008. Gametophyte Morphology and Development of Six Chinese Species of Pteris(Pteridaceae) [J]. American Fern Journal, 98(1): 33 – 41.

ZHANG K M, SHI L, JIANG C D, et al. 2008. Inhibitionof Ageratina adenophora on spore germination and gametophyte development of Macrothelypteris torresiana[J]. Journal of Integrative Plant Biology, 50(5): 559 – 564.

ZHANG K M, LIU B D, FANG Y M, et al. 2011. Studies on the gametophytes of eight Chinese species of Dryopteris(Dryopteridaceae) [J]. American Fern Journal, 101(1): 12 – 24.

ZHANG K M, SHEN Y, FANG Y M, et al. 2015. Changes in gametophyte physiology of *Pteris multifida* induced by the leaf leachate treatment of the invasive *Bidens pilosa* [J]. Environmental Science and Pollution Research. doi(10. 1007/s11356-015-5589-x).

ZHENG Y Q, DAI X J, MA M, et al. 2008. Arsenate reduces copper phytotoxicity in gametophytes of Pteris vittata[J]. Journal of Plant Physiology, 165: 1906 – 1916.

作者简介

张开梅：南京林业大学生物与环境学院，博士，讲师；E-mail：kaimeizhang@163. com。

第三篇
生长与发育

专题10 石榴发育(开花坐果)生物学研究进展

The Biology Research Progress of Pomegranate Development(from blosom to fruit set)

苑兆和，肖 巍

南京林业大学南方现代林业协同创新中心，南京林业大学林学院 江苏南京 210037

【内容提要】石榴(*Punica granatum*)是一种集生态、经济、社会效益、观赏价值与保健功能于一身的优良果树与园林绿化树种，一般以新鲜水果、果汁以及包含石榴成分的产品作为商品面向市场推广销售，石榴的价值在于其包含果汁的石榴籽粒，而果实发育需要协调一些关键的生殖过程并且也是一系列复杂生殖活动的综合结果。本章对石榴成花、授粉、两性花和雄性花型，以及与水果大小相关的果实特性、花粉活力、花可孕性和籽粒发育等石榴生殖生长过程中的生物学问题进行阐述，并分析石榴生殖生长过程中关键的生殖选择以及这些因素对石榴产量和单果大小的影响。本专题主要介绍石榴生殖生长过程中一些关键的生殖活动对石榴果实品质的具体影响以及一些改良适应的方法。

石榴(*Punica granatum*)，为石榴科(Punicaceae)石榴属(*Punica*)落叶灌木或小乔木，原产于伊朗和阿富汗等中亚地区。西汉张骞出使西域引入我国，至今已有2000年的栽培历史。石榴果实外形独特，色彩绚丽，果皮内百籽同室，籽粒晶莹，营养价值高；根、皮、籽等富含黄酮、鞣质、生物碱、甾类等，均可入药，具有重要的医疗和保健功能，是一种集生态、经济、社会效益、观赏价值与保健功能于一身的优良果树与园林绿化树种。石榴一般以新鲜水果、果汁以及包含石榴成分的产品作为商品面向市场推广销售，受到消费者的广泛认可(Basu A & Penugonda K，2008；Lansky E P & R A Newman，2007)。

石榴从古代就开始繁育种植，还具有丰富的文学、艺术、宗教、历史和文化价值。石榴的商品价值主要在于饱含果汁的石榴籽粒，且以新鲜水果、果汁、籽粒萃取物、糖浆、酒和茶等产品进入市场，深受消费者欢迎。近年来，包含石榴组分的新产品(如饮料、乳制品、果酱、零食、化妆品、营养补充剂、肥皂和洗涤剂)进入市场后，增长迅速。石榴的消费量大幅增加，还因为与石榴相关的产品对人体健康保健有很大益处，如大量对人体的体内、体外研究以及临床试验表明，石榴内含物成分对人类癌症、冠心病、动脉粥样硬化、高血压、老化、脑部疾病及艾滋病等都有积极的防治和抵抗作用(Wetzstein et al.，2015)。

石榴作为重要的果用经济树种，果实产量对石榴的种植成效有很高的要求。而果实作物产量的提高需要许多关键生殖活动的协调(Wetzstein et al.，2015)。作物生殖生产过程中需要先发育适宜的花朵数量，并保证其生长至成熟阶段；可育的花粉需与具有可孕性的柱头结合，而柱头需要支持花粉萌发，同时足量的花粉管经过花柱生长到达可受孕的柱头，才能使得坐果得以保证。较差的成花诱导条件、花粉活力低、花可受性不好、授粉不充足、花粉发育力低、性的不亲和以及早期落果等问题均会导致树体不结实。因此，果实生产是果树一系列复杂的生殖活动积累后形成的结果。国内外研究人员对一些关键的生殖选择进行了研究，这些关键的生殖活动与石榴的生理生殖有着特别的联系。我们将在本专题讨论这些因素对果实生产、果体大小、果实产量等的影响。需要特别说明的是，本专题讨论的石榴品种主要是石榴栽培品种'Wonderful'和与其相似落叶型栽培品种(图10-1)。

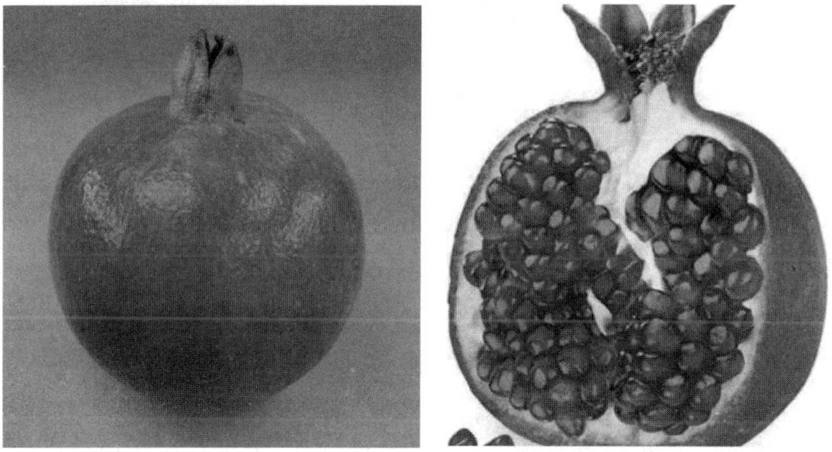

(a) 石榴果实　　(b) 籽粒

图10-1 'Wonderful'石榴果实和籽粒

Fig. 10-1 'Wonderful' Pomegranate fruit and seeds

(a) Pomegranate fruit　(b) Pomegranate seeds

10.1 石榴的生殖发育活动

石榴的果实生长需要许多关键生殖过程协调进行，并且是一系列复杂生殖活动积累的结果。我们指出了石榴果实成熟前一些关键的生殖选择以及这些因素影响石榴果实产量及大小的方式(Wetzstein et al.，2015)。石榴的生殖周期从营养芽形成开始，再经历花芽分化，以形成花器官组织为终点(图10-2)。国内外研究者认为，在石榴生殖生长成完整果实的过程中，成花诱导、花器官形成、花结构和授粉、石榴的不同花型、花活力、花可孕性、石榴的籽粒发育等都会对石榴最终的产量和石榴果实大小产生影响。

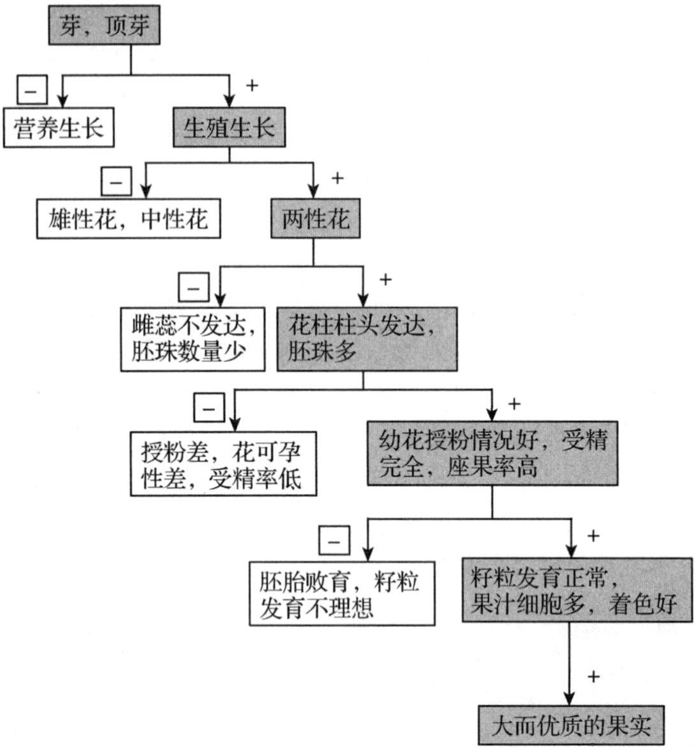

图 10-2 石榴关键的生殖选择

Fig. 10-2 Key reproductive choices of Pomegranate

用“ + ”标注的选择表明生长的果实大且品质高；用“ - ”标注的因素会导致果实产量少并且果品差

10.2 石榴生长周期中的关键生殖活动

石榴开花到坐果的过程中需要经历许多生殖活动。有的生殖活动对石榴的果实品质以及果实产量有很重要的影响。总结相关研究发现，开花诱导和花器官形成、花结构、授粉活动、雄花两性花、石榴花型、花活力以及花的可育性对石榴的坐果和石榴成熟后的果实品质都有重要的影响。

10.2.1 开花诱导和花器官形成

石榴的叶芽生长主要从发芽期叶原基形成顶端分生组织或者新梢生长的情况下开始。顶端诱导使植物由营养生长转变为生殖生长，同时这是花器官形成过程中重要的一步，也是早期生殖选择的结果。一般而言，植物传粉到开花的周期与生长习性及品种适宜的气候范围有关(Sedgley & Griffin，1989)。对于许多温带水果作物而言，花芽分化发生在花开之前的一个季节；花一般在夏季、秋季或者冬季休眠前开放。而热带和亚热带水果品种，花芽分化则发生在开花前，花芽分化与开花间隔时间很短。目前，有研究指出不同石榴栽培品种，石榴花的着生位置不同，老枝和当年生枝条上都会开花。但石榴花芽分化发生的时间目前还不能确定(Reddy，2011)。在对‘Wonderful’栽培的试验中，我们分析了休眠芽的显微解剖结构，发现分生组织一直处于生长的状态

[图 10-3(a)]，但器官的形成要到春季树体恢复生长后才会有明显的表现。早春时期解剖芽的显微图片[图 10-3(b)]显示，由花原基发育而来的花粉分生组织沿着中心生殖顶端的边缘生长；花发育初期早熟的腋芽是显而易见的。因此，开花调控是石榴在环境和自身基因因素影响下的重要的适应方式和特征。当然，栽培方式的改变，以及利用化学方法处理促进开花，也可能是提高花产量的方法(Chaudhari & Desai，1993)。

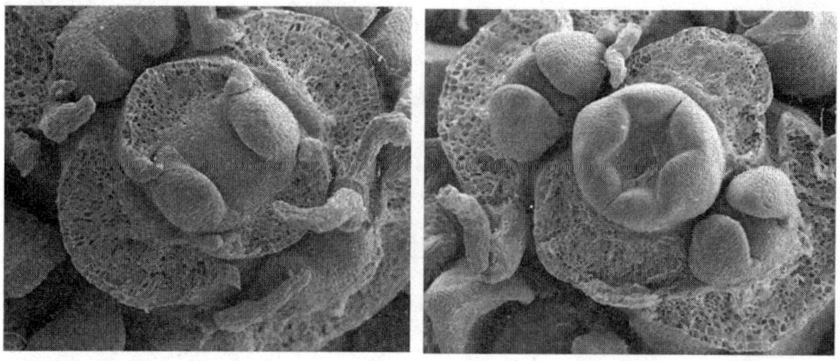

(a)　(b)

图 10-3　石榴营养芽(a)和生殖芽(b)的分生组织显微结构

Fig. 10-3　Meristematic tissue microstructure of vegetative bud(a) and reproductive bud(b)

10.2.2　花的结构和授粉活动

石榴的花朵大而艳丽[图 10-4(a)]，花瓣精致，花色艳丽，呈橙红色至红色。石榴花的雄蕊数量超过 100 个，由黄色的含有花粉的花药组成，上面附着长的红色花丝。花萼呈红色，厚且具革质感，萼筒与子房连生，形成三角形萼片，并且保留至最终在成熟果实中形成具有特点的皇冠形状。与大量的雄蕊相比，石榴花包含由一个盘状柱头形成的单个细长雌蕊，和一个包含许多胚珠的下位子房[图 10-4(b)]。石榴花子房位于下位，花的雄蕊由附着在嵌入花萼管内表面的长的红色花丝的黄色花药组成。花柱四周围绕着花药，这些花药在底部扩大成一个锥形柱基。石榴的花粉则从分化良好的花药的两个离层区释放，花粉具有光滑表面并且呈球形和三角沟形[图 10-4(g)]。而两性花与雄花花型的花粉尺寸相似(约 20 μm)(Wetzstein et al.，2011)。

果实发育需要有发育能力的花粉附着到相应的功能雌蕊上。据观察，柱头表面的花粉收集启动了一系列达成受精的授粉活动。盘状柱头上有渗液丰富、细长乳状突起的细胞。国外研究者通过定时授粉发现，授粉 24h 后花粉管即可到达柱头的底部(Wetzstein et al.，2015)。花粉通过花柱进入可容纳数百花粉管生长的中央花柱道内并开始生长发育。花粉管连接子房和精子细胞，通过珠孔到达胚珠并且完成受精活动。每个石榴籽粒都是一个独立受精活动的结果。

图 10-4 石榴花及胚珠显微结构

Fig. 10-4 Pomegranate flowers and micrographs of ovules

a. 美丽花瓣和许多花丝的盛开花朵 b. 两性花的剖面图 c. 珠柄附着点的痕迹 d. 两性花胚珠 e. 雄花胚珠不发育区域 f. 更多雄花的败育胚珠 g. 花药 h. 花药显微图 i. 花粉显微图

a. Open flower with showy petals and numerous anthers b. Cross section of a bisexual flower c. The attachment site of the funicle, which is shown as scar d. Higher magnification of ovules from bisexual flowers e. Ovules from a male flower showing undeveloped regions f. Ovules from a male flower with more abortive development g. Anther h. Micrograph of anther i. Micrograph of pollen

10.2.3 石榴雄性两性同株和花型

石榴开花过程中，在同一棵树上既有两性花又有功能雄花的情况，称之为雄性两性同株。石榴果实仅由两性花发育而来，雄花则作为花粉源的提供方；另外，雄花会衰落并且不能坐果。研究表明，在两性花中会存在中间花。中间花是指花性别表达过程中存在的雌蕊发育由强到弱的过程。因为只有两性花能够坐果，因而雄花占多数的雄性两性花会导致石榴产量下降。因此，研究作物产量问题时，花型与坐果之间的相关性是很重要课题。近年来，国外有专家对石榴花型的形态和组织学特征进行了观察和阐述(Wetzstein et al.，2011)。

雄性和两性花型可以按照子房形状及花柱长度进行区分。研究显示，两性花花柱细长，一般情况下与花药高度相当，有的花柱更长[图 10-5(b)]。而与两性花相比，雄花的雌蕊发育不完全，高度不一[图 10-5(a)]。此外，雄花的柱头顶部有少许渗液。石榴花的胚珠倒生，并且在花成熟期会完全倒置。因此，胚珠开放的卵孔与珠柄相邻。把胚珠移除后，可以观察到表面有珠柄附着点留下的痕迹[图 10-5(c)(d)]。胚珠可以显示出发育停滞的不同阶段[图10-5(e)]，从顶端区域败育到更多广泛区域的败育，以至于胚珠发育不完全，枯萎，严重退化，并且最终出现败育现象[图10-5(f)]。而两性花与雄性花的胚珠发育也有明显的不同。与雄性花相比，两性花[图10-5(b)]的胚珠发育完全，雄性花[图10-5(c)]的胚珠呈现不同阶段退化的现象。花朵中子房的形状可以用来区分花型[图10-5(d)]：雌花有突出U或瓮形子房，雄花的子房具有V形构造。有研究者对石榴两性花进行扫描电镜观察，发现两性花的柱头呈显著的、不规则的圆盘形，花柱较长且光滑，柱头在花柱头部[图10-5(e)]。另对套袋防止授粉的花朵进行显微观察，可发现一个开放的、形状不规则的、集中分布的花柱管[图10-5(f)]。根据两性花和雄花花型之间性别表达的波动能力，有研究者提出可以通过相应的技术手段允许某种植物以有限的资源配置优化雄花与雌花的功能(Bertin，1982)。石榴花的总数量及两性花和雄花比例随季节、树龄、花的着生位置和环境的变化而变化。有些品种中当环境资源受到限制时，例如生长条件处在低营养、低光照、压力大的条件下时，雌雄花比率会有所下降。国外有学者发现，石榴花中两性花的占比与树体耐受力呈正相关(Chaudhari & Desai，1993)。因而促进雌花的发育可能是影响植物性别表达的一个手段，但是目前仍不清楚季节性变化和种植条件是如何影响石榴花的性别表达。因此，这是今后研究的一个重要方向。

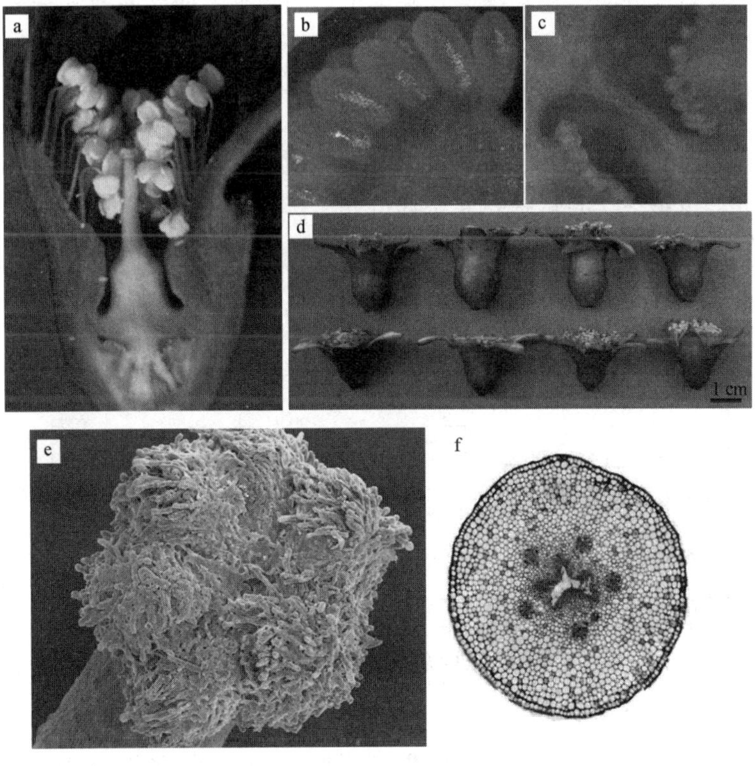

图10-5 石榴花雄花和两性花外观及柱头微结构

Fig. 10-5 Pomegranate flower and electron microscopy of bisexual flower

a. 雄性花剖面图 b. 两性花中发育良好的胚珠 c. 雄花中退化的雌蕊

d. 雄花和两性花的侧面照片 e. 柱头电镜扫描图 f. 花柱管显微图

a. Cross section of a male flower b. Well developed ovules from a bisexual flower c. Degenerated ovules from a male flower

d. Lateral view of bisexual and male flowers e. Electron microscope scan of stigma f. Micrograph of stylar canal

10.2.4 花活力

在许多果树作物中，花和子房大小会影响坐果和最终果实的大小。在果树作物生产中，确定石榴的花朵质量对挂果的影响具有重要的意义。Wetzstein 等(2015)人在测定花活力的研究中发现，两性花的长度和宽度变化超过2倍。此外，花的大小与胚珠的发育与花型和位置相关。在同一簇花里单花和顶花比侧花大很多；侧花中胚珠发育不良的频率很高，并且对挂果和产量有负面影响。

石榴成熟果实的大小与每个果实的籽粒数量有紧密联系。国外研究者测定了石榴花的胚珠数目以验证胚珠发育是否会限制果实大小，通过使用显微解剖和图像分析，发现石榴花包含较多的胚珠数量，在一些花里胚珠数量超过3000个。此外，较小的花不仅包含的胚珠数量显著降低，而且在一些胚珠发育不完全的花中胚珠数量的变化很大(每朵花胚珠数从0到1950不等)[图10-6(a)]。相反，较大的花就有比较持续稳定的较高数量的胚珠(从2032到2950每朵花)。与人工授粉的花比较可见，野外条件下，花朵的大小会导致坐果的显著差异[图10-6(b)]。最小的花坐果率只有12%，相比而言，两组较大的花群的坐果率超过了90%(Wetzstein et al.，2013)。

应该指出的是，花活力对石榴开花结果的影响可能超过了胚珠以及其他雌蕊相关因素的影响。这对区分两性花和雄性花提供了新的角度。两性花通常会产生数量丰富的柱头和花柱渗出物，而且柱头在花柱管内对花粉捕获、水化和促进花粉管生长有重要作用。雄花的柱头渗出物十分有限，虽然可以支持花粉萌发，但花粉管的生长不是定向发育且不能延伸到花柱上。有研究证明雄蕊的性状会影响其他果树作物的坐果情况。如 Rodrigo 等(2009)在对杏的研究中发现，能坐果的花朵与脱落的花朵相比，柱头面积更大、花柱里生长的花粉管和花粉粒以及木质部周围的传输组织更多。因此，利用优质的栽培条件来促进具有较高活力的两性花的发育和功能实现也许是石榴坐果和产量最大化的一个方法。此外，石榴的性别选择和表达时机的研究对于控制石榴发育期的潜力是很有价值的。

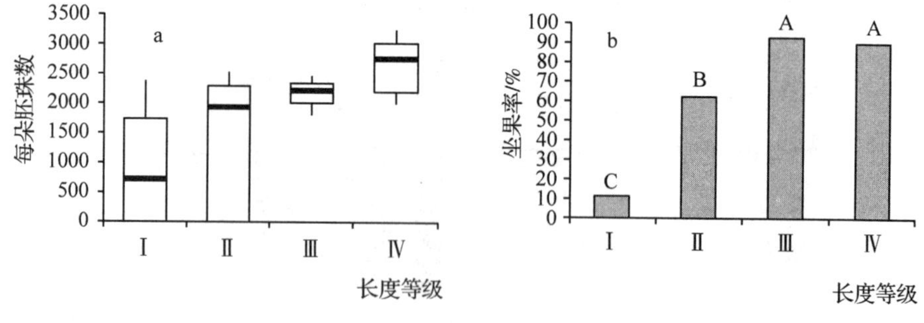

图10-6 花朵大小对胚珠数量和坐果率的影响

Fig. 10-6 Effects of flower size on ovule number and fruit set in pomegranate

a. 花大小与每朵花胚珠数量的关系 b. 花大小与坐果率的关系

a. The relationship between flower size and ovule numbers

b. Percent fruit set obtained in controlled pollinations of pomegranate flowers of different sizes

10.2.5 花可育性

授粉花龄在果树生产中可以对果树坐果和产量产生深远的影响。Primack(1985)在研究中指出，不同植物物种花的寿命差别很大，可以从几个小时、几周到几个月不等。一项对石榴进行的研究中，研究人员将600株两性花在花瓣闭合阶段，通过标记、去除雄蕊、套袋来阻止授粉；对这些花中的一小群花再在开花当天以及第1、2、3、4天分别进行人工授粉，然后测定坐果率和成熟期果实尺寸相关形状(图10-7)。相应的数据表明，授粉花龄对果实和籽粒重量有重要影响；开花第1天授粉获得的果实重量是第4天获得的果实的1.8倍。

Sanzol & Herrero(2009)指出石榴柱头的可授时间与已报道的桃、杏、樱桃、苹果和奇异果可授的时间在开花期内不同，当然，一些桃和梨栽培品种以及杏和蓝莓的柱头的成熟会发生延迟。Steinnacher(2010) 等人指出石榴花在花瓣完全开放之前具有可孕性并且能够坐果，而一些如柱头退化、柱头分泌物减少、胚珠存活时间损失等因素可能会导致花的生殖功能随花期而降低。因此，花生殖功能完好的时间也许是保证雄花与雌花繁殖成功的一个重要因素。同时，栽培条件与环境因素也会影响授粉时间。

图10-7 石榴开花后第0、1、2、3、4天花形态图片

Fig. 10-7 Flower morphology of 0, 1, 2, 3, 4 days after pomegranate flowering

10.2.6 石榴籽发育

石榴籽是含有果汁、并且结构层次多而复杂的成熟果实[图10-8(a)]。每个籽粒都是在独立的胚珠中受精后发育的结果；果实发育需要胚胎生长发育后才能进行受精；种子的硬度则由种皮层决定，而种皮层是由胚珠的保护层—珠被衍生而来。

石榴籽粒的显微结构图表明，石榴籽中含有果汁，其外部区域是由一层大的管状细胞组成，管状细胞的高度可达2mm[图10-8(b)]。这些管胞会在生长季季末沿大量石榴籽粒生长方向伸长。我们观察到石榴果实和籽粒在成熟前的色泽由浅到深[图10-9(a)~(e)]。而且在收获前2个月，籽粒重量会增长40%~50%[图10-9(f)]。胚胎败育、籽粒生长缓慢会导致不结实或者果实偏小。因此，籽粒发育良好、果汁细胞含量高和颜色成分形成物好，是获得高质高产的先决条件。

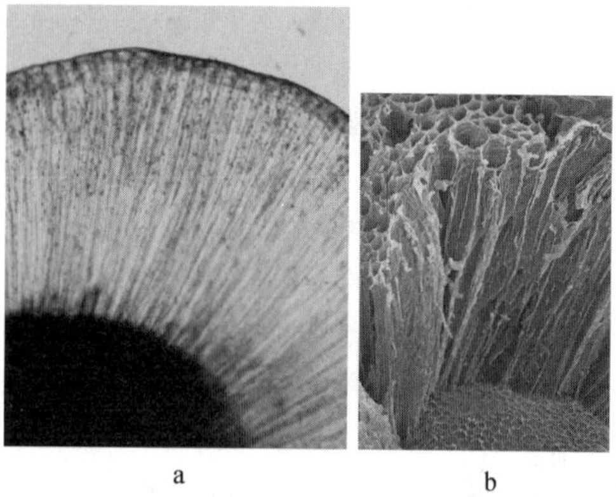

图 10-8 石榴籽粒截面和管胞显微结构

Fig. 10-8 Pomegranate grain section and Tracheid micrographs

a. 横截面显微图 b. 籽粒内单层 2mm 长的巨型管胞

a. Cross section b. Single layer of giant tubular cells to 2mm long

图 10-9 石榴不同时期果实籽粒以及籽粒百粒重变化

Fig. 10-9 Grain and hundred-grain weight change of pomegranate in different periods

a. 成熟前 1 个月果实 b. 成熟早期果实 c. 成熟晚期果实

d. 成熟早期籽粒 e. 成熟晚期籽粒 f. 不同收获时期石榴百粒重

a. One month before the mature fruit b. Early mature fruit c. The late mature fruit d. Early mature arils

e. Late mature arils f. The hundred-grain weight of pomegranate in different harvest time

10.2.7 果实大小相关的特性

石榴果实具有包含数百石榴籽粒的厚革皮。在果园商业化种植中，果实的大小差异变化显著，甚至在以相似耕作方法种植的同一基因型的树上也会存在这样的现象。较大的果实市场价格较高，种植效益较好。Wetzstein 等(2015)通过测定石榴组成成分的变化来确定与果实大小有关的果实形状。结果表明：果实体积、单果重、籽粒总重量和籽粒总数量与果实大小具有高度相关性；相反，籽粒单粒重与果实大小没有显著的关系。这表明提高籽粒数量的果树作物生产策略，是促进石榴生产更大果实的一种方法。同时，生殖发育问题例如胚珠的不完全发育、授粉不足、受精不彻底或者较差的花活力则会限制果实最终的大小。

10.3 结语

石榴生长周期中最关键的生殖活动就是成花和坐果。而花按照雄花或两性花发育路径进行发育，因为只有两性花能够坐果并且结实，同时雌雄花比率越高的花型产量越高。因此在两性花型中，我们希望得到花活力高的花朵，并且这类花具有优势柱头和花柱，以及大量的可育胚珠。这种高度可孕的花型完全授粉后可以促进受精率和坐果率提高。随后的胚胎发育、填充果汁的细胞以及色泽和成分的发育可以提高果实品质及大果的产量。因此，这些关键生殖选择的考虑和鉴定能够促进石榴的种植栽培，促进石榴产业和规模的发展。

本文中图片由美国乔治亚大学园艺系 Hazel Wetzstein 教授提供，在此谨表感谢。

参考文献

BASU A, PENUGONDA K. 2009. Pomegranate juice: a heart-healthy fruit juice[J]. Nutrition Reviews, 67: 49 - 56.

BERTIN R I. 1982. The evolution and maintenance of andromonoecy[J]. Evol. Theory, 6: 25 - 32.

BERTIN P A, NESMITH D S, WETZSTEIN H Y. 2006. Flower age effects fruit set and stigmatic receptivity in rabbiteye blueberry[J]. HortScience, 41: 1537 - 1540.

CHAUDHARI S M, DESAI U T. 1993. Effects of plant growth regulators on flower sex in pomegranate(*Punica granatum* L.)[J]. Indian Journal of Agricultural Sciences, 63: 34 - 35.

CONNOLLY B A, ANDERSON G J. 2003. Functional significance of the androecium in staminate and hermaphroditic flowers of Solanum carolinense (Solanaceae)[J]. Plant Systematics & Evolution, 240: 235 - 243.

CUEVAS J, PINNEY K, POLITO V S. 1999. Flower differentiation, pistil development and pistil abortion in olive(*Oleo europaea* L.)[J]. Acta Hort, 474: 293 - 296.

CUEVAS J, POLITO V S. 2004. The role of staminate flowers in the breeding system of Oleo europaea(Oleraceae): An andromonoecious, wind-pollinated taxon[J]. Annals of Botony, 93: 547 - 553.

DEMASON D A, K W STOLTE. 1982. Floral development in Phoenix dactylifera[J]. Canadian Journal of Botany, 60: 1437 - 1446.

EL SESE A M. 1988. Physiological studies on flowering and fruiting habits of some pomegranate cultivar sunder Assiut conditions[J]. Assiut Journal of Agricultural Sciences, 19: 320 - 336.

LANSKY E P, R A NEWMAN. 2007. *Punica granatum*(pomegranate) and its potential for prevention and treatment of inflammation and cancer[J]. Journal of Ethnopharmacology, 109: 177 - 206.

RAPOPORT H F, MANRIQUE T, CUCCI R. 2004. Cell division and expansion in the olive[J]. Acta Hort, 636: 461 -465.

REDDY Y N. 2011. Certain new approaches to the production problems of pomegranate[J]. Acta Hort, 890: 287 -293.

ROSATI A, ZIPANCIC M, CAPORALI S, et al. 2009. Fruit weight is related to ovary weight in olive(Oleae-uropaea L.)[J]. Sci. Hort, 122: 399 -403.

SANZOL J, HERRERO M, HORMAZA J I. 2009. Pistil traits and flower fate in apricot(*Prunus armeniaca*)[J]. Annals of Applied Biology, 154: 365 -375.

SCHWARTZ E, ZULKER R, GLAZER I, et al. 2009. Environmental conditions affect the color, taste and antioxidant capacity of 11 pomegranate accessions fruits[J]. Journal of Agricultural & Food Chemistry, 57: 9197 -9209.

SHULMAN Y, FAINBERESTEIN L, LAVEE S. 1984. Pomegranate fruit development and maturation[J]. Journal of HortScience, 59: 265 -274.

STEINACHER G, WAGNER J. 2010. Flower longevity and duration of pistil receptivity in high mountain plants[J]. Flora-Morphology, Distribution, Functional Ecology of Plants, 205(6): 376 -387.

YI W, LAW S E, MCCOY E, et al. 2006. Stigma development and receptivity in almond(*Prunus dulcis*)[J]. Annals of Botany, 97: 57 -63.

YI W, LAW S E, WETZSTEIN H Y. 2003. An in vitro study of fungicide effects on pollen germination and tube growth in almond[J]. HortScience, 38: 1086 -1088.

WETZSTEIN H Y, RAVID N. 2008. Floral initation and development in pomegranate[J]. HortScience, 43: 1140.

WETZSTEIN H Y, RAVID N, WILKINS E, et al. 2011. A morphological and histological characterization of bisexual and male flower types in pomegranate[J]. Journal of the American Society for Horticultural Science, 136: 83 -92.

WETZSTEIN H Y, YI W, PORTER J A, et al. 2013. Flower position and size impact ovule number per flower, fruit set, and fruit size in pomegranate[J]. Journal of the American Society for Horticultural Science, 138: 159 -166.

ZHANG T, TAN D Y. 2009. An examination of the function of male flowers in an andromonoecious shrub Capparis spinose[J]. Journal of Integrative Plant Biology, 51: 316 -324.

作者简介

苑兆和：南京林业大学林学院，博士，教授；E-mail：zhyuan88@hotmail.com；
肖巍：南京林业大学林学院，研究生；E-mail：1554687925@qq.com。

专题 11　竹秆发育生物学研究进展

Review on Development of the Bamboo Culm

丁雨龙

南京林业大学南方现代林业协同创新中心，竹类研究所　江苏南京　210037

【内容提要】本专题主要介绍了竹秆形态建成过程中笋芽分化、竹秆初生增粗生长和竹秆高生长的研究进展。形态学与解剖学的研究已经初步揭示了这一过程的生物学基本规律，但有关顶端分生组织是如何控制髓腔与秆壁的分化、节与节间的分化、秆壁增厚过程中肋状分生组织的分化、竹子纤维细胞增厚的机理和居间分生组织的活动的规律等尚有待进一步研究。尤其是要加强从分子生物学水平探索不同组织分化的基因调控研究。

11.1　引言

竹子是最重要的森林资源之一，全球竹林面积 $2500 \times 10^4 \sim 3000 \times 10^4$ hm^2(周芳纯，2015)。竹亚科有木本竹子(woody bamboo)约 70 属 1200 种(Soderstrom & Ellis，1987；Clark，1995；Dransfield，1995；Li，1998；Judziewicz et al.，1999；Clayton，2008)，草本竹子(herbaceous bamboo)约 21 属 100 余种(Judziewicz et al.，1999)。木本竹子的自然分布区主要在亚洲、南美洲和非洲，北美洲仅在美国东南部有青篱竹属(*Arundinaria*)3 种，欧洲无天然竹林。草本竹子除了布尔戈竹属(*Buergersichloa*)分布在新几内亚外，其他 20 属集中分布在南美洲，仅莪莉竹属的阔叶莪莉竹(*Olyra latifolia*)分布在斯里兰卡和非洲。

中国是世界竹子分布中心之一，有 34 属 550 余种(Li et al.，2006)。天然竹林东起台湾，西迄西藏南部，南自海南岛，北延秦岭大巴山区都有分布。第八次全国森林资源清查结果显示，我国人工经营的竹林面积约 600×10^4 hm^2。

我们祖先利用竹子的历史可以追溯到新石器时代，竹子与 5000 年的中华文明史息息相关(周芳纯，2015)。竹笋，自古被当作“菜中珍品”。《诗经》中就有“加豆之实，笋菹鱼醢”“其簌伊何，惟笋及蒲”等诗句，表明了人们食用竹笋有 2500 ~ 3000 年的历史。随着竹资源工业化利用技术的不断进步，以竹材为原料的新产品也层出不穷，特别是应用于家具、装饰、医药、保健等领域的高附加值产品越来越多。竹产业已经成为中国现代林业产业不可或缺的重要组成部分。

有关竹子的形态学、解剖学、竹秆发育过程中纤维形态与结构动态变化、竹材物理与化学性质、竹林丰产高效培育技术等已经有大量的文献报道(Metcalfe, 1960; Grosser & Liese, 1971; 熊文愈等, 1980, 1982; 周芳纯, 1998; 贺新强等, 2000; He et al., 2002; 甘小洪等, 2004; 董丽娜, 2007; 于芬, 2011)。但有关竹秆个体发育的研究还不够系统。竹秆发育生物学的研究是竹林培育的基础，以丰产、高效和食品安全为目标的竹林培育所采取的各种经营措施都必须符合竹秆个体发育的基本规律。由于草本竹类研究资料较少，本专题介绍的竹秆发育生物学研究仅限于木本竹子现况。

11.2 竹秆的形态建成

竹秆的形态建成涉及两个重要发育过程：①笋芽的分化。从竹鞭上(散生竹)或竹蔸上(丛生竹)的侧芽开始萌动到竹笋出土之前，通过顶端分生组织细胞分裂、分化，笋芽完成节与节间的分化和基本完成初生增粗生长。在这一发育过程中，所需时间因竹种的不同而有所不同。②竹秆的高生长。竹笋露出地面后，通过居间分生组织的分裂与分化，节间完成伸长生长。在这一发育过程中，所需时间也因竹种的不同或同一竹种因发笋时间的早晚而有差异。

11.2.1 笋芽分化

散生竹发笋的时间通常在3~5月，分布在低海拔的丛生竹发笋时间通常在6~9月，分布在高海拔的丛生竹发笋时间通常在8~9月，寒竹属(*Chimonobambusa*)竹种的发笋时间大多在9月下旬至10月中旬。少数竹种，如月月竹(*Chimonobambusa schichuanensis*)和四季竹(*Oligostachyum lubricum*)，除了集中发笋的季节外，其他季节也能零星发笋。

毛竹(*Phyllostachys edulis*)是我国栽培面积最广、经济价值最大的散生竹，其地上部分器官发育与地下器官的发育及生长在时间上是一个连续交替的过程。通常每年3月中、下旬发笋，新竹到6月底完成高生长和抽枝展叶，7月进入新竹鞭生长阶段，至当年11月中旬停止生长。新鞭发生的部位通常是2年生竹鞭的前端的2~3个芽，形成2~3条分叉的新竹鞭。新鞭的长度因立地条件的不同而有所区别，通常在2m左右；新鞭的节数与地上竹秆的节数基本一致。当年生新鞭上侧芽的芽体较弱小，也称弱芽(图11-1a)，弱芽紧贴芽沟，通常不能分化形成笋芽；新鞭梢部幼嫩的部分通常因冬季寒冷而死亡。2~4年生竹鞭上的侧芽在适宜的条件下可分化形成笋芽，因此，笋芽的分化与新竹鞭的生长在时间上有部分重叠。中小型散生竹当年生竹鞭上的侧芽能够分化成笋芽，并在翌年发笋。董丽娜(2007)和冯建元(2010)分别系统地观察了毛毛竹(*Phyllostachys varioauriculata*)和毛竹笋芽分化的过程。毛毛竹与毛竹虽然同属刚竹属，但因秆形大小差异显著，其笋芽的分化启动时间也不同。毛毛竹属于小径竹，笋芽分化启动的时间在12月至次年1月间，而毛竹笋芽的分化通常在8月中旬启动。

以毛竹为例，2~4年生竹鞭上的部分弱芽一旦进入萌动期，首先是芽尖上扬，逐渐离开芽沟，芽尖突破最外层芽鳞。经过约4周的时间，笋芽体态逐渐饱满，呈圆锥体，与竹鞭呈近45°夹角。新露出的芽鳞为浅黄色。原来最外层芽鳞破碎、脱落，此时

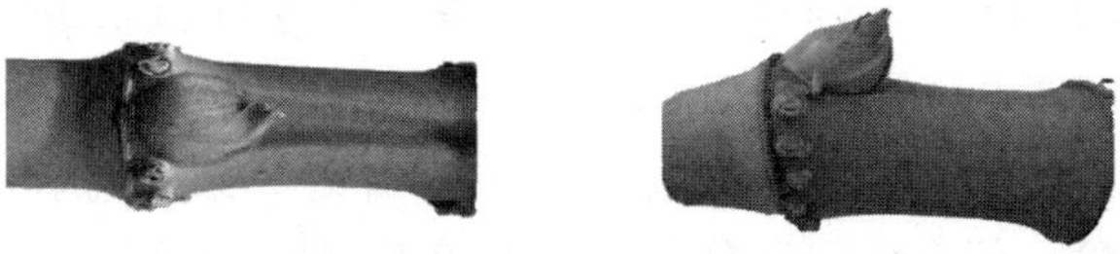

图 11-1　竹鞭上芽的发育状况

Fig. 11-1　Different developmental phase of the lateral buds on the rhizome

a. 弱芽　b. 壮芽

a. juvenile bud　b. stalwart bud

的芽也叫壮芽(图 11-1b)。随着芽体的继续膨大，芽尖开始直立向上生长，至 9 月中旬，笋芽进入发育期。根据秆柄(俗称螺丝钉)发育程度、髓分生组织的发育程度、芽的直径、芽的高度及去除部分芽鳞后芽体的形态等特征，将笋芽的发育期大体分为发育前期、发育中期和发育后期。从笋芽萌动至次年竹笋出土前，顶端分生组织经过不断的细胞分裂和分化，形成节、节间、节隔、笋箨和居间分生组织，则未来竹秆的节数已定，出土后不再增加新节。此时竹秆的初生增粗生长也已基本完成，竹笋出土后直径也不再显著增加。从 8 月中下旬笋芽萌动到春笋出土前，历时 180~200d。

从生竹没有真正在地下横走的竹鞭，笋芽分布在秆基(俗称竹蔸)，通常有互生的 4~5 对芽。林业生产上通常将最下部的一对芽称“头目”，由下向上，依次称为“二目”“三目”等(图 11-2)。

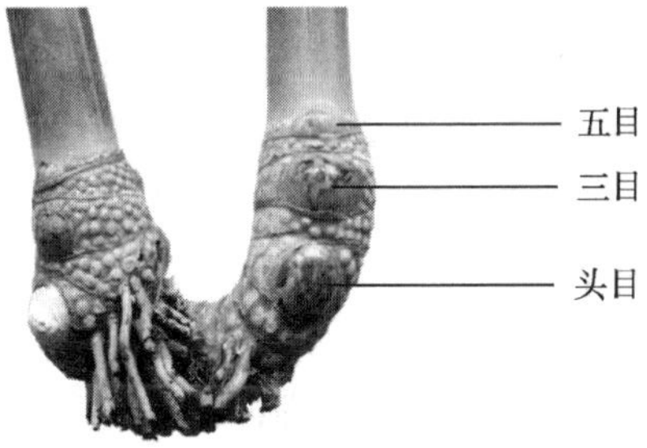

图 11-2　丛生竹秆基上的侧芽

Fig. 11-2　The lateral buds on the culm base of pachymorph bamboos

生长在低海拔地区(海拔 1000m 以下)的丛生竹，如簕竹属(*Bambusa*)、牡竹属(*Dendrocalamus*)等大多在初夏至夏末发笋；高海拔的种类，如箭竹属(*Fargesia*)、玉山竹属(*Yushania*)等则多在夏末初秋发笋。有关丛生竹笋芽分化的研究报道不多，现有的研究大多集中在麻竹(*Dendrocalamus latiflorus*)、绿竹(*Bambusa oldhamii*)等主要经济竹种的发笋规律以及幼竹成熟过程(周益权等，2011)。在经营以笋用为主要目标的丛生竹时，为了促进提早发笋常采取“扒土晒目”的经营措施，实际上是人工促进笋芽分化的过程。但相关的机理研究还十分缺乏。对丛生竹笋芽分化过程开展研究，不仅在理论上可以揭示不同类型竹子笋芽分化的机理，在林业生产上对提高竹笋产量也有重要的应用价值。

寒竹属(*Chimonobambusa*)的竹种大多数分布在海拔 1000m 以上，其生境的特点是湿度大，冬季寒冷、夏季凉爽。大多数竹种在 9~10 月发笋，如金佛山方竹(*Ch. utilis*)

和合江方竹(*Ch. hejiangensis*)，但也有春季发笋，如方竹(*Ch. quadrangularis*)和筇竹(*Ch. tumidinoda*)。寒竹属竹子笋味鲜美，作为优良的笋用竹已经受到广泛的关注，筇竹、金佛山方竹等的发笋规律、幼竹生长、群落结构等已经有较多报道(董文渊等，2002；张喜等，2014)，但有关笋芽分化的研究尚不多见。

夏末秋季发笋的寒竹属、箭竹属和玉山竹属竹子，通常分布在高海拔地区。寒竹属具有真正的地下横走的竹鞭，箭竹属和玉山竹属的竹子虽然没有真正的地下横走的竹鞭，但通常有或多或少延伸的秆柄(Culm neck，俗称假鞭)，而且由西南高山向东部沿海随着经度的变化其秆柄的长度越来越长。分布在我国台湾玉山的玉山竹(*Yushania niitakayamensis*)其秆柄可长达2m。对高山竹种笋芽分化开展研究可以揭示竹子笋芽分化对生态环境的响应，对进一步探讨竹类植物系统演化也具有重要意义。

11.2.2 竹秆的初生增粗生长

不同竹种竹秆的直径与竹壁厚度差异很大。龙竹(*Dendrocalamus sinicus*)竹秆的直径可达35cm，秆壁厚度可达3.5cm，而一些地被类竹种如铺地竹(*Pleioblastus argenteostriatus*)，其秆的直径一般只有0.5cm，秆壁的厚度约为0.1cm。

竹子顶端分生组织为典型的原套和原体结构。原套分化形成秆箨、竹秆的表皮以及芽原基，原体经过细胞分裂、分化，逐渐形成髓分生组织(pith meristem)和周围分生组织(peripheral meristem)，竹秆初生增粗生长是这两类组织细胞分裂和分化的结果。髓分生组织进一步分化形成髓，大多数竹子的髓细胞随着竹秆的发育逐渐死亡而形成为髓腔。最新的解剖学研究表明，竹秆直径的大小与髓腔的体积有显著相关性。在竹秆的横切面上，髓腔的比例占整个竹秆直径的70%以上。有些竹子的髓细胞不死亡，如分布在南美洲的朱丝贵竹属(*Chusquea*)竹种，其特点就是竹秆全部实心。有关控制原体细胞是如何进一步分化成髓分生组织和周围分生组织的相关分子生物学的研究尚未见报道。

周围分生组织由外向内最初仅4~5层细胞，经过平周分裂不断增加秆壁厚度的细胞层数，通过纵向的垂周分裂增加竹秆围度的细胞数量，通过横向的垂周分裂增加今后分化为节与节间的细胞数量。周围分生组织细胞分裂与分化分别产生皮层、竹秆的基本组织和肋状分生组织，肋状分生组织进一步分化成维管束和纤维束，使秆壁的厚度增加。秆壁横切面上，纤维束所占比例为40%左右，维管束占18%左右，其余为基本组织。因此，肋状分生组织的数量和活动能力对秆壁厚度的发育起着至关重要的作用。100多年前，人们在研究玉米、甘蔗等禾本科植物茎秆增粗生长机制时，将这种肋状分生组织称为初生增粗分生组织(primary thickening meristem)。竹类植物在笋芽分化发育时，肋状分生组织是如何进一步分化产生导管、筛管、微管束内的薄壁组织和围绕维管束的纤维鞘尚缺乏深入系统的研究。

11.2.3 竹秆的高生长

与其他禾本科植物一样，竹笋出土后秆快速高生长的原因被公认为是居间分生组织活动与分化的结果。有关居间分生组织和居间生长的研究在20世纪70年代以前已有大量的文献报道。随后，虽然相关研究不再是植物学研究的热点，但关注禾本科植物组织与器官分化的解剖学和细胞学的研究也从未中断过(李扬汉，1979；熊文愈等，1980，1982；李正理等，1983；Evans，2004)。

上述研究分别探讨了居间分生组织的起源、分布的部位和类型、居间分生组织细胞的分裂周期及细胞增殖率、增殖细胞的位置等核心问题。从组织学、细胞学、生理学等不同研究层次揭示了植物居间生长的机理。尽管人们对居间分生组织的分布、类型、细胞分裂的周期和增殖率、细胞分裂的位置等有不同的学术观点，但基本认为禾本科植物在节间分化早期，整个节间的细胞都属于居间分生组织。随着节间不断分化成熟，居间分生组织逐渐被局限于节间的基部，最后也停止分裂而老化成熟。这种经典的理念在李扬汉先生的多个版本的植物学教材中和李正理先生的多个版本的植物解剖学专著中(李扬汉，1979；李正理，1982)都有具体的描述。熊文愈先生在研究毛竹竹秆和竹鞭居间分生组织时也得到了相似的结果(熊文愈，1980a)(图11-3)。

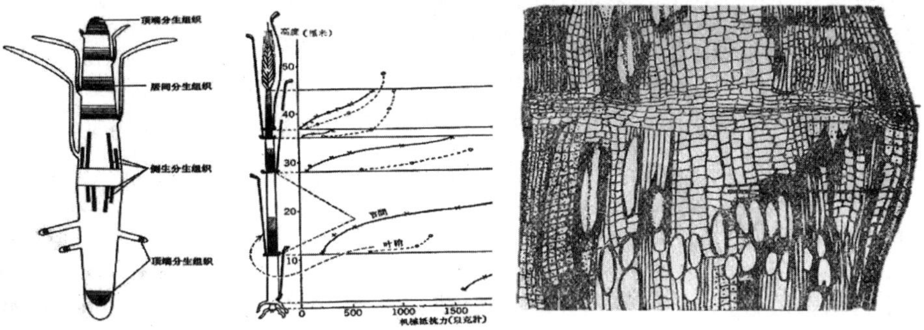

a b c

图11-3 有关居间分生组织在植物茎秆中的分布示意图

(a. 李扬汉，1979 b. 李正理，1983 c. 熊文愈，1980)

Fig. 11-3 Shown the intercalary meristem in culm of Gramineae

Evans 等(2004)对芦苇(*Phragmites australis*)、小麦(*Triticum aestivum*)、玉米(*Zea mays*)和一种竹子(*Bambusa* sp.)4种禾本科植物的居间分生组织细胞长度的变化进行比较系统的研究。其目的是探讨有关禾本科植物茎秆居间分生组织中具有分裂能力的细胞的边界(the boundaries of the proliferative parenchyma cells in the intercalary meristems)和居间分生组织中细胞的分裂能力(the proliferative capacity of cells in the intercalary meristems)。研究结果显示：同一物种的居间分生组织在细胞分裂区域内薄壁细胞的长度都不同；同一物种不同节间基本组织中长细胞的长度非常相似，但不同物种节间基本组织中长细胞的长度不同。居间分生组织中具有分裂能力的细胞数量，竹子少于15个、芦苇10~25个、小麦20个、玉米25个。这是目前唯一的一篇涉及竹子居间分生组织细胞分裂频率统计的学术论文。遗憾的是，Evans 等研究的材料是已经成熟的竹秆，没有观察竹秆形态建成过程中居间分生组织活动的规律。因此，他们认为的竹子居间分生组织中具有分裂能力的细胞少于15个的结论有待进一步考证。

整个竹秆的成熟顺序总体上是向顶性的，即基部的节间最先发育成熟，依次向上推进，顶部的节间最后成熟。但在竹秆快速高生长期，地上部分各个节间的发育在时空上是重叠的，即多个节间的居间分生组织同时在进行细胞的分裂与分化。竹秆快速高生长是多个节间同时伸长生长叠加的效果，当稍部最后一个节间的伸长生长结束后，竹秆高度达到最大值。从竹笋出土至高生长结束这一过程中，顶端分生组织何时丧失细胞分裂能力有待进一步研究。

就单个节间而言，其成熟顺序是向基性的，即节间上部最先发育成熟，然后逐渐向下推进。秆箨的存在是这一程序性发育过程顺利进行的保障。相互重叠又紧密包裹的秆箨为竹子节间快速伸长生长提供了黑暗湿润的小环境，一旦节间的长度超过秆箨的长度，被阳光照射部分的细胞很快就停止伸长生长，并加速了木质化进程。此时，仍然被秆箨包裹的部位能够继续进行细胞的分裂和伸长生长，直至秆箨逐渐失水，每个节间的中下部也逐渐停止细胞分裂和伸长生长，节间的长度也不再发生变化。

竹秆纤维、输导组织(导管和筛管)和基本组织细胞的大小与它们所处的位置密切相关。竹秆中部的节间最长，相应地各类组织的细胞长度也最长。就一个节间而言，最顶部的各类组织的细胞长度较短，向下则细胞长度逐渐增加；至 1/3 处，各类细胞的长度达到峰值；再向下至 2/3 处，细胞长度开始逐渐减小；至节部则最短。同一节间、同一部位的竹壁由外向内，外面的细胞短小，向内逐渐增加，至秆壁中部达到峰值，再向内逐渐减小(Liese et al.，1972)。这种与位置相关的变化规律可能是竹秆内部微环境动态变化的结果，也可能与它们细胞的有效生长时间密切相关。

11.2.4 竹节的发育

禾本科植物的秆大多中空，节的存在能够加强秆对外界环境的抗压能力。竹秆节间中的维管束相互独立，呈典型的散生中柱。在节区，主维管束从下面一个节间直接进入上面一个节间，但部分维管束发生分叉。分叉的维管束一部分与箨鞘和枝条的维管束相连，另一部分则进入节隔，尤其是在秆壁内侧与节隔交接部位堆积了大量的细小维管束(图 11-4)，它们在节区形成一个复杂的网络体系，构成物质横向运输的主要通道(丁雨龙，1995)。在节区，竹秆节间中典型的维管束结构消失了。维管束的侧鞘通常发育很差或不发育，丛生竹维管束两极的分离纤维束不复存在。后生木质部已不再有大型的导管，而由大量的大小不等的导管组成。为了适应水分及养分的横向转运，原生木质部的导管分子常具分叉，后生木质部的导管则具多个穿孔。

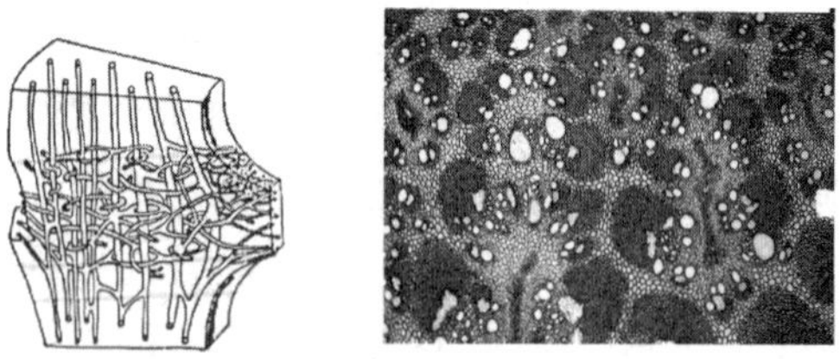

a　　b

图 11-4　竹节部微管束构造

Fig. 11-4　The vascular bundles in bamboo nodal region

a. 维管束网络示意图　b. 横切面上典型的竹类维管束特征不复存在

在维管束分叉处，韧皮部形成了一种特殊的“韧皮部结”(phloem ganglion)构造(图 11-5)，它们由大量细长的线形薄壁细胞形成纺锤体状的迭生构造。细长的线形薄壁细胞的直径只有5μm，长度却可达140μm。这些线形细胞侧壁上具有大量的纹孔，并一直保持非木质化状态，如同竹秆基本组织中的短细胞。与这些纺锤体相连的筛管端壁不再是正常的平的单筛板，而呈弧形凸起，从而使得正常的筛管分子与这些细长线形薄壁细胞之间的物质传递得以通过筛域与纹孔进行。丁雨龙等(2000)和于芬等(2007)分别对“韧皮部结”的发育和超微结构与发育过程中 Ca^{+} – ATP 酶的活性进行了研究，但这一特殊结构是如何发育以及它们可能的生理功能仍不清楚。

竹节的发育迟于箨鞘的发育。从第一箨鞘原基出现，向下大致到第10个幼箨，此后发育成节与节间的细胞在形态上已经出现明显差异。节间细胞大多等径，并有明显的液泡化现象，因而染色较浅，节部的细胞体积较节间的小，液泡化程度也较低，因而染色较深。

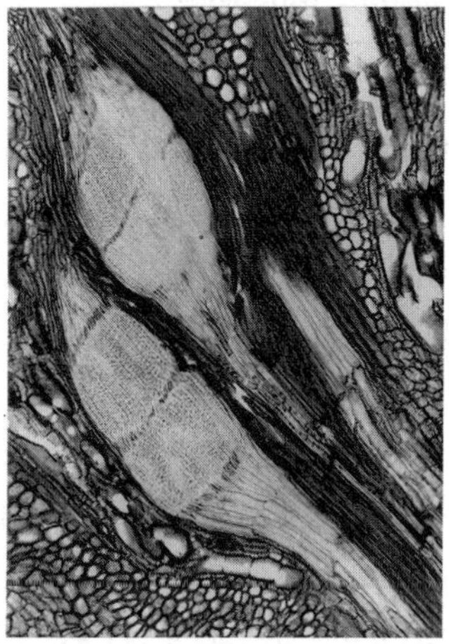

图11-5 竹节部韧皮部分叉处形成的纺锤状“韧皮部结”

Fig. 11-5 Shown the phloem ganglion in bamboo nodal region

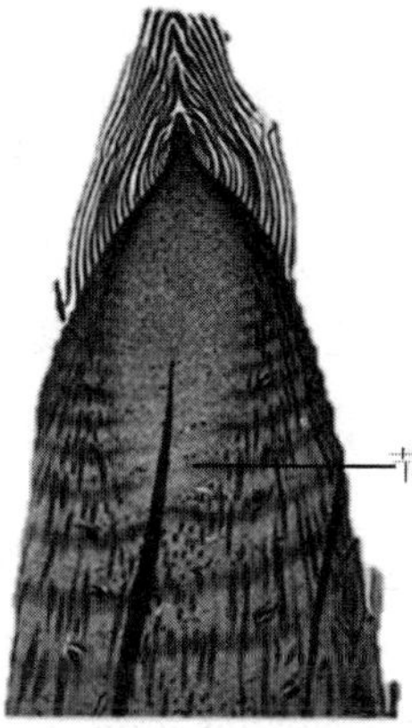

图11-6 示节隔分化

Fig. 11-6 Shown the differentiation of diaphragm of the node

在分化过程中，髓分生组织除了分化形成髓腔外，在节部还分化形成节隔。距离第一箨鞘原基约30个节的部位出现完整的节隔雏形(图11-6)。随着髓细胞的死亡与解体，与髓细胞相邻的秆壁基本组织细胞分化形成髓环。Liese等(2006)研究了髓环的分化与形成过程。

11.2.5 竹秆的成熟生长

竹笋从出土到新竹完成高生长并抽枝展叶，历时约60d。此时，尽管竹秆的形态建成和竹秆内各类组织细胞的分化均已完成，但纤维细胞次生壁的加厚仍将继续。刚刚完成高生长的新竹秆，其纤维细胞壁的厚度平均约1.1μm，纤维细胞的腔径平均约7.3μm。随着竹秆年龄的增加，纤维细胞壁的厚度急剧增加，腔径则急剧减小。4年生竹秆纤维细胞壁的厚度接近最大值，约6.2μm，腔径约2.2μm(图11-7)(甘小洪等，2006)。5年生以上的竹秆纤维细胞壁的厚度几乎不再增厚，尽管在8年生竹秆的纤维细胞中仍能观察到少量原生质体(甘小洪等，2004)。竹类植物具有不同于其他木本植物生长发育的特殊性，即无次生生长，初生生长所形成的组织将在植物一生的生长发

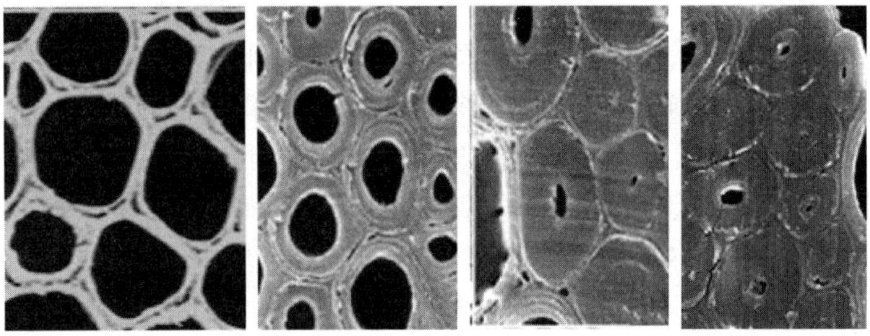

图 11-7 竹子纤维细胞壁随竹秆年龄增加不断增厚的状况

Fig. 11-7 The cell wall variation of fiber with aging

(from left to right：1st year，2nd year，3rd year and 4th year)

育过程中保持活性直到植物死亡，而得不到新组织的补充。因此，毛竹茎秆纤维长时间地保持原生质的活性，有助于次生壁的持续加厚，以适应植物继续生长发育的需要，是一种不同于其他植物机械组织的长寿细胞。在毛竹的生长过程中，纤维所承担的不仅仅是支持功能，可能还承担着维管束与基本组织之间的物质联系作用。

11.2.6 竹秆的异形生长

正常发育的竹秆通常为圆筒形，仅在分枝一侧有或长或短的浅沟槽。但在自然界，竹秆的发育常常发生一些变异，如罗汉竹(*Phyllostachys aurea*)、龟甲竹(*Ph. edulis* 'Heterocycla')、螺节竹(*Pleioblastus gramineus* 'monstri-spiralis')、平安竹(*Pseudosasa japonica* 'Tsutsumiana')、小佛肚竹(*Bambusa ventricosa*)、大佛肚竹(*Bambusa vulgaris* 'Wamin')等(图 11-8)。这些竹秆异常生长的性状只有极少数竹子，如平安竹是稳定遗传的。在一个群体中，每一根竹秆都表现出相同的变异性状。大多数竹子竹秆的变异类型不能稳定地遗传给下一代。小佛肚竹和大佛肚竹缩短的节间被认为是一种芽变，导致芽变的机理目前尚不清楚。罗汉竹和龟甲竹只是一根竹秆的部分节间发生变异，显然不同于小佛肚竹和大佛肚竹的芽变，其变异机理尚有待进一步研究。

图 11-8 节间异常生长的竹秆

Fig. 11-8 Abnormal developed culm

平安竹被认为是矢竹(*Pseudosasa japonica*)的变异类型。通过比较解剖学研究，发现变异型与野生型的笋芽分化早期没有差异，平安竹节间缩短是肋状分生组织在分化形成维管束和纤维束的过程中，维管束内侧的部分纤维细胞的分化出现了异常。这些变异的纤维细胞呈管状，其腔径与后生木质部导管的腔径接近。

11.3 竹秆个体发育研究展望

竹子作为一种可再生的重要森林植物资源越来越受到人们的关注，但涉及竹秆个体发育的许多科学问题亟待开展深入系统的研究。

11.3.1 肋状分生组织

肋状分生组织是竹秆秆壁增厚的重要基础。周围分生组织中哪些细胞是肋状分生组织的原始细胞，肋状分生组织的原始细胞又是如何分化为导管、管孢和纤维细胞等不同组织，围绕着维管束的纤维鞘由众多的纤维细胞组成，它们分化与成熟的顺序如何等这一系列的问题都有待进一步研究。

11.3.2 居间分生组织活动格局

Evans 等(2004)认为不同物种的居间分生组织形成的细胞群(cell populations)，其细胞长度都不呈指数分布，但约有 50% 的细胞群的年龄分布呈指数分布。研究的结论是：居间分生组织中并非所有的薄壁细胞都能进行快速的细胞分裂；居间分生组织中具有潜在分裂能力的细胞(短细胞)也不局限于某个特定的区域，而是星散分布在整个节的范围。

董丽娜(2007)以毛竹为材料较为系统地观察了从笋芽萌动、笋芽分化结束直至竹秆高生长结束过程中竹子居间分生组织活动的过程。冯建元(2010)以毛竹为研究材料，较为系统地观察了毛竹笋芽的发育。这些研究发现竹子居间分生组织的活动规律与已有的研究报道和经典的教科书中所描述的不尽相同。由原体衍生形成的周围分生组织进一步分化产生原形成层束和居间分生组织(基本组织原始细胞)。统计结果表明，毛竹高生长结束后胸径处的节间长度一般在 25~30cm，竹节秆壁中部的基本组织中长细胞与短细胞的数量比例约为 6:1，长细胞与短细胞的平均长度比例也是 6:1 左右。因此，整个节间中短细胞的数量在 50~60 个之间。这一结果与 Evans 等(2004)认为竹子居间分生组织中具有分裂能力的细胞少于 15 个的结论有显著差异。

居间分生组织是竹秆快速高生长的基础。但以下这些问题至今也未见报道：不同节间、同一节间不同部位的居间分生组织细胞数量与它们分裂的频率是否有差异？竹秆壁由外向内不同位置的居间分生组织活动有何不同？细胞伸长的倍率与节间长度的相关性是什么？不同竹种的居间分生组织活动能力是否不同[如粉单竹(*Bambusa linannia*)节间的长度能够超过 1m，而大多数竹种的节间长度小于 50cm]？居间分生组织的活动能力与环境因子(如光照、降水量和湿度等)有何相关性？

11.3.3 纤维细胞次生增厚的机理

在幼竹高生长的过程中，一旦节间的长度不再增加，纤维细胞的体积也基本不再增加。此时纤维细胞内的线粒体、内质网和高尔基体等细胞器已经降解，表现出典型的程序性死亡过程(He et al.，2002；甘小洪等，2004)。然而，随着竹秆年龄的增加，尤其是小于4年生的竹秆，纤维细胞壁的次生增厚过程仍在进行。那么，丧失了细胞器的纤维细胞是如何合成次生壁急剧增厚所需的物质？如果这些物质不是由纤维细胞自身合成，那么是由哪些细胞来参与合成的？合成后又是如何运输到纤维细胞内的？纤维细胞壁的次生增厚是否有季节性？

11.3.4 基本组织中的长细胞与短细胞

竹秆形态建成后，秆内基本组织有长短差异极大的两种类型的细胞，而水稻、玉米等作物的基本组织中没有这样长短细胞的区别(图 11-9)。这两种类型的细胞不仅形态上差异显著，其细胞结构和生理活性也完全不同(于芬等，2011)。这意味着它们可能担负着不同的生理功能。随着竹秆年龄的增加，长细胞的细胞壁发生增厚并木质化，而且短细胞终生保持薄壁和非木质化状态。长细胞具有积累和储藏淀粉的功能，短细胞则长期保持较高 ATP 酶的活性。短细胞在竹秆居间生长过程中担负什么样的功能？它们是否是由居间分生组织保留下来的原始细胞？这些都还需要更多的组织学、细胞学的证据。

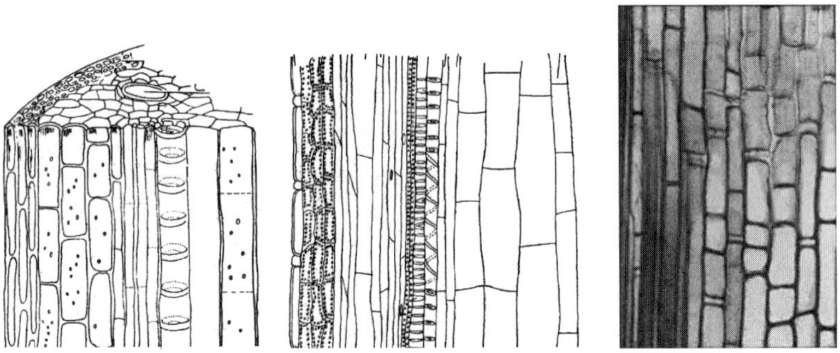

大麦茎秆纵切(李扬汉)　　小麦茎秆纵切(李扬汉)　　竹秆纵切

图 11-9 大麦、小麦和竹子茎秆中基本组织细胞的差异

Fig. 11-9 Longitudinal section of barley, wheat and bamboo culm shown the differences of the parenchyma cells

11.3.5 竹秆发育的分子生物学研究

竹秆形态建成过程中，涉及细胞分裂与分化，物质的合成、代谢、运输以及不同组织发育的程序等一系列的生命活动。无疑，这些生命活动都受到遗传信息的调控。近年来，竹秆发育的分子生物学研究受到关注。

Wang Kuihong(2010)对竹鞭上与芽发育相关的基因进行了研究，通过与水稻跨物种微阵列杂交，共获得318个上调基因和339个下调基因，包括那些参与调节和信号传导、代谢、胁迫，以及与细胞壁相关的基因。通过参照拟南芥和水稻同源基因的功能分析方法，对其中 52 个上调基因可能的功能进行了描述。他们还克隆了 6 个与竹鞭上与芽发育可能相关的基因，并进行了测序与表达模式分析。原位杂交表明，*PpRLK*1 基因在笋芽的分生组织与原形成层中表达，*PpHB*1 基因则在笋尖和原形成层中表达，与竹鞭上芽的形成及原形成层发育密切相关。

竹子的力学性质与纤维的数量和特性密切相关。纤维细胞次生壁的增厚有着独特的方式。Vineeta Rai 等(2011)以主产印度的 *Bambusa balcooa* 为研究材料，鉴定了与竹子纤维发育相关的基因。他们借助于 PCR-SSH(PCR-based suppressive subtractive hybridization)技术共获得 521 个上调表达序列标签，其中 41 个为重叠群，65 个为非重复表达序列标签(ESTs)。通过 BLASTX 搜索，307 个 ESTs 具有功能注释，可归纳为物质运输、代谢、信号转导和对环境相应等几大类。通过 RNA 窄缝杂交(RNA slot-blot)、定量等技术，分析了 13 个重要的与 *Bambusa balcooa* 纤维发育相关表达序列标签的表达模式。利用共聚焦激光扫描电镜检测了 V1Bb147(类蛋白激酶蛋白) 和 V1Bb88(含 myb 结构域蛋白)两个 *ESTs* 基因的 mRNA 转录定位。这些基因的转录水平与竹秆发育的时空关系并非都呈线性相关，而是忽高忽低，既有相互作用，又各有特点。这一结果也清楚地意味着这些基因与 Ca^{2+} 信号通道、细胞壁合成、激素调控、系统维持细胞膨压和细胞骨架合成通道等竹子纤维发育相关。

He 等(2013)以毛竹幼竹不同发育阶段的竹秆为材料，分析了与竹子快速高生长相关的激素动态变化和基因表达。转录组测序共获得了 4590 万个读长(reads)，每个读长为 180bp；获得的 154 903 个重叠群，平均长度为 259bp。通过 Trinity Assembly 分析，获得了 60 393 个非重复序列基因(unigenens)，并进行了相关功能注释。在此基础上利用数字基因表达谱对竹秆快速生长过程中不同阶段进行了表达谱分析与比较。这为进一步开展竹秆发育的分子生物学研究提供了很好的基础。

毛竹全基因组测序工作的完成，为竹秆发育分子生物学研究提供了重要的基础(Peng et al.，2013)。越来越多的研究关注竹秆高生长的分子生物学基础(Peng et al.，2013；Vineeta Rai et al.，2012；Wang et al.，2015)。分生组织细胞的分裂与其衍生细胞的分化是植物形态建成基础。有关控制顶端分生组织与居间分生组织细胞分裂与分化的分子生物学研究还未见报道，有关启动竹鞭上(散生竹)和秆基上(丛生竹)侧芽分化的分子机制的也有待加强。

参考文献

丁雨龙，W LIESE. 1995. 竹节解剖构造的研究[J]. 竹子研究汇刊，14(1)：24 – 32.

丁雨龙，樊汝汶，黄金生. 2000. 竹子节部“韧皮部结”的发育与超微结构[J]. 植物学报，42(10)：1009 – 1013.

董丽娜. 2007. 毛毛竹秆茎高生长的发育解剖研究[D]. 南京：南京林业大学.

董文渊，黄宝龙，谢泽轩，等. 2002. 筇竹生长发育规律的研究[J]. 南京林业大学学报(自然科学版)，26(3)：43 – 47.

甘小洪，丁雨龙. 2004. 毛竹茎秆纤维发育过程的超微结构观察[J]. 植物学通报，21(2)：180 – 188.

甘小洪，丁雨龙. 2006. 毛竹茎秆纤维发育过程中细胞壁的变化规律研究[J]. 林业科学研究，19(4)：

457 -462.

贺新强，王幼群，胡玉熹，等．2000. 毛竹茎纤维次生壁形成过程的超微结构观察[J]. 植物学报，42(10)：1003 -1008.

李扬汉．1979. 禾本科作物的形态与解剖[M]. 上海：上海科学技术出版社．

李正理，张新英．1983. 植物解剖学[M]. 北京：高等教育出版社．

熊文愈，丁祖福，李又芬．1980. 竹类植物的居间分生组织与节间生长[J]. 林业科学，(2)：81 -91.

熊文愈，丁祖福，李又芬．1982. 竹类植物地下茎稍部的居间分生组织和节间生长[J]. 竹类研究，1(1)：22 -32.

于芬，丁雨龙，尹增芳．2007. 毛竹"韧皮部结"发育过程中 Ca^+ -ATP 酶的超微定位[J]. 西北植物学报，27(4)：645 -650.

于芬，丁雨龙．2011. 毛竹竹秆基本组织发育过程中 ATP 酶的超微定位[J]. 江西农业大学学报，33(2)：300 -305.

张喜，龙志永，许才万，等．2014. 密度调控对金佛山方竹低产人工林结构的影响[J]. 竹子研究汇刊，33(3)：54 -59.

周芳纯．1998. 竹林培育学[M]. 北京：中国林业出版社．

周芳纯．2015. 周芳纯竹类研究所文集[M]. 北京：科学技术文献出版社．

周益权，顾小平，吴晓丽，等．2011. 丛生竹秆基各笋目的出笋成竹生物学特性研究[J]. 林业科学研究，24(3)：314 -320.

CHEN C Y, HSIEH M H, YANG C C, et al. 2010. Analysis of the cellulose synthase genes associated with primary cell wall synthesis in *Bambusa oldhamii*[J]. Phytochemistry, 71: 1270 -1279.

CLARK L G. 1995. Bamboo systematics today[J]. Euro Bamboo Soc. J, 6: 40 -46.

CLAYTON W D, HARMANN K T, WILLIAMSON H. 2008. GrassBase—the online world grass flora[C]// Royal Botanic Gardens, Kew. Online at http: //www. rbgkew. org. uk/ data/ grasses -db/. Accessed 27 Sep. 2008.

DRANSFIELD S, WIDJAJA E A. 1995. Plant resources of South-East Asia No. 7: Bamboos[M]. Backhuys, Leiden.

EVANS L S, R K PEREZ. 2004. Diversity of cell lengths in the intercalary meristem regions of grasses: location of proliferative cell population[J]. Can. J. Bot., 82: 115 -122.

GROSSER D, W LIESE. 1971. On the anatomy of Asian bamboos with special reference to their vascular bundles[J]. Wood Sci Technol., 5: 290 -312.

HE X Q, SUZUKI K, KITAMURA S, et al. 2002. Toward understanding the different function of two types of parenchyma cells in bamboo culms[J]. Plant Cell Physiology, 43(2): 186 -195.

HE CAI-YUN, KAI CUI, JIAN-GUO ZHANG, et al. 2013. Next-generation sequencing-based mRNA and microRNA expression profiling analysis revealed pathways involved in the rapid growth of developing culms in Moso bamboo[J]. BMC Plant Biology, 13: 119.

JUDZIEWICZ E J, CLARK L G, LONDONO X, et al. 1999. American bamboos[M]. Washington and London: Smithsonian Institution Press.

LI D Z. 1999. Taxonomy and biogeography of the Bambuseae(Gramineae: Bambusoideae). [C]//Rao AN, Rao VR. Bamboo——Conservation, Diversity, Ecogeoraphy, Germplasm, Resource Utilization and Taxonomy. Proceedings of training course workshop, Malaysia: IPGRI_ APO.

LI D Z, WANG Z P, ZHU Z D, et al. 2006. Tribe Bambusoideae[J]. Flora China, 22: 11.

LIESE W, D GROSSER. 1972. Untersuchungen zur variabilitaet der faserlaenge bei bumbus[J]. Holzforschung, 26: 202 -211.

LIESE W, U SCHMITT. 2006. Development and structure of the terminal layer in bamboo culms[J]. Wood Sci Technol, 40: 4 – 15.

METCALFE C R. 1960. Anatomy of the monocotyledons. I. Gramineae: bamboos[M]. London: Oxford Univ. Press, 578 – 585.

SODERSTROM T R, ELLIS R P. 1987. The position of bamboo genera and allies in a system of grass classification[C]// Soderstrom TR, Hilu KW, Campbell CS, Barkworth ME. Grass systematics and evolution. Washington, D. C: Smithsonian Institution Press, 225 – 238.

PENG Z, LU Y, LI L, et al. 2013. The draft genome of the fast growing non-timber forest species moso bamboo(*Phyllostachys heterocycla*)[J]. Nat. Genet, 45: 456 – 461.

PENG Z H, ZHANC C L, ZHANG Y, et al. 2013. Transcriptome sequencing and analysis of the Fast Growing Shoots of Moso Bamboo(*Phyllostachys edulis*)[J]. PLoS ONE, 8(11): online.

WANG K H, PENG H Z, LIN E P, et al. 2010. Identification of genes related to the development of bamboo rhizome bud[J]. J. Exp. Bot., 61(2): 551 – 561.

WANG H Y, CUI K, HE C Y, et al. 2015. Endogenous hormonal equilibrium linked to bamboo culm development[J]. Genet. Mol. Res., 14(3): 11312 – 11323.

VINEETA R, JAYADRI S G, AMITA P, et al. 2011. Identification of genes involved in bamboo fiber development[J]. Gene, 478: 19 – 27.

VINEETA R, NRISINGHA D. 2012. Identification of programmed cell death related genes in bamboo[J]. Gene, 497: 243 – 248.

作者简介

丁雨龙：南京林业大学竹类研究所，博士，教授；E-mail：ylding@vip.163.com。

专题12　竹类植物生殖生物学研究进展

Review on Reproductive Biology of Bamboos

林树燕，丁雨龙

南京林业大学南方现代林业协同创新中心，竹类研究所　江苏南京　210037

【内容提要】竹类开花现象是植物生物学研究的热点和难点，本专题介绍了国内外有关竹类开花研究的进展，具体包括：竹类开花生物学特性(开花周期及习性、花序及花器构造、花粉萌发率)、胚胎发育、遗传改良、开花分子生物学研究，以及竹类植物开花假说等方面取得的进展，并且对竹类植物花后更新措施进行了阐述。

开花结实是种子植物的特性，竹类自然也不例外，只是许多竹种的营养生长年限长达数十年至数百年，才会进入生殖生长阶段。我国对竹类开花现象的观察早在两千多年前的《山海经》就记载有："竹生花，其年便枯。"晋代戴凯所著的《竹谱》中记述着："竹子六十年易根，易根必生花，生花必结实，结实必枯死，实落土又复生。"指出竹子的开花周期为60年。据史料记载，竹类花期不固定，有的一生一次，有的一生多次。一次开花的竹种，花后全林或全丛死亡，由种子落到林下长出实生苗后更新恢复[如毛竹(*Phyllostachys edulis*)、撑篙竹(*Bambusa pervariabilis*)等]；也有全林死亡后，个别地下茎仍能抽出更新鞭，长出更新竹，如桂竹(*Phyllostachys bambusoides*)、乌哺鸡竹(*Phyllostachys vivax*)等；一生多次开花的竹种每次花后又能抽出新竹秆，其营养生长也会逐渐得到恢复；也有的开花结实与出笋长竹同时进行，持续不断。竹类植物开花有的成片成群，有的零星散生，甚至在单株竹秆上仅有部分枝条开花结实，另一部分枝条仍为营养生长。

由于竹类植物营养生长周期长，正常情况下很难看到竹类开花，所以竹类植物生殖器官的形态与解剖、系统分类与亲缘关系以及起源和演化等方面的研究工作受到了很大的限制，尤其是关于胚胎学方面的研究，国内外报道的资料很少。与其他农作物或经济林木相比，竹类植物的有性生殖方面的研究差距甚大。目前的研究主要集中在花器形态、花器构造、花粉形态和花粉生活力等方面。此外，还有少量关于胚胎的研究。

12.1 竹类开花生物学特性研究现状

12.1.1 竹类植物开花周期及开花习性

很多学者认为，竹类植物开花主要是受个体生长发育周期性规律支配，一般认为竹类生长到60a必然开花，即60a为一个周期。但是竹的种类很多，且分布地区的环境气候条件差异很大，因此个体生长发育周期性开花时间长短不同。例如，毛竹、淡竹(*Phyllostachys glauca*)、刚竹(*Phyllostachys sulphurea* var. *viridis*)等开花周期为50~60a；紫竹(*Phyllostachys nigra*)和白哺鸡竹(*Phyllostachys dulcis*)开花周期为40~50a；冷箭竹(*Arundinaria faberi*)的开花周期约50a；方竹(*Chimonobambusa quadrangularis*)的开花结实周期为60a左右(何奇江等，2003)；角竹(*Phyllostachys fimbriligula*)开花间隔期至少在60a以上(张文燕等，1992)。在日本京都大学上贺茂试验基地的观察发现：毛竹的开花周期为67a，开花后，生产了大量种子的植物体常常枯死，若以其地下茎代替种子进行更新则需要15~20a的时间才能使竹林恢复原貌。可见不同竹种开花期迟早是有差异的；即使是同一竹种，由于地域性差异或者环境变化影响，开花期也有不同。

开花结实是高等植物的共同属性，竹子亦不例外。竹类的开花习性分为每年或接近每年开花的竹子、成片而定期开花的竹子、开花不规则的竹子3个类型。

(1)每年或接近每年开花的竹子

这类竹有 *Arundinaria wightiana*，*Bambusa lineata*，*Ochlandra Stridula*，*Ochlandra scriptoyia* 等(张文燕等，1990)。这里要特别提醒的是：有的竹子开花持续期长，如茶秆竹(*Arundinaria amabilis*)开花持续时间长达15a，福建茶秆竹(*A. amabilis* var. *convexa*)和白纹东根笹(*Arundinaria chino* var. *angustifolius*)开花持续时间长达5~8a之久，因此易被误认为每年开花的竹子。

(2)成片而定期开花的竹子

据报道，我国20世纪60~90年代出现箬竹(*Indocalamus tessellatus*)、桂竹(*Ph. bambusoides*)、斑竹(*Ph. bambusoides* var. *lacrimadeae*)、寿竹(*Ph. bambusoides* var. *shouzhu*)、毛竹、白哺鸡竹、红壳竹(*Ph. iredescens*)、淡竹、紫竹、水竹(*Phyllostachys heteroclada*)、刚竹(*Ph. sulphurea* var. *viridis*)、雷竹(*Ph. violascens* f. *prevernalis*)、角竹、巴山木竹(*Arundinaria fargesii*)、箭竹(*Fargesia spathacea*)、冷箭竹，华橘竹(*Fargesia robusta*)、方竹等竹种的大面积成片开花(表12-1)。

成片定期开花的竹子一次性开花结实后，其中有的竹种地下系统发生腐烂，地上的竹株成片枯死，如毛竹、梨竹(*Melocanna baccifera*)等；有的地上部分枯死，而地下竹鞭仍存活，经若干年后就能复壮更新，如桂竹、寿竹、早竹(*Ph. Oiolascens*)、雷竹、乌哺鸡竹、角竹、水竹、淡竹、紫竹、毛金竹(*Phyllostachys nigra* var. *henonis*)、刚竹等。

(3)开花不定期的竹子

不定期开花或经常零星开花的竹子，如筱竹(*Thamnocalamus spathiflorus*)、青秆竹(*Bambusa tuldoides*)、青皮竹(*B. textilis*)、糯竹(*Cephalostachyum pergracile*)、甜笋竹

表 12-1 成片开花竹种情况

竹 种	开花时间(年)	开花竹林面积(hm^2)	开花竹林地点
箬竹(*Indocalamus tessellatus*)	1958—1962	采收种子数百万斤 浙江省安吉县采收种50余吨	范围遍及浙西十多个县
	1954	67	浙江西天目山
毛竹(*Phyllostachys edulis*)	1963—1980	3300~4600	广西的昭平、贺县、蒙山、荔浦、恭城等
	1973	大量开花	江西兴国
斑竹(*Phyllostachys bambusoides* f. *lacrimadeae*) 淡竹(*Phyllostachys glauca*) 毛金竹(*Phyllostachys nigra* var. *henonis*) 刚竹(*Phyllostachys viridis*)	1960—1973	约2000 (斑竹、淡竹、毛金竹、刚竹的合计面积)	河南省6个地区12个县; 陕西商南县和南郑县
冷箭竹(*Bashania faberi*)	1975	30 296	陕西秦岭地区
巴山木竹(*Bashania fargesii*) 华西箭竹(*Fargesia nitida*) 华橘竹(*Fargesia robusta*)	1978年后	约2400 约3800 约2300	陕西秦岭地区和四川等地的大熊猫分布区
早竹(*Phyllostachys praecox*) 乌哺鸡竹(*Phyllostachys vivax*) 淡竹(*Phyllostachys glauca*) 紫竹(*Phyllostachys nigra*) 红哺鸡竹(*Phyllostachys iridenscens*) 水竹(*Phyllostachys heteroclada*)	1966年后	成片开花。其中江苏各地的乌哺鸡竹在1969—1974年间几乎全部开花枯死	江苏、浙江、安徽和上海
寿竹(*Phyllostachys bambusoides* f. *shouzhu*)	1975—1983	约670	四川梁平县明月山中段百里槽竹山区
方竹(*Chimonobambusa quadrangularis*)	1984	成片开花	贵州赤水县的官渡、长沙、旺隆三个区
刚竹(*Phyllostachys viridis*)	1989	成片开花	安徽六安地区的六安、金寨、霍山等县
角竹(*Phyllostachys fimbriligula*)	1994	成片开花	浙江上虞县等地
淡竹(*Phyllostachys glauca*)	2014	成片开花	济南

(*Phyllostachys elegans*)、牡竹(*Dendrocalamus strictus*)、麻竹(*D. latiflorus*)、慈竹(*B. emeiensis*)、吊丝球竹(*B. beecheyana*)、绿竹(*B. oldhami*)、大头典竹(*D. beecheyanus* var. *pubescens*)、白哺鸡竹、福建茶秆竹、白纹东根笹等。不定期零星开花的竹林不会出现全林枯死现象，有的竹种仅开花竹株枯死，有的竹种则开花竹株仍保持常绿和正常生长，如花竹(*B. albo-lineata*)、福建茶秆竹(*A. amabilis* var. *convexa*)和白纹东根笹(*A. chino* var. *angustifolius*)等。

20世纪60~80年代，我国广东、广西、福建、云南、贵州、四川等地分布的零星或小片开花竹种主要有麻竹、绿竹、吊丝球竹、大头典竹、青皮竹、撑篙竹、硬头黄竹(*B. rigida*)、吊丝单竹(*B. variostriata*)、粉单竹(*B. chungii*)、车筒竹(*B. sinospinosa*)、慈竹、料慈竹(*B. distegia*)、梁山慈竹(*Dendrocalamus farinosus*)等。在长江流域有苦竹、罗汉竹(*Ph. aurea*)、雷竹、水竹等。在黄河流域的紫竹(*Ph. nigra*)、筠竹(*Ph. glauca* f. *yunzhu*)、箭竹(*Fargesia spathacea*)等。

事实上，有些竹种则具有不定期零星开花和成片定期开花两者的习性，如雷竹、桂竹、毛竹、白哺鸡竹、甜笋竹、牡竹等。

总之，每年或接近每年开花的竹子不会出现竹株枯死，不定期小片或零星开花竹林不会出现全林成片枯死现象，有的竹种仅开花竹株枯死，但并不影响未开花竹株的正常生长；有的竹种则是开花竹株也不会枯死。大面积成片开花竹林，对竹子生产是巨大威胁，通常造成全林枯死。成片开花后的竹林，只有通过有性天然或人工更新或无性复壮更新才能恢复，但所需时间都比较长，一般需 10～15a 时间。

12.1.2 花序及花器构造

竹类植物的花序可分为两大类型，即一次发生和续次发生。一次发生花序有总梗，花序主轴分枝为圆锥状、总状和近穗状，其着生位置是在植物营养体某些部分最上方的一片营养叶之上，花序轴及其分枝常实心。续次发生花序由无柄的假小穗组成，形成头状、球状簇丛。小穗有柄或缺，含 1 至多花。每小穗下方有 1 至数枚(通常为 2 枚)颖片。

何奇江等(2003)对雷竹(*Ph. uiolascens* f. *prevernalis*)花穗和花器进行了研究，发现：①雷竹开花时绝大多数花穗无竹叶，如 3 年生雷竹，无叶花穗比例高达 93.32%，据此推断可能是开花植株处于生殖生长期抑制了营养生长而引起的，并最终导致开花植株的衰败死亡。②雷竹开花时，花丝细长使花药吐出稃片，而柱头很少露出稃片，而且花柱多屈曲，给雷竹花授粉带来了困难。另外，由于春季多雨多风，花药常被雨水冲淋，使其花粉脱落或吸水破裂，给授粉带来了更大的困难，所以雷竹花的结构也是造成其不育的主要原因之一。

竹子的花为颖花，通常为两性花。一般由内稃、外稃、雄蕊、雌蕊、鳞被(浆片)等几个部分组成。雄蕊通常 3 或 6 枚，或变动在 3～6 枚之间，也有多达 30～120 枚的；花柱 2 或 3 枚，基部常合为一，其上具柱头 2 或 3 枚，稀 1 或 4 枚；鳞被(浆片)通常 3 片。开花时，内、外稃张开，雄蕊和雌蕊伸出；开花时间一般为几小时，晴天开花较多，雨天开花较少；上午开花最为强烈，中午、下午较弱。按花的构造和开花特点，竹花可分为开放型[以簕竹属(*Bambusa*)为代表]和闭合型[以牡竹属(*Dendrocalamus*)为代表]两类。开放型竹花由外稃、内稃、雄蕊、雌蕊、浆片组成，开花时浆片吸水膨胀撑开稃片，雄蕊伸出，雌蕊三相分开，雌雄同熟，掌握授粉时机较容易；闭合型花的小花不具浆片，开花时稃片不张开，雌雄蕊不同时伸出且雌雄异熟，授粉时机较难掌握。张文燕等(1989)根据花柱的伸出程度又将竹子的花分为长花柱型和短花柱型：前者柱头细长，开花时稃片微启，柱头伸出稃外，早竹、红壳竹、刚竹等的花柱属于这种类型；后者花柱较短，不伸出稃外，开花时稃片张开露出柱头，如苦竹(*A. amarus*)、斑苦竹(*Arundinaria maculatus*)、华丝竹(*Arundinaria intermedius*)等的花柱则属于短花柱类型。竹子果实通常为颖果，少数为梨果。

12.1.3 花粉萌发力

花粉与植物遗传育种有十分密切的关系，探讨竹类植物花粉的特性，是竹类植物开花结实、遗传育种研究的主要内容之一。花粉的生活力表现为它维持受精功能长短的能力，是由遗传基础决定的，同时也受各种环境条件的影响。竹子的花粉较轻，无黏性，由风媒传播。乔士义(1984)、张光楚等(1986)、张文燕等(1989，1990，1992)、汪奎宏等(2000)人曾先后对毛竹、刚竹、苦竹、斑苦竹、斑箨茶秆竹(*Arundinaria notata*)、寿竹、红壳竹、水竹、早竹等竹种的花粉生活力进行了一定的研究：张文燕等(1989)对刚竹属 *Phyllotachys*、青篱竹属 *Arundinaria*、大节竹属 *Indosasa* 4 属 13 种竹子的花粉在扫描电镜下观察后，发现竹子花粉的外表形状较一致，呈近球形，具单个近圆形的大小各异的萌发孔，孔周围具加厚不一的孔环。早竹花粉的外观较一致，呈近球形。花粉粒大小也较相近，直径 45.0～55.0μm。每粒花粉具有一个明显的突起物，在突起物的末端有一个孔口，称萌发孔，近圆形。孔周围具加厚不一的孔环。萌发孔内径 47～60μm，外径 10.0～12.0μm。萌发孔中间的突起物为花粉管的前端。花粉有内壁和外壁之分，花粉外壁纹饰大多为细颗粒状，颗粒较密(张文燕等，1992)。桂竹的花粉在显微镜下观察为近圆形，具单个萌发孔，在扫描电子显微镜下观察为球形或近球形，具圆形的单极孔，孔具孔环和孔盖，外壁纹饰为细颗粒状，花粉粒大小为 52.5～79.8μm，属大型孢子类型。花粉外壁纹饰大多为细颗粒状，有的则为粗颗粒状或疣状。竹子花粉孢壁很薄易剥落。张文燕等(1989)采集了角竹和斑苦竹的成熟花药，但花药中极少有花粉散落出来。花药内壁电镜扫描观察发现花粉在花粉囊中全部败育的情况；少量或部分花粉的败育现象在其他竹种中也时有发生。研究发现：①存在两种雄性不育的类型，即花药合并型的篌竹(*Ph. nidularia*)和无花粉型的雄性不育如斑苦竹。②竹类植物花粉普遍存在着不同类型的败育现象，观察到典败型、圆败型和浅染型等花粉败育类型，10 个竹种以浅染型败育为主，并有部分圆败。花粉败育受环境条件和遗传因子的影响，各竹种的花粉败育类型和败育程度是有变化的，华丝竹、水竹等竹种盛花期的花粉败育率均达 50% 以上。③竹类植物自然授粉率很低，常常导致即使是处于盛花期的竹种也很少结实，处于盛花期的桂竹自然授粉率仅仅 44.4%，而斑箨茶秆竹(*Arundinaria notata*)仅 10% 的授粉率。这是有关竹子花粉在花粉成熟时期产生大量败育的首例报道。何奇江等(2003)对雷竹花穗和花器进行了研究，发现：①雷竹开花时绝大多数花穗无竹叶，如 3 年生雷竹，无叶花穗比例高达 93.32%，据此推断可能是开花植株处于生殖生长期抑制了营养生长而引起的，并最终导致开花植株的衰败死亡。②雷竹开花时，花丝细长使花药吐出稃片，而柱头很少露出稃片，而且花柱多屈曲，给雷竹花授粉带来了困难。另外，由于春季多雨多风，花药常被雨水冲淋，使其花粉脱落或吸水破裂，给授粉带来了更大的困难，所以雷竹花的结构也是其不育的主要原因之一。桂竹花粉的发育除了本身的遗传因子外，与外界的气候条件也有着密切的关系，气温在 20℃ 以下时，一般不能形成正常的具生活力的花粉，竹类植物开花后结实率普遍低下，主要原因在于竹类植物的雄性不育和花粉败育(张文燕等，1992)。付顺华(2002)研究发现雷竹花粉萌发率低，且活力丧失很快。上述研究结果表明竹子花粉生活力低下，在自然状态下极易失活。林树燕(2007，2008)对 8 种竹子[鹅毛竹(*Shibataea chinensis*)、月月竹(*Chimonobambusa sichuanensis*)、异叶苦竹(*Arundinaria simonii* f. *heterophylla*)、福建茶秆竹(*A. amabilis* var. *convexa*)、短穗竹(*Semiarundinaria densiflora*)、粉绿竹(*Phyllostachys viridiglaucescens*)、黄条早竹(*Phyllostachys uiolascens* f. *notata*)、黄槽石绿竹(*Ph. arcane* f. *luteosulcata*)]花粉形态、萌发率及开花进程进行了研究，结果表明：竹子花粉形态为近球形，具单个萌发孔，外壁纹饰为颗粒状。各竹种间花粉萌发率普遍稍低，而且差异显著，最高萌发率为76.5%，最低仅5.3%。由小花开花进程可得，这几种竹子都在上午这段时间开花较快。这些结果可为进一步研究竹子人工授粉和实行杂交育种等提供参考依据。

12.2 竹类植物胚胎学研究现状

植物胚胎学是植物育种的基础，但因竹子开花的不确定性及种子难以获得等原因，相关研究报道较少。最早的报道应是关于象鼻竹(*Melocanna baccifera*)的果实形态与解剖方面的研究，他把幼小的胚珠制成切片，指出了子房壁、子房腔、胚囊、胚乳所处的大体位置，并绘制了解剖图(Otto Stapf，1902)。1907年，Brandis分别解剖了*Dinochloa*，梨竹属*Melocanna*、梨藤竹属*Melocalamus*、*Ochlandra*等属一些种类的果实，发现全部果实没有胚乳。Holttum(1956)将竹类植物的子房分为四大类；Reeder.J. R.(1957、1962)解剖了9种竹子果实的胚体结构，创立了禾本科的"胚型公式"，并把这个公式用作划分亚科的重要依据(John R. Reeder，1962)。S. Dransferd于1981年研究了*Dinochloa*属的形态解剖和分类，解剖7种竹子中的3种果实，指出该属的果实没有胚乳或仅有退化胚乳的痕迹(Soejatah Dransferd，1981)。在1985年和1987年，B. Hari Gopal et al.解剖了簕竹属*Bambusa*，梨藤竹属*Melocalamus*，*Ochlandra*，牡竹属*Dendroncalamus*和泡竹属*Pseudostachyum*等5属约7个种的子房，观察了它们的果皮和胚体结构。

在国内，也是由于上述原因，关于竹子胚胎学的研究报道很少。最早的是1984年乔士义、廖光庐报道的毛竹胚胎学的观察，初步揭示了毛竹的胚胎学特征，他们为其他竹类植物的胚胎学方面的研究开了先河。后来一些学者对竹子的果实和胚体的形态、结构进行了研究，如1994年，胡成华和喻富根、陈玲报道的对竹类的果实胚体进行的比较解剖与系统分类方面的内容。1994年，庞延军、喻富根、胡成华等报道了爬竹(*Drepanostachyum scandens*)雄蕊发育异常的初步观察，认为在爬竹的雄蕊发育过程中，部分雄蕊在不同时期发生会偏离于正常途径的发育，这些异常现象最早出现在雄蕊原基发育时期。异常发育的雄蕊或者不能形成花粉囊；或者形成了花粉囊但囊内细胞高度液泡化，缺乏原生质，无法形成有效的小孢子母细胞(庞延军等，1994)。同年他们又对寒竹进行了胚胎学观察与研究，认为小孢子形成为连续型，小孢子四分体为田字型、绒毡层腺质型、成熟花粉粒二细胞型、花粉粒具单一萌发孔，成熟的雄配子体具二雄配子。雌蕊二心皮，合生，一室侧膜胎座，一胚珠、倒生，珠被二层，厚珠心；胚囊发育属蓼型，反足细胞多达几十个，胚乳发育为核型(胡成华等，1994)。1996年，胡成华与胡朝辉报道了云南龙竹(*Dendrocalamus yunnanicus*)、黔竹(*D. tsiangii*)的果实是一种植物学上新的果实类型，并称之为两型果(胡成华等，1996)。1999年，黄坚钦、黄华宏、何福基等对雷竹的小孢子发生和雄配子体形成进行了研究，结果表明：雷竹幼小花药表皮下的一列孢原细胞发育为初生壁和初生造孢细胞层，后者向心分裂形成8列左右次生造孢组织，并直接分化为一圈小孢子母细胞。减数分裂为连续型。四分体呈平面左右对称排列。花药壁由4层细胞组成，即表皮层、2层中层和绒毡层。在整个发育过程中始终无药室内壁层的形成和分化，表皮层发育起到药室内壁的作用，中层在小孢子母细胞发育过程中一层退化，绒毡层为腺质绒毡层，二核，四分体时期呈现解体，贴边期被吸收殆尽(黄坚钦，1999)。2006年，王曙光对巨龙竹(*Dendrocalamus sinicus*)生殖器官结构、大小孢子的发生和雌、雄配子体的发育过程进行了观察研究，发现：巨龙竹为一心皮组成的单室单子房，子房内具有一个胚珠，倒生、双珠被、厚珠心。大孢子母细胞减数分裂形成线形排列的4个大孢子，合点端大孢子具功能。胚囊的发育为蓼型，具多个反足细胞。巨龙竹的花药壁由4层结构组成，包括表皮、药室内壁、中层、绒毡层；花药壁发育为单子叶型，绒毡层为腺质型。小孢子母细胞减数分裂中的胞质分裂为连续型，四分孢子为四面体型；成熟花粉粒为二细胞型，具1个萌发孔。小穗发育雌雄异熟，雌蕊的发育早于雄蕊的发育(王曙光等，2006)。林树燕等对异叶苦竹和鹅毛竹的胚胎发育过程进行了详细研究，发现：鹅毛竹和异叶苦竹花药各具4个药室，花药壁由表皮、药室内壁、中层、绒毡层4层结构组成，花药壁发育为单子叶型，绒毡层为腺质型，小孢子母细胞减数分裂中的胞质分裂为连续型，产生左右对称型小孢子。鹅毛竹成熟花粉大多二细胞型，异叶苦竹成熟花粉多为三细胞型，都具1个萌发孔。鹅毛竹和异叶苦竹子房为单子房，子房1室，侧膜胎座，1个倒生胚珠，双珠被，薄珠心。大孢子母细胞由1个雌性孢原细胞直接发育而成，大孢子四分体呈线型，合点端1个大孢子分化为功能大孢子，由功能大孢子经过3次有丝分裂形成8核胚囊，发育类型为蓼型。

竹类植物的果实可分为3种类型：①颖果类型。绝大多数竹种果实属于颖果类型，干燥而不开裂，果皮与种皮紧密相连，体型较小，通常认作种子，细长或椭圆形似麦粒。②坚果类型。如方竹属竹种的种子，椭圆形，果实为坚果状，果皮较厚硬，可与种子剥离。③浆果类型。少数竹种的果实属于囊果、浆果状类型。各种果实的形状、大小和质量的差异很大。

张文燕等(1990)认为竹类植物普遍存在花而不实的现象，不少竹种大面积开花，且持续多年，但很少结实或不结实。上田弘一郎等(1975)最早在开花刚竹中试验，结果仅得到了皱缩的种子。笠原等(1984)研究刚竹结实情况后指出，刚竹不能依靠种子来繁殖。秦自生和Taylor曾采集拐棍竹(*Fargesia robusta*)、糙花箭竹(*F. scabrida*)、缺苞箭竹(*F. denudata*)、华西箭竹(*F. nitida*)的果穗，均未采到成熟果实。陈舒怀和谭宏超(程舒怀等，1997)在研究龙竹(*Dendrocalamus giganteus*)时发现，龙竹的雌蕊子房发育不健全，而雄蕊又很难形成花粉粒，故目前尚未见到有关龙竹种子的报道。袁金玲(2005)研究丛生竹开花授粉时发现，簕竹属绿竹亚属的3个竹种雌蕊退化，花粉少或无，不易结实。

但又有资料显示，大多数竹子在开花后都能结实，尤其是野生竹种(表12-1)。除我国历史上像《竹谱》等有记载的开花结实现象外，1936年柏菁两山方竹全林开花，竹米成熟入土，当年萌芽，长成幼苗形如丛生状，第3年鞭芽和笋芽分化，鞭芽延伸、扩展，笋芽出土成竹，初纤细如筷，逐年增粗，后经人为挖密补稀，抚育管理，10年左右大多恢复成林，1945年开始采笋。1975年四川省的缺苞箭竹(*F. denudata*)、糙花箭竹(*F. scabrida*)及冷箭竹(*B. faberi*)相继发生大面积开花枯死，天然下种后通过人工促进获得更新。1958—1960年，孟加拉国吉大港的Matamure和Sungu林区，几万公顷的梨竹(*M. baccifera*)开花结实，老竹枯死，种子天然更新成林。浙江省现有的箬竹(*In-*

docalamus tessellatus)林，也都是20世纪50年代开花结籽后，由掉入林地的种子萌发生长繁衍的结果(程有龙等，1995)。张家贤等(1992)对爬竹(*D. scandens*)的开花结实情况进行研究，认为爬竹结实量大，种子饱满，发芽率高，幼苗生长健壮，天然更新是完全可能的。杜凡等(2000)通过对23属61种竹子15年的研究发现，野生型竹种的结实率较高(79%)，栽培型竹种结实率较低(27%)，这意味着竹子的结实率受人为影响，即栽培型竹种可以通过人工移栽等无性繁殖方式传播，而野生型只能依赖有性繁殖来传播，长时间选择导致了野生型结实率高而栽培型结实率低的结果。袁金玲等(2005)通过研究发现撑篙竹(*B. pervariabilis*)花的雌雄蕊同时成熟，柱头和花药同时伸出，结实容易。

总之，竹子本身是具备结实能力的，但由于竹子是风媒传粉植物，而风媒传粉植物的传粉有效性通常较虫媒植物低，多数栽培竹子又恰恰为零星开花，所以其开花不结实可能与零星开花的传粉有效性有关，其他也可能涉及花粉和胚囊的发育是否正常、花粉生活力和败育状况、受精是否亲和等各方面。除零星开花和风媒传粉使传粉有效性降低，造成栽培竹种结实不易之外，栽培历史悠久的竹种由于长期人为的营养繁殖的定向干预，其有性生殖的障碍增大或有性生殖的机能逐渐退化，因而多数栽培竹种逐渐丧失了通过有性生殖自然繁衍后代的能力。

12.3 竹类植物的遗传改良研究进展

在竹子研究中，遗传育种是相对薄弱的环节，原因在于竹子很少开花结实，限制了人们对竹子遗传基础及遗传规律的研究，难以进行选育种和多世代的遗传改良。近年来，将生物技术应用于竹子育种中，并在组织培养、试管苗诱导开花、转基因育种等方面取得了一定的进展，但是竹子遗传育种总体上仍然处于较低的水平，亟须根据国内外竹子遗传育种研究现状，制定并实施竹子遗传改良的策略和目标，从而促进竹子这一宝贵资源的开发和利用。

12.3.1 杂交育种

竹类的杂交育种难度非常大，利用偶然的竹子天然开花的机会收集杂交亲本，进行属间、种间杂交，在杂种一代选择优良个体，然后进行无性扩繁，这已经在丛生竹育种方面取得了一定的成果。近30年来，我国仅广东和广西通过竹子有性杂交选育出10余个优良杂交种。张光楚等通过撑篙竹×麻竹+青皮竹(*Bambusa textilis*)杂交，率先成功获得杂交子代，获得‘撑麻青1号’‘撑麻7号’‘青麻11号’‘麻版1号’等优良杂交种(张光楚等，1998)。宁材强等用撑篙竹与大绿竹(*Bambusa daii*)杂交，经过对其F_1代的观察、对比，选育出了撑绿3、6、8、30号4个优良杂交种，已在热带和南亚热带众多地区推广种植(宁材强，1995)。竹类容易无性繁殖，只要得到一个优良杂种就能较快地大量繁殖，而且不易产生性状分离，杂种优势亦可得以保存。邢新婷等利用不同种源的麻竹进行种内杂交得到了部分杂交种(邢新婷，2006)，袁金玲等利用麻竹和绿竹(*B. oldhamii*)进行杂交，也得到了部分麻竹与绿竹杂交种，并正在进行相关组合的优选研究(袁金玲等，2004)。利用田间竹子开花有目的地进行杂交授粉，然后通过人工选择及无性系途径来繁殖优良杂种，仍然是当前技术条件下进行竹子遗传育种的重点突破口所在。

12.3.2 人工诱导开花

在竹子开花的生物技术研究方面，目前主要还是通过组织培养对竹子的开花、竹子成花基因或竹子开花的转基因进行研究。一般认为，对竹子开花基因进行分离或克隆，将会成为控制（提前或延缓）竹子开花的研究方向。竹类植物实生苗群体易出现早开花现象，利用分子标记对这类材料进行分析，从DNA水平发现竹子提早开花的遗传因子，可为探索竹类植物的开花过程带来新的契机。

1987年，Raos在德里大学首次观察到竹子在人工试管培养下的开花现象。1990年印度国家化学实验室植物组织培养小组的Nadgauda等报道了印度刺竹（*Bambusa arundinacea*）、勃氏甜龙竹（*Dendrocalamus brandisii*）和牡竹（*D. strictus*）3个竹种在试管内人工诱导开花现象。印度、日本、中国等的研究人员已报道有10个竹种人工诱导开花获得成功，有的还获得了有效的试管种子。已诱导开花的竹种大都属于簕竹属（*Bambusa*）、牡竹属（*Dendrocalamus*）的丛生竹类；散生竹类诱导频率极低。成熟组织的外植体诱导开花难度较大。同一个竹种不同的基因类型也有极显著差异，如张光楚（1993）对麻竹的20个无性系在相同培养条件下继代繁殖，仅有17号无性系被诱导开花，该无性系在生长初期就表现出极强的芽分化能力，这一事实表明：竹子试管苗连续在高浓度细胞分裂素的培养基中培养确实能使竹子提早开花；竹子开花性状与无性系的繁芽能力有关，凡繁芽能力强的无性系较易开花，繁芽能力弱的无性系较难开花，因此繁芽能力可作为无性系是否易开花的间接标志。

12.4 竹类植物开花分子生物学研究进展

现代分子生物学观点及已有研究表明，植物开花是由其内部基因控制的，温度、光照和水分等环境因子可以在一定程度上影响基因的表达及调控，从而影响开花，然而外界条件又是如何影响内部因子目前尚不清楚。J. Gielis等的自由基理论也许为今后研究竹子开化的内外因子间的生理联系提供了一些线索，这也是今后竹子成花调控机理研究的一个重要方面。随着现代生物学技术的发展，尤其是分子生物学技术在植物开花研究中的应用，对竹子开花机理的研究也必将深入到分子水平，如通过人工诱导开花及开花突变体，采用基因标签（包括内源、外源转座子标签和T-DNA标签）、染色体步行法及差示筛选法等分子生物学技术，鉴别和克隆与竹子花的分化和发育有关的问题异型基因，了解这些调控基因及其下游目标基因的调控作用等。田波等（2005）从竹类植物麻竹幼穗中克隆到一个含完整编码区及3位端非翻译区的cDNA，命名为DIMADS18。该cDNA全长1039bp，编码区共编码249个氨基酸，具有典型的植物MADS盒基因结构。序列相似性分析结果表明，DIMADS18属于AGL6亚家族，其氨基酸序列与水稻（*Oryza sativa*）的MADS盒基因*osMADS6*同源性最高，序列一致性为88%，与拟南芥（*Arabidopsis thaliana*）的AGL6一致性为59%。DIMADS18在拟南芥中异位表达，转基因拟南芥表现出叶卷曲、植株矮小、开花时间提前、花聚生于花序顶端等性状，表明 DIMADS18 很可能参与麻竹开花时间的调控。他们采用 RACE 方法从麻竹中分离到 16 个 *MADS-box* 基因 cDNA 全长，在 EMBL 库中的登录号为 AY599750-AY599765(田波等，2005)。当然，这方面有许多的工作有待完成，其最终目标是要达到竹子开花人工调控的目的。

高志民等(2007)从绿竹中克隆到一个 E 类功能基因，命名为 *BoMADS*1。之后，Hisamoto 等(2008)从毛环竹(*Phyllostachys meyeri*)中克隆到了 FT 同源基因。Lin 等(2009)在雷竹中克隆到 2 个 *AP1/SQUA-like MADS-box* 基因，命名为 *PpMADS*1 和 *PpMADS*2。过表达转基因试验表明，两个基因均可通过上调拟南芥的 *AP*1 基因使转基因植株出现早花表型；酵母双杂交试验表明，AP1 蛋白能与 PpMADS1 蛋白互作，但不能和 PpMADS2 蛋白结合；PpMADS1 和 PpMADS2 可能在成花转变中起重要作用，其中 PpMADS2 可能更为重要。Xu 等(2002)从麻竹克隆得到了 *DlEMF*2 基因，过表达该基因的反义 RNA 的拟南芥表现为早花表型，该基因在 emf2-1 中过表达，能互补该突变体的表型，说明 *EMF*2 基因在单子叶植物和双子叶植物中的功能保守(高志民等，2007)。高志民等(2010)从毛竹中分离了 *PeMADS*1，转基因拟南芥具有开花提早、莲座卷曲、发育迟缓等表型，表明 *PeMADS*1 很可能参与毛竹由营养生长转向生殖生长的发育调控(高志民等，2010)。

大规模测序技术的应用使科研工作者能够在较短时间内得到大量的基因序列。Lin 等(2010)利用绿竹的开花与营养生长试管苗，分别建立了相应的 cDNA 文库，通过 EST 测序得到一批与成花有关的 cDNA 片段，这些基因涉及拟南芥成花的光周期、春化作用、自主途径和 GA 诱导等多种途径，推测竹子与拟南芥有相似的成花调控机制(Lin X et al.，2010)。Zhang 等(2012)测定了麻竹花的转录组数据库，筛选到 290 个与成花转变有关的基因和 47 个与花发育有关的基因(Zhang X et al.，2012)。Peng 等(2013)通过分析毛竹花序和营养组织的转录组数据，结果发现花分生组织决定基因 *FMI*(floral meristem identity)和胁迫相关基因在毛竹花序中表达量很高，而通常的成花途径(光周期、赤霉素、春化等)通道基因和成花途径整合因子 FPI(floral pathway integrator)在花序中的表达量不高，推测 *FMI* 的激活也许并不依赖通常的成花途径，而与干旱胁迫密切相关(Peng Z，2013)。

12.5 竹子开花假说

目前竹子开花研究还很不充分，开花机制也不清楚，已有的几个竹子开花机制学说主要建立在开花历史资料分析、开花现象观察和开花竹林调查的基础上。目前已有的竹子开花机制学说包括生长周期学说、营养学说、外因学说、自由基理论和 GA3 学说等。

(1)生长周期学说(内因说)

该学说认为竹子具有生物分子钟，只要到特定时间竹子就会放弃无性繁殖并通过开花繁殖后代。持此观点的人认为，通过有性繁殖能产生更有适应性的新个体，对物种进化有利。有学者发现，欧美各国从中国神农架引种繁殖的神农箭竹(*Fargesia murielea*)(个体)在 1993—1996 年相继开花死亡，因此认为竹子有着非常同步的生物钟控制着竹子的生长发育，这就使得同一来源的竹子，不管它们在世界哪一个角落，都会在同一时期内开花、结实和死亡。渡边政俊(1983)发现，将1912年从中国采集的毛竹种子分别播种于京都大学林业站和Yokohama，结果生长于京都大学林业站的24株毛竹和生长于Yokohama的33.33 hm^2毛竹几乎同时开花。总之，竹类同步开花应归结为同种群竹子生理状态的一致，故而出现大面积开花的现象，不管其分布在哪里，只要同时引种就必然同时开花。

(2)营养学说

对已开花竹林地下竹鞭系统的调查发现，全部或大多数开花竹子的鞭系中老鞭所占比例较大，新生侧芽显著减少或者最终不能发育，而老的竹鞭对营养的吸收能力较弱，因而导致竹子养分缺乏，从而引起开花。营养学说中的碳氮比学说认为，植物体内碳氮比(C/N)增加即会开花。上田宏一郎曾对刚竹秆中碳氮比进行测试，发现开花竹为296.2，而未开花竹为104，表明氮素营养缺乏可能是导致竹子开花的重要原因。柴振林等人(2003)对雷竹的开花研究发现，对于植物生长所需的大量元素氮(N)、磷(P)、钾(K)，无论是竹叶、竹枝，还是竹鞭，不开花的雷竹在花期都保持相对稳定或有所增加，而开花雷竹的竹枝和竹鞭在花前、花期、花后明显地减少，最多的元素含量减少达60%以上(钾)，这说明开花竹子的营养严重缺乏，导致开花。郑郁善等(2000)也研究了绿竹开花过程中N、P、K的变化与开花的相互关系。

(3)外因学说

也有研究者认为气候、土壤环境变化与病虫害等因素都能引起竹子开花。气候干燥时，竹子吸收水分和营养元素的能力下降，导致竹子生理代谢失调，抑制竹子的营养生长，促进了营养生长向生殖生长的转化，从而出现竹子异常开花。康贝尔曾对西藏箭竹(*Fargesia setosa*)开花与太阳黑子的关系进行研究，发现太阳黑子造成的气候干燥可能导致竹子开花，而且开花现象常与太阳黑子的周期性活动有关。1953年浙江西部发生旱灾，次年西天目山的毛竹林成片开花，说明严重自然干旱等会造成竹类植物开花。

(4)自由基理论

Gielis等(1999)在研究开花逆转与环境及营养条件关系的基础上提出了竹子开花的自由基理论。他们发现竹子开花时叶片中超氧化物歧化酶和过氧化物酶活力升高而过氧化氢酶活力下降，人工逆转后几种抗氧化酶活力的变化趋势恰好相反，这些保护酶活力的变化表明，植物防御能力下降及自由基含量上升可能是加速一些竹子开花的原因。谢海平(2004)发现，开花后竹叶过氧化物酶、超氧化物歧化酶SOD活性增加，开花过程中活性增加较快，推测自由基增加可能是促进竹子开花的因素，而开花过程中上述酶活性增加是对自由基增加的响应。竹子开花期间自由基变化也许能为今后研究竹子开花内、外因子间的生理联系提供某些线索。

(5)GA_3学说

高等植物开花时GA_3含量发生显著变化，从而启动开花过程。不少研究证明GA_3与植物开花有关，如GA_3加速非洲太阳菊开花。柴振林等(2003)发现雷竹(*Ph. praecox* f. *prevernalis*)开花时GA_3含量高于未开花竹子。另据报道，外施激素对组培苗开花的影响以证实植物激素与竹类开花的关系，如张光楚等(1993)在进行麻竹(*D. latiflorus*)离体快速繁殖技术研究中观察到外源物质使5月龄组培苗在试管中开花的现象。此外Rout等的研究工作表明，植物激素是促进竹子开花的主要因素。其他物种外植体开花诱导实验也可证明这一点。

12.6 开花竹林的更新

开花竹林更新分有性繁殖和无性复壮两种。有性更新又分天然更新和人工更新。

12.6.1 有性更新

（1）天然更新

即开花竹类种子成熟后，天然下种，落到林地里，遇到适宜的气候土壤条件，就会立即发芽，长出幼苗，让其自然发育生长，经若干年后就能恢复原有林相。天然更新的开花竹林必须具备竹子开花结实率高，有足够的种源；种子质量好，生活力强这些基本条件。我国目前已成功地实现了冷箭竹（*B. faberi*）、巴山木竹（*Arundinaria fargesia*）、华橘竹（*Fargesia robusta*）等山地竹种的天然更新，使这些竹种分布面积得以恢复，再次为大熊猫提供充足的食物。成片开花的毛竹林也能天然更新，但林下落叶层厚和好食毛竹种子的鼠类、鸟类等，都会影响其天然更新，而且幼苗生长慢（幼林由丛生到混生再到散生需要7~10a时间）。由于幼林郁闭时间长，容易形成竹木混交林，所以，我国大多采用人工有性更新。

（2）人工有性更新

凡能产生种子的竹种，不论丛生竹、混生竹和散生竹，都可以采用先采种育苗然后用实生苗造林的方法。人工更新包括采种育苗，实生苗造林和幼林管理过程。种子育苗短期内产苗量大，可满足大规模造林的需要。实生苗造林，竹苗成本较低，成活率高，但实生苗造林其成林成材时间较长，毛竹实生苗造林需要15~20a时间才能基本成林。20世纪60~70年代，广西利用毛竹实生苗造林就达逾1×10^4 hm^2（张文燕等，1989）。1975—1977年6月，河南、陕西、山东、山西、辽宁、河北、天津、皖北、苏北共引栽毛竹实生苗6 856 731丛，逾1100 hm^2。

12.6.2 无性复壮

很难产生种子的竹种，如桂竹、斑竹、角竹、刚竹等，则依靠原开花竹的竹鞭和竹秆基部的侧芽来更新。这类竹种无性复壮更新会经过一次再生竹、二次再生竹、回复竹和新生竹的过程，或者说，经过由丛生到混生再到散生的过程。这一过程对中小型散生竹而言需7~8a的时间。因此，中小型散生竹开花后至恢复到开花前的原有林相需用10年左右的时间。

散生竹开花后无性复壮的正确处理如下：

①第1年发生的再生竹将支配着今后竹林的恢复速度。为此，开花当年应尽早伐除原开花竹秆，这样可使再生竹提早出笋。为促使开花后至当年秋季多发笋，多长再生竹和保护育成的初期再生竹，使之充分生长，以推进同化产物的生长量，加快催化物质的消耗。在伐后前两年中需进行多次锄草和适当施肥。

②恢复竹产生期，即开花后3~6a内，先在竹株周围进行块状或带状松土，挖掉老鞭竹蔸。以施氮肥，覆培客土为主，在我国北方地区还应加强灌水，以促进新生鞭伸延到松土带。2~3a后再对未经垦复的带或块采用同样措施，5~6a即可完成全林松垦。

③开花第4年后，每年(或每2a)砍去开花竹和4a生以上的竹株，留养不开花新竹和健康竹，受病虫伤害会促进开花，亦应砍除。此外还应注意新秆的移植不宜过早。开花竹林如能正确处理，可以提前2~3a复壮更新。大面积成片开花的散生竹林若没有条件进行垦复、施肥等营林措施，开花后只要封禁和清除灌木丛，如桂竹、寿竹等竹种经10a或稍多一点时间亦能复壮成林。

丛生竹的竹丛开花，采用无性更新比种子繁殖要快，要好。开花后应立即把新竹从母竹秆基取下来进行分株栽植或利用新竹秆上的休眠芽，先埋条或扦插育苗，再行造林。另外，使用肥料复壮亦有很大效果。

12.7 展望

近年来，绿竹、麻竹和毛竹成花相关的转录组数据库已有报道，特别是对毛竹还绘制了基因组草图。随着新一代测序技术的应用和普及，可以预见未来几年将会得到大量的竹子基因或蛋白质数据，特别是转录组数据，并得到大量的竹子成花相关基因，大大促进竹子成花分子机理的研究进度。但是，长期的系统观察、可控的试验体系和稳定高效的遗传转化体系仍然是竹子成花机理研究的关键和瓶颈，竹子成花之谜的解开仍需要广大科研工作者长期的努力。

参考文献

柴振林，华锡奇. 2003. 雷竹花期营养动态研究[J]. 浙江林业科技，23(1)：10-12.

陈存及，梁一池，邱尔发，等. 2001. 毛竹种源多性状综合选择的研究[J]. 林业科学(S1)：18-23.

丁静，沈镇德. 1979. 植物内源激素的提取分离和生物鉴定[J]. 植物生理通讯(2)：27-35.

丁兴萃. 1997. 毛竹笋体生长发育过程中内源激素的动态分析[J]. 竹子研究汇刊，16(2)：53-62.

丁兴萃. 2006. 旱竹衰老开花生理学基础研究[D]. 南京：南京林业大学.

杜凡，薛嘉榕，杨宇明，等. 2000. 15年来云南竹子的开花现象及其类型研究[J]. 林业科学(6)：57-68.

渡边政俊. 1983. 开花后复壮过程中桂竹林的生产力[J]. 日本林学会志，65(3)：89-93.

高培军，郑郁善. 2000. 绿竹开花生理生化特性研究[J]. 竹子研究，21(4)：70-75.

高志民，刘颖丽，李雪平，等. 一个绿竹 *MADS-box* 基因的克隆与序列分析[J]. 分子植物育种(6)：866-870.

高志民，郑波，彭镇华. 2010. 毛竹 *PeMADS1* 基因的克隆及转化拟南芥初步研究[J]. 林业科学(10)：37-41.

何奇江，汪奎宏，华锡奇. 2003. 雷竹花穗和花器的观察研究[J]. 浙江林业科技，23(2)：10-15.

胡成华，胡朝辉. 1996. 云南龙竹、黔竹的果实——一种植物学上新的果实类型[J]. 竹子研究汇刊，15(4)：1-8.

胡成华，喻富根，庞延军. 1994. 寒竹胚胎学观察与研究[J]. 竹子研究汇刊，13(4)：6-11.

黄坚钦，黄华宏，何福基，等．1999. 雷竹的小孢子发生和雄配子体形成[J]. 竹子研究汇刊，18(3)：55－58.
姜可以，张宁，杨海芸．2013. 绿竹花期生物学特性与愈伤组织诱导[J]. 竹子研究汇刊，32(1)：44－48.
李秀兰，林汝顺．2001. 中国部分丛生竹类染色体数目报道[J]. 植物分类学报，39(5)：33－42.
李秀兰，刘松，宋文芹．1999. 40 种散生竹的染色体数目[J]. 植物分类学报，37(6)：541－544.
罗正荣，朱丽华．1990. 植物组织中赤霉素含量的高效液相色谱测定[J]. 植物生理学通讯(2)：50－52．
宁材强，戴启惠．1995. 撑篙竹×大绿竹杂交选育的研究[J]. 广西林业科学，24(4)：167－168.
庞延军，喻富根，胡成华，等．1994. 爬竹雄蕊发育异常的初步观察[J]. 竹子研究汇刊，10(4)：4.
乔士义，廖光庐．1984. 毛竹开花生物学特性的观察[J]. 竹类研究(2)：20－25.
邱尔发，陈卓梅．2002. 开花和未开花山地麻竹叶片性状比较[J]. 福建林学院学报，22(2)：105－108.
阙国宁，诸葛强．1994. 黄竹细胞悬浮培养和原生质体分离[J]. 林业科学研究，7(1)：44－47.
上田弘一郎．1975. 竹子的开花和死亡及正确处理[J]. 南京林产工业学院竹类所研究室译．竹类研究，11(2)：57－60.
田波，陈永燕，严远鑫，等．2005. 一个竹类植物 MADS 盒基因的克隆及其在拟南芥中的表达[J]. 科学通报(2)：145－151.
汪全宏．1989. 毛竹笋期激素含量及其分布规律的研究[J]. 竹子研究汇刊，8(3)：35－46.
王曙光，普晓兰，丁雨龙．2006. 巨龙竹生殖器官形态结构及雌、雄配子体的发育[J]. 植物研究，26(3)：270－274.
王小红，黄炎，郭起荣．2010. 水竹花后更新及地下茎碳氮代谢[J]. 应用生态学报，21(8)：1953－1956.
王小红．2009. 环境因子对竹子开花影响研究[J]. 四川动物(4)：618－621.
吴贯明．1985. 竹类生理研究动态[J]. 竹类研究(增刊)：13－17.
吴益民，边红武．2000. 竹子悬浮细胞系的建立和组织培养试管苗移栽观察[J]. 竹子研究汇刊，19(1)：52－56.
谢君．1997. 高效液相色谱测定多种植物内源激素方法研究[J]. 四川农业大学学报，15(3)：297－299.
邢新婷．2003. 麻竹不同地理群体遗传变异分析及良种选育研究[D]. 北京：中国林业科学研究院．
许智宏．1999. 植物发育与生殖的研究、进展和展望[J]. 植物学报，41(9)：909－920.
袁金玲，傅懋毅，姜景民．2004. 几个丛生竹种杂交育种的研究[C]//中国林学会竹子分会．中国林学会首届竹业学术大会论文集．
张光楚，王裕霞，谭源杰．2004. 丛生竹的组培快繁技术[J]. 竹子研究汇刊，23(1)：13－20.
张光楚，王裕霞．1993. 麻竹离体快繁技术的研究[J]. 竹子研究汇刊，12(4)：8－15.
张光楚，王裕霞．1998. 竹子遗传育种工作现状及前景[J]. 竹子研究汇刊，17(1)：935－936.
张光楚．1985. 丛生竹染色体数的研究[J]. 广东林业科技(4)：16－21.
张文燕，马乃训，吴玲玲．1992. 五月季竹开花结实的研究[J]. 竹子研究汇刊，11(2)：15－24.
张文燕，马乃训．1989. 竹类植物花期生物学特性[J]. 林业科学研究，2(6)：596－600.
张文燕，马乃训．1990. 竹类植物花粉的生活力和自然授粉[J]. 林业科学研究，3(3)：250－255.
郑郁善．1998. 毛竹出笋期各器官激素分布特性的研究[J]. 林业科学，34(1)：100－104.
周芳纯．1996. 竹林开花结实及其处理[J]. 竹类研究，25(2)：19－29.
ALEXANDER M P, RAO T C. 1968. In vitro culture of bamboo embryos[J]. Cur Sci, 37：415.

ARBER A. 1934. The Gramineae[M]. Cambridge: Cambridge Univ Press.

BATTEY N H. 1990. Reversion of flowering[J]. The Botanical Review, 56(2): 163 - 189.

BODSON M, OUTLAW W H. 1985. Elevation in the sucrose contents of the shoots apical meristem of *Sinapis alba* at floral evocation[J]. Plant Physiol, 79: 420 - 424.

BRANDIS D. 1899. Biological notes on Indian bamboos[J]. Ind Forester, 25: 1 - 25.

BRANDIS D. 1907. Remarks on the structure of bamboo leaves[J]. Soc London, 7: 69 - 72.

CAMPBELL J N N. 1985. Bamboo flowering patterns: a global view with special reference to East Asia[J]. J Am Bamboo Soc, 6: 17 - 35.

CHANG W C, LAN T H. 1995. Somatic embryogenesis and plant regeneration from roots of bamboo(*Bambusa beecheyana* Munro var. *beecheyana*)[J]. Plant Physiol, 145: 535 - 538.

GAO Z M, LI C L, PENG Z H. 2011. Generation and analysis of expressed sequence tags from a normalized cDNA library of young leaf from Ma bamboo(*Dendrocalamus latiflorus* Munro)[J]. Plant Cell Repots, 30(11): 2045 - 2057.

GIELIS J, GOETGHEBEUR P, DEBERGH P. 1999. Physiological aspects of flowering in *Fargesia murieliae* Poaceae: Bambusoideae[J]. Syst Geogr Plants, 68: 147 - 158.

HARI GOPAL B, MONHAN RAM H Y. 1985. Systematic signicance of mature embryo of bamboos[J]. Annals of Botany Company, 148: 239 - 246.

HARI GOPAL B. 1987. Fruit development and structure in some Indian bamboos[J]. Annals of Botany company, 60: 477 - 483.

HSIEH L S, HSIEH Y L, YEH C S, et al. 2011. Molecular characterization of a phenylalanine ammonia—lyase gene(BoPAL1)from *Bambusa oldhamii*[J]. Mol Biol Rep, 38(1): 283 - 290.

HUANG L C, MURASHIGE T. 1983. Tissue culture investigation of bamboo I. Callus culture of *Bambusa*, *Phyllostachys* and *Sasa*[J]. Bot Bull Acad Sin, 24: 31 - 52.

JOHN RREEDER. 1957. The embryo in grass sytmatics Amer[J]. John Bot, 44: 756 - 753.

JOHN R. REEDER. 1962. The bambusoid embryo: a reapprasal Amer[J]. J Bot, 49: 639 - 641.

LANZEN D H. 1976. Why bamboo wait so long to flower[J]. Annu Rev Ecol Syst, 7: 347 - 391.

LIAO GUANG LU. 1984. On the flowering and regeneration of *Phyllostachys pubscens*[J]. Bamboo Journal, 8: 21 - 23.

LIN X, CHOW T, CHEN H. 2010. Understanding bamboo flowering based on large-scale analysis of expressed sequence tags[J]. Genet Mol Res, 9(2): 1085 - 1093.

LIN X C, LOU Y F, LIU J, et al. 2010. Crossbreeding of *Phyllostachys* species(Poaceae)and identification of their hybrids using ISSR markers[J]. Genetics and Molecular Research, 9(3): 1398 - 1404.

MASATOSHI WATANABE. 1982. Flowering, seeding, germination and flowering periodicity of *Phyllostachys puboscens*[J]. J of the Japanese Forestry Society, 64(3): 107 - 111.

NADGANDA R S, PARASHARAMI V A, MASCARENHAS A F. 1990. Precocious flowering and seeding behavior in tissue culture bamboo[J]. Nature, 344(22): 335 - 336.

OTTO STAPF F L S. 1902. On the fruits of *Melocanna bambusoides*[J]. Trin Linn Soc London, 6: 401 - 425.

PENG Z H, LU T T, LI L B, et al. 2010. Genome—wide characterization of the biggest grass, bamboo, based on 10608 putative full-length cDNA sequences[J]. BMC Plant Biology, 10: 116.

PENG Z H, LU Y, LI L, et al. 2013. The draft genome of the fast-growing non-timber forest species moso bamboo(*Phyllostachys heterocycla*)[J]. Nat Gen, 45: 456 - 461.

PRUTPONGSE P. 1992. G asvin lertvatan P. In vitro Micropropagation of 54 species from 15 genera of bamboo

[J]. Hortscience, 27(5): 453-454.

ROTHBERG J M, HINZ W, REARICK T M. 2011. An integrated semiconductor device enabling non-optical genome sequencing[J]. Nature, 475: 348-352.

SAXENA S. 1990. In vitro propagation of bamboo(*Bambusa tulda* Roxb.) through shoot proliferation[J]. Plant Cell Reports, 9: 431-434.

SOEJATAH DRANSFERD. 1981. The genus dinochloa(Gramineae-Bambusoidea) in Sabah Kew bulletin[J]. 36(3): 613-631.

TASY H S, YEH C C, HSU J Y. 1990. Embryogenersis and plant regeneration from another culture of bamboo (*Sinocalamus latiflora*(Munro) McClure)[J]. Plant Cell reports, 9: 349-351.

UEDA K. 1960. Studies on yhe physiology of Bamboo[J]. Bull Kyoto Univ Forest, 30: 167.

WANG W Y, CHEN W S, CHEN W H, et al. 2002. Influence of abscisic acid on flowering in *Phalaenopsis hybrid*[J]. Plant Physiol BioChem, 40: 97-100.

WATANABE M. 1982. Flowering, seeding, germination and flowering periodicity of *Phyllostachys pubescens* [J]. Jap For Soc, 64(3): 107-111.

YEH M L, CHANG W C. 1986. Plant regeneration through somatic embryigenesis in callus cultur of green bamboo(*Bambusa oldhamii* Munro)[J]. Theory Appl Gene, 73: 161-163.

YOKO H, HARUTSUGU K, MIKIO K. 2008. Use of flowering gene FLOWERING LOCUST(FT) homologs in the phylogenetie analysis of bambusoid and early diverging grasses[J]. J Plant Res, 121: 451-461.

ZHANG X, ZHAO L, LARSON-RABIN Z, et al. 2012. De Novo sequencing and characterization of the floral transcriptome of *Dendrocalamus latiflorus*(Poaceae: Bambusoideae). PLOS One, 7(8): e42082. Doi: 10.1371/journal. pone. 0042082.

ZHANG XUE-MEI, ZHAO LEI, ZACHARY LARSON-RABIN, et al. 2012. Sequencing and characterization of the floral transcriptome of *Dendrocalamus latiflorus* (Poaceae: Bambusoideae)[J]. PLoS ONE, 7(8): e42082.

作者简介

林树燕：南京林业大学竹类研究所，博士，副教授；E-mail：lrx@ njfu. com. cn；
丁雨龙：南京林业大学竹类研究所，博士，教授；E-mail：ylding@ vip. 163. com。

专题13　有花植物的显花、传粉与繁育系统

Florescence, Pollination and Breeding Systems of Flowering Plants

方炎明*

南京林业大学南方现代林业协同创新中心，生物与环境学院　江苏南京　210037

【内容提要】在植物区系和群落水平上研究有花植物的显花、传粉和繁育系统，是生殖生态学的重要研究方向之一。本专题透视了该领域近10多年来的主要进展。以显花功能类型、花色和花大小为特征的植物显花系统，呈现出高度的变异格局和复杂的生态关联；以昆虫为主导的传粉系统，表现出鲜明的类型多样、时空间分异特征，并与显花系统密切关联；繁育系统也表现出明显的功能多样、区域分异格局，并与传粉系统关联。生殖过程的3个系统简称为“3S”，是研究森林群落生态学过程、机制和格局的重要节点。本专题包括以下4节：①显花系统；②传粉系统；③繁育系统；④展望。

显花、传粉和繁育系统多样性是当前植物生殖生态学的研究热点之一（方炎明，2013）。有花植物的显花系统，以开花性状为特征；有花植物的繁育系统，以异交、自交或两者的相对频率为特征。显花和繁育系统是植物本身的特性，而传粉系统则是植物的环境因子。许多研究表明，显花和繁育系统与传粉系统具有生态关联，即存在“植物—传粉者”相互作用（Hennig & Ghazoul，2011；Burkle et al.，2013；Clare et al.，2013）。植物的显花、传粉和繁育系统，不仅分别独立地受全球气候变暖、森林破碎化和人为干扰的影响，而且“植物—传粉者”相互作用关系也受环境变化的影响。气候变化影响开花物候（Calinger et al.，2013）、传粉（Potts et al.，2010）和花粉基因流动（Aitken & Whitlock，2013）；生境破碎化影响植物生殖特征（Girao et al.，2007；Jacquemyn et al.，2012）、传粉者密度（Lopes et al.，2009；Hadley et al.，2012）和繁育系统（Aizen et al.，2002）；人为干扰影响传粉系统（Winfree et al.，2011）和异交率（Eckert et al.，2010；Quesada et al.，2011）。在经典植物生物学中，植物显花、传粉和繁育系统的形态描述比较完整，而其功能的阐述比较少，且不系统。另外，植物显花、传粉和繁育

---

* 部分内容已发表在《南京林业大学学报》（自然科学版上）[2012，36(6)：1－7]。

系统信息较好地应用于植物系统分类，但在生态学中的应用相对较少。因此，从生态学视角来进一步梳理有花植物的显花、传粉和繁育系统及其多样性，这正是从事全球变化研究的生态学家感兴趣的命题。

13.1 显花系统

13.1.1 显花系统的类型划分

(1)显花功能类型

在植物学教科书中，有关花和花序的功能意义尚缺乏深度认识。Faegri & van der Pijl(1979)在经典著作《传粉生态原理》中提出了“结构性开花类别”(structural blossom classes)的概念，从传粉功能角度将传粉功能单位分为碟碗型(dish-bowl)、钟漏型(bell-funnel)、头刷型(head-brush)、咽喉型(gullet)、旗帜型(flag)和筒管型(tube)6种结构性开花类别，从而将花冠和花序类型统一于传粉功能类型。为了便于理解可将其称为显花功能类型(florescence functional types)(方炎明，2013)。6种结构性开花类别的划分并不完善，还有学者定义了9种类型(Hoffmann，2005)，分别是：①伞型(umbel)：代表物种为伞形科植物；②碗型(bowl)：如毛茛属、悬钩子属和婆婆纳属；③头型(head)：如猫儿菊属和蓟属；④伞型/头型(umbel-head)：如菊蒿属和蓍属；⑤刷型(brush)：如缬草属、薄荷属和泽兰属；⑥钟型(bell)：如风铃草属；⑦管型(tube)：如蝇子草属和聚合草属；⑧喉型(gullet)：如野芝麻属、玄参属和柳穿鱼属；⑨旗型(flag)：如三叶草属和羽扇豆属。不同学者对显花功能类型理解不同，因而，类型划分迥然不同(表13-1)。已有研究表明，显花功能性状作用于传粉者，如某些显花功能性状可以确定植物传粉昆虫的种类，生物群落的植物学性状不仅调节植物—传粉者相互作用，而且还能调节植物—植物相互作用(Gibson et al.，2012)。反之，传粉者也驱动显花功能性状的进化。417种植物的花形态学与传粉生物证据显示，趋同的花进化是对最有效传粉昆虫组的适应(Rosas-Guerrero et al.，2014)。

表13-1 不同地区的显花功能类型

Tab. 13-1 Florescence functional types in different areas

地区	物种	花色及比例(%)							
		钟漏型	碟型⑥	管型	刷型⑥	闭室型⑥	旗型	喉型	不显著
①	147	11.8	25.7	22.9	10.4	0.7	15.3	4.9	8.3
②	111	3.4	23.0	7.1	8.4	9.3	3.1	9.4	36.4
③	1403	16.0	42.0	24.0	3.2	—	7.6	7.1	—
④	703	14.8	51.5	8.0	16.1	3.1		6.5⑦	—
⑤	119	—	20.2	5.5	10.3	—	5.1	19.59⑧	39.33

注：①巴西热带干燥森林(Machado & Lopes，2004)；②巴西大西洋破碎森林(Girao et al.，2007)；③文献报道植物综合数据(Olesen et al.，2007)；④中国哀牢山(Chen & Li，2008 b)；⑤巴西大西洋破碎森林(Lopes et al.，2009)；⑥碟型还称为碟碗型，刷型还称为头刷型，闭室型还称为暗盒型或封闭型；⑦包括喉型或旗型；⑧其他包括钟漏型和喉型等。

(2)花色

不同学者对花色类型的划分方案，差别很大，可归纳为四色系、五色系、六色系、七色系和九色系(表13-2)。有关花的显色机制和生态功能，是当前热门的研究方向。花色素在动物授粉的花中起很大的作用，如蜜蜂一般为蓝色或黄色的花授粉，但很少为红色花授粉，因为蜜蜂对红色的视觉为黑色。在花的发育过程中，花色素在许多方面可以被修饰，花颜色和花色素变化的生化机制很复杂，温度、pH、金属离子、糖和细胞形状等都影响花颜色的变化(Miller et al.，2011)。花的显色模式提高传粉者的可视度，对人类均一的花色，由于花瓣上紫外反射率的空间变异，对昆虫可能产生图案效果，紫外反射率提高植物对传粉者的显示度(Koski et al.，2014)。采用鸟类的视觉色彩空间模型，对澳大利亚被子植物进行评估，考察是否存在独特的鸟类传粉综合性状，结果表明，有关澳大利亚独特的适应鸟类传粉的花色综合性状，存在显著的趋同进化(Burd et al.，2014)。不同的花有不同的反射光谱特性，最具特征是反射峰两侧的拐点(inflection points)(图13-1)。有花植物反射拐点分布在300～700 nm范围内，昆虫传粉的花拐点多分布在380～420nm或480～520nm范围内，鸟类传粉的花拐点大多分布在600nm附近，而兼有昆虫和鸟类传粉的花拐点在500nm位置分布比较集中(Shrestha et al.，2013)。

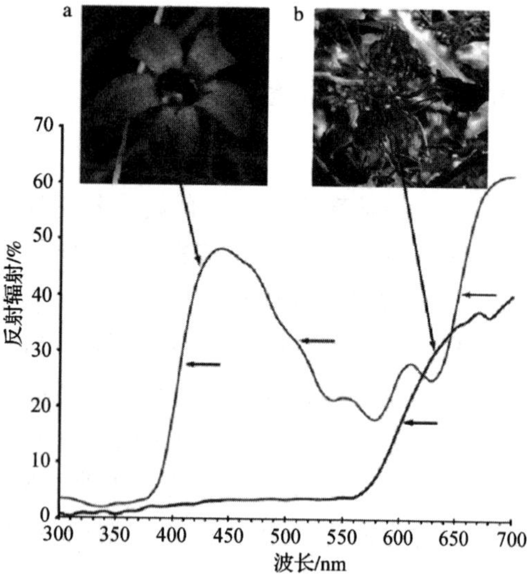

图13-1 花的反射光谱和拐点(箭头所指)(Shrestha et al.，2013)

Fig. 13-1 Flower reflection spectrum and the inflection point(arrow)

a. 昆虫传粉植物代表皇家蓝花参(*Wahlenbergia gloriosa*，桔梗科) b. 鸟类传粉植物代表火轮木(*Stenocarpus sinuatus*，山龙眼科)

表13-2 花色划分方案

Tab. 13-2 Color classification scheme of flowers

地区及色系	红	橙	黄	绿	蓝	紫	黑	白	褐	其他
①四色系	红(橙)	-	+	-	-	-	-	+	-	+
②四色系	-	-	淡黄、黄	-	-	-	-	+	-	+
③五色系	+	-	+	+	+	-	-	+	-	-
④六色系	+	-	+	+	+	-	-	+	-	-
⑤六色系	+	-	+	+	+	-	-	+	+	-
⑥六色系	淡红、红	-	+	+	-	+	-	+	-	-
⑦七色系	粉红、红	+	+	+	-	淡紫	-	+	-	-
⑧七色系	淡红、红	+	淡黄、黄	+	-	-	-	+	-	-
⑨九色系	粉红、红	-	+	+	+	+	+	+	+	-

注：①马来西亚沙捞越龙脑香林(Momose et al.，1998b)；②印度中海拔湿润常绿林(Devy & Davidar，2003)；③新西兰植物区系(Godley，1979)；④智利胡安费尔南德斯群岛植物区系(Bernardelo et al.，2001)；⑤印度热带干燥常绿森林(Selwyn & Parthasarathy，2006)；⑥南非亚热带木本植物区系(Griffiths & Lawes，2006)；⑦巴西热带干燥森林(Machado & Lopes，2004)；⑧巴西中部塞拉多(Cerrado，稀树草原)木本植物(Martins et al.，2006)；⑨日本小笠原群岛植物区系(Abe，2006)。

(3)花大小及其他特征

关于花大小类型的划分，目前也没有统一的依据和标准，总体上可归纳为2级、3级、4级和5级划分体系(表13-3)。根据传粉者调节的稳定选择假说(pollinator-mediated stabilizing selection hypothesis)，两侧对称花的专有传粉系统可能造成稳定选择，减少花大小变异，而实证研究表明，花大小变异与花对称性的关系受传粉者依赖的因素影响，如生态普遍性和物种对传粉者的依赖性影响(Lázaro & Totland，2014)。此外，访花昆虫从花中获得的资源回报，也有不同类型。一般分为生育场所/花组织、花蜜、油、花粉、花蜜/花粉和无资源(Girao et al.，2007)，或类似地分为花蜜、油、花粉、花蜜/花粉，其他(生育场所/花组织、树脂、无资源)(Lopes et al.，2009)。花期长短或花寿命也是考察的特征之一，花寿命可记录为短(<2 d)、中(2~4 d)、长(4~6 d)和很长(>6 d)(Abe，2006)。

表13-3 不同的花大小划分标准

Tab. 13-3 Different criteria of floral size

体系	依据	花大小类型及标准	出处
2级	花瓣长，mm	小：<10，大：>10	Vary et al.，2011
3级	花径，mm	小：1~10，中：10~20，大：≥20	Griffiths & Lawes，2006
	花径，mm	小：<5，中：5~10，大：>10	Chen & Li，2008a，b
4级	花径，mm	小：<10，中：10~20，大：20~30，很大：>30	Machado & Lopes，2004
	花径，mm	很小：<5mm，小：5~10，中：10~30，大：>30	Abe，2006
	花瓣长，mm	细：<6.2，小：6.2~37.5，中：37.6~50.0，大：>50.0	Senarath，2008
5级	花面积(长×宽)，mm^2	很小：≤9，小：10~25，中：30~110，大：120~400，很大：>400	Bernardelo et al.，2001
	花径，mm	不显著：≤4，小：4~10，中：10~20，大：20~30，很大：>30	Girao et al.，2007；Lopes et al.，2009

13.1.2 显花系统的变异格局

在研究一个植物区系或一个植物群落时，可以观察所有植物的显花功能类型、花色类型和花大小类型，然后统计不同类型的比例，分别可得到显花功能类型谱、花色类型谱和花大小类型谱。比较和分析不同植被类型的显花系统的变异格局，不仅有助于加深对植物区系起源与进化的认识，而且有助于加深对于群落生态与进化的认识。

(1)显花功能类型谱

从单一显花功能类型来看，碟型或碟碗型最常见(占20%~57%)，如新喀里多尼亚热带雨林(Carpenter et al.，2003)；花不显著型也比较常见(占8.3%~41%)，如智利胡安费尔南德斯群岛(Bernardelo et al.，2001)；其他类型则少见(10%以下)(表13-1)。从显花功能类型组合来看，大致有两种组合模式：一是偏向型，少数类型的比例极高，如日本小笠原群岛，主要类型为碟型(42.0%)和不显著花(29.4%)(Abe，2006)；二是多样型，各类型比例相对均衡，如印度热带常绿干燥森林(Selwyn & Parthasarathy，2006)。

(2)花色谱

白、黄、红、绿和紫(蓝)色是最常见的花色(表13-4)。白色比例占22%~60%，绿色为4%~41%，黄色为12%~25%，紫(蓝)色为5%~18%，红色为5%~12%。不同植物区系或群落的花色谱差异明显，也可归纳为偏向型和均衡型两种模式。偏向型花色谱，如新西兰植物区系、胡安费尔南德斯群岛、新喀里多尼亚热带雨林和中国哀牢山；而小笠原群岛和巴西热带干燥森林表现为均衡型花色谱。

表13-4 不同地区的花色比例

Tab. 13-4 Proportion of flower colors in different regions %

地区	花色及比例					
	白	黄	蓝/紫	红	绿	其他
①	60	17.2	12.4	5.7	4	—
②	26	12	5	9	41	7
③	61	17	—	13	—	9
④	36	13.8	—	—	21.6	28.6
⑤	40.1	18.9	7.5	12.3	21.2	—
⑥	22.2	25.5	17.9	11.4	15	8

注：①新西兰植物区系(Godley, 1979)；②智利胡安费尔南德斯群岛(Bernardelo et al., 2001)；③新喀里多尼亚热带雨林(Carpenter et al., 2003)；④日本小笠原群岛(Abe, 2006)；⑤中国哀牢山(Chen & Li, 2008b)；⑥巴西热带干燥森林(Machado & Lopes, 2004)。

(3)花大小类型谱

不同植物区系或植物群落，花大小类型谱差别很大。有的偏向小花类型，如小笠原群岛(Abe, 2006)、中国哀牢山亚热带常绿阔叶林(Chen & Li, 2008b)、巴西大西洋破碎森林(Girao et al., 2007)和斯里兰卡植物区系(Senarath, 2008)；也有的偏向大花类型，如巴西热带干燥森林(Machado & Lopes, 2004)；也有的各类型比较均衡，如费尔南德斯群岛(Bernardelo et al., 2001)和中国西双版纳的热带季雨林和山地雨林(Chen & Li, 2008a)。

13.1.3 显花系统的生态关联

显花功能类型、花色和花大小两两之间存在一定的生态关联。关于显花功能类型与花大小的关联，研究显示，碟型花关联中型花，管型花与花大小无关联(Bernardelo et al., 2001)；而另一项研究得到相反的结果，碟型关联小花，管型关联大花(Abe, 2006)。关于显花功能类型与花色的关联，研究显示，不显著花关联绿花，钟型、碟型和管型以白色最普遍(Bernardelo et al., 2001)；也有研究表明，碟型与白色相关，管型与鲜艳花相关(Abe, 2006)。关于花色与花大小的关联，有研究认为，很小的花与绿花关联，大花多为白色(Bernardelo et al., 2001)；碟型与小花关联，管型与大花关联(Abe, 2006)。有关花型、花色和花大小之间的生态关联需要进一步探讨。

13.2 传粉系统

13.2.1 传粉系统的类型划分

传粉系统是植物区系或群落中生物与非生物传粉媒介的总和。植物的传粉系统与传粉综合征密切关联。传粉综合征(pollination syndrome)的思想在19世纪70年代就已经提出，是指一套花部表型性状，这些性状被假定为反映对专门类型动物传粉的趋同适应(Ollerton et al.，2009)。传粉综合征有时也简单地称为传粉方式。综合有关文献(Corlett，2004；Willianms & Adam，2010；Willmer，2011)，植物传粉方式可分为生物和非生物传粉两大类。生物传粉包括昆虫和脊椎动物传粉，后者包括鸟类传粉(ornithophily)和蝙蝠传粉(chiropterophily)。非生物传粉包括风媒(anemophily)和水媒(hydrophily)传粉。昆虫传粉(entomophily)是最复杂的传粉方式，可按分类群大致划分为9种不同类型(表13-5)。其中，在飞蛾传粉中，有时天蛾科昆虫传粉单独称为天蛾传粉(hawkmoth pollination)；在蝇类传粉中，又分两个亚类，食蚜蝇科(Syrphidae)和蜂蝇科(Braulidae)昆虫传粉，称为食蚜蝇传粉(myophily)，丽蝇科(Calliphoridae)和粪蝇科(Scatophagidae)昆虫传粉，称为丽蝇传粉(sapromyophily)。

表13-5 9种昆虫传粉类型

Tab. 13-5 Nine types of insect pollination

传粉类型	传粉昆虫
蟑螂传粉 cockroach pollination	蜚蠊科 Blattode
蓟马传粉 thripsophily	缨翅目 Thysanoptera
甲虫传粉 cantharophily	鞘翅目 Coleoptera
飞蛾传粉 phalaenophily	鳞翅目 Lepidoptera 的螟蛾科 Pyralidae、尺蛾科 Geometridae、天蛾科 Sphingidae 和夜蛾科 Noctuidae
蝴蝶传粉 psychophily	鳞翅目凤蝶科 Papilionidae、粉蝶科 Pieridae、蛱蝶科 Nymphalidae 和灰蝶科 Lycaenidae
蝇类传粉 fly pollination	双翅目 Diptera
胡蜂传粉 sphecophily	膜翅目 Hymenoptera 胡蜂总科 Vespoidea
蚂蚁传粉 myrmecophily	膜翅目蚁科 Formicidae
蜜蜂传粉 mellittophily	膜翅目蜜蜂总科 Apoidea

13.2.2 传粉系统的变异格局

不同植物区系或群落，传粉系统存在明显差异(表13-6)。现有的研究显示，昆虫传粉、尤其是蜜蜂传粉，是多数植物区系或群落的典型特征。主要的研究案例如下：①巴拿马巴洛克罗拉多岛森林植被。169种树木传粉方式构成为：蜜蜂41.72%、风媒5.33%、蝴蝶/飞蛾5.03%、鸟类2.07%、榕小蜂1.78%、蝙蝠1.48%、其他未确定传粉类型42.6%(Bush & Rivera，2001)。②东洋区(oriental region)的花访问者与生物传粉。低地森林主要传粉者为群居性的蜜蜂(主要是无刺蜂属 *Trigona* 和蜜蜂属 *Apis* 的种类)，其次是甲虫、蝇类和其他蜜蜂(Corlett，2004)。③巴西东部的热带多刺疏林—

卡汀珈群落(caatinga)中，虫媒占69.9%(其中小型蜜蜂12.6%、中大型蜜蜂30.5%)，蜂鸟等动物传粉占28.1%，风媒占2.0%，因此，该群落最重要的是蜜蜂传粉(Machado & Lopes，2004)。④哥斯达黎加大西洋低地雨林。在332种木本植物中，昆虫传粉占69.13%，其他传粉方式还有蜂鸟(6.56%)、风媒(3.55%)和哺乳动物(2.46%)传粉(Chazdon et al.，2003)。环境的改变，对于传粉系统有明显的影响。例如，巴西东北部Alagoas州为甘蔗重要产区，对该地破碎和完整森林群落的对比研究表明，破碎森林的蝙蝠、鸟类、非飞行哺乳动物和天蛾传粉动物的比例显著下降，而蝴蝶、多样小型昆虫传粉的比例显著上升(Girao et al.，2007)。该地的另一项比较研究也看出，林缘、次生林显示出偏向特定的传粉系统，较低的传粉系统多样性指数(Lopes et al.，2009)。

表13-6 不同地区的传粉方式比较

Tab. 13-6 Comparison of pollination types in different regions %

地区	传粉方式及百分比								
	甲虫	蛾类	蝴蝶	蝇类	蜜蜂	其他昆虫	鸟类	蝙蝠	风媒
①	8	11	5	2	43	19	5	4	3
②	2.5	12.4	—	—	53.7	2.48	1.7	4.1	0.8
③	20.7	1.1	2.2	—	50.4	16.7	7.0	1.9	—
④	2.3	6.2	13.9	12.7	38.6	10.8	3.1	1.9	10.4
⑤	2.3	4.7	10.6	14.1	32.9	18.8	9.4	7.1	0
⑥	17	10	5	6	19	33	0	4	6

注：①哥斯达黎加拉—西尔瓦生物站热带湿润森林(Kang & Bawa，2003)；②巴西中央高原希拉多植被(稀树草原)(Martins & Batalha，2007)；③马来西亚砂劳越蓝比尔国家公园(Momose et al.，1998b)；④⑤委内瑞拉中央平原稀树草原(Ramirez，2004；2010)；⑥印度西高止山脉中海拔湿润森林(Devy & Davidar，2003)。蛾类含天蛾；其他昆虫包括黄蜂、蓟马、小型昆虫。

13.2.3 传粉系统的生态关联

(1)花型与传粉方式

研究表明，花型与传粉系统相关。杯形花和辐状花的常见传粉者为群居性蜜蜂、甲虫和多型昆虫(Momose et al.，1998b)。群居蜜蜂对花型选择更有弹性，甲虫、蝇类、蓟马主要访问开放的花，蝴蝶和蛾类主要访问长管花(Devy & Davidar，2003)。

(2)花色与传粉方式

关于花色与传粉方式，有两种相反的观点。一种观点认为两者无关。在印度西高止山脉中海拔湿润森林中，86个树种的关联分析表明，花色与传粉方式无显著相关(Devy & Davidar，2003)；另一项研究也证实，花色与传粉系统没有显著相关(Momose et al.，1998b)，或花色与传粉系统呈弱相关关系(Selwyn & Parthasarathy，2006)。进一步分析，花色在预报传粉者方面作用不大，如蜜蜂和小型昆虫访问不同的花(Martins & Batalha，2006)。另一种观点认为两者有关。有研究显示：花色与传粉系统极显著相关，鲜艳花由鸟类授粉，绿色花由风媒传粉，白色花由昆虫传粉(Bernardelo et al.，2001)；绿色花与风媒关联，红色花与鸟类传粉关联(Griffiths & Lawes，2006)；膜翅目和双翅目倾向访问灰暗花朵，鳞翅目访花没有显著倾向(Makrodimos et al.，2008)；天蛾和蝙蝠传粉与白色花朵关联，蜂鸟与红花关联，中大型蜂类与黄花关联(Machado & Lopes，2004)。

(3)花大小与传粉方式

关于花大小与传粉方式的关系，报道很少。Bawa et al.(1985)报道，小型昆虫访问的灰色花一般小于 10 mm。

13.3 繁育系统

13.3.1 繁育系统的类型划分

植物的繁育系统又称为性别系统。植物繁育系统，分为同型繁育系统，包括两性、单性同株、雌全同株、雄全同株和多全同株，以及异型繁育系统，包括单性异株、雌全异株、雄全异株、多全异株和三型异株(方炎明，1996)。分析植物区系和群落的繁育系统谱，一般按两种划分方案处理。一是分为两性花、单性异株和单性同株 3 种类型；二是分为两性花、单性同株、雌全同株、雄全同株、单性异株、雌全异株和雄全异株 7 种类型。

13.3.2 繁育系统的变异格局

现有研究表明：若按三类型繁育系统统计(表 13-7)，两性花的比例在 49.2%~85.7%之间；最高的为哥斯达黎加热带低地雨林(Bawa，1979)和委内瑞拉沿海平原植被(Lemus-Jiménez & Ramírez，2005)；最低的澳大利亚热带干燥雨林(Hansman，2001)和热带植物区系(Gross，2005)。单性异株的比例变化很大，低的只有 1.9%，如委内瑞拉沿海平原植被(Lemus-Jiménez & Ramírez，2005)；高的达 30.5%，如哥斯达黎加不同海拔森林(Vamosi & Queenborough，2010)。单性同株的比例变化也很大，印度西高止山脉湿润常绿木本区系占 5%(Krishnan & Ramesh，2005)，澳大利亚热带干燥雨林占 32.8%(Hansman，2001)。中国热带季雨林和山地雨林和亚热带常绿阔叶林(Chen & Li，2008a，b)的繁育系统研究显示，两性、单性异株和单性同株的比例分别处于各类型比例的中等值。若按七类别繁育系统统计(表 13-8)，各性别系统比例的变异范围分别是，两性 61.6%~86.6%，单性同株 3.6%~13.6%，雌全同株 0.4%~7.1%，雄全同株0.53%~5.7%，单性异株 2.2%~27.95%，雌全异株 0.2%~7.0%，雄全异株 0.06%~1.59%。由此可见，两性、单性异株和单性同株是最常见的繁育系统，而其他繁育系统则是主要繁育系统的补充，维持了植物繁育系统的多样性。

表 13-7 不同植物区系和群落 3 种繁育系统的比较

Tab. 13-7 Comparison of three types of breeding systems between different floras and communities

区系或群落	种数(种)	比例(%)		
		两性	单性异株	单性同株
澳大利亚热带植物区系(Gross，2005)	1100	59.93	16.80	22.10
斯里兰卡植物区系(Senarath，2008)	3529	79.1	8.75	12.15

（续）

区系或群落	种数(种)	比例(%)		
		两性	单性异株	单性同株
中国台湾植物区系(Tseng et al., 2008)	3052	74.4	7.9	11.2
哥斯达黎加热带低地雨林(Bawa, 1979)	309	85.7	19.7	14.6
哥斯达黎加热带低地雨林(Bawa et al., 1985)	333	65.6	23.1	11.4
委内瑞拉热带棕榈沼泽(Ramirez & Brito, 1990)	128	77.34	3.13	19.53
墨西哥热带雨林(Ibarra-Manríquez & Oyama, 1992)	139	63	27	9
委内瑞拉圭亚那热带灌丛(Ramirez, 1993)	89	73.0	4.5	22.5
哥斯达黎加热带雨林(Kress, 1994)	356	70.2	17.4	12.4
委内瑞拉次生落叶阔叶林(Jaimes & Ramirez, 1999)	51	82	4	14
澳大利亚热带干燥雨林(Hansman, 2001)	61	49.2	18.0	32.8
澳大利亚亚热带雨林(Adam & Williams, 2001)	152	60.5	17.1	22.4
哥斯达黎加大西洋低地雨林(Chazdon et al., 2003)	350	67.6	18.31	9.56
委内瑞拉中部平原稀树草原(Ramırez, 2005)	210	75.2	7.6	17.1
巴西热带沿海植被(Matallana et al., 2005)	566	75	14	11
印度西高止山脉湿润常绿木本区系(Krishnan & Ramesh, 2005)	656	57	20	5
委内瑞拉沿海平原植被(Lemus-Jiménez & Ramírez, 2005)	51	82.3	1.9	15.6
中国热带季雨林和山地雨林(Chen & Li, 2008a)	685	60.6	25.1	14.3
中国亚热带常绿阔叶林(Chen & Li, 2008b)	703	60.2	24.0	15.8
秘鲁坦博帕塔新热带植物区系(Vamosi et al., 2008)	800	63.5	26	10.5
厄瓜多尔亚苏尼热带雨林(Queenborough et al., 2009)	647	59.2	29.2	11.6
哥斯达黎加不同海拔森林(Vamosi & Queenborough, 2010)	167	61.1	30.5	8.4

表 13-8 不同植物区系和群落 7 种繁育系统的比较

Tab. 13-8 Comparison of seven types of breeding systems between different floras and communities

区系或群落	种数(种)	比例 Proportion(%)						
		两性	单性同株	雌全同株	雄全同株	单性异株	雌全异株	雄全异株
世界植物区系(Renner & Ricklefs, 1995)	240 000	72	4	3	1.7	6	7	NA
波多黎各和维京群岛植物区系(Flores & Schemske, 1984)	2037	78.9	10.5	2.0	2.4	6.1	NA	NA
南非开普植物区系(Steine, 1988)	8497	79.6	2.6	7.1	4.0	6.6	NA	NA
夏威夷植物区系(Sakai, 1995a)	971	62.4	7.6	3.9	4.5	14.7	3.8	0
智利胡安费尔南德斯植物区系(Bernardello et al., 2001)	152	70	9	7	2	9	1	NA
巴西旱热落叶矮灌木林(Machado et al., 2006)	147	83.0	9.5	0	4.8	2.7	0	0
巴西大西洋片段化森林(Girao et al., 2007)	129	66.00	5.14	0	0.91	27.95	0	0
黎凡特植物区系(含以色列，西奈半岛和约旦)(de Jong et al., 2008)	2916	86.6	3.6	0.4	5.7	2.2	0.3	0.06

（续）

区系或群落	种数(种)	比例 Proportion(%)						
		两性	单性同株	雌全同株	雄全同株	单性异株	雌全异株	雄全异株
中国常绿阔叶林(Wang et al., 2009)	190	77.13	7.98	4.79	0.53	7.98	0	1.59
马达加斯加海岸林(Vary et al., 2011)	1495	68.9	9.2	0.6	0.8	18.4	0	0
新喀里多尼亚植物区系(Vary et al., 2011)	3095	61.6	13.6	0.7	4.1	19.5	0.2	0.4

13.3.3 繁育系统的生态关联

植物区系或群落中各类繁育系统比例的差别，可能是不同环境生态与进化的结果。归纳起来繁育系统与以下生物和非生物环境有关：①人为干扰。如次生林中单性同株和单性异株比例低，而采伐过的森林乔木树种中单性异株比例高(Chazdon et al., 2003)。②生活型。木本植物单性异株比例比一年生草本高(Lemus-Jiménez & Ramírez, 2005)；单性异株与木本关联，两性花与草本关联(Matallana et al., 2005)。③传粉者类型。两性花多由专一昆虫传粉，单性异株由非专一普通昆虫传粉(Matallana et al., 2005)。还有研究显示，风媒传粉与单性异株关联，蜂鸟传粉与两性花关联(Chazdon et al., 2003)。另一项报道认为，单性同株花与风媒关联(Griffiths & Lawes, 2006)。对于上述生态关联的解释目前有一些假说，如对于单性异株与木本的关系，目前有至少两个假说：一是低密度假说，雨林乔木密度低，个体间相隔距离远(Adam & Williams, 2001)；二是长寿命假说，单性异株与木本关联，是长寿命植物强烈选择异交的结果(Sakai et al., 1995b)。

13.4 展望

13.4.1 揭示植物生殖生态功能多样性

中国具有广袤的、类型多样的森林生态系统，但在区系和群落水平的比较生殖生态研究相对薄弱。这在一定程度上与中国的群落生态学和植物区系学研究传统有关。传统的植物群落学研究强调结构和演替，而传统的植物区系学注重区系成分和起源。在实证研究中，科学工作者更多地强调对营养器官、木本植物、宏观特征的观察，而较少地关注对繁殖器官、全体植物、微观特征的考察；更多地注重对生长过程和组成结构多样性的观察，而较少地强调对生殖过程和生态功能多样性的考察。目前，我国的森林生态系统大样地建设和长期定位观察正在兴起，这是开展植物生殖生态学研究的良好契机，预期通过生态学家的努力，在较短时间内可望取得突破性的进展。

13.4.2 更新植物生殖生态功能多样性理论

有关植物生殖生态功能多样性，存在不少理论和假说。传统的如巴克原理(baker's

law)、岛屿综合征(island syndrome)、巴瓦假说(Bawa hypothesis)等，现代的有全球传粉者衰退(pollinator declines)(Potts et al., 2010)和植物与传粉者互作的时空错位理论(Hegland et al., 2009)等。对这些理论和假说的进一步检验取得了进展(Hao et al., 2011; Burkle et al., 2013; Patiño et al., 2013; Forrest, 2015)，随着研究的进一步深入，预期会对这些理论和假说提出挑战和修正。

表13-9 若干理论模型

Tab. 13-9 Several theoretical models

模型	描　述
巴克原理①	Bake(1955)报道，自交亲和的两性花植物的繁殖体，比自交不亲和的单性异株植物的繁殖体，在长距离扩散后更容易建立有活力居群，在海洋岛屿自交亲和的物种比例高，Stebbins(1957)将这种现象成为巴克原理
岛屿综合征②	在遥远岛屿上发生的独特现象的总和，Whittaker(1998)称为岛屿综合，Brown & Lomolino(1998)称为岛屿规则(island rule)。Abe在日本小笠原群岛观察到的显花、繁育和传粉系统的岛屿综合征表现为：繁育系统偏向单性异株，花具柔和的色彩、访花昆虫容易接近的形状，非群居昆虫传粉
巴瓦假说③	巴瓦等提出，具有分离性别(单性异株)的植物比两性花植物更有可能广普传粉系统，因为广普传粉系统可能具有更高的由小昆虫进行同株异花传粉的风险
植物和传粉者互作的时空错位理论④	气候变暖影响植物和传粉者的物候和分布，从而导致植物—传粉者相互作用的时间和空间错位。植物—传粉者互惠双方受到影响的因子和作用方式分别为：植物方面，先后影响访花数、授粉量、生殖成功率和居群动态；传粉者方面，先后影响花蜜(花粉)量、有效食物、生殖(生存)成功率和居群动态

注：①Randle et al. (2009)；②Abe(2006)；③Johnson & Steiner(2000)；④Hegland et al. (2009)。

13.4.3 革新植物生殖生态学研究方法和技术

首先有必要引入一些定量观察和统计方法，测定和计算一些指标，如Sørensen相似系数(Sørensen similarity coefficient)(Abe & Kamo, 2003)、群落传粉指数(community pollination index)(Jaimes & Ramirez, 1999)、传粉者访问活动指数(visitor activity index)(Ramirez, 2004b)、传粉重要值(pollination importance value)(Donaldson, 1997, Johson et al., 2009)、传粉效率(pollination efficiency)(Lindsey, 1984, Johson et al., 2009)、自交亲和指数(index of self-incompatibility)(Jaimes & Ramirez, 1999, Johson et al., 2009)、相对传粉者多度(relative pollinator abundance)(Lindsey, 1984)、相对花粉负荷指数(relative pollen load index)(Hansen & Molau, 1994)、生境精确度(habitat fidelity)(Johnson et al., 1996)等。其次，将RS、GIS、GPS即"3S"技术应用于植物生殖生态研究，可延伸观察范围，提高观察精确度，扩展信息容量，从而，可以进行大尺度的植物生殖生态分析。最后，尽管植物生殖生态观察是一项艰巨费力，甚至危险的工作，长期或周期性的定位观察是必不可少的。通过引入定量研究方法、广泛运用"3S"技术和开展定位观察，预期可以在植物生殖生态分析方法技术上取得突破。

参考文献

方炎明. 1996. 植物生殖生态学[M]. 济南：山东大学出版社.

方炎明.2013. 森林植被的显花，传粉与繁育系统[J]. 南京林业大学学报(自然科学版)，36(6)：1-7.

ABE T. 2006. Threatened pollination systems in native flora of the Ogasawara(Bonin) Islands[J]. Annals of Botany, 98: 317-334.

ABE T, KAMO K. 2003. Seasonal changes of floral frequency and composition of lower in two cool temperate secondary forests in Japan[J]. Forest Ecology and Management, 175: 153-162.

ADAM P, WILLIAMS G. 2001. Dioecy, self-compatibility and vegetative reproduction in Australian subtropical rainforest trees and shrubs[J]. Cunninghamia, 7(1): 89-100.

AITKEN S N, WHITLOCK M C. 2013. Assisted gene flow to facilitate local adaptation to climate change[J]. Annual Review of Ecology, Evolution and Systematics, 44: 367-388.

AIZEN M A, ASHWORTH L, GALETTO L. 2002. Reproductive success in fragmented habitats: do compatibility systems and pollination specialization matter? [J]. Journal of Vegetation Science, 13(6): 885-892.

BAWA K S. 1979. Breeding systems of trees in a tropical wet forest[J]. New Zealand Journal of Botany, 17: 521.

BAWA K S, PERRY D R, BEACH J H. 1985. Reproductive biology of tropical lowland rain forest trees. I. Sexual systems and incompatibility mechanisms[J]. American Journal of Botany, 72: 331-345.

BERNARDELLO G, ANDERSON G J, STUESSY T F, et al. 2001. A survey of floral traits, breeding systems, floral visitors, and pollination systems of the angiosperms of the Juan Fernández Islands(Chile)[J]. Botanical Review, 67: 255-308.

BURD M, STAYTON C T, SHRESTHA M, et al. 2014. Distinctive convergence in Australian floral colours seen through the eyes of Australian birds[J]. Proceedings of the Royal Society B: Biological Sciences, 281(1781): 20132862.

BURKLE L A, MARLIN J C, KNIGHT T M. 2013. Plant-pollinator interactions over 120 years: loss of species, co-occurrence, and function[J]. Science, 339(6127): 1611-1615.

BUSH M B, RIVERA R. 2001. Reproductive ecology and pollen representation among neotropical trees[J]. Global Ecology & Biogeography, 10: 359-367.

CALINGER M, QUEENBOROUGH S, CURTIS P S. 2013. Herbarium specimens reveal the footprint of climate change on flowering trends across north-central North America[J]. Ecology Letters, 16(8): 1037-1044.

CARPENTER R J, READ J, JAFFRE T. 2003. Reproductive traits of tropical rain-forest trees in New Caledonia[J]. Journal of Tropical Ecology, 19(04): 351-365.

CHAZDON R L, CAREAGA S, WEBB C, et al. 2003. Community and phylogenetic structure of reproductive traits of woody species in wet tropical forests[J]. Ecological Monographs, 73(3): 331-348.

CHEN X S, LI Q J. 2008a. Sexual systems and ecological correlates in an azonal tropical forests, SW China[J]. Biotropica, 40(2): 160-167.

CHEN X S, LI Q J. 2008. Patterns of plant sexual systems in subtropical evergreen broad-leaved forests in Ailao Mountains, SW China[J]. Journal of Plant Ecology, 1(3): 179-185.

CLARE E L, SCHIESTL F P, LEITCH A R, et al. 2013. The promise of genomics in the study of plant-pollinator interactions[J]. Genome Biology, 14(6): 207.

CORLETT R T. 2004. Flower visitors and pollination in the Oriental(Indomalayan) region[J]. Biological Reviews, 79(03): 497-532.

DE JONG T J, SHMIDA A, THUIJSMAN F. 2008. Sex allocation in plants and the evolution of monoecy[J].

Evolutionary Ecology Research, 10: 1087 - 1109.

DEVY M S, DAVIDAR P. 2003. Pollination systems of trees in Kakachi, a mid-elevation wet evergreen forest in western Ghats, India[J]. American Journal of Botany, 90(4): 650 - 657.

DONALDSON J S. 1997. Is there a floral parasite mutualism in cycad pollination? The pollination biology of *Encephalartos villosus*(Zamiaceae)[J]. American Journal of Botany, 84(10): 1398 - 1406.

ECKERT C G, KALISZ S, GEBER M A, et al. 2010. Plant mating systems in a changing world[J]. Trends in Ecology & Evolution, 25: 35 - 43.

FAGRI K, VAN DER PIJL L. 1979. The principles of pollination ecology [M]. Pergamon Press, London, UK.

FENSTER C B, ARMBRUSTER W S, WILSON P, et al. 2004. Pollination syndromes and floral specialization [J]. Annual Review of Ecology, Evolution, and Systematics: 375 - 403.

FORREST J R K. 2015. Plant-pollinator interactions and phenological change: what can we learn about climate impacts from experiments and observations? [J]. Oikos, 124(1): 4-13.

GIBSON M R, RICHARDSON D M, PAUW A. 2012. Can floral traits predict an invasive plant's impact on native plant-pollinator communities? [J]. Journal of Ecology, 100(5): 1216 - 1223.

GIRAO L C, LOPES A V, TABARELLI M, et al. 2007. Changes in tree reproductive traits reduce functional diversity in a fragmented Atlantic forest landscape[J]. PLoS ONE, 2(9): e908.

GODLEY E J. 1979. Flower biology in New Zealand[J]. New Zealand Journal of Botany, 17: 441 - 466.

GOMEZ J M, PERFECTTI F, KLINGENBERG C P. 2014. The role of pollinator diversity in the evolution of corolla-shape integration in a pollination-generalist plant clade[J]. Philosophical Transactions of the Royal Society B: Biological Sciences, 369(1649): 20130257.

GRIFFITHS M E, LAWES M J. 2006. Biogeographic, environmental, and phylogenetic influences on reproductive traits in subtropical forest trees, South Africa[J]. Ecography, 29: 614 - 622.

GROSS C L. 2005. A comparison of the sexual systems in the trees from the Australian tropics with other tropical biomes—more monoecy but why? [J]. American Journal of Botany, 92(6): 907 - 919.

HADLEY A S, BETTS M G. 2012. The effects of landscape fragmentation on pollination dynamics: absence of evidence not evidence of absence[J]. Biological Reviews, 87(3): 526 - 544.

HANSEN J E, MOLAU U. 1994. Pollination biology, mating system, and seed set in a Danish population of *Saxifraga granulata*[J]. Nordic Journal of Botany, 14: 257 - 268.

HANSMAN D J. 2001. Floral biology of dry rainforest in north Queensland and a comparison with adjacent savanna woodland[J]. Australian Journal of Botany, 49: 137 - 153.

HAO J H, QIANG S, CHROBOCK T, et al. 2011. A test of baker' s law: breeding systems of invasive species of Asteraceae in China[J]. Biological Invasions, 13(3): 571 - 580.

HEGLAND S J, NIELSEN A, LA ZARO A, et al. 2009. How does climate warming affect plant-pollinator interactions? [J]. Ecology Letters, 12: 184 - 195.

HENNIG E I, GHAZOUL J. 2011. Plant-pollinator interactions within the urban environment[J]. Perspectives in Plant Ecology, Evolution and Systematics, 13(2): 137 - 150.

HOFFMANN F. 2005. Biodiversity and Pollination. Flowering plants and flower-visiting insects in agriculture and semi-natural landscapes[D]. Ph D Thesis, University of Groningen.

IBARRA-MANRíQUEZ G, OYAMA K. 1992. Ecological correlates of reproductive traits of Mexican rain forest trees[J]. American Journal of Botany, 79(4): 383 - 394.

JACQUEMYN H, DE MEESTER L, JONGEJANS E, et al. 2012. Evolutionary changes in plant reproductive traits following habitat fragmentation and their consequences for population fitness[J]. Journal of Ecology,

100(1): 76 -87.

JAIMES I, RAMIREZ N. 1999. Breeding systems in a secondary deciduous forest in Venezuela: The importance of life form, habitat, and pollination specificity[J]. Plant Systematics and Evolution, 215(1 -4): 23 -36.

JOHNSON P A, HOPPENSTEADT F C, SMITH J J, et al. 1996. Conditions for sympatric speciation: a diploid model incorporating habitat fidelity and non-habitat assortative mating[J]. Evolutionary Ecology, 10(2): 187 -205.

JOHNSON SD, STEINER KE. 2000. Generalization vs. specialization in plant pollination systems[J]. Trends in Ecology & Evolution, 15(4): 140 -143.

JOHNSON SD, HARRIS F, PROCHEş Ş. 2009. Pollination and breeding systems of selected wildflowers in a southern African grassland community[J]. South African Journal of Botany, 75: 630 -645.

KANG H, BAWA K S. 2003. Effects of successional status, habit, sexual systems, and pollinators on flowering patterns in tropical rain forest trees[J]. American Journal of Botany, 90(6): 865 -876.

KOSKI M H, ASHMAN T L. 2014. Dissecting pollinator responses to a ubiquitous ultraviolet floral pattern in the wild[J]. Functional Ecology, DOI: 10.1111/1365 -2435.12242.

KRESS W J. 1994. Flowering plant reproductive systems. In: McDade LA, Bawa KS, Hespenheide HA, Hartshorn GS(eds) La Selva, ecology and natural history of a tropical rain forest [M]. University of Chicago Press, Chicago, 161 -182.

KRISHNAN R M, RAMESH B R. 2005. Endemism and sexual systems in the evergreen tree flora of the Western Ghats, India[J]. Diversity and Distributions, 11(6): 559 -565.

LáZARO A, TOTLAND Ø. 2014. The influence of floral symmetry, dependence on pollinators and pollination generalization on flower size variation[J]. Annals of Botany, doi: 10.1093/aob/mcu083.

LEMUS-JIMéNEZ LJ, RAMíREZ N. 2005. Breeding systems of the Paraguaná coastal plain plants, Venezuela [J]. Revista de Biologia Tropical, 53(3 -4): 415 -430.

LINDSEY A H. 1984. Reproductive biology of Apiaceae. I. Floral visitors to *Thaspium* and *Zizia* and their importance in pollination[J]. American Journal of Botany, 71: 375 -387.

LOPES A V, GIRAO L C, SANTOS B A, et al. 2009. Long-term erosion of tree reproductive trait diversity in edge-dominated Atlantic forest fragments[J]. Biological Conservation, 142: 1154 -1165.

MACHADO I C, LOPES A V. 2004. Floral traits and pollination systems in the Caatinga, a Brazilian tropical dry forest[J]. American Journal of Botany, 94: 365 -376.

MACHADO I C, LOPES A V, MARLIES S, et al. 2006. Plant sexual systems and a review of the breeding system studies in the Caatinga, a Brazilian tropical dry forest[J]. Annals of Botany, 97(2): 277 -287.

MATALLANA G, WENDT T, ARAUJO DSD, et al. 2005. High abundance of dioecious plants in a tropical coastal vegetation[J]. American Journal of Botany, 92(9): 1513 -1519.

MAKRODIMOS N, BLIONIS G J, KRIGAS N, et al. 2008. Flower morphology, phenology and visitor patterns in an alpine community on Mt Olympos, Greece[J]. Flora, 203: 449 -468.

MARTINS F Q, BATALHA M A. 2006. Pollination systems and floral traits in Cerrado woody species of the upper Taquari region(central Brazil)[J]. Brazilian Journal of Biology, 66(2A): 543 -552.

MARTINS F Q, BATALHA M A. 2007. Vertical and horizontal distribution of pollination systems in Cerrado fragments of central Brazil[J]. Brazilian Archives of Biology and Technology, 50(3): 503 -514.

MILLER R, OWENS S J, RøRSLETT B. 2011. Plants and colour: Flowers and pollination[J]. Optics & Laser Technology, 43(2): 282 -294.

MOMOSE K, YUMOTO T, NAGAMITSU T, et al. 1998. Pollination biology in a lowland dipterocarp forest in

Sarawak, Malaysia. I. Characteristics of the plant-pollinator community in a lowland dipterocarp forest[J]. American Journal of Botany, 85: 1477 – 1501.

OLESEN J M, DUPONT Y L, EHLERS B K, et al. 2007. The openness of a flower and its number of flower-visitor species[J]. Taxon, 56: 729 – 736.

OLLERTON J, ALARCóN R, WASER N M, et al. 2009. A global test of the pollination syndrome hypothesis [J]. Annals of Botany, 103(9): 1471 – 1480.

PATIÑO J, BISANG I, HEDENäS L, et al. 2013. Baker's law and the island syndromes in bryophytes[J]. Journal of Ecology, 101(5): 1245 – 1255.

POTTS S G, BIESMEIJER J C, KREMEN C, et al. 2010. Global pollinator declines: trends, impacts and drivers[J]. Trends in Ecology & Evolution, 25(6): 345 – 353.

QUEENBOROUGH S A, MAZER S J, VAMOSI S M, et al. 2009. Seed mass, abundance and breeding system among tropical forest species: do dioecious species exhibit compensatory reproduction or abundances? [J]. Journal of Ecology, 97: 555 – 566.

QUESADA M, ROSAS F, AGUILAR R, et al. 2011. Human Impacts on Pollination, Reproduction, and Breeding Systems in Tropical Forest Plants[M]//Seasonally dry tropical forests. Island Press/Center for Resource Economics, 173 – 194.

RAFFERTY N E, IVES A R. 2011. Effects of experimental shifts in flowering phenology on plant – pollinator interactions[J]. Ecology Letters, 14: 69 – 74.

RAMIREZ N, BRITO Y. 1990. Reproductive biology of a tropical palm swamp community in the Venezuelan llanos[J]. American Journal of Botany, 77: 1260 – 1271.

RAMIREZ N. 1993. Reproductive biology in a tropical shrubland of Venezuelan Guayana[J]. Journal of Vegetation Science, 4(1): 5 – 12.

RAMIREZ N. 2004. Ecology of pollination in a tropical Venezuelan savanna[J]. Plant Ecology, 173(2): 171 – 189.

RAMIREZ N. 2010. Vegetation structure and pollination in the Venezuelan Central Plain[J]. Flora, 205: 229 – 241.

RANDLE A M, SLYDER J B, KALISZ S. 2009. Can differences in autonomous selfing ability explain differences in range size among sister-taxa pairs of *Collinsia*(Plantaginaceae)? An extension of Baker's Law[J]. New Phytologist, 183: 618 – 629.

RENNER S S, RICKLEFS R E. 1995. Dioecy and its correlates in the flowering plants[J]. American Journal of Botany, 82: 596 – 606.

ROSAS-GUERRERO V, AGUILAR R, MARTéN-RODRíGUEZ S, et al. 2014. A quantitative review of pollination syndromes: do floral traits predict effective pollinators? [J]. Ecology Letters, 17(3): 388 – 400.

SAKAI A K, WAGNER W L, FERGUSON D M, et al. 1995. Biogeographical and ecological correlates of dioecy in the Hawaiian flora[J]. Ecology, 76: 2530 – 2543.

SELWYN M A, PARTHASRATHY N. 2006. Reproductive traits and phenology of plants in tropical dry evergreen forest on the Coromandel coast of India[J]. Biodiversity and Conservation, 15: 3207 – 3234.

SENARATH WTPSK. 2008. Dioecy and monoecy in the flora of Sri Lanka and their evolutionary correlations to endemism, growth form, fruit type, seed number and flower size[J]. Bangladesh Journal of Plant Taxonomy, 15(1): 13 – 19.

SHRESTHA M, DYER A G, BOYD-GERNY S, et al. 2013. Shades of red: bird-pollinated flowers target the specific colour discrimination abilities of avian vision[J]. New Phytologist, 198(1): 301 – 310.

TSENG Y H, HSIEH C F, HU J M. 2008. Incidences and ecological correlates of dioecious angiosperms in

Taiwan and its outlying Orchid Island[J]. Botanical Studies, 49: 261 –276.

VAMOSI S M, QUEENBOROUGH S A. 2010. Breeding systems and phylogenetic diversity of seed plants along a large-scale elevational gradient[J]. Journal of Biogeography, 37: 465 –476.

VARY L B, GILLEN D L, RANDRIANJANAHARY M, et al. 2011. Dioecy, monoecy, and their ecological correlates in the littoral forest of madagascar[J]. Biotropica, 43(5): 582 –590.

WILLIANMS G, ADAM P. 2010. The Flowering of Australia's Rainforests: A Plant and Pollination Miscellany [M]. CSIRO Publishing, Australia.

WILLMER P. 2011. Pollination and floral ecology[M]. Princeton University Press, Princetopn, New Jersey, USA.

WINFREE R, BARTOMEUS I, CARIVEAU D P. 2011. Native pollinators in anthropogenic habitats[J]. Annual Review of Ecology, Evolution and Systematics, 42(1): 1.

作者简介

方炎明：南京林业大学生物与环境学院，博士，教授；E-mail：jwu4@ njfu. edu. cn。

专题14　植物形态学与树冠结构模型

Plant Morphology and Canopy Structure Model

方炎明，黄　杨，李　垚

南京林业大学南方现代林业协同创新中心，生物与环境学院　江苏南京　210037

【内容提要】本专题介绍了植物形态学的定义和发展历史，描述了树冠结构分析的形态学基础与标准，图解了凤梨型、番木瓜型、棕竹型、竹型、丁香型、臭椿型、水椰型、喜林芋型、破布木型、可可型、接骨木型、榆型、马钱子型、七叶树型、露兜树型、荷花玉兰型、诺丽型、榄仁型、雪松型、波罗蜜型、杨桐型、美洲胶树型、八宝树型23种树冠结构模型，探讨了树冠结构模型鉴定与分类方法。本专题包括植物形态科学、植物形态科学的重要历史人物、树冠结构分析的形态学基础与标准、23种树冠结构模型、树冠结构模型鉴定与分类5小节内容。

植物学上有4种经典的分枝类型，即单轴分枝、合轴分枝、假二叉分枝和二叉分枝。然而，4种分枝类型不足以描述和区分复杂多样的树冠结构。在林学和园林实践中，技术人员经常遇到树冠形态描述的问题。林学家和园林学家往往用几何形状来描述树冠形态，如塔形、椭圆、锥形等，简单的几何形状虽然通俗易懂，但是缺乏结构和形态发生的内涵；另一方面，几何形状种类的单调性，也不足以描述和解释树冠结构的多样性。对于树冠结构认识的不足，主要有两方面原因：一是对于描述树冠结构的形态学性状的认识不足；二是对于树冠结构缺乏足够的观察，更无系统的归纳和总结。为解决林业、园林上的树冠结构描述问题，本专题从植物形态学入手，探讨了树冠结构模型。这里所指的树冠结构，实际上是整个树木的空间结构，包括树冠、树干，有时还包括地下茎。有学者将其称为"构筑型"（王伯荪，梁士楚，2002；臧润国，蒋有绪，2002），我们从实际应用出发，认为"树冠结构"更容易被技术人员理解和接受。

14.1　植物形态学

植物形态学被认为主要是一个以德语为基础的科学分支，从未在美国繁荣过（Kaplan，2001）。德国植物形态学的传统是从研究植物自然历史开始，强调探究形态学起源。美国是一个以工程为主的社会，关注科学工具多于科学理论、哲学和历史，没有比较自然历史的传统。在美国，植物解剖学得到长足发展。植物解剖学以显微镜为工具，主要研究有机体的细胞和组织结构，因而，比植物形态学获得更多的关注和更高的可信度。芝加哥大学的卡特(John Merle Coulter，1851—1928)和钱伯伦(Charles Joseph Chamberlain，1863—1943)理解的植物形态学，是分类框架下植物生活史的解剖与细胞特征。中国的植物形态学具有明显的芝加哥学派传统，早期的植物学家张景钺和严楚江均师从钱伯伦，是芝加哥大学的植物系博士；王伏雄和李正理师从 Buchholz(钱伯伦的学生)，是伊利诺斯大学哲学博士。这些植物解剖学家对中国的植物学发展和人才培养起到极其关键的作用。但也毋容置疑，植物形态学发展的方向主要沿着美国特征的发展轨迹，而不是德国的植物形态学传统。

什么是植物形态学？按照 Kaplan(2001)的理解，植物形态学是一门整合的学科，强调类比(analogies)或趋同(convergences)；植物形态学利用多样性来推断一个形态学规律，而不管其亲缘关系如何。植物形态学不同于植物系统学，后者是一门划分的学科，强调系统发育意义上的同源；植物系统学利用形态特征将多样性分割成不同的分类学单元。

植物形态学除了与植物系统学有关以外，还与植物生理学、植物遗传学和植物生态学有关(图 14-1)。

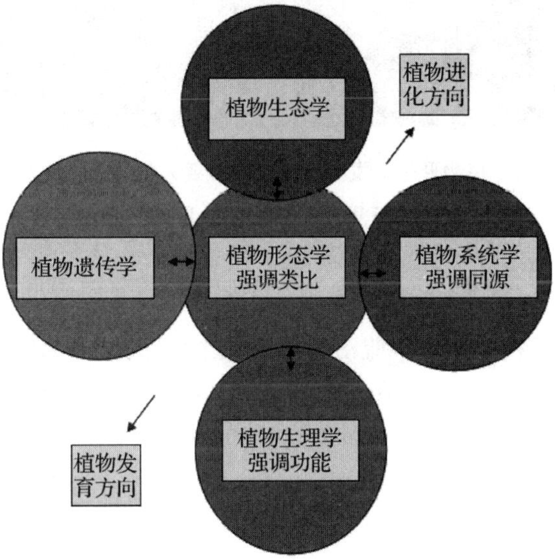

图 14-1 植物形态学与其他学科的关系(根据 Kaplan 改绘，2001)

Fig. 14-1 Plant morphology and other disciplines

14.2 植物形态科学研究的重要历史人物

14.2.1 歌德

德国著名诗人、《少年维特之烦恼》的作者约翰·沃尔夫冈·冯·歌德(Johann Wolfgang von Goethe，1749—1832)是第一个对植物形态学做出重要贡献的历史人物(图 14-2)。他创造了形态学(morphology)这个术语，创立了比较形态学或类型学(typol-

图 14-2 植物形态学发展历史上的重要人物(Kaplan, 2001)

Fig. 14-2 Important figures in the history of phytomorphology development

a. 约翰·沃尔夫冈·冯·歌德(Johann Wolfgang von Goethe) b. 威廉·霍麦斯特尔(Wilhelm Hofmeister)
c. 卡尔·冯·格贝尔(Karl von Goebel) d. 威廉·德若欧(Wilhelm Troll)

ogy)的方法论，提出了植物形态学蓝图(Bauplan)的观点，于 1790 年出版了著作《植物变态解释探究》(德文名为 *Versuch die Metamorphose der Pflanzen zu erklaren*，英文为 *An Attempt to Explain the Metamorphosis of Plants*)。他的划时代著作标志着植物形态学的开端。

14.2.2 霍麦斯特尔

威廉·霍麦斯特尔(Wilhelm Hofmeister, 1824—1877)几乎是一位天才植物学家(图 14-2)。他没有上过大学，自学成才，39 岁就成为植物学教授。与歌德注重植物类型之间的关系不同，霍麦斯特尔注重形态多样性的因果基础。他研究植物胚胎学并发现了世代交替，出版了著作《植物生长的普通形态学》(德文名为 *Allgemeine Morphologie der Gewachse*，英文名为 *General Morphology of Plant Growth*)。他还从生物物理的角度解释了一系列现象，如叶序、重力和光照对植物形态的影响等。

14.2.3 格贝尔

卡尔·冯·格贝尔(Karl von Goebel, 1855—1932)是霍麦斯特尔的门徒，也是一位博采众长的形态学大师(图 14-2)。在图宾根大学，师从霍麦斯特尔学习植物形态的因果解释和隐花植物学知识；在斯特拉斯堡大学师从海因里希·安东狄百瑞(Heinrich Anton de Bary)学习藻类学、真菌学和植物解剖学；在维尔茨堡大学师从朱利叶斯·冯·萨克斯(Julius von Sachs)学习植物形态学研究方法。格贝尔也是植物学研究集大成者，在慕尼黑大学创立了世界著名的植物园，在宁芬堡创立了植物研究所。他还是一位植物采集家，考察过印度和爪哇(1885—1886)、澳大利亚和新西兰(1898—1899)、北美洲(1905)和巴西(1913)。他出版了3卷巨著《植物器官学》(德文名为 *Organographie der Pflanzen*，英文名为 *Organography of Plants*)，先后出版3次德文版和1次英文版，并具有世界影响。

14.2.4 德若欧

威廉·德若欧(Wilhelm Troll，1897—1978)是4位德国植物形态学主要人物中最复杂和最有争议的人物(图14-2)。他毕业于慕尼黑大学，是格贝尔的学生。他担任大学教授直到1945年，第二次世界大战结束后在西德担任大学教授。德若欧出版了多卷著作《高等植物比较形态学》(德文名为 *Vergleichende Morphologie der hoheren Pflanzen*，英文名为 *Comparative Morphology of Higher Plants*)。德若欧的学术思想具有浓厚的理想主义形态学色彩。

14.3 树冠结构分析的形态学基础与标准

植物被广泛接受为构件机体(modular organisms)。植物构筑(plant architecture)或树冠结构的研究，是一门新学科，约有40年历史。研究树冠结构最常引用的文献是《热带树木和森林：构筑分析》(Hallé et al.，1978)，植物构筑的定义为研究热带树木和森林提供了有力的分析工具。按照Barthélémy和Caraglio(2007)的观点，树冠结构分析的形态学指标包含生长过程、分枝过程、轴的形态分化和生殖结构的位置4个方面，具体指标见表14-1，相关术语的定义见表14-2。

表14-1 树冠结构分析的形态学指标

Tab. 14-1 Morphologic indexes for canopy structure analysis

一级指标	二级指标
生长模式(growth pattern)	有限与无限生长(determinate vs. indeterminate growth)，节律性与连续生长(rhythmic vs. continuous growth)
分支模式(branching pattern)	顶端、侧面与无分枝(terminal vs. lateral branching vs. no branching)，单轴与合轴分枝(monopodial vs. sympodial branching)，节律性、连续性、分散性分枝(rhythmic vs. continuous vs. diffuse branching)，随时与延期分枝(immediate vs. delayed branching)
轴的形态分化(morphological differentiation of axes)	直立、倾立或混合轴(orthotropic vs. plagiotropic vs. axes with mixed morphological and/or geometrical features)
花侧生与顶生(lateral vs. terminal flowering)	

建立了形态学标准以后，植物形态学家定义了结构模型。对于一个树种，生长模式决定相继的结构相，称为结构模型，简称模型(Barthélémy & Caraglio，2007)。结构模型是植物固有的生长对策，既决定植物精细形态的呈现方式，又影响结构的结果。

表 14-2 术语及定义

Tab. 14-2 Terms and definitions

术 语	定 义
有限生长 determinate growth	植物茎轴顶端分生组织执行一段时间功能后脱落或败育，或转变成专门结构（花、花序、刺、卷须、薄壁细胞等），缺乏进一步的延伸能力，也称为有限延伸
无限生长 indeterminate growth	植物茎轴顶端分生组织具有维持无限生长潜力，也称无有限延伸
连续生长 continuous growth	茎干无明显的内在的停止延伸，连续生长在自然界比较罕见
节律性生长 rhythmic growth	茎干存在明显的内在的周期性和停止延生
预先形成器官 preformed organs	在芽中形成了未来伸长茎干的器官及其构件雏形，这种现象称为预先定形，其器官称为预先形成器官
新生器官 neoformed organs	不在芽中形成器官雏形，而是在生长过程中新形成器官，这种现象称为新生定形，器官称为新生器官
同生枝 sylleptic branches	从当年形成的芽发育而来的分枝
预生枝 proleptic branches	从当前一年形成的芽发育而来的分枝
伏芽枝 epicormic branches	从休眠芽发育而来的枝条
节律性分枝 rhythmic branching	部分腋生分生组织不发育为侧轴，侧轴组合为明显的枝层
连续性分枝 continuous branching	所有腋生分生组织发育为侧轴，侧轴不组合为明显的枝层
分散性分枝 diffuse branching	部分腋生分生组织不发育为侧轴，侧轴不组合为明显的枝层
向顶分枝 acrotonic branching	远轴的分枝具有优势
向中分枝 mesotonic branching	母轴中间的分枝具有优势
向基分枝 basitonic branching	近轴的分枝具有优势
下位优先 hypotony	母轴基部分枝优先发育
中位优先 mesotony	母轴中部分枝优先发育
上位优先 epitony	母轴上部分枝优先发育
直立轴 orthotropy axes	枝向上着生，辐射对称，叶螺旋状排列、对生或轮生
倾立轴 plagiotropy axes	枝水平或倾斜着生，两侧对称，叶二列状，小枝呈一个平面

注：术语定义参考 Barthélémy & Caraglio(2007)。

每种结构模型都由一组形态特征来限定，并以知名的植物学家名字来命名。例如，Leeuwenberg 模型：对称的合轴分枝、小枝直立、有限生长。Corner 模型：轴不分枝、花序侧生。理论上，形态组合会很多。实际上自然界中只存在 23 种结构模型，这些模型既可用于木本，又可用于草本；既可用于热带植物，又可用于温带植物；既可用于亲缘关系近的类群，又可用于亲缘关系远的类群。有些植物会表现出两三种结构模型。

14.4 23 种树冠结构模型

14.4.1 郝一桐模型(Holttum model)(图 14-3)

主茎不分枝；单花(花序)顶生。代表植物如凤梨科粗茎凤梨(*Puya chilensis*)。郝一桐(Richard Eric Holttum，1895—1990)是英国植物学家，曾经任职于新加坡植物园和新加坡国立大学。按代表植物可称为凤梨型。

14.4.2 寇纳尔模型(Corner model)(图14-3)

主茎不分枝；在其叶下重复产生花和果(花侧生，而不是顶生)。代表植物如番木瓜科番木瓜(*Carica papaya*)。寇纳尔(Edred John Henry Corner，1906—1996)是英国植物学家，曾经任职于新加坡植物园和剑桥大学。按代表植物可称为番木瓜型。

14.4.3 汤林森模型(Tomlinson model)(图14-3)

地上茎干不分枝；地下分枝形成克隆群体(克隆棕榈)。代表植物如棕榈科的象鼻棕(*Raphia vinifera*)和棕竹(*Rhapis excelsa*)。汤林森(Philip Barry Tomlinson，1932—)，是英国植物学家、哈佛大学教授(Jeffrey professor of biology)，著有《热带树木和森林：构筑分析》和《棕榈的结构生物学》。按代表植物可称为棕竹型。

14.4.4 莫古礼模型(McClure model)(图14-3)

地上茎干具有侧生、水平的分枝，分枝上叶二列状排列；地下分枝形成克隆群体(克隆竹子)。代表植物如竹亚科的牡竹(*Dendrocalamus strictus*)和蓼科虎杖(*Polygonum cuspidatum*)。莫古礼(Floyd Alonzo McClure，1897—1970)，是世界竹子研究权威，在中国24年，曾担任岭南大学教授，著有《东方人的竹子经济》。按代表植物可称为竹型。

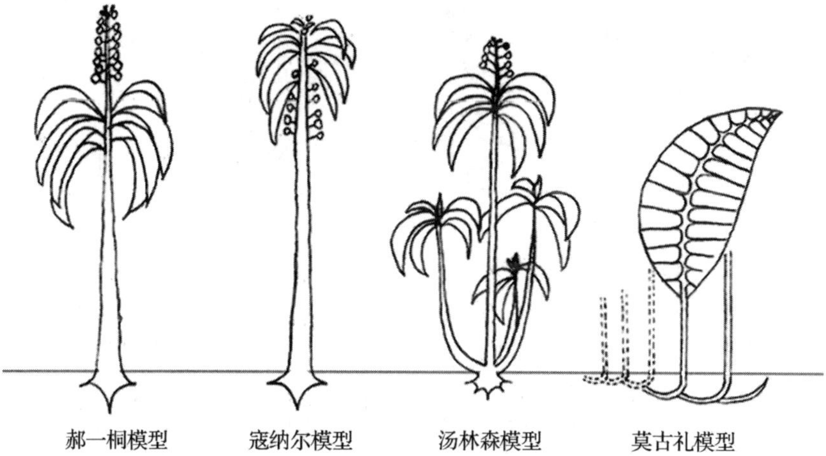

图14-3 郝一桐模型、寇纳尔模型、汤林森模型和莫古礼模型示意图
(revised from Tomlinson，1983)
Fig. 14-3 Schematic diagrams for the models of Holttum，Corner，Tomlinson，and McClure

14.4.5 李文伯模型(Leeuwenberg model)(图14-4)

二叉分枝状；完全对称构件结构，花顶生(分叉处)。代表植物如龙舌兰科龙血树(*Dracaena draco*)，其他植物还有盐肤木属(*Rhus*)、丁香属(*Syringa*)。李文伯(J. Anthonius Josephus Maria ‘Toon’ Leeuwenberg，1930—2010)是荷兰植物分类学家，世界醉鱼草属、夹竹桃科狗牙花属(*Tabernaemontana*)分类权威，著有《狗牙花属整理：

世界种系》。按代表植物可称为丁香型。

14.4.6 柯里巴模型(Koribia model)(图 14-4)

二叉分枝状；完全对称构件结构，花顶生(分叉处)；构件不对称，一个分枝大于另一分枝。与李文伯模型的区别在于不对称二叉分枝状。代表植物如苦木科臭椿(*Ailanthus altissima*)和夹竹桃科玫瑰木(*Ochrosia coccinea*)。柯里巴的信息不详。按代表植物可称为臭椿型。

14.4.7 邱一德模型(Schoute model)(图 14-4)

假二叉分枝状；树干分叉处无花或花序，顶端分生组织一分为二。代表植物如棕榈科水椰(*Nypa fruticans*)。邱一德的信息不详。按代表植物可称为水椰型。

14.4.8 钱伯伦模型(Chamberlain model)(图 14-4)

合轴分枝；具构件结构，子轴(替换轴)起源于母轴(依赖轴)的近顶端；母轴顶端生花，构件不分枝。代表植物如天南星科裂叶喜林芋(*Philodendron selloum*)。钱伯伦(Charles Joseph Chamberlain，1863—1943)，是美国芝加哥大学植物形态解剖学家，著有《裸子植物：结构与进化》。按代表植物可称为喜林芋型。

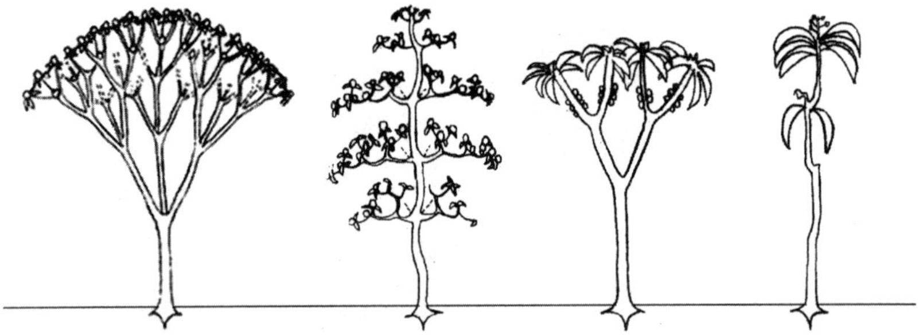

图 14-4 李文伯模型、柯里巴模型、邱一德模型和钱伯伦模型示意图
(revised from Tomlinson，1983)
Fig. 14-4 Schematic diagrams for the models of Leeuwenberg，Koribia，Schoute，and Chamberlain

14.4.9 浦儒伍模型(Provost model)(图 14-5)

合轴分枝；具构件结构，子轴(替换轴)起源于母轴(依赖轴)的近顶端；构件顶端无花，而具有一轮分枝；小枝直立或上举，叶螺旋状或交互对生；茎"分段""转折"。代表植物如紫草科破布木(*Cordia dichotoma*)。浦儒伍(Marie-Françoise Prévost)，法国植物学家，研究夹竹桃科的构件结构。著有 *Architecture de quelques Apocynacées ligneuses*。按代表植物可称为破布木型。

14.4.10 诺泽冉模型(Nozeran model)(图 14-5)

合轴分枝；具构件结构，子轴起源于母轴的近顶端；构件顶端无花，而具有一轮分枝；分枝处于水平状态，叶二列状排列；茎“分段”“转折”。代表植物如梧桐科可可属植物(*Theobroma speciosum*)。诺泽冉的信息不详。按代表植物可称为可可型。

14.4.11 张佩格模型(Champagnat model)(图 14-5)

合轴分枝，轴弯曲；子轴发生于母轴弯曲处；小枝先端上举，叶螺旋状或交互对生。代表植物如紫葳科葫芦瓢树(*Crescentia cujete*)。其他植物还有唐棣属(*Amelanchier*)、紫穗槐属(*Amorpha*)、栒子属(*Cotoneaster*)、山楂属(*Crataegus*)、卫矛属(*Euonymus*)、忍冬属(*Lonicera*)、接骨木属(*Sambucus*)、绣线菊属(*Spiraea*)、省沽油属(*Staphylea*)和荚蒾属(*Viburnum*)。张佩格的信息不详。按代表植物可称为接骨木型。

14.4.12 德若欧模型(Troll model)(图 14-5)

合轴分枝，轴弯曲；子轴发生于母轴弯曲处；小枝倾立或水平，叶二列状；小枝圆滑“转折”。代表植物如堇菜科雷诺木(*Rinorea bengalensis*)、酢浆草科阳桃(*Averrhoa carambola*)和桃金娘科番石榴(*Psidium guineense*)。其他植物还有铁杉属(*Tsuga*)、鹅耳枥属(*Carpinus*)、朴属(*Celtis*)、水青冈属(*Fagus*)、铁木属(*Ostrya*)、椴树属(*Tilia*)和榆属(*Ulmus*)。德若欧(Wilhelm Troll，1897—1978)德国著名植物形态学家。按代表植物可称为榆型。

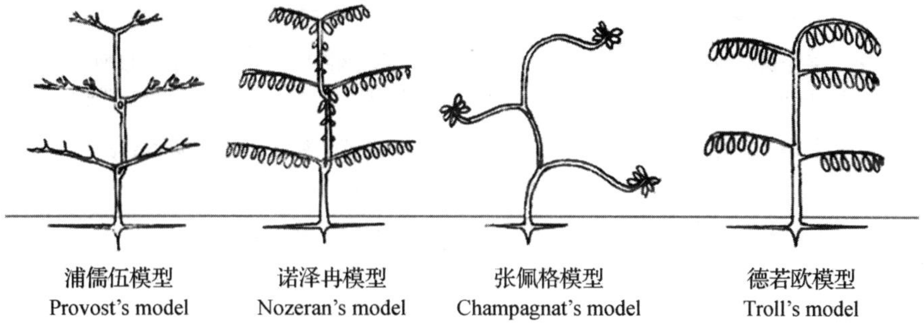

图 14-5 浦儒伍模型、诺泽冉模型、张佩格模型和德若欧模型示意图

(revised from Tomlinson，1983)

Fig. 14-5 Schematic diagrams for the models of Provost，Nozeran，Champagnat，and Troll

14.4.13 芒金诺模型(Mangenot model)(图 14-6)

合轴分枝，轴弯曲；子轴发生于母轴弯曲处；小枝倾立或水平，叶二列状；小枝呈直角“转折”。代表植物如马钱科马钱子(*Strychnos nux-vomica*)。芒金诺的信息不详。按代表植物可称为马钱子型。

14.4.14 司开荣模型(Scarrone model)(图 14-6)

单轴分枝，具有母轴向子轴的替换式生长规律，小枝复合体顶端有限或无限生长，侧枝顶端有限生长，终结于花或花序；主枝与树干呈一定夹角；主枝轮状(簇状)排列，形成轮盘枝。代表植物如欧洲七叶树(*Aesculus hippocastanum*)。司开荣(Francis Scarrone)，法国植物学家。按代表植物可称为七叶树型。

14.4.15 斯通讷模型(Stone model)(图 14-6)

单轴分枝，具有母轴向子轴的替换式生长规律，小枝复合体顶端有限或无限生长，侧枝顶端有限生长，终结于花或花序；主枝与树干呈一定夹角；主枝螺旋状(分散)，不形成轮盘枝。代表植物如露兜树科露兜树(*Pandanus tectorius*)。斯通讷(Donald E. Stone，1930—2011)是美国杜克大学教授。按代表植物可称为露兜树型。

14.4.16 费格玲模型(Fagerlind model)(图 14-6)

单轴分枝，具有母轴向子轴的替换式生长规律，小枝复合体顶端有限或无限生长，侧枝顶端有限生长，终结于花或花序；主枝与树干近呈直角；主枝轮状(簇状)排列，形成轮盘枝；花或花序生于小枝顶端；分枝"榄仁树"式。代表植物如荷花玉兰(*Magnolia grandiflora*)。费格玲的信息不详。按代表植物可称为荷花玉兰型。

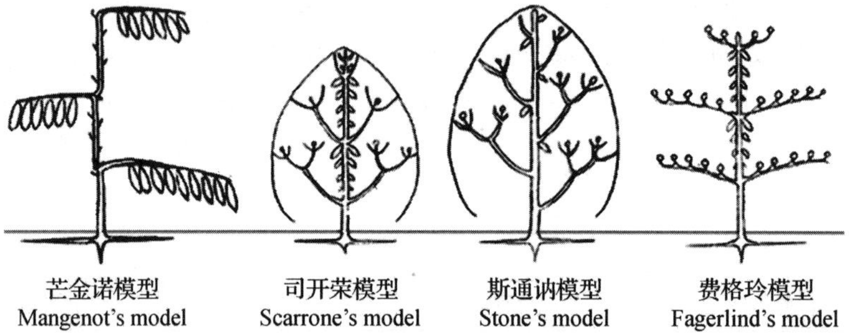

图 14-6 芒金诺模型、司开荣模型、斯通讷模型和费格玲模型示意图
(revised from Tomlinson, 1983)
Fig. 14-6 Schematic diagrams for the models of Mangenot, Scarrone, Stone, and Fagerlind

14.4.17 裴迪特模型(Petit model)(图 14-7)

单轴分枝，具有母轴向子轴的替换式生长规律，小枝复合体顶端有限或无限生长，侧枝顶端有限生长，终结于花或花序；主枝与树干近呈直角；主枝螺旋状(分散)，不形成轮盘枝；分枝"榄仁树"式。代表植物如茜草科诺丽(*Morinda citrifolia*)。裴迪特的信息不详。按代表植物可称为诺丽型。

14.4.18 敖立宾模型(Aubrebille model)(图 14-7)

单轴分枝，具有母轴向子轴的替换式生长规律，小枝复合体顶端有限或无限生长，侧枝顶端有限生长，终结于花或花序；主枝与树干近呈直角；主枝轮状(簇状)排列，形成轮盘枝；花或花序生于小枝近顶端叶下面；分枝"榄仁树"式。代表植物如使君子科小叶榄仁树(*Terminalia mantaly*)和红树科海莲(*Brubuiera sexangula*)。敖立宾的信息不详。按代表植物可称为榄仁型。

14.4.19 艾棣孟模型(Attims model)(图 14-7)

单轴分枝，不具母轴向子轴的替换式生长规律；主枝和小枝直立或上举，叶螺旋状或交互对生；主枝螺旋状(分散)，不形成轮盘 。代表植物如使君子科榄李(*Lumnitzera racemosa*)。其他植物还有扁柏属(*Chamaecyparis*)、崖柏属(*Thuja*)、刺柏属(*Juniperus*)、落羽杉属(*Taxodium*)和雪松属(*Cedrus*)。艾棣孟的信息不详。按代表植物可称为雪松型。

14.4.20 饶武和模型(Rauh model)(图 14-7)

单轴分枝，不具母轴向子轴的替换式生长规律；主枝和小枝直立或上举，叶螺旋状或交互对生；主枝轮状(簇状)排列，形成轮盘枝 。代表植物如桑科面包树(*Artocarpus incise*)和波罗蜜(*Artocarpus heterophyllus*)。饶武和的信息不详。按代表植物可称为波罗蜜型。

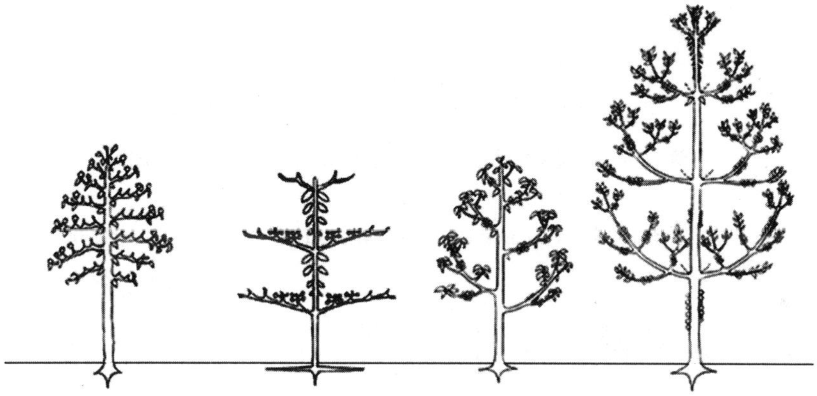

图 14-7 裴迪特模型、敖立宾模型、艾棣孟模型和饶武和模型示意图

(revised from Tomlinson, 1983)

14-7 Schematic diagrams for the models of Petit, Aubrebille, Attims, and Rauh

14.4.21 柔克石模型(Roux model)(图 14-8)

单轴分枝，不具母轴向子轴的替换式生长规律；主枝和小枝倾立或与树干呈直角，叶二列状；主枝螺旋状(分散)，不形成轮盘；小枝不脱落。代表植物如山茶科杨桐(*Adinandra millettii*)。柔克石的信息不详。按代表植物可称为杨桐型。

14.4.22 古欧客模型(Cook model)(图 14-8)

单轴分枝，不具母轴向子轴的替换式生长规律；主枝和小枝倾立或与树干呈直角，叶二列状；主枝螺旋状(分散)，不形成轮盘；小枝脱落。代表植物如桑科美洲胶树(*Castilla elastica*)。古欧客的信息不详。按代表植物可称为美洲胶树型。

14.4.23 马萨尔模型(Massart model)(图14-8)

单轴分枝，不具母轴向子轴的替换式生长规律；主枝和小枝倾立或与树干呈直角，叶二列状；主枝轮状(簇状)排列，形成轮盘枝。代表植物如 Soneratiaceae 的八宝树(*Duabanga sunneratioides*)。马萨尔的信息不详。按代表植物可称为八宝树型。

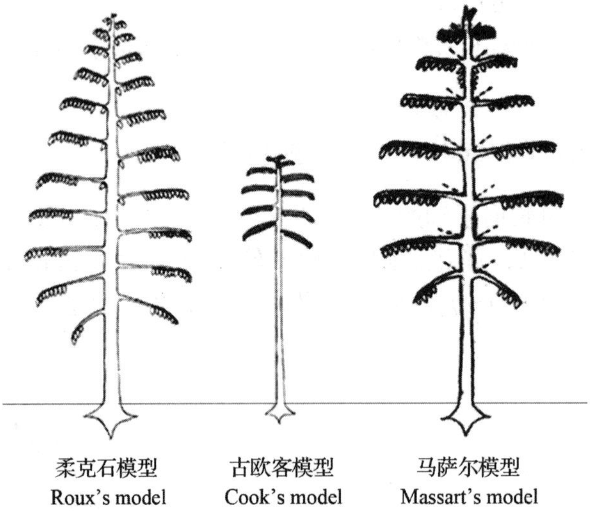

图14-8 柔克石模型、古欧客模型和马萨尔模型示意图

(revised from Tomlinson, 1983)

Schematic diagrams for the models of Roux, Cook, and Massart

14.5 树冠结构模型鉴定与分类

14.5.1 树冠结构模型的3个梯度

Robinson(2000)研究了树冠结构模型的3个梯度。即生长确定性梯度：无限生长—有限生长；侧轴取向性梯度：直立—直倾立—倾立—倾立被并列或替换；侧轴分布梯度：连续或分散—节奏性—带状—顶生。他分别得到了生长确定性梯度组合、侧轴取向性梯度组合和侧轴分布梯度组合。综上所述，可以得到各个树冠结构模型的主要鉴定特征(表14-3)。

表14-3 各个树冠结构模型的主要鉴定特征

Tab.3 Main identifying characteristics of each canopy structure model

结构模型	树干	分枝	树干	分枝	树干替换	分枝连接	分枝替换
艾棣盂 Attims	无限	无限	直立	直立	—	连续/分散	连续分散
敖立宾 Aubreville	无限	无限	直立	同位倾立	—	节律	带状
钱伯伦 Chamberlain	有限	—	直立	—	顶生	—	—

(续)

结构模型	树干	分枝	树干	分枝	树干替换	分枝连接	分枝替换
张佩格 Champagnat	无限	无限	直立	直立	带状	带状	带状
古欧客 Cook	无限	无限/有限	直立	倾立	—	连续/分散	—
寇纳尔 Corner	无限	—	直立	—	—	—	—
费格玲 Fagerlind	无限	有限	直立	替换倾立/同位倾立	—	节律	带状/顶生
郝一桐 Holttum	有限	—	直立	—	—	—	—
柯里巴 Koriba	有限	有限	直立	直立	顶生	顶生	顶生
李文伯 Leewenberg	有限	有限	直立	直立	—	顶生	顶生
芒金诺 Mangenot	无限/有限	无限	直立倾立	直立倾立	带状	带状	带状
马萨尔 Massart	无限	无限	直立	倾立	—	节律	—/节律
莫古礼 McClure	有限	有限	直立倾立	倾立	—	连续/分散	连续/分散
诺泽冉 Nozeran	有限	有限/无限	直立	倾立	顶生	顶生	/顶生
裴迪特 Petit	无限	有限/有限	直立	替换倾立	—	连续/分散	顶生
浦儒伍 Prevost	有限	有限	直立/直立倾立	替换倾立	带状/顶生	带状/顶生	顶生
饶武和 Rauh	无限	无限	直立	直立	—	节律	节律
柔克石 Roux	无限	无限/有限	直立	倾立	—	连续/分散	连续/分散/顶生
司开荣 Scarrone	无限	有限	直立	直立	—	节律	顶生
邱一德 Schoute	有限	有限	直立	直立	—	—	—
斯通讷 Stone	无限/有限	有限	直立	直立	—	连续或分散	顶生
汤林森 Tomlinson	无限/有限	—	直立	—	—	—	—
德若欧 Troll	无限	无限	倾立	倾立	带状	带状	带状

14.5.2　温带植物树冠结构模型

Bartha(2011)针对温带树种树冠结构进行了研究，提出了 Model 和 Type 两级划分方案。如饶武和模型(Rauh Model)分为以下 5 个类型：

①槭型 Acer Type　槭属(*Acer*)、梣属(*Fraxinus*)、杨属(*Populus*)、李属(*Prunus*)、沼生栎(*Quercus palustris*) 和美国红栎(*Quercus rubra*)。

②山茱萸型 Cornus Type　山茱萸属(*Cornus*)、女贞属(*Ligustrum*)和鼠李属(*Rhamnus*)。

③榛型 Corylus Type　小檗属(*Berberis*)、榛属(*Corylus*)、黄栌属(*Cotinus*)、胡颓子属(*Elaeagnus*)、枸杞属(*Lycium*)、水柏枝属(*Myricaria*)和灌木樱(*Prunus fruticosa*)。

④栎型 Quercus Type　桦木属(*Betula*)、栗属(*Castanea*)、皂荚属(*Gleditsia*)、胡桃属(*Juglans*)、苹果属(*Malus*)、悬铃木属(*Platanus*)、欧洲山杨(*Populus tremula*)、梨属(*Pyrus*)、栎属(*Quercus*)、刺槐属(*Robinia*)、柳属(*Salix*)和楸属(*Sorbus*)。

⑤松型 Pinus Type　松属(*Pinus*)。

14.5.3　树冠结构的人为分类

树冠结构复杂、模型多，鉴定比较困难，我们理出了 4 条划分依据。

第 1 条　树干(主茎)分枝式样：①地下茎形成克隆群体，地上茎分枝(如 McClure 型，后续举例省略“型”字)或不分枝(Tomlinson)；②树干不分枝，花顶生(Holttum)或腋生(Corner)；③树干及枝条二叉状(Leeuwenberg，Korbia，Shoute)；④树干及枝条合轴分枝(Chamberlain，Provost，Nozeran，Champagnat，Troll，Mangenot)；⑤树干及枝条单轴分枝(Scrrone，Stone，Fagerlind，Petit，Aubrebille，Attims，Rauh，Roux，Cook，Massart)。

第 2 条　主枝排列和分枝角度：主枝排列有：①轮状(簇状)，形成轮盘枝(Scarrone，Fagerlind，Aubrebille，Rauh，Massart)；②螺旋状(分散)，不形成轮盘枝(Stone，Petit，Attims，Roux，Cook)。主枝分枝角度有：③与树干垂直(Nozeran，Troll，Mangenot，Fagerlind，Aubrebille，Petit，Roux，Cook，Massart)；④与树干呈角度(Scarrone，Stone，Attims，Rauh)。

第 3 条　小枝及其叶子排列：①小枝直立或上举，叶子螺旋状、交互对生或轮状排列，Provost，Champagnat，Stone，Fagerlind，Petit，Aubrebille，Attims，Rauh；②小枝倾立或水平，叶子二列状排列，Nozeran，Troll，Mangenot，Roux，Cook，Massart。

第 4 条　合轴分枝顶端特性：①顶端为单个倾立具叶小枝：Nozeran，Troll，Mangenot；②顶端为单个直立或上举具叶小枝：Champagnat；③顶端为一轮分枝：Provost；④顶端为花或花序：Chamberlain。

根据以上划分依据，对比较容易混淆的树冠结构模型进行以下归类和检索：

14.5.3.1　合轴分枝 6 个结构模型的检索

子轴发生于母轴近顶端

　　母轴顶端生花 ………………………………………………… Chamberlain

母轴顶端生一轮分枝
小枝直立或上举，叶螺旋状或交互对生 ………………………… Provost
小枝倾立或水平，叶二列状 ………………………………………… Nozeran
子轴发生于母轴弯曲处
小枝先端上举，叶螺旋状或交互对生 ………………………… Champagnat
小枝倾立或水平，叶二列状
小枝圆滑“转折” ……………………………………………………… Troll
小枝呈直角“转折” ……………………………………………… Mangenot

14.5.3.2 单轴分枝 10 个结构模型的检索

具有由母轴向子轴的替换式生长规律，小枝复合体顶端有限或无限生长
侧枝顶端有限生长，终结于花或花序
主枝与树干呈一定夹角
主枝轮状(簇状)排列，形成轮盘枝 ………………………… Scarrone
主枝螺旋状(分散)，不形成轮盘枝………………………………… Stone
主枝与树干近呈直角
主枝轮状(簇状)排列，形成轮盘枝
花或花序生于小枝顶端 ……………………………………… Fagerlind
花或花序生于小枝近顶端叶下面 ……………………… Aubrebille
主枝螺旋状(分散)，不形成轮盘枝 ………………………………… Petit
无上述生长规律或节律
主枝和小枝直立或上举，叶螺旋状或交互对生
主枝螺旋状(分散)，不形成轮盘 ………………………………… Attims
主枝轮状(簇状)排列，形成轮盘枝……………………………… Rauh
主枝和小枝倾立或与树干呈直角，叶二列状
主枝螺旋状(分散)，不形成轮盘
小枝不脱落 …………………………………………………………… Roux
小枝脱落 …………………………………………………………… Cook
主枝轮状(簇状)排列，形成轮盘枝 …………………………… Massart

现有的树冠结构模型研究主要基于热带树种，温带树种与热带树种存在明显差异。因而，23 个树冠结构模型存在一定的局限性。也应当指出，中西方植物形态学研究缺乏足够的交流与融合。虽然植物学知识比较早地从西方引入中国，但就植物形态学而言，主要吸收了美国植物解剖学的技术和分析方法，对于德国和欧洲其他国家的植物形态学体系，尚缺乏深度解析，因而对于如同生枝、预生枝这样的形态学术语还比较陌生。而树冠结构模型研究几乎是中国的植物形态学研究的盲区，虽然有若干篇介绍性和描述性文章，但探究工作远不能适应中国高度的森林植物多样性。

热带树种树冠结构模型研究是对欧洲古典植物形态学的继承与创新。结构模型的定义为探索复杂的树冠类型提供了有力的分析工具，这些结构模型遵从形态学规律，具有植物形态学的基础和标准，因而其发展是有前途的。现已开发出与树冠结构模型

相关的计算机软件，如 L-systems 和 Petri nets(Prusinkiewicz & Remphrey, 2000)。这些软件可以自动生成各种模型的生动图像，将为树冠结构模型研究注入巨大的活力，预期将在林业和园林生产实践中得到广泛的应用。

参考文献

王伯荪，梁士楚．2002. 海南岛红树植物的构筑型及其多样性[J]．中山大学学报(自然科学版)，41(5)：83－85.

臧润国，蒋有绪．2002. 海南岛尖峰岭树木园主要构筑类型热带树木名录[J]．林业科学，38(1)：141－145.

BARTHA D. 2011. Architekturmodelle und-Typen von GehÖlzen des Pannonischen Raumes[J]. Acta Botanica Hungarica, 53(3)：215－224.

BARTHÉLÉMY D, CARAGLIO Y. 2007. Plant architecture: a dynamic, multilevel and comprehensive approach to plant form, structure and ontogeny[J]. Annals of botany, 99(3)：375－407.

HALLÉ F, OLDEMAN R A A, TOMLINSON P B. 1978. Tropical trees and forests: an architectural analysis [M]. Berlin: Springer-Verlag.

KAPLAN D R. 2001. The science of plant morphology: definition, history, and role in modern biology[J]. American Journal of Botany, 88(10)：1711－1741.

PRUSINKIEWICZ P, REMPHREY W R. 2000. Characterization of architectural tree models using L-systems and Petri nets[J]. L'arbre-the Tree, 177－186.

ROBINSON D F. 2000. Three gradients in the architecture of trees[J]. Annals of Forest Science, 57(5)：439－444.

TOMLINSON P B. 1983. Tree architecture: new approaches help to define the elusive biological property of tree form[J]. American Scientist, 141－149.

作者简介

方炎明：南京林业大学生物与环境学院，博士，教授；E-mail：jwu4@njfu.edu.cn；

黄杨(849081074@qq.com)，李垚(397314250@qq.com)：均为南京林业大学生物与环境学院研究生。

第四篇

植物与环境

专题15　质子泵及转运蛋白与植物耐盐性

Porton Pumps and Transporters in Plant Salt Tolerance

张　强[1]，张　敏[2]

1. 南京林业大学南方现代林业协同创新中心，生物与环境学院
江苏南京　210037；2. 江苏省林业科学研究院　江苏南京　211153

【内容提要】土壤盐渍化已成为一个世界性的资源和生态问题。土壤中高浓度的盐分会造成植物吸水困难，引起离子毒害，干扰细胞内正常的生理生化反应，最终影响植物的生长发育甚至导致植物死亡。在盐胁迫环境中，建立新的离子稳态是植物获得耐盐能力的一个重要策略。离子稳态的重建与维系依赖于质子泵和膜转运蛋白驱动的离子跨膜运输。本专题主要介绍两种质子泵：质膜 H^+-ATPase 和液泡膜 H^+-ATPase 的结构、调控及其如何与转运蛋白联合作用参与植物对盐胁迫的耐受。

土壤盐渍化是一个世界性的资源和生态问题。据联合国教科文组织(UNESCO)和粮农组织(FAO)不完全统计，全世界现有不同类型的盐渍土壤 10×10^8 hm^2，约占世界陆地面积的10%，散布于所有大洲、气候带和不同海拔区域(江泽慧，1999)。中国农业部第二次土壤普查结果显示，我国各种类型的盐渍土面积为 9900×10^4 hm^2，其中海岸带盐土约 1300×10^4 hm^2(吕士行等，2003)。日益严重的土壤盐渍化不但造成资源的破坏、农业生产的损失，而且对生物圈和生态环境构成巨大威胁，已成为人口、资源、环境、粮食等问题的主要影响因子(Flowers，2006)。植物耐盐性的提高，盐渍土的生物治理和综合开发已经成为当前农林业发展的重大课题。研究植物对盐胁迫的响应，不仅对揭示作物和木本植物的耐盐机理具有重要的理论意义，而且对选育和利用耐盐植物具有重大的现实意义。

盐胁迫会影响植物正常的生理生化反应，导致生长抑制，光合下降、能耗增加、加速衰老，最终因碳饥饿而死亡(刘友良，汪良驹，1998)。高浓度的盐分首先会造成渗透胁迫使植物吸水困难，引起生理干旱(Zhu，1996)；其次是离子失衡而导致单盐毒害(Niu et al.，1995)。在盐胁迫环境中，植物获得耐盐能力的一个重要策略是建立新的离子稳态。离子稳态包括离子的吸收、区隔化、外排和长距离转运。离子稳态的维系主要依赖质膜P型 H^+-ATPase、液泡膜V型 H^+-ATPase 及 H^+-PPase 等3种质子泵形成跨膜质子电化学梯度，驱动各种转运蛋白进行次级离子吸收和运输(Rausch et al.，1996)。

15.1 质膜 H^+ -ATPase

15.1.1 质膜 H^+-ATPase 的结构

植物质膜 H^+-ATPase 是细胞膜上的跨膜转运蛋白，具有利用水解 ATP 产生的能量将细胞质膜内侧的 H^+ 泵到质膜外侧的特性。在 ATP 水解循环过程中，质膜 H^+-ATPase 会形成一个天冬氨酰磷酸中间体，这也是其被称为 P 型 H^+-ATPase 的由来(Morsomme & Boutry，2000)。由质膜 H^+-ATPase 产生的 H^+ 电化学势梯度为各种次级转运体(通道和载体)提供驱动力(图 15-1)。植物质膜 H^+-ATPase 由单条多肽链组成，分子质量约为 100kDa，具有 10 个跨膜区域，其 N 端和 C 端均在胞质侧(图 15-2)(布坎南等，2004)。整个酶分子含有 5 个结构域，即 A、M、P、N 和 R(图 15-3)。结构域 A 包括 N 末端和 1 个小环；结构域 M 由 10 个跨膜 α-螺旋组成；结构域 P 位于大环中，是可逆磷酸化位点所在的区域；结构域 N(核苷酸结合位点)介于形成结构域 P 的两段序列之间；结构域 R 由 C 末端组成，是自我抑制结构域，质膜 H^+-ATPase 依靠 C 末端的自我抑制而维持在较低活性水平(Janicka-Russak，2011；Morth et al.，2011)。

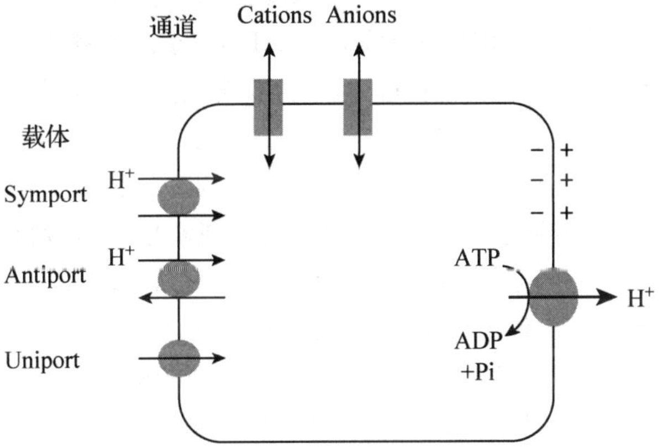

图 15-1 质膜 H^+-ATPase 与跨膜次级转运

(Morsomme & Boutry，2000)

Fig. 15-1 Plasma membrane H^+-ATPase and secondary transports across the plasma membrane

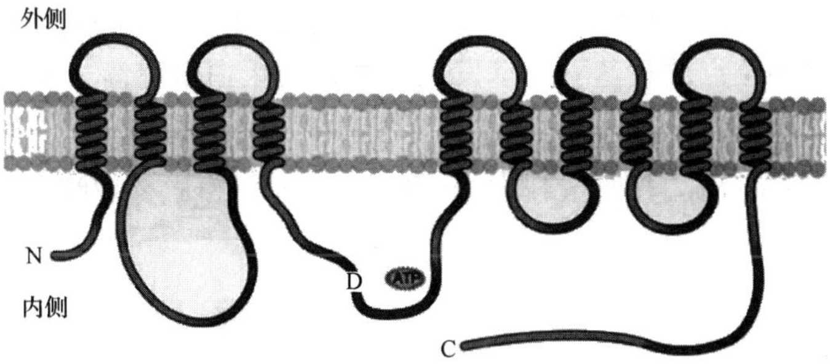

图 15-2 质膜 H^+-ATPase 在膜上的分布(布坎南等，2004)

Fig. 15-2 Membrane disposition of plasma membrane H^+-ATPase

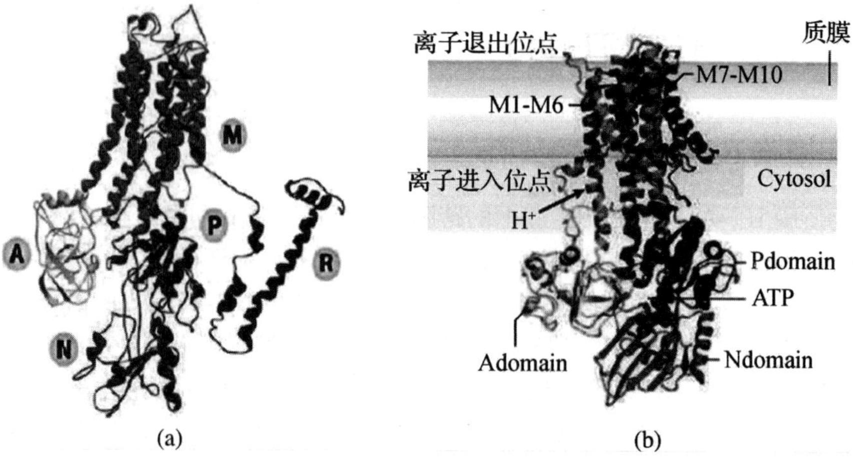

图 15-3 质膜 H^+-ATPase 的结构域(Duby & Boutry, 2009)

Fig. 15-3 Domains of plasma membrane H^+-ATPase

15.1.2 质膜 H^+-ATPase 的调控

现有试验证据表明，质膜 H^+-ATPase C 末端区是自我抑制结构域。采用渐进式基因敲除方法研究发现，如果将拟南芥质膜 H^+-ATPase 同工酶 AHA2 C 末端 38 个氨基酸残基敲除会降低其 K_m 值，改变最适 pH，但不会影响 V_{max}。而当 C 末端氨基酸残基被敲除 51 个以上时，质膜 H^+-ATPase 活性升高(Regenberg et al. , 1995)。此外，点突变试验也证明 C 末端区对质膜 H^+-ATPase 活性具有自我抑制。此后的研究发现 C 末端区并不是质膜 H^+-ATPase 唯一的调控区域，点突变试验证实烟草中质膜 H^+-ATPase 同工酶 PMA2 的激活除发生在 C 末端区氨基酸突变外，其他区域如 N 端、第 1 和第 4 跨膜区、小胞质环及大胞质环区氨基酸突变也会增强其酶活性(图 15-4)。P 型 ATPase 通常以寡聚体形式存在。在植物中 H^+-ATPase 存在二聚体和六聚体，其中六聚体的形成依赖于 14-3-3 调节蛋白。PMA2 二聚体倒数第 2 个氨基酸残基(Thr)的磷酸化触发 14-3-3 调节蛋白二聚体与其结合并形成十二聚体(图 15-5)。在拟南芥中，AHA2 末端 Thr(947)的磷酸化为 14-3-3 调节蛋白提供结合位点，而 14-3-3 蛋白的结合可以解除 C 末端的自我抑制，从而激活质膜 H^+-ATPase(Fuglsang et al. , 2007)。此外，大规模的质谱分析显示除 Thr-947 外，在 C 末端调控区至少还存在其他两个磷酸化位点，即 Ser-899 和 Ser-904。目前引起这些位点的氨基酸残基发生磷酸化的蛋白激酶尚未发现。最近研究表明，一种 Ser/Thr 蛋白激酶 PKS5 能够使得 AHA2 C 末端调控区的 Ser-931 磷酸化，该位点的磷酸化抑制质膜 H^+-ATPase 与 14-3-3 调节蛋白的结合，从而降低质膜 H^+-ATPase 活性(图 15-6)。

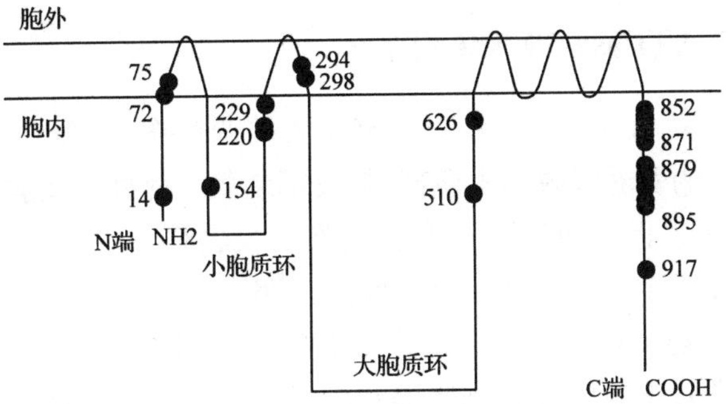

图 15-4 烟草 PMA2 H^+-ATPase 点突变示意图(Morsomme & Boutry, 2000)

Fig. 15-4 Position of the mutated residues of *N. plumbaginifolia* PMA2 H^+-ATPase

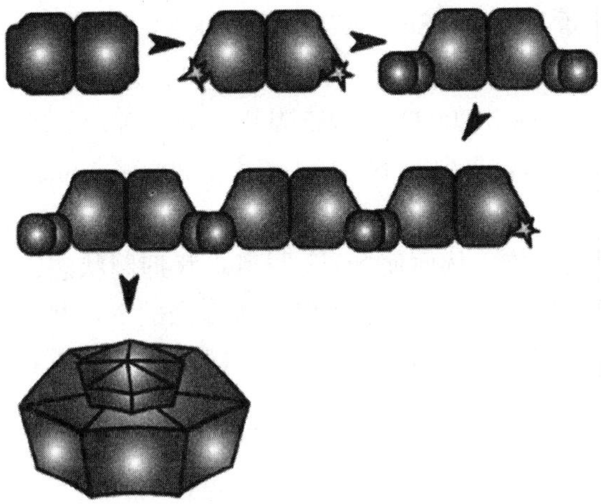

图 15-5 质膜 H^+-ATPase/14-3-3 调节蛋白十二聚体的形成过程(Duby & Boutry, 2009)

Fig. 15-5 Sequence of events leading to the formation of the plasma membrane H^+-ATPase/14-3-3 dodecameric complex

红色,H^+-ATPase 二聚体;蓝色,14-3-3 调节蛋白二聚体;黄色,磷酸化的 Thr 残基

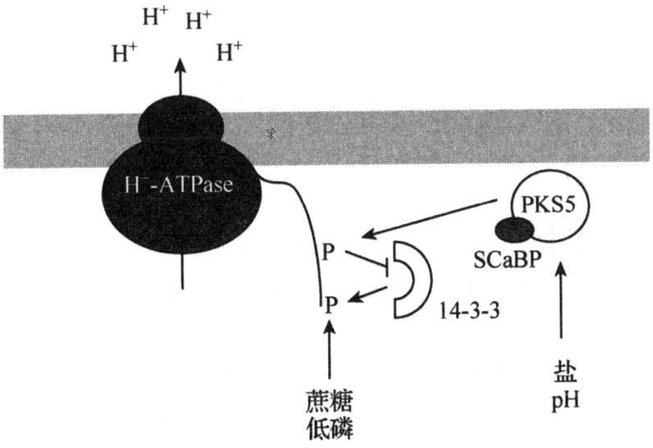

图 15-6 调节蛋白对质膜 H^+-ATPase 的调控(Fuglsang et al., 2011)

Fig. 15-6 Regulation of plasma membrane H^+-ATPase by regulatory proteins

15.1.3 质膜 H^+-ATPase 与 NaCl 胁迫

质膜 H^+-ATPase 对植物的生长发育具有重要的调控作用，此酶掌控着植物体内的主要运输过程，如根的营养吸收和木质部/韧皮部装载。此外，质膜 H^+-ATPase 还参与许多重要的植物生理过程，如气孔开度、细胞延长、细胞内 pH 调控等(Janicka-Russak，2011)。近年来，有关盐胁迫方面的研究表明，质膜 H^+-ATPase 活性的调节与植物耐盐性之间存在密切关系(Rausch et al.，1996)。盐胁迫下，为减少胞质内 Na^+ 累积，植物将 Na^+ 外排入质外体或将其区隔化入液泡内。与动物和微生物不同，高等植物不存在能将 Na^+ 排出细胞的 Na^+ 泵，所以质膜和液泡膜上的 Na^+/H^+ 反向转运蛋白对 Na^+ 的转运是必需的(Apse & Blumwald，2007)。近来在高等植物体内发现了一条重要的调控 Na^+ 运输的信号转导通路 SOS 途径(salt overly sensitive pathway)，在植物对盐胁迫的耐受过程中发挥重要作用(Silva & Gerós，2009)。SOS 途径的家族基因主要有 *SOS1*、*SOS2* 和 *SOS3*。SOS1 蛋白具有 Na^+/H^+ 反向转运蛋白活性，将胞质中多余的 Na^+ 跨膜排出细胞(Shi et al.，2002)。*SOS2* 基因编码一种丝氨酸/苏氨酸蛋白激酶，而 *SOS3* 基因编码一种 Ca^{2+} 结合蛋白 SOS3(Liu et al.，2000；Ishitani et al.，2000)。当盐胁迫导致细胞质中的 Ca^{2+} 浓度瞬时增高时，SOS3 感应这种 Ca^{2+} 浓度的变化并与 SOS2 结合形成 SOS3-SOS2 复合体，从而使 SOS2 脱离自我抑制状态，发挥激酶活性。SOS2 磷酸化激活质膜 Na^+/H^+ 反向转运蛋白 SOS1，将多余的 Na^+ 排出细胞保持细胞质中较低的 Na^+ 浓度，以避免对细胞造成伤害(图 15-7)(Zhu，2003)。

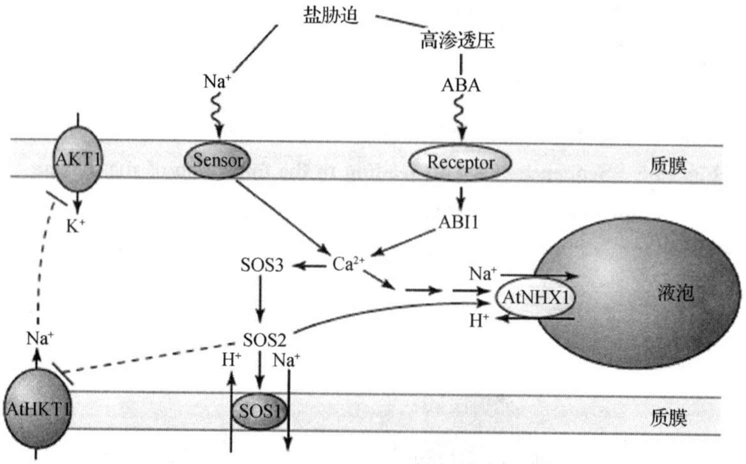

图 15-7 SOS 信号转导通路(Zhu，2003)

Fig. 15-7 SOS signaling pathway

最近一项研究显示，在拟南芥中 SOS2 可以使 SOS3 样钙离子结合蛋白 8(SOS3-LIKE CALCIUM BINDING PROTEIN8，SCaBP8)发生磷酸化，SCaBP8 的磷酸化可以稳定 SCaBP8-SOS2 蛋白复合体在膜内的定位从而调控拟南芥的耐盐性(Lin et al.，2009)。SOS 信号途径与 ROS 信号转导通路间可能存在“串话”(cross talk)，研究发现，SOS2 与 H_2O_2 信号转导通路成员核苷二磷酸激酶 2(NDPK2)相互作用抑制其自我磷酸化。*sos2-2ndpk2* 双突变体比 *sos2-2* 突变体具有更强的盐敏感性，表明 NDPK2 和 H_2O_2 参与拟南芥对盐胁迫的耐受性反应(Verslues et al.，2007)。

盐生植物中质膜 H^+-ATPase 活性升高。Sahu 和 Shaw 研究发现，即使没有 NaCl 存在盐生植物和一些耐盐植物体内质膜 H^+-ATPase 活性也有明显升高(Sahu & Shaw，2009)。此外，盐处理可诱导盐生和甜土植物中质膜 H^+-ATPase 活性升高。质膜 H^+-ATPase 提高植物对盐胁迫耐受性的直接试验证据来自于 PMA4 突变体烟草研究，该突变体缺少自我抑制结构域。在 ΔPMA4 突变体中质膜 H^+-ATPase 处于持续激活状态。ΔPMA4 突变植株在盐胁迫条件下的生长状况明显优于对照组(Gévaudant et al.，2007)。在水稻对盐胁迫的耐受过程中，磷脂酶 Dα 参与了质膜 H^+-ATPase 的活性调节和转录调控。用 100 mM 的 NaCl 处理水稻悬浮细胞 PLDα 活性升高，但如果敲低 OsPLDα1 会阻止 NaCl 诱导的 OSA2(编码质膜 H^+-ATPase)转录及 ATPase 活性的升高(Shen et al.，2011)。

15.2 液泡膜 H^+-ATPase

15.2.1 液泡膜 H^+-ATPase 的结构

液泡膜 H^+-ATPase [vacuolar-type H^+-pumping ATP hydrolase(H^+-ATPase，VHA)或 V-ATPases] 是一个多亚基复合体，大约由 12 种不同亚基组成，整个酶蛋白分子包括头部、颈环和基部 3 个部分(图 15-8)，分子质量大约 700kDa。VHA 头部(V_1 sector)由 3 个 A 亚基和 3 个 B 亚基组成，基部(V_0 sector)是由 6 个以上 c 亚基组成(Dietz et al.，2001)。H 亚基连接 V_1 和 V_0 并能激活 VHA 活性，H 亚基与 E、F 和 a 亚基相互联系。a 亚基是 V-ATPases 中最大的亚基，分子质量为 90kDa，其氨基端(aa 1~400)保守性相对较小为亲水区，羧基端(aa401~816)是保守的疏水区；羧基端有 6~9 个跨膜结构域，在 H^+ 跨膜转运过程中具有重要作用。e 亚基是 V-ATPases 中最小的亚基，分子质量为 8kDa(Kluge et al.，2003a)。

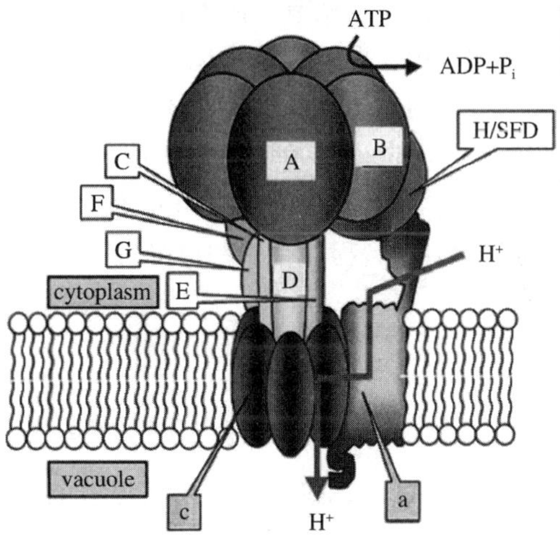

图 15-8 液泡膜 H^+-ATPase 的结构和亚基组成
(Dietz，2001)

Fig. 15-8 Structure and subunits of V-ATPase

15.2.2 液泡膜 H^+-ATPase 的调控

15.2.2.1 基因表达调控

通过转录调控进行的 V-ATPases 活性调节，是植物应对周围环境变化和自身生长发育所需的最重要的调节方式。自从 Narasimhan 等人(1991)报道了悬浮培养的烟草细胞

受盐胁迫 *Vha*-A mRNA 水平显著升高后，已在多种植物中开展了 V-ATPases 各亚基相关基因转录水平对盐胁迫响应的研究。大多数研究发现盐处理可以提高 V-ATPases 各亚基相关基因的表达水平。这些相关研究通常仅限于 NaCl 对单个基因或几个基因转录水平的调控。Kluge 等人(2003b)用 400 mmol/L NaCl 处理冰叶日中花(*Mesembryanthemum crystallinum*)，发现盐胁迫下 VHA 12 个亚基的转录水平有些升高而有些降低。此外，在离体冰叶日中花叶片中发现由 NaCl 诱导的 V-ATPases E 亚基转录提高可被 G 蛋白的激动剂黄蜂毒素所逆转，提示 G 蛋白参与的信号转导通路可能影响 V-ATPases 基因的表达(Golldack & Dietz，2001)。

15.2.2.2 生物化学调控

除受基因转录水平调控外 V-ATPases 活性还可被多种生化因子所调节，如 Cl^-、硝酸盐、ADP、无机磷酸等。

①Cl^- 可以激活 V-ATPases 且在中性 pH 值下最为有效。但 Cl^- 的这种作用仅在从橡树根中纯化的 V-ATPases 中观察到，在活体细胞内未见相关报道。

②腺苷酸和无机磷酸的调控 在 0.5~2 mmol/L 范围内 V-ATPases 活性随 ATP 浓度增加而升高，而 ATP 的水解产物 ADP 和无机磷酸会抑制 V-ATPases 的 ATP 水解酶活性。

③氧化还原调节 体外试验表明，V-ATPases 活性可因氧化而失活，还原剂可解除其抑制作用。据信这种氧化抑制作用与 A 亚基内的 254 和 532 位半胱氨酸残基之间形成的分子内二硫键有关，而 279 和 535 位半胱氨酸残基之间形成的二硫键与活性恢复有关(Schumacher & Krebs，2011)。

④脂类 纯化的 V-ATPases 仅有很低的 ATP 水解活性，加入磷脂酰胆碱或大豆磷脂提取物可恢复其活性。其他磷脂，脂肪酸，单、双或三酰基甘油酯也可以不同程度的恢复 V-ATPases 活性，而糖脂会引起 V-ATPases 构象变化从而降低其质子转运活性(Kluge et al.，2003a)。

15.2.2.3 可逆组装与解组装调控

V-ATPases 活性的发挥需要完整的酶结构，单独的 V_1 不能催化 ATP 水解，同样单独的 V_0 也不能跨膜转运质子。目前发现 V-ATPases 全酶的组装与解聚在真核生物中是一种普遍存在的活性调节方式(图 15-9)(Beyenbach & Wieczorek，2006)。这种可逆的 V_1-V_0 解组装过程具体机制尚不清楚。在酵母中，葡萄糖诱导的 V_1、V_0 再组装过程是在结合到 V_1 上的异三聚体蛋白 RAVE(regulator of the H^+ ATPase of vacuolar and endosomal membranes)协助下完成的。研究认为，C 亚基可能在 V-ATPases 的组装/解聚过程中扮演重要角色。C 亚基是连接 V_1 和 V_0 的桥梁，它与 V_1 的 E 和 G 亚基结合同时与 V_0 的 a 亚基结合。最近一项研究发现，在烟草天蛾幼虫中 C 亚基可被蛋白激酶 A 磷酸化，这一过程可能调控 V_1-V_0 的组装/解聚(Voss et al.，2007)。

15.2.3 液泡膜 H^+-ATPase 与 NaCl 胁迫

有效的 Na^+ 外排和 Na^+ 在液泡内的区隔化是维持细胞内离子稳态最重要的手段。

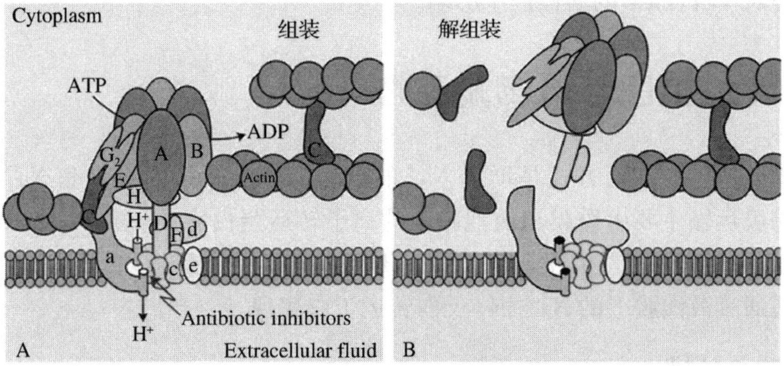

图 15-9 液泡膜 H^+-ATPase 的组装与解组装过程(Beyenbach & Wieczorek, 2006)

Fig. 15-9 The assembly and dissociation of V-ATPase

Na^+外排是由质膜 H^+-ATPase 和 Na^+/H^+反向转运蛋白实现的，而 Na^+在液泡内的区隔化作用则由 V-ATPase、V-PPase(vacuolar H^+-pyrophosphatase)和液泡膜 Na^+/H^+反向转运蛋白协同完成。V-ATPase 和 V-PPase 联合作用建立起跨液泡膜的 H^+电化学势梯度，为跨液泡膜的物质转运提供动力(Gaxiola et al., 2007)。盐胁迫对 V-ATPase 和 V-PPase 活性的调节已有诸多报道。200mM NaCl 处理后盐生植物盐地碱蓬叶片中 V-ATPase 的水解酶活性和质子泵活性比对照叶片升高了 2 倍(Qiu et al., 2007)。此外在胡杨和烟草悬浮细胞中也检测到盐胁迫引起的 V-ATPase 活性升高。

研究报道 V-ATPase 活性变化与其蛋白水平相关。豇豆幼苗用 NaCl 处理后 V-ATPase水解酶活性和质子泵活性升高，用 Western Blot 检测发现 V-ATPase 的 A、B 亚基蛋白含量升高(Otoch et al., 2001)。冰叶日中花在盐诱导进入 CAM 代谢途径后 V-ATPase 水解酶活性升高，与此同时 27 和 31kDa 的两个亚基蛋白含量显著增加，提示 V-ATPase 活性升高伴有液泡蛋白质的从头合成(Bremberger & Lüttge, 1992)。张敏等研究发现 NaCl 胁迫后构树根中 V-ATPase E 亚基大量表达，与此相伴 V-ATPase 水解活性显著升高，而叶片中未见 E 亚基表达量升高，说明 V-ATPase 的表达具有组织特异性(Zhang et al., 2012)。转基因试验发现将二色补血草[*Limonium bicolor* (Bunge) Kuntze]V-ATPase c 亚基基因转入烟草中可提高其耐盐性(Xu et al., 2011)。进一步证实 V-ATPase 蛋白水平的提高与植物对盐胁迫的耐受性相关。

另外一些研究却发现在某些植物中盐胁迫所引起的 V-ATPase 活性升高与其蛋白表达水平无关。在耐盐土豆愈伤组织中，尽管 V-ATPase 水解酶活性和质子泵活性均升高，但 Western blot 检测发现 A 亚基的含量并未改变(Queirós et al., 2009)。因为 A 亚基的含量可以代表 V-ATPase 的蛋白水平，因此翻译后的修饰作用如磷酸化/去磷酸化、其他亚基的组装、调节蛋白的调控可能参与 V-ATPase 的活性调节。研究发现一种 WNK 激酶，AtWNK8 能够将 C 亚基磷酸化，而 Ser/Thr 激酶 SOS2 可以与 V-ATPase 发生作用促进其转运活性从而提高植物的耐盐性。最近一项研究表明 Cdc42 的效应因子 Ste20 可以与 Vma13(V-ATPase 的一种调节亚基)形成复合物从而促进 V-ATPase 活性(Lin et al., 2012)。蛋白质的水解也可能参与 V-ATPase 活性的调控。盐胁迫下大麦中 V-ATPase 活性的降低与 A 亚基的水解密切相关(Silva et al., 2010)。此外，液泡膜脂肪微环境的变化可能也会对 V-ATPase 的活性产生影响。

15.3 转运蛋白与植物耐盐性

植物抵御盐害的主要方式是增加 Na^+ 的外排、减少 Na^+ 的吸入和 Na^+ 的区隔化，而 Na^+ 的跨膜运输主要由质膜和液泡膜上的离子转运蛋白完成(黄萍等，2007)。将胞质中的 Na^+ 排出细胞外是由质膜上的 Na^+/H^+ 反向转运蛋白完成的，而 Na^+ 向液泡内的区隔化则是通过液泡膜上的 Na^+/H^+ 反向转运蛋白实现。

15.3.1 Na^+ 外排

质膜 H^+-ATPase 利用水解 ATP 产生的能量将质膜内侧的 H^+ 泵到质膜外侧，产生跨细胞膜的 H^+ 电化学势梯度，从而驱动 Na^+/H^+ 反向转运蛋将 H^+ 运回细胞内的同时将 Na^+ 排出细胞。遗传学和生化证据表明质膜转运蛋白 SOS1 参与 Na^+/H^+ 交换。SOS1 对 Na^+ 具有高度特异性且不转运其他单价阳离子如 K^+、Li^+。研究表明，SOS1 除控制 Na^+ 外流，还负责其在根茎中的分配。SOS1 在长距离 Na^+ 运输中的作用被认为是将 Na^+ 装载入木质部从而控制其进入茎中，而在光合组织中 SOS1 可降低 Na^+ 的卸载速率。

研究发现，经盐胁迫处理的拟南芥质膜中可以检测到 SOS1 介导的 Na^+/H^+ 交换，而对照组中未检测到，表明 SOS1 活性可被盐胁迫诱导(Qiu et al., 2002)。SOS1 的关键调控因子是 SOS2 激酶和 SOS3 蛋白。拟南芥中如果缺失 SOS2 或 SOS3 表现为盐敏感性和 K^+ 缺乏表型(Zhu, 2000)。SOS2 是一种丝氨酸/苏氨酸蛋白激酶，属于 SnRK3 家族蛋白(也称作 PKSs 或 CIPKs)；SOS3 属于小 Ca^{2+} 结合蛋白中的 recoverin 家族蛋白(称作 SCaBPs 或 CBLs)(Kolukisaoglu et al., 2004)。一旦与 Ca^{2+} 结合，SOS3 变为二聚体，并暴露出疏水结构域进而与 SOS2 的 FISL/NAF 结构域相互作用激活其激酶活性。SOS1

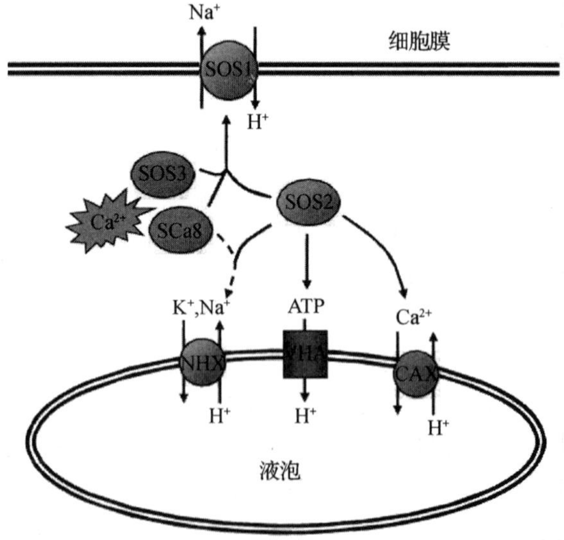

图 15-10 SOS 信号通路对细胞内 Na^+ 稳态的调控(Pardo & Rubio, 2011)

Fig. 15-10 Regulation of intracellular Na^+ homeostasis by SOS signaling pathway

的 Na^+/H^+ 交换速率受 SOS2/SOS3 和 SOS2/SCaBP8 激酶复合体的调控（图 15-10）。SOS2/SOS3 使得 SOS1 的 C 末端发生磷酸化从而激活其 Na^+ 外排活性。最近研究发现 SOS2/SCaBP8 主要在茎中调节 SOS1 活性，而 SOS2/SOS3 主要在根中发挥其作用（Quan et al.，2007）。此外，SOS2 可以磷酸化 SCaBP8 但不会使 SOS3 发生磷酸化。这一磷酸化过程由盐胁迫诱导，发生在质膜，从而稳定 SOS2/SCaBP8 复合体，并进一步增强 SOS1 的 Na^+/H^+ 交换活性（Lin et al.，2009）。SOS2 还可以与液泡膜上的离子转运蛋白相互作用并调节其活性，如 V-ATPase 的 B1 和 B2 亚基（Batelli et al.，2007）以及 Ca^{2+}/H^+ 反向转运蛋白 CAX1（Cheng et al.，2004）。

15.3.2 Na^+ 区隔化

在盐胁迫环境中，将对细胞代谢具有潜在危害的离子如 Na^+、Cl^- 区隔化入液泡，是一种有效的解除离子毒害方法。此外，液泡内离子的累积可以降低细胞水势，促进植物从外界吸水。液泡膜上的 Na^+/H^+ 反向转运蛋白完成 Na^+ 向液泡内的区隔化过程。植物中第一个被分离的 Na^+/H^+ 反向转运蛋白是拟南芥的 AtNHX1。此后，在许多植物如水稻、滨藜、甜菜、欧洲油菜、棉花和小麦中鉴定出 Na^+/H^+ 反向转运蛋白基因。目前在拟南芥中已鉴定出 6 个 *AtNHX* 基因，其中 *AtNHX*1 和 *AtNHX*2 表达最强、分布最广，而 *AtNHX*3 和 *AtNHX*4 几乎只在花和根中表达。Sato & Sakaguchi（2005）研究发现，*AtNHX*1 具有 12 个跨膜结构域，N 末端位于液泡腔内，而亲水的 C 末端位于胞液内（图 15-11）。

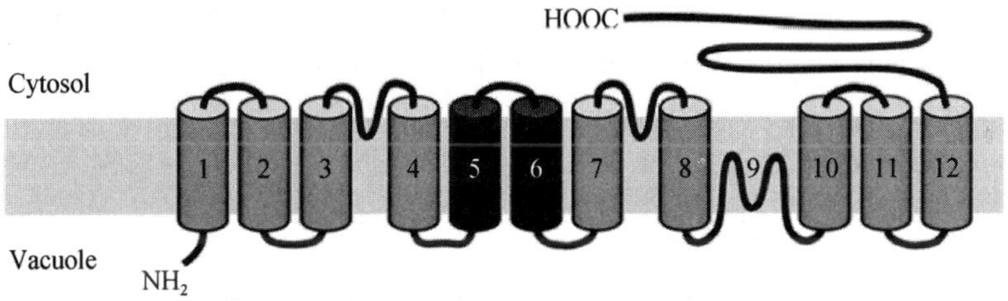

图 15-11 拟南芥 Na^+/H^+ 反向转运蛋白 AtNHX1 模型（Silva & Gerós，2009）

Fig. 15-11 The model of *Arabidopsis theliana* Na^+/H^+ antiporter AtNHX1

转基因试验证实在拟南芥中过量表达 *AtNHX*1 可以提高拟南芥的耐盐性。转 *AtNHX*1 基因的番茄可以在 200 mM NaCl 环境下生长、开花并能结实，同时发现 Na^+ 在叶片而不是果实中累积。一些试验表明，盐胁迫可以提高 Na^+/H^+ 反向转运蛋白的活性。Garbarino 等人（1989）研究发现，NaCl 胁迫后大麦根中液泡膜上的 Na^+/H^+ 反向转运蛋白活性升高，其活性水平的提高是由于 NaCl 激活了已有蛋白的活性而不是促进蛋白合成。此外，渗透胁迫和液泡中 Na^+ 的积累过程有联系，在拟南芥中渗透胁迫促进 ABA 合成，进而 ABA 可以提高 *AtNHX*1 的转录水平（Shi et al.，2002）。

参考文献

黄萍，张富春，王瑜，等．2007. 跨膜离子转运蛋白与植物耐盐的分子生物学[J]. 生物技术通报，2：

1－5.

江泽慧．2004. 1999年10月全国盐碱地绿化造林与可持续发展研讨会上的讲话[C]//孙振元，刘金，赵梁军．盐碱土绿化技术．北京：中国林业出版社．

刘友良，汪良驹．1998. 植物对盐胁迫的反应和耐盐性[C]//余叔文，汤章成．植物生理与分子生物学．北京：科学出版社．

吕士行，刘秋根，等．2003. 盐胁迫对杨树新无性系苗生理和生化方面的影响[C]//曹福亮，方升佐．水分(淹水)胁迫与林木适应性．北京：中国林业出版社．

APSE M, BLUMWALD E. 2007. Na^+ transport in plants[J]. FEBS Lett, 581: 2247－2254.

BATELLI G, VERSLUES P E, AGIUS F, et al. 2007. SOS2 promotes salt tolerance in part by interacting with the vacuolar H^+-ATPase and upregulating its transport activity[J]. Mol Cell Biol, 27: 7781－7790.

BEYENBACH K W, WIECZOREK H. 2006. The V-type H^+ ATPase: molecular structure and function, physiological roles and regulation[J]. J Exp Biol, 209: 577－589.

BREMBERGER C, LÜTTGE U. 1992. Dynamics of tonoplast proton pumps and other tonoplast proteins of *Mesembryanthemum crystallinum* L. during the induction of *Crassulacean acidmetabolism*[J]. Planta, 188: 575－580.

B. B. 布坎南．2004. 植物生物化学与分子生物学［M］. 邓兴旺，等译．北京：科学出版社．

CHENG N H, PITTMAN J K, ZHU J K, et al. 2004. The protein kinase SOS2 activates the *Arabidopsis* H^+/Ca^{2+} antiporter CAX1 to integrate calcium transport and salt tolerance[J]. J Biol Chem, 279: 2922－2926.

DIETZ K J, TAVAKOLI N, KLUGE C, et al. 2001. Significance of the V-type ATPase for the adaptation to stressful growth conditions and its regulation on the molecular and biochemical level[J]. J Exp Bot, 52: 1969－1980.

DUBY G, BOUTRY M. 2009. The plant plasma membrane proton pump ATPase: a highly regulated P-type ATPase with multiple physiological roles. Pflugers Arch-Eur J Physiol, 457: 645－655.

FLOWERS T. 2006. Plants and salinity-preface[J]. J Exp Bot, 57(Special Issue: Plants and Salinity), iv.

FUGLSANG A T, GUO Y, CUIN T A, et al. 2007. Arabidopsis protein kinase PKS5 inhibits the plasma membrane H^+-ATPase by preventing interaction with 14-3-3 protein[J]. Plant Cell, 19: 1617－1634.

FUGLSANG A T, PAEZ-VALENCIA J, GAXIOLA R A. 2011. Plant proton pumps: regulatory circuits involving H^+-ATPase and H^+-PPase [C]//. Geisler M, Venema K. Transporters and pumps in plant signaling. Berlin Heidelberg: Springer-Verlag. 39－64.

GARBARINO J, DUPONT F M. 1989. Rapid induction of Na^+/H^+ exchange activity in barley root tonoplast [J]. Plant Physiol, 89: 1－4.

GAXIOLA R A, PALMGREN M G, SCHUMACHER K. 2007. Plant proton pumps[J]. FEBS Lett, 581: 2204－2214.

GOLLDACK D, DIETZ K J. 2001. Salt-induced expression of the vacuolar H^+-ATPase in *Mesembryanthemum crystallinum* is devolopmentally control and tissue specific[J]. Plant Physiol, 125: 1643－1654.

GÉVAUDANT F, DUBY G, STEDINGK E, et al. 2007. Expression of a constitutively activated plasma membrane H^+-ATPase alters plant development and increases salt tolerance [J]. Plant Physiol, 144: 1763－1776.

ISHITANI M, LIU J, HALFTER U, et al. 2000. SOS3 function in plant salt tolerance requires N-myristoylation and calcium-binding[J]. Plant Cell, 12: 1667－1677.

JANICKA-RUSSAK M. 2011. Plant plasma membrane H^+-ATPase in adaptation of plants to abiotic stresses [C]//. Shanker AK, Venkateswarlu B. Abiotic stress response in plants-physiological, biochemical and genetic perspectives. Rijeka, Croatia: InTech. 197－218.

KLUGE C, LAHR J, HANITZSCH M, et al. 2003a. New insight into the structure and regulation of the plant vacuolar H^+-ATPase[J]. J Bioenerg Biomembr, 35: 377 – 388.

KLUGE C, LAMKEMEYER P, TAVAKOLI N, et al. 2003b. cDNA cloning of 12 subunits of the V-type ATPase from *Mesembryanthemum crystallinum* and their expression under stress[J]. Mol Membr Biol, 20: 171 – 183.

KOLUKISAOGLU U, WEINL S, BLAZEVIC D, et al. 2004. Calcium sensors and their interacting protein kinases: genomics of the Arabidopsis and rice CBL-CIPK signaling networks[J]. Plant Physiol, 134: 43 – 58.

LIN H X, YANG Y Q, QUAN R D, et al. 2009. Phosphorylation of SOS3-LIKE CALCIUM BINDING PROTEIN8 by SOS2 protein kinase stabilizes their protein complex and regulates salt tolerance in *Arabidopsis*[J]. Plant Cell, 21: 1607 – 1619.

LIN M, LI S C, KANE P M, et al. 2012. Regulation of vacuolar H^+-ATPase activity by the Cdc42 effector Ste20 in *Saccharomyces cerevisiae*[J]. Eukaryot Cell, 11: 442 – 451.

LIU J, ISHITANI M, HALFTER U, et al. 2000. The *Arabidopsis thaliana* SOS2 gene encodes a protein kinase that is required for salt tolerance[J]. Proc Natl Acad Sci USA, 97: 3730 – 3734.

MORSOMME P, BOUTRY M. 2000. The plant plasma membrane H^+-ATPase: structure, function and regulation[J]. Biochim Biophysic Acta, 1465: 1 – 16.

MORTH J P, PEDERSEN B P, BUCH-PEDERSEN M J, et al. 2011. A structural overview of the plasma membrane Na^+, K^+-ATPase and H^+-ATPase ion pumps[J]. Nat Rev Mol Cell Biol, 12: 60 – 70.

NARASIMHAN M L, BINZEL M L, PEREZ-PRAT E, et al. 1991. NaCl regulation of tonoplast ATPase 70-kilodalton subunit mRNA in tobacco cells[J]. Plant Physiol, 97: 562 – 568.

NIU X, BRESSAN R A, HASEGAWA P M, et al. 1995. Ion homeostasis in NaCl stress environments[J]. Plant Physiol, 109: 735 – 742.

OTOCH M L O, SOBREIRA A C M, ARAGÃO M E F, et al. 2001. Salt modulation of vacuolar H^+-ATPase and H^+-Pyrophosphatase activities in *Vigna unguiculata*[J]. J Plant Physiol, 158: 545 – 551.

PARDO J M, RUBIO F. 2011. Na^+ and K^+ Transporters in Plant Signaling [C]//. Geisler M, Venema K. Transporters and pumps in plant signaling. Berlin Heidelberg: Springer-Verlag. 65 – 98.

QIU N, CHEN M, GUO J, et al. 2007. Coordinate upregulation of V-H^+-ATPase and vacuolar Na^+/H^+ antiporter as a response to NaCl treatment in a C3 halophyte *Sueda salsa*[J]. Plant Sci, 172: 1218 – 1225.

QIU Q S, GUO Y, DIETRICH M A, et al. 2002. Regulation of SOS1, a plasma membrane Na^+/H^+ exchanger in *Arabidopsis thaliana*, by SOS2 and SOS3[J]. Proc Natl Acad Sci USA, 99: 8436 – 8441.

QUAN R D, LIN H X, MENDOZA I, et al. 2007. SCABP8/CBL10, a putative calcium sensor, interacts with the protein kinase SOS2 to protect Arabidopsis shoots from salt stress[J]. Plant Cell, 19: 1415 – 1431.

QUEIRÓS F, FONTES N, SILVA P, et al. 2009. Activity of tonoplast proton pumps and Na^+/H^+ exchange in potato cell cultures is modulated by salt[J]. J Exp Bot, 60: 1363 – 1374.

RAUSCH T, KIRSCH M, LÖW R, et al. 1996. Salt stress responses of higher plants: the role of proton pumps and Na^+/H^+-antiporters[J]. J Plant Physiol, 48: 425 – 433.

REGENBERG B, VILLALBA J M, LANFERMEIJER F C, et al. 1995. C-terminal deletion analysis of plant plasma membrane H^+-ATPase: yeast as a model system for solute transport across the plant plasma membrane[J]. Plant Cell, 7: 1655 – 1666.

SAHU B, SHAW B. 2009. Salt-inducible isoform of plasma membrane H^+-ATPase gene in rice remains constitutively expressed in natural halophyte, *Suaeda maritime* [J]. J Plant Physiol, 166: 1077 – 1089.

SATO Y, SAKAGUCHI S M. 2005. Topogenic properties of transmembrane segments of Arabidopsis thaliana

NHX1 reveal a common topology model of the Na^+/H^+ exchanger family[J]. J Biochem, 138: 425 -431.

SCHUMACHER K, KREBS M. 2011. V-ATPases: Rotary engines for transport and traffic [C]//. Geisler M, Venema K. Transporters and pumps in plant signaling. Berlin Heidelberg: Springer-Verlag, 293 -312.

SHEN P, WANG R, ZHANG W. 2011. Rice phospholipase Dα is involved in salt tolerance by the mediation of H^+-ATPase activity and transcription[J]. J Integr Plant Biol, 53: 289 -299.

SHI H, QUINTERO F J, PARDO J M, et al. 2002. The putative plasma membrane Na^+/H^+ antiporter SOS1 controls long-distance Na^+ transport in plants[J]. Plant cell, 14: 465 -477.

SHI H, ZHU J K. 2002. Regulation of expression of the vacuolar Na^+/H^+ antiporter gene AtNHX1 by salt stress and abscisic acid[J]. Plant Mol Biol, 50: 543 -550.

SILVA P, FACANHA A R, TAVARES R M, et al. 2010. Role of tonoplast proton pumps and Na^+/H^+ antiport system in salt tolerance of *Populus euphratica Oliv*[J]. J Plant Growth Regul, 29: 23 -24.

SILVA P, GERÓS H. 2009. Regulation by salt of vacuolar H^+-ATPase and H^+-pyrophosphatase activities and Na^+/H^+ exchange[J]. Plant Signal Behav, 4: 718 -726.

VERSLUES P E, BATELLI G, GRILLO S, et al. 2007. Interaction of SOS2 with nucleoside diphosphate kinase 2 and Catalases reveals a point of connection between salt stress and H_2O_2 signaling in *Arabidopsis thaliana*[J]. Mol Cell Biol, 27: 7771 -7780.

VOSS M, VITAVSKA O, WALZ B, et al. 2007. Stimulus-induced phosphorylation of vacuolar H^+-ATPase by protein kinase A[J]. J Biol Chem, 282: 33735 -33742.

XU C X, ZHENG L, GAO C Q, et al. 2011. Overexpression of a vacuolar H^+-ATPase c subunit gene mediates physiological changes leading to enhanced salt tolerance in transgenic tobacco[J]. Plant Mol Biol Rep, 29: 424 -430.

ZHANG M, FANG Y, LIANG Z, et al. 2012. Enhanced expression of vacuolar H^+-ATPase subunit E in the roots is associated with the adaptation of *Broussonetia papyrifera* to salt stress [J]. PLoS ONE, 7 (10): e48183.

ZHU J K, HASEGAWA P M, BRESSAN R A. 1996. Molecular aspects of osmotic stress in plants[J]. Crit Rev Plant Sci, 16: 253 -277.

ZHU J K. 2000. Genetic analysis of plant salt tolerance using Arabidopsis [J]. Plant Physiol, 124: 941 -948.

ZHU J K. 2003. Regulation of ion homeostasis under salt stress[J]. Curr Opinion Plant Biol, 6: 441 -445.

作者简介

张强：南京林业大学生物与环境学院，博士，讲师；E-mail：zhangqiang@njfu.edu.cn；

张敏：江苏省林业科学研究院，博士，副研究员；E-mail：nmzhang@163.com。

专题 16　植物化感作用
Allelopathy

何开跃

南京林业大学南方现代林业协同创新中心，生物与环境学院　江苏南京　210037

【内容提要】植物化感作用是植物与周围环境生物之间的一种相互作用。通过释放化感物质，植物可以对自身和其他生物生长发育产生抑制或促进作用。近年来，植物化感作用的研究已成为生物间生态竞争研究的重要内容之一。本专题概述了植物化感作用的基本概念、化感物质的作用特点、收集方法、分类，以及化感物质的释放途径、转化和作用机制等。化感作用的理论和研究成果可以用于农林业的生产实践。本专题可供从事农林业、生态环境、植物和化学生态学的教师和科技工作者参考。

16.1　植物化感作用的基本概念

当一种植物处在自然生态系统中或者是人工生态系统中，就必然会受到其他有机体或环境的影响。与此同时，植物本身也深刻影响着周围环境。达尔文在《物种起源》中所说的竞争主要是指植物为了生存而从环境中摄取资源，包括水分、养分和阳光等，即主要指植物在竞争中的物理含义。那么，在植物与环境的关系中，有没有化学内容呢？植物又是如何影响外界环境的呢？随着研究的深入，越来越多的观察证据表明(孔垂华等，2001)，植物不仅具有获得空间和资源的能力，而且还能释放特定的化学物质来影响其他植物，或被其他生物释放的化学物质所影响。化感作用即是植物通过向环境释放化感物质而实现的。有学者认为，竞争作用主要是植物为了生存而从环境中摄取资源，而化感作用则刚好相反，是植物向环境中释放化学物质。所以，化感作用不能认为是植物竞争的一部分。然而，更多的研究结果表明：植物竞争和化感作用是植物相互影响和作用的两个不同机制。两者密切联系，既不相同，也难以区分，无法分离，只是在某些特定的条件下，竞争和化感作用的某一方面能表现得更显著些。因此，目前普遍认为，化感作用是植物竞争的手段之一。

人们对化感作用的认识有一个逐步深入的过程。化感作用最早由奥地利科学家Molish(Molish H.，1938)于1937年首次提出。他指出，化感作用又称相生相克，是指植物之间(包括微生物)相互作用的生物化学关系，包括有害的(抑制)和有益的(刺激)

两个方面。为此，Molish 还创造了一个新词 Allelopathy。这个词由 Allelon(相互)和 Pathos(忍受痛苦)两个希腊词根组成。

化感作用的发现来自于公元1世纪罗马博物学家普林尼(Pliny)在《自然历史》中的记载。在这本书里，记载有许多植物之间相生相克的事例，比如胡桃树的树荫是令人忧郁的，在树下甚至不能生长植物；甘蓝和萝卜会阻止葡萄的生长等。这种现象也被称为"异株克生"。这个谜底直到20世纪30年代才被揭开，即胡桃树叶、树皮均能释放出水溶性的葡萄糖甙胡桃醌。这些糖甙胡桃醌被雨雾淋溶到地上，经土壤微生物作用水解成为毒性的胡桃醌而杀死树下植物。因此，胡桃树的化感作用成为化感作用研究的经典范例。

继 Molish 首次提出植物化感作用这一概念之后，1974年，Rice 出版了植物化感作用的经典著作《Allelopathy》。在这本著作中，他将化感作用定义为：一种植物通过向环境释放化感物质而对另一种植物(包括微生物)所产生的直接或间接的伤害作用。10年之后，即1984年，Rice(Rice E L.，1984)在他的专著《Allelopathy》第二版中，将有益的作用补充进去。至此，Rice 关于植物化感作用的定义被普遍接受，即一种植物(包括微生物)通过向环境释放化感物质而对另一种植物(包括微生物)产生直接或间接的有害或有益的作用。具有化感作用的物质称为化感物质。当受体和供体同属于一种植物时产生抑制作用的现象，称为植物的自毒作用。如发现芋头根分泌物能抑制芋头的生长等就是植物自毒作用的表现。1996年，国际化感学会(International Allelopathy Society)给化感作用作了新的定义：由植物、细菌、病毒和真菌所产生的二次代谢产物，这些产物影响农业和自然生态系统中一切生物的生长和发育作用。

化感作用通常有3种表示方法或者表征参数(张玉娟等，2012)：

①抑制率 IR(inhibitory rate) $= (1 - T/C) \times 100\%$，其中 $IR > 0$ 为抑制作用，$IR < 0$ 为促进作用，IR 的绝对值代表作用强度的大小。C 为对照值，T 为处理值。

②应指数 RI(response index)，当 $T \geqslant C$ 时 $RI = 1 - C/T$，当 $T < C$ 时 $RI = (T/C) - 1$。$RI > 0$ 时，表示为促进作用；$RI < 0$ 时，表示为抑制作用，RI 绝对值的大小表示植物化感作用强度的大小。

③化感效应综合指数 SE，即化感抑制率(IR)的算术平均值。$SE > 0$ 表示抑制效应；$SE < 0$ 为促进效应，SE 的绝对值表示作用强度的大小。

16.2 植物化感物质

植物化感作用的实现是通过向环境释放化学物质而影响自身或邻近植物的生长发育来进行的，这些化学物质就叫作化感物质。虽然某些游离的氨基酸、脂肪酸等能表现化感作用效应，但大多数化感物质都是植物(含微生物)的次生物质。

16.2.1 化感物质的作用特点(张小红等，2013)

化感物质对受体植物产生化感效应，具有以下作用特点：

①选择性和专一性　化感物质的作用是具有一定范围的作用谱，即具有选择性和专一性。比如，西瓜的根系分泌物对自身产生自毒作用，但对黑籽南瓜则能促进生长。

②浓度效应　化感物质对受体植物作用的强度与其浓度密切相关。化感物质的生物活性大小首先由化感物质浓度决定。一般而言，低浓度化感物质常表现为促进作用，高浓度则为抑制或无作用。

Le 等(Le Thi H et al.，2008)利用黄瓜甲醇提取物处理水芹、莴苣、苜蓿、黑麦草、梯牧草和马唐草，发现随黄瓜甲醇提取物浓度的升高，它对受试植物的抑制作用增强。将小麦种子经过质量分数为 0.5%、1.0%、1.5%、2.0%、2.5% 和 5% 的苦楝果实甲醇提取物处理后，发现 5% 的苦楝甲醇提取物对小麦种子发芽有很强的抑制作用，小麦发芽率为零。用 1.0%~2.5% 中浓度处理对小麦发芽率有一定的抑制；而用 0.5% 低浓度处理则对小麦发芽率作用不明显(翟兴礼等，2008)。

③复合效应　化感物质通常含有多种成分，它们共同作用可以对受体植物产生抑制或促进作用，这就是化感物质的复合效应。具体表现为协同、加合、颉颃 3 种形式。

这 3 种互作方式决定了化感物质在混合物中的作用强度和性质。化感混合物对植物的化感作用比纯化感物质对植物的化感作用强。在冬小麦中检测到对羟基苯甲酸、阿魏酸、香草酸，这 3 种化感物质对棉花种子萌发和幼苗生长均有不同程度的影响。当以相同浓度的对羟基苯甲酸、阿魏酸、香草酸混合液处理棉花种子幼苗时，发现混合液对棉花种子和幼苗的抑制作用明显强于 3 种物质单独处理所产生的抑制效应。

16.2.2 化感物质的收集方法

由于化感物质的释放途径不同，化感物质的收集方法也不尽相同，主要有 4 种收集方法(姚伶等，2012)。

①水蒸气蒸馏法　该方法将含有挥发性成分的药材与水共蒸馏，使挥发性成分随水蒸气一并馏出，经冷凝后取挥发性成分。此法适用于挥发性化感物质的提取。江藤属植物茎叶和茴香中均含有多种挥发性物质。经过蒸馏法收集、GC-MS 鉴定，发现这两种植物均含有化感物质 α-蒎烯(Maia J G S et al.，2003；2008；Özcan M M et al.，2006)。

②溶剂浸提法　利用相似相溶原理，通过系统中不同组分在溶剂中不同的溶解度来分离混合物。此法适用于模拟雨雾淋溶时，降水淋溶物质的收集。比如经降水淋溶收集到的狭叶花椒树皮和叶片的水浸提物能够抑制莴苣早期的幼苗生长。

③培养—吸附法　利用吸附剂对液体或气体中的某一组分选择性吸附的方法。此法适用于根系分泌物的提取。如香蒲与芦苇混种时，在香蒲根系分泌物中加入活性炭后，芦苇的化感作用发生明显变化(Jarchow M E，et al.，2009)。

利用 XAD-4 树脂及营养液循环的技术，已建立起一套采集植物根分泌化感物质的技术。该方法是在水培或砂培系统中将植物根用 XAD-4 树脂包裹起来，置于盆中以吸附收集未受干扰的根所产生的分泌物，再用甲醇将吸附在树脂上的根分泌物洗脱，进而分离、鉴定和测定活性。此方法已得到广泛应用。

④厌氧腐解法　将植物的凋落物与微生物分解纤维素的培养基和根际土混匀培养后得到化感物质。该方法适用于植物残体分解所释放的化感物质的收集。如芦苇凋落物经腐解后得到的腐解物对米草种子的萌发、幼苗生长以及菌落生长均有影响。

16.2.3 化感物质的生物测定方法(曾任森，1999)

16.2.3.1 种子发芽

通常种子发芽试验是在培养皿中进行的。该法将经过挑选的种子放入已被测试液饱和的基质上(通常采用滤纸)，发芽在有光照、温度合适的培养箱中进行。种子发芽的标准是胚根突破种皮1~2mm，发芽的时间根据植物的不同一般为1~7d，用种子发芽的百分率表示。采用发芽速度指数(I)来定量测定化感物质对种子发芽的延缓作用。连续5d记录种子发芽情况，I用如下方法计算：

$$I=2(5X_1+4X_2+3X_3+2X_4+X_5)$$

式中，X为每隔24h发芽的种子数；X_1为24h记录的发芽数，X_2为48h记录的发芽数，依此类推。

发芽试验用的测试溶液体积一般为3~10mL，这主要取决于所用容器的大小、种子的大小和萌发床所用的基质。在整个过程中要保持种子的透气性，种子不能被测试液淹没。

每个培养皿所用的种子数是影响种子萌发结果准确性很重要的因素，如果所用的种子数量太少，试验误差必然很大。因此，每皿的种子数至少要50粒。如果受体是杂草，而该杂草发芽率又低的话，种子数量还需要更多。试验还必须设计足够的重复数。

16.2.3.2 生长和发育的测定

化感作用活性也可用胚根、下胚轴或胚芽鞘的伸长来表示。一般而言，采用幼苗生长来进行生物测定的敏感性比种子发芽要好。而幼苗根生长的敏感性又强于苗生长的敏感性，但该方法缺点是需要较多数量的化感物质。而很多纯的化感物质收集分离非常困难。

当化感物质数量有限时，可采用琼脂培养法。将催过芽的种子放在含有一定浓度化感物质或抽提物的琼脂试管中，胚根和幼苗生长在未受损伤情况下很容易测量，幼苗也很容易被移出来进一步分析。

对幼苗生长的影响也常用干物质重量来表示。将幼苗培养7~10d，测定幼苗干物重是表示化感作用影响的一个敏感指标，干物重分地上苗和地下根两部分，也可计算苗/根的比例。

幼苗的鲜重也可作为化感作用的衡量指标。根长和根鲜重是最敏感的生长指标，但测量非常耗时。因此可采用植株总鲜重(根加苗的鲜重)作为指标，虽然敏感性稍差，但容易测量。

用循环培养液法测定根系分泌物对受体植物生长发育的影响也很有效。此法用水培或者砂培法将供体植物种植在高处，将受体植物种植在低处，然后将供体植物的根分泌物连同营养液不断渗滴到受体植物的根部。最后将最下面的受体培养瓶中的水培液用气泵打到最高的供体植物培养瓶中，不断循环。培养一段时间，测定供体根分泌物对受体生长发育的影响。

16.2.4 化感物质的分类

根据化感物质的性质和生物合成途径，化感物质可分为14类(Rice E L.，1984)(表16-1)。

表16-1 化感物质的分类

Tab. 16-1 Classification of allelochemicals

序号	类别	化感物质及其作用
1	简单的水溶性有机酸、直链醇、脂肪醇、脂肪醛和酮	甲酸、乙酸、草酸、丙二酸等简单有机酸、甲醇、乙醇等直链醇；8~22碳原子链的脂肪醇；辛醛、壬醛、癸醛等脂肪醛和丙酮等都具有一定的化感作用，但这类不是化感作用的主要物质
2	简单的不饱和内酯	包括毛茛素配糖体，山梨酸、棒曲霉素、原白头翁素等具有一定的化感作用
3	长链脂肪酸和聚乙炔	棕榈酸、硬脂酸、油酸、豆蔻酸、花生酸等长链脂肪酸和聚乙炔这类化合物对高等植物的生长具有抑制作用
4	苯醌、蒽醌、萘醌和复杂醌类	土壤中的一些真菌可以产生醌茜素，长蠕孢菌素等蒽醌、萘醌化合物而影响植物的生长。山核桃和薄壳山核桃叶中均含有化感物质胡桃醌
5	简单的酚、苯甲酸及其衍生物	原儿茶酸、丁香酸、脱氢莽草酸、没食子酸、羟基苯甲酸等，常见于森林植物的化感作用
6	肉桂酸及其衍生物	主要有香豆酸、桂皮酸、反桂皮酸、绿原酸、绿原酸异构体、阿魏酸、咖啡酸等，这些化感物质能抑制其他植物根茎及菌根的生长
7	香豆素类	主要存在于豆科、伞形科、茜草科、菊科、芸香科植物中，主要有香豆素、新立霉素、茴芹素、白当归素、柠檬烯、七叶苷、莨菪亭等，能抑制部分相邻植物种子的萌发
8	黄酮类化合物	广泛存在于高等植物，特别是双子叶植物中，具有较强的化感活性，对微生物和植物生长具有抑制作用
9	单宁类	能与蛋白质和其他酚类化合物形成具有交联能力的酚化合物。一些高等植物叶产生的单宁释放到林地表面，影响凋落物分解和腐殖质形成，对植物的氮循环和营养吸收造成伤害。水解单宁，如鞣酸、没食子酸、双没食子酸对植物固氮具有抑制作用
10	萜类和甾族化合物	樟脑、桉树精、柠檬烯、α-蒎烯、β-蒎烯、香茅醇、杨梅叶烯、罗勒烯等萜类化合物具有挥发性，在化感作用中起到重要作用。甾族化合物，如毒毛旋花苷配基和毛地黄毒苷配基，对土壤微生物活性具有抑制作用
11	氨基酸和多肽(5-羟色胺、番茄菌肽等)	蓝菌(*Cyanobacterial*)的次生代谢产物 *microcystin*-LR对水生植物的生长有很强的抑制作用
12	生物碱和氰醇	有化感活性的生物碱主要包括可卡因、咖啡因、毒扁豆碱、奎宁、茄碱和麻黄碱等
13	硫化物和芥子油糖苷(蒜素、芥子油等)	芸薹属(*Brassica*)植物产生的芥子油不仅可抑制牧草种子的萌发和牧草的生长，还可抑制土壤微生物的活动
14	嘌呤及核苷(嘌呤，3-脱氧核苷等)	核苷是生物体中普遍存在的基本物质。其中，对植物生长发育产生主要化感作用的核苷主要是微生物产生的低分子量的核苷衍生物。已分别从诺卡氏菌属(*Nocaroliae*)和链霉菌属微生物中分离得到间型霉素、除草啶和谷氏菌素等化感分子。其中除草啶对田间常见杂草有显著化感作用

Rice的这一分类几乎包括了植物次生化合物的所有类型。与此同时，Rice还将这些物质可能的生物合成途径综合成图16-1(董章杭等，2001)：

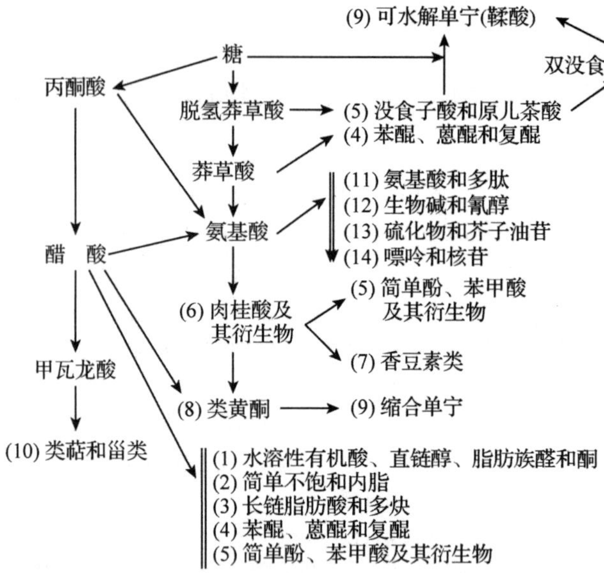

图 16-1 各类化感化合物及其可能合成途径

Fig. 16-1 Probable major biosynthetic pathways leadling to production of various categories of allelopathic compaundsl

16.2.5 高等植物中的一些重要的化感物质

就目前高等植物的化感物质来说，主要有如下 6 种类型。

(1)低分子有机酸

植物中常见的有机酸有脂肪族的一元、二元、多元羧酸，如酒石酸、草酸、苹果酸、抗坏血酸等；同时，也存在芳香族有机酸如苹果酸、水杨酸、咖啡酸等。就化感作用而言，有的有机酸产生抑制作用，如水杨酸，有的则产生促进作用，如柠檬酸(姚伶等，2012)。Fang 等(Fang C et al.，2009)在研究水稻化感作用时发现，外源水杨酸能诱导水稻对稗草的抑制作用。Fu 等(FU B.，2003)发现，柠檬酸和苹果酸能阻止镉通过根系进入小麦体内，降低小麦中镉的相对浓度，从而降低镉对植物的毒害。黄瓜在生产上因连作而引起产量下降。研究发现，黄瓜的根分泌物中有 10 种具有生物毒性，其中苯丙烯酸(肉桂酸)是毒性较强的一种，进一步的研究显示，当肉桂酸的浓度在 80μmol/L 时就可显著降低黄瓜幼苗的叶面积、光合活力等指标。

(2)酚类

酚类物质不仅构成植物次生物质的一大类，而且也是一类主要的化感物质。主要包括简单的苯酚类、羟基苯甲酸、肉桂酸衍生物、黄酮类、醌类和单宁五大类。

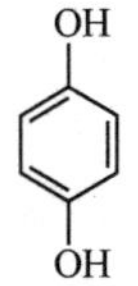

简单酚类：对苯二酚

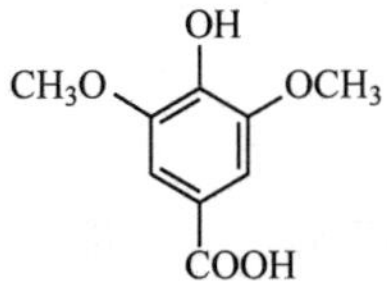

羟基苯甲酸衍生物：丁香酸

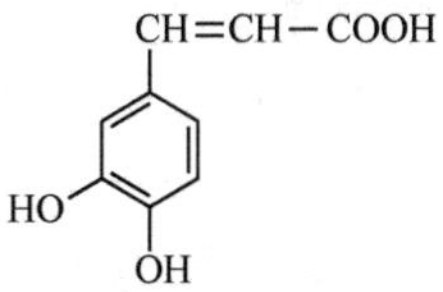

肉桂酸衍生物：咖啡酸

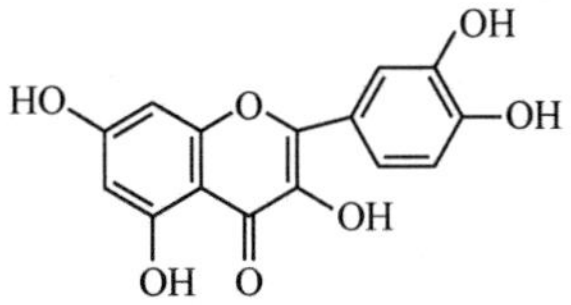

黄酮类：槲皮素

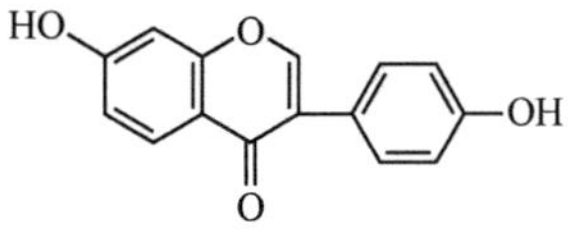

异黄酮类：大豆素

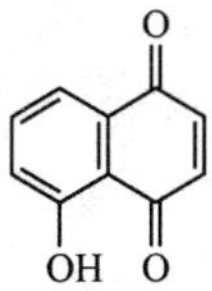

醌类：胡桃醌

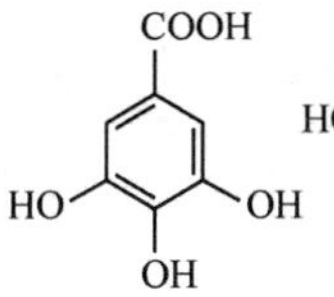

单宁类：没食子酸

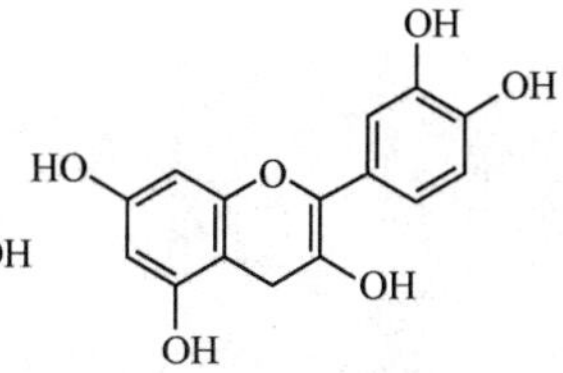

单宁类：儿茶酚

酚类化感物质具有水溶性和成盐性，这使得它们很容易在自然条件下被雨雾淋溶和土壤吸收。此外，酚类化合物从简单的苯酚到复杂的多酚，相对分子质量跨度很大，可从 2000 左右到大约 30,000。这些大中型酚类化感物质进入环境往往需要在土壤媒介的作用下，逐步通过水解，以与锰、铁等离子结合的方式降解而缓慢表现化感效应。许多酚类物质都和糖或硫酸根形成低活性的水溶性酯类大分子，存在于植物细胞的液泡中。当释放到环境中才水解成有活性的酚类化感物质，而且大多数酚类分子会进一步被氧化酶或空气等氧化成更具活性的醌类化感物质，比如胡桃树的化感效应。

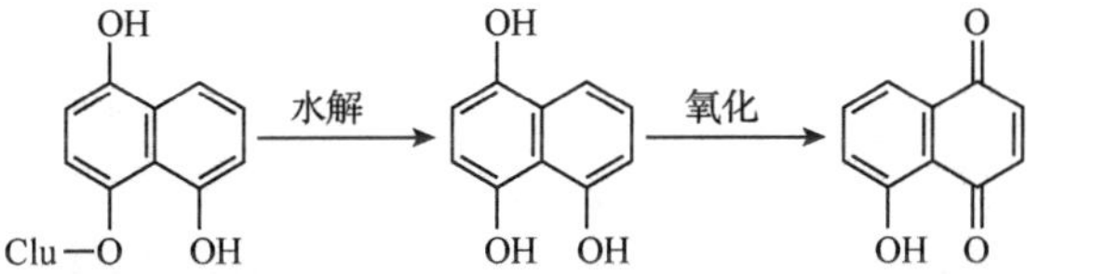

分泌物：葡萄糖甙萘酚无化感活性　　萘酚：低化感活性　　胡桃醌：高化感活性

黄酮广泛存在于高等植物，尤其是在双子叶植物中，具有广泛的生物活性。一些典型的黄酮类化感物质如山奈黄素、槲皮黄素、木犀草素和银杏素。

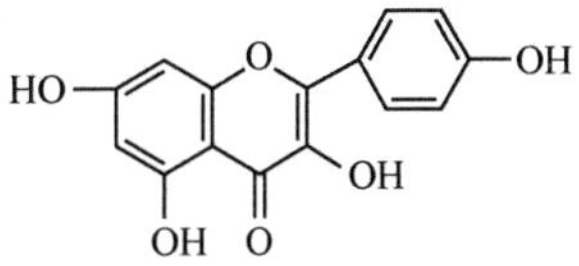

山奈黄素

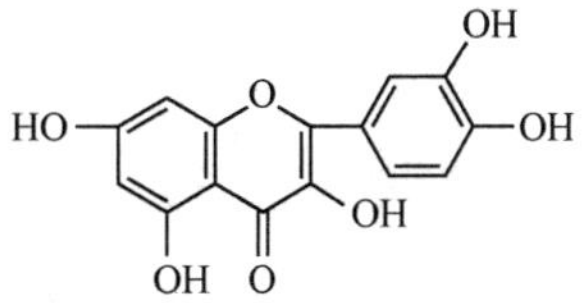

槲皮黄素

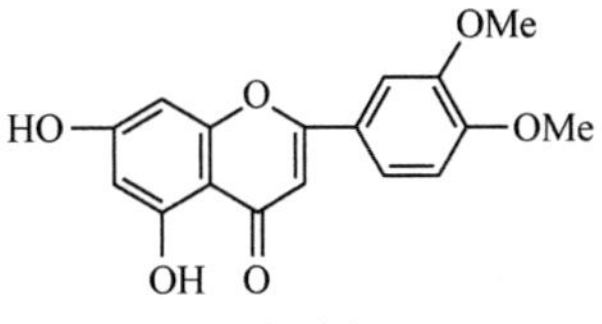

木犀草素

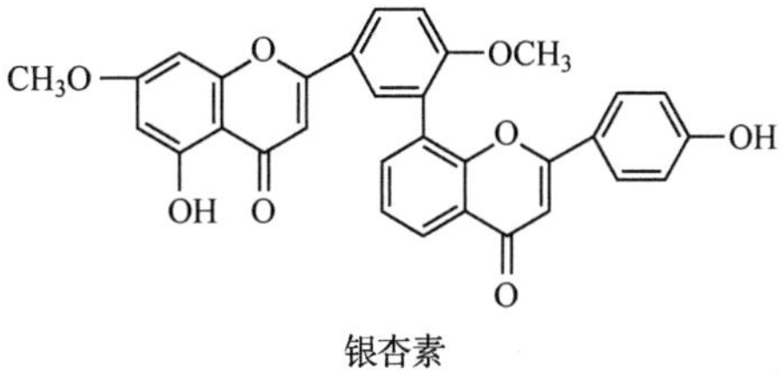

银杏素

世界热带亚热带地区沿海主要防风先锋树种麻黄(*Cauarina equisetifolia*)不仅对其他植物具有化感抑制作用，而且也有自毒作用，其中起作用的化感物质就是结构不同的黄酮。

党参(*Codonopisis pilosula*)主产于甘肃、山西等省，是中国传统中药材。近年来，党参在种植过程中，存在严重的连作障碍，其产量和品质都受到严重影响。研究发现，阿魏酸是党参体内的化感物质，在受体党参种子吸胀过程中，能抑制吸水量的增加，对党参种子萌发率、萌发指数、初生胚根长和下胚轴长、党参幼苗生长及根尖微核和有丝分裂方面都有化感作用。高浓度抑制，低浓度促进(叶文斌等，2012)(图16-2、图16-3)。

(3)萜类

萜类是第二大类化感物质，广泛存在于高等植物的叶和皮细胞中，其分子结构的碳架可看作是异戊二烯的聚合体。代表性的单萜和倍半萜类化感物质如下所示。

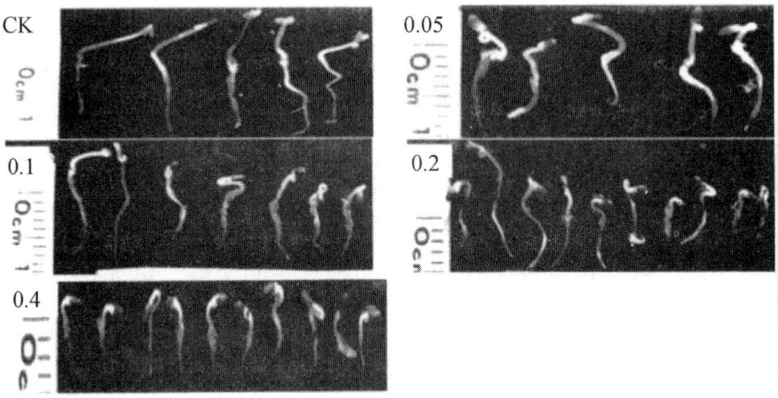

图16-2 阿魏酸对受体党参胚根长和下胚轴长的影响

Fig. 16-2 Effects of ferulic acid on embryonicroot length and hypocotyledonary length of receptor *Codonopsis pilosula*

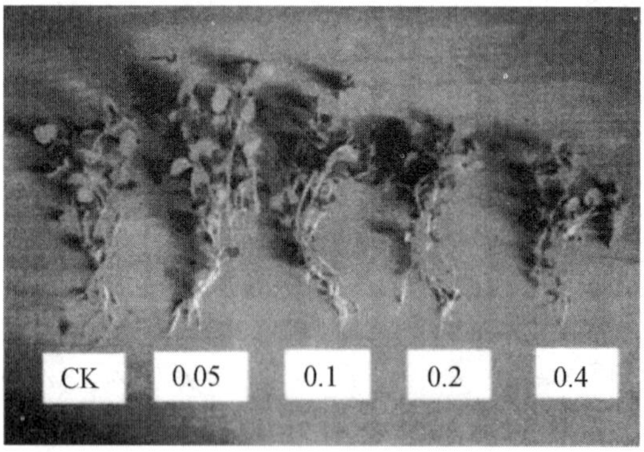

图16-3 阿魏酸对受体党参幼苗生长的影响

Fig. 16-3 Effects of ferulic acid on seedling growth of receptor *Codonopsis pilosula*

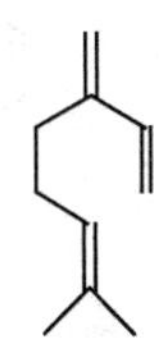

链状单萜：
月桂烯

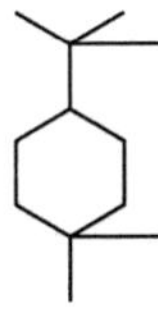

单环单萜：
1,8-桉叶素

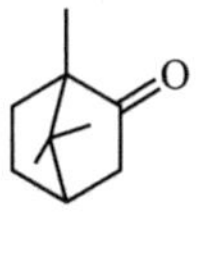

双环单萜：
樟脑

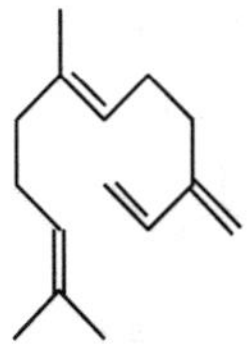

链状倍半萜：
金合欢烯

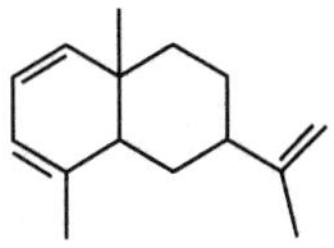

单环倍半萜：
榄香烯

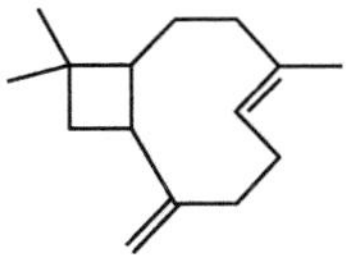

双环倍半萜：
丁香烯

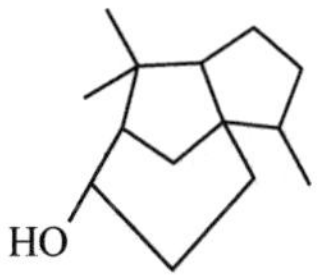

三环倍半萜：
写药醇

单萜和倍半萜多具有挥发性，它们不仅具有对昆虫的引诱、忌避以及可以传递信息等效应，而且也能杀菌和抑制邻近植物。灌木所显示的化感效应，主要是由挥发性的单萜和倍半萜引起的。华南地区重要杂草胜红蓟能向环境释放单萜和倍半萜类化感物质，从而导致化感效应。单萜樟脑烯、桉叶素和柠檬烯通过挥发显示化感效应，红没药烯、丁香烯、金合欢烯等倍半萜是沿海灌木丛显示化感效应的主要作用物质。萜类化合物在植物万寿菊(*Tagetes minuta*)的生命历程中起着重要作用，其中罗勒烯在新叶中的含量比在老叶中高。对受试的5种植物生物量的测定结果表明，无论是罗勒烯纯物质还是万寿菊果实提取物，都会延迟或抑制其伴生植物的发芽(Liza López M L et al.，2008)。

(4)糖甙类

酚类和萜类是高等植物化感物质的主要成分，两者都可以通过雨雾淋溶和自然挥发途径进入环境。但无论是酚类还是萜类，它们在植物体内或刚进入环境时往往以糖甙形式存在。因而通过糖甙可以将各类化感物质归为一类。如葡萄糖水杨甙在酶或酸性条件下水解，可以分别生成葡萄糖和水杨醇：

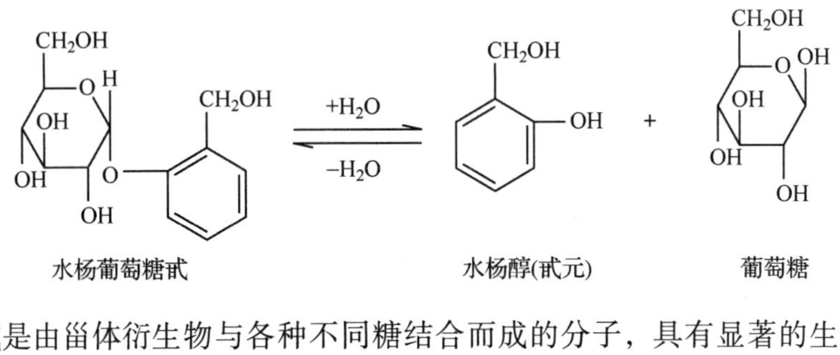

水杨葡萄糖甙　　水杨醇(甙元)　　葡萄糖

强心甙是由甾体衍生物与各种不同糖结合而成的分子，具有显著的生物活性，也是一类具有显著化感效应的分子，常存在于夹竹桃科、玄参科、百合科、萝藦科、十字花科和桑科等有毒植物中。强心甙元含有不饱和的五元或六元环内酯，是其能显示生物活性的官能团，而且与羟基结合的糖配体一般是几种糖的低聚物，而不是单纯的葡萄糖等。强心甙元的活性往往不如与糖结合的甙。玄参科植物毛花洋地黄(*Digitalis lanata*)叶中含有大量的强心甙，可以抵御植食性动物取食、微生物侵染和邻近植物的生长发育。

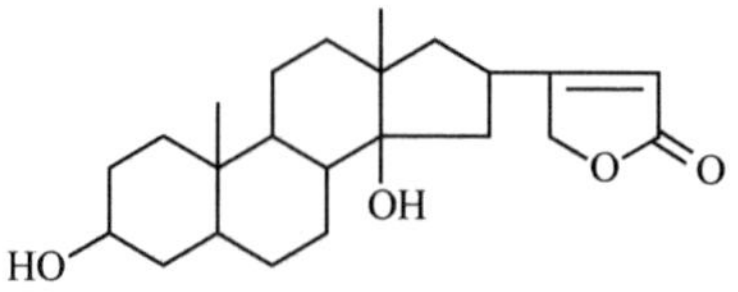

强心甾烯

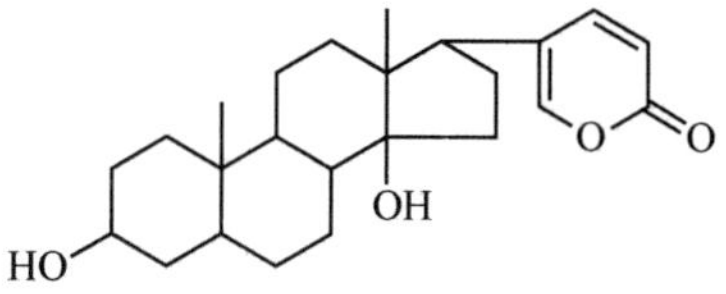

海葱甾烯

皂甙是在植物界广泛分布的一类结构复杂的分子，尤其分布在百合科、豆科、蔷薇科和龙舌兰科等。常见的皂甙有甾体皂甙和三萜皂甙，不论是甾体还是三萜皂甙元，分子中的羟基都可以和常见的葡萄糖、半乳糖、鼠李糖和阿拉伯糖形成皂甙物质。皂甙的化感活性早已被揭示，尤其是在豆科植物，如苜蓿的化感物质主要就是皂甙。

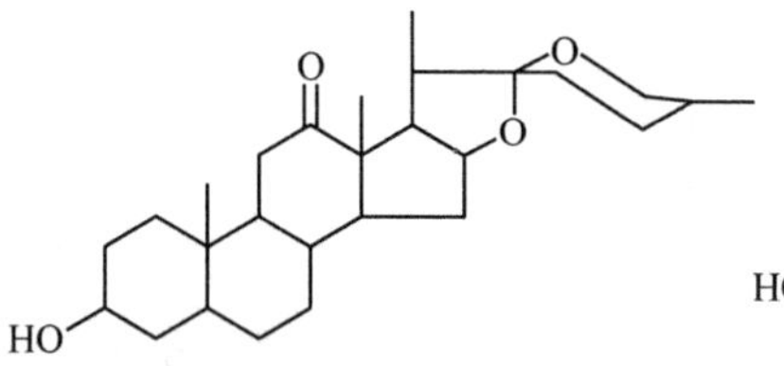

甾体皂甙元：剑麻皂甙元

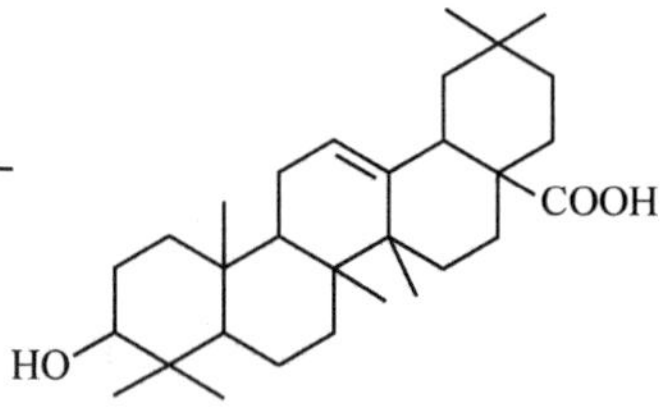

三萜皂甙元：齐墩果酸

香豆素是一类普遍存在的化感物质，能像酚类物质一样，在自然和人工生态系统中显示化感效应。Chon 等(Chon S U et al. , 2002)对苜蓿幼苗施用香豆素、肉桂酸、香豆酸等单一化感物质时，发现与其他化感物质相比，香豆素作用最强烈。伞形科、豆科、茄科、菊科和芸香科植物可以合成大量的香豆素，而香豆素在这些植物体内则是以糖甙形式存在。

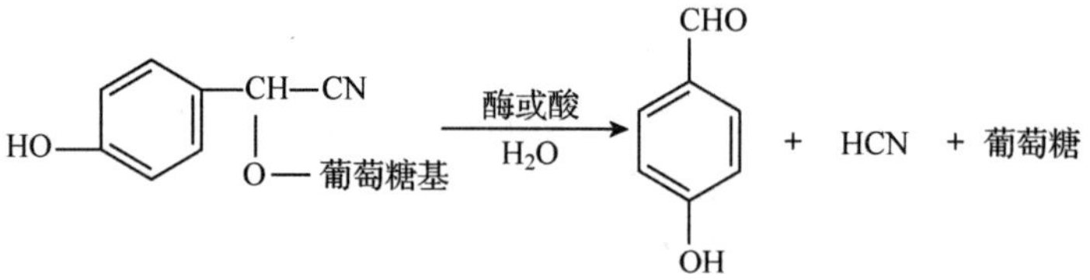

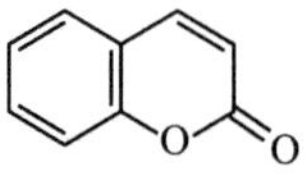

香豆素母体

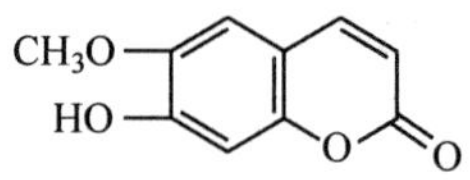

东莨菪亭

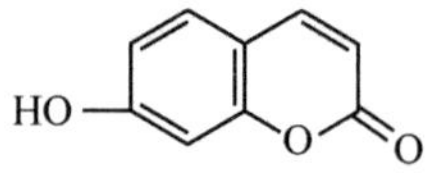

伞形香豆素

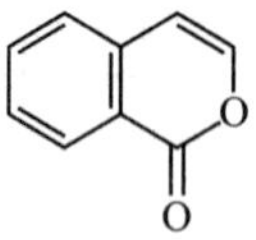

异香豆素母体

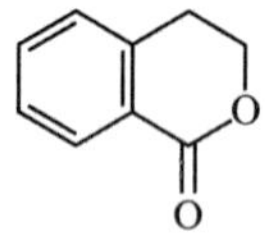

二氢异香豆素母体

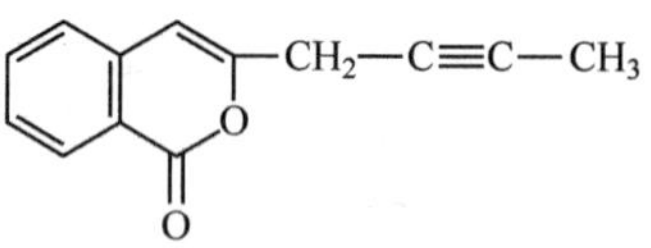

茵陈炔内酯

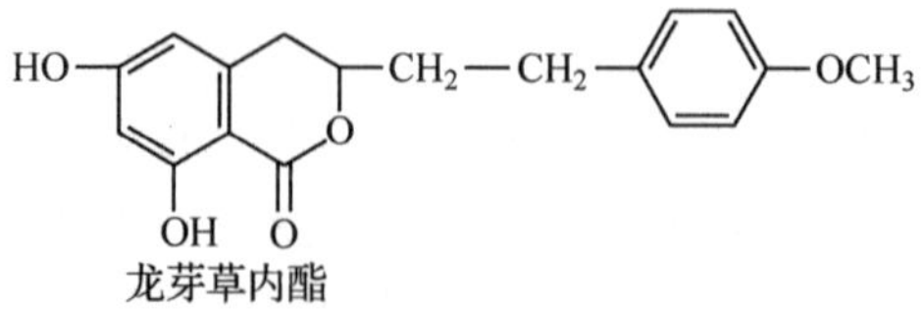

龙芽草内酯

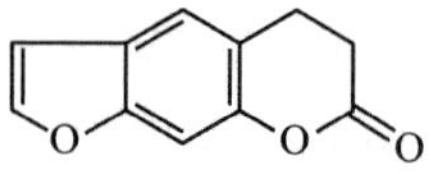

呋喃香豆素母体

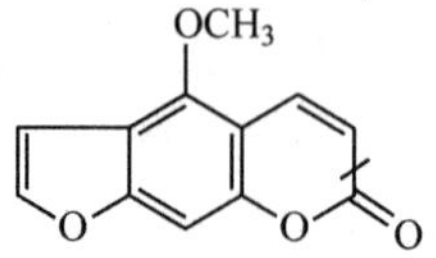

香柠檬内酯

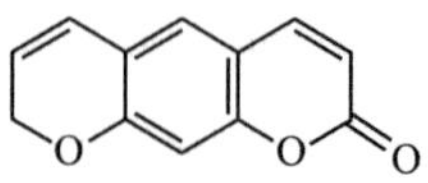

吡喃香豆素母体

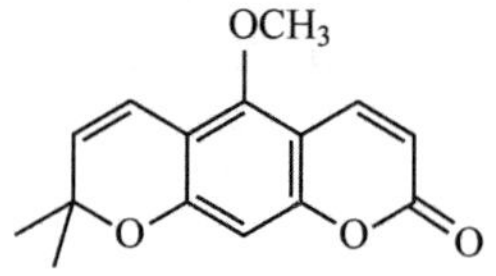

美花树内酯

游离的香豆素类化合物不溶于水，但香豆素甙却能溶于水。香豆素甙进入环境后，可在土壤媒介的作用下，内酯环打开形成盐或羧基，产生化感效应。

氰甙也是植物中分布广泛的次生物质，蔷薇科、豆科、禾本科、亚麻科和大风子科等一百多种植物含有氰甙。氰甙在水中溶解度较大，并能在酶和酸的作用下水解释放剧毒的氢氰酸，对植食性动物具有毒性。已经证实氰甙对植物的生长和真菌及细菌繁殖具有化感抑制作用。高粱植株中的蜀黍葡萄糖甙在酶或酸的作用下可以水解成对植物和微生物具有显著化感活性的对羟基苯甲醛和氢氰酸。

(5)生物碱

生物碱是一类重要的植物次生物质，种类繁多，并且具有显著的生物活性。但就化感效应而言，活性并不十分明显。主要因为生物碱一般在植物体内运转，难以进入环境。但有一些糖甙生物碱可以进入环境从而显示化感效应，如茄碱和各类麻黄碱。麻黄碱存在于麻黄科植物中，其分子中常含有半分子结晶水，在水中有很大的溶解度，而且也具有挥发性。麻黄碱是能通过雨雾淋溶或挥发途径进入环境的极少数生物碱之一。麻黄科植物周围难以共生其他植物和微生物正是其化感作用的表现。茄碱又称为马铃薯素、龙葵碱或龙葵素，它以糖甙形式存在于茄科植物中，常见的糖配体是鼠李糖、半乳糖和葡萄糖。糖甙茄碱是野生马铃薯在自然条件下能够抗病的主要作用物质。糖甙茄碱的含量在不同的茄科植物和品种中差异很大。比如马铃薯、茄子和番茄等茄科作物的抗病和抗草品种与野生种均会有高的糖甙茄碱，并能存在于各个器官中，尤其芽中含量最高。当茄科植物受损伤，病源微生物发生侵染时，糖甙茄碱含量会迅速上升。茄碱还可以促成绿原酸和咖啡酸等酚类化感物质的生物合成，从而证明茄碱是一种重要的化感分子。

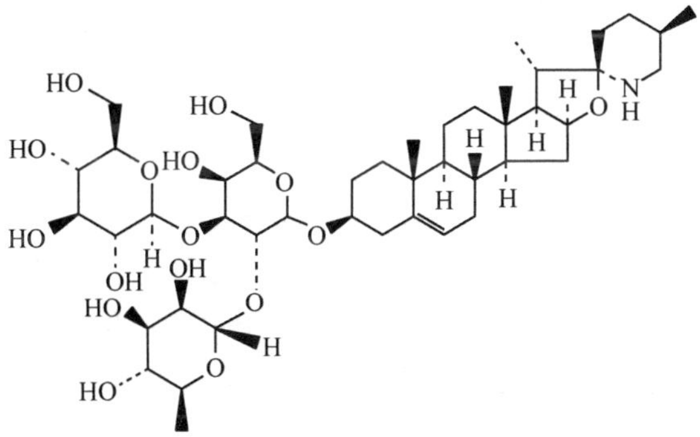

茄碱

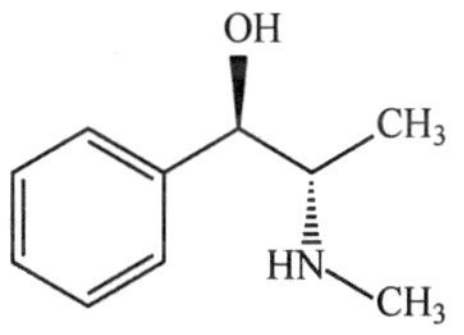

麻黄碱

许多其他的生物碱，如莨菪胺、莨菪碱、咖啡因、茶碱、可可碱、鬼臼毒素、长春花碱和秋水仙碱都具有化感效应。Fukuhara 等(Fukuhara K et al., 2004)从茄科植物 *Solanum arundo* Mattei 的根皮中分离鉴定出一种糖甙生物碱。这种糖甙生物碱可以抑制莴苣幼苗的生长。Ye 等(Ye W C et al., 2001)从生长于亚洲东南部的茄科植物白英中分离鉴定出 2 种糖甙生物碱，对南苜蓿和麦仙翁的胚根生长均有抑制作用。

(6)炔类化合物

菊科植物广泛分布于全世界。在自然生态系统中，菊科植物多具有"攻击性"而易于形成单一群落。据统计，大约有 37 个属存在化感物质，特别是一枝黄花属(*Composi-*

tae solidago)、向日葵属(*Compositae helianthus*)等(周凯等，2004)。已先后从这些植物的根中分离出聚乙炔化合物母菊酯和脱氢母菊酯。这些化合物对防御动物的取食有重要意义，并能抑制水稻胚轴和根的生长。之后，从生长在美国加州的矢车菊中分离出5个聚乙炔化合物。经过一系列的分离、纯化和鉴定，发现这5个聚乙炔化合物都含有一个噻唑基，其中只有一个矢车菊噻唑聚乙炔-2具有活性(李绍文，2001)。

$$CH_3-CH-CH-(C\equiv C)_2-CH=CHCOOCH_3$$

母菊酯

$$CH_3-(C\equiv C)_3-CH=CHCOOCH_3$$

脱氢母菊酯

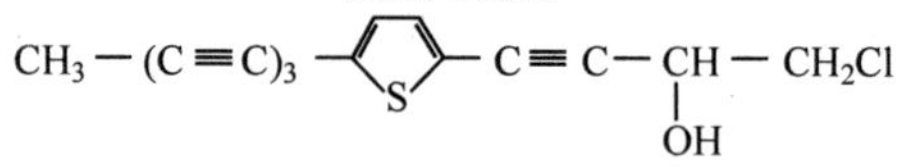

矢车菊噻唑聚乙块(2)

16.3 化感物质的释放途径

植物次生代谢物质存在于枝叶(茎)、花、果(种子)、根(须根)等器官中，这些物质在正常条件下并不能释放到环境中，即使能够释放到环境中也不一定能够产生化感效应。当这些贮存于植物体内的次生代谢物遇到环境改变或受到生物胁迫时，就会释放到环境中，并对其他植物生长发育产生效应。因此，只有那些释放到环境中，并对其他生物生长发育产生影响的次生物质才能成为真正意义上的化感物质。植物化感物质释放途径有雨雾淋溶和挥发、根系分泌和残株(凋落物)分解、种子萌发和花粉传播等。释放到环境中的化感物质可以是水溶的或是油溶的，有时一些化感物质具有水油双溶性，并且可以通过多种途径释放到环境中。

16.3.1 雨雾淋溶和挥发

雨雾是植物生长过程中经常遭遇的自然过程。植物的茎、叶、枝、干等器官表面分泌出的化感物质可以被雨雾等自然水分因子淋溶出来，进入环境中。其中，水溶性的化感物质很容易被淋溶，一些油溶性的化感物质在一些其他物质的共溶情况下，也可以被淋溶。如一些有机酸、氨基酸、萜类、生物碱、酚类化合物等。三齿蒿地上部分可以产生大量的茉莉酸酮，对伴生于其周围的烟草等植物产生直接或间接作用。麦秆水浸提液能抑制莴苣、水芹、水稻和小麦的生长(Jassbi A R et al.，2010)。

黑胡桃(*Jaglans nigra*)叶片中的水溶性化感物质被雨雾淋溶出来后，对其树下的植物生长具有明显的抑制作用，其抑制面积与树冠面积几乎相同。桉树属(*Eucalyptus*)、香桃木属(*Myruts*)和臭椿属(*Ailanthus*)植物叶片产生的香草酸、阿魏酸等酚类物质可以通过雨雾淋溶进入土壤中，对亚麻的生长产生较强的抑制作用(孔垂华等，2001)。

挥发是植物释放化感物质的又一个重要途径。Molish正因为发现苹果产生挥发物能对许多植物的生长产生效应而对植物化感作用这一自然现象给予了科学的定义。Muller等详细研究了南加州海岸灌木对周围植物的化感作用，并因此揭示了挥发性化感物质在自然界中的价值，从而使化感作用的研究更加深入。

挥发性化感物质最早是在研究干旱和半干旱地区的植物中发现的。在这些地区(比如以色列沙漠)，许多植物，特别是进攻型的先锋植物都具有显著的化感作用。多数萜类化感物质都是从叶、根的表皮细胞或分泌腺中释放出来，并通过地上部茎、叶、花的挥发进入环境的。松针叶树脂道中的单萜可以从针叶表面的气孔中释放出来。沙漠中的旱生植物通常释放1,8-桉油醇、樟脑、α-蒎烯等低分子的挥发性萜类化感物质。芳香性灌木可以释放1,8-桉油醇、樟脑、α-蒎烯、β-蒎烯、柠檬烯、杨梅叶烯等低分子挥发性萜类化感物质。这些挥发性物质可以在茂密的树干下形成一定浓度的气体直接对其他植物种子萌发、茎叶生长产生影响。

紫茎泽兰(*Eupatorium adenophorum*)为菊科泽兰属多年生草本植物，原产于美洲墨西哥至哥斯达黎加一带，是世界范围广泛分布的著名恶性杂草。紫茎泽兰于20世纪40年代传入我国云南，与棘豆、栎树一起被称为我国草地的"三大毒草"之一。研究发现，紫茎泽兰对多种植物具有强烈的化感作用。云南松(*Pinus yunnanensis*)约占云南省森林面积的70%，云南松林下普遍分布有紫茎泽兰。在紫茎泽兰对受体植物发生化感作用的过程中，势必对云南松的生长发育及更新过程产生影响。研究紫茎泽兰气态挥发物的化感作用时发现，其新鲜茎叶的气态挥发物对云南松种子发芽过程有明显影响。随着处理质量浓度的提高，开始发芽的天数、达到发芽高峰的天数推迟，达到发芽高峰当天发芽数下降，发芽数开始明显下降的天数延迟。同时发现其气态挥发物对云南松种子萌发(发芽率、发芽势、发芽速率)和幼苗生长(鲜质量、干质量、胚根长、胚轴长)的效应趋势基本相同，呈现出高质量浓度抑制作用强烈，随质量浓度降低，抑制作用减弱的规律(曹子林等，2012)(图16-4)。

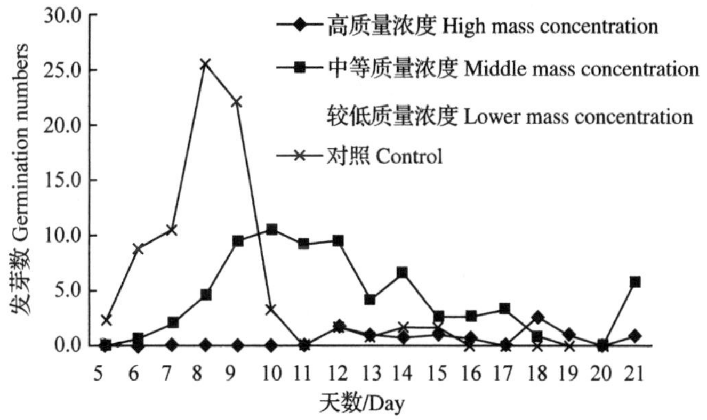

图16-4 紫茎泽兰气态挥发物处理后云南松种子逐日发芽数

Fig. 16-4 Germination numbers of *Pinus yunnaneusis* seeds treated by *Eupatorium adenophorum* gaseous volatile

16.3.2 根系分泌和植物残株(凋落物)分解

根分泌是指健康完整的活体植物根系向土壤中释放化学物质的过程。同一植物根系的不同部位以及不同植物的根系所分泌的化感物质种类和浓度均不相同，分泌化感物质的部位主要是新根和未木质化的根。根系分泌的化感物质种类较多，有些化感物质有高化感活性，可以直接对受体植物产生影响，有些化感活性较低，但在土壤病源微生物、虫害、无机物等共同作用下，可以引起复杂的化感效应。

互花米草(*Spartina alterniflora*)是一种禾本科米草属多年生草本植物，在引入我国后演变为一种入侵杂草，对生态经济造成巨大危害。无瓣海桑(*Sonneratia apetala*)是海桑科海桑属植物，作为一种控制互花米草的替代植物被引入，在广东广泛种植，取得了良好效果。通常认为，无瓣海桑是通过快速生长形成茂密的林冠层以遮挡互花米草所需要的光资源而控制其生长的。但也有研究表明，这两种植物都存在化感作用。研究不同植物群落土壤在无瓣海桑控制互花米草中的作用时，利用化感生物测定方法，选用黑麦草为受体，对比分析了红树林无瓣海桑群落、互花米草群落、无瓣海桑＋互花米草群落土壤水提液的化感作用。研究发现，当3种土壤水提液分别以3种质量分数(0.25、0.5和1.0g/mL)处理黑麦草时，都显示出了化感作用；其中无瓣海桑和无瓣海桑＋互花米草水提液表现更强的化感作用。研究结果表明，无瓣海桑通过根系分泌和凋落物分解，比互花米草产生更多化感物质进入土壤，改变群落化学性质，因而可以起到控制互花米草的作用(李静等，2011)(图16-5)。

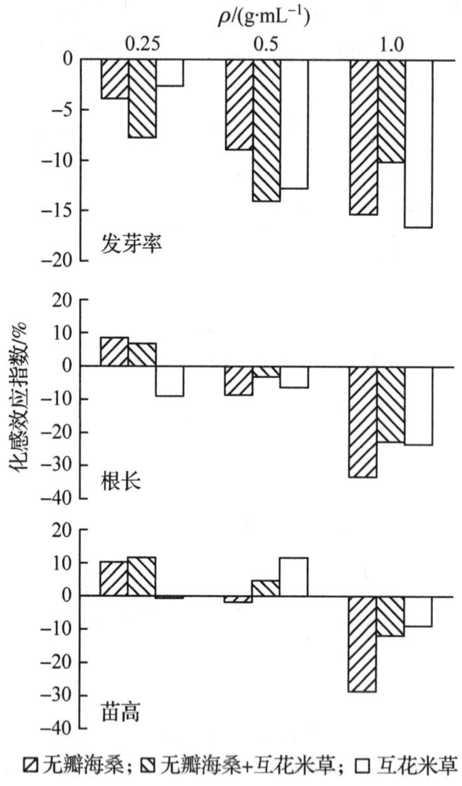

图16-5 3种类型群落土壤水提液对黑麦草的化感效应比较

Fig. 16-5 Comparison of allelopathic effects among three types of communities soil water extracts on ryegrass

植物因新陈代谢、组织损伤会使许多组织脱离母体或死亡，如落叶和残根等，尤其是一年生植物，大部分植株在完成生殖后成熟死亡。植物残株也可以通过淋溶或挥发途径释放化感物质，但最主要的释放途径是在物理、化学和生物，特别是微生物等因子的共同作用下，组织细胞分解或降解成各类中小分子化感物质到土壤中。

植物残株释放的化感物质主要有如下 4 类：

①化感物质直接从植物残株中淋溶或挥发出来。此类化感物质在植株死亡后更容易释放到土壤中。

②从植物残株释放的非活性化感物质经微生物作用而转化成化感活性物质。植物残株含有大量有机大分子，如纤维素、蛋白质以及含有多糖的次生物质分子。这些分子经分解后进入土壤往往没有生物活性。但土壤微生物能将这些非活性或惰性的有机物质转换成有活性的化感物质。同样，微生物也可以将活性的化感物质转换成无活性的小分子。

③土壤中的微生物自身产生的活性化感物质。土壤微生物非常活跃，也能释放化感物质影响其他邻近有机体。

④植物残株(凋落物)释放的物质与土壤中原有物质相互作用，形成新的活性化感物质。一旦植物残株降解，必然产生大量的有机分子，这些小分子在一定的土壤理化条件下完全有可能与土壤原有物质进行作用而生成新的有机分子。

金钱草(*Desmodium uncinatum*)根分泌物能够抑制独角金的生长(Hooper A M et al.，2010)。鼠茅属(*Vulpia*)植物经一段时间分解后，植株残留物中的化感物质增加，干残渣中酚酸类物质含量升高(An M et al.，2001)。火炬树(*Rhus typhina*)为漆树科(Anacardiaceae)盐肤木属落叶灌木或小乔木，于 1995 年由原产地北美引入我国。对不同浓度的火炬树根和凋落叶水浸提液对小麦种子萌发的化感作用进行研究，发现两种器官水浸提液都对小麦种子萌发具有强烈的化感抑制作用，表现为萌发率、萌发指数、幼苗活力指数降低，萌发进程延迟(萌发速率系数增大)(闫兴富等，2011)(图 16-6、图 16-7)。

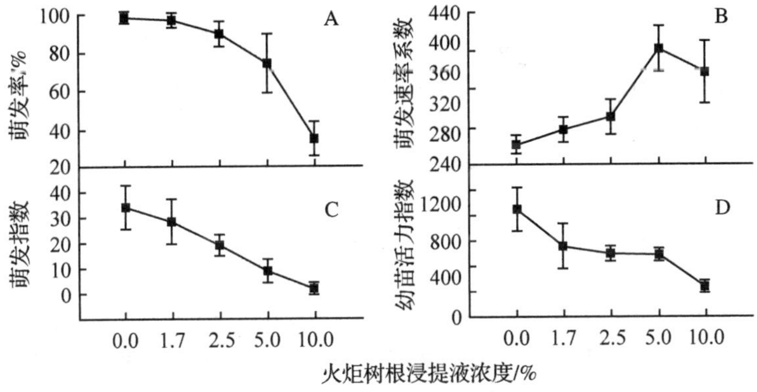

图 16-6 不同浓度的火炬树根水浸提液对小麦种子萌发的化感作用

Fig. 16-6 Allelopathy of water extracts of different concentration from *Rhus typhina* root of on germination of wheat seeds

16.3.3 种子萌发和花粉传播

植物体内所含有的各类次生物质同样也存在于种子中。尤其是在种子包皮中，这些物质能诱使或避免昆虫取食，保护种子不腐烂，抑制或促进种子萌发，并确保种子在合适的环境条件下萌发。一旦种子萌发，便可释放化感物质对其他植物和微生物进行抑制，从而保证自身的生长发育。

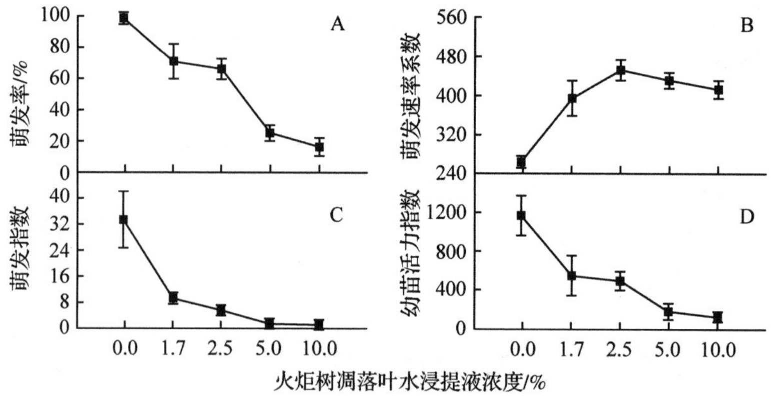

图16-7 不同浓度的火炬树凋落叶水浸提液对小麦种子萌发的化感作用

Fig. 16-7 Allelopathy of water extracts of different concentration from *Rhus typhina* leaf litler on germinatior of wheat seeds

当植物进行花粉传播时，除了完成植物的生殖，还能将化感物质释放到环境中，从而抑制其他植物的生长发育及果实生长。许多杂草的花粉能扩散到作物的叶斑孔表面释放化感物质，抑制作物果实的发育。同样，一些作物的花粉也能扩散而影响临近杂草和作物的生长发育。植物通过花粉途径释放的化感物质多种多样，最常见的是酚酸和萜氧类分子。这两类物质往往是高极性和水溶性的。

外来杂草加拿大蓬(*Conyza canadensis*)是菊科飞蓬属一年生草本植物。其种子产量高、抗旱能力强、生物量大。将加拿大蓬种子置于蒸馏水中浸泡24h后，将浸提液配成不同梯度，以小白菜、苦苣和胡萝卜作为供试植物，测定加拿大蓬种子水浸液对这3种植物的化感效应。结果显示：水提液对小白菜和苦苣种子萌发均产生抑制作用，但对胡萝卜种子有一定的促进作用；随水提液浓度增加，对胡萝卜种子萌发由促进作用转为抑制作用；水提液对小白菜幼根的生长表现为低浓度促进，高浓度不显著，但对幼苗生长表现促进作用；对苦苣幼根生长显著抑制，对幼苗生长则有促进作用；对胡萝卜幼根生长显示中高浓度抑制，低浓度促进；对幼苗生长中低浓度抑制，中高浓度差异不显著(肖春萍等，2012)(表16-2、表16-3)。

表16-2 不同浓度加拿大蓬种子水提液对受体植物发芽抑制率的影响

Tab. 16-2 Effects of water extracts of different concentration from *Conyza canadensis* seeds on receptors inhibitory rate

t/h	ρ(g/mL)	抑制率(%)Inhibitory rate		
		小白菜 *Brassica pekinensis*	苦苣 *Cichorium endivia*	胡萝卜 *Daucus carota*
24	0.010	0.008	0.097	-0.056
	0.025	0.049	0.355	-0.053
	0.050	0.062	0.538	-0.150
48	0.010	0.035	0.074	-0.026
	0.025	0.036	0.148	0.037
	0.050	0.056	0.180	0.047

表 16-3 不同浓度加拿大蓬种子水提液对供试植物生长的影响

Tab. 16-3 Effects of water extracts of different *Conyza canadensis* seeds on growth of tested plants

ρ(g/mL)	白菜 *Brassica pekinensis*		苦苣 *Cichorium endivia*		胡萝卜 *Daucus carota*	
	根长 Root length	苗长 Seedling length	根长 Root length	苗长 Seedling length	根长 Root length	苗长 Seedling length
ck	6.00^{Bb}	0.95^{Bc}	6.56^{Aa}	0.44^{Bb}	3.53^{Aa}	1.99^{Aab}
0.010	6.31^{Bb}	1.20^{Bb}	6.22^{Aa}	0.58^{Aa}	3.41^{Aa}	2.06^{Aab}
0.025	8.05^{Aa}	1.62^{Aa}	4.11^{Bb}	0.60^{Aa}	2.77^{Bb}	2.32^{Aa}
0.050	6.54^{Bb}	1.57^{Aa}	3.74^{Bc}	0.60^{Aa}	2.62^{Bb}	1.74^{Ab}

注：同列不同小写字母表示差异显著($P<0.05$)，同列不同大写字母表示差异极显著($P<0.01$)。

花粉化感是以种间花粉散布为媒介，某种花粉对其他物种花粉萌发、花粉管伸长、花柱、胚珠发育以及幼苗萌发、生长产生负效应的一种现象。

瑞香狼毒(*Stellera chamaejasme*)属于瑞香科狼毒属，是一种具有很强入侵性的毒草。在青藏高原东部高寒草甸上，该草危害比较严重。狼毒的花较大，花朵鲜艳，能够吸引大量昆虫传粉，而且花期较长，与狼毒同花期的物种很多。狼毒的头状花序的每个小花都能产生大量花粉，由于存在大量的传粉昆虫，种间的花粉传播行为频繁发生。通过实验室的花粉萌发试验发现，狼毒花粉没有自毒作用，而其他 6 个物种(秦艽、湿生扁蕾、鳞叶龙胆、椭圆叶花锚、高原毛茛和鹅绒委陵菜)的花粉萌发率均随狼毒花粉浸提液浓度的增加而显著降低。因此认为，狼毒可能通过花粉化感对其周围其他物种的有性繁殖存在抑制作用(孙庚等，2010)(图 16-8)。

16.4 化感物质的转化和迁移

植物在自然条件下，释放化感物质到环境中，要以足够有效的浓度到达邻近的其他植物才可以显示化感作用(林娟等，2007；王春晴等，2011)。因此，化感作用的实现需经历 3 个步骤：

①主体植物产生化感物质并通过合适的途径释放到环境中。

②释放到环境中的化感物质在自然条件下能够以足够的浓度和活性形式到达受体植物。

③受体植物能够在化感物质的作用下并在一定的时间内受益或受害。

对陆生生态系统而言，化感物质少部分通过淋溶、挥发方式释放，大部分则是通过土壤迁移传递的。因此，化感物质的转化和迁移主要在土壤环境中进行。化感物质一旦从植物体释放进入环境就不可避免地与环境因子发生作用。进入土壤的化感物质将不可避免地与土壤生物和非生物因子发生作用。因此，化感物质与环境互作的过程可以简化成滞留、转化和迁移 3 个基本过程。

滞留是指化感物质从一处向另一处的运动由于吸附或其他原因被土壤、水或空气等媒介阻止。滞留过程分为可逆和不可逆的两种形式。所谓不可逆形式即一部分化感物质被媒介吸附，不可能再被解吸而运动，永久地滞留在固定的场所。可逆形式即大

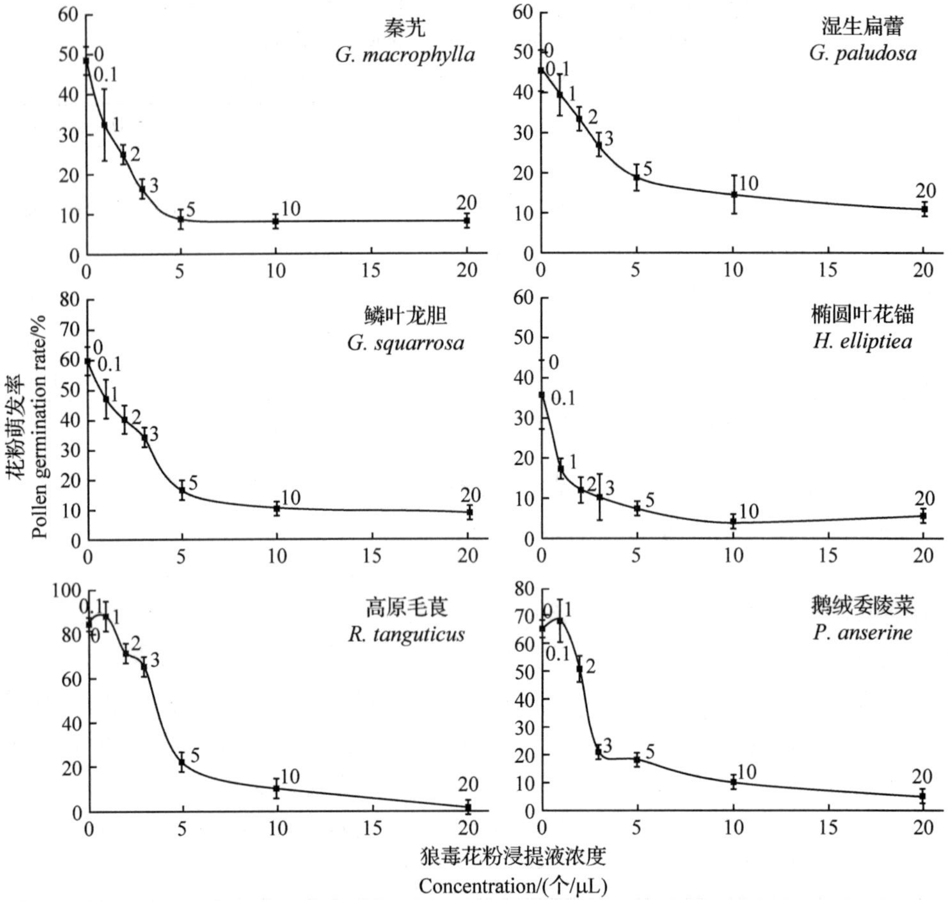

图 16-8 狼毒花粉浸提液对几个主要物种花粉萌发的影响

Fig. 16-8 Impact of pollen extracts from *stellera chamaejasme* on pollen germination of some main species

多数化感物质在媒介中的滞留是短暂的，环境条件的变化可以使其由滞留状态转化成运动状态。转化指化感物质在媒介和环境因子的作用下，分子结构部分或全部发生变化，导致化感物质的性质改变或形成新的分子。迁移则指化感物质在媒介和环境中从一处运动到另一处。

化感物质一旦进入环境，无论其分子结构发生多大或多小的变化都可以称作转化。降解是转化的一种形式。所谓降解是指化感物质在环境中被分解成更小的分子，原来分子中的化学键也被破坏。但事实上，化感物质进入环境不仅仅是降解，也可以聚合成更大的分子，如许多酚类可以在土壤中形成更大的聚酚类分子。有些分子仅为主体结构或构象的改变，并没有发生化学键的破坏。化感物质的转化最关键的是形成更有生物活性的结构。小麦根中分泌的化感物质羟基肟酸，从根提取得到的是以单葡萄糖苷形式存在的羟基肟酸，而释放到土壤中的羟基肟酸则以多糖苷配基形式出现。

无论是稳定的化感物质分子，还是经过转化的化感物质分子都可以通过环境媒介，如空气、水分和土壤从一处迁移到另一处。媒介中的水势和化感物质的浓度梯度是化感物质迁移运动的动力之一。另一方面，植物根系一直要从土壤中吸收水分和营养。

因此，根系对土壤中水分和营养的吸收必然带动同样处于土壤中的化感物质向植物根系的迁移运动，从而成为化感物质在土壤媒介中迁移运动的另一动力源(孔垂华等，2001)。如图16-9所示。

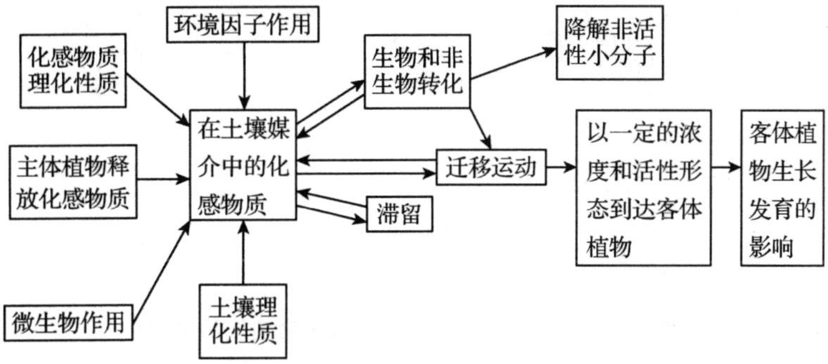

图16-9　化感物质在土壤媒介中的滞留、转化、迁移

Fig. 16-9　Stagnation, conversion and migration of allelochemicals in soil medium

一旦化感物质和土壤形成稳定的结合物，便发生不可逆的滞留过程。但现实中，植物生长和土壤状态都是处在动态变化中，植物根系完全有可能直接生长到这些不再运动的化感物质附近，从而使这些化感物质可以不经过迁移而显示化感效应。土壤中的腐殖质有吸附作用，可以减弱化感物质对植物的毒性。腐殖酸可以吸附咖啡酸、阿魏酸以及水杨酸，降低它们对莴苣和番茄的抑制作用。

当化感物质迁移运动到受体附近，除了有足够的浓度和活性状态外，在受体植物根系停留的时间也是化感物质能否产生效应的决定因素之一。充足的时间可以保证化感物质与受体植物根系发生作用；时间太短，受体植物根系与化感物质接触不良，就不能有效地作用。受试植物在短时间内受到化感物质的影响也能通过自身抵抗而恢复原状。

16.5　化感物质的作用机制

植物生长发育的每一个步骤都要受到来自体内和体外环境因子的影响。化感物质对植物的影响表现在其不仅能在体外发生作用，而且还能进入植物体内，并且影响到植物生长发育和生理生化过程的各个方面，即各个生理生化过程。Einhellig等人对酚酸类化感物质对高等植物的作用机制进行了十余年的研究，提出酚酸类化感物质的作用机制分为3个层次：膜干扰、呼吸、光合作用和细胞分化(董章杭等，2001)(图16-10)。

16.5.1　对受体植物细胞和细胞器的影响

化感物质对植物细胞的结构和细胞分裂、细胞器结构等部位产生影响，从而影响植物个体生长发育。在研究各种环境污染致突变性检测方面，蚕豆根尖微核试验(micronucleus test, MNT)是一种有效的检测手段之一。该法是一种以染色体损伤及纺锤体毒性等为检测指标的植物遗传毒性方法。

油樟(*Cinnamomum longepaniculatum*)树是“四旁”绿化、退耕还林的良好树种。有

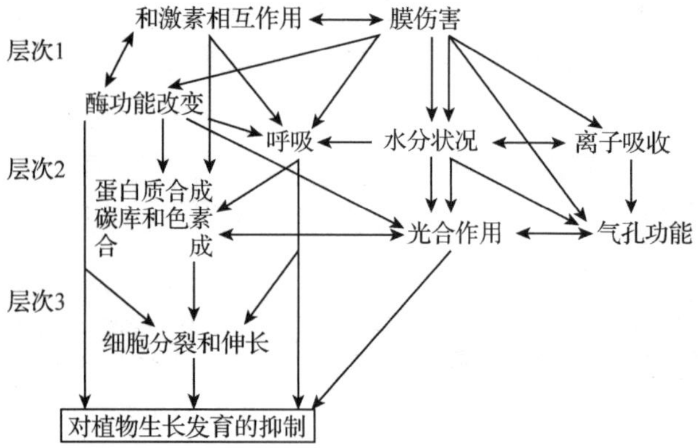

图 16-10　酚酸类化合物对高等植物的作用机制

Fig. 16-10　Mechanism of action of phenol allelochemicals on advanced plants

研究表明，油樟对小麦等作物有化感作用。利用油樟水浸提液处理蚕豆根尖细胞，研究其对细胞有丝分裂的影响时发现，随油樟水浸提液浓度的增加，蚕豆根尖细胞有丝分裂指数显著减小，且可诱导蚕豆根尖细胞产生染色体断片和滞后染色体等多种畸变染色体，并使有丝分裂各时期的分裂相减少。研究结果表明，油樟化感物质抑制了细胞有丝分裂、促进微核的产生，从而影响蚕豆根尖的生长和细胞的遗传稳定性(邓骛远等，2011)(图 16-11 ~ 图 16-13)。

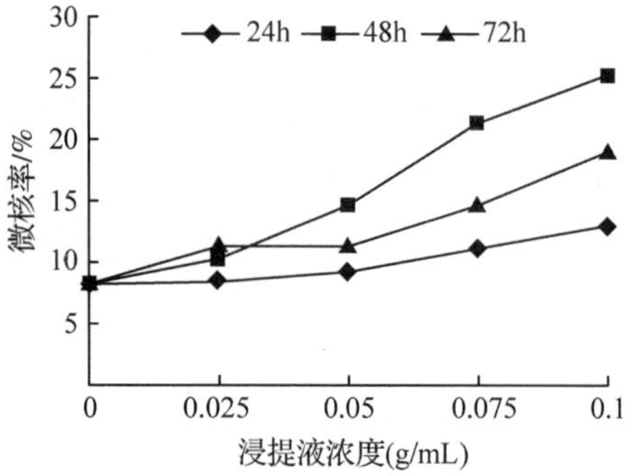

图 16-11　油樟水浸提液对蚕豆根尖细胞微核率的影响

Fig. 16-11　Effects of water extracts from *Cinnamomum longepaniculatum* on micronucleus frequency of *Vicia faba* root tip cells

16.5.2　对植物的光合作用和呼吸作用的影响

植物光合作用可以被各种因素所影响，同时，改变光合作用效率又会对植物的生长产生有利或有害的作用。试验证明，化感物质对植物的生长发育产生影响是可以通过影响光合作用过程来显示化感效应的。这可以反映在叶绿体水平的直接效应，也可以是气孔关闭的间接作用。

Yu 等(Yu J Q et al.，2003)的研究表明，用黄瓜根分泌物和浸提液处理其幼苗后，黄瓜幼苗叶片的蒸腾作用和气孔导度均下降，净光合速率和细胞内 CO_2浓度下降。在研究茄子自毒作用时，采用两种化感物质(2, 6-二叔丁基苯酚及邻苯二甲酸二甲酯)对茄

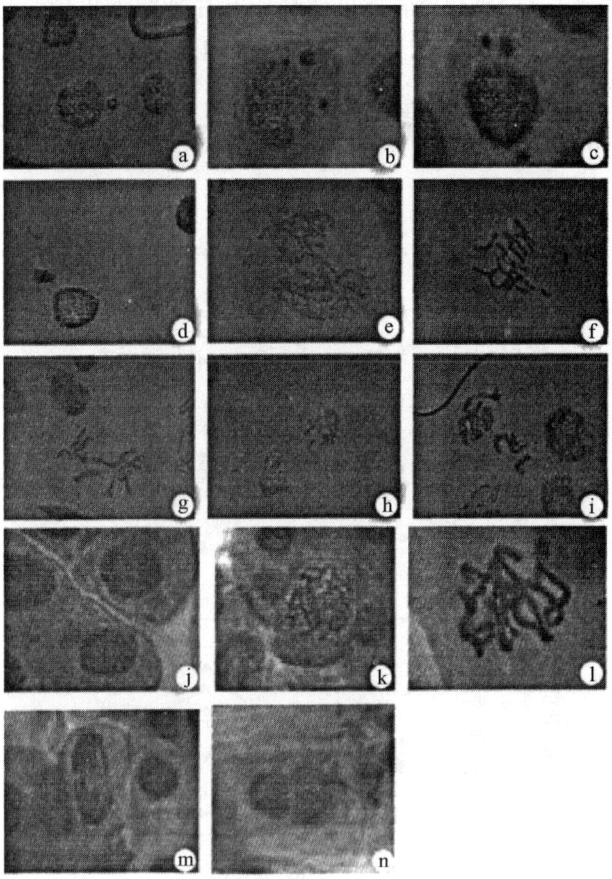

图 16-12 油樟水浸提液诱导蚕豆根尖产生的微核细胞以及染色体畸变

Fig. 16-12 Micronucleus and aberrant chromosomes of *Vicia faba root tip* cells induced by water extracts from of *Cinnamomum longepaniculatum*

(a)单微核 (b)双微核 (c)三微核 (d)高密度微核区域 (e)前期染色体异常 (f)中期染色体断片 (g)中期染色体不能正常列队 (h)后期染色体滞后 (i)染色体桥 (j)正常分裂间期 (k)正常前期 (l)正常中期 (m)正常后期 (n)正常末期

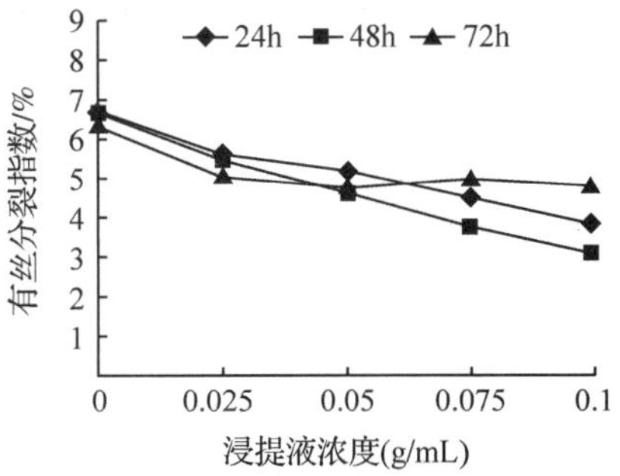

图 16-13 油樟水浸提液对蚕豆根尖细胞有丝分裂指数的影响

Fig. 16-13 Effects of water extraets from *Cinnamomum longepanicula tam* on mitosis index of *Vicia faba* root tip cells

子幼苗进行处理发现，这两种化感物质可使茄子叶片叶绿素含量、光合速率(Pn)、气孔导度(*Gs*)下降，使茄子叶片的初始荧光(*Fo*)增加，*PS* Ⅱ最大光化学效率(*Fv/Fm*)、光系统Ⅱ光合电子传递量子效率(Φ_{PSII})、光化学猝灭系数(q_p)、天线转化效率(*Fv′/Fm′*)降低。总之，这两种化感物质明显对茄子幼苗光合机构造成了伤害(郁继华等，2006)(图16-14)。

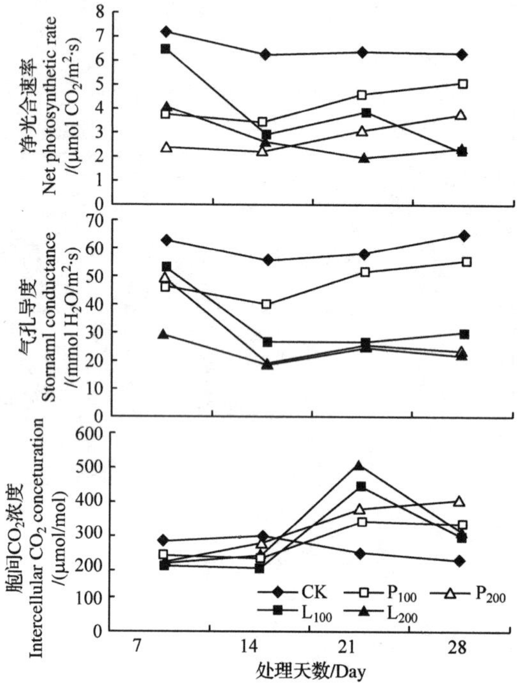

P_{100}：指浓度为100μmol/L的2,6-二叔丁基苯酚，

P_{200}：指浓度为200μmol/L的2,6-二叔丁基苯酚；

L_{100}：指浓度为100μmol/L的2,6-邻苯二甲酸二甲酯，

L_{200}：指浓度为200μmol/L的2,6-邻苯二甲酸二甲酯。

图16-14 两种化感物质对茄子叶片光合作用气体交换的影响

Fig. 16-14 Effects of two kinds of allelocheinicals on gas exchange of *Solanum melongena* leaves

一般而言，植物叶绿素含量的降低可以认为是植物光合作用速率的降低。许多化感物质可以通过改变叶绿素含量间接影响光合作用。桉树(*Eucalyptus*)是我国华南各地最重要和栽培面积最大的速生阔叶造林树种。然而，桉树的大量引种栽培，也带来了许多生态环境和生产方面的问题，如土壤退化、土地生产力下降等。蓝桉(*Eucalyptus globulus*)是世界上栽种面积较大的桉树树种之一。已有许多研究表明，桉树具有较强的化感作用。以常见优质牧草多年生黑麦草为受体，对蓝桉叶片水浸提液化感作用进行研究发现，随着蓝桉叶水浸提液质量浓度的增加，叶绿素含量先升高后降低。因此，认为通过叶绿素含量差异可以看出黑麦草在高质量浓度浸提液处理时，细胞受到一定破坏，导致叶绿素合成受到影响(汪虎等，2013)(图16-15)。

在研究肉桂酸对黄瓜幼苗光合作用影响时，发现肉桂酸浓度在80μmol/L时显著降

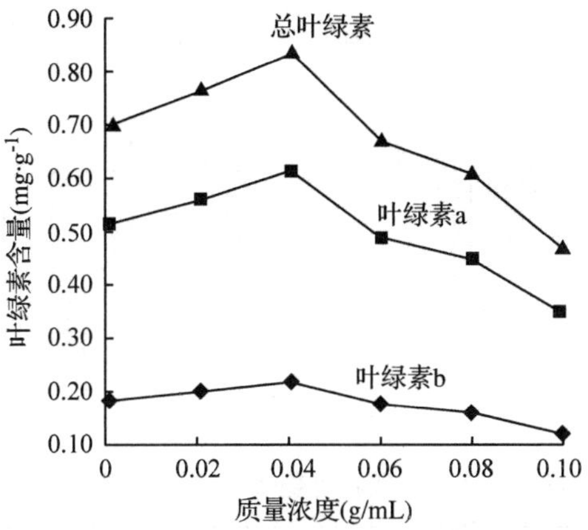

图 16-15 蓝桉叶水浸提液对黑麦草叶绿素含量的影响

Fig. 16-15 Effects of water extracts from *Eucalyptus globulus* leaves on chlorophyll content of ryegass

低了黄瓜幼苗的叶面积、叶绿素 a 含量、光合速率、蒸腾速率等(吴凤芝等，2004)。研究黄花棘豆水提液对燕麦幼苗的化感效应时，发现随处理液浓度的增大，燕麦幼苗体内的叶绿素含量逐渐降低。研究桔梗植株化感作用时，以小麦为受体，发现其能够降低小麦幼苗叶片光合色素含量(李翔等，2011)。

化感物质可通过影响植物呼吸作用的各个过程来影响植物生长。Abrahim 等(Abrahim D et al.，2003)发现，α-蒎烯能够加速氧化磷酸化解偶联，从而抑制电子传递。还可通过抑制线粒体 ATP 的产生，降低线粒体膜电位，而抑制呼吸作用。胡桃醌是强还原剂，在大豆或玉米的培养液中施以适当浓度的胡桃醌，可以抑制其细胞中线粒体的电子传递。此外，还能抑制 H^+-ATP 酶活性，最终抑制呼吸作用(Hejl A M et al.，2004)。

16.5.3 对种子萌发和幼苗生长的影响

化感物质对植物生长调节的影响很显著的一个方面就是可以对受体植物的种子萌发和幼苗生长产生影响。

Flaviana 等(Flaviana M S et al.，2010)研究了狭叶花椒(*Esenbeckia leiocarpa*)树皮和叶的浸提物对莴苣发芽和早期幼苗生长的化感作用，发现其树皮和叶的浸提物均可延缓莴苣发芽，抑制幼苗生长。核桃(*Juglans regia*)是我国主要的经济林树种之一，研究发现，核桃青皮和叶的醇提液、水提液及各种萃取物对小麦等许多植物都有化感作用。在研究 3 年生核桃幼树根系的化感活性时，以小麦(*Triticum aestivums*)、白菜(*Brassica campestris*)和绿豆(*Phaseolus radiatus*)为受体材料，测定其种子萌发和幼苗生长以及化感效应等指标，发现核桃根系的 95% 乙醇提取物在质量浓度为 40mg/mL 时，对 3 种植物的根长和苗高均有抑制作用。将乙酸乙酯萃取物配成 6 个不同质量浓度，考察其对 3 种受体的化感作用发现，不同质量浓度的核桃乙酸乙酯萃取物对 3 种受体种子萌发都有一定抑制作用(晏婷等，2013)(图 16-16)。

樟树(*Cinnamomum camphora*)已广泛用作行道树及风景林和防护林建设树种。随着

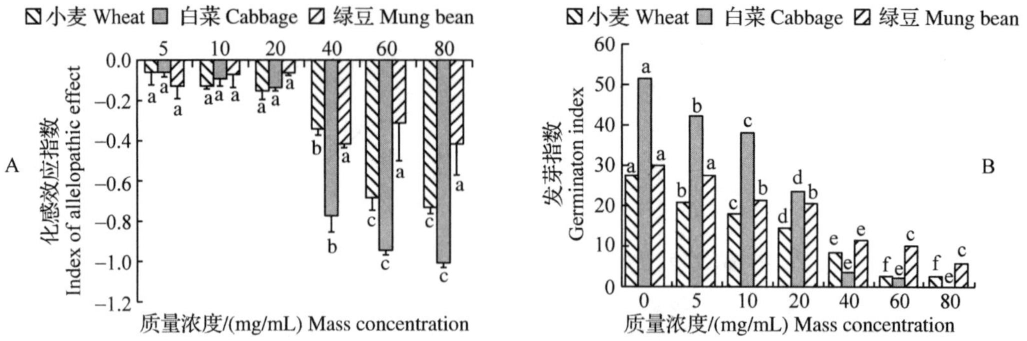

图 16-16　不同质量浓度核桃乙酸乙酯萃取物对受体种子化感效应指数(A)和发芽指数(B)的影响

图中数据为平均值 ± 标准误，不同字母表示同一受体在不同质量浓度处理时差异显著($P<0.05$)

Fig. 16-16　Effects of ethyl acetate extracts of different concentration from walnut on index of allelopathic etfect(A) and germination index(B) of receptor seeds

樟树种植面积的扩大，逐渐发现樟树下草坪草的生长在减弱，土壤逐渐裸露。即樟树下很难种植长久性的优质草坪。有研究表明，造成这一现象的原因之一是樟树存在化感作用。以樟树为供体，以常见草坪植物高羊茅(*Festuca arundinacea*)为受体，研究了樟树叶水浸提液对高羊茅种子萌发及幼苗生长的化感作用发现，经过樟树叶水浸提液处理的高羊茅种子发芽率及发芽数降低，均与用去离子水处理的对照差异显著。经过樟树叶水浸提液处理后的高羊茅幼苗生长也大为降低(沈洁等，2013)(图 16-17、图 16-18)。

16.5.4　对植物营养、水分吸收、酶活性和各项生理指标的影响

植物需要从环境中摄取营养元素和水分才能生长发育，化感物质可以通过影响植物对营养和水分吸收的机制来显示化感效应。许多化感物质，如苹果酸、肉桂酸、氢醌、胡桃醌、柚皮苷、金雀异黄素、四羟基黄酮和根皮苷等对植物根部对矿物质的吸收都产生显著的影响。

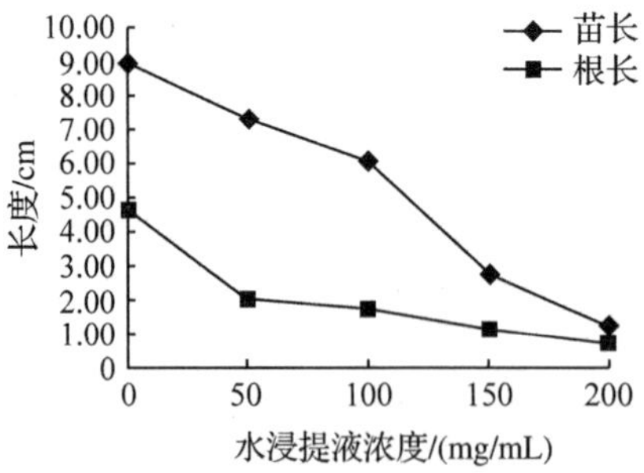

图 16-17　樟树叶水浸提液对高羊茅幼苗苗长、根长的影响

Fig. 16-17　Effects of leaf water extracts from *Cinnamomum camphora* on seedling length and root length of *Festuca arundinacea*

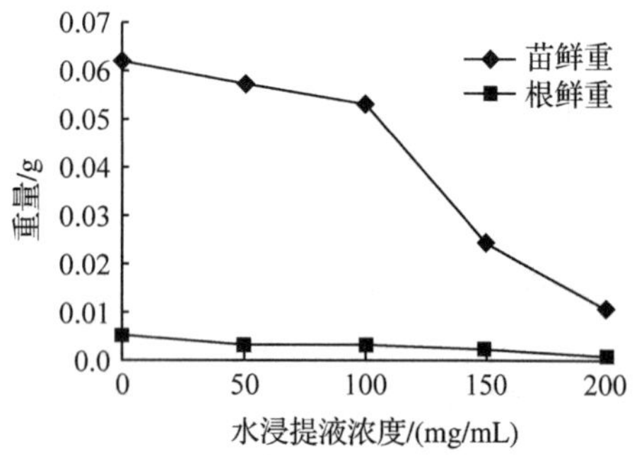

图 16-18　樟树叶水浸提液对高羊茅幼苗苗鲜重、根鲜重的影响

Fig. 16-18　Effects of leaf water ertracts from *Cinnamomum camphora* on seedling fresh weight and root fresh weight of *Festuca arundingceg*

在研究连作障碍时发现，植物自毒作用是导致连作障碍的重要因素之一。将茄子幼苗在含有茄子秸秆水提物醇溶性组分的营养液中进行培养时发现，在水培条件下，营养液中较低浓度醇溶性组分即可抑制茄子幼苗对 NO_3^-、PO_4^{3-}、K^+ 的吸收，且随其浓度的增加，这 3 种离子吸收速率明显下降；而低浓度醇溶性组分基本不抑制 Ca^{2+} 和 Mg^{2+} 的吸收，但当其浓度大于 0.075g/mL 时，Ca^{2+} 和 Mg^{2+} 吸收速率也显著下降（王芳等，2005）。

化感物质还能通过影响酶活性和各项生理指标来对受试植物产生化感作用。Qian 等（Qian H et al.，2009）发现，低浓度 N-苯基-2-萘胺可增加小球藻抗氧化酶活性。当施以一定浓度的 N-苯基-2-萘胺时，小球藻细胞中 SOD、POD 和 CAT 活性增强。高浓度时抗氧化酶活性被抑制，同时，丙二醛含量增加。Li 等（Li F M et al.，2005）发现，芦苇（*Phragmites communis*）能分泌一种化感抑藻物质，有效抑制蛋白核小球藻和铜绿微囊藻的生长。

桉树是我国华南各地最重要的速生阔叶造林树种之一。在桉树人工林生态系统中发现桉树能够抑制其他植物及林下植被甚至土壤中微生物的生长，导致林地群落结构简单、生物多样性减弱和生态环境退化等现象，因而对桉树人工林群落的结构、功能、效益都有一定的影响。以绿豆、水稻、芥菜和油菜为受体，研究了桉树叶片水提物的化感作用。研究发现这 4 种受体植物的根系活力随着桉树叶水浸提液浓度的增加而下降（朱宇林等，2011）（图 16-19）。

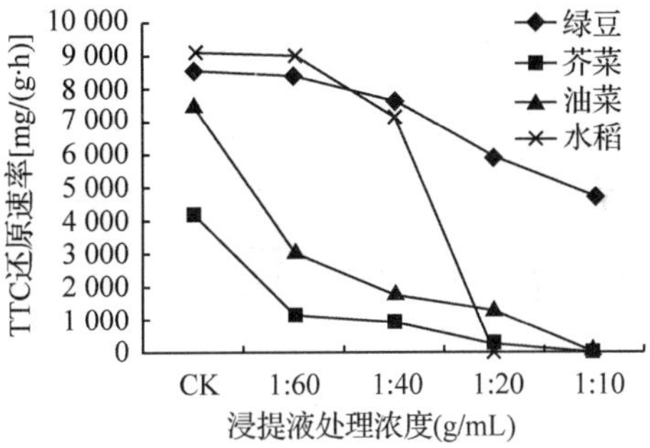

图 16-19 桉树叶水浸提液对不同植物幼苗根系活力的影响

Fig. 16-19 Effects of water extracts from *Eucalpptus* leaves on seedling root vigor of different ptants

对蓝桉化感作用的研究结果表明，蓝桉叶水浸提液能使黑麦草种子 SOD、POD 活性先升高后降低，使 MDA 含量持续升高（汪虎等，2013）。

薄壳山核桃（*Carya illinoensis*）是一种优良的果材兼用经济树种。对薄壳山核桃和山核桃叶水浸提物对刺槐、萝卜和黑麦草幼苗的化感作用进行了研究，发现这两种叶水浸提液使 3 种受试植物可溶性蛋白含量下降，同时降低了 SOD、POD 活性，使 MDA 含量有所升高（张博等，2014）（图 16-20、图 16-21）。

深山含笑（*Michelia maudiae*）是良好的家具、建筑用材。以刺槐、萝卜和苏丹草为受体，研究了深山含笑的化感作用，发现深山含笑自然挥发物、水浸提液和挥发油均可使 3 种受体植物幼苗可溶性蛋白含量降低，SOD、POD 活性下降，MDA 含量增加。从外部形态上观察可知，与对照相比，深山含笑叶片自然挥发物、水浸提液和挥发油均使 3 种受体发芽率减小，根长和苗高的生长受到抑制，但是根茎较对照稍粗，且侧根较多（叶玉娟等，2009）（图 16-22）。

16.5.5 对激素代谢的影响

植物的生长发育与植物激素密切相关。如果化感物质能够改变或打破植物激素在

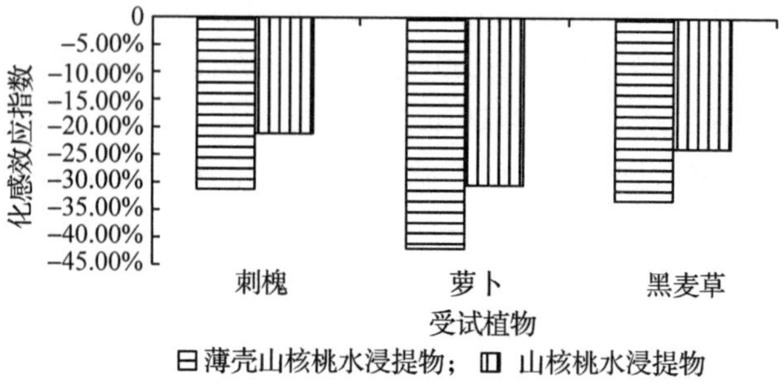

图16-20 山核桃属2种植物叶水浸提物对3种受试植物的化感综合效应

Fig. 16-20 Allelopathic synthesis effects of water extracts from two *Carya* Nutt species on three receptors

图中数据为3种受试植物的发芽率、发芽指数、苗高、根长、鲜质量化感效应(*RI*)值的算术平均值

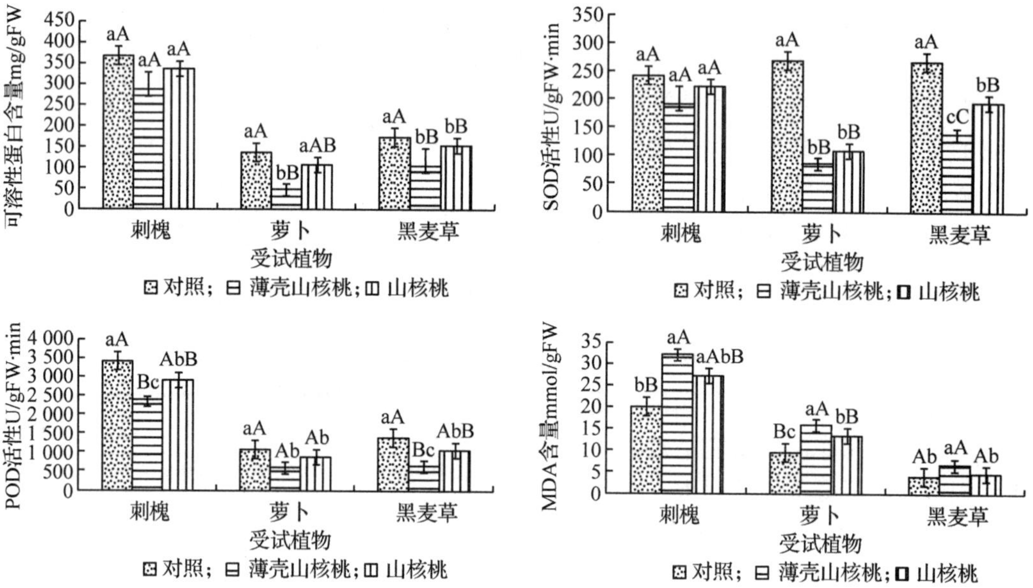

图16-21 山核桃属两种植物叶水浸提物对3种受试植物幼苗生理指标的影响

Fig. 16-21 Effects of water extracts from two Carya Nutt species on seedling physiological Indices of three receptors

体内的平衡，则必将影响植物的生长发育。现已证明，许多酚酸类物质如莨菪灵、绿原酸、肉桂酸和苹果酸能够对植物生长激素吲哚乙酸产生影响。

在研究阿魏酸对小麦幼苗内源激素水平的影响时发现，用低浓度(0.25mmol/L)阿魏酸处理小麦幼苗，其体内内源激素含量变化不大，当用高浓度(2.5mmol/L)阿魏酸处理时，小麦幼苗内源激素生长素、赤霉素和细胞分裂素在体内大量积累，同时诱导脱落酸含量上升，抑制了小麦幼苗的生长(刘秀芬等，2001)(图16-23)。

16.5.6 对基因表达和蛋白质合成的影响

化感物质可以影响某些基因表达，阻止DNA翻译和转录，使蛋白质不能正常合

图 16-22 深山含笑自然挥发物，水浸提液和挥发油对 3 种受体的化感作用

Fig. 16-22 Allelopathy of volatiles, water extracts and volaite oils from *Michelia maudiae* on three vcceptors

a. 自然挥发物处理 b. 水浸提液 c. 挥发油处理

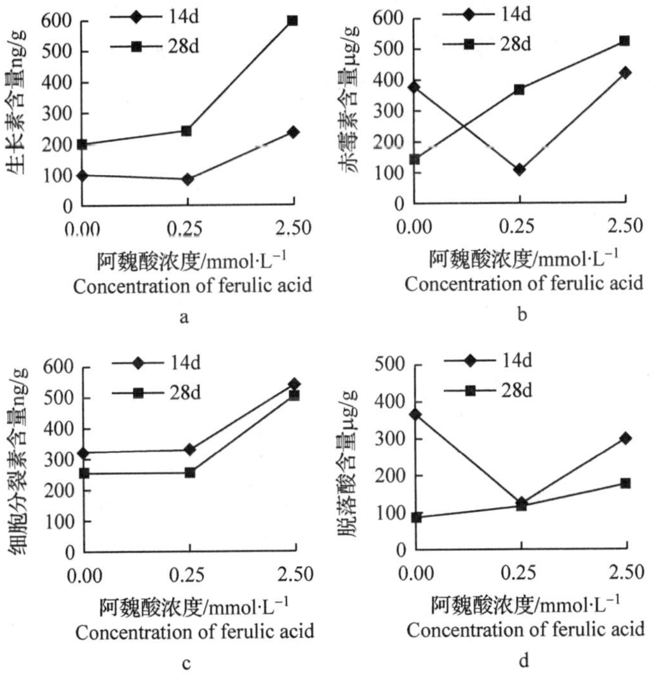

图 16-23 不同浓度阿魏酸对小麦幼苗内源激素的影响

Fig. 16-23 Effects of ferulic acid of different concentration on endogenous hormone of wheat seedling

成。Shao 等(Shao J et al., 2009)发现，当 4mg/L 外源没食子酸处理微囊藻时，*psb*A 和 *mcy*B 基因上调；当 1 mg/L 外源没食子酸处理微囊藻时，*prx* 和 *faabb*I 基因上调。*psb*A 基因控制微囊藻光合作用中的核心蛋白，*mcy*B 基因与微囊藻毒素的产生密切相关。

Guo 等发现，*CHS*、*HMGR*、*EaCHS*1 和 *DXR* 基因均在紫茎泽兰根、茎和叶中表达，且当以不同浓度的紫茎泽兰提取物处理后，除 *CHS* 基因外，在 3 个部位的表达均无显著差异(Guo H et al.，2011)。

16.6 结语

植物化感作用被发现已有两千多年。然而，化感作用的研究却是在20 世纪后30 年代发展壮大起来的。目前，植物化感作用研究正在形成独立的科学体系。迄今为止，自然和人工生态系统中大多数具有化感作用的植物已被观察考证。且植物化感物质通过淋溶、挥发、根分泌和残株降解等主要方式进入环境而影响自身或其他植物的释放途径也基本澄清。当然，不同的植物或同一植物在不同环境下所表现的释放和作用途径可能有所不同。大多数植物表现出的化感作用是不明显的，有时甚至是可以忽略的，并不像胡桃树那样始终表现出强烈的化感作用，因而需要化学家、生态学家和植物学家持续不懈地进行探索。此外，植物化感物质对受体的作用机制已揭示涉及植物生长发育的各个方面，如光合作用、呼吸作用、激素代谢等，也涉及基因表达和蛋白质合成。目前，植物化感作用研究有两个方向：一方面，深入探讨作用机制，尤其是分子机制，进一步揭示涉及化感的基因及其表达谱以及蛋白质合成的动态变化；另一方面，植物化感理论与农林业生产实际进一步结合，拟开发出无污染、天然无公害的农药和杀虫剂，这对于生物防除杂草、保护生态环境具有重要意义。因此，植物化感作用研究在农林业可持续发展中已经展示出广阔的应用前景。

参考文献

曹子林，王晓丽，杨桂英. 2012. 紫茎泽兰气态挥发物对云南松种子萌发及幼苗生长的化感作用[J]. 江西农业大学学报，34(1)：77－81.

邓骛远，罗通，郑田喜. 2011. 宜宾油樟的化感作用对蚕豆根尖细胞有丝分裂的影响[J]. 四川大学学报(自然科学版)，48(3)：685－690.

董章杭，林文雄. 2001. 作物化感作用研究现状及前景展望[J]. 中国生态农业学报，9(1)：80－83.

孔垂华，胡飞. 2001. 植物化感(相生相克)作用及其应用[M]. 北京：中国农业出版社.

李静，田广红，彭少麟，等. 2011. 无瓣海桑和互花米草群落土壤化感作用比较[J]. 生态与农村环境学报，27(2)：105－108.

林娟，殷全玉，杨丙钊，等. 2007. 植物化感作用研究进展[J]. 中国农学通报，23(1)：68－72.

李绍文. 2001. 生态生物化学[M]. 北京：北京大学出版社.

李翔，杨顺义，沈慧敏，等. 2011. 黄花棘豆水提液对燕麦的化感作用及其机理研究[J]. 西北植物学报，31(7)：1367－1375.

刘秀芬，胡晓军. 2001. 化感物质阿魏酸对小麦幼苗内源激素水平的影响[J]. 中国生态农业学报，9(1)：86－88.

沈洁，吉星星，袁堂如，等. 2013. 樟树叶水浸提液对高羊茅种子萌发和幼苗生长的化感作用[J]. 湖北农业科学，52(14)：3349－3353.

孙庚，罗鹏，吴宁. 2010. 瑞香狼毒对青藏高原东部高寒草甸主要物种花粉萌发和种子结实的花粉化感效应[J]. 生态学报，30(16)：4369－4375.

王春晴，刘强，李蕾．2011．植物化感作用研究动态[J]．安徽农业科学，39(21)：12633－12636.

王芳，王敬国．2005．茄子秸秆水提物自毒作用初探[J]．中国生态农业学报，13(2)：51－53.

汪虎，王晗光．2013．蓝桉叶对黑麦草化感作用及其机理的初步研究[J]．河北师范大学学报(自然科学版)，37(2)：186－192.

吴凤芝，潘凯，马凤鸣，等．2004．苯丙烯酸对黄瓜幼苗光合作用和细胞超微结构的影响[J]．园艺学报，31(2)：183－188.

肖春萍，杨莉，杨利民．2012．加拿大蓬的腐解物对两种供试植物的化感作用[J]．西北农业学报，20(12)：130－134.

晏婷，翟梅枝，王元，等．2013．核桃根系提取物对3种植物种子萌发和幼苗生长的化感作用[J]．华中农业大学学报，31(6)：713－719.

闫兴富，周云峰，杜茜．2011．火炬树根和凋落叶水浸提液对小麦种子萌发的化感作用[J]．种子，30(5)：17－20.

姚伶，何开跃，郭丽君，等．2012．植物化感作用研究进展[J]．安徽农业科学，40(36)：17463－17466.

叶文斌，樊亮，负汉伯．2012．阿魏酸对甘肃道地中药材纹党的化感作用研究[J]．中国农学通报，28(31)：231－236.

叶玉娟，何开跃．2009．深山含笑对3种植物的化感作用研究[J]．林业科技开发，23(6)：34－39.

郁继华，张韵，牛彩霞，等．2006．两种化感物质对茄子幼苗光合作用及叶绿素荧光参数的影响[J]．应用生态学报，17(9)：1629－1632.

曾任森．1999．化感作用研究中的生物测定方法综述[J]．应用生态学报，10(1)：123－126.

翟兴礼．2008．苦楝果实甲醇提取物对小麦发芽率的影响[J]．湖北农业科学，47(9)：1005－1006.

张博，何开跃，郭丽君，等．2014．山核桃属2个树种叶片水浸提物的化感作用及其化感物质的含量比较[J]．江苏林业科技，41(1)：1－6.

张小红，赵依杰．2013．西瓜化感作用研究进展[J]．中国蔬菜，24：10－15.

张玉娟，唐士明，邵新庆，等．2012．植物化感作用在草地生态系统中的研究进展[J]．安徽农业科学，40(2)：958－961.

朱宇林，谭萍，陆绍锋，等．2011．桉树叶水浸提液对4种植物种子化感作用的生物测定[J]．西北林学院学报，26(1)：134－137.

ABRAHIM D, FRANCISCHINI A C, PERGO E M, et al. 2003. Effects of α-pinene on the mitochondrial respiration of maize seedlings[J]. Plant Physiology and Biochemistry, 41(11): 985－991.

AN M, PRATLEY J E, HAIG T. 2001. Phytotoxicity of *Vulpia residues*: IV. Dynamics of allelochemicals during decomposition of *Vulpia residues* and their corresponding phytotoxicity[J]. Journal of Chemical Ecology, 27(2): 395－409.

CHON S U, CHOI S K, JUNG S, et al. 2002. Effects of alfalfa leaf extracts and phenolic allelochemicals on early seedling growth and root morphology of alfalfa and barnyard grass[J]. Crop Protection, 21(10): 1077－1082.

FANG C X, XIONG J, QIU L, et al. 2009. Analysis of gene expressions associated with increased allelopathy in rice(*Oryza sativa* L.) induced by exogenous salicylic acid[J]. Plant Growth Regulation, 57(2): 163－172.

FLAVIANA M S, GANDOLFI S, et al. 2010. Allelopathic potential of bark and leaves of *Esenbeckia leiocarpa* Engl. (Rutaceae)[J]. Acta Botanica Brasilica, 24(1): 169－174.

FU B, LI F, XIAO P. 2003. Interactive effects of low molecular weight organic acids and cadmium on some biochemical compounds and growth in wheat seedlings[J]. Journal of Liaoning University(Natural Sciences Edition), 30(3): 270－274.

FUKUHARA K, SHIMIZU K, KUBO I. 2004. Arudonine, an allelopathic steroidal glycoalkaloid from the root bark of *Solanum arundo* Mattei[J]. Phytochemistry, 65(9): 1283 - 1286.

GUO H, PEI X, WAN F, et al. 2011. Molecular cloning of allelopathy related genes and their relation to HHO in *Eupatorium adenophorum*[J]. Molecular Biology Reports, 38(7): 4651 - 4656.

HEJL A M, KOSTER K L. 2004. Juglone disrupts root plasma membrane H^+-ATPase activity and impairs water uptake, root respiration, and growth in soybean(*Glycine max*) and corn(*Zea mays*)[J]. Journal of Chemical Ecology, 30(2): 453 - 471.

HOOPER A M, TSANUO M K, CHAMBERLAIN K, et al. 2010. Isoschaftoside, a C-glycosylflavonoid from *Desmodium uncinatum* root exudate, is an allelochemical against the development of Striga[J]. Phytochemistry, 71(8): 904 - 908.

JARCHOW M E, COOK B J. 2009. Allelopathy as a mechanism for the invasion of *Typha angustifolia*[J]. Plant Ecology, 204(1): 113 - 124.

JASSBI A R, ZAMANIZADEHNAJARI S, BALDWIN I T. 2010. Phytotoxic volatiles in the roots and shoots of Artemisia tridentata as detected by headspace solid-phase microextraction and gas chromatographic-mass spectrometry analysis[J]. Journal of Chemical Ecology, 36(12): 1398 - 1407.

LE THI H, TOSHIAKI T, KIYOTAKE S, et al. 2008. Allelopathy and the allelopathic activity of a phenylpropanol from cucumber plants[J]. Plant Growth Regulation, 56(1): 1 - 5.

LI F M, HU H Y. 2005. Isolation and characterization of a novel antialgal allelochemical from *Phragmites communis*[J]. Applied and Environmental Microbiology, 71(11): 6545 - 6553.

LIZA LÓPEZ M L, BONZANI N E, ZYGADLO J A. 2008. Allelopathic potential of *Tagetes minuta* terpenes by a chemical, anatomical and phytotoxic approach[J]. Biochemical Systematics and Ecology, 36(12): 882 - 890.

MAIA J G S, TAVEIRA F S N, ANDRADE E H A, et al. 2003. Essential oils of *Lippia grandis* Schau[J]. Flavour and Fragrance Journal, 18(5): 417 - 420.

MOLISH H. 1938. Der Einfluss einer pflanze aufdieandere, allelopathie[J]. Nature, 141: 493.

NAKANO H, MORITA S, SHIGEMORI H, et al. 2006. Plant growth inhibitory compounds from aqueous leachate of wheat straw[J]. Plant Growth Regulation, 48(3): 215 - 219.

ÖZCAN M M, CHALCHAT J C. 2006. Effect of collection time on chemical composition of the essential oil of *Foeniculum vulgare* subsp. piperitum growing wild in Turkey[J]. European Food Research and Technology, 224(2): 279 - 281.

QIAN H, XU X, CHEN W, et al. 2009. Allelochemical stress causes oxidative damage and inhibition of photosynthesis in *Chlorella vulgaris*[J]. Chemosphere, 75(3): 368 - 375.

RICE E L. 1984. Allelopathy[M]. 2nd ed. Orlando: Academic Press: 432.

SHAO J, WU Z, YU G, et al. 2009. Allelopathic mechanism of pyrogallol to *Microcystis aeruginosa* PCC7806(Cyanobacteria): From views of gene expression and antioxidant system[J]. Chemosphere, 75(7): 924 - 928.

YE W C, WANG H, ZHAO S X, et al. 2001. Steroidal glycoside and glycoalkaloid from *Solanum lyratum*[J]. Biochemical systematics and Ecology, 29(4): 421 - 423.

YU J Q, YE S F, ZHANG M F, et al. 2003. Effects of root exudates and aqueous root extracts of cucumber (*Cucumis sativus*) and allelochemicals, on photosynthesis and antioxidant enzymes in cucumber[J]. Biochemical Systematics and Ecology, 31(2): 129 - 139.

作者简介

何开跃：南京林业大学生物与环境学院，博士，教授；E-mail：Hekaiy2002@163. com。

专题17　苔藓监测空气重金属污染的原理、方法与应用*

Monitoring Airborne Heavy Metal Pollution Using Moss: Principle, Method and Application

方炎明

南京林业大学南方现代林业协同创新中心，生物与环境学院　江苏南京　210037

【内容提要】本专题探讨了苔藓监测空气重金属污染的理论基础，介绍了基于苔藓植物的空气重金属污染监测技术，梳理了大气净度指数、空气质量值、相对累积因子、污染因子、富集因子和沉降速率等分析指标，综述了苔藓监测空气重金属污染的技术应用。本专题包含基本原理、监测技术、评价指标、技术应用和结语5小节。

工业化、城市化进程的加快，加重了区域生态环境负荷，引发土壤、水文和空气方面的环境问题。如改变土壤的理化性质，造成水环境污染，排放汽车尾气。尤其空气中的重金属污染问题不容忽视。探索城市发展过程中的重金属污染问题，思考其对于人们生活的潜在风险，十分必要。利用苔藓监测城乡空气重金属污染，是一项成熟、有效的技术，关于这一领域的应用已有不少研究和总结(方炎明等，2000；张朝晖等，2001；魏海英，方炎明，2004；安丽等，2006a；彭纪鹏等，2008；Falla，2000；Malandrino et al.，2006；Steinnes & Firedland，2006；Szczepaniak et al.，2003)，进一步对利用苔藓监测空气重金属污染技术及其应用进行分析和总结，对于我国城乡空气重金属污染的治理具有重要参考价值。

17.1　基本原理

17.1.1　苔藓植物的基本特征

苔藓植物(bryophyte)泛指角苔门(Anthocerotophyta)、地钱门(Marchantiophyta)和真藓门(Bryophyta)。也有学者把3个门作为纲等级处理。真藓门又分为藻苔亚门(Takak-

* 部分内容已发表在贵州师范大学学报(自然科学版)上[2010，28(4)：69－74]。

iophytina)、泥炭藓亚门(Sphagnophytina)、黑藓亚门(Andreaeophytina)、黑真藓亚门(Andreaeobryophytina)和真藓亚门(Bryophytina)。苔藓植物共有 15 000 种(Gradstein, 2001),另一说 2500 种(Crum, 2001)。苔藓植物属于绿色植物,含叶绿素 a、叶绿素 b、叶黄素和类胡萝卜素。苔藓植物的独特性状是单倍配子体在世代交替中占优势,这是我们常见到的苔藓植物体。配子体缺乏次生生长和分生组织,缺乏木质素,属于无维管束植物。胚胎发生事件存在于苔藓植物,因而苔藓属于有胚植物或高等植物。作为简单的高等植物,苔藓植物有茎叶分化(茎叶体)或无茎叶分化(叶状体),无根分化;叶子通常只有单层细胞,而丝状结构的假根,只起固着作用,不起吸收作用(图 17-1)。

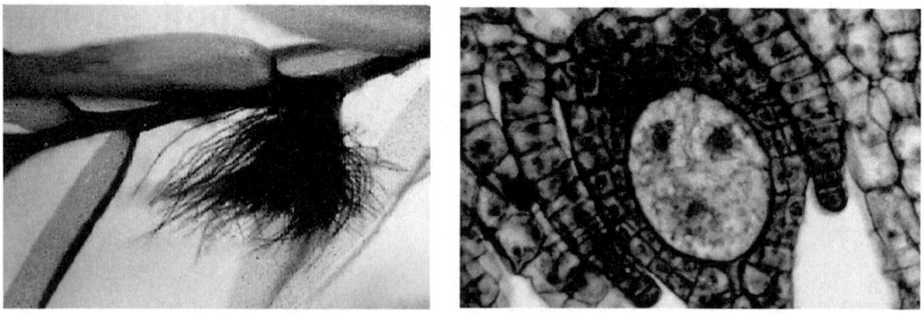

a b

图 17-1 苔藓植物的假根和胚胎(Glime, 2006)

Fig. 17-1 Rhizoid and embryos of bryophytes

a. 水藓叶子与节上的假根 b. 地钱的胚胎

17.1.2 苔藓植物的营养生理

苔藓植物可利用养分有五大来源:土壤、流水、大气粉尘、降水和凋落物。不同苔藓植物获得营养的方式各异,厚垫状苔藓(侧蒴藓类)可能主要依赖于降水;顶蒴藓则主要从生长基质中吸收营养;北方森林的苔藓利用穿透降水(throughfall)中营养足以保证生长;森林苔藓可以从林冠淋溶液中捕获营养物质;岩生苔藓的唯一营养来源是灰尘和降水。苔藓需要的营养成分与维管植物一样(表 17-1),但浓度较低。从苔藓组织培养研究结果来看,苔藓组织中养分含量只有维管植物的 1/10(Glime, 2006)。幼嫩组织比成熟组织对养分要求更高,营养成分可以从成熟组织向幼嫩组织移动。

表 17-1 陆地植物和农作物组织中的养分含量(Glime, 2006)

Tab. 17-1 Nutrient content in tissue of terrestrial plants and crops

元素	陆地植物(g/kg)		土壤(g/kg)	农作物(g/kg)
	范围	平均值		
N	10~50	20	1	15
P	1~8	2	0.7	2
S	0.5~8	1	0.7	1
K	5~50	10	14	10
Ca	5~50	10	14	5
Mg	1~10	2	5	2

（续）

元素	陆地植物(g/kg)		土壤(g/kg)	农作物(g/kg)
	范围	平均值		
Fe	0.05~1	0.1	38	0.1
Mn	0.02~0.3	0.05	0.9	0.05
Zn	0.01~0.1	0.02	0.05	0.02
Cu	0.002~0.02	0.006	0.02	0.006
Mo	0.0001~0.001	0.0002	0.002	0.0001
B	0.005~0.1	0.02	0.01	0.02
Cl	0.2~10	0.1	0.1	0.1

与维管植物相比，苔藓植物具有更高的阳离子交换容量，后者是前者的 10~30 倍（表 17-2）。阳离子交换主要依靠细胞壁所持聚糖酸上的羧基，如泥炭藓细胞壁含有大量乳糖醛酸(galacturonic acid)，Ca^{2+}可以取代其中的 H^+，生成乳糖醛酸盐(图 17-2)。聚糖酸能够结合不同的阳离子，而不同性质的离子，其结合优先程度有差别，较重离子比较轻离子更容易被结合。即使在含较高浓度的较轻离子 Ca^{2+}、K^+、Mg^{2+}和 Na^+等情况下，较重离子也优先被结合。在较重离子中，结合也存在优先顺序，如在塔藓 *Hylocomium splendens* 中优先顺序为 Cu ≌Pb > Ni > Co > Zn≌Mn(Glime，2006)。

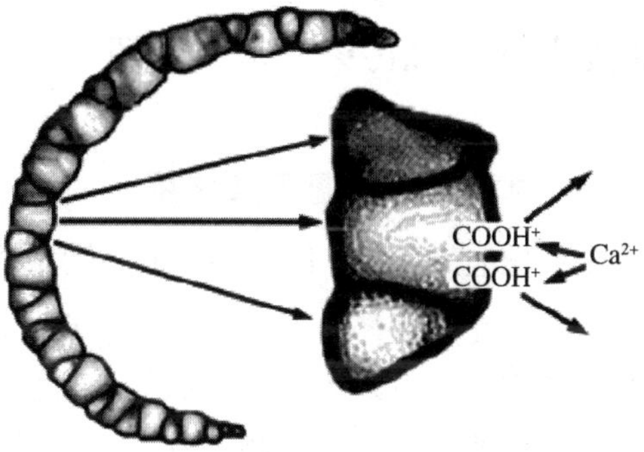

图 17-2 泥炭藓细胞壁聚糖酸上的羧基结合 Ca^{2+}示意图(Glime，2006)

Fig. 17-2 Schematic diagram of carboxyl binding Ca^{2+} on glycan acid in the cell wall of peat moss

表 17-2 维管植物根系和苔藓配子体细胞壁的平均阳离子交换容量(Glime，2006)

Tab. 17-2 Average cation exchange capacity in the cell wall of vascular plant roots and moss gametophytes

植物类别	阳离子交换容量(μg/g)
第一类：适钙苔藓	
梳藓 *Ctenidium molluscum*	15 510
长叶纽藓 *Tortella tortuosa*	15 160
圆蒴连轴藓 *Schistidium apocarpum*	12 940
同蒴藓 *Homalothecium sericeum*	12 460
小蒴木灵藓 *Orthotrichum cupulatum*	12 250

（续）

植物类别	阳离子交换容量（μg/g）
山赤藓 *Syntrichia ruralis*	10 160
第二类：嫌钙苔藓	
多叶缩叶藓 *Ptychomitrium polyphyllum*	6690
长叶砂藓 *Racomitrium fasciculare*	3330
细卷毛藓 *Dicranoweisia cirrata*	3200
罗氏黑藓 *Andreaea rothii*	2660
卷边紫萼藓 *Grimmia donniana*	2610
长毛砂藓 *Racomitrium lanuginosum*	2330
第三类：维管植物根系（0~5 mm 深度）	
白扁豆	491.0
黄花羽扇豆	422.0
大　麦	106.8
黑　麦	63.1
第四类：维管植物根系（5~20 mm 深度）	
白扁豆	543.7
黄花羽扇豆	527.4
大　麦	59.1
黑　麦	65.5

17.1.3 苔藓植物监测空气重金属污染的基本原理

17.1.3.1 吸附和吸收空气中重金属干湿沉降作用

空气中的重金属主要通过干沉降（TSP、PM_{10}和$PM_{2.5}$等）和湿沉降（降雨和降雪）两种形式沉降到地面物体上。苔藓植物具有比表面积大的特点，部分苔藓具有鳞毛结构（图17-3），因此，地面苔藓植物可以有效吸附和吸收干、湿沉降中的重金属。不同苔藓具有不同的生理生态特征，形成垫状群落的侧蒴藓，一般多附着在树干基部、凋落物和岩石表面，很少直接附着于裸露的土表。因而，树干和凋落物等基质上的侧蒴藓，其吸附或吸收的重金属主要来自空气。

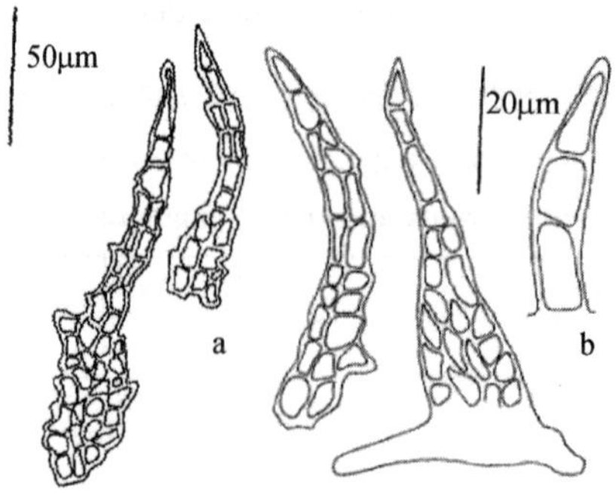

图17-3 藓类植物的鳞毛（Fang & Koponen，2001）

Fig. 17-3 Paraphyllia of Mosses

a. 狭叶小羽藓（*Haplocladium angustifolium*） b. 细叶小羽藓（*H. microphyllum*）

17.1.3.2 阳离子交换机制与结合重金属作用

正如前述，苔藓植物具有比维管植物高 10~30 倍的阳离子交换容量，而且，Cu、Pb、Ni、Co、Zn、Mn 等元素的离子，作为重离子，比轻离子更容易被细胞壁上聚糖酸的羧基所结合，形成糖醛酸盐。结构观察也证明了这一点。用铅处理大羽藓(*Thuidium cymbifolium*)7d 后，在细胞的内外壁、细胞胞间连丝、叶绿体膜等处有黑色 Pb 沉积(魏海英等，2004)。苔藓植物的这些特性，使之对重金属具有很强的富集能力，可以指示空气重金属沉降的强度。

17.1.3.3 苔藓植物对重金属的敏感性

累积在植物体中的重金属，会对苔藓造成生理伤害。在培养条件下，用 100mg/L 的 Pb 处理弯叶灰藓 15d，叶绿素含量下降 43%；而 10mg/L 的 Cd 处理，叶绿素含量下降 34%(魏海英，方炎明，2003)。Pb、Cd 胁迫使叶绿体外膜破裂、不连续，甚至完全消失；类囊体片层膨胀，甚至完全解体；线粒体外膜断裂或消失；细胞核被膜破坏，染色质凝聚，核质解体(魏海英等，2004)。因此，苔藓能借助特定的生理反应，迅速地将雨水和露水中的污染物反映出来。苔藓对大气污染反应的敏感度是种子植物的 10 倍(方炎明等，2000)。在重污染地区，由于敏感苔藓减少甚至消失，借此可以指示空气质量的优劣。

17.1.3.4 苔藓植物对重金属的耐性

虽然许多苔藓植物对重金属污染敏感，也有一些苔藓对重金属污染有一定的耐性和具有很强的富集能力。例如，小羽藓属植物，不仅对重金属污染有一定的耐性，而且还具备以下特征：富集能力强；分布区广、常见；附生在树干基部，或附着在凋落物上，受土壤重金属影响小。因此，利用小羽藓属植物的这些特性，可以通过分析藓体中的重金属含量来监测空气重金属污染。

17.2 监测技术

根据用于监测的苔藓材料，可以将监测方法分为 3 类：苔藓群落法、活藓监测法和藓袋法。

17.2.1 苔藓群落法

苔藓群落法属于生态监测途径，始于 20 世纪 60 年代后期。基本思路是：以污染地区的树木为观察对象，测定树干附生的苔藓种类、多度(盖度)，调查从树干近基部至树高 2.5m 处所有的附生苔藓，按三级记录多度，每个树种测定 10~15 株。根据一个地区苔藓多度及盖度测定资料，可分析大气污染的程度，绘制大气污染分布图。Le Blanc 等人以地衣和苔藓对大气污染的敏感度为基础，引入了大气净度指数，用以评价空气质量，该方法又称为大气净度指数法(方炎明等，2000)。

17.2.2 活藓监测法

用地面苔藓材料来进行化学测定并用于环境监测的方法源于瑞典。Rùhling 等人最早利用该途径来解决铅污染问题。后经北欧一些国家的应用，现已发展为成套技术。主要技术环节有(方炎明等，2000)如下。

①取样 按潜在污染物浓度梯度或机械布点的方法确定样点，在每个样点设立 3 个取样单位。具体的取样过程北欧国家都有国家标准，如芬兰标准(Standard No. 5671, 1990)。

②样品处理 获得的样品经必要的清洗后，置于 40℃环境中干燥 24h，经粉碎后，用 $HNO_3/HClO_4$(4:1)进行"湿法"灰化，再用蒸馏水定容至合适的浓度。

③元素分析 一般情况下，测定的元素有镉、铅、铬、铜、铁、锰、镍、锌、钒等 9 种。此外，也有测定砷、铝、钙、钾、镁、磷、硫等元素方法，可测的优势元素多达 30 种。分析方法见 17.2.5 节。

17.2.3 藓袋法

藓袋法是活藓监测法的重要补充。当污染区无苔藓分布时，特别是在人口密集的大城市或厂区，藓袋法不失为一种有效的监测手段(方炎明等，2000)。该方法起源于 20 世纪 70 年代的英国，当时用于气传重金属的监测。80 年代藓袋法为世界各国所采用。例如，英国以灰藓为藓袋材料，测定了威尔士西南某工业区重金属镉、镍、铅、锌的含量。藓袋之所以用作大气污染监测，不仅因为苔藓的多毛分枝结构，而且它们有良好的离子交换特性。苔藓的这些形态和生理特征，决定了藓袋具有吸附、累积重金属的性能，甚至死的苔藓残体也有此特性。此外，有关藓袋尺寸大小、放置、测定时间和藓用量，许多学者做了探讨(Makholm & Mladenoff, 2005；图 17-4)。

此外，还有藓垫移植监测技术，即将清洁区生活藓垫移植到污染区，分析藓垫的

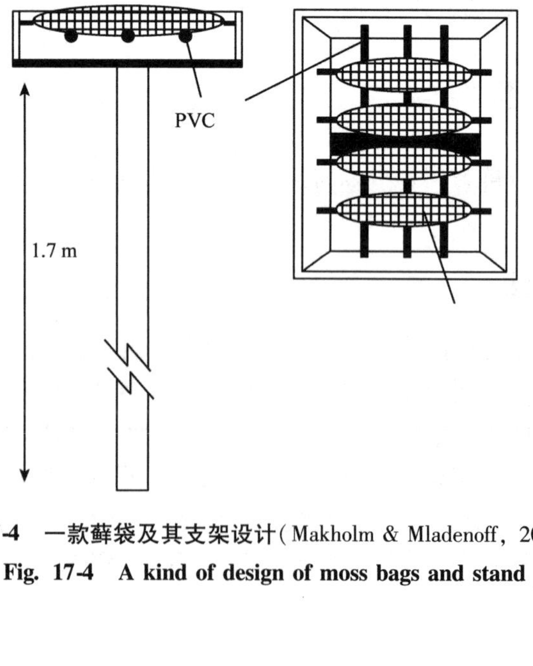

图 17-4 一款藓袋及其支架设计(Makholm & Mladenoff, 2005)

Fig. 17-4 A kind of design of moss bags and stand

重金属含量，与背景值进行对比，评价重金属沉降的时空变化。藓袋监测技术又称为主动监测技术(active biomonitoring)(Anicic et al.，2009a，b；Culicov et al.，2002)。总之，苔藓生态监测途径基于苔藓的生物指示作用，藓袋监测和活藓监测则依托苔藓的生物累积作用。

17.2.4 监测材料

用以空气重金属污染监测的苔藓，最常用的当属塔藓(*Hylocomium splendens*)、灰藓(*Hypnum cupressiforme*)、赤茎藓(*Pleurozium schreberi*)和疣柄藓(*Scleropodium purum*)(Malandrino et al.，2006)。其他常见监测材料还有：山羽藓(*Abietinella abietina*)、卵叶青藓(*Brachythecium rutabulum*)、羽枝青藓(*B. plumosum*)、褶叶青藓(*B. salebrosum*)、银叶真藓(*Bryum argenteum*)、*B. radiculosum*、东亚曲尾藓(*Dicranum nipponense*)、曲尾藓(*D. scoparium*)、密叶绢藓(*Entodon compressus*)、短尖美喙藓(*Eurhynchium angustirete*)、宽叶美喙藓(*E. hians*)、卵叶美喙藓(*E. striatum*)、穗枝赤齿藓(*Erythrodontium julaceum*)、东亚碎米藓(*Fabronia matsumurae*)、细叶小羽藓(*Haplocladium microphyllum*)、弯叶灰藓(*Hypnum hamulosum*)、大灰藓(*H. plumaeforme*)、毛尖金发藓(*Polytrichum piliferum*)、粗枝拟垂枝藓(*Rhytidiadelphus squarrosus*)、尖叶泥炭藓(*Sphagnum capillifolium*)、白齿泥炭藓(*S. girgensohnii*)、暖地泥炭藓(*S. junghuhnianum*)、广舌泥炭藓(*S. russowii*)、长叶鳞叶藓(*Taxiphyllum taxirameum*)、羽藓(*Thuidium cymbifolium*)和细枝羽藓(*T. delicatulum*)等30余种。

17.2.5 化学分析方法

苔藓所含元素的化学分析方法主要有：冷蒸气原子吸收分光光谱法(CV-AAS)(Reimann et al.，2001)、石墨炉原子吸收光谱法(GF-AAS)(Poikolainen et al.，2004)、火焰原子吸收光谱法(FAAS)(Florek et al.，2007)、原子荧光光谱法(AFS)(邵晶等，2002；Fernandez et al.，2002)、冷蒸气原子荧光分光光谱法(CV-AFS)(Poikolainen et al.，2004)、电感耦合等离子体原子发射光谱法(ICP-AES)(Otvos et al.，2003；Zechmeister et al.，2003)、电感耦合等离子体质谱法(ICP-MS)(Adamo et al.，2003；Suchara et al.，2004)、仪器中子活化分析法(INAA)(Viet et al.，2010)和超热中子活化分析法(ENAA)(邵晶等，2002)。采用电感耦合等离子体质谱法，还可测定元素的同位素组成(Lee et al.，2005；Rühling et al.，2004)。

17.2.6 统计分析与制图

苔藓样品的元素测定数据，一般通过方差分析评价其空间变异情况，还可进行各元素含量之间、元素与环境因子之间的相关分析。进一步的分析有元素含量与环境因子的PCA主成分分析(Dragović & Mihailović，2009；Grodzinska et al.，2003)与因子分析(FA)(Ermakova et al.，2004；Sardans & Peuelas，2005)，以及元素之间的CA聚类分析(Adamo et al.，2003；Spagnuolo et al.，2009)。元素测定结果需要以污染物分布图(或等值线图 isopleth map，等沉降图 isodeposition map)的形式，直观地反映出来，如采用ArcView(3.2) GIS软件制作污染物分布图(Gramatica et al.，2006)。

17.3 评价指标

空气重金属污染的监测和评价最直接的指标是藓样的元素浓度水平，当样品数目足够大时，可以分析一个区域藓样的元素浓度平均值、中值、最大值和最小值，借此可以与其他区域进行比较，直接判断累积量和污染程度。除此以外，为了便于监测数据的有效利用，对有关的分析指标进行整理。

17.3.1 大气净度指数分析

大气净度指数(Index of atmospheric purity，IAP)，计算公式如下：

$$IAP = \sum_{i=1}^{n} (Q_i \times f_i)/10$$

式中，i为样方调查中出现的苔藓种；n为一个样点内所调查样方中出现的苔藓种的总数；Q为某种苔藓的生态指数，即该地区所有采样样方内出现的苔藓平均数；f为某一种苔藓盖度与出现频度的综合值。

IAP的生态学含义是：数值高，空气清洁、污染程度较低，附生藓类丰富；数值低，空气污染程度较高，附生藓类较少、发育不全(方炎明等，2000)。*IAP*值大小是城市污染评价与污染等级区划的重要依据，奥地利林茨市、维也纳森林划分为4级(Zechmeister & Hohenwallner，2006b；Krommer et al.，2007)；中国西南部分地区、鞍山市、沈阳市划分为3级(高谦，曹同，1992；曹同等，1998)；乌克兰基辅市基于藓样划分为2级，基于地衣划分为4级(Dymytrova，2009)。因此，尽管*IAP*是一个传统的分析和评价指标，目前该指数仍有应用。

17.3.2 空气质量值分析

空气质量值分析是在大气净度指数分析的基础上发展而来的，其目的是通过地衣多样性测定来评价空气质量，后来形成所谓的德国VDI指南(German VDI guideline)(Mulligan，2009)，VDI为德国工程师协会(Verein Deutscher Ingenieure)的简称。该指南在苔藓监测空气质量中得到应用，并被称为“VDI methods”(Zechmeister & Hohenwallner，2006)。空气质量值(air quality values，Luftgütewert，LGW)，计算公式如下：

$$LGW_j = (\sum F_{ij})/n_j$$

式中，i为取样单位j中树木编号；j为观察的取样单位编号；F_{ij}为取样单位j中树木i的总频度；n_j为取样单位j中调查的树木数。

根据*LGW*可以划分空气质量等级(air qualify classes，LGK)，但首先必须计算S_p。

$$LGK = t_p \cdot S_p / \sqrt{n_p}$$

$$S_p = \sum_j \sum_i (F_{ij} - LGW_j)^2 / m(n_p - 1)$$

式中，S_p为所有取样点的平均标准差；n_p为每个取样点的树木平均数；m为取样点数；t_p为学生氏t-分布的校正值；$n_p - 1$为自由度。

其次，参考中欧地衣植被调查资料引入了暴露等级(exposure scale)，然后划分不同的空气质量等级(Sommerfeldt & John, 2001)。

1 级: $0 < LGW < t_p$, 暴露率很高;

2 级: $t_p < LGW < 2t_p$, 暴露率高到很高;

3 级: $2t_p < LGW < 3t_p$, 暴露率高;

4 级: $3t_p < LGW < 4t_p$, 暴露率中等到高;

5 级: $4t_p < LGW < 5t_p$, 暴露率中等。

空气质量值分析方法在苔藓中应用还不多, 技术上也有待完善。

17.3.3 相对累积因子分析

相对累积因子(relative accumulation factor, RAF)(Culicov & Yurukova, 2006), 适用于藓袋监测数据的评价。*RAF* 的基本含义是藓袋暴露后比照暴露前的相对累积量。计算公式为:

$$RAF = (C_e - C_i)/C_i$$

式中, C_e和 C_i分别为藓袋暴露后和初始元素含量。

RAF 受暴露时间影响, 暴露时间有的设定为 3 个月、6 个月, 或一个雨季。意大利那不勒斯尖叶泥炭藓藓袋监测数据显示: As、Cu 等: $RAF > 10$; Pb、Fe、V 等: $5 < RAF < 10$; Cr、Zn 和 Cd: $1 < RAF < 5$; Ni: $0 < RAF < 1$; K 和 Mn: $RAF < 0$(Adamo et al., 2003)。塞尔维亚贝尔格莱德白齿泥炭藓藓袋监测数据显示: $RAF > 40$ 的元素为 V 和 Sb; *RAF* 为 20~40 的元素是 Cr 和 As; *RAF* 为 10~20 的元素是 Al、La 等; *RAF* 为5~10 的元素是 Fe、Zn 等; *RAF* 为 1~5 的元素是 Ni、Se 等; *RAF* 为 0~1 的元素是 Na 和 Mn; $RAF < 0$ 的元素是 Cl、K 等(Anicic et al., 2009b)。*RAF* 值反映空气重金属沉降量, 一般情况下, *RAF* 值越大, 污染越严重, 另一方面也反映不同元素的累积差别。*RAF* 值与藓袋中材料来源有关, 来自清洁区的材料, *RAF* 值高; 来自污染区的材料, *RAF* 值低。

17.3.4 污染因子分析

污染因子(contamination factors, CF)(Carballeira et al., 2002; Fernandez et al., 2002), 适用于活藓分析数据的评价。CF 的基本含义是监测地藓样比照清洁区背景浓度的相对元素含量。计算公式为:

$$CF = C_M/C_B$$

式中, C_M为藓样中元素浓度; C_B为元素背景浓度。

Florek 等用 K_i来表示污染因子

$$K_i = C_{iSL}/C_{iN}$$

式中, C_{iSL}为斯洛伐克苔藓样品元素含量中值; C_{iN}为挪威苔藓样品元素含量中值(Florek et al., 2007)。

当 $CF < 1$, 指示元素自然来源, 不存在污染; 当 $CF > 1$, 指示元素富集, 可能是人为活动引起的污染。根据污染因子可以判断污染的元素, 也可以评价污染的样品或地区。Fernandez 和 Carballeira 提供了基于污染因子的六水平空气污染等级评价体系(Fernandez & Carballeira, 2001)。

C1, 无污染, $CF < 1$;

C2，拟似污染，$1 < CF < 2$；

C3，轻度污染，$2 < CF < 3.5$；

C4，中度污染，$3.5 < CF < 8$；

C5，严重污染，$8 < CF < 27$；

C6，极度污染，$CF > 27$。

六水平空气污染等级评价体系得到多位学者的认同和运用(Couto et al.，2003；González- Miqueo et al.，2009；González-Miqueo et al.，2010；Shakya et al.，2004)。也有学者采用不同的评价体系来分析评价监测数据。例如，斯洛伐克赤茎藓和塔藓86个样本38个元素的 CF 分析结果表明：$CF < 1$ 的元素有 I、Br 等；$1 < CF < 2$ 的元素有 Mn、Ni、Zn 等9种；$2 < CF < 5$ 的元素有 V、Cr、Fe、Cu、Hg 等13种；$5 < CF < 10$ 的元素有 Al、La、Pb 等9种；$CF > 10$ 的元素有 Cd 等5种(Florek et al.，2007)。再如铜陵市基于 CF 值的污染等级划分，参考了种子植物，划分为5级：$CF < 1.2$，无污染；$1.2 < CF < 2.2$，轻度污染；$2.2 < CF < 3.3$，中度污染；$3.3 < CF < 4.3$，重污染；$CF > 4.3$，严重污染(吴明开等，2008)。

17.3.5 富集因子分析

富集因子(enrichment factor，EF)，最早用于大气颗粒物中元素的富集程度评价，后用于苔藓监测材料中元素富集程度评价。基本原理是：选择参比元素和参比材料两种参照，参比元素通常为 Al、Fe、Ti、Si 等，参比材料通常为土壤或地壳(岩石)，测定土壤或岩石中待测元素与参比元素之比，然后测定藓样中两种元素含量之比。

$$EF = [C_x/C_c]_m / [C_x/C_c]_{s(r)}$$

式中，C_x为待测元素含量；C_c为参比元素含量；$[C_x/C_c]_m$为藓组织中的元素含量比值；$[C_x/C_c]_{s(r)}$为土壤或岩石中的元素含量比值。

当 $EF \approx 1$，表明该元素自然来源；当 $EF > 1$，表明该元素在苔藓中的富集可能有人为活动造成因素。另外，Sardans & Peuelas(2006)还对 EF 计算公式进行了优化。

如何根据 EF 值大小判断藓样中元素的富集程度？有人提供了根据土样元素 EF 值的5级富集标准：$EF > 1000$，极高富集，易被富集的元素有 As、Cd 等；$100 < EF < 1000$，高富集，被富集的元素有 Zn 和 Pb；$10 < EF < 100$，中富集，涉及元素有 V、Cu 和 Ni；$EF < 10$，低富集，涉及元素有 Cr、Fe 等(Steinnes & Firedland，2006)。Anicic 等提供了根据藓袋样品和干湿沉降(bulk deposits)样品元素 EF 值的分级富集标准：$EF > 100$，高度富集；$10 < EF < 100$，中度富集；$EF < 10$，轻度富集。

按该标准，作者评价元素富集情况的结果表明：Pb、Cd、As 和 Cu($EF > 100$)高度富集；Zn、V 和 Ni($10 < EF < 100$)中度富集；Fe、Cr 和 Mn($EF < 10$)轻度富集(Anicic et al.，2009b)。然而，也有人提供了不同的标准(Aničić et al.，2007)：以铝—地壳为参照，$EF > 10$ 判断为富集；以铝—表土为参照，$EF > 1$ 判断为富集。Malandrino 等认为，当 $EF > 3$ 或者30%的样本 $EF > 3$ 时，可以认为该元素富集(Malandrino et al.，2006)

富集因子分析法在意大利应用比较普遍。意大利都灵等地都市交通要道、工业区、农村和山区9个地点的藓样分析结果表明，样品间、元素间 EF 值变异很大，Cr，

0.8~43.2；Cu，1.21~25.4；Fe，0.62~5.85；Mn，0.67~12.0；Ni，0.68~8.54；Pb，0.57~24.0；Zn，0.61~12.4；可见有些藓样中Cr、Cu、Mn、Pb、Zn($EF>10$)达到中度富集程度(Aceto et al.，2003)。意大利南部城市那不勒斯及其周边地区19个地点、4种藓样分析结果表明：根据$EF>10$的标准，监测出Cd有中度富集，Pb局部有中度富集(Giordano et al.，2004)。该地区另外的7个地点1种藓样分析结果表明，在所有地点Zn的$EF>10$，在部分地点Cu、Ni的$EF>10$(Spagnuolo et al.，2009)。意大利南部西西里岛28个地点2种藓样的分析结果表明，Cd的EF变异范围为1~412；Cu为1~20；Hg为2~165；Ni为1~11；Pb为1~9；Zn为1~56；因此可监测到人为来源的Cd和Hg(Gramatica et al.，2006)。富集因子分析法在欧洲其他国家也有应用：塞尔维亚42个藓样点的EF分析监测出Cd(EF平均值为22.5)和Pb(EF平均值为25.2)的中度富集(Dragović & Mihailović，2009)；Samecka-Cymerman等进行了波兰南部9个地点的赤茎藓样品和欧洲赤松树皮的EF比较分析(Samecka-Cymerman et al.，2006)；Sardans和Peuelas则开展了西班牙巴塞罗那9个地点灰藓、冬青栎和地中海松的EF比较分析(Sardans & Peuelas，2005)。此外，Florek等进行了斯洛伐克赤茎藓和塔藓的EF分析(Florek et al.，2007)。

值得指出的是，有的文献(Zechmeister et al.，2005)对富集因子(EF)的解析有偏差，因为作者没有考虑参比材料和参比元素，认为所谓的富集因子EF实际为污染因子CF。富集因子分析法既适用于活藓分析数据的评价，也适用于藓袋监测数据的评价。

17.3.6 沉降速率分析

沉降速率(deposition rate，D)，适用于活藓分析数据的评价。$D=C\times A/E$(Ross，1990)或$D=C\times B/E$(Zechmeister et al.，2003)。式中，C为元素浓度，A(或B)为年生物量，或称为生物生长因子，E为效率因子(efficiency factor，E)。效率因子为一个估计值，是苔藓通过离子结合吸附的部分占实际总沉降的百分比。Steinnes和Rühling等人最早给出了效率因子的估计值(Ross，1990；Zechmeister et al.，2003)，但现有文献的E值也不统一(表17-3)。通过以上沉降速率计算公式，如果已知D、A和E，也可以预报元素浓度C，$C=E\times D/A$，或$C=E\times D/M$(M=A，Szczepaniak & Biziuk，2003)。两个实证研究的结果见表17-4。

表17-3 不同文献的效率因子赋值

Tab. 17-3 Value assignment of efficiency factor in different references

元素	Ref. 1	Ref. 2	Ref. 3	元素	Ref. 1	Ref. 2	Ref. 3
Al	—	70	—	Ni	50	50	—
As	25	35	32	Pb	200	100	100
Cd	60	60	65	S	—	30	—
Co	60	50	—	V	60	50	54
Cr	65	70	84	Th	—	43	—
Cu	35	40	—	U	—	86	—
Fe	70	60	—	Zn	60	65	41
Mo	60	50	—				

Ref. 1 Zechmeister et al.，(2003)和Zechmeister et al.，(2004)；Ref. 2 Llorek et al.，(2007)；Ref. 3 Ross(1990)。

表 17-4　元素沉降速率实证研究数据

Tab. 17-4　Empirical study data of element deposition rates

元素 E	沉降速率 D		元素 E	沉降速率 D	
	Ref. 1	Ref. 2		Ref. 1	Ref. 2
Al	700	—	Ni	0.9	0.08～0.9
As	0.24	0.04～0.22	Pb	3.6	0.27～1.3
Cd	0.1	0.01～0.12	S	670	—
Co	250	0.01～0.09	V	1.2	0.05～0.4
Cr	0.25	0.05～0.25	Th	0.09	—
Cu	2.5	0.56～3.02	U	0.02	—
Fe	335	23.9～128.9	Zn	8	3.8～14.5
Hg	—	0.01～0.03			

Ref. 1 Florek et al. (2007); Ref. 2 Zechmeister et al. (2003)。

17.4　技术应用

欧洲跨国联合监测：5 年一度的欧洲国家大气重金属沉降苔藓调查始于瑞典(1968/70)，随后是挪威(1976/77)、北欧国家(1980)，1990 年推广到整个欧洲(Rühling et al.，2001)。该国际合作项目先后得到北欧部长理事会、联合国欧洲经济委员会的长期支持，并上升到国家监测的地位。28 个欧洲国家的 100 多位科学家参加调查，样地达 7000 个，监测 10 种重金属元素(Harmens et al.，2007; 2008)(表 17-5)。较小范围的跨国监测还有俄罗斯、挪威和芬兰、德国和比利时，以及葡萄牙和荷兰的联合监测。

表 17-5　2000/2001 年欧洲苔藓重金属浓度部分公开数据

Tab. 17-5　Open data of heavy metal concentrations in moss from the European in 2000/2001

国家或地区	元素含量中值(mg/kg dw)									
	As	Cd	Cr	Cu	Fe	Hg	Ni	Pb	V	Zn
奥地利	0.10	0.18	0.73	6.13	409	0.050	1.26	5.8	1.27	31.5
保加利亚	0.21	0.38	2.41	14.51	1412	—	3.33	18.9	4.95	32.6
捷克	0.29	0.23	1.88	6.52	401	0.048	1.95	5.7	1.52	35.0
丹麦	—	—	—	—	—	—	—		—	—
爱沙尼亚	—	0.20	1.01	3.39	289	—	1.01	4.2	1.72	31.5
芬兰	0.16	0.12	1.06	3.38	210	0.042	1.38	3.0	1.24	27.6
法国	0.23	0.20	1.69	6.40	654	0.070	2.30	5.7	2.89	40.4
德国	0.16	0.21	0.91	7.14	343	0.041	1.13	4.6	1.06	41.0
匈牙利	—	0.54	6.40	7.65	1760	—	5.35	15.1	4.20	30.0
冰岛	0.14	0.05	2.61	8.36	4073	0.039	3.32	1.5	11.95	27.7
意大利	0.40	0.27	3.80	9.10	1408	0.070	3.80	9.0	5.89	48.3
立陶宛	0.32	0.15	1.27	6.45	623	0.088	1.36	8.3	3.44	34.5
荷兰	—	—	—	—		—	—	—	—	—
挪威	0.13	0.09	0.69	4.26	365	0.052	1.11	2.7	1.36	29.5
波兰	—	0.36	0.89	8.03	429	—	1.57	9.9	5.84	41.5

（续）

国家或地区	元素含量中值(mg/kg dw)									
	As	Cd	Cr	Cu	Fe	Hg	Ni	Pb	V	Zn
葡萄牙	0.33	0.41	1.08	6.16	561	—	1.21	3.1	2.72	28.1
罗马尼亚	1.56	0.46	8.46	21.56	2518	—	3.35	14.4	7.99	79.6
俄罗斯	0.21	0.25	1.43	5.84	537	—	2.01	6.6	2.79	35.3
斯洛伐克	0.71	0.59	6.45	8.67	1561	0.180	3.15	28.4	5.70	55.0
斯洛维尼亚	0.33	0.43	2.59	—	713	—	—	—	—	34.5
西班牙	0.21	0.07	5.73	4.24	243	—	4.16	1.8	—	30.0
瑞典	0.16	0.18	0.68	4.36	228	0.017	1.41	4.3	1.31	38.8
瑞士	0.12	0.19	0.89	4.35	337	0.032	1.22	3.3	0.88	29.7
乌克兰	0.24	0.29	1.50	7.31	313	0.039	2.06	6.8	1.29	29.3
英国	0.16	0.11	1.47	4.32	—	—	0.83	2.9	0.99	22.7

注：数据来自文献 Harmens et al. (2007；2008)。

17.4.1 地区性监测实践

地区性监测实践主要欧洲开展。在北欧，瑞典的大气重金属沉降苔藓调查成果丰硕，结果显示 Pb 下降最明显，1995 年元素浓度仅有 1968/70 年浓度的 11%，其他元素下降程度大的如 Fe(20%)、Cd(24%)、Ni(28%)(Rühling et al.，2001)。最新监测数据显示，下降最明显的仍旧是 Pb，1975 年是 2000 年的 11.3 倍(Rühling & Tyler，2001)；芬兰 1985、1990、1995 和 2000 年 4 次藓类监测数据显示，1985 年以来 Pb 下降 78%，V 下降 70%，Cd 下降 67%(Poikolainen et al.，2004)。在南欧，意大利的监测(Gramatica et al.，2006；Adamoa et al.，2003；Spagnuolo et al.，2009)包括空气污染的藓袋与地衣监测，苔藓和土壤监测，市内与市郊苔藓的 *EF* 与 *IAP* 分析，以及铅锌冶炼厂重金属元素的藓类监测；西班牙开展了工业区与道路的苔藓监测与作图(Fernandez et al.，2002；Carballeira et al.，2002)；罗马尼亚比较分析了与周边国家的重金属污染状况(Blum et al.，2007)；保加利亚进行了藓袋与地衣袋累积重金属的比较分析(Culicov & Yurukova，2006)；塞尔维亚的监测集中在贝尔格莱德(Anicic et al.，2009a；2009b)。在中欧，奥地利的监测(Zechmeister et al.，2003；2006)有工业区苔藓监测、城市道路藓类监测和维也纳周边环境监测；德国开展了藓样品元素含量分析与污染物分布图构建(Schröder & Pesch，2004)；斯洛伐克进行了藓样品元素含量分析及与邻国的对比分析(Florek et al.，2007)；波兰用苔藓监测工业污染区(Samecka-Cymerman et al.，2006)；匈牙利公布了苔藓监测的首次国家报告(Otvos et al.，2003)；捷克完成了藓样品元素分析及污染物分布图绘制(Suchara et al.，2004)。在东欧，俄罗斯完成了藓样品元素含量测定与污染物分布图绘制(Ermakova et al.，2009)；乌克兰在基辅进行了藓与地衣的比较监测(Dymytrova，2009)。爱沙尼亚探讨了库克油页岩地区藓样品元素含量及时空变化规律(Liiv & Kaasik，2004)；拉脱维亚对 3 次国家清查数据中元素含量进行分析与评价(Nikodemus et al.，2004)。

17.4.2 不同国家的监测实践

中国的监测实践：我国采用苔藓监测空气重金属污染始于20世纪，但监测实践不多。进入21世纪来，监测活动比较频繁。在藓袋监测方面，先后在南京(梅娟等，2003)、铜陵(吴明开等，2008)、吉首(姜业芳，2009)、上海(Cao et al.，2009)、重庆(Sun et al.，2009)等地实施；在活藓化学分析途径监测方面，先后监测了鞍山(曹同等，1998)、多点样品(邵晶等，2002)、南岭山地及珠江三角洲(Lee et al.，2005)、上海(安丽等，2006b)、大冶(郭宇等，2008)、沈阳(陈龙等，2009)和泰州(陈勤等，2014)等地的重金属沉降。

其他国家的监测实践：在美国宾夕法尼亚、弗吉尼亚、阿拉斯加和威斯康逊，开展了藓袋法或活藓监测空气重金属污染工作(Makholm & Mladenoff，2005)。在巴基斯坦，用灰藓监测了砖窑场周边的重金属污染(Rahman et al.，2000)。在尼泊尔分析了一个山谷藓样品的重金属元素含量(Shakya et al.，2004)。在印度，采用大叶藓和灰藓监测了一个区域的4个重金属元素(Saxena et al.，2008)。在越南，分析了藓样品的38个元素含量(Viet et al.，2010)。

17.5 结语

从以上综述可得到以下几点结论和启示：①苔藓监测技术仍然是监测空气重金属污染的有效方法。②除了传统的IAP分析外，新近出现的LGW、RAF、CF、EF和DR等分析途径，可有效地对苔藓监测数据进行空气质量评价。③欧洲国家空气重金属沉降苔藓调查结果显示，多数欧洲国家的环境背景处于良性循环状态；从中国苔藓监测数据看，环境背景状况堪忧。④欧洲5年一度的国家大气重金属沉降苔藓调查做法值得我国借鉴，应向环保部门争取在我国开展国家大气重金属沉降苔藓调查。⑤借鉴欧洲经验，制定苔藓监测空气重金属沉降取样和元素分析的技术规程或标准，便于数据的比较和未来的应用。⑥苔藓监测数据，需要与大气总悬浮颗粒物和干湿沉降重金属元素分析数据进行对比。城市化、工业化是中国社会发展的必然选择，我们不能重复工业化国家曾经付出的沉重代价，应当寻找更加科学、和谐的发展方式。

参考文献

安丽，曹同，俞鹰浩. 2006. 苔藓植物与环境重金属污染监测[J]. 生态学杂志，25(2)：201－206.

安丽，曹同，俞鹰浩. 2006. 上海市小羽藓属植物重金属含量及其与环境的关系[J]. 应用生态学报，17(8)：1490－1494.

曹同，路勇，吴玉环，等. 1998. 苔藓植物对鞍山市环境污染生物指示的研究[J]. 应用生态学报，9(6)：635－639.

陈龙，吴玉环，李微，等. 2009. 苔藓植物对沈阳市大气质量的指示作用[J]. 生态学杂志，28(12)：2460－2465.

陈勤，方炎明，颜赟，等. 2014. 泰州市区重金属污染的藓袋法与路尘法评价研究[J]. 环境科学，35(5).

方炎明，魏勇，张晓平，等. 2000. 苔藓生物监测大气重金属污染研究进展[J]. 南京林业大学学报，24(5)：64－68.
樊曙先，樊韬，严培，等. 2006. 银川市 $PM_{2.5}$重金属元素的环境污染特征分析[J]. 中国沙漠，26(2)：291－294.
樊太岳. 2006. 城市化进程中的生态环境建设对策[J]. 中国水土保持(3)：8－9.
高谦，曹同. 1992. 苔藓植物对西南部分地区大气污染(包括酸雨)的指示意义的初步研究[J]. 应用生态学报，3(1)：81－90.
郭宇，游钦，张欣，等. 2009. 矿山环境中苔藓植物重金属元素的地球化学特征——以大冶铜绿山为例[J]. 地质科技情报，28(4)：121－126.
姜业芳. 2005. 苔袋法监测吉首市大气重金属污染[J]. 生命科学研究，9(4)：132－134.
梅娟，张银龙，方炎明. 2003. 苔袋法监侧大气重金属和污染[J]. 苏州科技学院学报，16(2)：1－5.
廖金风. 2001. 城市化对土壤环境的影响[J]. 生态科学，20(1、2)：91－95.
彭纪鹏，卢龙. 2008. 苔藓植物在环境中的监测指示作用[J]. 江西科学，26(3)：479－483.
邵晶，张朝晖，柴之芳，等. 2002. 苔藓对大气沉降重金属元素富集作用的研究[J]. 核化学与放射化学，24(1)：6－10.
宋全香，左其亭，杨峰. 2004. 城市化建设带来的水问题及解决措施[J]. 水资源与水工程学报，15(1)：56－58.
孙小莉，李生才，曾庆轩，等. 2008. 城市空气污染及其防治对策[J]. 安全与环境学报，8(4)：73－76.
陶俊，陈刚才，赵琦，等. 2003. 重庆市大气 TSP 中重金属分布特征[J]. 重庆环境科学，25(12)：15－19.
魏海英，方炎明. 2003. Pb，Cd 单一及复合污染对弯叶灰藓某些生理特性的影响[J]. 广西植物，23(1)：69－72.
魏海英，方炎明. 2004. 苔藓植物与环境重金属污染监测研究进展[J]. 南京林业大学学报，28(6)：77－81.
魏海英，尹增芳，方炎明，等. 2004. Pb，Cd 污染胁迫对大羽藓超微结构的影响[J]. 西北植物学报，23(12)：2066－2071.
吴明开，曹同，张小平. 2008. 藓袋法监测铜陵市大气重金属污染的研究[J]. 激光生物学报，17(4)：554－558.
杨菊，倪师军，彭景. 2010. 成都市大气总悬浮颗粒物(TSP)和 PM_{10}中重金属含量及分布特征[J]. 环境化学，29(1)：143－144.
张朝晖，邵晶，柴之芳，等. 2001. 利用苔藓和地衣作为生物监测器对大气降尘中重金属污染物质的研究[J]. 核技术，24(9)：776－778.
ACETO M, ABOLLINO O, CONCA R, et al. 2003. The use of mosses as environmental metal pollution indicators[J]. Chemosphere, 50: 333－342.
ADAMO P, GIORDANO S, VINGIANI S, et al. 2003. Trace element accumulation by moss and lichen exposed in bags in the city of Naples(Italy)[J]. Environmental Pollution, 122(1): 91－103.
ANIČIĆ M, FRONTASYEVA M V, TOMAŠEVIC M, et al. 2007. Assessment of atmospheric deposition of heavy metals and other elements in Belgrade using the moss biomonitoring technique and neutron activation analysis[J]. Environmental Monitoring and Assessment, 129(1－3): 207－219.
ANIČIĆ M, TASIC M, FRONTASYEVA M V, et al. 2009a. Active biomonitoring with wet and dry moss: a case study in an urban area[J]. Environmental Chemistry Letters, 7(1): 55－60.
ANIČIĆ M, TASIC M, FRONTASYEVA M V, et al. 2009. Active moss biomonitoring of trace elements with

Sphagnum girgensohnii moss bags in relation to atmospheric bulk deposition in Belgrade, Serbia[J]. Environmental Pollution, 157(2): 673 - 679.

BLUM O. 2007. Atmospheric heavy metal deposition in Romania and neighboring countries: comparative evaluation on the basis of all European moss monitoring[C]//. Hull R N, Barbu C-H, Goncharova N. Strategies to enhance environmental security in transition countries, New York: Springer, 369 - 385.

CAO T, WANG M, AN L, et al. 2009. Air quality for metals and sulfur in Shanghai, China, determined with moss bags[J]. Environmental Pollution, 157(4): 1270 - 1278.

CARBALLEIRA A, FERNANDEZ J A. 2002. Bioconcentration of metals in the moss *Scleropodium purum* in the area surrounding a power plant: a geotopographical predictive model for mercury[J]. Chemosphere, 47: 1041 - 1048.

CRUM H. 2001. Structural Diversity of Bryophytes[D]. Ann Arbor, University of Michigan Herbarium, 379.

COUTO J A, FERNÁNDEZ J A, ABOAL J R, et al. 2003. Annual variability in heavy-metal bioconcentration in moss: sampling protocol optimization[J]. Atmospheric Environment, 37(25): 3517 - 3527.

CULICOV O A, YURUKOVA L. 2006. Comparison of element accumulation of different moss-and lichen-bags, exposed in the city of Sofia(Bulgaria)[J]. Journal of Atmospheric Chemistry, 55(1): 1 - 12.

DRAGOVIC S, MIHAILOVIC N. 2009. Analysis of mosses and tops ils for detecting sources of heavy metal pollution: multivariate and enrichment factor analysis[J]. Environmental Monitoring and Assessment, 157: 383 - 390.

DYMYTROVA L. 2009. Epiphytic lichens and bryophytes as indicators of air pollution in Kyiv city(Ukraine)[J]. Folia Cryptogamica Estonica, 46(1): 33 - 44.

ERMAKOVA E V, FRONTASYEVA M V, PAVLOV S S, et al. 2004. Air pollution studies in Central Russia (Tver and Yaroslavl Regions) using the moss biomonitoring technique and neutron activation analysis[J]. Journal of Atmospheric Chemistry, 49(1 - 3): 549 - 561.

FALLA J, LAVAL-GILLY P, HENRYON M, et al. 2000. Biological air quality monitoring: a review[J]. Environmental Monitoring and Assessment, 64(3): 627 - 644.

FANG Y M, KOPONEN T. 2001. A revision of *Thuidium*, *Haplocladium* and *Claopodium*(Musci, Thuidiaceae) in China[R]. Finnish Bryological Society.

FERNANDEZ J A, CARBALLEIRA A. 2001. Evaluation of contamination, by different elements, in terrestrial mosses[J]. Archives of Environmental Contamination and Toxicology, 40(4): 461 - 468.

FERNÁNDEZ J A, EDERRA A, NÚÑEZ E, et al. 2002. Biomonitoring of metal deposition in northern Spain by moss analysis[J]. Science of the Total Environment, 300(1): 115 - 127.

FLOREK M, MAŇKOVSKÁ B, OSZLÁNYI J, et al. 2007. The Slovak heavy metals survey by means the bryophyte technique[J]. Ekológia, 26(1): 99 - 114.

GIORDANO S, SORBO S, ADAMO P, et al. 2004. Biodiversity and trace element content of epiphytic bryophytes in urban and extraurban sites of southern Italy[J]. Plant Ecology, 170: 1 - 14.

GLIME J M. 2007. Bryophyte Ecology. Vol. 1. Physiological Ecology[J]. Michigan Technological University and the International Association of Bryologists). Available at http: //www. bryoecol. mtu. edu.

GONZÁLEZ-MIQVEO L, et al. 2009. Spatial trends in heavy metals and nitrogen deposition in Navarra (Northern Spain) based on moss analysis[J]. Journal of Atmospheric Chemistry, 62(1): 59 - 72.

GONZÁLEZ-MIQUEO L, ELUSTONDO D, LASHERAS E, et al. 2010. Use of native mosses as biomonitors of heavy metals and nitrogen deposition in the surroundings of two steel works[J]. Chemosphere, 78(8): 965 - 971.

GRODZIŃSKA K, FRONTASYEVA M, SZAREK-ŁUKASZEWSKA G, et al. 2003. Trace element contamination in industrial regions of Poland studied by moss monitoring[J]. Environmental Monitoring and Assessment, 87(3): 255 –270.

GRADSTEIN S R, CHURCHILL S P, SALAZAR ALLEN N. 2001. Guide to the bryophytes of tropical America[J]. Memories of the New York Botanical Garden, 86: 1 –577.

GRAMATICA P, BATTAINI F, GIANI E, et al. 2006. Analysis of mosses and soils for quantifying heavy metal concentrations in Sicily: A multivariate and spatial analytical approach[J]. Environmental Science and Pollution Research, 13(1): 28 –36.

HARMENS H, NORRIS D A, KOERBER G R, et al. 2007. Temporal trends in the concentration of arsenic, chromium, copper, iron, nickel, vanadium and zinc in mosses across Europe between 1990 and 2000[J]. Atmospheric Environment, 41(31): 6673 –6687.

HARMENS H, NORRIS D A, KOERBER G R, et al. 2008. Temporal trends(1990—2000) in the concentration of cadmium, lead and mercury in mosses across Europe[J]. Environmental Pollution, 151(2): 368 –376.

KROMMER V, ZECHMEISTER H G, RODER I, et al. 2007. Monitoring atmospheric pollutants in the biosphere reserve Wienerwald by a combined approach of biomonitoring methods and technical measurements [J]. Chemosphere, 67: 1956 –1966.

LEE C S L, LI X, ZHANG G, et al. 2005. Biomonitoring of trace metals in the atmosphere using moss(*Hypnum plumaeforme*) in the Nanling Mountains and the Pearl River Delta, Southern China[J]. Atmospheric Environment, 39(3): 397 –407.

LIIV S, KAASIK M. 2004. Trace metals in mosses in the Estonian oil shale processing region[J]. Journal of Atmospheric Chemistry, 49(1 –3): 563 –578.

MAKHOLM M M, MLADENOFF D J. 2005. Efficacy of a biomonitoring(moss bag) technique for determining element deposition trends on a mid-range(375 km) scale[J]. Environmental Monitoring and Assessment, 104(1 –3): 1 –18.

MALANDRINO M, ACETOB M, ABOLLINO O, et al. 2006. The use of mosses as environmental metal pollution indicators [C]. // Davis E B. Focus on environmental research. New York: Nova Science Publishers, Inc. 133 –172.

MULLIGAN L. 2009. An assessment of epiphytic lichens, lichen diversity and environmental quality in the semi-natural woodlands of Knocksink Wood Nature Reserve, Enniskerry, County Wicklow[D]. Dublin: Dublin Institute of Technology.

NIKODEMUS O, BRŪMELIS G, TABORS G, et al. 2004. Monitoring of air pollution in Latvia between 1990 and 2000 using moss[J]. Journal of Atmospheric Chemistry, 49(1 –3): 521 –531.

ONIANWA P C. 2001. Monitoring atmospheric metal pollution: a review of the use of mosses as indicators [J]. Environmental Monitoring and Assessment, 71(1): 13 –50.

ÖTVÖS E, PAZMANDI T, TUBA Z. 2003. First national survey of atmospheric heavy metal deposition in Hungary by the analysis of mosses[J]. Science of the Total Environment, 309(1): 151 –160.

POIKOLAINEN J, KUBIN E, PIISPANEN J, et al. 2004. Atmospheric heavy metal deposition in Finland during 1985—2000 using mosses as bioindicators[J]. Science of the Total Environment, 318(1): 171 –185.

RAHMAN U, AWAN M A, HASSAN S T, KHATTAK M M. 2000. Mossed as indicators of atmospheric pollution of trace metals(Cd, Cu, Pb, Mn, and Zn) in the vicinity of coal-fired brick kilns in north-eastern suburbs of Islamabad, Pakistan[J]. Journal of Radioanalytical and Nuclear Chemistry, 246(2): 331 –336.

REIMANN C R, NISKAVAARA H, KASHULINA G, et al. 2001. Critical remarks on the terrestrial moss

(*Hylocomium splendens* and *Pleurozium shreberi*) for monitoring of airborne pollution[J]. Environmental Pollution, 113: 41 - 57.

ROSS H B. 1990. On the use of mosses(*Hylocomium splendens* and *Pleurozium schreberi*) for estimating atmospheric trace metal deposition[J]. Water, Air, and Soil Pollution, 50(1 - 2): 63 - 76.

RÜHLING Å, TYLER G. 2001. Changes in atmospheric deposition rates of heavy metals in Sweden a summary of nationwide Swedish surveys in 1968/70 - 1995[J]. Water, Air and Soil Pollution: Focus, 1(3 - 4): 311 - 323.

RÜHLING Å, TYLER G. 2004. Changes in the atmospheric deposition of minor and rare elements between 1975 and 2000 in south Sweden, as measured by moss analysis[J]. Environmental Pollution, 131(3): 417 - 423.

SAMECKA-CYMERMAN A, KOSIOR G, KEMPERS A J. 2006. Comparison of the moss *Pleurozium schreberi* with needles and bark of *Pinus sylvestris* as biomonitors of pollution by industry in Stalowa Wola(southeast Poland)[J]. Ecotoxicology and Environmental Safety, 65(1): 108 - 117.

SARDANS J, PENUELAS J. 2005. Trace element accumulation in the moss *Hypnum cupressiforme* Hedw. and the trees *Quercus ilex* L. and *Pinus halepensis* Mill. in Catalonia[J]. Chemosphere, 60: 1293 - 1307.

SARDANS J, PENUELAS J. 2006. Introduction of the factor of partitioning in the lithogenic enrichment factors of trace element bioaccumulation in plant tissues[J]. Environmental Monitoring and Assessment, 115: 473 - 498.

SAXENA D K, SINGH S, SRIVASTAVA K. 2008. Atmospheric heavy metal deposition in Garhwal hill area (India): Estimation based on native moss analysis[J]. Aerosol Air Quality Research, 8: 94 - 111.

SCHRÖDER W, PESCH R. 2004. Spatial analysis and indicator building for metal accumulation in mosses[J]. Environmental Monitoring and Assessment, 98(1 - 3): 131 - 155.

SHAKYA K, CHETTRI M K, SAWIDIS T. 2004. Appraisal of some mosses for biomonitoring air borne heavy metals in Kathmandu valley[J]. Ecoprint, 2(1): 35 - 49.

SOMMERFELDT M, JOHN V. 2001. Evaluation of a method for the reassessment of air quality by lichen mapping in the city of Izmir, Turkey[J]. Turkish Journal of Botany, 25(2): 45 - 55.

SPAGNUOLO V, TERRACCIANO S, GIORDANO S. 2009. Trace element content and molecular biodiversity in the epiphytic moss *Leptodon smithii*: Two independent tracers of human disturbance[J]. Chemosphere, 74: 1158 - 1164.

STEINNES E, FRIEDLAND A J. 2006. Metal contamination of natural surface soils from long-range atmospheric transport: existing and missing knowledge[J]. Environmental Reviews, 14(3): 169 - 186.

SUN S Q, WANG D Y, HE M, et al. 2009. Monitoring of atmospheric heavy metal deposition in Chongqing, China—based on moss bag technique[J]. Environmental Monitoring and Assessment, 148(1 - 4): 1 - 9.

SUCHARA I, SUCHAROVÁ J. 2004. Current atmospheric deposition loads and their trends in the Czech Republic determined by mapping the distribution of moss element contents[J]. Journal of Atmospheric Chemistry, 49(1 - 3): 503 - 519.

SZCZEPANIAK K, BIZIUK M. 2003. Aspects of the biomonitoring studies using mosses and lichens as indicators of metal pollution[J]. Environmental Research, 93(3): 221 - 230.

VIET H N, FRONTASYEVA M V, THI T M T, et al. 2010. Atmospheric heavy metal deposition in Northern Vietnam: Hanoi and Thainguyen case study using the moss biomonitoring technique, INAA and AAS[J]. Environmental Science and Pollution Research, 17(5): 1045 - 1052.

ZECHMEISTER H G, HOHENWALLNER D, RISS A, et al. 2003. Variations in heavy metal concentrations in the moss species *Abietinella abietina*(Hedw.) Fleisch. according to sampling time, within site variability and increase in biomass[J]. Science of the Total Environment, 301(1): 55 – 65.

ZECHMEISTER H G, RISS A, HANUS-ILLNAR A. 2004. Biomonitoring of atmospheric heavy metal deposition by mosses in the vicinity of industrial sites[J]. Journal of Atmospheric Chemistry, 49: 461 – 477.

ZECHMEISTER H G, HOHENWALLNER D, RISS A, HANUS-ILLNAR A. 2005. Estimation of element deposition derived from road traffic sources by using mosses[J]. Environmental Pollution, 138: 238 – 249.

ZECHMEISTER H G, HOHENWALLNER D. 2006. A comparison of biomonitoring methods for the estimation of atmospheric pollutants in an industrial town in Austria[J]. Environmental Monitoring and Assessment, 117(1 – 3): 245 – 259.

作者简介

方炎明：南京林业大学生物与环境学院，博士，教授；E-mail：jwu4@njfu.edu.cn。

专题 18 重金属对植物的毒害及硅的缓解作用*

Heavy Mental Toxicity in Plant and Mitigative Effect of Silicon

谢寅峰

南京林业大学南方现代林业协同创新中心，生物与环境学院 江苏南京 210037

【内容提要】重金属污染严重影响植物的生长发育，影响作物的产量与品质，并通过生物链放大作用进一步威胁人类健康和环境，因此，重金属污染已成为我国乃至世界性的问题。硅对植物重金属胁迫具有重要的调节作用，研究表明适当浓度的外源硅能有效缓解重金属胁迫对植物生长发育以及细胞结构等方面的毒害作用。硅缓解植物重金属毒害的机理主要涉及土壤理化性质的变化、硅与重金属螯合作用、植物生理代谢的改善等方面。本专题从重金属对植物的毒害作用、硅缓解重金属毒害作用及其机理两个方面对近年来的相关研究进行归纳和总结，并对今后的研究重点进行了展望。

重金属是指密度等于或大于 5.0 g/cm^3 的金属元素，铁(Fe)、锰(Mn)、锌(Zn)、镉(Cd)、汞(Hg)、铅(Pb)、银(Ag)、钼(Mo)等 40 多种金属元素均属于重金属。在环境污染领域中，有时也会将一些有明显毒性的轻金属元素[如铝(Al)]、非金属元素[如砷(As)]归入重金属(Sanita，1999)。重金属中，锌(Zn)、铜(Cu)、钴(Co)等是植物正常生长代谢所必需的微量元素(Broadley et al.，2007)，但是这些元素的浓度超过一定范围后，会表现出毒性(Hanif et al.，2009)。大部分重金属如镉(Cd)、汞(Hg)、铅(Pb)等是植物的非必需元素，极低浓度就能对生物体造成危害。重金属普遍存在于大气、土壤和水中，容易进入食物链并积累，从而造成危害(Sanita，1999)。根据来源和分布特征，重金属可以划分为 4 类：一是通过大气沉降进入水体和土壤的重金属污染；二是通过工业废水废气排放等城市化、工业化引起的重金属污染；三是生活垃圾等固体废弃物引起的重金属污染；四是农业生产中的重金属污染，如污水灌溉、施用污泥、使用化肥农药等(Gordon et al.，2006)。

从工业革命开始，因工业技术的飞速发展和人类活动的加剧，重金属污染问题不

---

* 部分内容已发表在《云南农业大学学报》(自然科学)[2016(3)：528－535]。

断加重。特别是近代以来，随着工业“三废”汇入灌溉水以及含有大量重金属的农药化肥的大量使用，土壤—植物—环境系统中的重金属污染问题日趋严峻。过量重金属离子一旦进入环境参与水体—土壤—生物系统的循环，特别是进入土壤后就很难予以排除，并且在生物体内还有有机化的趋势。作为食物链中的初级生产者，植物通过吸收在其根、茎、叶及籽实中大量积累，还可通过动物的取食进入食物链，严重危及动物和人类的健康。我国粮食因重金属污染每年减产逾 1000×10^4 t，有 1200×10^4 t 粮食被重金属污染，经济损失超过 200 亿元(钟秀明等，2007)。通常植物在受到重金属污染时都会出现生长迟缓，植株矮小，根系伸长受抑制直至停止，叶片褪绿、出现褐斑等症状，严重时甚至导致作物产量降低和植物死亡。重金属离子对植物的毒害贯穿植物的整个生活史和其生命现象的各个过程，只有彻底了解和掌握重金属对植物毒害及其机理才可能提出避免植物重金属离子毒害的有效措施，为生产绿色食品奠定良好的基础。

硅(Si)大量存在于自然界，虽然对于高等植物而言，硅是一种非必需元素，但是它对植物非常有利，能够提高植物忍受生物胁迫和非生物胁迫的能力(Liu et al.，2009)。近年来，国内外学者发现硅在一定程度上可以缓解重金属对植物的毒害作用(Shi et al.，2010)。相关研究表明，外源硅不仅可以缓解植物因缺硅表现出的生长缓慢，还可缓解重金属过量导致作物生长、生理异常(Yamamoto et al.，2012；Zhang et al.，2013)。虽然硅在缓解重金属毒害方面具有非常重要的作用，但其缓解机理尚不明确。

18.1 重金属对植物的毒害作用及其机制

18.1.1 对植物生长发育的影响

重金属对植物种子萌发、营养生长和生殖生长均产生抑制和毒害作用。许多重金属都是植物必需的营养元素，对植物生长发育起着不可替代的作用。低浓度时有一定的刺激作用，但是，当重金属浓度超过了植物的效应浓度时则会对植物造成伤害，引起植物体内代谢过程发生紊乱，生长发育受到抑制；重金属浓度继续增加到致死浓度时就会导致植物死亡。

重金属污染对植物最直观的影响表现于生长迟缓，植株矮小、褪绿，根系生长受抑，生长量下降，开花结实受抑等。外源重金属进入土壤后，植物受到伤害的首先是其根系，并通过根系吸收土壤中的重金属进入根细胞内，由于根细胞壁中存在大量交换位点，能将重金属离子固定在这些位点上，从而阻止重金属离子进一步向地上部分转移。因此，根是植物体中最重要的结合重金属的部位，也是最易受重金属毒性影响的部位。重金属能抑制根尖细胞核的分裂，根长的变化是一个重要的指示植物受重金属毒性影响的指标。重金属可结合在细胞壁上，导致中胶层中果胶的交联，这种交联可能是细胞伸长生长受抑的原因，使植株生长受到抑制(Barcelo，1990)。Obata 等(1997)研究表明，当 Cd^{2+} 毒害达到一定程度，植株就会表现出生长迟缓、植株矮小、褪绿等中毒症状，严重影响其产量。如 Cd^{2+} 浓度为 0.01mg/kg 时，水稻开花数减少

4%；Cd^{2+}浓度为0.05mg/kg时开花数减少8%；Cd^{2+}浓度为0.1mg/kg时开花数减少70%。硫酸锌是一种微量元素肥料，过量的锌会伤害植物根系，阻碍植物根系生长，地上部分出现褐色斑点和坏死。锰毒能够引起植物叶片萎蔫坏死、叶片厚度减小、节间缩短和生物量降低，且毒害症状因植物物种、基因型、Mn^{2+}处理浓度以及生长条件不同而异。Mora等(2009)报道了4种智利黑麦草(*Lolium perenne*)幼苗地上部与地下部干重在锰胁迫下出现不同程度的下降，其中耐性品种'Jumbo'和'Kingston'在150μmol/L $MnCl_2$(pH4.8)处理15d后，地上部干重仅减少了16%，地下部干重减少了22%，而敏感品种'Aries'和'Nui'地上部干重则分别减少了67%和57%，地下部干重分别减少了62%和40%；与对照相比，耐性品种'Jumbo'和'Kingston'根长变化不明显，而敏感品种'Aries'和'Nui'的根长几乎降低了50%，表明不同遗传背景的同一物种对锰毒害响应不同。Macfarlane等(2002)用不同浓度的Zn、Pb对白骨壤(*Almarina*)研究发现，高浓度的Zn(mg/L)、Pb(mg/L)培养时，植株的死亡率增加，植株高度受到明显的抑制，最大叶面积变小，生物量降低，表现出显著的植物毒害。受Pb^{2+}影响后水稻的成熟期推迟，空秕率增加，从而导致产量大幅度下降。

重金属还通过抑制植物种子萌发过程中淀粉酶、蛋白酶、内醇脱氢酶等活性，抑制种子内储藏淀粉和蛋白质的分解，从而影响种子萌发所需的物质和能量，致使种子萌发受到抑制。种子萌发和幼苗生长期对重金属胁迫的敏感性一般较高，并且重金属对幼苗根的毒害明显强于对芽的毒害。研究表明，Cd^{2+}对小麦种子萌发的影响与Cd^{2+}浓度有关，且不同品种的小麦种子萌发对Cd^{2+}的响应差异较大，萌发时其α-淀粉酶活性降低。超微结构研究表明，Cd^{2+}对小麦的损害主要在其根尖细胞(Xiao，2009)，当Cd^{2+}浓度大于50mmol/L时会引起小麦幼根根尖褐变，呈现中毒反应，且Cd^{2+}对小麦根伸长的抑制率明显大于对种子发芽的抑制率(Liu，2007)，但不同品种的小麦种子萌发和幼苗生长受Cd^{2+}的抑制程度不同。陈俊任等(2014)，研究4种重金属(Pb^{2+}、Zn^{2+}、Cu^{2+}、Cd^{2+})胁迫对毛竹种子萌发的影响，结果表明：Pb^{2+}和Cd^{2+}对毛竹种子的发芽率、发芽势、发芽指数及活力指数有抑制作用，低浓度下Cu^{2+}和Zn^{2+}对毛竹种子的发芽势、发芽率、发芽指数等指标有促进作用；高浓度则显著抑制。其中Cd^{2+}对毛竹种子萌发及幼苗生长的毒害作用最强，Cu^{2+}次之，Pb^{2+}和Zn^{2+}最弱。

18.1.2 对生理代谢的影响

18.1.2.1 水分代谢与矿质营养的影响

重金属离子既可以导致植物组织、细胞失水；又可以阻碍植物体内水分的运输；还可以影响植物的蒸腾作用。如砷对植物的毒害在于阻碍作物中水分输送，从根部向地上部分的水分供给受到抑制。Cr^{3+}可引起永久性的质壁分离并使植物组织失水。Lamoreaux等(1977)报道一些重金属可引起苗木缺水；当重金属离子浓度超过一定值后，气孔阻力增加或气孔关闭，蒸腾强度降低。

重金属离子也会造成矿质营养胁迫伤害，重金属能影响植物根系对土壤中营养元素的吸收，其主要原因是影响土壤微生物的活性，影响酶活性。由于土壤微生物、酶活性的降低，影响土壤中某些元素的释放和有效态的数量。王焕校等(1999)研究发现，盆栽水稻分蘖期土壤酶(蛋白酶、蔗糖酶、β-葡萄糖苷酶、淀粉酶等)活性与添加铅浓度呈显著负相关。当重金属进入土壤后除了本身有可能产生毒性外，还可以通过颉颃或协同作用造成植物体内元素吸收及代谢平衡失调。如 Zn、Ni、Co 等元素能严重妨碍植物对磷的吸收；砷影响植物对钾的吸收；铅使磷难以溶解，所以铅在根表面或培养基会影响磷的吸收。As 的化学行为与 P 相似，因而磷与砷之间也表现为较强的竞争作用。在高等植物中，砷酸盐通过磷酸盐的吸收通道进入根系，再通过磷酸盐转运蛋白进入细胞(Wu et al.，2011)。砷能妨碍 ADP 的磷酸化，抑制 ATP 的生成，从而使 K 的吸收也受到抑制。Al 浓度升高，龙眼和荔枝对营养物质 N、K、Ca 的吸收下降，尤以龙眼对 K、Ca 的吸收影响较大。Alva 等(1995)发现，随着营养液中铜浓度的增加，柑橘根对 Zn、Fe 和 Mn 的吸收减少，耐铜性较强的印度酸橘减少的幅度小于耐铜性较弱的枳柚，外源铜的增加对植物吸铁的影响尤为严重。

Gouia 等(2000)研究发现，镉显著影响硝态氮的吸收。这可能是因为镉离子对 H^+-ATPase 的抑制而引起质膜电势差的减少或者镉改变了质膜的透性，从而影响硝酸盐转运蛋白的活性而影响硝酸盐的吸收。此外，镉可能还会影响植物中氮的同化。在拟南芥中，pH 依赖的内向型 NO_3^- 低亲和转运蛋白的基因 *NRT1. 8* 受镉以及硝酸盐的诱导。在镉胁迫下，该基因在根中被强烈诱导，导致 NO_3^- 留存在植物根中。在该基因功能缺失突变体中，这种 NO_3^- 的分配方式受到破坏，并由此导致植物对镉胁迫表现出高度的敏感性(Li et al.，2010)。镉的累积也会影响硝酸还原酶的活性。菜豆中，当用镉处理 7d 后，硝酸还原酶蛋白含量减少约 80%，对氮的吸收明显降低(Gouia et al.，2000)。镉除了影响氮的转运和同化外，还影响硫的同化和代谢。研究发现，镉胁迫下玉米中硫吸收的增加与硫高亲和力转运系统受到明显诱导直接相关(Nocito et al.，2006)。

18.1.2.2 对光合作用的影响

重金属对光合作用的影响主要有 4 个方面：①破坏叶绿体结构；②导致光合色素含量下降；③影响光合气体交换和光化学反应；④影响光合相关酶活性。重金属离子可导致叶绿体超微结构的改变，用 10mmol/L Cd^{2+} 和 Hg^{2+} 分别对菱处理后第 8 天，电子显微镜下可观察到叶绿体膨胀变形，基粒类囊体片层松散解体，叶绿体双层膜断裂，膜系统损伤。此外，Cu^{2+}、Pb^{2+}、Cr^{2+}、Zn^{2+} 等重金属离子均能对叶绿体结构造成不同程度的破坏，出现叶绿体收缩或类囊体膨胀、基粒垛叠结构解体、基质减少，质体小球大量增多等现象(Fernandos et al.，1991)。彭鸣等以玉米为材料，研究 Cd 对高等植物细胞超微结构的影响，提出 Cd 对叶绿体的破坏与 Cd 沉积在类囊体上，并与膜上蛋白体结合进而破坏酶系统和阻碍叶绿体合成有关。

重金属离子均可使高植物的叶绿素和胡萝卜素含量明显降低(Hattab et al.，2009)。有报道认为 Cd 在低浓度短期内对叶绿素合成有刺激作用，而超过一定浓度后才对叶绿素起破坏作用。重金属导致叶绿素含量降低可能是引起光合速率下降的原因之一，但叶绿素含量的降低程度通常小于光合速率的降低(Stobark et al.，1985)。叶绿素 a 和 b 受金属离子的影响程度往往不同。Cd 对水生维管植物的叶绿素 a 和叶绿素 b 的影响中，叶绿素 a 下降幅度更大。汞和镉过量可以显著降低莼菜叶片叶绿素含量及叶绿素 a 和 b 的比值，但对番茄而言，则对叶绿素 b 的影响大于叶绿素 a。重金属处理使叶绿素含量变化的原因有下述几种看法：重金属离子直接干扰了叶绿素的生物合成；在大麦幼苗中，Cd^{2+}抑制了原叶素酸酯还原酶的活性（Stobark et al.，1985）；另一个原因是由于重金属离子引起了叶绿素酶活性的升高，使叶绿素降解加快。此外，重金属如 Hg、Cu、Cd、Ni、Zn、Pd 等可以替代叶绿素的中心镁原子，从而导致光合作用的破坏，也是其中的重要机制之一。

重金属离子对叶绿体光合电子传递及光能转换效率均有抑制作用。Tukaj 等（2007）发现，重金属会导致绿色微藻 *Fv/Fm*、$\varphi_{PS\mathrm{II}}$和 *qp* 的下降。一般来讲，光系统Ⅱ的活性对重金属离子更为敏感。Miles（1973）以菠菜和番茄为材料，分别用Pb^{2+}和Cd^{2+}处理离体叶绿体，测定了光合电子传递活性、Hill 反应活性以及叶绿素 a 荧光，发现光系统Ⅱ的活性受到严重抑制；而在相同处理浓度下，光系统Ⅰ的活性不受影响。对于重金属离子在光系统Ⅱ的抑制部位和作用机理，一般借助于加入人工电子供体如 DPC、NH_2OH和$MnCl_2$或抑制剂的方法来研究。研究表明，Cd^{2+}直接作用于水裂解酶本身，而 Zn 抑制光合电子传递的部位位于 PSⅡ氧化侧的羟胺和 DPC 电子供给部位之前。叶绿体的光合电子传递是由多个步骤组成的，不同的重金属离子可能作用于不同的传递部位，甚至相同的重金属离子不同浓度或作用于不同植物也不完全相同。至于重金属离子抑制 PSⅡ电子传递的机理，目前主要有以下 3 种观点：①重金属离子抑制了水氧化功能，从而引起正电荷在水氧化系统水平上的积累，由此导致了围绕 PSⅡ的循环电子流动，使放氧能力丧失；②破坏了叶绿素蛋白复合物，引起 LHCH 的解聚和总量减少，而 LHCH 在光能吸收、传递及激发能在光系统间的分配和调节方面起着十分重要的作用，重金属离子的作用导致激发能在两光系统间不能均衡分配，从而使光合作用法能正常进行；③可能损伤了某些参与光合电子传递的膜蛋白。

重金属离子对 PCR 循环（卡尔文循环）中关键酶的影响目前研究的相对较少。Sheoran 等（1990）以 *Cajanus cajan* 为材料，研究了Cd^{2+}和Ni^{2+}在植物不同生长时期对光合作用和 RuBP 羟化酶、3-PGA 激酶、NADP 和 NAD-3-磷酸甘油醛脱氢酶、醛缩酶、FBPase 等酶活性的影响。在幼苗期，0.5mmol/L 和 1mmol/L 的Cd^{2+}和Ni^{2+}分别使其光合率降低 50% 和 30%，对不同酶活性的抑制程度也不等（2%~61%）；RuBP 羧化酶对离子的作用较为敏感，Ni^{2+}对 3-PGA 激酶的影响最小。在植物生长晚期，Cd^{2+}、Ni^{2+}浓度增加至 10mmol/L 时才表现抑制作用，10mmol/L Cd^{2+}使光合率降低 86%，只使酶活性降低约 40%；10mmol/L Ni^{2+}使光合速率降低 65%，而对酶活性则几乎无影响；表明重金属使酶活性的降低不是导致光合速率降低的直接原因。Eicchan 和 Page 等则提出过不同的观点，认为重金属对光合作用的毒性机理主要是由于结合了酶导致酶催化功能的改变，使酶系统受损。锰处理烟草幼苗 3~4d 后叶片开始出现锰毒症状，其光合作用速率的降低先于锰毒症状的出现。进一步研究表明，烟草叶片细胞间的CO_2浓度、叶绿素和蛋白质含量在锰毒害症状出现之前均未发生变化，在锰毒害症状出现之后才显著降低，所以，锰毒发生早期光合作用速率的降低现象可能是由于锰毒导致体内核酮糖二磷酸羧化酶（Rubisco）的羧化活性降低所致（Robert et al.，2004）。

总之，重金属离子对植物光合作用的影响是复杂的、多方面的。不同重金属离子可能有不同的作用部位和作用方式，而相同的重金属离子又因浓度和作用于不同的植物而有所差别，在自然环境中通常发生的可能是几种重金属离子的混合污染，它们的相互作用可能导致颉颃或协同效应，更增加了反应的复杂性，这都需要进一步深入细致的研究探讨。

18.1.2.3 对呼吸作用的影响

重金属对呼吸作用的影响主要体现在对线粒体结构以及呼吸酶活性的影响。正常情况下，线粒体呈比较规则的球形或椭球形，双层被膜结构完整，嵴清晰可见，呈随机排列，在细胞质基质中少量分布。Jaroslaw 等(2009)用 Cd^{2+} 处理黄瓜叶片发现其细胞内的线粒体嵴的数量明显变少，并且出现了球状的嵴。50mg/L Pb^{2+} 会导致豌豆幼苗线粒体空泡化，200mg/L Pb^{2+} 会导致线粒体严重受损且数量明显减少。4mg/L 的 Cu^{2+} 处理竹叶眼子菜时，线粒体嵴突膨胀，有致密的线状结构，部分线粒体膜结构开始破裂(计汪栋，2007)。线粒体结构的损伤，会导致其内部的电子传递体系和氧化磷酸化循环受阻，从而导致细胞呼吸作用减弱，有氧糖代谢受阻。

重金属可影响植物呼吸酶的活性，从而影响植物的呼吸作用。低浓度汞在小麦种子萌发初期起促进作用，但随着作用时间的延长，则呼吸作用降低，表现为抑制作用。低浓度 Cd^{2+} 可刺激呼吸酶活性，从而刺激三羧酸循环以产生能量，但当 Cd^{2+} 浓度增加到一定程度时，呼吸酶活性受抑制，呼吸作用下降。Cu^{2+}、Cd^{2+}、Zn^{2+} 复合污染下，亚心型小球藻(*Plztymonas* sp.)和小球藻(*Chlorela vulagris*)的呼吸作用受到短暂增强后迅速下降(李坤，2002)。Cd^{2+} 对高等水生植物根系脱氢酶活性有明显影响，随 Cd 浓度升高根系脱氢酶活性明显下降，即表现出对呼吸作用的抑制。但对不同植物根系的影响有所不同。研究表明，铜、锌、镉等重金属离子对 *Silene cucublus* 的毒害主要是磷酸还原酶、葡萄糖-6-磷酸脱氢酶、异柠檬酸脱氢酶以及苹果酸脱氢酶等的活性明显受到影响。K^+ 是呼吸作用关键酶，如苹果酸脱氢酶(MDH)、琥珀酸脱氢酶(SDH)、丙酮酸激酶(PK)等的激活剂，高浓度 Cd 能导致细胞 K^+ 外渗而抑制呼吸作用(Andreu et al.，2000)。重金属还能影响淀粉酶、MDH 和细胞色素氧化酶(COD)的表达而影响水稻呼吸作用(葛才林等，2005)。

18.1.2.4 对细胞膜透性及活性氧代谢的影响

许多研究认为，重金属对植物的伤害与自由基的产生有关。生物体主要通过抗氧化酶系统防御自由基损伤，此酶系统包括超氧化物歧化酶(superoxide dis-mutase，SOD)、过氧化氢酶(catalase，CAT)、过氧化物酶(peroxidase，POD)、抗坏血酸过氧化物酶(APX)和谷胱甘肽还原酶(GR)等。此外，一些抗氧化剂，如维生素 E、维生素 C、β-胡萝卜素、还原型谷胱甘肽(GSH)、CoQ10 等也在自由基损伤防御系统中起作用。当重金属污染时，产生大量自由基引起膜组分不饱和脂肪酸的过氧化，从而影响细胞膜的结构和功能，使细胞膜透性增加，重金属更易进入细胞内对植物造成严重伤害。另一方面，重金属的积累直接破坏了防御系统中酶的活性，降低了防御酶清除自由基的功能，加剧了膜脂过氧化作用，造成膜透性的增加及细胞器不可逆损伤。细胞膜透性已被广泛地用于评定植物对重金属反应的方法之一。

Mn^{2+} 在叶绿体中可被光激活的叶绿素氧化为 Mn^{3+}，氧化还原电位提高，致使 $O_2^{\cdot -}$、H_2O_2 和 · OH 等活性氧(reactive oxygenspecies，ROS)自由基大量累积，叶绿素进一步受到破坏，叶绿体功能不能够正常发挥。同时，ROS可启动膜脂过氧化作用，导致膜脂过氧化产物丙二醛(malondialchehyche，MDA)的大量累积，MDA具有很强的交联性能，可以使蛋白质和核酸等生物大分子发生交联，进而使蛋白质分子和酶功能丧失，膜结构被破坏，膜透性增加。Feng等(2009)用600μmol/L的$MnSO_4$(pH6.5)处理黄瓜(*Cucumis sativus*)幼苗16d，发现叶片中的H_2O_2和硫代巴比妥酸反应物(thiobarbituric acid reactive substance，TBARS)含量显著增加(均约为对照含量的3倍)，说明过量锰可以引起膜脂过氧化程度上升，膜系统受到伤害。

Cd^{2+}胁迫对小麦抗氧化保护酶类如SOD、CAT、POD、GR、GST等的影响主要表现为在较低Cd^{2+}浓度时酶活性增加，但当细胞内的Cd^{2+}使这种防御体系达到饱和后，在细胞中游离Cd^{2+}就会通过不同的途径干扰和破坏细胞的正常代谢过程，最终导致小麦生长异常直至死亡。Cd^{2+}进入植物体内后可与功能蛋白结合，占据酶的活性中心，可取代金属蛋白中的必需元素(Ca^{2+}、Zn^{2+}、Mg^{2+}和Fe^{2+})，导致生物大分子构象改变、酶活性受到抑制；此外Cd^{2+}还可与酶中的半胱氨酸残基(—SH)键结合，而半胱氨酸残基(—SH)在许多酶中处于催化活性部分，当Cd^{2+}与之成键后，酶活性受到抑制，甚至使酶蛋白变性。Schtitzendubel(2002)等研究表明，Cd对植物的毒害可能是通过产生H_2O_2的方式造成的，在重金属的胁迫下植物体内积累H_2O_2，而H_2O_2的过量积累使植物体内的抗氧化酶系统和非酶系统发生紊乱，从而导致植物对重金属的抗性机制不再起作用，表现出毒害症状甚至死亡。

Gallego等(1996)的研究表明，重金属Cu和Fe对植物的影响是直接参与反应产生氧自由基，而Cd则是通过间接的方式产生的；如果用自由基清除剂与这些重金属离子一起作用于植物，则对各种酶活性抑制以及氧化胁迫影响都会减轻，同时证明三者产生氧自由基的能力是：Cu > Fe > Cd。

一般在低浓度处理时，植物体内抗氧化酶系统受到活性氧自由基的诱导，活性上升，参与清除自由基，可以认为抗氧化酶系统活性的增加既是一种保护机制，同时也表明了植物已经受到了重金属的胁迫；而长时间受到重金属胁迫，植物体内的抗氧化酶系统就会受到破坏，POD、COD、CAT活性降低，并最终破坏植物细胞。

18.1.2.5 对其他代谢物的影响

重金属污染对植物体的糖代谢也有明显影响。Cd^{2+}对高等水生植物可溶性糖的影响表现为可溶性糖含量随水中镉浓度升高而增加，而总糖减少。其原因可能是光合产物的合成运输受阻，或不溶性糖的降解。而淀粉含量减少的原因则可能是Cd^{2+}阻碍了蔗糖向ADP-G或UDP-G的转化，从而抑制了淀粉的合成。

重金属影响植物体内蛋白质含量。低浓度Cd能使烟叶蛋白质含量下降，随着Cd浓度增加蛋白质含量上升。但是低浓度Pb能诱导黄瓜幼苗叶片中可溶性蛋白质含量增加，在试验范围内随Pb质量浓度的增加，蛋白质含量反而下降。可见，重金属污染对植物蛋白质的影响既与植物种类有关，也与重金属浓度和种类有关。重金属胁迫使植物体内的硝酸还原酶活性下降。蛋白质合成的启动阶段需要镁离子的参与，可是在重金属污染的情况下镁离子可能与重金属离子进行交换使蛋白质的合成可能无法启动，导致蛋白质的合成受阻。在镉污染环境中生长的蚕豆谷氨酸、甘氨酸、组氨酸和精氨酸含量从种子开始积累就受到抑制。重金属离子对植物氮素代谢的干扰是通过降低氮素的吸收和硝酸还原酶活性，改变氨基酸组成，阻碍蛋白质合成以及加速蛋白质分解来实现的。重金属离子可直接或间接影响 DNA 复制及 RNA 合成，干扰植物体内的转录和翻译过程，从而影响蛋白质的合成。

重金属影响植物体中氨基酸含量的变化，不同氨基酸的敏感程度不同，其中最敏感的为脯氨酸。脯氨酸是植物体内的氨基酸库，是重要的渗透调节物质，植物体内脯氨酸含量的增加是植物对逆境胁迫的一种适应性反应。低浓度 Cd 时，脯氨酸含量增加，Cd^{2+} 大量积累时又迅速减少。研究表明，小白菜根内游离脯氨酸的含量随培养液中 Cd^{2+} 浓度的升高而增加，Cd^{2+}、Cr^{6+}、Pb^{2+} 对青菜也有类似的效应。因此，脯氨酸含量的变化可作为植物体内氨基酸代谢是否发生障碍的指标。

18.1.3 对 DNA 及遗传损伤的影响

重金属胁迫能够诱导植物造成 DNA 碱基的损伤、链断裂、DNA 加合物和染色体改变等直接的 DNA 损伤，还能够诱导产生一些氧化损伤而间接损伤 DNA，无论哪种损伤都严重影响生物 DNA 的结构及稳定，产生遗传毒性。

18.1.3.1 直接损伤

重金属离子可以与 DNA 的碱基和碱基对上的氢键作用，导致 DNA 核酸序列变化。如点突变、碱基的插入或缺失，破坏 DNA 单、双链结构，使 DNA 双螺旋结构变得不稳定，有时会导致 DNA 链断裂，有时还会导致染色体失常，对基因产生影响，最终导致基因表达的变异。试验证实这些重金属铜、镉、铅、汞对拟南芥、谷子幼苗、黑藻和金鱼藻等植物的胁迫都可使其基因组 DNA 的 RAPD 图谱发生明显的变化，较高浓度的重金属处理对该处理的植物 RAPD 图谱的影响较大，对 DNA 的损伤较严重(Grin，2009)。

重金属胁迫导致 DNA 直接损伤的另一种类型是重金属与 DNA 的结合作用。细胞中 DNA 与重金属的结合作用能够引起 DNA 的核苷酸序列的变化，有一些重金属能够与 DNA 形成共价键和更多的结合位点，生成 DNA 加合物。降低 DNA 和 RNA 活性，干扰植物体内的转录和翻译过程。Grin 等(2009)的研究表明镉、锌和铜离子可以抑制 DNA 糖基化酶的活性，其部分原因就是形成了金属—DNA 复合物导致的。重金属胁迫还可引起染色体畸变，产生细胞毒性，对 DNA 造成损伤。Mohsin Bhat 等(2011)用 3 种重金属镉、铅、汞处理三叶草，随着重金属浓度的增加，观察到微核(MN)、染色体畸变(CAS)均显著增加。经 Cd^{2+}、Hg^{2+}、Pb^{2+} 处理后的蚕豆、蒜、洋葱，其染色体形态都表现出了不同程度的毒害。细胞的分裂异常比率升高，主要有多倍化和 C-有丝分裂、染色体桥、染色体环、染色体断裂、染色体粘连和液化、微核和核解体等类型。

DNA 甲基化是重金属胁迫对生物 DNA 变化影响的一种表现形式，虽不改变 DNA 序列，但也直接影响了生物的 DNA。它与基因表达调控、X-染色体失活、染色体结构重组等诸多生物学过程密切相关(Henderson，2007)。Kimatu(2010)在铝胁迫诱导玉米 DNA 甲基化变异的研究中，用扩增片段长度多态性(AFLP)和甲基敏感扩增片段多态性(MSAP)的方法分析得到 DNA 胞嘧啶甲基化。很多试验也都证实了此观点，重金属胁迫确实会导致 DNA 甲基化，影响生物的基因表达调控、染色体结构重组等，产生相应的遗传毒性。

18.1.3.2 间接损伤

重金属对植物的间接损伤和影响主要表现在诱导产生自由基或改变基因的表达。通过自由基能够影响DNA的结构或损伤其修复系统，造成DNA损伤。

重金属可诱导生物体产生的活性氧自由基可以进攻DNA糖环，夺取脱氧核糖上氢原子，夺取DNA不同位点上的氢原子后，形成脱氢自由基，磷酸二酯键、糖苷键断裂进而导致DNA链的断裂，最终导致DNA损伤。间接损失的另一种表现是对基因表达的影响。张玉秀等(2002)试验表明，*PvSR6*基因在正常条件下生长的菜豆叶片表达水平较低，在重金属镉、汞、砷胁迫的条件下均能被强烈地刺激，表达水平较高。同时，过量的必需金属离子，铜离子和锌离子胁迫也能够提高该基因的表达水平。这些研究均说明重金属胁迫与基因表达是有关的，对其有很大影响。

18.2 硅对植物重金属毒害的缓解作用

18.2.1 硅对植物重金属毒害的缓解效应

18.2.1.1 对植物生长以及生物量的影响

研究表明，施加适量的外源硅能够有效缓解重金属胁迫对植物生长的抑制和毒害作用。Muhammad等(2013)发现在镉(Cd)浓度为1μmol/L时，就严重制约株高、根长以及叶面积指数；然而施加硅能够有效缓解镉对植物生长的影响。Li等(2012)将香蕉幼苗种植在铅胁迫及硅处(Pb+800mg/kg SiPb+100mg/kg Si)的土壤中，70d后观察植物生长状况，结果发现，当铅浓度达到800mg/kg时就严重制约香蕉幼苗生长；然而Pb+Si处理香蕉幼苗生长的抑制作用得到有效缓解，并且800mg/kg Si处理条件下根部干重比无硅处理高54.6%，比100mg/kg Si处理高44.6%。文晓慧等(2011)发现施加硅能够显著提高水稻对锌、镉污染的耐受性，无论对受到锌、镉单一污染还是复合污染的水稻地上部以及根系生物量的抑制作用均明显减轻。Shi等(2010)在探究硅对镉胁迫下两种花生品种Luhua 11和Luzi101生物量的影响时，发现镉胁迫能够显著降低根部以及地上部分的生物量。与对照相比，Luhua11分别降低10.5%和41.0%；Luzi101分别降低9.8%和10.5%。然而施硅能够明显缓解镉对生长的限制，施硅后，Luhua 11的根部以及地上部分的生物量分别增加了22.7%和23.2%；Luzi101相应增加了12.3%和8.5%。在黄瓜(Feng et al.，2009)、青菜(Song et al.，2011)等为材料的研究中也得到相似的结论。

18.2.1.2 对超微结构的影响

张黛静等(2014)研究了硅对铜胁迫下小麦幼根细胞超微结构的影响，发现正常条件下小麦幼根细胞形态完整，细胞膜与细胞壁紧密结合，细胞核的双层膜完整、核仁清晰可见，线粒体呈圆球形、具有完整的嵴、均匀分布于细胞质，核糖体遍布于细胞基质，内质网以及高尔基体均排列整齐。铜胁迫下，小麦根部细胞明显发生扭曲，质膜脱离细胞壁，细胞之间空隙变大，线粒体等细胞器空泡化，而且随着铜浓度增加小麦根尖细胞以及细胞器受到损害的程度也就加大。而加硅处理后能够明显缓解上述症状，细胞能够基本保持完整性，细胞膜系统基本完好，细胞器的损伤程度明显降低。Silvia 等(2014)研究硅(5mmol/L)对镉(5μmol/L 和 50μmol/L)胁迫下的玉米幼苗光合作用的影响，测量与玉米光合作用有关的荧光参数。结果表明：随着镉浓度增加，玉米叶片的叶绿素含量呈下降趋势，Cd5 和 Cd50 处理条件下，叶绿素总量分别下降了 26.2% 和 46.4%；然而 Cd5 + Si、Cd50 + Si 处理条件下，叶绿素含量呈现上升趋势，分别增加了 5.1% 和 13.9%。Feng 等(2010)研究硅对镉胁迫下黄瓜叶片光合作用的影响时也得到了类似的结论。进一步研究发现，光合作用的变化可能与叶绿体超微结构的变化有关。正常条件下叶绿体呈长椭圆状，在电子显微镜下可以清晰观察到有组织排列的类囊体膜。然而镉胁迫条件下，叶绿体明显发生肿胀，类囊体膜和叶绿体膜严重破坏，并且不能够在电子显微镜下清晰分辨出来。施加外源硅后，对叶绿体造成的伤害得到明显缓解。植物细胞骨架在植物生长发育中占有重要作用，近年来有学者研究重金属对植物微管结构的影响，表明重金属胁迫会造成微管解聚(Adamakis et al., 2010)。然而目前尚未发现施硅能缓解重金属对微管影响的报道(Eleftheriou et al., 2012)。

18.2.2　硅对植物重金属毒害的缓解机理

18.2.2.1　改变土壤中重金属形态减少植物对重金属的吸收

赵颖等(2010)研究了硅对土壤中镉形态的影响，发现土壤中镉的不同形态含量由高到低依次为可交换态、残渣态、碳酸盐结合态、铁锰氧化物结合态、有机结合态。其中可交换态、碳酸盐结合态容易被植物吸收，而铁锰氧化物态、有机结合态以及残渣态不易被植物吸收。进一步研究表明，随着硅含量的增加，土壤中可交换态镉以及碳酸盐结合态镉含量呈现下降趋势，而铁锰氧化物态、有机结合态镉以及残渣态镉含量呈现上升趋势。推测随着硅含量的增加，各形态含量的变化可能是由于形成不易被植物吸收的镉—硅沉淀物质，改变了镉在土壤中的形态，降低其活性，从而有效缓解了镉对植物的毒害。Fu 等(2012)发现用 0.1mmol/L Fe^{2+} 处理小麦根部，2d 后在小麦幼苗根部观察到红色的铁氧化膜，而且在根部不同部位表现出差异性，小麦根基部比上部的铁氧化膜要多。用显微镜观察到铁氧化膜主要位于表皮细胞 20～30μm 处，Fe^{2+} 通过根部细胞进入植物。施加硅后可以观察到根部周围红色变浅，进一步研究发现红色变浅的原因是在根部周围形成了铁—硅沉淀物，从而减少了植物根部细胞对 Fe^{2+} 的吸收。Doncheva 等(2009)在玉米、Ye 等(2012)在秋茄属植物中的研究也得到了相似的结论。

18.2.2.2　提高土壤(介质)pH，影响植物对重金属的吸收

硅能够提高土壤的 pH，pH 的改变使 Cd、Zn、Cu、Pb 等重金属在土壤中发生沉淀沉积在根系表面，从而抑制了植物对重金属离子的吸收，有效缓解了重金属对根系的毒害作用，从而有效缓解了重金属污染。Li 等(2012)发现不同水平的 Pb 和 Si 处理时，土壤的 pH 变化范围为 4.5～5.8。与对照相比，Pb 处理使土壤 pH 降低了 1.1；而 800

mg/kg Si + 800 mg/kg Pb 处理土壤 pH 降低了 0.6，70d 后测得土壤 pH 增加了 0.4，这可能与重金属离子与硅反应形成硅酸盐复合物或者促进重金属离子沉淀有关。Gu 等(2011)研究发现随着富含硅的物质(粉煤灰和钢渣)的增加，土壤 pH 显著增高，粉煤灰在 40mg/kg 时，土壤 pH 达到最大为 6.4，富含硅物质的使用至少减少了土壤中 60% 的游离重金属离子。

18.2.2.3 限制重金属在植物体内转移、积累

Fu 等(2012)发现硅能够减少根部对 Fe^{2+} 的吸收，但是增加了地上部分对 Fe^{2+} 的吸收，Fe + Si 处理下 Fe^{2+} 由根部转移至地上部的速率比 Fe^{2+} 处理下高 179%，由此说明硅一方面减少了 Fe^{2+} 的吸收，另一方面增加了 Fe^{2+} 从根部向地上部的转移，从而有效地缓解了 Fe^{2+} 的毒害。Nocito 等(2011)已经证实重金属在植物内的转移、积累与 *HMA* 基因编码的重金属 ATP 酶(ATPase)有关。Yoon 等(2014)估测了水稻中 *HMA* 基因(*OsHMA2* 和 *OsHMA3*)的表达情况，结果发现各个处理条件下 *OsHMA2* 的表达量存在如下关系：Cd + Cu > Cd + Cu + Si > Si，而且 *OsHMA3* 的表达量也呈现出相似的关系。由此说明在重金属胁迫下 Si 抑制了与重金属转移有关的 *OsHMA2* 和 *OsHMA3* 基因的表达。李莉等(2010)认为硅限制重金属在植物体内转移与硅转运蛋白 Lsi1、Lsi2、Lsi6 有关，Lsi1、Lsi2 分别为硅输入及输出转运蛋白。当水稻根部形成通气组织时，几乎所有的皮层细胞都被破坏，而硅能够通过 Lsi1 转运至外皮层细胞，再通过 Lsi2 横跨通气组织释放到质外体，最后转运至中柱。范培培等(2014)也表明硅的转运与上述 3 个转运蛋白的作用有关。

18.2.2.4 区隔化效应

红树林具有很强的忍受重金属污染的能力，其原因与降低重金属离子的生物有效性和流动性从而减少红树林吸收重金属离子有关(Zhou et al.，2011)。近年来，有学者认为是因为重金属离子与细胞配体形成复合物沉积在细胞壁或者液泡中，减少了可利用重金属离子的含量。尽管如此，有关红树林对重金属毒害的缓解机理尚不明确。Zhang 等(2014)在前人研究的基础上开展了硅对镉胁迫下的红树林的影响，认为硅对镉胁迫有明显的缓解作用，而且这一作用与硅促进镉离子区隔化有密切联系。对红树林幼苗的质外体离心发现，没有硅处理的样品中镉含量比其他处理中的镉含量要高，硅处理后，叶片部分质外体镉含量降低了 24%，根部质外体镉含量降低了 29%。进一步研究发现在硅的作用下，镉离子结合到细胞壁上，从而减少了可利用镉离子的含量。Zhang 接着对共质体中镉含量进行研究，发现施加硅后，叶片和根部共质体中镉含量分别减少了 21% 和 60%。Zhang 发现，无论是否施加外源硅，镉离子从根部转移至地上部的量都很少，因而他认为硅对红树林镉胁迫的缓解作用主要是将镉离子区隔化于细胞壁中。Ye 等(2012)在秋茄属植物中也得到了相似的结论，在 0.5mg/L 镉胁迫下，施加外源硅使得细胞壁中镉含量由 79.64% 增加至 92.76%；共质体中镉含量相应地由 20.36% 减少至 7.24%。

18.2.2.5 硅与重金属的螯合作用

硅缓解重金属毒害与刺激酚类物质形成有关。谷胱甘肽(GSH)广泛存在于植物液

泡、叶绿体、内质网、线粒体中，其巯基部分赋予其多种生物化学功能。谷胱甘肽具有高度水溶性，且能够与金属离子螯合，从而在缓解重金属毒害、保护植物发生过氧化反应方面发挥重要作用(Foyer et al.，2005)。谷胱甘肽与金属离子螯合形成复合物，该复合物便被转移至液泡，从而减少重金属毒害(Klein et al.，2006)。Nocito 等(2006)又进一步表示该过程会消耗还原态谷胱甘肽，从而导致氧化态谷胱甘肽(GSSH)向还原态谷胱甘肽(GSH)转换，以弥补还原态谷胱甘肽的缺失。Liang 等(2007)也认为酚类物质对于硅在缓解重金属胁迫中发挥重要作用。近年来有学者认为硅缓解重金属胁迫与植物螯合肽(PCs)和金属硫蛋白(MTs)有关，Yadav 等(2010)发现 PCs 和 MTs 在缓解重金属胁迫中发挥不同作用。MTs 是基因编码的多肽，PCs 由谷胱甘肽转氨基作用形成。随后，Khandekar 等(2011)在研究硅对铜(Cu)胁迫的拟南芥植物的缓解作用中发现了 *MT2a*、*MT2b* 基因以及 *PCS*1 基因表达异常，进一步研究表明 *MT2a*、*MT2b* 是编码金属硫蛋白的基因，而 *PCS*1 是编码植物螯合肽的其他基因。

18.2.2.6 刺激植物体内抗氧化系统发挥效应

重金属胁迫能够导致植物体内活性氧的产生，包括超氧阴离子自由基($O_2^{\cdot -}$)、羟基自由基(·OH)、过氧化氢(H_2O_2)等，它们具有较活泼的化学性质，对光合作用、呼吸作用、原生质体膜以及多种细胞器具有毒害作用。植物体内存在活性氧清除系统，包括酶清除系统(SOD、POD、CAT、APX、GR)和非酶清除系统(ASA、GSH、Car)，能够有效清除活性氧，从而减少植物伤害。硅对重金属胁迫的缓解作用就在于能够增强植物体内的活性氧清除系统(Soylemezoglu et al.，2009)。Liu 等(2013)发现硅对镉胁迫下的茄属植物的缓解作用与刺激抗氧化系统有关。Liu 用过氧化氢(H_2O_2)的含量以及电子漏来反映植物功能叶片的过氧化程度，结果表明，与对照相比 Cd 和 Cd + Si 处理条件下过氧化氢含量分别增加了 147.2% 和 82.4%，电子漏分别增加 115.0% 和 37.2%，由此说明，硅可以有效缓解镉胁迫造成的过氧化伤害。进一步分析表明，这是由于硅能够增加植物抗氧化酶活性，Liu 发现与对照相比 Cd + Si 处理条件下 SOD、POD、CAT、APX 的活性分别增加了 10.6%、427.1%、65.3%、98.9%。Zahra 在研究重金属铁(Fe)胁迫下硅对水稻抗氧化代谢系统的影响时发现，硅能够提高活性氧清除系统的酶活性。值得注意的是，硅处理下不同抗氧化酶活性表现有所不同。例如，硅能够极大提高水稻地上部分的抗坏血酸氧化酶活性，但对根部却没有明显影响；硅能够提高水稻各个器官的过氧化物酶活性。综上所述，硅对植物重金属胁迫的缓解机理主要表现在两个方面：避逆作用和耐逆作用，避逆作用包括提高土壤(介质)pH，影响植物对重金属的吸收；改变土壤重金属形态减少植物对重金属的吸收。耐逆作用包括限制重金属在植物体内转移、积累、螯合作用，区隔化效应，刺激植物体内抗氧化系统发挥效应等，其机理如图 18-1 所示。

18.3 总结与展望

通过对已有的研究结果的分析，重金属离子对植物的伤害机理可做初步的归纳(图 18-1)。重金属离子对植物体产生毒害的生物学途径可概括为：①重金属离子在植物细

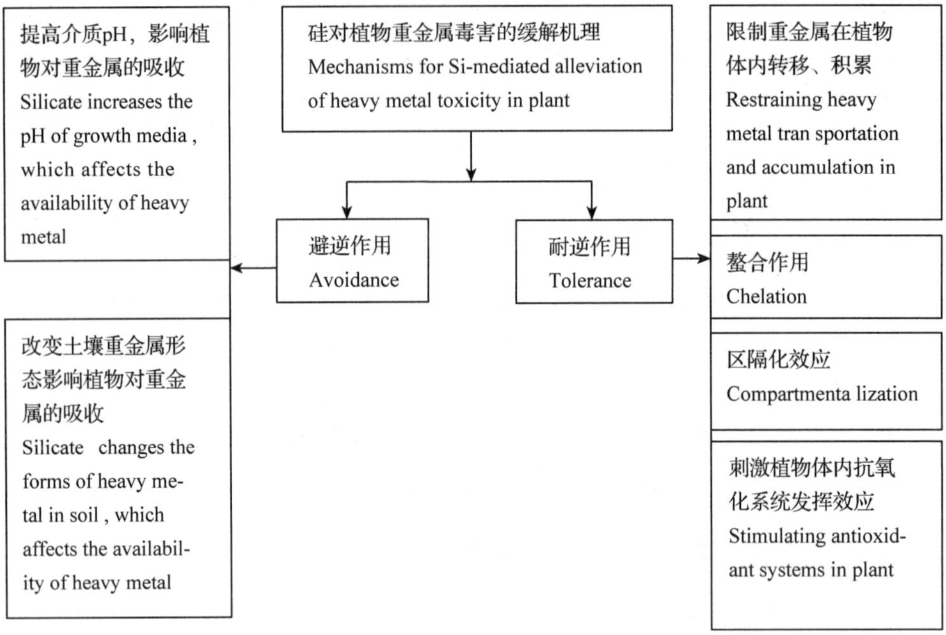

图18-1 硅对植物重金属毒害的缓解机理

Fig. 18-1 mechanisms for Si-mediated alleviation of heavy metal toxicity in plant

胞外积累，降低细胞外水势，同时也使细胞膜超级化，造成膜的离子通道非正常启闭后，进一步导致细胞内外离子失衡、细胞失水。②大量的重金属离子进入植物细胞内，干扰了离子之间原有的平衡系统，造成正常离子的吸收、运输、渗透和调节的障碍，从而导致新陈代谢过程紊乱。③较多的重金属离子进入植物体内后，不仅可取代某些酶和蛋白质行使其功能时所必需的特定元素，而且还能与核酸、蛋白质和酶等大分子物质结合，造成生物大分子发生构象改变，使其变性或活性降低。④重金属离子胁迫与其他形式的氧化胁迫相类似，能抑制植物体内一些保护酶的活性，导致大量的活性氧自由基产生，活性氧代谢平衡失调。而自由基能损伤主要的生物大分子(如蛋白质和核酸)导致膜脂过氧化，破坏细胞结构和功能。⑤重金属可直接或间接引起DNA损伤、解聚、断裂，核酸错误配对，并影响植物DNA的甲基化水平而影响基因的表达调控，引起转录和翻译的错误、效率降低以及产物的结构和功能的改变，从而导致代谢的障碍和遗传损伤。重金属污染对植物的毒害作用不是某一方面的单独影响，而是多方面多因素影响的结果，因此其毒害作用机理也是十分复杂的，要想完全、深入地了解毒害作用的机理仍有待于进一步的研究。

硅对重金属胁迫具有缓解作用，能够促进植物生长、提高生物量、减少过氧化反应等，但是其缓解机制还没有明确定论。目前缓解机理的研究主要集中在硅促进重金属形成沉积物、硅提高植物抗氧化系统活性等方面。然而，从分子水平探讨其缓解机理的研究尚不够深入。目前，研究者们已经发现一些与硅缓解作用有关的基因，并对这些基因的功能进行了初步探讨，但是对于这些基因的确切功能以及硅调控重金属胁迫的信号转导途径尚不清楚。最近有学者开始研究Al+Si互助对重金属毒害的影响，并取得了一定进展，认为Al+Si互助模式中Al能够提高Si对重金属毒害的缓解作用，但其缓解机制尚不清楚。因此，探讨 Si 与其他物质互助以提高缓解重金属毒害的效果及其机制十分必要。尽管近年来有关硅缓解重金属胁迫效应及其机理的研究取得了一些进展，但其分子机制尚不清楚，在植物材料上仍局限于少部分植物种类，其缓解效应及其机理尚需在更多的植物中进行验证和探讨。

参考文献

范培培，朱祝军，于超，等．2014. 黄瓜中硅的生理功能及转运机制研究进展[J]. 植物生理学报，50：117－122.

葛才林，络剑峰，刘冲，等．2005. 重金属对水稻呼吸速率及相关同工酶影响的研究[J]. 农业环境科学学报，24(2)：222－226.

计汪栋，施国新，杨海燕，等．2007. 铜胁迫对竹叶眼子菜叶片生理指标和超微结构的影响[J]. 应用生态学报，18(12)：2727－2732.

KIMATU J N. 2010. 铝胁迫诱导玉米 DNA 甲基化变异及其与铝毒性耐性基因型间差异的可能关系研究[D]. 长春：东北师范大学．

李坤，李琳，侯和胜，等．2002. Cu^{2+}、Cd^{2+}、Zn^{2+} 对两种单胞藻的毒害作用[J]. 应用与环境生物学，8(4)：395－398.

李莉，徐慧妮，李昆志．2010. 水稻硅转运蛋白研究进展[J]. 生物技术通报，2：11－13.

王焕校．1999. 污染生态学[M]. 北京：高等教育出版社，44－68.

文晓慧，蔡昆争，葛少彬，等．2011. 硅对镉和锌复合胁迫下水稻幼苗生长及重金属吸收的影响[J]. 华北农学报，26：153－158.

翟丽梅，廖晓勇，闫秀兰，等．2009. 广西西江流域农业土壤镉的空间分布与环境风险[J]. 中国环境科学，29(6)：661－667.

张黛静，马建辉，杨淑芳，等．2014. 硅对铜胁迫下小麦幼根细胞超微结构的影响[J]. 应用生态学报，25：2385－2389.

张玉秀，张延红，杨水云，等．2002. 菜豆 *DnaJ-like* 基因组 DNA 片段的克隆及其表达分析[J]. 西安交通大学学报，36(2)：199－203.

赵颖，李军．2010. 硅对水稻吸收镉的影响[J]. 东北农业大学学报，3：59－64.

钟秀明，武学萍．2007. 我国农田污染与农产品质量完全现状、问题及对策[J]. 中国农业资源与区划，28(5)：27－32.

ADAMAKIS I S, PANTERIS E, ELEFTHERIOU E P. 2010. The cortical microtubules are a universal target of tungsten toxicity among land plant taxa[J]. Biol. Res., 13: 59－66.

ALVA A K, CHEN E Q. 1995. Effects of external copper concentrations on uptake of trace elements by citrus seedlings[J]. Soil Sci, 159: 639－641.

ANDREU L, CORNELIA U I, AMPARO S. 2009. Cd^{2+} effects on transmembrance electrical potential difference, respiration and membrane permeability of rice (*Oryza sativa* L.) roots[J]. Plant and Soil, 219(1/2): 21－28.

BARCELO J, POSCHENRIEDER C. 1990. Plant water relations as affected by heavy metal stress: a review [J]. Plant Nutr, 13: 1－37.

BROADLEY M, WHITE P, HAMMOND J, et al. 2007. Zinc in plants[J]. New Phytologist, 173(4): 677－702.

DONCHEVA, POSCHENRIEDER C, STOYANOVA Z, et al. 2009. Silicon amelioration of manganese toxicity in Mn-sensitive and Mn-tolerant maize varieties[J]. Environ. Exp. Bot, 65: 189 - 197.

ELEFTHERIOU E P, ADAMAKIS I S, MELISSA P. 2012. Effects of hexavalent chromium on microtubule organization, ER distribution and callose deposition in root tip cells of Allium cepa[J]. Protoplasma, 249: 401 - 416.

FOYER C H, NOCTOR G. 2005. Redox homeostasis and antioxidant signaling: a metabolic interface between stress perception and physiological responses[J]. Plant Cell, 17: 1866 - 1875.

FERNANDOS J C, HENRIQUES F S. 1991. Bio-chemical, physiological and structural ef-fcts of excess copper in plants[J]. Bot Rev, 57(3): 246 - 273.

FENG J P, SHI Q H, WANG X F. 2009. Effects of exogenous silicon on photosynthetic capacity and antioxidant enzyme activities in chloroplast of cucumber seedlings under excess manganese[J]. Agr. Sci. China, 8: 40 - 50.

FENG J P, SHI Q H, WANG X F, et al. 2010. Silicon supplementation ameliorated the inhibition of photosynthesis and nitrate metabolism by cadmium(Cd) toxicity in Cucumis sativus L[J]. Sci. Hortic, 123: 521 - 530.

FU Y Q, SHEN H, WU D M, et al. 2012. Silicon-Mediated Amelioration of Fe^{2+} Toxicity in Rice(Oryza sativa L.) Roots* [J]. Pedosphere, 22: 795 - 802.

GALLEGO S M, BENAXIDESM P, TOMAROM L. 1996. Effect ofheavymetal ion excess on sunflower leaves: evidence for in-volvement of oxidative stress[J]. Plant Science, 121: 151 - 159.

GORDON R B, BERTRAM M, GRAEDEL T E. 2006. Metal stocks and sustainability[J]. Proceedings of the National Academy of Sciences of the United States of America, 103(5): 1209 - 1214.

GOUIA H, HABIB GHORBAL M, MEYER C. 2000. Effects of cadmium on activity of nitrate reductase and on other enzymes of the nitrate assimilation pathway in bean[J]. Plant Physiol Biochem, 38: 629 - 638.

GRIN I R, KONOROVSKY P G, NEVINSKY G A, et al. 2009. Heavy metal ions affect the activity of DNA glycosylases of the fpg family[J]. Biochemistry(Mosc), 74(11): 1253 - 1259.

GU H H, QIU H, TIAN T, et al. 2011. Mitigation effects of silicon rich amendments on heavy metal accumulation in rice(*Oryza sativa* L.) planted on multi-metal contaminated acidic soil[J]. Chemosphere, 83: 1234 - 1240.

HANIF A, BHATTI H N, HANIF M A. 2009. Removal and recovery of Cu(Ⅱ) and Zn(Ⅱ) using immobilized Mentha arvensis distillation waste biomass[J]. Ecological Engineering, 35(10): 1427 - 1434.

HATTAB S, DRIDI B, CHOUBA L, et al. 2009. Photosynthesis and growth responses of pea Pisum sativum L. under heavy metals stress[J]. Journal of Environmental Sciences, 21: 1552 - 1556.

HENDERSON I R, JACOBSEN S E. 2007. Epigenetic inheritance in plants[J]. Nature, 447(7143): 418 - 424.

JAROSLAW G, ROMAN P S, EDWARD A G. 2009. Ultrastructure analysis of cadmium-tolerant and -sensitive celllines of cucumber(*Cucumis sativus* L.)[J]. Plant Cell Tiss Organ Cult, 99: 227 - 232.

KHANDEKAR S, LEISNER S. 2011. Soluble silicon modulates expression of Arabidopsis thaliana genes involved in copper stress[J]. Plant Physiol, 168: 699 - 705.

KLEIN M, BURLA B, MARTINOIA E. 2006. The multidrug resistance-associated proteins(MRP/ABCC) subfamily of ATP-binding cassette transporters in plants[J]. FEBS Letters, 580: 1112 - 1122.

LAMOREAUX R J, CHANEY W R. 1977. Grow and water movement in silver maple seedling affected by cadmium[J]. J Environ Qual, 6: 201 - 205.

LI L B, ZHENG C, FU Y Q, et al. 2012. Silicate-Mediated Alleviation of Pb Toxicity in Banana Grown in Pb-Contaminated Soil[J]. Biol Trace Elem Res, 145: 101 - 108.

LI J Y, FU Y L, PIKE SM, et al. . 2010. The *Arabidopsis nitrate* transporter NRT1. 8 functions in nitrate removal from the xylem sap and mediates cadmium tolerance[J]. Plant Cell, 22: 1633 – 1646.

LIANG Y, SUN W, ZHU Y G, et al. 2007. Mechanisms of silicon-mediated all eviation of abiotic stresses inhigher plants: a review[J]. Environmental Pollution, 147: 422 – 428.

LIU J J, LIN S H, XU P L, et al. . 2009. Effects of exogenous silicon on activities of antioxidant enzymes and lipid peroxidation in chilling-stressed cucumber leaves[J]. Acta Agric Sinica, 8: 1075 – 1086.

LIU X L, ZHANG S Z, SHAN X Q, et al. 2007. Combined toxicity of cad-mium and arsenate to wheat seedlings and plant uptake and antioxidative enzyme responsesto cadimium and arsenate co-contamination[J]. Ecotoxicology and Environmental Safety, 68(2): 305 – 313.

MACFARLANE G R, BURCHETT M D. 2002. Toxicity, growth and accumulation relationships of copper, lead and zinc in the grey mangrove Avicennia marina(Forsk) Vierh[J]. Marine Environ Res, 54: 65 – 84.

MILES C D, BRANDLE J R, DANIEL D, et al. 1973. Hg^{2+}-ADCMU independent electron acceptor of PSII [J]. Biochem Biophys Res Commun, 50: 1113 – 1119.

MOHSIN B T, ANSARI M Y, CHOUDHARY S, et al. 2011. Synergistic Cytotoxic Stress and DNA Damage in Clover(*Trifolium repens*) Exposed to Heavy Metal Soil from Automobile Refining Shops in Kashmir -Himalaya[J]. ISRN Toxicol(12): 1 – 7.

MORA M L, ROSAS A, RIBERA A, et al. 2009. Differential tolerance to Mn toxicity in perennial ryegrass genotypes: involvement of antioxidative enzymes and root exudation of carboxylates[J]. Plant Soil, 320: 79 – 89.

MUHAMMAD A F, SHAFAQAT A, AMJAD H, et al. 2013. Alleviation of cadmium toxicity by silicon is related to elevated photosynthesis, antioxidant enzymes; suppressed cadmium uptake and oxidative stress in cotton[J]. Ecotoxicology and Environmental Safety, 96: 242 – 249.

NOCITO F F, LANCILLI C, CREMA B, et al. 2006. Heavy metal stress and sulfate uptake in maize roots [J]. Plant Physiology, 141: 1138 – 1148.

NOCITO F F, LANCILLI C, DENDENA B, et al. 2011. Cadmium retention in rice roots is influenced by cadmium availability, chelation and translocation[J]. Plant Cell Environ, 34: 994 – 1008.

OBATA H, UMEBAYASHI M. 1997. Effect of cadmium on mineral nutrient concentrationin plant differing in tolerance for cadmium[J]. Journal of Plant Nutrition, 20: 97 – 105.

PAGE A L, BINGHAM F T, NELSON C. 1972. Cadmium absorption and growth of various plant species as influenced by solution cadmium concentration[J]. Journal of Environmental Quality, 1(3): 288 – 291.

ROBERTS L A, PIERSON A J, PANAVIENE Z, et al. 2004. Yellow Stripel. Expanded roles for the maize iron-phytosiderophore transporter[J]. Plant Physiol, 135: 112 – 120.

DI TOPPI L S, GABBRIELLI R. 1999. Response to cadmium in higher plants[J]. Environmental and Experimental Botany, 41(2): 105 – 130.

SCHTITZENDUBEL A, NIKOLOVA P, RUDOLF C, et al. 2002. Cadmium and H_2O_2-induced oxidative stress in populus X canescens roots[J]. PlantPhysiol Biochem, 40: 577 – 584.

SHEORAN I S, SINGAL H R, SINGH R. 1990. Effect of cadmium and nickel on photosynthesis and the enzymes of the photosynthetic carbon reduction cycle in pigeonpea(*Cajanus cajan* L.)[J]. Photosynthesis Research, 23(3): 345 – 351.

SHI G R, CAI Q S, LIU C F, et al. 2010. Silicon alleviates cadmium toxicity in peanut plants in relation to cadmium distribution and stimulation of antioxidative enzymes[J]. Plant Growth Regulation, 61: 45 – 52.

SILVIA M M, ZUZANA D, IVANA M, et al. . 2014. Effect of Silicon on Growth, Photosynthesis, Oxidative Status and Phenolic Compounds of Maize(*Zea mays* L.) Grown in Cadmium Excess[J]. Yellow Stripel.

Expanded roles for the maize. Water Air Soil Pollut, 225: 1 -11.

SONG A, LI P, LI Z, et al. 2011. The alleviation of zinc toxicity by silicon is related to zinc transport and antioxidative reactions in rice[J]. Plant and soil, 344(1 -2): 319 -333.

SOYLEMEZOGLU G, DEMIR K, INAL A, et al. 2009. Effect of silicon on antioxidant and stomatal response of two grapevine(Vitis vinifera L.) rootstocks grown in boron toxic, saline and boron toxic-saline soil[J]. Sci. Horti, 123: 240 -246.

STOBARK A K, GRIFITHS W T. 1985. The effect of Cd^{2+} on the biosynthesis of chloro-phyll in pleases of bar ley[J]. Plant physiol, 63: 293 -298.

TUKAJ Z, REMISIEWICZ A B, SKOWRONSKI T, et al. 2007. Cadmium effect on the growth, photosynthesis, ultrastructure and phytochelatin content of green microalga Scenedesmus armatus: a study at low and elevated CO_2 concentration[J]. Environmental and Experimental Botany, 60: 291 -299.

WU Z, REN H, MCGRATH S P, et al. 2011. Investigating the contribution of the phosphate transport pathway to arsenic accumulation in rice[J]. Plant Physiol, 57: 498 -508.

XIAO X, FENG Q Y, DING Y, et al. 2009. The effects Cd on ultra-structure of wheat[C]. The 6th International Conference on Mining Science Technology: Procedia Earth and Planetary Science, 1253 -1257.

YADAV S K. 2010. Heavy metals toxicity in plants: an overview on the role of glutathione and phytochelatins in heavy metal stress tolerance of plants[J]. South African Journal of Botany, 76(2): 167 -179.

YAMAMOTO T, NAKAMURA A, LWAI H, et al. 2012. Effect of silicon deficiency on secondary cell wall synthesis in rice leaf[J]. Journal of Plant Research, 125: 771 -779.

YE J, YAN C L, LIU J C, et al. 2012. Effects of silicon on the distribution of cadmium compartmentation in root tips of *Kandelia obovata*(S. L.) Yong[J]. Environmental Pollution, 162: 369 -373.

KIM Y H, KHAN A L, KIM D H, et al. 2014. Silicon mitigates heavy metal stress by regulating P-type heavy metal ATPases, Oryza sativa low silicon genes, and endogenous phytohormones[J]. BMC plant biology, 14(1): 13.

ZAHRA K C, AHMAD A, HAMID R S. 2014. Silicon nutrition potentiates the antioxidant metabolism of rice plants under iron toxicity[J]. Acta Physiol Plant, 6: 493 -502.

ZHANG Q, YAN C L, LIU J C, et al. 2013. Silicon alleviates cadmium toxcity in Avicennia marina(Forsk.) Vierh. seedlings in relation to toot anatomy and radial oxygen loss[J]. Marine Pollution Bulletin, 76: 187 -193.

ZHANG Q, YAN C, LIU J, et al. 2014. Silicon alleviation of cadmium toxicity in mangrove(*Avicennia marina*) in relation to cadmium compartmentation[J]. Journal of Plant Growth Regulation, 33(2): 233 -242.

ZHOU Y W, PENG Y S, et al. 2011. Accumulation and partitioning of heavy metals in mangrove rhizosphere sediments[J]. Environ Earth Sci, 64: 799 -807.

作者简介

谢寅峰：南京林业大学生物与环境学院，博士，教授；E-mail：xxyyff@njfu.edu.cn。

第五篇

遗传与变异

专题19　分子标记方法及其在遗传多样性研究中的应用

Molecular Markers and the Application in Genetic Diversity Research

陈　林

南京林业大学南方现代林业协同创新中心，生物与环境学院　江苏南京　210037

【内容提要】遗传多样性指的是一个居群、一个种或几个种的集群中可遗传变异的多少，它反映了个体之间各种性状的差异(黄宏文等，2005)，它直接反映了居群对生境、气候、人为活动等的适应性。遗传多样性的重要意义在于，一个群体中的遗传多样性的下降意味着其适应环境变化能力的下降，居群内的遗传变异水平与其适合度成正相关。全球的遗传多样性中蕴藏着所有生命过程的信息，任何遗传多样性的丢失都会导致有机体对环境变化的适应能力降低，同时也使人类丧失了具有潜在应用价值的生物信息和资源(Groom et al.，2006)。不了解种内遗传变异的大小、时空分布及其与环境条件的关系，就无法采取科学有效的措施来保护人类赖以生存的遗传资源。本专题包括遗传多样性的基本概念和研究方法，分子标记的主要类型及其特点和应用。

19.1　遗传多样性概述

19.1.1　遗传多样性的含义

遗传多样性(genetic diversity)是生物多样性的重要组成部分，生物多样性的保护，归根结底是遗传多样性的保护。广义的遗传多样性是指地球上生物所携带的各种遗传信息的总和。这些遗传信息储存于生物个体的基因之中。因此，遗传多样性也就是生物遗传基因的多样性。任何一个物种或一个生物个体都保存着大量的遗传基因，因此，可被看作是一个基因库(genepool)。狭义的遗传多样性主要是指种内的遗传多样性，即种内个体之间或一个群体内不同个体的遗传变异总和(Wilson，1985；Magurran，1988)。此外，遗传多样性可以表现在分子水平、细胞水平、个体水平、群体水平等多个层次上。

遗传多样性产生的根本原因是生物在长期演化过程中，遗传物质的改变(或突变)，主要有两种类型，即染色体数目和结构的变化以及基因位点内部碱基的变化。前者称为染色体的变异，后者称为基因突变(或点突变)。此外，基因重组也可以导致生物产生遗传变异。各种变异在选择的作用下，一部分被淘汰，另一部分被保留下来并得到不断的积累，最终形成新的个体和类型(Moritz & Hillis，1990)。遗传变异最直接的表达形式是遗传变异性的大小。一个居群或物种遗传多样性越高或遗传变异越丰富，对环境变化的适应能力就越强，越容易扩展其分布范围和开拓新的环境，即使对无性繁殖占优势的种也不例外(Huenneke，1991)。因此，对遗传多样性的研究可以揭示物种或居群的进化历史(起源的时间、地点和方式)，也能为进一步分析其进化潜力和未来的命运提供资料(Soltis & Soltis，1991)，尤其有助于物种稀有或濒危原因及过程的探讨(Miliar & Libby，1991；陈灵芝等，1993)，也为更有效地保护和更合理地应用生物资源奠定坚实的理论基础。

19.1.2 遗传多样性的研究方法

通常所说的遗传多样性是指种内的遗传多样性，即种内不同群体之间或在一个群体不同个体之间的遗传变异的总和。这些变异在自然选择和人工选择的基础上符合孟德尔遗传规律，而遗传标记则是表示遗传多样性的有效手段。植物的遗传多样性主要是通过遗传标记的多态性来反映的。遗传标记是研究生物遗传变异规律及其物质基础，进而指导遗传育种的重要手段。遗传标记方法主要有 4 种类型，即形态标记、细胞学标记、生化标记和分子标记。此外，还可应用数量遗传学方法对某一物种或种群的遗传多样性进行研究。虽然这种方法依据表型性状进行统计分析，其结论没有分子生物学的精确，但也能很好地反映遗传变异程度，特别是对于理解物种或种群的适应机制，有较大的实践意义。上述各个层次的检测方法都有各自的优势和局限性，并不相互排斥，可以同时采取几种方法进行研究，以便多层次、多角度、更全面地揭示物种或种群的遗传多样性水平。

19.1.2.1 形态学水平遗传多样性的检测

形态学标记是那些在植物生长发育过程中，用肉眼能观察到的形态特征，是生物体的表现型。对形态性状，一般采用统一的标准进行观测和记录。遗传性状稳定、多态性较好的形态标记至今在分类学、遗传学中广泛采用。由于从基因型到表现型存在基因表达、调控、个体发育等一系列复杂的中间环节。因此，如何根据表现型差异来反映基因型差异就成为形态学标记检测遗传多样性的关键。通过有效的采样、合理的数学统计方法，采用遗传学上较为稳定、不易受环境影响的性状，可以揭示群体的遗传规律、变异大小，以区别、鉴定植物种和品种。由于外部形态易受环境影响而发生变化，不及生殖器官和器官内部结构的形态稳定性好，从而引入了形态解剖学鉴定技术和孢粉学指纹技术作为辅助检测方法。此外，植物的形态标记很有限，而且数量性状较多，且受环境的影响大，研究时需要设置多年多点试验，这在很大程度上限制了形态标记的使用。

19.1.2.2 细胞学标记技术

细胞学标记方法是利用染色体数目、核型、分带带型、减数分裂的行为分析等进行植物分类。随着染色体研究技术水平不断发展，可在染色体水平上揭示更多的遗传多样性。染色体分带技术是基于某些染色体染色方法产生具有种属特异性横纹的差示染色带。这些显带图形在发育过程中以及不同组织的细胞间是恒定的。但是，植物染色体的分带技术仍不够完善成熟，并且其技术本身仍缺乏相对的稳定性，对大多数植物而言，远未达到可作为常规技术而广泛应用的程度。就目前植物染色体研究现况来看，染色体数目、结构变异十分有限，而且，染色体内部基因变化细节难以发现，对染色体数目等形态特征一致，植物外观形态相似的品种或种群难以分辨。虽然染色体研究的实验条件相对简单，得到结果快，尤其是结合分带技术可以揭示出大量染色体结构的变异，但是由于染色体制片技术和分辨率的限制，核型分析应用于遗传多样性研究及品种鉴定技术还有一定的难度，对于大多数具有小染色体和结构差异较小的园艺植物来说，染色体核型分析还不足以达到进行品种鉴定的要求。随着植物染色体制片技术的日益成熟，各种分带技术、染色体原位杂交技术等的发展和应用，细胞学标记方法在将来可能会成为植物品种资源鉴定的一种较成熟的技术。

19.1.2.3 生化标记技术

生化标记技术是指利用植物代谢过程中具有特殊意义的生化成分或产物进行品种鉴定和遗传多样性标记的技术，主要包括生化大分子标记技术和蛋白质指纹标记技术。生化大分子标记技术是利用植物化学成分中具有分类学或系统学意义的成分，即特征性化学成分(生物大分子或生物合成物)来作为生物多样性标记。蛋白质指纹标记技术指在蛋白质分子水平上对遗传多样性进行检测，主要是利用同工酶。在同工酶中，经过遗传分析确定为等位基因编码的称为等位酶。一般认为同工酶位点是共显性的，即一个基因位点的两个等位基因可同时表达，由专门编码的多肽链构成的酶能以组织化学方法进行检测。基因的变化在电泳时可以通过酶谱的形式表现出来，从而反映出供试材料的遗传多样性。由于同工酶在生物界中广泛存在，材料来源丰富，实验技术简单，结果易于比较，因此同工酶分析成为检测遗传多样性最普遍的方法，也是当前研究中应用最广泛的手段。

19.1.2.4 分子水平的检测

以 DNA 为基础的多态性检测可以直接比较核苷酸序列的变异，是遗传多样性检测的强有力工具。随着分子生物学技术的发展，目前已有多种分子标记可用来检测遗传多样性。DNA 分子标记检测遗传多样性从原理上大致可分为两类：一类是直接测序，主要是分析一些特定基因或 DNA 片段的核苷酸序列，度量这些 DNA 片段的变异性；另一类是检测基因组的一批识别位点(分子标记)，从而估计基因组的变异性。按使用分子杂交或 PCR 进行检测可把 DNA 分子标记分为两类：基于分子杂交检测的有 RFLP；基于 PCR 的有 RAPD、SSR、AFLP 等以及上述一些方法的改进方法。

19.2 分子标记概述

遗传标记(genetic marker)是指可追踪染色体、染色体某一节段、某个基因座在家系中传递的任何一种遗传特性，它具有两个基本特征，即可遗传性和可识别性。因此生物的任何有差异表型的基因突变型均可作为遗传标记。遗传标记在植物传统遗传学和育种学的建立和发展过程中起到了非常重要的作用。人们利用易于鉴别的遗传标记对一些基因进行鉴定、分类、定位和克隆。到目前为止，遗传标记主要包括形态学标记(morphological marker)、细胞学标记(cytological marker)、生化标记(biochemical marker)和分子标记(molecular marker)4 种类型。其中前 3 种遗传标记都是以基因表达的结果(表现型)为基础的，是对基因的间接反映，标记数目有限，多态性较差，易受环境条件的影响，而分子标记则直接反映了遗传物质 DNA 的遗传变异。分子标记是以生物大分子的多态性为基础的一种遗传标记，广义上的分子标记包括了可遗传、可检测的 DNA 序列和以种子贮藏蛋白质和同工酶为主的蛋白质标记，本专题中所指的分子标记仅指 DNA 分子标记。

19.2.1 分子标记的特点

理想的分子标记必须达到以下几个要求：①具有高的多态性；②共显性遗传，即利用分子标记可以鉴别二倍体中杂合基因型和纯合基因型；③能够明确辨别等位基因；④分布于整个基因组中；⑤除特殊位点的标记外，要求分子标记均匀分布于整个基因组中；⑥选择中性，即无基因多效性；⑦检测手段简单、快速，如试验程序易自动化；⑧开发成本和使用成本尽量低廉；⑨在实验室内和实验室间重复性好，以便于数据交换(周延清，2005)。目前的任何一种分子标记均不能完全满足以上所有要求。但是 DNA 分子标记能够直接以 DNA 的形式表现，在生物体的各个组织、各个发育阶段均可检测到，不受季节、环境限制，不存在表达与否等问题；数量极多，遍布整个基因组，可检测座位几乎无限；多态性高，自然界存在许多等位变异，无须人为创造；表现为中性，不影响目标性状的表达；许多标记表现为共显性的特点，能区别纯合体和杂合体。因此，DNA 分子标记相对于形态学标记、细胞学标记和生化标记，它还是具有许多明显的优越性，从它诞生之日起就引起了生物学家的极大关注。在经历了三十多年的迅猛发展后，分子标记技术日趋成熟，目前已被广泛应用于遗传育种、基因定位、基因克隆以及分子辅助选择等领域。

19.2.2 分子标记的类型及原理

DNA 分子标记大多以电泳谱带的形式表现。根据分子标记分析中所用的分子生物学理论，基于 DNA 分子标记的分子标记技术大致可以分为三大类。第 1 类是以 Southern 杂交为基础的分子标记技术，包括限制性片段长度多态性标记(restriction fragment length polymorphism，RFLP)、DNA 指纹技术(DNA fingerprinting)及原位杂交(in situ hybridization)等，这类分子标记被称为第一代分子标记；第 2 类是以聚合酶链式反应(polymerase chain reaction，PCR)为核心的分子标记技术，包括随机扩增多态性 DNA 标记

(random amplification polymorphism DNA, RAPD)、简单序列重复标记(simple sequence repeat, SSR)、扩增片段长度多态性标记(amplified fragment length polymorphism, AFLP)、序列标记位点(sequence tagged sites, STS)等，为第二代分子标记；第3类是一些新型的分子标记，如单核苷酸多态性(single nucleotide polymorphism, SNP)、表达序列标签(expressed sequences tags, EST)等，也以PCR技术为基础，为第三代分子标记(表19-1)。

表19-1 常用分子标记技术特性比较

标记类型	是否以PCR为基础	遗传特点	多态性	技术难度	可靠性	所用时间	试验成本	自动化程度
RFLP	否	共显性	中等	高	高	多	高	低
RAPD	是	显性	较高	低	低/中等	少	较低	中
ISSR	是	共显性/显性	较高	低	高	少	较低	中/高
SSR	是	共显性	高	低	高	少	中等	中/高
AFLP	是	共显性/显性	较高	中等	高	中等	较高	中/高
SNP	是	共显性	高	高	高	多	高	高
EST	是	共显性	高	高	高	多	高	中

19.2.2.1 限制性片段长度多态性(restriction fragment length polymorphism, RFLP)标记

该技术是以Southern杂交为基础的分子标记，作为遗传工具于1974年由Grodzicker等创立，1980年由Botstein再次提出，并于1983年最先应用于品种鉴别和品系纯度测定，是第一个被应用于遗传学研究的DNA分子标记，也是第一代分子标记。当利用某一种限制性内切酶来酶解不同品种或同一品种的不同个体时，由于目标DNA既有同源性又有变异，因而酶切片段长度就有差异，不同材料显示的杂交带位置也有差异，这种差异就是限制性片段长度多态性(Moritz & Hillis, 1990; Schaal et al., 1991)。因为限制性内切酶能识别并切割基因组DNA分子中特定的位点，如果因碱基的突变、插入或缺失，或者染色体结构的变化而导致生物个体或种群间该酶切位点的消失或新的酶切位点的产生，那么利用特定的限制性内切酶切割不同个体的基因组DNA时，就可以得到长短、数量、种类不同的限制性DNA片段，通过凝胶电泳分离，将这些片段按原来的顺序和位置转移到易操作的硝酸纤维素膜或尼龙膜上，选用放射性同位素或非放射性物质标记的DNA作探针与膜上的DNA杂交(称Southern杂交)，放射自显影或酶学检测后就可得到反映个体特异性的DNA限制性片段多态性图谱。

19.2.2.2 随机扩增多态性DNA(random amplification polymorphism DNA, RAPD)标记

RAPD技术是1990年由Williams和Welsh各自独立提出的一种DNA多态性检测技术，它建立在PCR(polymerase chain reaction)基础之上，可从扩增的DNA片段上对整个未知序列的基因组进行多态性分析。RAPD以单个人工合成的随机多态核苷酸序列(通

常为10个核苷酸）为引物，对所研究的基因组DNA进行PCR扩增。扩增产物经琼脂糖或聚丙烯酰胺电泳分离、溴化乙锭(EB)染色或放射性自显影来检测扩增产物DNA片段的多态性，这些扩增产物DNA片段的多态性反映了基因组相应区域DNA的多态性。RAPD技术无需设特定的扩增引物，扩增产物具有丰富的多态性，如果使用一系列随机引物(20~40个)，其检测区域可扩大到整个基因组，能反映整个基因组的变化。另外，该技术操作简便快速、成本低、无放射性污染，不依赖基因组遗传信息，不涉及分子杂交和放射性自显影等技术，所以该技术在20世纪90年代前期被广泛应用于遗传多样性、种群遗传、数量遗传、特定基因的标记和定位、品种鉴定和系统进化发育等许多研究领域。

随着研究的深入，人们发现RAPD技术存在一定的缺陷。首先是显性遗传，不能识别杂合子位点，这使得遗传分析相对复杂，在基因定位、作连锁遗传图时，会因显性遮盖作用而使计算位点间遗传距离的准确性下降；其次，RAPD只能分开不同长度的DNA片段，不能分开那些长度相同而碱基序列不同的DNA片段；同时，由于随机引物较短，因而对一些PCR因素更敏感，重复性较差，一般来说，对于特定的仪器设备，对其反应条件反复进行优化，可以得到较可靠的结果。也有研究者用其他生物技术与RAPD技术结合，以拓展其应用性，将代表遗传特异性的RAPD标记进行纯化、克隆和测序，然后根据此片段合成特殊位点引物，再用于PCR扩增。这种标记类型称作特征序列扩增区(sequence characterized amplified regions, SCAR)(Paran & Michelmore, 1993)。

19.2.2.3 简单序列重复(simple sequence repeat, SSR)标记

简单序列重复(SSR)又称为微卫星DNA(microsatellite DNA)，由Moore等于1991年创立，是一类由1~6个碱基组成的基序(motif)串联重复而成的短片段，重复次数5~50不等，其中以双核苷酸重复最为常见(Powell et al., 1996)。真核生物中，每隔10~50 kb就存在一个微卫星位点，广泛分布在整个基因组的不同位置(Litt & Luty, 1989)，如(CA)n、(AT)n、(TG)n等重复。由于微卫星寡核苷酸的重复次数在同一物种的不同基因型间差异很大，而不同遗传材料重复次数的可变性也使SSR长度产生高度变异性，因而SSR标记呈现高度多态性(Ashley & Dow, 1994)。尽管微卫星DNA分布于整个基因组的不同位置，但其两端序列，即重复单元的两翼序列多是保守的单拷贝序列，因而在某微卫星等位基因被分离鉴定出来后，可根据其侧翼保守序列的信息来设计该微卫星位点特异的寡核苷酸引物，通过PCR技术将其间的核心微卫星DNA序列进行扩增，得到含不同重复单元数目的等位基因片段，再利用聚丙烯酰胺凝胶电泳就可将不同基因型个体在这个SSR位点的多态性显示出来，通过比较扩增片段长短的差异，来检测群体中该基因位点上等位基因的多样性和在居群内的分布(黄磊，王义权，2004)。

微卫星标记呈共显性遗传，符合简单的孟德尔遗传规律，可以鉴别杂合子和纯合子，对个体鉴定具有特殊意义。SSR标记技术一般检测到的是一个单一的多等位基因位点，且位点具有专化性，SSR标记数量丰富，覆盖整个基因组，分布均匀。同时，SSR兼具PCR反应的优点，所需的DNA量少，即便DNA降解，也能有效地分析鉴定，且实验重复性好，可靠性高，相比于RFLP和RAPD多态性较高，在品种间具有广泛的

位点变异，近年来SSR标记已成为比较理想的分子标记。但是由于创建新的标记时需知道重复序列两端的序列信息，对于许多物种需构建文库，因此其开发有一定困难，费用也较高，同时微卫星标记存在其序列两侧区域在种间保守性往往较低的局限性。

19.2.2.4 简单重复序列间区(inter simple sequence repeat, ISSR)标记

简单重复序列间区标记(ISSR)也称为锚定简单重复序列(anchored simple sequence repeat, ASSR)或者以微卫星为引物的PCR(microsatellite-primed PCR, MP-PCR)，该技术于1994年由Zietkiewicz等创建，是一种以加锚SSR寡聚核苷酸即在SSR序列的3′端或5′端加上2~4个随机核苷酸作引物，对位于反向排列的SSR之间的DNA序列进行PCR扩增，而不是扩增SSR本身的简单序列重复区间扩增多态性分子标记。该技术不是检测靶微卫星序列的长度变异，而是检测重复序列区域间有无碱基插入、缺失及突变等多态性变异。ISSR在引物开发上比SSR要简单，不需要知道DNA序列，开发费用低，ISSR引物可以在种间通用，不像SSR引物具有较强的种特异性；与RFLP、RAPD相比，ISSR具有较高的多态性，可以提供更多关于基因组的信息，而且ISSR技术比RAPD技术更加稳定可靠，实验操作简单、快速、高效、重复性更好，是一种非常有发展前途的分子标记(王建波，2002)。ISSR标记呈孟德尔式遗传，在多数物种中是显性的，目前已广泛用于植物品种鉴定、遗传作图、基因定位、遗传多样性、进化及分子生态学研究中。

19.2.2.5 扩展片段长度多态性(amplified fragment length polymorphism, AFLP)标记

扩展片段长度多态性(AFLP)标记技术是由荷兰科学家Zabeau和Vos于1993年发明的一张DNA多态性检测方法，又称为限制片段选择扩增技术(selective restriction fragment amplification, SRFA)，被认为是第二代分子标记(周延清，2005)。AFLP标记是建立在PCR技术和RFLP标记技术基础上，通过限制性内切酶片段的不同长度检测DNA多态性的一种DNA指纹技术，也是建立在基因组限制性内切酶酶切片段基础上的PCR扩增技术。作为RAPD标记与RFLP标记相结合的技术，它不仅结合了RFLP的稳定性和PCR技术的简便高效性，也克服了RFLP标记技术复杂、带型少、信息量小以及RAPD标记技术稳定性差、标记呈显隐性遗传的缺点，而且具有快速、灵敏、稳定，所需DNA量少，多态性检出率高、重复性好，通用性强，无论所研究的基因组DNA多复杂，用该方法都可以检测出任何DNA之间多态性的优点。所以，该方法被认为是一种有效和先进的分子标记，除了可以用于一般分子标记的所有应用范围以外，在鉴定与目标基因紧密连锁的分子标记，目标基因的精细定位，高密度遗传连锁图的绘制以及种质资源的遗传多样性检测方面，表现出独到的优势。

AFLP标记可以采用多种不同类型的限制性内切酶及不同数目的选择性碱基，在理论上可以产生无限多的标记数并可以覆盖整个基因组，且多态性远超其他分子标记技术，一般一次检测可以获得50~100个AFLP扩增产物，能够在遗传关系十分相近的材料中产生多态性，因而被认为是指纹图谱技术中多态性最丰富的一项技术。但是，该技术过程复杂，成本高，分析过程中需要使用放射性同位素标记，对实验室条件和操

作人员技术要求高，因而在一定程度上也限制了该技术的广泛应用。

19.2.2.6 表达序列标签(expressed sequences tags，EST)标记

表达序列标签(EST)标记是Adams等于1991年创始的高通量cDNA测序，并且在构建人脑cDNA进行末端单一自动测序时首次应用，此后在世界范围内广泛应用，成为研究基因功能的最有效的捷径。1993年，美国国家生物技术信息中心(National Center of Biotechnology Information，NCBI)建立了一个专门的EST数据库(database of EST，dbEST)来保存和收集所有的EST数据，为植物基因组研究的快速发展奠定了基础。

表达序列标签来源于一定环境下一个组织总mRNA所构建的cDNA文库，通过从cDNA文库中随机挑取的克隆进行测序所获得的部分cDNA的3′端或5′端序列，一般长度在300~500bp(Hatey et al.，1998)。每一个EST代表了文库构建原组织的基因组DNA中一个表达基因的部分转录片段，因此，通过测序获得的序列与基因数据库已知的序列比较，可以探知对生物体生长发育、繁殖分化、遗传变异、衰老死亡等一系列生命过程的影响因素。与一般分子标记技术相比，EST标记可以直接和一个表达基因相关，且便于转变成STS标记。因为表达基因只占整个基因组的2%左右，EST所反映的只是部分编码基因，所以利用EST标记可以直接获得有关基因的表达信息，同时EST标记相对于基因组测序有多、快、好、省的特点，极大地提高测序效率。

19.2.2.7 单核苷酸多态性(single nucleotide polymorphism，SNP)

单核苷酸多态性(SNP)标记技术于1998年建立，用于检测人类基因组中单个核苷酸改变的分子标记技术(Lemieux et al.，1998)。SNP主要是指在基因组水平上由单个核苷酸的变异所引起的DNA序列多态性，其所表现的多态性只涉及单个碱基的变异，通常所说的SNP都是二等位多态性的，这种变异可以是由单个碱基转换(C\T或C\A)或颠换(C\A，G\T，C\G，A\T)所引起，也可以有碱基的插入或缺失所致。但是由于转换的发生率总是明显高于其他几种变异，具有转换型变异的SNP约占2/3，因此通常所说的SNP并不包括后两种状况。

在基因组DNA中，任何碱基均有可能发生变异，因此SNP既有可能在基因序列内，也有可能在基因以外的非编码序列上。总的来说，位于编码区内的SNP(coding SNP，cSNP)比较少，因为在外显子内，其变异率仅及周围序列的1/5，但它在遗传性疾病研究中却具有重要意义，因此cSNP的研究更受关注(周延清，2005)。从对生物的遗传性状的影响上来看，cSNP又分为2种：一种是同义cSNP(synonymous cSNP)，即SNP所致的编码序列的改变并不影响其所翻译蛋白质的氨基酸序列，突变碱基与未突变碱基的含义相同；另一种是非同义cSNP(non-synonymous cSNP)，指碱基序列的改变可使以其为蓝本翻译的蛋白质序列发生改变，从而影响了蛋白质的功能。这种改变常是导致生物性状改变的直接原因。cSNP中约有一半为非同义cSNP。DNA芯片技术是目前检测SNP最为有效的方法。与一般标记相比，SNP标记数量多，在基因组中分布广泛；分辨率高，可以分辨出单碱基；与SSR相比，SNP高度稳定；同时易于进行自动化分析，缩短研究时间；可以对亲缘关系较近的近缘种，甚至不同基因型的品种实行精确的遗传多样性研究。但SNP标记在制作SNP图、SNP分型和SNP结果分析等方

面还存在一些问题，如成本太高导致无法增加 SNP 数量以致错误率增加，难以确定用哪个 SNP 解决错误的遗传问题，并对数据进行有效的分析，以及 SNP 的专利问题等。

19.2.2.8 目标起始密码子多态性(start condon targeted polymorphism, SCoT)

目标起始密码子多态性分子标记是 Collard 和 Mackill 于 2009 年在水稻中提出的基于单引物扩增反应(single primer amplification reaction, SPAR)的新的目的基因分子标记方法，它可以作为 RAPD、ISSR 标记的有效补充(Williams et al., 1990; Zietkiewicz et al., 1994; Gupta et al., 1994; Collard & Mackill, 2009)。SCoT 标记是根据植物基因中的 ATG 翻译起始位点侧翼序列的保守性来设计单引物对基因组进行扩增的一项基于 PCR 技术的新型分子标记技术，其操作简单、引物通用性强、成本低、多态性高，可获得丰富的遗传信息，在研究物种遗传多样性和亲缘关系上具有明显优势(Collard & Mackill, 2009)。但是作为一种能跟踪性状的新的分子标记技术，受引物来源的限制，其应用范围还有待进一步开发。郭大龙等(2012)结合 SCoT 和 ISSR 技术开发了起始密码子—微卫星扩增多态性(start codon-simplesequence repeat, SC-SSR)技术，主要特点为：①建立在 PCR 基础上的单引物扩增，操作简单；②和ISSR 标记相比，它是一种目的基因分子标记，能有效产生和性状连锁的标记，方便分子标记辅助育种；③与 SCoT 标记相比，因为扩增了 SSR 区间，所以多态性更强；④直接在原有引物基础上进行组合，SC-SSR 标记上游引物与下游引物之间可自由组配，因而用少数的引物可进行多种组合，减少了合成引物的费用，也提高了引物的使用率，同时引物可以在物种间通用。相比目前较为通用的 SSR 标记，因其不需要预先获得序列信息，程序更为简化而使成本更低，与第三代的 SNP 技术相比，也具有操作简便的优势。因此，基于保守序列开发的 SC-SSR 技术的应用前景十分广泛。

19.3 分子标记在遗传多样性研究中的应用

分子标记的诸多优越性使得该技术广泛应用于植物遗传多样性研究，取得了惊人的成绩。近年来，诸多学者利用 RFLP、RAPD、SSR、ISSR、AFLP、EST 和 SNP 等技术对不同种群的遗传多样性进行了较为深入的研究，但由于各个技术之间的技术特性和优缺点，目前在植物遗传多样性研究中应用较多的分子标记技术主要还是集中在 SSR、EST-SSR、SNP 等第二代、第三代分子标记上。

袁王俊等(2015)以‘籽银桂’花叶片 DNA 为材料，以2 × EsTaqMasterMix 预混液为基本体系，针对影响 SCoT-PCR 反应的退火温度、模板 DNA 用量、引物浓度等因素进行优化，建立了适于桂花 SCoT 分子标记的反应体系，并利用该体系对 12 个桂花品种进行分析，扩增条带清晰，扩增产物在 150~2200 bp 之间。从 36 条 SCoT 引物中成功筛选出的 12 条可用于桂花 SCoT 分子标记的引物，扩增出 244 条带，其中多态性条带 238 条，多态性比率为 97.47%。同时，通过聚类分析，在相似系数 0.57 水平处，‘九龙桂’形成第Ⅰ组，其余 11 个品种形成第Ⅱ组。第Ⅱ组中‘柳叶桂’、‘香云’、‘早籽黄’、‘大花金桂’、‘桂冠籽金桂’、‘鹅黄’、‘籽金桂’和‘醉云’8 个花色不完全相同的品种聚在一起；'金桂'、'早银桂'和'籽银桂'3 个不同花色的品种聚在一起，说明品种间的亲缘关系与花色不完全相关，这与其他研究者在用 RAPD(尚富德等，2004) AFLP(韩远记等，2008)、ISSR(李梅等，2009)分子标记研究桂花遗传多样性时的结果一致。

魏召新(2010)以 38 个柑橘及其近缘属植物为材料，利用 PCR-SSCP 方法筛选分析 SNP 分子标记，从 84 对引物中筛选出了具多态性的引物 18 对，并对其中 10 对引物的 PCR 产物进行了克隆测序，共得到 157 个 SNP 位点，包括一个 14 碱基的 InDel 位点，这些位点多为二等位性，仅 6 个 SNP 位点是三等位性。同时，对 PCR-SSCP 的谱带分型、测序的结果进行了聚类分析，结果表明，真正柑橘果树类可分为 5 个大的类群：即：枳和飞龙枳；澳檬；宜昌橙和三山香圆；柠檬、来檬、枸橼和柚；以及甜橙、宽皮柑橘、杂柑和金柑，这一结果与前人的研究基本一致。结果还表明，利用少数不同的 SNP 组合能够区分开大部分样本，可以用于柑橘杂种和品种的鉴定。

王佳媛等(2012)以采自四川南部麻咪泽和美姑大风顶的野生凹叶木兰(*Magnolia sargentiana*)为材料，利用以 PCR 和测序为基础的 SNP 分子标记方法，初步研究了凹叶木兰的遗传多样性。结果表明：在扩增出的 4 条 510 bp 长的序列上，平均在 73 bp 左右的序列长度上能够检测到一个 SNP 位点，说明两个自然保护区内不同居群的凹叶木兰具有较高遗传多样性；序列间相似度达 97%，与引物所对原序列相似度达 36%，一方面验证了所扩增序列的正确性，另一方面说明该段序列在植物进化中较为保守，在杨树、拟南芥和凹叶木兰中都存在同源的部分，但在保守的同时又存在差异，说明了该段序列在不同的植物进化中有一定的变异，表明该序列适宜进行凹叶木兰遗传多样性研究。

欧阳磊等(2014)基于基因组分子标记，利用自主开发的 52 对杉木(*Cunninghamia lanceolata*)SSR 引物，对国家级杉木种质资源库保存的遗传材料——杉木第 1 代遗传改良收集的 93 份种质资源进行了遗传多样性分析。52 对 SSR 引物在 93 份材料中共检测到 254 个等位变异，等位变异范围为 2~8 个，平均等位基因数为 4.88 个，平均有效等位基因数为 2.32 个，平均观察杂合度为 0.43，平均 Nei's 多样性指数为 0.50，平均 Shannon 信息指数为 0.98。同时，不同引物的等位基因数、有效等位基因数、观察杂合度、多样性指数和 Shannon 信息指数等均表明杉木育种群体中存在较大的遗传差异，其变异系数分别为 24.88%、44.75%、34.20%、34.89% 和 33.59%。93 份种质资源间遗传相似系数的平均值为 0.6933，变化范围为 0.4900~0.9193；遗传距离的平均值 0.3703，变化范围为0.0863~0.7134。当距离阈值为 20 时，可将杉木第 1 代育种群体中的 93 份种质资源划分为五大类；当距离阈值为 15 时，第五大类的 77 份种质资源可细分为 16 个亚类。SSR 分子标记聚类的结果可为种质资源的管理及提高育种效率提供重要依据。

李雪萍等(2015)采用 ISSR 和 SRAP 技术对中国野生濒危植物掌叶木(*Handeliodendron bodinier*)的 5 个野生居群的 95 份材料进行分析，10 条 ISSR 引物共扩增得到 114 个条带，其中多态性条带 68 个，掌叶木在物种水平上的 Nei's 基因多样性(H)为 0.1817，Shannon's 遗传多样性信息指数(I)为 0.2792；观测等位基因数(Na)为 1.5965，有效等位基因数(Ne)为 1.2984，居群间基因间分化度(Gst)为 35.17%。15 组 SRAP 引物共扩增出 292 个条带，其中多态性条带 269 个，物种水平上，掌叶木的 Nei's 基因多样性

(H)为0.3171，Shannon's遗传多样性信息指数(I)为0.4758；观测等位基因数(*Na*)为1.9212，有效等位基因数(*Ne*)为1.5380，居群间基因间分化度(*Gst*)为23.17%。结果显示两种标记均能检测到掌叶木具有较高的遗传多样性，掌叶木不同居群间存在一定的遗传分化和基因流动，但遗传分化主要存在于居群内。

参考文献

陈灵芝.1993.中国的生物多样性现状及其保护对策[M].北京：科学出版社.

法兰克汉R.，巴卢J.D.，布里斯科D，A. 2005.保育遗传学导论[M].黄宏文，康明，译.北京：科学出版社.

葛颂，洪德元.1994.遗传多样性及其检测方法[A].见：中国科学院生物多样性委员会.生物多样性研究系列专著1——生物多样性研究的原理与方法[M].北京：中国科学技术出版社，123-140.

郭大龙，侯小改，刘崇怀，等.2012.一种新的DNA分子标记技术——起始密码子-微卫星扩增多态性[J].植物生理学报，48(4)：408-412.

韩远记，董美芳，袁王俊，等.2008.部分桂花栽培品种的AFLP分析[J].园艺学报，35(1)：137-142.

黄磊，王义权.2004.扬子鳄种群的微卫星DNA多态及其遗传多样性保护对策分析[J].遗传学报，31(2)：143-150.

李梅，侯喜林，单晓政，等.2009.部分桂花品种亲缘关系及特有标记的ISSR分析[J].西北植物学报，29(4)：674-682.

李雪萍，郭松，熊俊飞，等.2015.广西野生濒危植物掌叶木遗传多样性的ISSR与SRAP分析[J].园艺学报，42(2)：386-394.

欧阳磊，陈金慧，郑仁华，等.2014.杉木育种群体SSR分子标记遗传多样性分析[J].南京林业大学学报(自然科学版)，38(1)：21-26.

尚富德，伊艳杰，张彤.2004.河南17个桂花品种的RAPD分析[J].园艺学报，31(5)：685-687.

王佳媛，吴传芳，唐亚.2012.基于SNP分子标记的凹叶木兰遗传多样性初步研究[J].广西植物，32(4)：542-547.

王建波.2002.ISSR分子标记及其在植物遗传学研究中的应用[J].遗传，24(5)：613-616.

魏召新.2010.柑橘单核苷酸多态性分子标记的筛选及其在遗传多样性研究中的应用[D].重庆：西南大学.

袁王俊，马寅峰，董美芳，等.2015.桂花SCoT标记体系的建立及其在遗传多样性分析中的应用[J].园艺学报，42(3)：569-575.

周延清.2005.DNA分子标记技术在植物研究中的应用[M].北京：化学工业出版社.

ASHLEY M V, DOW B D. 1994. The use of microsatellite analysis in population biology: background, methods and potential applications[A]. In: Schierwater B., Streit B., Wanger G R, et al. (eds.), Moleeular ecology and evolution: approaches and applications[M]. Basel: Birkhäuser Basel, 185-201.

BOTSTEM D, WHITE R L, SKOLNICK M, et al. 1980. Construction of a genetic linkage map in man using restriction fragment length polymorphisms[J]. American Journal of Human Genetics, 32(3): 314-331.

COLLARD B C Y, MACKILL D J. 2008. Start Codon Targeted(SCOT) Polymorphism: a simple, novel DNA marker technique for generating gene-targeted markers in plants[J]. Plant Molecular Biology Reporter, 27(1): 86-93.

GROOM M J, MEFFE G K, CARROLL C R. 2006. Principles of conservation biology(3rd edition)[M]. Sunderland: Sinauer Associates, Inc.

GUPTA M, CHYI Y S, ROMERO-SEVERSON J, et al. 1994. Amplification of DNA markers from evolutionarily diverse genomes using single primers of simple - sequence repeats[J]. Theoretical and Applied Genetics, 89(7): 998 - 1006.

HATEY F, TOSSER-KLOPP G, CLOUSCARD-MARTINATO C, et al. 1998. Expressed sequence tags for genes: a review[J]. Genetics Selection Evolution, 30(6): 1 - 21.

HUENNEKE L F. 1991. Ecological implications of genetic variation in plant populations[A]. In: Falk D. A., Holsinger K. E. (eds.), Genetics and conservation of rare plants[M]. New York: Oxford University Press, 31 - 44.

LEMIEUX B, AHARONI A, SCHENA M. 1998. Overview of DNA chip technology[J]. Molecular Breeding, 4(4): 277 - 289.

LITT M, LUTY J A. 1989. A hypervariable microsatellite revealed by in vitro amplification of a dinucleotide repeat within the cardiac muscle actin gene[J]. American Journal of Human Genetics, 44(3): 397 - 401.

MAGURRAN A E. 1988. Ecological diversity and its measurement[M]. New Jersey: Princeton University Press.

MILLAR C I, LIBBY W J. 1991. Strategies for conserving clinal, ecotypic, and disjunct population diversity in widespread species[A]. In: Falk D. A., Holsinger K. E. (eds.), Genetics and conservation of rare plants[M]. New York: Oxford University Press, 149 - 170.

MORGANTE M, OLIVIERI A M. 1993. PCR-amplified microsatellites as markers in plant genetics[J]. The Plant Journal: for cell and molecular biology, 3(1): 175 - 182.

MORITZ C, HILLIS D M. 1990. Molecular systematics: context and controversies[A]. In: Hillis D. M., Moritz C. (eds.), Molecular systematics[M]. Sunderland: Sinauer, 1 - 11.

PARAN I, MICHELMORE R W. 1993. Development of reliable PCR-based markers linked to downy mildew resistance genes in lettuce[J]. Theoretical and Applied Genetics, 85(8): 985 - 993.

POWELL W, MORGANTE M, ANDRE C, et al. 1996. The comparison of RFLP, RAPD, AFLP and SSR (microsatellite) markers for germplasm analysis[J]. Molecular Breeding, 2(3): 225 - 238.

SCHAAL B A, LEVERICH W J, ROGSTAD S H. 1991. Comparison of methods for assessing genetic variation in plant conservation biology[A]. In: Falk D. A., Holsinger K. E. (eds.), Genetics and conservation of rare plants[M]. New York Oxford University Press, 123 - 134.

SOLTIS P S, SOLTIS D E. 1991. Genetic variation in endemic and widespread plant species: examples from Saxifragaceae and *Polystichum*(Dryopteridaceae)[J]. Aliso, 13, 215 - 223.

WILLIAMS J G, KUBELIK A R, LIVAK K J, et al. 1990. DNA polymorphisms amplified by arbitrary primers are useful as genetic markers[J]. Nucleic Acids Research, 18(22): 6531 - 6535.

WILSON E O. 1985. The Biological diversity crisis[J]. Bioscience, 35(11): 700 - 706.

ZIETKIEWICZ E, RAFALSKI A, LABUDA D. 1994. Genome fingerprinting by simple sequence repeat (SSR)-anchored polymerase chain reaction amplification[J]. Genomics, 20(2): 176 - 183.

作者简介

陈林：南京林业大学生物与环境学院，博士，讲师；E-mail：clinechen@njfu.edu.cn。

专题 20　栎属及其近缘属植物的分子亲缘地理

Molecular Phylogeography in *Quercus* and Its Related Genera

方炎明

南京林业大学南方现代林业协同创新中心，生物与环境学院　江苏南京　210037

【内容提要】首先，本专题引入了溯祖过程和溯祖理论，定义了相关名词和术语。其次，通过两个案例介绍了亲缘地理学研究的主要科学问题，从 cpDNA、中性检验和主要分析工具 3 个方面解读了分子亲缘地理的分析途径。第三，从时间、空间和分类维度简述了栎属及近缘属植物分子亲缘地理研究的主要进展，展示了亲缘地理结构、避难所研究所取得的主要成果。最后，展望了亲缘地理学的 3 个发展趋势：拓展分析位点、拓展溯祖理论和拓展分类群，提出了中国植物亲缘地理研究的 4 个前沿科学问题：广布森林树种大地理尺度的亲缘地理模式、植物区系地理与亲缘地理的关系、同属近缘种的亲缘地理关系和植物亲缘地理学与植物群落学的融合问题。本专题包括溯祖理论是亲缘地理学的基石、亲缘地理学途径是物种进化历史研究的利器、亲缘地理学方法在栎属及近缘属植物中的应用、亲缘地理学未来发展 4 小节内容。

20.1　溯祖理论是亲缘地理学的基石

20.1.1　术语与概念

亲缘地理学(phylogeography)一词是由 John C Avise 于 1987 年提出的。它是一门研究谱系(特别是种内谱系)地理分布规律和过程的学科(Avise，1998)。溯祖过程(coalescent process)是一个随机过程，溯祖理论是群体遗传学的一个有力的理论模型(Nordborg，2000)。亲缘地理学的原理和方法是建立在溯祖理论基础之上的。有关亲缘地理学和溯祖理论的术语与概念见表 20-1。

表 20-1 基本术语(Rosenberg & Nordborg, 2002)

Tab. 20-1 Basic terms

术 语	定 义
单倍型 haplotype	存在于特定个体单条染色体上多种遗传标记的等位基因配置
溯祖过程 coalescence	追溯祖先的谱系合并过程
随机过程 stochastic process	数量按时间随机变化的数学描述
平衡选择 balancing selection	两个或多个等位基因在群体中维持的选择
适应辐射 adaptive radiation	占领空白生态位的新种或新亚种的进化
遗传漂变 genetic drift	由于随机因素等位基因频率按时间随机波动
贝叶斯途径 bayesian approach	在分析数据前后重点考察参数的概率分布的统计学视角
频率途径 frequentist approach	重点考察在多次抽样中一次观察值频率的统计学视角
似然分析 likelihood analysis	考虑不同模型观察数据似然值的一种统计学方法
马尔可夫链蒙特卡罗算法 Markov Chain Monte Carlo	一种用于计算似然性有效数值的技术

最早的植物亲缘地理学研究始于1991年，有两篇报道，分别是北美洲虎耳草科植物 *Tellima grandiflora*(Soltis et al., 1991)和中美洲格力豆(*Gliricidia sepium*)(Lavin et al., 1991)的亲缘地理学研究。两个种的分布区均不连续，难以用经典的植物地理学理论来解释，只能用历史因素来解释，这就涉及分布区收缩和更新世避难所等问题。随后的研究发现，胞质基因流在不同的地理尺度上均出现。后来又发现，采用核标记和细胞质标记从栎树群体中测得的固定指数(F_{ST}或 G_{ST})差别很大(Petit et al., 1993)。一些学者采用岛屿理论来解释植物核基因和细胞器基因的不对称，认为高水平的花粉基因流和低水平的种子基因流可以解释这种不对称。利用母系遗传基因组标记探测地理结构一时成为巨大动力，方法不断改进，以克服固有的低水平变异问题。基于PCR的分子技术特别有益于亲缘地理学的发展，这些技术已经广泛应用于植物器官DNA的群体研究。

20.1.2 溯祖过程

溯祖过程是经典群体遗传学理论和模型的自然延伸，Kingman的研究工作奠定了溯祖过程的理论基础，Hudson和Tajima分别独立地发现了该规律。溯祖过程的基本思想是：当无选择时，在回溯祖先的过程中，取样的谱系可以看作随机“挑选”它们的双亲(图20-1)。当两个谱系挑选同一个亲本时，两个谱系回溯到共同祖先。最终，所有谱系回溯到一个谱系，即样本的最近共同祖先(most recent common ancestor, MRCA)。回溯到MRCA的速率，①取决于谱系数，谱系越多，速度越快；②取决于群体大小，选择的亲本越多，速度越慢。生殖成功变异、年龄结构、有偏的性别比率等因素，仅仅影响溯祖速率；而群体结构、群体大小波动等因子，也影响谱系树的形状。重组对溯祖过程有深刻影响，当重组存在时，产生的不是随机树。

溯祖过程的基本思想好比通过修家谱来寻根问祖、追本溯源的过程，从现在回溯到过去，寻找到共同祖先。溯祖过程又有别于上述过程，首先是通过取样而不是所有个体来回溯过去，其次是通过DNA分子数据来回溯过去。溯祖理论与经典群体遗传学理论相比，有三点明显区别：其一，溯祖理论是“回溯”性的，而经典群体遗传学理论却是“前瞻性”的。其二，前者的研究对象是群体中的样本，后者是整个群体；溯祖理

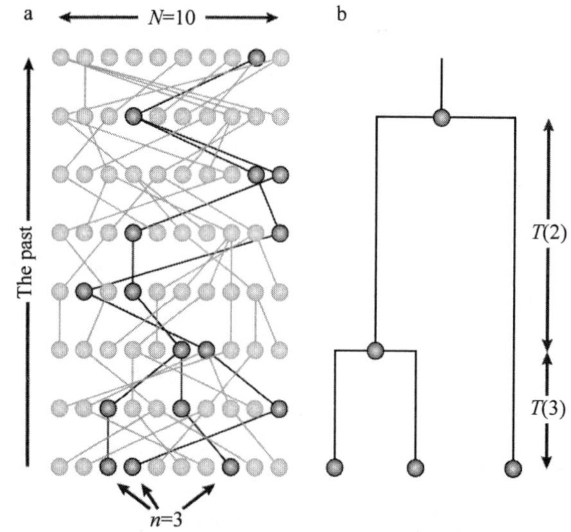

图 20-1 溯祖过程基本原理示意图(Rosenberg & Nordborg, 2002)

Fig. 20-1 Schematic diagram for fundamental of coalescent process

a. 一个含有10个单倍型的群体($N=10$)的完整谱系图，$n=3$为样本大小，箭头为3个取样谱系(蓝色)的溯祖过程，最终回溯到它们的共同祖先(MRCA) b. 3个取样谱系溯祖过程的拓扑结构，$T(3)$和$T(2)$分别代表两次溯祖事件经历的时间(枝长)

论在研究样本的基础上，用严谨的数学分析方法来解释获得的试验数据，从而利用分子数据来处和解决群体的进化问题。其三，溯祖理论可以利用以前一直被忽略的信息，解决新的科学问题(吴志浩，张贵友，2003)。

传统的遗传结构研究方法存在以下两方面的不足：第一，在种内遗传分化研究方面，强调遗传交换(即基因流)对遗传结构的影响，忽视历史相关性(历史渊源)的作用。第二，在种间遗传分化研究方面，强调历史渊源作为遗传相似性的唯一决定因素，忽视了网状的遗传相关。系统发育关系的分支推论方法，不能构建网状的谱系。如果将遗传变异单位由物种水平改为基因水平，则非重组的DNA片断就可以逐级组织成网状血统，就可以提供个体水平上不能得到的历史信息。因此，基因谱系奠定研究种内过程历史方法论的基础，这样的分支基因谱系方法能够用于研究解决物种水平上的网状进化，基因谱系的空间分布分析形成了亲缘地理学的基础(Schaal et al., 1998)。

总之，亲缘地理学是一门相对年轻的学科，主要研究种内和密切相关种间谱系的空间排列(Avise, 2009)。亲缘地理学作为生物地理学的分支学科，它不同于生物地理学另一个分支学科——生态地理学(ecogeography)。生态地理学倾向于强调当代自然选择对特征地理分布的影响，而亲缘地理学则倾向于强调历史因子对基因谱系地理分布的影响。亲缘地理学又是一门综合的学科，因为谱系分布的分析与解释需要多学科的信息，如分子遗传学、群体遗传学、系统发育学、种群生态学、历史地理学等。

20.2 亲缘地理学途径是植物物种进化历史研究的利器

20.2.1 科学问题

亲缘地理学的核心内容是谱系或单倍型的地理分布，以及影响单倍型地理分布的历史因子。气候变化、海陆变迁、地史变迁、人类活动等历史因素都是影响单倍型现代地理分布的潜在历史因子。通过整合这些核心研究内容和其他拓展的研究内容，就可以解决一系列科学问题。例如，陆地与岛屿间断分布树种的群体间亲缘地理关系(Chen et al.，2012；Gugger & Cavender-Bares，2013)，多避难所长期隔离与异域物种形成(Lei et al.，2012)，过去气候变化塑造现在遗传变异(Gugger et al.，2013)，末次盛冰期(Last Glacial Maximum)树种群体是否存在多个避难所(Azpilicueta et al.，2009)，影响树种群体现代分布的主要历史时期和事件(Zhang et al.，2013；Magri et al.，2007)，分布区重叠的同属树种基因渐渗、杂交与网状进化(Okaura et al.，2007；Marco et al.，2009)，种子、花粉扩散模式与谱系地理分布(Marsico et al.，2009)，避难所与树种保护(Newton et al.，1999)。

【案例1】 陆地与岛屿间断分布树种的群体间亲缘地理关系。为解决大陆和岛屿群体之间地理关系问题，特别是受第四纪气候深刻影响的东亚植物种的地理分布问题，以栓皮栎为研究对象，研究材料包含50个群体(来自中国大陆、朝鲜半岛、日本、浙江舟山和中国台湾)、528个个体。根据3个cpDNA基因间隔区序列，划分了26个单倍型，其地理分布特征是：在物种水平上，呈现微弱的亲缘地理结构；在区域水平上，大陆中东部群体比其他群体含有更多的单倍型，具有显著的亲缘地理结构，基于有序等位基因的群体遗传分化系数($N_{st}=0.751$)，大于基于无序等位基因的群体遗传分化系数($G_{st}=0.69$)。群体间遗传多样性高，群体内遗传多样性低。单峰错配分布和显著负值的*Fu's Fs*检验结果，均说明东亚栓皮栎经历了种群扩张历史。以化石作为校准的系统发育树表明，在更新世存在快速的物种形成事件，中更新世群体扩大。多样性格局和生态位模拟表明，存在多个冰期避难所(如大别山、鄂西、秦岭与大别山之间)，在日本南部存在可能的瓶颈效应或奠基者效应。在海平面的波动时期，中国东海陆桥可能是扩散走廊。因此，地理异质性加上气候和海平面变化塑造了该树种的现代遗传结构(Chen et al.，2012)。

【案例2】 冰期后避难所群体重新扩张的路线。为解决欧洲大陆8种白栎冰期后群体重新扩张的路线问题，选择了夏栎(*Quercus robur*)、柔毛栎(*Q. pubescens*)、无梗花栎(*Q. petraea*)、比利牛斯栎(*Q. pyrenaica*)、葡萄牙栎(*Q. faginea*)、*Q. fiainetto*、大花栎(*Q. macranthera*)和加那利栎(*Q. canariensis*)8种欧洲白栎作为研究对象，从345个群体中检测出23个叶绿体单倍型。构建的邻接树显示，23个单倍型形成3个谱系：谱系A包括单倍型4~7，谱系B包括单倍型8~22，谱系C包括单倍型1~3，单倍型23则相对孤立。种间杂交和遗传间渗明显存在，$N_{st}=0.85>G_{st}=0.83$。Mantel检验表明，存在显著的亲缘地理结构。单倍型分布图表明，冰期后保存在伊比利亚半岛、意大利和巴尔干半岛等避难所的群体重新扩张。一部分先前存在的单倍型只向北扩张，而另外一些单倍型则保留在南方。谱系 B 所包含的单倍型 10、11 和 12，可能从伊比利亚半岛避难所向东北方向扩张。在谱系 C 中，单倍型 1 沿着法国、西班牙地中海沿岸扩散，而单倍型 2 则向东扩张(Dumolin-Lapègue et al.，1997；图 20-2)。

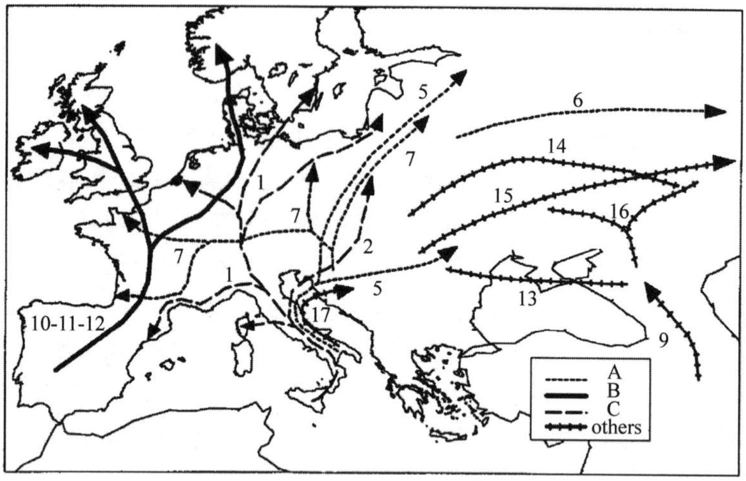

图 20-2 欧洲 8 种白栎的单倍型在冰期后可能的重新扩张线路(Dumolin-Lapègue et al.，1997)

Fig. 20-2 Possible re-expansion lines for haplotypes from eight species of Europe white oaks after the Ice Age

20.2.2 分子途径

植物亲缘地理学研究的主要研究方法是分子途径。其主要流程是：①确定采样策略；②确定基因组片段并获得 DNA 分子数据；③亲缘地理结构分析；④谱系分化时间估计与种群动态分析。这里涉及 3 个主要的理论和技术难点：①选择什么基因组；②选择什么分析和检验模型？③选择什么分析软件？有关 DNA 序列分析和经典群体遗传分析，现已建立了成熟的方法，并广泛应用，不再赘述，此处重点介绍 cpDNA、中性检验和主要分析工具。

20.2.2.1 cpDNA

植物亲缘地理学研究者最常用的基因组是叶绿体基因组。一般认为，含有 DNA 的两种植物细胞器具有独立的起源。线粒体 DNA 起源于 α-变形菌，而叶绿体 DNA 起源于蓝藻。两种植物细胞器 DNA 都含有多基因组拷贝，均遵从细胞器遗传的基本规则：营养体分离与单亲遗传占主导。然而，两者之间存在很大差别。陆地植物叶绿体基因组大小为 120~217kb，其中被子植物为 135~160kb。其结构特点是形成单一环形结构，含有大小两个单拷贝区：LSC 和 SSC，中间有长约 10~76kb 的反向重复序列(IR)，编码 18S 和 23S 核糖体 RNA 基因。叶绿体基因组与植物和动物线粒体基因组具有明显的不同(表 20-2)。有关叶绿体基因组的遗传方式研究较多(Harris & Ingram，1991)，单亲遗传(含母系遗传和父系遗传)曾被认为是叶绿体基因组的主要遗传方式。然而，双亲遗传也有比较多的报道，分别占科、属、种的 27%、21% 和 27%。有关种子植物遗传方式的例子见表 20-3。

表 20-2 不同细胞器基因组的结构差异(Petit & Vendramin，2007)

Tab. 20-2 Structural differences in different organelle genomes

特 点	cpDNA	植物 mtDNA	动物 mtDNA
大 小	120～217 kb	200～2500 kb	14～ >30 kb
蛋白基因数	79	58	13
基因顺序	保守	高度变异	保守
非编码序列	30%～40%	60～ >90%	5%～10%
密度(kb/蛋白基因)	1.2	6.3	1.0
具内含子的基因	18%	12%	0
同义替换率	1.5	0.5	20～50
非同义替换率	0.2	0.1	2～3
重 排	罕见	常有	很罕见
转换:颠换	<2:1	<2:1	20:1
遗传密码	通用	通用	专用

表 20-3 一些种子植物的细胞器遗传特征(Petit & Vendramin，2007)

Tab. 20-3 Organelle genetic characteristics of some seed plants

科	种	cpDNA	mtDNA
被子植物—双子叶植物			
菊 科	向日葵	M	M
十字花科	拟南芥	M	M
胡卢科	西瓜、西葫芦	M	M
葫芦科	甜瓜	M	P
豆 科	紫花苜蓿	PM	M
壳斗科	夏栎	M	M
杨柳科	杨属	M	M
伞形科	胡萝卜	M	M
被子植物—单子叶植物			
芭蕉科	小果野芭蕉	M	P
禾本科	黑麦	MP	MP
裸子植物			
南洋杉科	贝壳杉	P	P
柏 科	扁柏属	P	P
麻黄科	麻黄属	M	M
松 科	欧洲云杉、火炬松	P	M
红豆杉科	欧洲红豆杉	P	M
杉 科	北美红杉	P	P

注：M. 母系遗传；P. 父系遗传；MP. 双亲遗传并以母系遗传为主；PM. 双亲遗传并以父系遗传为主。

从核苷酸序列进化速率来看，植物线粒体 DNA 比动物线粒体 DNA 慢 100 倍(表 20-4)。由于植物 mtDNA 核苷酸序列进化速率慢，加上操作技术更复杂，在亲缘地理学研究中植物 mtDNA 应用较少。植物 cpDNA 比 mtDNA 快 3～4 倍，但仍比动物线粒体 DNA 慢；cpDNA 不仅可以应用于种以上的系统发育研究，也可以用于种内的亲缘地理研究。在实证研究中，可以单独选择叶绿体基因组作为主要研究对象，也可以整合植物核基因组合线粒体基因组，进行比较分析或联合分析。

表 20-4 不同 DNA 标记的进化速率(Hewitt, 2001)

Tab. 20-4 Evolutionary rates of different DNA markers

DNA 标记	有机体	平均分化速率(%/Myr)
核 DAN		
非同义位点	哺乳动物	0.15
	果蝇	0.38
	植物(单子叶植物)	0.014
同义(沉默)位点	哺乳动物	0.7
	果蝇	3.12
	植物(单子叶植物)	0.114
叶绿体 DAN		
非同义位点	植物(被子植物)	0.004~0.01
同义(沉默)位点	植物(被子植物)	0.024~0.116
线粒体 DAN		
蛋白编码区	哺乳动物	2.0
	果蝇	2.0
非同义位点	植物(被子植物)	0.004~0.008
同义(沉默)位点	植物(被子植物)	0.01~0.042
微卫星		
	人类	5.6×10^{-4}
	果蝇	6.3×10^{-6}

20.2.2.2 中性检验

①田岛 D 统计检验(Tajima's D, Tajima Test) 简称为田岛检验，是由日本学者田岛文雄(Fumio Tajima)在1989年提出的。该检验的目的是鉴定目标 DNA 序列在进化过程中是遵循随机进化(中性进化)模型，还是非随机进化模型。非随机进化过程包括定向选择或平衡选择、种群扩张或收缩、遗传间渗等。随机进化的 DNA 序列包含的突变对有机体的适合度和存活率无影响，因而随机进化突变是“中性”。田岛检验的基本过程是：获得3条以上同源序列比对，根据目标序列比对计算每条序列的分离位点数目(number of segregating sites)和核苷酸多样性值。如果这两个值在统计上有显著差异，则拒绝零假设(null hypothesis)，不遵循中性进化模型；反之，则接受零假设，遵循中性进化模型。实际计算时，田岛定义了统计检验量 D，可以进行田岛检验的软件有 MEGA4 和 DnaSP。D 值的生物学解释是：当 $D=0$，循随机进化或中性进化。当 $D<0$，纯选择(purifying selection)或正选择(positive selection)(等位基因分化减弱)，群体扩张(许多低频率等位基因造成低的平均分化)。当 $D>0$，平衡选择，等位基因分化加剧，瓶颈效应(突然的群体收缩)。例如，东亚地区和中国中东部地区的栓皮栎群体 cpDNA 数据，经田岛 D 统计检验，D 分别为 0.313 和 0.156，虽然 $D<0$，但未达到统计学意义上的显著性，单一检验结果不能判断群体是否扩张(Chen et al. , 2012)。为了检测台

湾岛内米槠(*Castanopsis carlesii*)cpDNA 变异，进行了田岛 *D* 统计检验($D = -1.790\ 54$，$P < 0.05$)，显著小于0，表明存在新近群体扩张事件(Cheng et al.，2005)。为探讨古巴的常绿栎类(*Quercus series*)的起源，对美国佛罗里达的 *Q. geminata* 和弗吉尼亚栎(*Q. virginiana*)和墨西哥的 *Q. oleoides* 叶绿体 DNA 序列进行了田岛 *D* 统计检验，*D* 值并没有明显偏离中性进化期望(Gugger & Cavender-Bares，2013)。

②Fu-Li 检验(Fu-Li D test) 符云新和李文雄(Fu & Li，1993)提出了一种检验中性进化的方法。该检验直接基于溯祖理论，可以分辨核苷酸替代的时间顺序，是一个动态追踪过程；而田岛检验只是考虑了某一时间点的多态性，是一个静态过程。因而 Fu-Li 检验比田岛检验更灵敏。统计量 *D* 和 *F* 要求种内多态性数据和外类群，以及 D^* 和 F^*。后来符云新又提出了修订的 Fs 统计量(Fu，1997)。DnaSP 可以进行 Fu & Li's D^* 检验和 Fu & Li'sF* 检验。当 F^* 为负值，群体发生过近期扩张。当 F^* 为正值，群体处于稳定状态。例如，东亚地区和中国中东部地区的栓皮栎群体 cpDNA 数据，经 Fu-Li 检验，F^* 分别为 -9.829 和 -11.188，支持东亚群体经历扩张(Chen et al.，2012)。米心水青冈(*Fagus engleriana*)cpDNA 序列 Fu's Fs 统计表明，群体没有经历最近的突然扩张(Lei et al.，2012)。

20.2.2.3 分析工具

①Clustal W(Larkin et al.，2007) 是一种渐进的多序列比对方法，先将多个序列两两比对构建距离矩阵，反映序列之间两两关系；然后根据距离矩阵计算产生系统进化指导树，对关系密切的序列进行加权；然后从最紧密的两条序列开始，逐步引入邻近的序列并不断重新构建比对，直到所有序列都被加入为止。

②DnaSP(Librado & Rozas，2009) 是一个软件包，采用比对的 DNA 序列数据分析核苷酸多态性。它有多种功能，可以计算多态性位点数、单倍型数、转换与颠换数、核苷酸多样性(π)和单倍型多样性(H_d)等遗传多样性参数。还可以进行中性检验、单倍型错配分析。

③Arlequin(Excoffier & Lischer，2010) 主要功能有分子多态性分析、错配分布分析、单倍型频率估计、连锁不平衡分析、哈温—伯格平衡分析、Tajima 中性检验、Fu 中性检验、Ewens-watterson 中性检验、AMOVA 分子方差分析、遗传距离估计等。

④NetWork(Bandelt et al.，1999) 构建单倍型之间的网络关系图，这种网络图属于中介网络图(median network)。

⑤TCS(Clement et al.，2000) 用于构建单倍型网状进化树，根据溯祖理论推测单倍型间的亲缘关系。

判读单倍型网状进化树是解释亲缘地理规律关键的一环。一般认为，最古老的和最普遍的单倍型位于基因树的中央，而最新发生的和分布局限的单倍型位于基因树的分枝末端。单倍型的广泛分布代表从避难所迅速地扩张分布区，或者人为扩张分布区。对于单倍型树与地理分布不一致的解释有两种：当单倍型先于群体分化时，这些单倍型的分布主要由于祖先多态性的保持，而不是最近的基因流；当单倍型是衍生的(位于分支末端)，基因流是其分布的合适解释。

20.3　亲缘地理学方法在栎属及近缘属植物中的应用

20.3.1　研究进展

林木 cpDNA 亲缘地理学研究有十多年时间，研究者对壳斗科林木的研究兴趣浓厚，因为这些树种具有花粉量大、风媒传粉、大粒种子、动物和重力传播等特性，花粉的流动性强，而种子(坚果)的传播距离有限，是研究亲缘地理学的理想材料。根据搜索到的45篇文献，我们可以了解壳斗科植物 cpDNA 亲缘地理学的研究现状。从时间维度看，2000—2004 年是一个探索高峰，目前仍保持相当的热度(图 20-3a)。从空间维度看，欧洲研究最多，东亚也相当热门(图 20-3b)。从分类维度看，栎属是研究的热点，论文数占 2/3(图 20-3c)。各区域的研究案例分述如下：①欧洲的研究：欧洲水青冈单倍型及其亲缘关系(Demesure et al.，1996)；夏栎和无梗花栎群体叶绿体 DNA 多样性与亲缘地理结构(Petit et al.，2002)；不列颠岛夏栎和无梗花栎冰期后迁移路线与地理模式(Cottrell et al.，2002)；伊比里亚半岛是几种栎树的避难所(Olalde et al.，2002)；地中海冬青栎叶绿体 DNA 的亲缘地理变异(Lumaret et al.，2002)；冬青栎大尺度 cpDNA多态性、单倍型和避难所(Fineschi et al.，2005)；欧洲栓皮栎起源与亲缘地理变异(Lumaret et al.，2005)；欧洲栓皮栎叶绿体单倍型地理分布及其与西地中海古地史的关联(Magni et al.，2007)。②美洲的研究：两种栎树 cpDNA 变异及其与核 DNA(nDNA)变异的关联(González-Rodríguez et al.，2004)；北美红栎亲缘地理结构及其与其他栎树的差异(Magni et al.，2005)；北美白栎组植物和欧洲白栎组植物冰期后不同的迁移模式(Grivet et al.，2006)；两种美洲常绿栎树的亲缘地理结构和物种形成原因(Cavender-Bares et al.，2011)；古巴栎树的起源与分子证据(Gugger & Cavender-Bares，2013)。③日本的研究：圆齿水青冈的遗传结构和避难所(Fujii et al.，2002)；4 种日本栎树的两种单倍型地理分布(Kanno et al.，2004)；一种日本栎树的叶绿体 DNA 变异、晚第四纪群体历史与亲缘地理结构(Okaura et al.，2007)；日本的常绿栎树乌冈栎叶绿体 DNA 序列变异与末次盛冰期后的迁移与分化(Liu et al.，2013)；圆齿水青冈的一个末次盛冰期避难所(Katai et al.，2013)。④中国的研究：台湾地区米槠的两个避难所、稀有单倍型和基因流动阻碍(Cheng et al.，2005)；栓皮栎的亲缘地理结构、单倍型分布和可能的避难所(Chen et al.，2012)；米心水青冈的多个更新世避难所及群体间的隔离状态(Lei et al.，2012)。

壳斗科林木 cpDNA 亲缘地理学研究发展趋势概括为以下几个方面：①分析方法从 RFLP 分析发展为序列分析。早期研究采用 RFLP 分析(Cottrell et al.，2002)，RFLP 分析难以探测插入/缺失(Demesure et al.，1996)，新近研究采用序列分析方法(Liu et al.，2012)，弥补了 RFLP 分析的局限性。② DNA 序列分析从单基因组到双基因组。如采用 cpDNA 序列 trnT-trnD 区和 ITS 区等 nDNA 序列对比分析，研究两种美洲常绿栎树的亲缘地理结构(Cavender-Bares et al.，2011)。③研究物种从珍稀濒危植物到组成典型森林的常见林木，这对于归纳亲缘地理模式、鉴定可能的末次盛冰期避难所，更有普遍意义(Lei et al.，2012)。

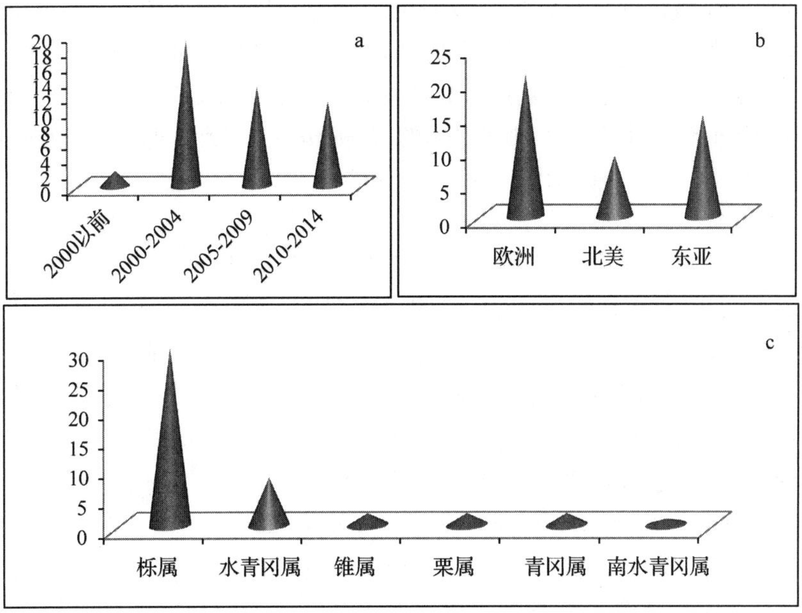

图 20-3 栎属及亲缘属植物的研究进展

Fig. 20-3 Advances in the genus *Quercus* and its related genera

a. 不同时期论文数 b. 不同区域发论文数 c. 不同属的论文数

20.3.2 发现

在亲缘地理结构方面研究发现，亲缘地理结构可能很显著，也可能很不显著。夏栎等 8 种相关栎树的亲缘地理分析呈现出显著的亲缘地理结构，6 个 cpDNA 谱系沿经度有规律地分布；许多分布在北欧的单倍型也出现在南欧，而南欧单倍型在北欧不存在，因而，主要的突变在冰期前就已发生(Petit et al. , 2002a)。圆齿水青冈(*Fagus crenata*)是日本寒温带森林的建群种，45 个群体的两个 cpDNA 序列分析，获得 13 个单倍型，呈现明显的亲缘地理结构；分支 Ⅰ 主要沿日本群岛的日本海一侧分布，分支 Ⅱ + Ⅲ 主要沿太平洋一侧分布，表明历史上该树种有两条迁移路线(Fujii et al. , 2002)。44 个冬青栎(*Quercus ilex*)群体的 cpDNA，呈现明显的亲缘地理结构和高度的群体遗传分化；联合两种标记得到 8 个单倍型，其中 6 个在西西里岛。多数群体被固定，仅有 1 种单倍型。从地中海西端(摩洛哥)到东端(克里特岛)的一些群体解释为生殖上隔离，因为它们含有完全不同的单倍型。结果强烈支持意大利南部存在冰期避难所(Fineschi et al. , 2005)。两个墨西哥红栎树种(*Quercus affinis* 和 *Q. laurina*)39 个群体的 PCR-RFLP 分析结果表明，存在 6 个单倍型，最常见单倍型为 H1 和 H4，也可能是祖先单倍型，$G_{ST}=0.499$，$N_{ST}=0.566$，存在一定程度的亲缘地理结构(González-Rodríguez et al. , 2004)。采用 PCR/RFLP 分析得到欧洲板栗(*Castanea sativa*)的 38 个群体的 11 个叶绿体单倍型，呈现很弱的亲缘地理结构(Fineschi et al. , 2000)。

在最近共同祖先的鉴定和起源分化方面，可以估计具体起源或分化时间。亮叶水青冈(*Fagus lucida*)和水青冈(*F. longipetiolata*)的比较亲缘地理学研究发现：所有单倍型回溯的最近共同祖先在 636 万年前，支持水青冈属植物起源于晚中新世，在当时中亚干旱、东亚季风盛行的气候背景下该属植物向南迁移；第四纪长期在中国亚热带山地呈隔离状态，基因流动受到限制，形成现在两个种的谱系呈镶嵌分布格局(Zhang et al.，2013)。古巴的常绿栎类如何起源，仍然是一个未解决的问题。根据形态证据，前人提出3种起源假设，①来源于佛罗里达的 *Q. geminata* 和弗吉尼亚栎(*Q. virginiana*)中的一种，或者两者；②来源于墨西哥的 *Q. oleoides*；③两地的杂交种起源。为了解决这个问题，采集古巴、墨西哥和美国东南部的栎树样本进行分析。古巴栎树只含有1个单倍型，该单倍型也出现在佛罗里达。微卫星贝叶斯聚类分析表明，古巴栎树形成独立的纯粹的群体分支；F-统计分析表明，古巴栎树与弗吉尼亚栎分化最小，与 *Q. geminata* 分化最大。迁移率则是从古巴迁移到 *Q. oleoides* 群体最高。古巴栎的分子多样性、有效群体大小等指标最低，表明存在奠基者效应。分化时间估计为更新世(6.28～6 ka)。形态上古巴栎树更多像弗吉尼亚栎，更少像 *Q. geminata*。研究结果支持在更新世弗吉尼亚栎从佛罗里达扩散到古巴，然后隔离分化，然后有限度地向 *Q. oleoides* 群体扩散和间渗(Gugger & Cavender-Bares，2013)。

在避难所鉴定方面，欧洲和东亚的多个树种的冰期避难所已经鉴定出来。例如，无梗花栎等8种栎树冰期避难所是伊比利亚半岛、意大利半岛和巴尔干半岛(Petit et al.，2002b)。欧洲水青冈(*F. sylvatica*)广泛分布于欧洲。85个群体来自欧洲大陆，从瑞典到西西里岛，从法国西部到乌克兰和克里米亚。检测出11个单倍型，其中一个单倍型占绝对优势，广泛分布。单倍型的广泛地理分布，与冰期后迅速重新扩张相吻合，重新扩张单倍型的唯一来源是喀尔巴阡山脉避难所(Demesure et al.，1996)。

在迁移路线方面，也有多个研究案例。米槠在中国大陆和台湾均有分布。为了检测台湾岛内米槠 cpDNA 变异，采集了30个群体、201个个体，分析了 trn L 内含子和 *trnV-trnM* 基因间隔区序列。群体间遗传分化相当高(G_{ST}=0.723)，两个祖先单倍型广泛分布。中央山脉是东西群体基因流的障碍，研究认为该树种不存在明显的亲缘地理结构，存在两个潜在的避难所：①雪山山脉北缘和中央山脉西侧；②东南部。中性检验和错配分布表明：从瓶颈效应复苏到种群扩张(Cheng et al.，2005)。为探究英国栎树冰期后重新扩散路线和模式，分析了 cpDNA 非编码区的变异。栎树材料涉及无梗花栎和夏栎，包含224个老林分的1076个成年个体。98%的个体被检测出含有3个单倍型，并形成谱系B，该谱系也常见于西班牙和法国西部。这些发现强烈支持一个假说：多数的英国无梗花栎和夏栎起源于伊比利亚半岛的更新世避难所。不足2%的个体含有来自东部避难所(意大利和巴尔干半岛)的单倍型。人为迁移使这些单倍型进入英国。大多数群体(69%)被固定，只含1个单倍型。含有混合单倍型的林分出现在威尔士边界和苏格兰，群体固定的比例低，夏栎群体内多样性(G_{ST}=0:661，h_S=0:224)高于无梗花栎群体内多样性(G_{ST}=0:884，h_S=0:089)。栎树 cpDNA 变异可以用假设的重新定居线路与动态、种间杂交与叶绿体捕获、森林经营与人为影响来解释(Cottrell et al.，2002)。亲缘地理学可以在景观尺度上探讨塑造谱系现代分布的进化过程，比较亲缘地理学是一个有力的工具，用以研究相同地区或不同地区相似物种的共同历史模式。北美和西欧均有白栎组树种，两地白栎的林分内叶绿体单倍型多样性接近，然而，加州的白栎等位基因丰度高于欧洲(法国和伊比利亚半岛)的白栎，单倍型数分别为39和11。加州的39个白栎单倍型呈局部块状分布，而欧洲的11个白栎单倍型呈经向分散分布。相反，地理模式表明，在过去气候和地质背景下加州群体的基因流动相对稳定，而欧洲的基因流动更强烈(Grivet et al.，2006)。

20.4 亲缘地理学的未来发展

20.4.1 亲缘地理学的发展趋势

30 多年来，亲缘地理学已经有惊人的发展，但这并不能说明该学科已经走向成熟。按照主流科学家的观点(Avise，2009)，亲缘地理学的发展有 3 个趋势：①拓展分析位点。以往的亲缘地理学实证分析集中在细胞质基因组，核基因组涉及不多，主要由于后者存在核单倍型分离困难、基因内重组问题等技术障碍。一旦这些技术障碍被攻克，就可以根据多核基因位点来解释物种的进化历史。②拓展溯祖理论。现行的溯祖理论是建立在单位点基础之上的，建立在多位点基础之上的溯祖理论将存在一定的变异空间，位点间连锁程度等遗传因子、过去和现在种群统计参数都会影响溯祖结果，强大的统计亲缘地理学(statistical phylogeography)将是群体遗传和系统发育方法的现实整合。③拓展分类群。同一区域，由于具有共同的自然历史，多个物种可能共享相似的亲缘地理模式，因而，多物种比较亲缘地理分析将是一个研究前沿。

20.4.2 中国植物亲缘地理学的发展趋势

中国的植物亲缘地理学研究尽管起步很晚，但发展很快，木本植物也有比较多的研究。尽管如此，中国的植物区系比较复杂，从热带到温带植物区系成分差异很大；在中低纬度，第四季气候对植物分布区收缩—扩张循环的影响，相对于欧洲和北美较小；在中低纬度，山地抬升等地质事件和地形地貌错综复杂。另外，现已报道的中国树种的亲缘地理模式，不像欧洲栎属植物具有显著的亲缘地理结构(Dumolin-Lapègue et al.，1997；Petit et al.，2002a；图 20-2)，亲缘地理模式更加复杂。就温带植物成分而言，现已经鉴定出许多避难所(Qiu et al.，2011；表 20-5)，如横断山脉(N22°~32°，E97°~103°)、唐古拉山(N32°~33°，E90°左右)、贺兰山(N38°~39°，E105°~104°)、大青山(N40°~41°，E109°~112°)、秦岭(N102°~113°，E34°~45°)、大巴山(N 104°~110°，E31°~32°)。因此，中国的植物亲缘地理学研究还任重道远，还有许多科学问题有待解决。预期研究的前沿科学问题将会是以下几方面：

①广布森林树种大地理尺度的亲缘地理模式　历史和现代组成森林群落的北温带广布种，裸子植物如松(*Pinus*)、冷杉(*Abies*)、云杉(*Picea*)和落叶松(*Larix*)，被子植物如槭(*Acer*)、桤木(*Alnus*)、桦木(*Betula*)、水青冈(*Fagus*)、白蜡树(*Fraxinus*)、栎(*Quercus*)、椴树(*Tilia*)和榆(*Ulmus*)，其第四纪孢粉植物群的资料丰富，开展这些树种的亲缘地理分析可以深度揭示这些树种的谱系进化历史。

②植物区系地理与亲缘地理的关系　植物区系地理提出了有关物种地理分布区收缩—扩张、物种迁移方面的假说，但鲜有大化石证据。以分子途径为主的亲缘地理分析，将可检验这些假说的正确性，预期植物区系地理与亲缘地理的碰撞将产生新的火花。

表 20-5 亲缘地理学研究鉴定出的树种避难所(Qiu et al., 2011)

Tab. 20-5 Species refugia identified by phylogeography research

物　种	分子证据	可能的避难所	文　献
祁连圆柏(*Juniperus przewalskii*)	cpDNA	青藏高原东部边缘	Zhang et al., 2005
西藏圆柏(*Juniperus tibetica*)	cpDNA	青藏高原东部边缘	Opgenoorth et al., 2010
青海云杉(*Picea crassifolia*)	mt/cpDNA	贺兰山/大青山	Meng et al., 2007
云南铁杉(*Tsuga dumosa*)	mt/cp/n DNA	横断山	Cun & Wang, 2010
虎榛(*Ostryopsis davidiana*)	cpDNA	秦岭	Tian et al., 2009
胡桃楸(*Juglans manshurica*)	cpDNA	秦岭/太行/长白	Bai et al., 2010
油松(*Pinus tabulaeformis*)	mt/cpDNA	四川/黄河/隐形	Chen et al., 2008
银杉(*Cathaya argyrophylla*)	mt/n DNA	云贵高原	Wang & Ge, 2006
杉木(*Cunninghamia lanceolata*)	cpDNA	滇浙粤多个	Lu et al., 2001
伞花木(*Eurycorymbus cavaleriei*)	cpDNA	大别/云贵东/南岭	Wang et al., 2009
银杏(*Ginkgo biloba*)	cpDNA/ AFLP	三峡/天目	Gong et al., 2008
华南五针松(*Pinus kwangtungensis*)	mt/cpDNA	云贵东南西南/南岭	Tian et al., 2008
喜马拉雅红豆杉(*Taxus wallichiana*)	cpDNA	喜马拉雅/横断/四川	Gao et al., 2007

③同属近缘种的亲缘地理关系　亲缘地理分析途径将为近缘种起源、网状进化关系等问题提供有效的证据，特别对物种在第三纪、第四纪的进化历史作出翔实的解释。

④植物亲缘地理学与植物群落学的融合问题　植物群落科学的前沿科学问题是群落构建(community assembly)，或者说群落谱系结构(community phylogenetic structure)。研究群落谱系结构学科成为系统发育群落生态学(phylogenetic community ecology)，这是一门研究历史和生态因子如何作用于构建局域群落的学科(Webb et al., 2002)。按照系统发育群落生态学的思想，系统发育特征分为保守(conserved)特征和会聚(convergent)特征，主要生态作用力分为环境过滤(environmentalfiltering)作用和竞争排斥(competitive exclusio)作用，根据生态作用力和系统发育特征组合的不同，群落构建有不同的结果。例如，当环境过滤与保守特征组合，群落构建表现为聚集(clustered)；当竞争排斥与会聚特征组合，群落构建表现为随机(random)。群落一些共存物种，可能是长期迁移进化进程中的"命运共同体"，因此，从亲缘地理学的角度来看群落的物质组成，也许会寻找到新的视角。

参考文献

吴志浩，张贵友. 2003. 浅析溯祖理论[J]. 生物学通报，38(10)：14－16.

AVISE J C. 1998. The history and purview of phylogeography: a personal reflection[J]. Molecular Ecology, 7(4): 371－379.

AVISE J C. 2009. Phylogeography: retrospect and prospect[J]. Journal of Biogeography, 36(1): 3－15.

AZPILICUETA M M, MARCHELLI P, GALLO L A. 2009. The effects of Quaternary glaciations in Patagonia as evidenced by chloroplast DNA phylogeography of Southern beech *Nothofagus obliqua*[J]. Tree Genetics & Genomes, 5(4): 561－571.

BAI W N, LIAO W J, ZHANG D Y. 2010. Nuclear and chloroplast DNA phylogeography reveal two refuge areas with asymmetrical gene flow in a temperate walnut tree from East Asia[J]. New Phytologist, 188: 892－901.

BANDELT H J, FORSTER P, RÖHL A. 1999. Median-joining networks for inferring intraspecific phylogenies [J]. Molcular Biology and Evolution, 16: 37 - 48.

CAVENDER-BARES J, GONZALEZ-RODRIGUEZ A, PAHLICH A, et al. 2011. Phylogeography and climatic niche evolution in live oaks(*Quercus virentes*) from the tropics to the temperate zone[J]. Journal of Biogeography, 38(5): 962 - 981.

CHEN D, ZHANG X, KANG H, et al. 2012. Phylogeography of *Quercus variabilis* based on chloroplast DNA sequence in East Asia: multiple glacial refugia and mainland-migrated island populations[J]. PloS One, 7 (10): e47268.

CHEN K M, ABBOTT R J, MILNE R I, et al. 2008. Phylogeography of *Pinus tabulaeformis* Carr. (Pinaceae), a dominant species of coniferous forest in northern China[J]. Molecular Ecology, 17: 4276 - 4288.

CHENG Y P, HWANG S Y, LIN T P. 2005. Potential refugia in Taiwan revealed by the phylogeographical study of *Castanopsis carlesii* Hayata(Fagaceae)[J]. Molecular Ecology, 14(7): 2075 - 2085.

CLEMENT M, POSADA D, CREANDLL K. 2000. TCS: a computer program to estimate gene genealogies [J]. Molecular Ecology, 9: 1657 - 1660.

COTTRELL J E, MUNRO R C, TABBENER H E, et al. 2002. Distribution of chloroplast DNA variation in British oaks(*Quercus robur* and *Q. petraea*): the influence of postglacial colonisation and human management[J]. Forest Ecology and Management, 156(1): 181 - 195.

CUN Y Z, WANG X Q. 2010. Plant recolonization in the Himalaya from the southeastern Qinghai-Tibetan Plateau: geographical isolation contributed to high population differentiation[J]. Molecular Phylogenetics and Evolution. 56: 972 - 982.

DEMESURE B, COMPS B, PETIT R J. 1996. Chloroplast DNA phylogeography of the common beech(*Fagus sylvatica* L.) in Europe[J]. Evolution, 2515 - 2520.

DUMOLIN-LAPèGUE S, DEMESURE B, FINESCHI S, et al. 1997. Phylogeographic structure of white oaks throughout the European continent[J]. Genetics, 146(4): 1475 - 1487.

EXCOFFIER L, LISCHER H E L. 2010. Arlequin suite ver 3.5: A new series of programs to perform population genetics analyses under Linux and Windows[J]. Molecular Ecology Resources, 10: 564 - 567.

FINESCHI S, TAURCHINI D, VILLANI F, et al. 2000. Chloroplast DNA polymorphism reveals little geographical structure in *Castanea sativa* Mill. (Fagaceae) throughout southern European countries[J]. Molecular Ecology, 9(10): 1495 - 1503.

FINESCHI S, COZZOLINO S, MIGLIACCIO M, et al. 2005. Sicily represents the Italian reservoir of chloroplast DNA diversity of *Quercus ilex* L. (Fagaceae)[J]. Annals of Forest Science, 62(1): 79 - 84.

FU Y X, Li W H. 1993. Statistical tests of neutrality of mutations[J]. Genetics, 133: 693 - 709.

FU Y X. 1997. Statistical tests of neutrality of mutations against population growth, hitchhiking and background selection[J]. Genetics, 147: 915 - 925.

FUJII N, TOMARU N, OKUYAMA K, et al. 2002. Chloroplast DNA phylogeography of *Fagus crenata*(Fagaceae) in Japan[J]. Plant Systematics and Evolution, 232(1 - 2): 21 - 33.

GAO L M, MOLLER M, ZHANG X M, et al. 2007. High variation and strong phylogeographic pattern among cpDNA haplotypes in *Taxus wallichiana*(Taxaceae) in China and North Vietnam[J]. Molecular Ecology, 16: 4684 - 4698.

GONZÁLEZ-RODRÍGUEZ A, BAIN J F, GOLDEN J L, et al. 2004. Chloroplast DNA variation in the *Quercus affinis-Q. laurina* complex in Mexico: geographical structure and associations with nuclear and morphological variation[J]. Molecular Ecology, 13(11): 3467 - 3476.

GONG W, CHEN C, DOBES C, et al. 2008. Phylogeography of a living fossil, Pleistocene glaciations forced *Ginkgo biloba* L. (Ginkgoaceae) into two refuge areas in China with limited subsequent postglacial expansion [J]. Molecular Phylogenetics and Evolution, 48: 1094 - 1105.

GRIVET D, DEGUILLOUX M, PETIT R J, et al. 2006. Contrasting patterns of historical colonization in white oaks(*Quercus* spp.) in California and Europe[J]. Molecular Ecology, 15(13): 4085 - 4093.

GUGGER P F, CAVENDER-BARES J. 2013. Molecular and morphological support for a Florida origin of the Cuban oak[J]. Journal of Biogeographay, 40(4): 632 - 645.

GUGGER P F, IKEGAMI M, SORK V L. 2013. Influence of late Quaternary climate change on present patterns of genetic variation in valley oak, *Quercus lobata* Nee[J]. Molecular Ecology, 22(13): 3598 - 3612.

HARRIS S A, INGRAM R. 1991. Chloroplast DNA and biosystematics: the effects of intraspecific diversity and plastid transmission[J]. Taxon, 40: 393 - 412.

HEWITT G M. 2001. Speciation, hybrid zones and phylogeography—or seeing genes in space and time[J]. Molecular Ecology, 10(3): 537 - 549.

KANNO M, YOKOYAMA J, SUYAMAY. et al. 2004. Geographical distribution of two haplotypes of chloroplast DNA in four oak species(*Quercus*) in Japan[J]. Journal of Plant Research, 117: 311 - 317.

KATAI H, TAKAHASHI M, HIRAOKA K, et al. 2013. Indigenous genetic lineages of *Fagus crenata* found in the Izu Peninsula suggest that there was one of refugia for the species during the last glacial maximum[J]. Journal of Forest Research, 18(5): 418 - 429.

LARKIN M A, BLACKSHIELDS G, BROWN NP, et al. 2007. Clustal W and Clustal X version 2.0[J]. Bioinformatics, 23: 2947 - 2948.

LAVIN M, MATHEWS S, HUGHES C. 1991. Chloroplast DNA variation in *Gliricidia sepium*(Leguminosae): intraspecific phylogeny and tokogeny[J]. American Journal of Botany, 78: 1576 - 1585.

LEI M, WANG Q, WU Z J, et al. 2012. Molecular phylogeography of *Fagus engleriana*(Fagaceae) in subtropical China: limited admixture among multiple refugia [J]. Tree Genetics & Genomes, 8(6): 1203 - 1212.

LIBRADO P, ROZAS J. 2009. DnaSP v5: A software for comprehensive analysis of DNA polymorphism data [J]. Bioinformatics, 25: 1451 - 1452.

LIU H Z, TAKEICHI Y, KAMIYA K, et al. 2013. Phylogeography of *Quercus phillyraeoides*(Fagaceae) in Japan as revealed by chloroplast DNA variation[J]. Journal of Forest Research, 18(4): 361 - 370.

LU SY, PENG C I, CHENG Y P, et al. 2001. Chloroplast DNA phylogeography of *Cunninghamia konishii* (Cupressaceae), an endemic conifer of Taiwan[J]. Genome, 44: 797 - 807.

LUMARET R, MIR C, MICHAUD H, et al. 2002. Phylogeographical variation of chloroplast DNA in holm oak(*Quercus ilex* L.)[J]. Molecular Ecology, 11(11): 2327 - 2336.

LUMARET R, TRYPHON-DIONNET M, MICHAUD H, et al. 2005. Phylogeographical variation of chloroplast DNA in cork oak(*Quercus suber*)[J]. Annals of Botany, 96(5): 853 - 861.

MAGNI C R, DUCOUSSO A, CARON H, et al. 2005. Chloroplast DNA variation of *Quercu srubra* L. in North America and comparison with other Fagaceae[J]. Molecular Ecology, 14(2): 513 - 524.

MAGRI D, FINESCHI S, BELLAROSA R, et al. 2007. The distribution of *Quercus suber* chloroplast haplotypes matches the palaeogeographical history of the western Mediterranean[J]. Molecular Ecology, 16(24): 5259 - 5266.

MARCO COSIMO S, PAPINI A, VESSELLA F, et al. 2009. Multiple genome relationships and a complex biogeographic history in the eastern range of *Quercus suber* L. (Fagaceae) implied by nuclear and chloroplast DNA variation[J]. Caryologia, 62(3): 236 - 252.

MARSICO T D, HELLMANN J J, ROMERO-SEVERSON J. 2009. Patterns of seed dispersal and pollen flow in *Quercus garryana*(Fagaceae) following post-glacial climatic changes[J]. Journal of Biogeography, 36(5): 929 -941.

MENG L, YANG R, ABBOTT R J, et al. 2007. Mitochondrial and chloroplast phylogeography of *Picea crassifolia*(Pinaceae) in the Qinghai-Tibetan Plateau and adjacent highlands [J]. Molecular Ecology, 16: 4128 -4137.

NEWTON A C, ALLNUTT T R, GILLIES A C M, et al. 1999. Molecular phylogeography, intraspecific variation and the conservation of tree species[J]. Trends in Ecology & Evolution, 14(4): 140 -145.

NORDBORG M. 2000. Coalescent theory[M].//In Balding, D. J. , Bishop, M. and Cannings, C. (eds), Handbook of Statistical Genetics. Wiley, Chichester, UK. 179 -208.

OKAURA T, QUANG N D, UBUKATA M, et al. 2007. Phylogeographic structure and late Quaternary population history of the Japanese oak *Quercus mongolica* var. *crispula* and related species revealed by chloroplast DNA variation[J]. Genes & Genetic Systems, 82(6): 465 -477.

OLALDE M, HERRáN A, ESPINEL S, et al. 2002. White oaks phylogeography in the Iberian Peninsula[J]. Forest Ecology and Management, 156(1): 89 -102.

OPGENOORTH L, VENDRAMIN G G, MAO K, et al. 2010. Tree endurance on the Tibetan Plateau marks the world'shighest known tree line of the last glacial maximum[J]. New Phytologist, 185: 332 -342.

PETIT R J, KREMER A, WAGNER D B. 1993. Geographic structure of chloroplast DNA polymorphisms in European oaks[J]. Theoretical and Applied Genetics, 87: 122 -128.

PETIT R J, CSAIKL U M, BORDÁCS S, et al. 2002a. Chloroplast DNA variation in European white oaks: phylogeography and patterns of diversity based on data from over 2600 populations[J]. Forest Ecology and Management, 156(1): 5 -26.

PETIT R J, BREWER S, Bordács S, et al. 2002b. Identification of refugia and post-glacial colonisation routes of European white oaks based on chloroplast DNA and fossil pollen evidence[J]. Forest Ecology and Management, 156(1): 49 -74.

PETIT R J, VENDRAMIN G G. 2007. Plant phylogeography based on organelle genes: an introduction[M]// Phylogeography of southern European refugia. Springer Netherlands, 23 -97.

QIU Y X, FU C X, COMES H P. 2011. Plant molecular phylogeography in China and adjacent regions: tracing the genetic imprints of Quaternary climate and environmental change in the world's most diverse temperate flora[J]. Molecular Phylogenetics and Evolution, 59(1): 225 -244.

ROSENBERG N A, NORDBORG M. 2002. Genealogical trees, coalescent theory and the analysis of genetic polymorphisms[J]. Nature Reviews Genetics, 3(5): 380 -390.

SCHAAL B A, HAYWORTH D A, OLSEN K M, et al. 1998. Phylogeographic studies in plants: problems and prospects[J]. Molecular Ecology, 7(4): 465 -474.

SOLTIS D E, MAYER M S, SOLTIS P S, EDGERTON M. 1991. Chloroplast-DNA variation in *Tellima grandiflora* (Saxifragaceae)[J]. American Journal of Botany, 78: 1379 -1390.

TAJIMAS F. 1989. Statistical method for testing the neutral mutation hypothesis by DNA polymorphism[J]. Genetics, 123: 585 -595.

TIAN B, LIU R R, WANG L Y, et al. 2009. Phylogeographic analyses suggest that deciduous species(*Ostryopsis davidiana* Decne. , Betulaceae) survived in northern China during the last glacial maximum[J]. Journal of Biogeographay, 36: 2148 -2155.

TIAN S, LUO L C, GE S, et al. 2008. Clear genetic structure of *Pinus kwangtungensis*(Pinaceae) revealed by a plastid DNA fragment with a novel minisatellite[J]. Annals of Botany, 102: 69 -78.

WANG H W, GE S. 2006. Phylogeography of the endangered *Cathaya argyrophylla*(Pinaceae) inferred from sequence variation of mitochondrial and nuclear DNA[J]. Molecular Ecology, 15: 4109 –4122.

WANG J, GAO P, KANG M, et al. 2009. Refugia within refugia: the case study of a canopy tree *Eurycorymbus cavaleriei* in subtropical China[J]. Journal of Biogeographay, 36: 2156 –2164.

WEBB C O, ACKERLY D D, MCPEEK M A, et al. 2002. Phylogenies and community ecology[J]. Annual Review of Ecology and Systematics, 33: 475 –505.

ZHANG Q, CHIANG T Y, GEORGE M, et al. 2005. Phylogeography of the Qinghai-Tibetan Plateau endemic *Juniperus przewalskii*(Cupressaceae) inferred from chloroplast DNA sequence variation[J]. Molecular Ecology, 14: 3513 –3524.

ZHANG Z Y, WU R, WANG Q, et al. 2013. Comparative phylogeography of two sympatric beeches in subtropical China: Species-specific geographic mosaic of lineages[J]. Ecology and Evolution, 3(13): 4461 –4472.

作者简介

方炎明：南京林业大学生物与环境学院，博士，教授；E-mail：jwu4@njfu.edu.cn。

专题 21　珍稀濒危木本植物的遗传结构

Genetic Structure of Rare and Endangered Woody Plants

李雪霞

南京林业大学南方现代林业协同创新中心，生物与环境学院　江苏南京　210037

【内容提要】本专题主要内容有：①介绍了群体遗传学和遗传结构的概念以及与进化的相关性；②介绍了在群体遗传结构研究中所应用到的遗传标记类型及其发展；③介绍了在群体遗传结构研究中所面临的确定采样居群数和个体数这一问题的基本解决策略；④介绍了试验分析中衡量遗传结构的基本参数；⑤介绍了植物物种自身特性如分类地位、生活型、分布区、繁育系统和种子传播机制等因素对遗传变异的影响；⑥以鹅掌楸等珍稀濒危木本植物为例说明了遗传结构的研究内容和研究结果。

21.1　群体遗传学与遗传结构的概念

经典群体遗传学最早起源于英国数学家哈迪和德国医学家温伯格于 1908 年提出的遗传平衡定律。以后，英国数学家费希尔(Fisher RA)、遗传学家霍尔丹(Haldane JBS)和美国遗传学家赖特(Wright S)等建立了群体遗传学的数学基础及相关计算方法，从而初步形成了群体遗传学理论体系，群体遗传学也逐步发展成为一门独立的学科。

群体遗传学是研究生物群体的遗传结构及其变化规律的科学，它应用数学和统计学的原理和方法研究生物群体中基因频率和基因型频率的变化，以及影响这些变化的环境选择效应、遗传突变作用、迁移及遗传漂变等因素与遗传结构的关系，由此来探讨生物进化的机制。从某种意义上来说，生物进化就是群体遗传结构持续变化和演变的过程，因此群体遗传学理论在生物进化机制，特别是种内进化机制的研究中有着重要作用。

群体遗传学中，遗传结构一词常用来描述群体间遗传分化。不同的学者给群体遗传结构下过不同的定义，概括起来主要有以下两种。一种观点认为，一个物种的群体遗传结构代表了一个物种变异式样的各个方面，包括群体遗传多样性的高低，不同群体多样性水平的变动幅度以及不同群体遗传相关性的大小等；另一种则认为，群体遗传结构是指遗传变异的分布式样或格局，即群体遗传结构是指遗传变异(或基因型)在时间和空间上的一种非随机分布。群体的遗传结构是一个物种最基本的特征之一，它受突变、迁移、选择和遗传漂变的共同作用，同时还与物种的进化历史和生物学特性有关。

21.2 遗传标记在群体遗传结构研究中的应用

遗传标记是遗传结构研究的基本方法。遗传标记指可追踪染色体、染色体某一节段、某个基因座在家系中传递的任何一种遗传特性。它具有两个基本特征，即可遗传性和可识别性，因此生物的任何有差异表型的基因突变型均可作为遗传标记。随着生物学技术的发展，遗传标记经历了形态学、细胞学、生物化学以及分子标记等几个主要发展阶段。

(1)形态标记

形态标记即植物的外部形态特征。主要包括肉眼可见的外部特征，简单直观、经济方便；但其数量在多数植物中是很有限的，且多态性较差，表现易受环境影响；此外，形态标记的获得需要通过诱变、分离纯合的过程，周期较长。因此，形态标记在作物遗传育种中的作用是有限的。

(2)细胞学标记

细胞学标记即植物细胞染色体的变异。包括染色体核型(染色体数目、结构、随体有无、着丝粒位置等)和带型(C带、N带、G带等)的变化。与形态标记相比，细胞学标记的优点是能进行一些重要基因的染色体或染色体区域定位。但细胞学标记材料培育难度大，某些物种甚至对染色体变异反应敏感，因此到目前为止，真正应用于作物遗传育种研究中的细胞学标记还很少。

(3)生化标记

主要包括同工酶和等位酶标记。同工酶是指一个以上基因座位编码的酶的不同形式，而等位酶是指由一个基因座位的不同等位基因编码的酶的不同分子形式。分析方法是从植物组织的蛋白粗提物中通过电泳和组织化学染色法将酶的多种形式转变成肉眼可辨的酶谱带型。与形态标记、细胞学标记相比，生化标记具两个方面的优点：一是表现近中性，对植物经济性状一般没有大的不良影响；二是直接反映了基因产物差异，受环境影响较小。但目前可使用的生化标记数量还相当有限，且有些酶的染色方法和电泳技术有一定难度，因此其实际应用受到一定限制。

(4)分子标记

分子标记能反映生物个体或种群间基因组中某种差异特征的DNA片段，它直接反映基因组DNA间的差异。与上述3种标记相比较，分子标记具有许多明显的优越性，表现为：①直接以DNA的形式表现，在生物体的各个组织、各个发育阶段均可检测到，不受季节、环境限制，不存在表达与否等问题；②数量极多，遍布整个基因组，可检测座位几乎无限；③多态性高，自然界存在许多等位变异；④表现为中性，不影响目标性状的表达；⑤许多标记表现为共显性的特点，能区别纯合体和杂合体。所以在实际试验过程中大都采用分子标记手段来进行遗传结构的研究。目前，DNA分子标记从原理上可大致分为两类：一类是直接测序；另一类是检测基因组的一批识别位点，从而估测基因组的变异性，如限制性片段长度多态性标记(RFLP)，扩展片段长度多态性标记(AFLP)，微卫星标记(SSR)，单核苷酸多态性(SNP)等标记。

21.3 群体遗传结构研究的取样策略

1982 年，英国数学家 Kingman 构建了"溯祖理论(coalescent theory)"的基本框架，从而使得以少量的样本来代表整个群体进行群体遗传结构的研究成为可能，并可以进一步推断影响遗传结构形成的各种演化因素。

取样策略是指如何确定研究物种取样的范围和强度。群体是物种生存和进化的基本单位，同时也是遗传多样性和遗传结构研究的基本单位，而取样策略则是以个体为基本单位的。取样策略的制定主要与两个因素有关，一是研究对象的本身特性，如物种的遗传多样性水平和分布、居群的遗传结构、基因流和繁育系统以及由环境因素引起的变化等；二是取样的目的，是为了遗传多样性的保护和持续利用，还是为了进行某一方面的研究，是考虑整个物种还是该物种在特定区域的居群之间或者是居群内遗传多样性等问题。

遗传多样性的取样策略是指对一定地理分布范围内的生物个体取样时，使样本具有代表性和包含尽可能多的遗传变异的最佳取样方法，包括了取样数目(一个给定区域的居群数和一个居群的个体数)以及取样方式。遗传多样性的取样要遍及物种不同的分布区、生境和海拔，所采集的样品要尽可能多地包括所有的遗传变异。但实际操作中，所能采到的群体数及群体内个体数都是有限的，这就要求在可操作的采集样本数内获得最具代表性的样品，通过统计来反映整个物种的遗传多样性和遗传结构。例如，对于基因流较小的自交物种，变异多发生在群体间，就要多取群体，而群体内可以少取样；而对于基因流较大的异交物种，变异主要发生在群体内，则可以少取群体，但群体内要多取样。传统的做法是，在不知道某一物种生物学特性和遗传背景的情况下，对一个居群随机取样数目可以确定在 30 个左右。如果该植物为异交，样本的数量可以适当降低；如果该植物为自交，可以适当增加样本的数量。确定某一给定地区居群取样数目要比确定某一居群内的样本数更加困难。在确定居群的取样数目时，应首先考虑所研究对象的分布区域，使所选择的居群尽可能覆盖整个分布区域。如果已知该物种居群间的分化系数 G_{st}，n 是待采样的居群数，可根据公式 $1-(G_{st})^n$ 来估算应该采样的居群数，该公式所得值一般要保证大于 0.95。

21.4 遗传结构的衡量参数

度量遗传结构的参数主要有 3 类：①平均遗传多样性，如多态位点比例(*PPB*)、等位基因平均数(average number of alleles，*A*)、有效等位基因平均数(*Ne*)、平均期望杂合度(*He*)和实际观察杂合度(*Ho*)、固定指数(*F*)、shannon 多样性指数(*I*)等；②群体间遗传多样性的差异，如基因分化系数(G_{st}、Φ_{st})、*F*-统计量(*Fst*)、基因流(*Nm*)；③群体间的遗传距离(*D*)。

21.5 植物的物种特性与遗传变异

Hamrick and Godt(1996)和 Nybom and Bartish(2000)等曾总结归纳了遗传结构与物种特性之间的关系，这些特性包含分类地位、生活型、分布范围、繁育系统、种子传播方式、生殖模式与演替阶段。

分类地位的不同，遗传多样性水平相差很大。裸子植物的变异水平要高于被子植物，而在被子植物中，单子叶植物多样性水平高于双子叶植物。裸子植物大多是多年生木本植物，大多数是构成森林的高大针叶乔木，这类植物寿命长，风媒异花传粉，结实率高，地理分布广而且多存在于演替阶段的末期，这些特征有利于遗传多样性的保有和增加。

生活型也是影响遗传多样性的重要因子。其顺序一般表现为长寿多年生木本的变异水平最高，一年生植物次之，短寿多年生草本和木本相近，均最低。这其中，一年生植物的遗传多样性在物种水平和居群水平上的差异最大，这主要是一年生植物中有较多是自交种，而自交种有大量的遗传变异存在于居群之间，在居群水平上多样度参数值上反映不出来。这里出现一个问题，分类地位和生活型常常交织在一起，那么二者对遗传多样性的影响相比，谁的影响更大呢？总的来看，长寿木本植物所保持的遗传变异要比草本高，分类地位的差异并不是关键因素，生活型(草、木)，特别是寿命的长短才是影响遗传变异水平的关键。

物种的分布区大小对遗传多样性水平也有显著影响。不管是从居群还是从物种水平看，遗传多样性水平与物种分布范围大小成正比。特有种和广布种处于两个极端。特有种多态位点比率只相当于广布种的2/3，而遗传多样性水平只有广布种的1/2左右。这是因为特有种，特别是稀有或濒危种，由于特殊的进化历史，个体数目很少并伴随着遗传多样性的下降。另一方面，居群的缩小增加了近亲繁殖的机会，恶性循环又加剧了居群内(主要针对异花授粉植物)遗传多样性的损失。广布种所面临的环境差异大，个体和居群数目多，适应幅度大，基因交流频繁，维持遗传变异的能力强，产生新的变异的机会也多。但这是一般的情况，具体问题时，也有可能遇到广布种具有较低的遗传变异，而特有种也有可能具有较高的遗传变异。也就是说，除了地理分布以外，还应综合考虑其他因素。

繁育系统是影响居群遗传结构的最重要因素，也同样影响遗传多样性的水平。自交使得同型配子结合，基因型多处于纯和状态，降低了重组率，从而降低了遗传变异，同时也很有可能造成居群间较高的遗传分化。一般说来，自交种和混交种的遗传变异水平最低，而异交种遗传多样性明显提高，其中，又以异交风媒最高，且异交风媒植物的居群间遗传分化也较低。

种子的传播机制常见有黏附、重力、动物取食、风力或水流。一般认为通过黏附、风力方式传播的植物，其遗传分化要低于依靠重力或者动物取食等来传播种子的植物。

21.6 珍稀木本濒危植物遗传结构研究举例

木兰科鹅掌楸属为第三纪孑遗树种，现仅存两个种，即鹅掌楸和北美鹅掌楸。前者主要分布于中国南部及越南北部，而北美鹅掌楸主要分布于美国东部以及加拿大南部，是典型的东亚—北美间断分布，是植物群体遗传学和分子系统发育地理学的理想材料。李康琴等(2013)利用SSR标记共14个位点，研究了分布于我国长江以南的亚高山地区的天然鹅掌楸群体的遗传结构及其分化，结果发现不同位点期望杂合度变化范围从0.53~0.89，表明鹅掌楸天然群体维持着很高的遗传多样性水平，且长江以南东部地区鹅掌楸群体比西部群体的遗传多样性水平稍高。各居群固定指数 F 值介于0.09~0.32之间，表明实际观测杂合度不足，群体有一定程度的偏离哈利温伯格平衡。遗传分化指数 Fst 为0.1956，表明各群体间存在着中度分化。Mantel检测表明，遗传距离和地理距离之间有着极显著的正相关，说明地理隔离带来的遗传分化效果明显，这与实际的片段化分布有着直接关系。瓶颈效应检测发现，有6个居群经历过遗传瓶颈，但遗传多样性水平并没有受到瓶颈效应的太多影响。在对该植物保护时，应该对那些居群大小较小，隔离程度较重的居群多加重视。

长柄双花木(*Disanthus cercidifolius* var. *longipes*)是金缕梅科双花木属植物，仅零星分布于江西、湖南和浙江等省的部分县，分布区局限，且个体数量稀少，目前已处于濒危状态，被列为国家二级重点保护的濒危物种。Yu yi(2014)等采用AFLP分子标记对浙江、江西、湖南、广东4省的8个野生居群展开了遗传多样性与遗传结构的研究。各个居群内的Nei's遗传多样性指数值介于0.1290~0.1394之间，与其他濒危植物相比，这一水平值为中等水平。遗传分化指数 $\Phi st=0.2328$，说明绝大部分的变异存在于居群内部，居群间有较显著分化。Mantel检测表明，遗传距离与地理距离之间没有显著相关性，说明现有的居群间的分化并不是由于历史上的长期隔离造成的。聚类分析表明，位于浙江西部和江西东部的两个地理位置极为相近的居群聚为一支，其他6个居群聚为一支。在此基础上，对于长柄双花木的保护应该放眼所有居群。

杜鹃红山茶(*Camellia azalea*)为山茶科特有珍稀濒危植物，仅在我国广东省阳春市鹅凰嶂自然保护区内分布。在杜鹃红山茶被发现利用后，原有资源遭到了严重的人为破坏，目前其分布范围不断缩小，种群数量逐渐减少，已处于极度濒危状态。李辛雷等(2012)采用AFLP及SSR相结合的分子标记对广东省阳春市鹅凰嶂自然保护区的9个居群展开了遗传多样性及遗传结构的研究。AFLP分析结果发现各亚居群的期望杂合度(He)在0.101~0.158之间，传分化指数 $\Phi st=0.2469$，说明杜鹃红山茶遗传变异主要存在于居群内。SSR分析发现，期望杂合度(He)变化范围在0.341~0.556之间，居群间的遗传分化系数为0.099，表明杜鹃红山茶亚居群间遗传分化程度较低，居群间遗传多样性差异及遗传分化主要由于生境异质性及种群生物学特性造成。

参考文献

李康琴．2013．鹅掌楸属群体遗传结构及分子系统地理学研究[D]．南京：南京林业大学．

李辛雷．2012. 杜鹃红山茶遗传多样性及其濒危机制[D]. 北京：中国林业科学研究院．

HAMRICK J L, GODT M J W. 1996. Effects of life history traits on genetic diversity in plant species[J]. Philos Trans R Soc Lond B, 351: 1291－1298.

NYBOM H, BARTISH IV. 2000. Effects of life history traits and sampling strategies on genetic diversity estimates obtained with RAPD markers in plants[J]. Persp Plant Ecol Evol Syst, 3: 93－114.

YU Y, FAN Q, SHEN R, et al. 2014. Genetic Variability and Population Structure of *Disanthus cercidifolius* subsp. *longipes*(Hamamelidaceae) Based on AFLP Analysis[J]. PLoS ONE, 9(9): 821－824.

作者简介

李雪霞：南京林业大学生物与环境学院，博士，讲师；E-mail：lixuexia2004@126.com。

专题22　桂花遗传多样性研究

Genetic Diversity of *Osmanthus fragrans* Lour.

王贤荣，段一凡

南京林业大学南方现代林业协同创新中心，生物与环境学院　江苏南京　210037

【内容提要】本专题在简介遗传多样性和桂花系统分类之后，重点阐述了形态学标记、细胞学标记、蛋白酶标记和DNA分子标记在桂花遗传多样性研究中的应用，并就目前的研究现状进行了小结与展望。

桂花(*Osmanthus fragrans* Lour.)，学名木犀，为木犀科 Oleaceae 木犀属 *Osmanthus* Lour.，著名香花植物。桂花花瓣是著名食品佐料，常用来制作桂花茶、桂花糕等(向其柏，刘玉莲，2008；Yuan et al.，2011)；而桂花精油则是非常名贵的香精原料，常用来制作名贵香水(Hu et al.，2009)；另外，桂花还具有很高的药用价值，其花、果、根均可入药，其花的提取物具有保护神经系统，抗氧化和清除自由基的作用(Deng et al.，2004；Lee et al.，2007；Hu et al.，2009)。

桂花为我国十大传统名花之一，栽培历史悠久，在长期的自然演化和人工选择过程中形成了丰富的桂花种质资源(向其柏，刘玉莲，2008)。遗传多样性研究是植物种质资源保存和优良品种选育的基础，因此桂花遗传多样性研究一直以来是桂花研究的热点。

22.1　遗传多样性研究

遗传多样性(genetic diversity)的含义有广义和狭义之分。广义的遗传多样性是指地球上所有生物所携带的遗传信息的总和，这些遗传信息储存在生物个体的基因之中。因此，遗传多样性也就是生物遗传基因的多样性。一个物种所包含的基因越丰富，对环境的适应能力越强，基因的多样性是生命进化和物种分化的基础。狭义的遗传多样性主要是指生物种内基因的变化，包括种内显著不同的种群之间以及同一种内群体(居群)的遗传变异(钱迎倩，马克平，1994)。而遗传变异是遗传多样性最直接的表达形式。遗传变异是生物体内遗传物质发生的可遗传的变化，可发生在群体水平、个体水平、组织水平、细胞水平和分子水平上(Hillis & Moritz，1990)，遗传变异是自然选择的“原材料”。遗传多样性是生物多样性的重要组成部分。而生物多样性的保护，归根结底是遗传多样性的保护(Gregorius，1991)。

遗传多样性的重要意义主要在于，物种只有在具备一定遗传多样性的前提下才能抵御自然界中的各种生存压力，群体的遗传多样性越高，它对环境变化的适应能力就越强，就越容易扩大其分布范围、开拓新的生存领域(Soltis & Soltis，1991)，因此对物种的保护实际上就是对物种的遗传多样性或进化潜力的保护；一个群体中遗传多样性的下降则意味着其适应环境变化能力的下降，居群内的遗传变异水平与其适合度成正相关，全球的遗传多样性中蕴藏着所有生命过程的信息，任何遗传多样性的丢失都会导致有机体对环境变化的适应能力降低，同时也使人类丧失了具有潜在应用价值的生物信息和资源(Groom et al.，2012)。不了解种内遗传变异的大小、时空分布及其与环境条件的关系，就无法采取科学有效的措施来保护人类赖以生存的遗传资源。因此，保护生物多样性的中心环节就是物种的遗传多样性评价与保护，它是其他一切多样性的基础和最重要的成分，一个物种的稳定性和进化潜力依赖其遗传多样性，而物种的经济和生态价值也依赖其特有的基因组成(邹喻苹等，2001)。

遗传多样性具有广泛性、特异性和适应性等特点。遗传变异广泛存在于各种生物体内，是生物进化的根本动力。遗传多样性的特异性体现在任何物种都具有不同的基因序列和遗传结构，即使同一物种的不同种群或个体间往往也存在较为丰富的遗传变异。遗传变异会受自然选择、环境等因素的影响。总体而言，特定物种的遗传多样性是该物种长期生存、进化和适应的结果。从本质上来说，遗传多样性的变化是缘于物种基因(等位基因)的数目或频率的改变。能改变物种基因(等位基因)数目或频率的因素有很多，就植物而言，能确定和改变其遗传多样性的因素包括该物种的繁育系统(生殖方式)、遗传漂变、自然选择、基因突变和基因流等，同时还包括由于环境变化和人为干扰因素引起的物种灭绝、种群隔离、生境片断化等(图22-1)(文亚峰等，2010)。其中繁育系统是种群两代个体间遗传联系的有性系统，决定了后代种群的基因型分布和种群动态，是影响植物种群遗传结构的最主要因素(Hamrick et al.，1979；Loveless & Hamrick，1984；Hamrick & Godt，1990；王洪新，胡志昂，1996；张大勇，姜新华，2001)。

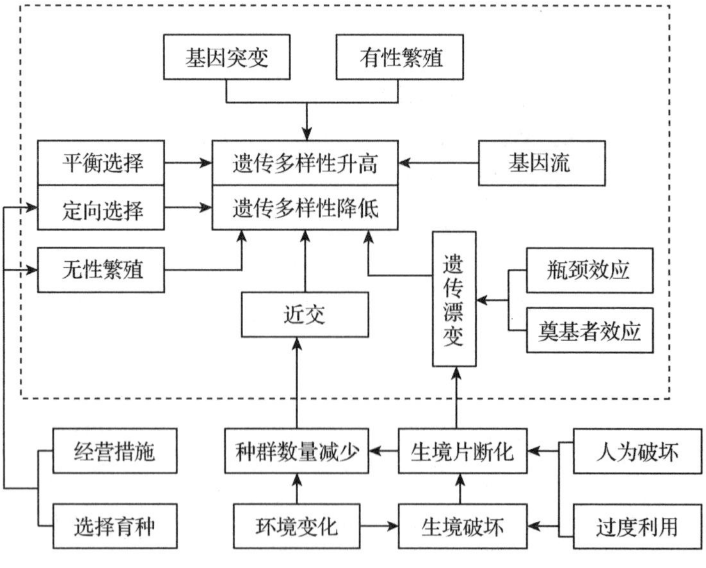

图22-1 植物遗传多样性的影响因素及其作用规律(文亚峰等，2010)

Fig. 22-1 Influencing factors and its change pattern of plant genetic diversity

多样性存在于生物界的每一层次，因而遗传多样性的检测与度量也是从不同水平采用相应指标进行的。可以利用不同水平的遗传标记进行检测，这些标记包括：①形态学标记(钱迎倩，马克平，1994；葛颂，洪德元，1994)；②细胞学标记(洪德元，1990；沈浩，刘登义，2001)；③蛋白酶标记(Harris，1966；Hamrick & Godt，1990)；④DNA分子标记(Hamada et al.，1982；Williams et al.，1990；Wu et al.，1994；Zietkeiwitcz et al.，1994；Vos et al.，1995；Li & Quiros，2001；Asuka et al.，2004)。

22.2 桂花系统分类研究

22.2.1 木犀科研究

桂花所在的木犀科均为木本；乔木、灌木或攀缘植物。单叶对生或复叶，没有托叶。花部多为4基数，子房上位，雄蕊常为2枚，稀4枚；花冠辐射对称，且常基部联合。果为翅果、蒴果、核果、浆果或浆果状核果(张美珍等，1992；Wallander & Albert，2000)。

木犀科是个中等大小的科，全世界约有25属600种，广泛分布于除南极洲之外的其他大陆，从北温带到南亚热带，从低海拔到高海拔都有分布。其中，流苏属(*Chionanthus*)、梣属(*Fraxinus*)、木犀属等多个属都分布于不止一个大陆。而素馨属(*Jasminum*)是木犀科中最大的属，全球有200多种(Wallander & Albert，2000；Green，2004)。木犀科植物在我国产10属160种，南北各地均有分布，其中连翘属(*Forsythia*)、丁香属(*Syringa*)、女贞属(*Ligustrum*)和木犀属的绝大部分种类均产我国，故我国为上述各属的现代分布中心(Chang et al.，1996)。

一般认为木犀科是个自然的单系类群，但它在合瓣花亚纲中的位置却常有争议，多数学者把它和马钱科(Loganiaceae)、龙胆科(Gentianaceae)、夹竹桃科(Apocynaceae)、萝藦科(Asclepiadaceae)一起组成捩花目(Contortae)，并置于木犀亚目(Oleineae)之下。但J. Hutchinson却把捩花目分成3个目，并把它和马钱科一起组成马钱目(Loganiales)。A. Takhtajan又把本科独立成木犀目(Oleales)(张美珍等，1992)。而基于最新分子证据该科被置于唇形目(Lamiales)，与香茜科(Carlemanniaceae)亲缘关系较近(Wagstaff & Olmstead，1997；Stevens，2016)。

22.2.2 木犀属研究

桂花所在的木犀属(*Osmanthus*)为乔木或灌木。常绿；单叶对生，全缘或有锯齿；具叶柄。花序花两性，通常雌蕊或雄蕊不育而成单性花，雌雄异株或雄花、两性花异株而成为雄全异株；聚伞花序簇生于叶腋，或再组成腋生或顶生的短小圆锥花序；苞片2枚，基部合生；花萼钟状，4裂；花冠白色或黄白色，少数栽培品种为橘红色，呈钟状、圆柱形或坛状，浅裂、深裂，或深裂至基部，裂片4枚，花蕾时呈覆瓦状排列；雄蕊2枚，稀4枚，着生于花冠管上部；子房2室，不育雌蕊呈钻状或圆锥状。果为核果，椭圆形或歪斜椭圆形，内果皮坚硬或骨质(陆瑞林，1992；Green，2004)。

木犀属在分类上隶属于木犀科木犀亚科(Oleoideae)木犀榄族(Oleeae)，本属与同

族中的 *Phillyrea*、*Notelaea*、*Nestegis* 和 *Picconia* 等属近缘(Wallander & Albert, 2000)。

木犀属全世界约有35种，主要分布于亚洲东南部，中国是该属植物的现代分布中心，约有25种。木犀属常可分为5个组，即圆锥花序组(Sect. *Leiolea*)、南木犀组(Sect. *Notosmanthus*)、木犀组(Sect. *Osmanthus*)、管花木犀组(Sect. *Siphosmanthus*)和离瓣木犀组(Sect. *Linocieroides*)。除南木犀组以外，其他4个组的植物在我国均有分布，桂花属于其中的木犀组(Sect. *Osmanthus*)(向其柏，刘玉莲，2008)。但分子系统学研究表明，木犀属并不是一个单系类群(Yang et al., 2009; Yuan et al., 2010; Guo et al., 2011; Lu et al., 2011)，因此木犀属的范围以及桂花在木犀属的系统位置等问题还有待进一步研究。

22.2.3 桂花形态特征及分布

桂花(*Osmanthus fragrans* Lour.)为常绿灌木或乔木，(0.5 ~)1.5 ~ 7(~ 18)m 高，树皮灰黑色。单叶对生，有柄，全缘或有锯齿。花序顶生或腋生，2型：具有总梗的圆锥花序或近圆锥花序，特别是在冬天或者春天；具无总梗的聚伞花序，主要在秋天。苞片2，基部合生；花萼钟状，4裂。花冠白色，黄色，红色或者红棕色，花裂片4，花蕾时覆瓦状排列。花为雄全异株，其中单性雄花植株雄蕊2(4)，常着生于花冠筒上部，药隔常延伸成小尖头；雌蕊常败育，不育雌蕊钻状或圆锥状，不结实。两性花植株，雄蕊同雄花植株，常为2，稀为4或其他，雌蕊发育正常，子房2室，每室具下垂胚珠2枚，花柱与子房不等长，柱头头状或2浅裂；核果，椭圆形或球形，内果皮坚硬或骨质，具种子1枚，胚乳肉质；子叶扁平，胚根向上。染色体数目 $2n = 46$。

桂花属典型的东亚分布，从喜马拉雅经中国一直分布到日本；在我国产长江流域以南至西南、南岭以北，自黄河下游至淮河流域以南普遍栽植。我国桂花种质资源丰富，除有丰富的桂花品种资源(仅《中国桂花品种图志》记载的桂花品种就有122个)，还有分布广泛的古桂：在陕西汉中、甘肃康县，河南内乡、浙江绍兴、福建蒲城、江西上饶、贵州织金、广西桂林、广东梅山、湖南芷江、重庆、四川渠县、云南建水等地都发现有数百年甚至上千年的古桂花(向其柏，刘玉莲，2008)(图22-2)。同时，在我国长江流域以南的少量地区，还有小片野生桂花群落残存(董建文等，2002；郝日明等，2005；王贤荣等，2007；雷瑞虎，2008)。

图22-2 桂花品种'朱砂丹'桂(左)和陕西汉中的古桂王(右)

Fig. 22-2 *Osmanthus fragrans* 'Zhusha Dangui' (left) and the oldest *Osmanthus fragrans* tree in Hanzhong, Shanxi (right)

22.3 桂花遗传多样性研究进展

桂花遗传多样性研究涉及从形态到分子的多个水平，而探讨桂花品种分类、品种演化及亲缘关系是其中的热点。

22.3.1 形态学标记

黄岳渊、黄德邻根据桂花花色、叶形、花心和开花时期等简单记载了上海地区10个品种(黄岳渊，黄德邻，1949)；陈俊愉、刘师汉等记载杭州和武汉的桂花品种名称12个(陈俊愉，刘师汉，1980)；刘玉莲对南京地区的桂花品种进行了调查，记载当地桂花品种13个，并采用检索表的形式对品种进行了鉴定，提出了第1个桂花品种分类系统，以开花季节为第1分类标准，花色为第2分类标准，将桂花品种分为四季桂类、金桂类、银桂类和丹桂类四大类(刘玉莲，1985)。鲁涤非、王其超探讨了桂花品种的分类标准，根据开花季节和花色将桂花分为金桂、银桂、丹桂和四季桂4个组，然后以花特征、叶特征、花期迟早作为第2、第3、第4级分类标准直接对桂花品种进行分类(鲁涤非，王其超，1986)。姚崇怀将桂花分为“秋桂”和“四季桂”两类，其下再各分3型，即“秋桂类”包括金桂型、银桂型和丹桂型，“四季桂”包括四季金桂型、四季银桂型和四季丹桂型；以花特征、叶特征、结实状况和花期作为第3、第4、第5级分类标准记载了湖北62个桂花品种(姚崇怀，1989)。朱长山等记载了河南的18个品种，提出以花色色质及开花习性、花的特征、叶的形态特征、花期的不同为依据的四级分类标准，仍将桂花分为4类(朱长山等，1992)。刘玉莲提出了以花期、花色、花期的迟早、子房发育状况、营养器官为依据的5级分类标准，先以开花季节为第1级标准，分为秋桂和四季桂两大类，再以花色为第二级标准分金桂、银桂、丹桂和四季桂4个品种群，然后以花期迟早、子房发育状况、营养器官特征分别为第3、第4和第5级分类标准(刘玉莲，1993)。刘玉莲等结合多年对桂花品种资源的观察和调查，对桂花种下等级以及四季桂的名称进行了讨论和订正，提出桂花品种性状记载的标准及方法，编制了35个品种的检索表，对进一步开展桂花的研究提出了建议，并讨论了四季桂类和秋桂类的关系(刘玉莲等，2000)。臧德奎等对中国桂花品种进行了初步整理，共记载了全国62个桂花品种，其中四季桂品种12个，银桂品种11个，丹桂品种14个，金桂品种25个(臧德奎等，2002)。尚富德等提出60条记载项目，用于桂花品种资源的调查(尚富德等，2003)。刘龙昌、尚富德采用多层次综合灰色评估法对22个桂花品种进行分析评价(刘龙昌，尚富德，2003)。刘龙昌等选取了35个主要性状，利用数值分类法对30个桂花品种主要性状进行数量分类，结果表明四季桂与秋桂亲缘关系较远，金桂和丹桂亲缘关系较近(刘龙昌等，2004)。伊艳杰等运用层次分析法对河南省的17个桂花品种进行了生产加工利用和园林观赏应用方面的综合评价(伊艳杰等，2004)。2004年，臧德奎在对桂花的历史研究、木犀属及桂花的地理分布深入分析的基础上，对全国范围内的桂花品种进行了系统的整理，共统计出我国桂花品种157个，其中四季桂品种18个，银桂品种57个，丹桂品种37个，金桂品种45个，并编制了桂花品种分类检索表。同时在对桂花4个品种群的关系进行了比较形态学研究后提出：四季桂品种群介于木犀属的圆锥花序组和木犀组之间，可能为杂交起源并在形态和习性上表现出原始性状；其他 3 个品种群以银桂品种群原始，丹桂品种群进化，花色演化途径为白色或淡黄白色—黄色—橙黄或橙红色，而并非过去普遍认为的“金桂品种群原始、由金桂花色变浅形成银桂、花色变深形成丹桂”(臧德奎，2004)。2005 年，胡绍庆等对桂花品种分类系统进行研究，认为应将四季桂提升到变种级水平，把桂花品种分为原变种系和四季桂变种系，原变种系根据花色的不同下分 3 个品种群：银桂品种群、金桂品种群和丹桂品种群(胡绍庆等，2005)。2008 年，向其柏和刘玉莲对桂花品种群演化关系进行了研究，认为：四季桂品种群较为原始；在其他 3 个品种群中，又以银桂品种群较原始，金桂出现较晚，丹桂出现最晚，应是较进化的品种群。四季桂品种群的形态介于木犀属的圆锥花序组和木犀组之间，四季桂品种群的花序反映了其原始性状，而其他品种群的聚伞花序则是由圆锥花序经总梗缩短退化、花数减少而形成。同时四季桂品种群植物更具有热带亚热带起源的特性。其多季开花和对昼夜温差要求不严，多少残存热带植物的特点；而秋季开花的特点则表现出对昼夜温差大和夜间低温的要求较为严格，是适应亚热带气候环境变化的进化表现(向其柏，刘玉莲，2008)。

22.3.2 细胞学标记

Taylor 在 1945 年发表了对木犀属 5 个种的研究结果，发现桂花是二倍体，$2n = 46$ (Green，1958)。2004 年，李玉阁等对桂花的核型进行了研究，结果表明：桂花的体细胞染色体数 $2n = 46$，染色体基数为 $x = 23$，核型公式为 $2n = 46 = 30m + 6sm + 8st + 2t$；核型分析发现，桂花的染色体类型主要为中部着丝粒染色体和近中部着丝粒染色体，没有随体结构核型分类属 2B 型，核型不对称系数为 64.09% (李玉阁等，2004)。

22.3.3 生化标记

1995 年，刘玉莲和曹光树利用聚丙烯酰胺凝胶盘状电泳系统测定了江苏和上海 20 个桂花品种的过氧化物酶同工酶(刘玉莲，曹光树，1995)。同年，陈建业等测定了河南 15 个桂花品种的过氧化物酶同工酶，共检出 15 条酶带，这些酶带可以分为 4 组；对酶带数和对应酶带活性度的品种间距离作聚类分析，把供试的桂花品种分为 3 个品种群，即银桂品种群、金桂品种群和丹桂品种群。银桂品种群含 2 个品种型，即银桂品种型和四季桂品种型(陈建业等，1995)。2000 年，赵小兰等采用聚丙烯酰胺不连续垂直板电泳系统，测定了武汉地区 33 个桂花品种的过氧化物酶、酯酶、超氧化物歧化酶及苹果酸脱氢酶同工酶酶谱。结果表明，所有供试品种在 5 个同功酶系统中均有桂花物种的共同特征谱带，同时又有较为丰富的多态性。根据酶谱表型可以有效地鉴定桂花品种。利用类平均法进行聚类，将 33 个品种分为 2 个大类群，即秋桂类和四季桂类(赵小兰等，2000)。

22.3.4 分子标记

桂花分子标记研究为目前桂花研究的热点，已取得了不小的进展。朱诚等首先提出了随机扩增多态 DNA 应用于桂花品种分类研究的必要性，并建议开展将 RAPD 技术用于桂花品种分类鉴定的研究(朱诚等，1999)。赵小兰等对武汉部分桂花品种进行

RAPD 分析，很好地区分了每一个品种，但聚类分析结果与形态学分类结果并不完全一致(赵小兰，姚崇怀，1999)。伊艳杰等利用 RAPD 标记对桂林部分桂花品种进行分析，结果很好地区分了每一个品种，而且把供试的桂花品种分为 4 类，与传统的分类结果基本一致，研究结果表明以基因型为基础对桂花进行遗传多样性分析和分类是可行的(伊艳杰等，2004)；尚富德等利用 RAPD 技术对河南 17 个桂花品种进行了分析，认为桂花品种群间的亲缘关系较远，品种群内不同品种间的亲缘关系较近(尚富德等，2004)。邱英雄等利用 ISSR - PCR 技术对杭州部分桂花品种进行了分析，认为银桂品种群的多个品种遗传变异程度较高，花色色质较深的金桂某些品种和丹桂某些品种有很近的亲缘关系(邱英雄等，2004)。胡绍庆等利用 ISSR 对部分桂花品种分析，认为银桂品种群和四季桂品种群、丹桂品种群和金桂品种群的多数品种有较近的亲缘关系(胡绍庆等，2004)。殷玉亭等从 4 个品种群中选取了 8 个桂花品种用于 RAPD 分析的引物筛选试验，从 80 个碱基引物中选出 20 个扩增条带多且多态性好的引物，20 个引物共扩增出 116 条 DNA 条带，多态性条带比率为 62%，并建议把 RAPD 分子标记应用于桂花品种鉴定、遗传分析和种质资源鉴定等各个领域(殷玉亭等，2005)。韩远记等利用 AFLP 分子标记对部分桂花品种进行遗传多样性分析，结果表明桂花花色较深的品种之间和花色较浅的品种之间分别存在着较近的亲缘关系，而花色深浅不同的两类品种之间亲缘关系较远。从分类上看，AFLP 分析结果与传统的以形态特征为基础的分类结果并不完全一致(韩远记等，2008)。李梅等利用 ISSR 分子标记，以柊树[*Osmanthus heterophyllus* (G. Don.) P. S. Green]和华东木犀(*Osmanthus cooperi* Hemsl.)为对照种，研究了桂花 81 个品种和 1 个野生种之间的亲缘关系，结果表明：基于 ISSR 分子标记的聚类结果与基于形态的传统分类学的结果基本相符；引物 ISSR12 和 ISSR27 结合可以将 84 份种质区别开来。2 个对照种柊树和华东木犀区分开。因此认为，在形态分类的基础上，ISSR 标记可以有效地判别和鉴定桂花品种，也可用于桂花品种遗传多样性、系统进化的研究分析，该结论与 2004 年胡绍庆等认为用 ISSR 技术在桂花品种和品种群的鉴定和阐明遗传关系中有很大应用潜力的结论一致(李梅等，2009)。同年，李梅等运用优化的 SRAP-PCR 反应体系对 88 个桂花品种进行了研究，结果表明该体系获得的 DNA 条带清晰、扩增结果稳定、多态性较丰富；表明 SRAP 分子标记可用于桂花遗传多样性、品种资源鉴定、亲缘关系以及系统进化等方面的研究(李梅等，2009)。袁王俊等对桂花品种的遗传多样性和亲缘关系进行了 AFLP 分析，结果表明桂花具有较高的遗传多样性，四季桂品种群与秋桂品种群关系较远(Yuan et al.，2011)。2011 年，段一凡等利用 ISSR 分子标记，以云南木犀[*Osmanthus yunnanensis*(Franchet) P. S. Green]和柊树[*Osmanthus heterophyllus*(G. Don.)P. S. Green]为对照种，对 6 个省市 45 份古桂花和 2 份野生桂花进行了遗传多样性研究，结果表明古桂花具有很强的地理相关性，来自同一来源地或具有相似颜色的个体往往聚在一起(段一凡等，2011)。Zhang 等利用新开发的 29 条 SSR 引物对 2 个桂花野生居群的遗传多样性进行了研究，这是 SSR 引物在桂花种质利用研究的首次报道，这些引物对于木犀属种质资源研究具有重要价值(Zhang et al.，2011)。王静利用 SSR 标记对我国 4 个省内的 6 个桂花野生居群的 122 个个体的遗传多样性进行了研究，发现桂花有丰富的遗传多样性，这种较高的遗传多样性可能与其生活史特征和地理分布有关。分子方差分析的结果显示只有小部分变异存在于居群间，大部分遗传变异存在于居群内，自然居群间遗传距离与地理距离并不存在显著相关性(王静，2011)。段一凡等利用11对共显性的SSR荧光标记引物，构建了64个桂花品种的指纹图谱，分子方差分析结果表明桂花4个品种群间遗传变异为4%，而品种内遗传变异占96%，远远超不同品种间的遗传变异，故认为桂花品种的遗传变异主要分布在品种群内，不同品种群间遗传分化水平较低，这和袁王俊等研究结果类似(Yuan et al.，2011)；聚类分析结果表明四季桂首先与秋桂类分开，然后银桂和金桂聚类在一起，最后才跟丹桂聚类在一起，这一结果与传统形态分类非常吻合(向其柏，刘玉莲，2008)，但秋桂类3个品种群的亲缘关系与前人用显性分子标记的聚类结果稍有不同(Yuan et al.，2011；段一凡等，2014)(图22-3)。胡莞等利用细胞核微卫星标记对中国4个省的7个野生桂花群体139个个体的遗传多样性和遗传结构进行了研究，结果表明群体间遗传分化系数 $F_{ST}=0.143$，分子方差分析表明群体间遗传分化占总遗传变异的12.69%，群体内的遗传变异为87.31%，这跟对桂花品种的研究结果类似(Yuan et al.，2011；段一凡等，2014)，且野生桂花群体间遗传距离与地理距离不存在相关性(胡莞等，2014)。Hu等利用15对ISSR引物对浙江这个居群的遗传多样性进行了研究，结果表明居群的遗传多样性与遗传结构、繁殖方式和性别比例显著相关，但与居群大小无明显相关；不同居群之间无明显的地理分化(Hu et al.，2014)。徐沂春等利用7对AFLP引物对2个野生桂花居群的96个个体进行了遗传多样性研究，结果表明71%的遗传变异在居群内，29%在居群间；2个种群间存在一定的遗传分化($G_{ST}=0.1616$)，但种群间基因流较小($N_m=2.5949$)(徐沂春等，2014)，这一结论与前人用SSR标记结果类似(胡莞等，2014)。

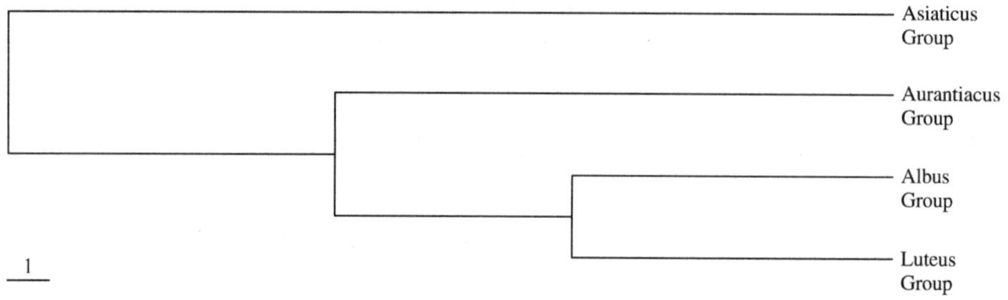

图22-3 基于Nei's遗传距离的桂花4个品种群聚类图

Fig. 22-3 The dendrogram of four cultivar groups of *Osmanthus fragrans* based on Nei's genetic distance for tested materials

22.4 小结与展望

半个多世纪以来，随着检测方法的不断发展，我们对桂花遗传多样性的认识也逐步从形态层面深入到分子层面，对其遗传变异的规律也有了更深入的了解，这对我们进一步开发和利用桂花等木犀属种质资源具有重要价值。但我们对桂花遗传多样性的认识仍有待进一步深入，特别是在生物学研究已经进入组学(基因组学、蛋白质组学、转录组学和代谢组学等)时代的背景下，比如：如何挖掘调控桂花丰富性状表达的遗传基因？如何阐释桂花表型性状和遗传性状的相关性？如何利用桂花丰富的遗传基因培育新的品种等等问题都还远没有解决。另外，交配系统是影响植物种群遗传结构的主要因素，而目前对桂花等木犀属植物的交配系统还知之甚少，因此，积极开展木犀属植物交配系统的深入研究也应是重点关注的方向之一。同时，应加强种群隔离和生境片断化等因素对桂花等木犀属遗传多样性影响的研究，以期为该属植物的保护和利用提供理论依据。

参考文献

陈建业，宁玉霞，赵翠华，等. 1995. 河南桂花品种过氧化物酶同功酶研究[J]. 园艺学报，22(2)：176－180.

陈俊愉，刘师汉. 1980. 园林花卉[M]. 上海：上海科技出版社.

董建文，范小明，吴东来，等. 2002. 福建长汀石峰寨景区桂花次生林群落物种数量特征[J]. 植物资源与环境学报，11(4)：40－44.

段一凡，王贤荣，梁丽丽，等. 2014. 桂花品种 SSR 荧光指纹图谱的构建[J]. 南京林业大学学报，38(增刊)：1－6.

葛颂，洪德元. 1994. 遗传多样性及其检测方法[C]//钱迎倩，马克平. 生物多样性研究的原理与方法. 北京：中国科学技术出版社.

韩远记，董美芳，袁王俊，等. 2008. 部分桂花栽培品种的 AFLP 分析[J]. 园艺学报，35(1)：137－142.

郝日明，藏德奎，向其柏. 2005. 湖南省浏阳市周洛村桂花峡野生桂花资源调查[J]. 园艺学报，32(5)：926－929.

郝日明，赵宏波，王金虎，等. 2011. 野生桂花繁育系统的观察和研究[J]. 植物资源与环境学报，20(1)：17－24.

洪德元. 1990. 植物细胞分类学[M]. 北京：科学出版社.

胡绍庆，张厚勇，吴光洪，等. 2005. 桂花品种分类系统研究[J]. 浙江大学学报，31(4)：445－448.

胡绍庆，邱英雄，吴光洪，等. 2004. 桂花品种的 ISSR-PCR 分析[J]. 南京林业大学学报，28(增刊)：71－75.

胡蕘，罗意，阳亿，等. 2014. 野生桂花的遗传多样性和遗传结构研究[J]. 园艺学报，41(7)：1427－1435.

黄岳渊，黄德邻. 1949. 花经[M]. 上海：新世纪出版社.

雷瑞虎. 2008. 湘西野生桂花群落研究[D]. 长沙：中南林业科技大学.

李梅，侯喜林，郝日明. 2009. 桂花 SRAP-PCR 体系的确立及验证[J]. 植物资源与环境学报，18(2)：15－21.

李梅，侯喜林，单晓政，等. 2009. 部分桂花品种亲缘关系及特有标记的 ISSR 分析[J]. 西北植物学报，29(4)：674－682.

李玉阁，袁王俊，董美芳，等. 2004. 桂花的核型研究[J]. 南京林业大学学报，28(增刊)：87－90.

刘龙昌，尚富德. 2003. 植物品种综合评价方法——以桂花为例[J]. 河南大学学报，1：14－17.

刘龙昌，向其柏. 2004. 桂花品种数量分类研究[J]. 福建林业学院学报，3：233－236.

刘玉莲. 1985. 南京地区桂花栽培品种调查研究[J]. 南京林学院学报，1：30－37.

刘玉莲. 1993. 桂花品种分类及木犀属种质资源的利用[J]. 植物资源与环境，2：44－48.

刘玉莲，曹光树. 1995. 桂花品种过氧化物同工酶分析[J]. 中国桂花，2－6.

刘玉莲，向其柏. 2000. 桂花品种分类研究[C]//高俊平，姜伟贤. 中国花卉科技二十年. 北京：科学出版社, 631－642.
陆瑞林. 1992. 木犀属 *Osmanthus*. 中国植物志[M]. 61 卷. 北京：科学出版社.
鲁涤非, 王其超. 1986. 桂花品种分类的探讨[J]. 华中农业大学学报, 5(2)：179－181.
钱迎倩, 马克平. 1994. 生物多样性研究的原理与方法[M]. 北京：科学出版社.
邱英雄, 胡绍庆, 陈跃磊, 等. 2004. ISSR-PCR 技术在桂花品种分类研究中的应用[J]. 园艺学报, 31(4)：529－532.
尚富德, 陈仲芳, 刘玉莲. 2003. 桂花品种资源调查方法研究[J]. 河南大学学报, 1：9－13.
尚富德, 伊艳杰. 2004. 河南 17 个桂花品种的 RAPD 分析[J]. 园艺学报, 5：685－687.
沈浩, 刘登义. 2001. 遗传多样性概述[J]. 生物学杂志, 18(3)：5－8.
王洪新, 胡志昂. 1996. 植物的繁育系统, 遗传结构和遗传多样性保护[J]. 生物多样性, 4(2)：92－96.
王贤荣, 陈昕, 季春峰, 等. 2007. 千岛湖桂花岛桂花群落特征初步研究应用研究[J]. 林业科技开发, 21(5)：22－24.
文亚峰, 韩文军, 吴顺. 2010. 植物遗传多样性及其影响因素[J]. 中南林业科技大学学报, 30(12)：80－87.
向其柏, 刘玉莲. 2008. 中国桂花品种图志[M]. 杭州：浙江科学技术出版社.
徐沂春, 胡绍庆, 赵宏波. 2014. 基于 AFLP 分子标记的不同类型野生桂花种群遗传结构分析[J]. 浙江农林大学学报, 31(2)：217－223.
姚崇怀. 1989. 桂花品种分类研究及湖北省栽培桂花品种整理[D]. 武汉：华中农业大学.
伊艳杰, 黄莹, 尚富德. 2004. 利用 RAPD 标记研究桂林桂花品种间的亲缘关系[J]. 南京林业大学学报, 28(增刊)：65－70.
伊艳杰, 袁王俊, 董美芳. 2004. 运用 AHP 法综合评价河南部分桂花品种[J]. 河南大学学报, 4：60－64.
殷玉亭, 刘军. 2005. 桂花 RAPD 分析的引物筛选[J]. 四川农业大学学报, 23(2)：199－201.
臧德奎, 向其柏, 刘玉莲. 2002. 中国桂花品种的初步整理[C]// 向其柏. 中国桂花. 长春：吉林科学技术出版社, 13－32.
臧德奎. 2004. 中国桂花品种分类研究[D]. 南京：南京林业大学.
张大勇, 姜新华. 2001. 植物交配系统的进化、资源分配对策与遗传多样性[J]. 植物生态学报, 25(2)：130－143.
张美珍, 缪柏茂, 陆瑞林, 等. 1992. 木犀科 Oleaceae. 中国植物志[M]. 61 卷. 北京：科学出版社.
赵小兰, 姚崇怀. 1999. 桂花部分品种的 RAPD 分析[J]. 华中农业大学学报, 18(5)：484－486.
赵小兰, 姚崇怀, 王彩云. 2000. 桂花品种的同工酶研究[J]. 华中农业大学学报, 19(6)：595－599.
朱长山. 1992. 河南桂花品种的分类研究[J]. 河南农业大学学报, 2：192－201.
朱诚, 刘非燕. 1999. RAPD 技术与桂花品种分类和鉴定[J]. 广西植物, 19(2)：190－192.
ASUKA Y, TOMARU N, NISIMURA N, et al. 2004. Heterogeneous genetic structure in a *Fagus crenata* population in an old-growth beech forest revealed by microsatellite markers[J]. Molecular Ecology, 13(5)：1241－1250.
CHANG M C, CHIU L C, WEI Z, et al. 1996. Oleaceae[C]//：Wu Z. Y. & Raven P. H. Flora of China, vol. 15. Beijing：Science Press, St. Louis：Missouri Botanical Garden Press. 272－329.
DENG C H, SONG G X, HU Y M. 2004. Application of HS-SPME and GC-MS to Characterization of Volatile Compounds Emitted from *Osmanthus* flowers[J]. Annali di Chimica, 94：921－927.
GREEN P S. 1958. A monographic revision of *Osmanthus* in Asia and America[J]. Notes from the Royal Botanic Garden Edinburgh, 22(5)：439－542.

GREEN P S. 2004. Oleaceae[C]//: Kadereit J. W. The Families and Genera of Vascular Plants, Vol. VII. Berlin: Springer-Verlag. 296 - 306.

GREGORIUS H R. 1991. Species conservation and the preservation of adaptability [C]//Seitz A., Loeschcke. Species Conservation: A Population-Biological Approach. Bihäuser Verlag, Basal, 31 - 47.

GROOM M J, MEFFE G K, CARROLL C R. 2012. Principles of Conservation Biology [M]. Third Edition. Sinauer Associates, Inc., Sunderland, Massachusetts.

GUO S Q, XIONG M, JI C F, et al. 2011. Molecular phylogenetic reconstruction of *Osmanthus* Lour. (Oleaceae) and related genera based on three chloroplast intergenic spacers[J]. Plant Systematics and Evolution, 294: 57 - 64.

HAMADA H, PETRINO M G, KAKUNAGA T. 1982. A novel repeated element with Z-DNA-forming potential is widely found in evolutionarily diverse eukaryotic genomes[J]. Proceedings of the National Academy of Sciences, 79(21): 6465 - 6469.

HAMRICK J L, GODT M J W. 1990. Allozyme diversity in plant species[C]//: Brown A. H. D. et al. Plant population genetics breeding, and genetic resources. Sunderland: Sinauer Associate. Inc. 43 - 63.

HAMRICK J L, LINHART Y B, MITTON J B. 1979. Relationships between life history characteristics and electroretically detectable genetic variation in plants[J]. Annual Review of Ecology and Systematics, 10: 173 - 200.

HARRIS H. 1966. Enzyme polymorphisms in man[J]. Proceedings of the Royal Society of London. Series B, Biological Sciences, 164(995): 298 - 310.

HILLIS D M, MORITZ C. 1990. Molecular systematics[M]. Sinauer Associates, Inc., Sunderland, Massachusetts.

HU C D, LIANG Y Z, LI X R, et al. 2009. Essential oil composition of *Osmanthus fragrans* varieties by GC-MS and heuristic evolving latent projections[J]. Chromatographia, 70: 1163 - 1169.

HU S Q, WU S, WANG Y G, et al. 2014. Genetic Diversity and Genetic Structure of Different Types of Natural Populations in *Osmanthus fragrans* Lour. and the Relationships with Sex Ratio, Population Structure, and Geographic Isolation[J]. The Scientific World Journal, 817080.

LEE H H, LIN C T, YANG L L. 2007. Neuroprotection and free radical scavenging effects of *Osmanthus fragrans*[J]. Journal of Biomedical Science, 14: 819 - 827.

LI G, QUIROS C F. 2001. Sequence related amplified polymorphism(SRAP), a new marker system based on a simple PCR reaction: its application to mapping and gene tagging in *Brassica*[J]. Theoretical and Applied Genetics, 103: 455 - 461.

LOVELESS M D, HAMRICK J L. 1984. Ecological determinants of genetic structure in plant populations[J]. Annual Review of Ecology and Systematics, 15: 65 - 95.

LU L D, DUAN H Y, LU Z Y, et al. 2011. Studies on ITS sequences and systematic classification of *Osmanthus*[J]. Pakistan Journal of Botany, 43(2): 759 - 771.

SOLTIS P S, SOLTIS D E. 1991. Genetic variation in endemic and widespread plant species: examples from Saxifragacee and *Polystichum*[J]. Aliso, 13: 215 - 223.

STEVENS P F. 2016. Angiosperm Phylogeny Website. Version 13, October 2016[and more or less continuously updated since], http://www.mobot.org/MOBOT/research/APweb/.

VOS P, HNGERA R, BLEEKER M, et al. 1995. AFLP: a new techniquefor DNA finger-printing[J]. Nucleic Acids Research, 23(21): 4407 - 4414.

WAGSTAFF S T, OLMSTEAD R G. 1997. Phylogeny of Labiatae and Verbenaceae inferred from *rbc* L sequences. Systematic Botany, 22: 165 - 179.

WU K, JONES R, DANNEBERGER L, et al. 1994. Detection of microsatellite polymorphisms without cloning [J]. Nucleic Acids Research, 22(15): 3257 - 3258.

YANG X Q, DENG C L, LIU L Y, et al. 2009. Phylogenetic analysis of genus *Osmanthus*(Oleaceae) based on *mat* K sequence[J]. Journal of Beijing Forestry University, 31: 9 - 14.

YUAN W J, HAN Y J, DONG M F, et al. 2011. Assessment of genetic diversity and relationships among *Osmanthus fragrans* cultivars using AFLP markers[J]. Electronic Journal of Biotechnology, 14: 1. [Online]

YUAN W J, ZHANG W R, HAN Y J, et al. 2010. Molecular phylogeny of *Osmanthus*(Oleaceae) based on non-coding chloroplast and nuclear ribosomal internal transcribed spacer regions[J]. Journal of Systematics and Evolution, 48: 482 - 489.

ZIETKIEWICZ E, RAFALSKI A, LABUDA D, et al. 1994. Genome finger-printing by simple sequence repeat (SSR)-anchored polymerase chain reaction amplification[J]. Genomics, 20: 176 - 183.

作者简介

王贤荣：南京林业大学生物与环境学院，博士，教授；E-mail：wangxianrong66@njfu. edu. cn；

段一凡：南京林业大学生物与环境学院，博士，讲师；E-mail：yifan419@hotmail. com。

第六篇

系统与分类

专题 23　树木学研究方法的继承与创新

Inheritance and Innovation in Research Methods of Dendrology

方炎明

南京林业大学南方现代林业协同创新中心，生物与环境学院　江苏南京　210037

【内容提要】植物专科专属分类修订、物种生物学研究和区系分析是树木学的重要研究方向。随着 DNA 序列分析、分子标记和流式细胞术等新方法和新技术的迅速发展，树木学家正面临新的挑战和机遇。本专题主要介绍了基于 DNA 序列分析的分子系统发育研究、基于分子标记的亲缘地理学分析和基于流式细胞术的基因组大小测定的一般方法及其应用前景，探讨了植物区系的生态功能多样性与遗传多样性分析途径，提出了继承与创新树木学方法论的对策。本专题包括以下 5 节：①植物专科专属研究的分子途径；②植物物种研究的分子亲缘地理分析途径；③植物区系研究的生态与遗传分析途径；④植物基因组大小进化研究的流式细胞术分析途径；⑤结语。

树木学(dendrology)是研究树木的形态识别及分类、地理分布、生物学及生态学特性以及资源利用的学科(祁承经，汤庚国，2005)。作为一门古老的学科，树木学的研究方法主要秉承传统的观察方法。随着 DNA 序列分析、分子标记和流式细胞术等分子及细胞生物学方法，越来越广泛深入地应用于植物分类与系统进化研究，传统的树木学研究方法正面临新的挑战。虽然这些新技术和新方法在木本植物中的应用前景光明，但目前的进展相对滞后。

植物专科专属研究是树木学博士生常常选择的研究领域。从事该领域研究工作的研究者，必须具备良好的经典分类基础，才能完成某一类群的专门研究。植物区系是树木学的另一个重要的研究领域。选择该研究领域，既有利于研究生的综合训练，也有助于植物资源利用和生物多样性保护。同样，采用居群分析途径，在分子或细胞水平上，探讨树种居群间和居群内的遗传变异，也是树木学的重要研究领域。本专题之目的在于：反思树木学的方法论，介绍相关的新方法和新技术，探讨其在树木学中的应用前景。

23.1　植物专科专属研究的分子途径

自 20 世纪以来，专科专属研究一直是植物分类研究的核心内容。从事植物分类学研究的学者一般具备四方面的学术功底：擅长物种识别，善于分门别类，熟悉拉丁文，熟悉《国际植物命名法规》。分类修订之目的在于：理清分类上的混乱问题，限定和描述物种的形态特征，编制分种检索表，命名可能发现的新种；其终极目标是出版专著(monograph)。随着专科专属研究的逐步深入，需要澄清的分类混乱问题已逐步得到解决，植物系统分类研究的重心已经转移，植物分子系统发育成为核心内容。

23.1.1 植物专科专属的分类修订

以中国羽藓属(*Thuidium*)的修订为例，植物专科专属分类修订的一般流程如下：确定研究对象为羽藓属；检索羽藓属所有种名，从1859年以来，中国羽藓属记载了67个双名(binomials)；检索和阅读与67个双名相关的原始文献和其他文献；收集P. J. M. Delavayy (1881—1890), G. Giraldi (1890—1997), H. Handel-Mazzetii (1914—1918)和T. Koponen(1970—1991)等在中国采集的标本(包括模式标本)；在赫尔辛基大学隐花植物标本馆进行形态观察；进行分类处理，绘制形态图，编制检索表；撰写专著[A revision of *Thuidium*, *Haplocladium*, and *Claopodium*(Musci, Thuidiaceae) in China]。经过研究得出如下分类结论：在67个羽藓属双名中，作者接受了17个种，描述了1个新种(Fang & Koponen, 2001)。

23.1.2 DNA序列分析与植物分子系统发育

从事植物分子系统研究的学者也需具备四方面的学术功底：擅长物种识别，熟悉植物系统学，熟悉DNA序列分析技术，熟悉生物信息学分析技术。植物分子系统发育研究的一般流程为：提出科学问题，选择分类群和外类群，调查取样，选择基因组片段，测定DNA序列(含引用序列)，构建系统树。以640种被子植物的系统发育研究为例，首先获得样品，采用常规方法提取DNA，选择17个基因组片段(共25 260 bp)，测序，用MAFFT(v 6.71)软件比对，采用最大似然法(RAxML v 7.1)构建系统树，最后解决了被子植物系统发育的一些深层次问题(Soltis et al., 2011)。

选择适当的基因组片段是分子系统发育分析的关键环节之一。植物核基因组、叶绿体基因组和线粒体基因组均已用于分子系统发育分析(表23-1)。基因组片段的选择，需要考虑研究类群大小和拟解决的系统发育问题，既可选择单基因，也可选择多基因，目前学术界倾向于选择多基因序列进行联合分析。基因不同，进化速率也不同。一般认为，*mat*K基因(约1.5kb)进化速率较快，适合科、属分类单元的系统发育分析；而*rbc*L基因(约1.4kb)，进化速率较慢，适合科及科以上分类单元的系统发育分析。现已知，最小的叶绿体基因组只有107 122 bp [银杉(*Cathaya argophylla*)]，最大的达到217 942 bp [天竺葵(*Pelargonium hortorum*)]，平均值为144 824 bp(Jansen & Ruhlman, 2012)。属内种间叶绿体基因组也有变化，栎属(*Quercus*)叶绿体基因组大小变化范围为161 295~161 482 bp(Kremer et al., 2012)。叶绿体基因组由于具有上述特点，而成为系统发育研究最常用的DNA序列。

构建系统树是分子系统发育分析的又一关键环节。系统树的构建有4种方法，即以距离为基础的距离矩阵法(distance matrix method)，以及以特征为基础的最大简约法(maximum parsimony)、最大似然法(maximum likelihood)和贝叶斯法(Bayesian methods)

(Yang & Rannala, 2012)。最后，分析软件的应用，也是分子系统发育分析获得成功的基础，主要软件有 BEAST、GARLI、MEGA、MrBayes、PAML、PAUP 和 PHYLIP 等。

表 23-1 常用于植物分子系统发育分析的基因组片段

Tab. 23-1 Common genomic sequences used in plant molecular phylogenetic analysis

类群	基因组片段	序列总长(bp)	文献
被子植物	核基因组：18S，26S rDNA；叶绿体基因组：*atp*B，*mat*K，*ndh*F，*psbBTNH* region，*rbc*L，*rpoC2*，*rps*16，*rps*4；线粒体基因组：*atp*1，*mat*R，*nad*5，*rps*3	25 260	Soltis et al.，2011
早期分化真双子叶植物	叶绿体基因组：*trn*L，*pet*D，*rpl*16，*trn*K，*trn*L-F，*pet*B-*pet*D *atp*B-*rbc*L，*rps*3-*rpl*16，*mat*K，*atp*B，*rbc*L	17 806	Barniske et al.，2012
蔷薇目	核基因组：18S，26S rDNA；叶绿体基因组：*rbc*L，*atp*B，*mat*K，*psbBTNH* region，*rpoC*2，*ndh*F，*rps*4	17 706	Zhang et al.，2011
毛茛目	核基因组：26S rDNA；叶绿体基因组：*rbc*L，*mat*K，*trn*L-F	6957	Wang et al.，2009

23.1.3 APG Ⅱ系统和 APG Ⅲ系统

近10年来，植物分子系统发育研究取得了实质性进展。现已探明，被子植物的根部类群先后分别是无油樟科(Amborellaceae)、睡莲科和木兰藤目(Austrobaileyales)，建立了所谓 APG Ⅱ 系统(the angiosperm phylogeny group，2003)和 APG Ⅲ 系统(Bremer et al.，2009)，新定义了一些单系分支，如真双子叶植物、核心真双子叶植物、蔷薇分支和菊分支等(表 23-2)。

表 23-2 被子植物的一些主要分支

Tab. 23-2 Major clades in angiosperms

分支	包含类群
1. 木兰分支(Magnoliids)	白樟目(Canellales)、樟目、木兰目和胡椒目
2. 单子叶植物分支(Monocots)	菖蒲目(Acorales)、泽泻目、天门冬目、薯蓣目、百合目、露兜树目(Pandanales)、毛瓣花科(Dasypogonaceae)、槟榔目、鸭跖草目、禾本目和姜目
3. 真双子叶植物分支(Eudicots)	山龙眼目、清风藤科、昆栏树科和黄杨科等早期分化真双子叶植物(early diverging eudicots)，以及核心真双子叶植物
4. 核心真双子叶植物分支(Core eudicots)	智利藤科(Berberidopsidaceae)、洋二仙草目(Gunnerales)、石竹目、檀香目、虎耳草目、蔷薇分支和菊分支
5. 蔷薇分支(Rosids)	流苏子目(Crossosomatales)、牻牛儿苗目、桃金娘目、Ⅰ类真蔷薇分支、Ⅱ类真蔷薇分支
6. Ⅰ类真蔷薇分支(Eurosids Ⅰ)	蒺藜科、卫矛目、葫芦目、豆目、壳斗目、金虎尾目、酢浆草目和蔷薇目
7. Ⅱ类真蔷薇分支(Eurosids Ⅱ)	十字花目、锦葵目和无患子目
8. 菊分支(Asterids)	山茱萸目、杜鹃花目、Ⅰ类真菊分支和Ⅱ类真菊分支
9. Ⅰ类真菊分支(Euasterids Ⅰ)	丝缨花目(Garryales)、龙胆目、唇形目和茄目
10. Ⅱ类真菊分支(Euasterids Ⅱ)	伞形目、冬青目、菊目和川续断目

注：表中信息主要来自 APG Ⅱ系统，分支的中名参见方炎明(2009)。

APG Ⅱ系统和 APG Ⅲ系统已成为进一步系统发育和进化生物学研究的基本框架，如陆地植物基因组大小进化(Leitch et al.，2010；Garcia et al.，2010；Bennett & Leitch，2011)、生长素响应因子(Auxin response factor，ARF)的进化(Finet et al.，2010)、多倍

化与被子植物进化(Soltis et al.，2009)和花的起源与进化(Specht & Bartlett，2009)，均以 APG Ⅱ系统或 APG Ⅲ系统为基础。这些新进展对经典分类学家来说是陌生的，提出的挑战也是严峻的，解读新系统、了解分子系统发育方法，是植物系统学家的必然选择。

23.2 植物物种研究的分子亲缘地理分析途径

物种生物学(biosystematics)是以群体(或称为居群)为单元，研究群体的遗传、繁育与生态，进而揭示其进化机制和过程的学科。物种生物学研究的基础是形态标记，核心技术是分子标记技术。物种生物学的一些研究内容，有时也可归入亲缘地理学的范畴。亲缘地理学(phylogeography)是一门年轻、有活力、综合的学科，其研究内容是采用遗传数据来认识群体的历史(Beheregaray，2008)。1987 年 Avise 研究组发表了《种内亲缘地理学：群体遗传与系统学之间的线粒体 DNA 桥》(Avise et al.，1987)，是该领域的第一篇文章。

23.2.1 形态标记与表型变异分析

传统的植物分类学家通过命名亚种、变种等种下分类单位，来认识植物种内变异。命名亚种、变种的依据是模式标本，即最有代表性的标本，是其形态变异的中间值。现代植物分类学家更多地接受群体观，认为认识植物种内变异应以群体为基本单位，来分析物种的群体内和群体间变异，因此，观察的样本不是一份标本，而是由一定数量个体构成的不同群体。植物表型特征是遗传和环境交互作用的结果。表型变异分析结果可以应用于农作物、林木和园艺品种的划分。

23.2.2 分子标记与遗传多样性分析

分子标记按技术基础分为四类，基于杂交技术、PCR 技术、限制性酶切及 PCR 技术和 DNA 序列及芯片技术的分子标记(表 23-3)。在常用的分子标记中，RFLP 和 SSR 一般为共显性遗传，RAPD、ISSR、SCAR 和 AFLP 一般为显性遗传。分子标记的研究流程，参见以下 3 个案例。

表 23-3 分子标记的类型

Tab. 23-3 Types of molecular markers

技术基础	标记类型
基于杂交技术	限制性片段长度多态性(restriction fragment length polymorphism，RFLP)
基于 PCR 技术	随机扩增多态性 DNA(random amplified polymorphism DNA，RAPD) 任意引物 PCR(arbitrarily primed polymerase chain reaction，AP-PCR) DNA 扩增指纹印迹(DNA amplification fingerprinting，DAF) 简单序列重复间区(inter-simple sequence repeat，ISSR) 序列标签位点(sequence tagged sites，STS) 简单重复序列(simple sequence repeat，SSR) 序列特异性扩增区(sequence-characterized amplified region，SCAR) 单引物扩增反应(single primer amplification reaction，SPAR) DNA 单链构象多态性(single strand conformation polymorphism，SSCP) 双脱氧化指纹法(dideoxy fingerprints，ddF)

（续）

技术基础	标记类型
基于限制性酶切和PCR技术	扩增片段长度多态性(amplified fragment length polymorphism, AFLP) 酶切扩增多态性序列(cleaved amplified polymorphism sequences, CAPS)
基于DNA序列和芯片技术	单核苷酸多态性(single nucleotide polymorphism, SNP)

【案例1】 红山樱(*Cerasus jamasakura*)亲缘地理学分析(Tsuda et al., 2009)。分析了12个群体，分别来自日本的Iwak(福岛)、Kasumigaura(茨城)、Hanno(埼玉)、Shizuoka(静冈)、Otowa(爱知)、Motosu(岐阜)、Nishi-Yoshino(奈良)、Maizuru(京都)、Tsuyama(冈山)、Tabuse(山口)、Asakura(福冈)和Tarumizu(鹿儿岛)。取样个体间隔30 m以上，取叶或小枝，样本大小为9~32个个体(平均27.5)。选择10个SSR位点，采用改良CTAB法提取DNA，构建邻接(NJ)树，用SAMOVA统计分子方差，STRUCTURE(2.2)进行贝叶斯聚类，Mantel test法进行地理距离隔离模式检验。结果表明：近交系数(F_{IS})没有明显偏离零，符合Hardy-Weinberg平衡。F_{ST}为0.026~0.069，表明群体分化程度低。邻接树显示，南部四群体为一分支；贝叶斯聚类得到九州岛群体和本州岛群体两支。Mantel test表明，存在明显的地理距离隔离模式。从而揭示了红山樱的亲缘地理特征。

【案例2】 翅果油树(*Elaeagnus mollis*)亲缘地理学分析(Wang et al., 2012)。选取了7个群体，每群体12~19个个体，共110个个体，个体间隔50 m以上，群体地理坐标用手持GPS定位。采集叶子样品，用硅胶干燥。选择10个SSR位点，改良CTAB法提取DNA，采用20μL PCR扩增反应体系。用FSTAT v2.9.3估计观察杂合度、G_{ST}和F_{ST}等参数，ARLEQUIN v 3.000进行分子方差分析，STRUCTURE v 2.0进行贝叶斯聚类，Mantel tests检验地理距离隔离模式。结果表明，每位点等位基因平均数为16.3，观察杂合度为0.69，Nei's基因多样性指数为0.63。分子方差分析表明，居群间遗传分化有限，83.2%的方差分布在群体内，16.8%分布在居群间。UPGMA聚类分析得出两个地理组合，并得到贝叶斯聚类分析的进一步验证。Mantel tests证明遗传距离与地理距离之间无显著相关。

【案例3】 落羽杉和池杉的分类问题(Tanaka et al., 2012；图23-1)。落羽杉(*Taxodium distichum* var. *distichum*)(bald cypress)和池杉(*Taxodium distichum* var. *imbricatum*)(pond cypress)分布区重叠。该试验选择了两个地理组，两个变种均有分布，探讨的问题是：变种间遗传差别大，还是地理组间遗传差别大？一个地理组是密西西比河冲积河谷(MAV)，包含1个池杉群体和7个落羽杉群体，另一个地理组是佛罗里达(Florida)，包含5个池杉群体和5个落羽杉群体。每个群体取样19~27个，共18个群体444个个体，收集其叶子和球果样品。SSR分子标记为自行开发，筛选出6对基因组SSR和6对EST-SSR，采用8μL PCR扩增反应体系。运用FSTAT v2.9.3.2估计期望杂合度、赖特近交系数F_{IS}等参数，Arlequin v 3.5.1估计F_{ST}，STRUCTURE v 2.3.1进行贝叶斯推论，GENALEX v 6.2进行Mantel tests，检验地理距离隔离模式，POPULATION v 1.2.30构建邻接树，Arlequin ve 3.5.1进行分子方差分析。结果表明，F_{ST}为0.28，群体间遗传分化程度高。Mantel tests表明，遗传距离与地理距离密切相关。贝叶斯推论得到的两簇，与MAV和Florida两个地理组相吻合，而不是与两个变种相吻合。NJ树

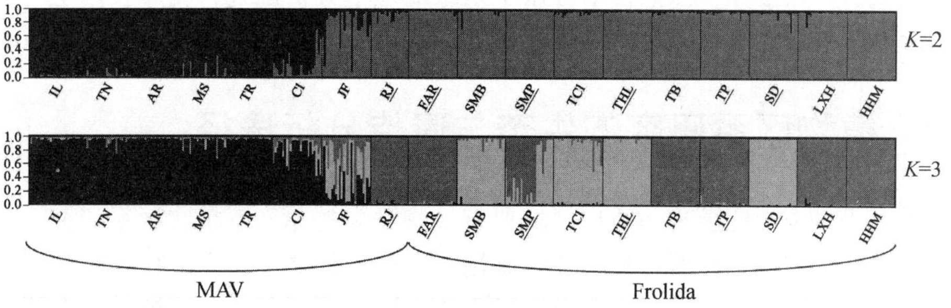

图 23-1 两个地理组的落羽杉和池杉群体及其贝叶斯分析结果(Tanaka et al., 2012)

Fig. 23-1 Population of bald cypress and pond cypress in two geographic groups and results of Bayesian analysis

黑体字母为落羽杉，下划线字母为池杉；MAV 为密西西比地理组，Florida 为佛罗里达地理组，两个地理组嵌入了两个变种的群体

与贝叶斯推论结果一致。分子方差分析表明，两个变种之间的分子方差不显著。作者的结论是：按两个区域划分遗传组，而不是按两个变种划分遗传组。

23.2.3 下一代测序技术与 SSR 标记开发

下一代测序技术(next-generation sequencing, NGS)是近几年出现的测序新技术，大致分为 3 类。第一类为合成法测序(sequencing by synthesis)，如美国 Roche Applied Science 公司的 454 基因组测序仪，以及美国 Illumina 公司和英国 Solexa technology 公司合作开发的 Illumina 测序仪；第二类为连接法测序(sequencing by Ligation)，如美国 Applied Biosystems 公司的 SOLiD 测序仪，以及 Dover/Harvard 公司的 Polonator 测序仪；第三类为单分子测序(single-molecule sequencing)，如美国 Helicos 公司的 HeliScope 单分子测序仪，以及 Pacific BioSciences 公司的 PACBIO RS 单分子实时测序系统(Egan et al., 2012)。NGS 为 SSR 标记开发提供了新的机遇。有了 NGS 技术以后，SSR 引物开发就免除了基因文库构建、克隆、测序等实验过程。《美国植物学报》专门开辟了“植物科学中的引物注释与方法”专栏，其中包括中国作者开发中国树种的 SSR 引物(表 23-4)。

表 23-4 一些树种的 SSR 标记开发

Tab. 23-4 SSR marker development of sometree species

树种	SSR 标记数	检测个体数（群体数）	每位点等位基因数	测序仪器	文献
侧柏(*Platycladus orientalis*)	9	(4)	4~22(11)	ABI 3730XL	Zhu & Lou, 2012
单性木兰(*Kmeria septentrionalis*)	14	60(2)	3~15	ABI 3730	Lin et al., 2011
舟山新木姜子(*Neolitsea sericea*)	10	55(2)	3~17	ABI 3730	Zhai et al., 2010
小梗木姜子(*Litsea hypophaea*)	15	—	1~25	ABI 377	Chiang et al., 2012
苦槠(*Castanopsis sclerophylla*)	10	(3)	3~17	ABI 3730	Shi et al., 2011
青冈栎(*Cyclobalanopsis glauca*)	13	(3)	2~22(19)	ABI 3730	Tong et al., 2012
木荷(*Schima superba*)	36	(3)	6~34(19)	ABI 3730	Niu et al., 2012
浙江红花油茶(*Camellia chekiangoleosa*)	18	150(3)	2~7	454 GS FLX	Wen et al., 2012
珙桐(*Davidia involucrata*)	15	20	2~13	ABI 3100	Li et al., 2012
珙桐(*Davidia involucrata*)	12	134(5)	6~21(10.8)	ABI 3730	Du et al., 2012
毛白杨(*Populus tomentosa*)	15	460	2~9	ABI 3730xl	Du et al., 2012a

应当指出，除了分子标记技术可用于亲缘地理学分析以外，测序技术也可以用于亲缘地理学分析。

23.3 植物区系研究的生态与遗传分析途径

植物区系(flora)是指某一地理区域所有植物种类的总和。植物区系研究，一方面具有地理学属性；另一方面具有系统学属性，即按科、属、种将植物组合到不同的地理成分之中，并探讨特有现象，推测其起源地、迁移地等。传统的植物区系研究方法主要是调查与观察，经过近30年来学界的共同努力，我国植物区系的基本情况已经摸清。因此，植物区系研究的内容需要拓展，其重要方面是生态功能成分分析与遗传多样性分析。

23.3.1 植物区系的地理成分分析

植物区系研究的一般流程是：确定研究地区，收集资料，野外调查与标本采集，标本鉴定与内业整理，植物的系统排列与形态描述，编制检索表，区系地理成分分析。区系地理成分划分一般依据吴征镒先生的经典文献《中国种子植物属的分布区类型》(吴征镒，1991)。例如，哀牢山(闫丽春等，2009)和西双版纳(朱华等，2001)区系地理成分分析(表23-5)。

表23-5 哀牢山和西双版纳植物区系地理成分

Tab. 23-5 Geographical elements of floras in Ailaoshan and Xishuangbanna

属的分布区类型	比例(%)	
	哀牢山(闫丽春等，2009)	西双版纳(朱华等，2001)
1. Cosmopolitan	—	—
2. Pantropic	20.25	22.8
3. Trop. Asia & Trop. Amer. disjunct	3.26	2.4
4. Old World Tropics	9.33	10.3
5. Trop. Asia to Trop. Australasia	8.21	6.9
6. Trop. Asia to Trop. Africa	5.40	8.4
7. Trop. Asia	17.43	32.8
8. North Temperate	13.26	5.2
9. Asia & N. Amer. disjunct	4.28	3.1
10. Old World Temperate	4.28	1.5
11. Temp. Asia	0.67	0.4
12. Mediterranean, W. Asia to C. Asia	0.45	0.4
13. C. Asia	0.22	0
14. E. Asia	11.25	5.1
15. Endemic to China	1.69	0.7

23.3.2 植物区系的生态功能成分分析

植物区系成分生态功能分析的基本思路是：将一个地区、生态系统或样地的植物，划分到不同的生态功能组成分。如按植物繁育系统，将植物划分为两性、单性同株、单性异株繁育系统3种功能组成分。植物区系成分生态功能分析的流程是：确定研究地区，收集资料，野外调查与标本采集，标本鉴定与内业整理，植物的功能组类型划分，生态功能成分分析。

【案例4】 云南西双版纳植物区系的生态功能成分分析(Chen & Li，2008a；图23-2)。研究对象为前文已提到的云南西双版纳植物区系，为揭示该区系植物性系统的频率分布及其生态相关，作者调查了热带季雨林和热带山地雨林。研究区域面积15.7 hm^2，共设置42个样地。生长型分乔、灌、藤、草4型，性系统分两性、单性同株、单性异株3型，花大小分大、中、小3型，果实分肉果和干果两型。经调查，作者鉴定了109科3596属685种植物。两性、单性同株和单性异株的比例，以属为统计单位，分别占64.3%、12.4%和21.1%；以种为统计单位，分别占60.6%、14.3%和25.1%。统计检验表明，在属和种水平上，不同生长型、花大小的植物间，性系统有显著差异。在物种水平上，不同的果型的植物间，性系统也有显著差异，性系统与形态特征之间存在关联。区系之间比较表明，西双版纳季雨林和热带山地雨林，乔木的单性异株比例接近于或高于热带区系。

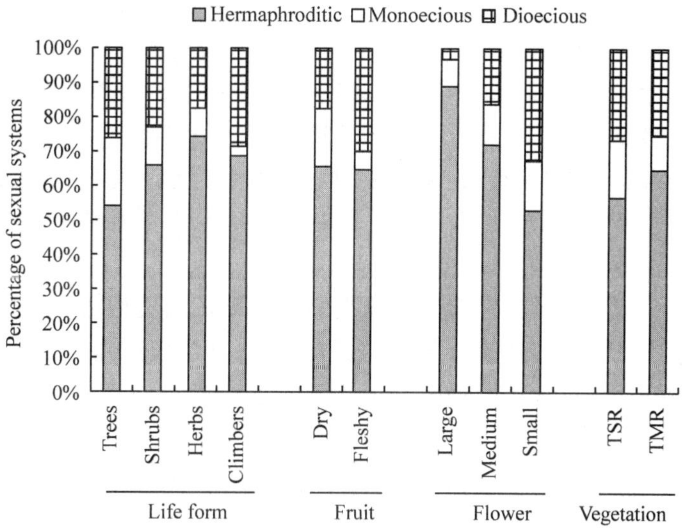

图23-2 西双版纳季雨林和热带山地雨林植物性系统组成及其与生活型、果型、花大小和植被型的关联(Chen & Li，2008a)

Fig. 23-2 Sexual system components in Xishuangbanna tropical monsoon forests and montane rainforest and their association with the life form, fruit types, flower size and vegetation types

【案例5】 云南哀牢山常绿阔叶林的植物性系统(Chen & Li，2008b)。研究区域位于23°35′~24°44′N，100°54′~101°30′E，其常绿阔叶林分布海拔2200~2700m。生长型、性系统、花色和果实类型划分与前一个研究类似。作者共鉴定出103科296属703种木本被子植物。两性、单性同株和单性异株分别占64.2%、14.5%和20.3%的属，分别占60.2%、15.8%和24.0%的种。卡方检验表明，在属和种水平上，不同的生长型、花大小、花色、果型之间，性系统有显著差异。因此，性系统与形态或生态特征之间存在关联。区系之间比较表明，哀牢山常绿阔叶林，乔木的单性异株比例高于热带区系，低于温带区系。

23.3.3　植物区系的遗传多样性分析

植物区系遗传多样性分析，即研究一个地区植物区系成分的遗传多样性和遗传结构模式。目前，有关专门研究一个地区植物的遗传多样性，报道不多，仅有一些综述，因此，方法尚不成熟。

【案例6】　加纳利群岛植物区系的遗传多样性分析(Francisco-Ortega et al.，2000)。加纳利群岛是大西洋火山岛屿，有570种特有植物，占植物区系的40%。其中，濒危植物占20%(105种)。该区系的特点是：木本植物比例高(72%)，单性异株植物比例低(10种)，具有异交机制的单性同株植物丰富(237种)，其机制包括雄蕊先熟、异型花柱和等位自交不亲和等。为加强加纳利群岛的生物多样性保护，作者对该区系的等位酶数据进行了比较分析。8科18属69种植物的等位酶数据分析表明，总多样性(H_T=0.186)水平显著高于其他太平洋岛屿，群体间遗传分化(28%)明显，高水平的总多样性和群体间遗传分化与异交机制有关。因此，作者认为，需要保护具有异交机制的物种，保护尽可能多的群体，减少放牧、种植、外来物种引入、城市开发等人为活动。

【案例7】　智利费尔南德斯群岛植物区系的遗传多样性(Crawford et al.，2001)。文献分析结果显示，在已知4科17属29种特有植物中，平均等位酶多样性水平低(Hes=0.065)，群体间遗传分化水平高(0.338)。具有大群体和多个群体星散分布的物种，多样性水平高于仅有1~2个群体的物种；动物传粉和风媒传粉的异交物种，多样性水平高于自交物种。因此，作者认为，需要保护尽可能多的群体，重点要保护遗传多样性水平高的植物。

地理、生态、遗传联系在一起，可以更加深入地认知植物物种的进化和植物区系的起源。我国植物区系的地理成分分析的资料丰富，但生态功能成分分析与遗传多样性分析偏少，预期是今后的一个有活力的研究方向。

23.4　植物基因组大小进化研究的流式细胞术分析途径

植物细胞分类学(plant cytotaxonomy)是以染色体数目、形态、行为即核型为生物分类特征，研究核型进化和生物系统进化的植物分类学分支。该研究领域在20世纪80年代得到迅速发展。进入21世纪以来，流式细胞术迅速发展成为测定植物核基因组大小、鉴定植物细胞型的重要手段。

23.4.1　核型分析及其系统分类意义

核型分析的一般流程是：切取根尖材料，秋水仙素或8-羟基喹啉预处理，卡诺液或冰醋酸—酒精混合液固定，盐酸离析，卡宝品红染色，常规压片，镜检，染色体计数，照相，确定核型。核型分析可应用于许多领域。核型分析可应用于植物分类。假橐吾属(*Ligulariopsis*)是菊科千里光族的单型属，仅有假橐吾(*L. shichuana*)1种，根据其核型$2n=58=34m+18sm(2sat)+6st$，可以探讨属的系统位置(刘建全，刘尚武，2000)。核型分析也可应用于品种鉴定。香石竹(*Dianthus caryophyllus*)是重要的切花材料，为探明其品种倍性，进行了102个大花香石竹品种染色体观察与计数，得到了有效的染色体倍性信息，二倍体占77.5 %，三倍体占5.9 %，四倍体占16.7 %，这为品种鉴定和育种提供了重要信息(瞿素萍等，2004)。核型分析还可应用于杂种鉴定。为进行木兰科观赏植物育种，开展了以下杂交试验，母本为二乔玉兰'红元宝' *Magnolia* ×*soulangeana* 'Hongyuanbao'，父本分别为云南含笑 *Michelia yunnanensis* 和金叶含笑 *M. foveolata*，得到了杂种后代，经染色体数目观察，其染色体为其亲本染色体半数之和，证明了远缘杂交后代的真实性(王亚玲等，2005)。

23.4.2 流式细胞术在物种生物学研究中的应用

流式细胞术(flow cytometry，FCM)是一种高通量的分析手段，当细胞或用荧光探针标记的细胞核以狭窄液体流的状态通过强大光束时，这些颗粒的多种光学性质(如荧光、光散射)能被检测和量化(Kron et al.，2007)。FCM 具有以下 3 个优点：①方便，样品制备所需时间短，不需要昂贵试剂；②快捷，分析快速，只要有足够的细胞核数，可在短时间测定；③可靠，测定精度高，DNA 含量峰值变异系数在 1%~5%，重复测定的变异系数小于 1%(Doležel et al.，2007)。FCM 的主要实验流程为：选择内标，细胞核悬浮液制备(包含一步法和两步法)，染色(DAPI 或 PI)，流式细胞仪分析。详细的实验方法参见相关文献(Doležel et al.，2007)。

【案例 8】 阿尔卑斯山千里光属植物的流式细胞分析(Suda et al.，2007；Hülber et al.，2009；图 23-3)。与假橐吾同为菊科植物的千里光属植物(*Senecio carniolicus*)，主产阿尔卑斯山脉，具有丰富的细胞型(cytotpe)，为鉴定这些细胞型及其地理分布，作者对奥地利、意大利、法国、波兰、罗马尼亚、斯洛伐克、瑞士等地的 82 个群体进行了 FCM 分析。在 402 个个体中鉴定出 2*x*、4*x*、5*x*、6*x* 和 7*x* 5 种细胞型。其中，二倍体广泛分布于未发生冰河的地区，四倍体间断分布在更新世避难所，六倍体主要分布在东阿尔卑斯山脉，五倍体和七倍体所占比例小(<1.3%)(Suda et al.，2007)。FCM 还应用于研究该植物不同细胞型在区域性小尺度空间中的分布，研究地点位于奥地利卡林西亚州阿尔卑斯山脉 Mt Hoher Sadnig 的东南坡，海拔约 990m，设置垂直样带，样品用硅胶干燥，DAPI 染色，豌豆为内标，确定了 275 个个体的细胞型。其中，110 个个体为二倍体，165 个个体为六倍体，后者更多地分布在物种丰富、茂密的群落中(Hülber et al.，2009)。FCM 得到的 DNA 含量和细胞型信息，为探讨该物种的种内进化提供了重要依据。

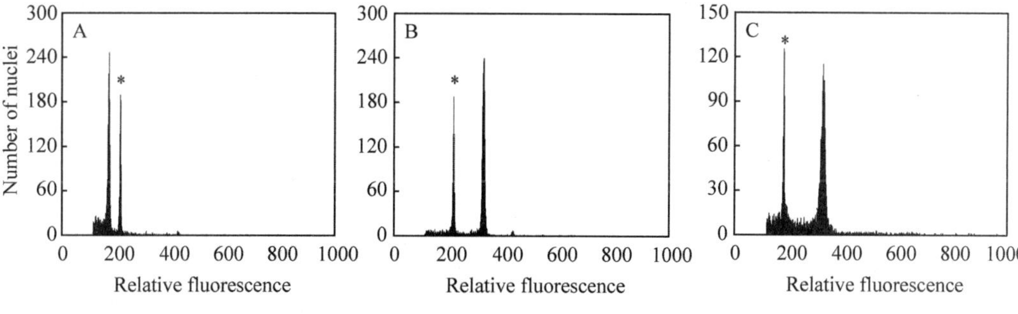

图 23-3 千里光属植物(*Senecio carniolicus*)的 DNA *C* 值(Suda et al.，2007)

Fig. 23-3 DNA *C* value of *Senecio carniolicus*

DAPI 染色，蚕豆为内标，星号代表参考峰，图 A、B、C 分别为 2*x*、4*x* 和 5*x*

【案例 9】 石竹属植物(*Dianthus broteri*)细胞型的分布与多样性(Balao et al., 2009；图 23-4)。该植物是伊比利亚半岛特有种，经新鲜样品和干燥样品的 FCM 检测，在 25 个群体的 244 个个体中观测到广泛的染色体变异，共有 $2n=2x=30$、$2n=4x=60$、$2n=6x=90$ 和 $2n=12x=180$ 4 种主要细胞型。另外，也有少数 $2n=3=45$ 个体；在 25 个群体中，24 个群体的个体细胞型一致，其中纯二倍体群体 5 个，纯四倍体群体 11 个，纯六倍体群体 3 个，纯十二倍体群体 5 个；只有 1 个二倍体群体检测出三倍体个体。植物细胞型空间分布与基因组大小研究，为探讨植物多倍体复合体的进化提供有价值的信息。此外，试验证明干燥叶子样品可以作为测定 DNA 含量的有效材料，大大拓展了 FCM 应用范围，解决了采集新鲜样品的技术难题。

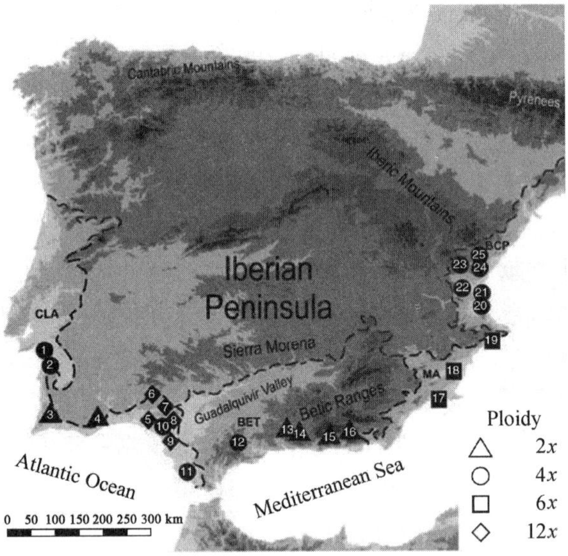

图 23-4 石竹属植物(*Dianthus broteri*)25 个群体的细胞分型(Balao et al., 2009)

Fig. 23-4 Cell types of 25 populations in *Dianthus broteri*

注：△代表二倍体，○代表四倍体，□代表六倍体，◇代表十二倍体

23.4.3 FCM 在种以上分类群系统进化研究中的应用

FCM 不仅是种内进化研究的有效手段，而且也是种以上分类群系统进化研究的重要方法。其应用价值参见以下案例。

【案例 10】 木兰科植物的流式细胞分析(Parris et al., 2010)。在核型分析中提及的木兰科植物，如果用 FCM 测定 DNA 含量、鉴定其染色体倍性，就更加快捷。试验证明木兰科具有丰富的基因组大小变异和复杂的多倍体水平。作者采用常规方法制备细胞核悬浮液，DAPI 染色，经 FCM 分析，在 62 个种 125 个杂种的 300 份材料中，获得了非常丰富而有意义的 DNA 含量和染色体倍性信息。在木兰亚属木兰组中，弗吉尼亚木兰(*Magnolia virginiana*)的品种均为二倍体，核基因组大小(2C，下同) 3.51~3.84 pg，而广玉兰(*M. grandiflora*)的品种均为六倍体，核基因组大小 10.06~11.86 pg。木莲组(中国作为单独属处理)全部为二倍体，乳源木莲(*M. yuyuanensis*) 最低(4.73 pg)，泰国木莲(*M. agarrettii*)最高(5.25 pg)。含笑组(中国作为单独属处理)全部为二倍体，如含笑(*M. figo*)及其变种和品种核基因组大小 4.30~4.82 pg。鹅掌楸属全部为二倍体，其核基因组最小，中国鹅掌楸和北美鹅掌楸分别为3.47 pg和3.35 pg。有意思是，六倍体除了广玉兰的品种外，还有白玉兰(*M. denudata*)、武当玉兰(*M. sprengeri*)的一些品种，以及乐东拟单性木兰(*M. lotungensis*)、云南拟单性木兰(*M. yunnanensis*)，而紫玉兰(*M. liliiflora*)、尖叶木兰(*M. acuminata*)及其品种则为四倍体。因此，木兰科的核基因组大小差别明显，核基因组大小数据为品种鉴定和改良提供了非常重要的基础资料。

【案例11】 蔷薇科植物的流式细胞分析(Tatum et al., 2005；Roberts & Brumme, 2009)。蔷薇科是多倍体丰富的类群，许多成分是重要的果树或观赏植物。采用FCM研究DNA含量变化，鉴定其染色体倍性，比传统的核型分析更加快捷可行。例如，苹果属植物的核DNA含量变异分析。在40个种和杂种中，采用FCM检测出5个种和品种为三倍体，核基因组大小2.37~2.57pg，其他种和品种为二倍体，核NDA大小1.45~1.68pg(Tatum et al., 2005)。又如蔷薇属的DNA含量与染色体倍性确定，经FCM分析，从74个种的377份材料中，鉴定出二倍体、三倍体、四倍体、五倍体、六倍体、七倍体和八倍体，2C DNA含量为0.83~3.99pg(Roberts & Brumme, 2009)。

FCM与传统的核型分析相比，既可提供2C DNA含量信息，又可鉴定染色体倍性，分析非常快速，适合大量样品分析，可应用于群体水平，这是核型分析所不能比的优点。然而，核型分析虽然实验程序复杂、需要手工操作，但分析结果直接、可靠。鉴定染色体倍性有3种方法，除了FCM和核型分析外，还有一种间接方法，即气孔形态，包括保卫细胞长度、气孔频率、保卫细胞中叶绿体数目(高彩云等，2010；te Beest et al., 2012)。多技术的组合使得系统探讨植物大类群的DNA含量、鉴定染色体倍性成为可能。截至2005年，在陆地植物范围内，已经报道了4538种植物的DNA含量，其中被子植物4119种，裸子植物181种，蕨类植物67种，苔藓植物171种(Leitch et al., 2005)。自2005年以来，被子植物的DNA含量研究又有新进展，被子植物的数据刷新为6287种(Bennett & Leitch, 2011)，预期将来有更快的进展。

23.5 结语

植物专科专属研究、树种变异研究、森林植物区系研究，是树木学的核心内容。分类修订、表型变异分析和区系调查等经典研究方法，仍然是树木学的方法论基础。然而，新方法和新技术的出现也不可等闲视之，引入DNA序列分析、分子标记和FCM等现代分析方法，将为树木学研究注入新的活力。作为新一代树木学者，应当在继承传统、坚持特色的基础上，力求在方法论上有新的变化和突破，变描述树木学为实证树木学，变“模式观”为“群体观”，变“单枪匹马”为“团队作战”。要实现这些转变和突破，就必需加强学科建设，打造高水平的数字标本馆、实验平台和研究团队，争取强大的项目支撑。总之，方法论的继承与创新，是树木学研究走向深入的必由之路。

参考文献

方炎明. 2009. 陆地植物新系统树之诠释与简评[J]. 南京林业大学学报(自然科学版), 33(4): 1

-7.

高彩云，潘惠新，贾恒，等. 2010. 美洲黑杨×小叶杨杂种多倍体诱导研究[J]. 西北植物学报，30(1)：50-55.

刘建全，刘尚武. 2000. 假橐吾属(菊科：千里光族)的核形态研究[J]. 植物分类学报，38(1)：60-63.

祁承经，汤庚国. 2005. 树木学(南方本)[M]. 北京：中国林业出版社.

瞿素萍，熊丽，莫锡君，等. 2004. 大花香石竹的倍性分析[J]. 西南农业学报，17(4)：504-507.

王亚玲，张寿洲，李勇，等. 2005. 木兰科13个分类群和12个杂交组合的染色体数目[J]. 植物分类学报，43(6)：545-551.

吴征镒. 1991. 中国种子植物属的分布区类型[J]. 云南植物研究，13(增刊)：1-139.

闫丽春，施济普，朱华，等. 2009. 云南哀牢山地区种子植物区系研究[J]. 热带亚热带植物学报，17(3)：283-291.

朱华，李延辉，许再富，等. 2001. 西双版纳植物区系的特点与亲缘[J]. 广西植物，21(2)：127-136.

AVISE J C, ARNOLD J, BALL R M, et al. 1987. Intraspecific phylogeography: the mitochondrial DNA bridge between population genetics and systematics[J]. Annual Review of Ecology and Systematics, 18: 489-522.

BALAO F, CASIMIRO-SORIGUER R, TALAVERA M, et al. 2009. Distribution and diversity of cytotypes in *Dianthus broteri* as evidenced by genome size variations[J]. Annals of Botany, 104(5): 965-973.

BARNISKE A M, BORSCH T, MUELLER K, et al. 2012. Phylogenetics of early branching eudicots: Comparing phylogenetic signal across plastid introns, spacers, and genes[J]. Journal of Systematics and Evolution, 50(2): 85-108.

BEHEREGARAY L B. 2008. Twenty years of phylogeography: the state of the field and the challenges for the Southern Hemisphere[J]. Molecular Ecology, 17(17): 3754-3774.

BENNETT M D, LEITCH I J. 2011. Nuclear DNA amounts in angiosperms: targets, trends and tomorrow[J]. Annals of Botany, 107(3): 467-590.

BREMER B, BREMER K, CHASE M W, et al. 2009. An update of the angiosperm phylogeny group classification for the orders and families of flowering plants: APGⅢ[J]. Botanical Journal of the Linnean Society, 161(2): 105-121.

CHIANG Y C, SHIH H C, HUANG M C, et al. 2012. Characterization of microsatellite loci from *Litsea hypophaea* (Lauraceae), a tree endemic to Taiwan[J]. American Journal of Botany, 99(6): e251-e254.

CHEN X S, LI Q J. 2008a. Sexual systems and ecological correlates in an azonal tropical forests, SW China[J]. Biotropica, 40(2): 160-167.

CHEN X S, LI Q J. 2008b. Patterns of plant sexual systems in subtropical evergreen broad-leaved forests in Ailao Mountains, SW China[J]. Journal of Plant Ecology, 1(3): 179-185.

CRAWFORD D J, RUIZ E, STUESSY T F, et al. 2001. Allozyme diversity in endemic flowering plant species of the Juan Fernandez Archipelago, Chile: ecological and historical factors with implications for conservation[J]. American Journal of Botany, 88(12): 2195-2203.

DOLEŽEL J, GREILHUBER J, SUDA J. 2007. Estimation of nuclear DNA content in plants using flow cytometry[J]. Nature Protocols, 2(9): 2233-2244.

DU Q Z, ZHANG D Q, LI B L. 2012a. Development of 15 novel microsatellite markers from cellulose synthase genes in *Populus tomentosa*(Salicaceae)[J]. American Journal of Botany, 99(2): e46-e48.

DU Y, DAI Q, ZHANG L, et al. 2012b. Development of microsatellite markers for the dove tree, *Davidia in-*

volucrata(Nyssaceae), a rare endemic from China[J]. American Journal of Botany, 99(5): e206 - e209.

EGAN A N, SCHLUETER J, SPOONER D M. 2012. Applications of next-generation sequencing in plant biology[J]. American Journal of Botany, 99(2): 175 - 185.

FANG Y M, KOPONEN T. 2001. A Revision of *Thuidium*, *Haplocladium* and *Claopodium*(Musci, Thuidiaceae) in China[M]. Finnish Bryological Society.

FINET C, FOURQUIN C, VINAUGER M, et al. 2010. Parallel structural evolution of auxin response factors in the angiosperms[J]. The Plant Journal, 63(6): 952 - 959.

FRANCISCO-ORTEGA J, SANTOS-GUERRA A, KIM S C, et al. 2000. Plant genetic diversity in the Canary Islands: a conservation perspective[J]. American Journal of Botany, 87(7): 909 - 919.

GARCIA S, GARNATJE T, HIDALGO O, et al. 2010. First genome size estimations for some eudicot families and genera[J]. Collectanea Botanica, 29: 7 - 16.

HÜLBER K, SONNLEITNER M, FLATSCHER R, et al. 2009. Ecological segregation drives fine-scale cytotype distribution of *Senecio carniolicus* in the Eastern Alps[J]. Preslia, 81(3): 309.

JANSEN R K, RUHLMAN T A. 2012. Plastid genomes of seed plants[M]//Genomics of chloroplasts and mitochondria. Springer Netherlands: 103 - 126.

KREMER A, ABBOTT A G, CARLSON J E, et al. 2012. Genomics of Fagaceae[J]. Tree Genetics & Genomes, 8(3): 583 - 610.

KRON P, SUDA J, HUSBAND B C. 2007. Applications of flow cytometry to evolutionary and population biology[J]. Annual Review of Ecology Evolution and Systematics, 38: 847 - 876.

LEITCH I J, SOLTIS D E, SOLTIS P S, et al. 2005. Evolution of DNA amounts across land plants(Embryophyta)[J]. Annals of Botany, 95(1): 207 - 217.

LI Z, WANG C, LIU Y, et al. 2012. Microsatellite primers in the Chinese dove tree, *Davidia involucrata* (Cornaceae), a relic species of the Tertiary[J]. American Journal of Botany, 99(2): e78 - e80.

LIN Y, ZENG L, ZHANG Q, et al. 2011. Development of microsatellite markers in *Kmeria septentrionalis* (Magnoliaceae), an endangered Chinese tree[J]. American Journal of Botany, 98(6): e158 - e160.

NIU H Y, LI X Y, YE W H, et al. 2012. Isolation and characterization of 36 polymorphic microsatellite markers in *Schima superba*(Theaceae)[J]. American Journal of Botany, 99(3): e123 - e126.

PARRIS J K, RANNEY T G, KNAP H T, et al. 2010. Ploidy levels, relative genome sizes, and base pair composition in *Magnolia* [J]. Journal of the American Society for Horticultural Science, 135(6): 533 - 547.

ROBERTS A V, GLADIS T, BRUMME H. 2009. DNA amounts of roses(*Rosa* L.) and their use in attributing ploidy levels[J]. Plant Cell Reports, 28(1): 61 - 71.

SHI Y S, ZHANG J, JIANG K, et al. 2011. Development and characterization of polymorphic microsatellite markers in *Castanopsis sclerophylla*(Fagaceae)[J]. American Journal of Botany, 98(2): e19 - e21.

SOLTIS D E, ALBERT V A, LEEBENS-MACK J, et al. 2009. Polyploidy and angiosperm diversification[J]. American Journal of Botany, 96(1): 336 - 348.

SOLTIS D E, SMITH S A, CELLINESE N, et al. 2011. Angiosperm phylogeny: 17 genes, 640 taxa[J]. American Journal of Botany, 98(4): 704 - 730.

SPECHT C D, BARTLETT M E. 2009. Flower evolution: the origin and subsequent diversification of the angiosperm flower[J]. Annual Review of Ecology Evolution and Systematics, 40: 217 - 243.

SUDA J, WEISS-SCHNEEWEISS H, TRIBSCH A, et al. 2007. Complex distribution patterns of di-, tetra-, and hexaploid cytotypes in the European high mountain plant *Senecio carniolicus*(Asteraceae)[J]. American Journal of Botany, 94(8): 1391 - 1401.

TANAKA A, OHTANI M, SUYAMA Y, et al. 2012. Population genetic structure of a widespread coniferous tree, *Taxodium distichum* [L.] Rich. (Cupressaceae), in the Mississippi River Alluvial Valley and Florida [J]. Tree Genetics & Genomes, 8(5): 1135-1147.

TATUM T C, STEPANOVIC S, BIRADAR D P, et al. 2005. Variation in nuclear DNA content in *Malus* species and cultivated apples[J]. Genome, 48(5): 924-930.

TE BEEST M, LE ROUX J J, RICHARDSON D M, et al. 2012. The more the better? The role of polyploidy in facilitating plant invasions[J]. Annals of Botany, 109(1): 19-45.

TONG X, XU N N, LI L, et al. 2012. Development and characterization of polymorphic microsatellite markers in *Cyclobalanopsis glauca*(Fagaceae)[J]. American Journal of Botany, 99(3): e120-e122.

TSUDA Y, KIMURA M, KATO S, et al. 2009. Genetic structure of *Cerasus jamasakura*, a Japanese flowering cherry, revealed by nuclear SSRs: implications for conservation[J]. Journal of Plant Research, 122(4): 367-375.

WANG W, LU A M, REN Y, et al. 2009. Phylogeny and classification of Ranunculales: evidence from four molecular loci and morphological data[J]. Perspectives in Plant Ecology, Evolution and Systematics, 11(2): 81-110.

WANG Y, QIN Y, DU Z, et al. 2012. Genetic diversity and differentiation of the endangered tree *Elaeagnus mollis* Diels(*Elaeagnus* L.) as revealed by Simple Sequence Repeat(SSR) Markers[J]. Biochemical Systematics and Ecology, 40: 25-33.

WEN Q, XU L, GU Y, et al. 2012. Development of polymorphic microsatellite markers in *Camellia chekiangoleosa* (Theaceae) using 454-ESTs[J]. American Journal of Botany, 99(5): e203-e205.

YANG Z, RANNALA B. 2012. Molecular phylogenetics: principles and practice[J]. Nature Reviews Genetics, 13(5): 303-314.

ZHAI S N, YAN X L, NAKAMURA K, et al. 2010. Isolation of compound microsatellite markers for the endangered plant *Neolitsea sericea*(Lauraceae)[J]. American Journal of Botany, 97(12): e139-e141.

ZHANG S, SOLTIS D E, YANG Y, et al. 2011. Multi-gene analysis provides a well-supported phylogeny of Rosales[J]. Molecular Phylogenetics and Evolution, 60(1): 21-28.

ZHU L, LOU A. 2012. Development and characterization of nine highly polymorphic microsatellite primers for *Platycladus orientalis*(Cupressaceae)[J]. American Journal of Botany, 99(7): e280-e282.

作者简介

方炎明：南京林业大学生物与环境学院，博士，教授；E-mail：jwu4@njfu.edu.cn。

专题24 中国樱属种质资源与分类

Germplasm Resources and Taxonomy of *Cerasus* Mill. in China

王贤荣，伊贤贵

南京林业大学南方现代林业协同创新中心，生物与环境学院 江苏南京 210037

【内容提要】本专题回顾了樱属植物分类学260年研究历史，对各主要分类系统进行了概述。总结实验分类学相关研究认为：樱属植物叶表皮、腺体及花粉微形态特征是种间分类的重要辅助证据，樱属细胞、化学实验方法可丰富樱属系统学研究内容；分子标记及传统形态标记结果存在较大分歧，受样本采集及标记手段的限制，樱属植物分子系统研究需更多证据。分析樱属植物分布及演化路线，支持古老中国西部及西南部高山地区为樱属植物分布及起源中心的推测。结合山樱花复合体类群的复杂性及各类群自然变异，认为樱属植物种间杂交及物种分化等现象明显，樱属植物资源分类、亲缘关系及系统演化等问题需更深入的研究。

樱属（*Cerasus*）隶属蔷薇科（Rosaceae）李亚科（Prunoidea），为世界著名的观赏花木，分布于北半球温暖地带，亚洲、欧洲至北美洲均有记录，集中分布于中国西部、西南部和东南部，以及日本和朝鲜半岛，是温带、亚热带的表征属。

中国樱属植物种类多，分布广，变异幅度大，近年不断有樱属植物新种（变种）的报道，记载樱属植物有60种（变种）。樱属一直为植物学研究热点类群，且众多分类学者意见不一致，樱属植物资源状况与分类学地位争议较多。

24.1 樱属资源与分类研究进展

24.1.1 樱属分类学历史

樱属植物分类学历史最早可追溯到1753年，C. Linnaeus在其巨著《Species Plantarum》中建立了广义的李属（*Prunus*），范围包括了樱、李、桃、梅、杏等。1754年，P. Miller从广义李属中独立出了樱属（*Cerasus*），包括单芽樱类和三芽樱类，确立了樱属的基本概念。

1770年，R. Weston把樱属（*Cerasus*）降为亚属（Subgen. *Prunus-Cerasus*）；1789年，A. L. D. Jussieu描述了樱属（*Cerasus*）的特征；1807年，C. H. Persoon又将其再降为一个

组(Sect.)，为 *Prunus* Sect. *Cerasus*。1825 年，A. P. Candolle 在樱属(*Cerasus*)下设置了两个组，其中 Sect. 1. *Cerasophora* 下记载 22 种樱花；Sect. 2. *Laurocerasus* 下记载 19 种，包括了桂樱(*C. laurocerasus*)、稠李(*C. padus*)等。1879 年，J. D. Hooker 对 Sect. *Cerasus* 进行了初步的描述，并依据花期的先后分先叶开放类和花叶同放类。1905 年，C. K. Schneider 在樱亚属(*Prunus* Subgen. *Cerasus*)下成立 3 个组，即 Sect. *Eucerasus*、Sect. *Pseudocerasus* 与 Sect. *Microcerasus*。

1912 年，E. Koehne 在专著《Plantae Wilsonianae》中，采用 *Prunus* Subgen. *Cerasus* 观点，把其发表的 35 个中国产新种分成 2 个 Grex.，即 Grex. Ⅰ. *Typocerasus* 和 Grex. Ⅱ. *Microcerasus*，这一概念与今天的樱亚属和矮生樱亚属一致，其下共分 4 个组、15 个亚组(Subsect.)，亚组下共设 11 个系(Ser.)。自此，确立了樱亚属的基本范围。

其后，多位学者对樱亚属进行了种类整理，不断完善其分类系统。A. Rehder (1951)在《Manual of Cultivated Trees & Shrubs》中，对 E. Koehne 的系统进行了部分修订，在亚属 *Prunus* Subgen. *Cerasus* 下成立了 7 个组 Sect.，合并了 E. Koehne 系统的部分亚组，把部分亚组置于组一级的水平上。

A. I. Poyarkova(1971)在《Flora of U. S. S. R》中，采用狭义樱属(*Cerasus*)观点，将记载的 21 种樱属植物分为 2 个亚属，即 Subgen. 1. *Typocerasus*(3 个组)与 Subgen. 2. *Microcerasus*(2 个组)。

日本学者(本田正次，林弥荣，1974；林弥荣，1982；川崎哲也，1994)对日本樱属资源进行了整理，但主要关注品种分类；H. Ohba(2001)在《Flora of Japan》中记录了 17 个野生种、13 个杂交种及主要栽培品种种源。我国对樱属的分类研究开始于 1937 年，陈嵘先生在《中国树木分类学》一书中，采用樱亚属(*Prunus* Subgen. *Cerasus*)的观点，把国产樱花分为五大类群(Group)：Ⅰ. 樱桃类(Lobopetalum)、Ⅱ. 欧洲樱桃类(Eucerasus)、Ⅲ. 黑樱桃类(Phyllomahaleb)、Ⅳ. 樱花类(Pseudocerasus)、Ⅴ. 郁李类(Microcerasus)。

1979 年，俞德浚先生编著《中国果树分类学》，把樱类植物作为一个独立的属 *Cerasus*，对樱桃(*C. pseudocerasus*)的品种进行了分类，并记载品种特征。

1986 年，《中国植物志》第 38 卷出版，俞德浚、李朝銮先生在书中采用樱属(*Cerasus*)的观点，其下的分类单位基本是对 E. Koehne 系统中亚组 Subsect. 等级的归并，分为 2 个亚属 Subgen. 和 11 个组 Sect.，其中，典型樱亚属(Subgen. *Cerasus*)(腋芽单生)9 个组，矮生樱亚属(Subgen. *Microcerasus*)(3 腋芽并生)2 个组，共记载 45 种及 10 个变种。

1997 年，王贤荣在博士论文《国产樱属分类学研究》中对国产樱属植物进行了全面系统的整理，共记载樱属植物 48 个种及 10 个变种，对《中国植物志》中樱亚属的系统做了相应的调整，支持设立两个组即直萼组(Sect. *Pseudocerasus*)和反萼组(Sect. *Cerasus*)，组下设 12 个系，新成立了芒齿系(Ser. *Setolae* X. R. Wang et Shang)和展萼系(Ser. *Pseudocerasoides* X. R. Wang et Shang)，重新组合了红果系[Ser. *Conradinia* (Koehne) X. R. Wang et Shang]；同时认为我国西南高山地区是中国樱属植物的分布中心，蕴藏着近 30 种野生樱花类群。

2003 年，〈Flora of China〉(《中国植物志》英文修订版)第 9 卷出版，Li Chaoluan(李

朝銮)与 B. Bartholomew 将樱属(*Cerasus*)以单生腋芽或三生腋芽为依据分为两大类，并编制检索表，其下无更小的分类单位。对近年发表的新种作了相应处理：将岩樱桃[*C. scopulorum*(Koehne) Yu et Li]归入樱桃[*C. pseudocerasus*(Lindley) Loudon]，西南樱桃[*C. duxlouxii*(Koehne) Yu et Li]归入[*C. yunnanensis*(Franch.) T. T. Yu et C. L. Li.]，将垂枝毛樱桃(*C. tomentosa* var. *pendula* B. Y. Feng et S. M. Xie)归入毛樱桃[*C. tomentosa* (Thungerg) Wallich]，将泰山野樱花(*C. serrulata* var. *taishanensis* Yi Zhang et C. D. Shi)归入山樱花(*C. serrulata* Lindley)；收录郑维列(2000)发表的新种西藏樱桃(*C. yaoiana* W. L. Zheng)；新组合浙江郁李[*C. japonica* var. *zhejiangensis*(Yun B. Chang) T. C. Ku ex B. Bartholomew]、盘腺樱桃[*C. discadenia* (Koehne) C. L. Li & S. Y. Jiang]；把 *P. trichantha* Koehne、*P. rufa* var. *trichantha* Koehne、*P. imanishii* S. Kitamura、*P. rufa* var. *trichantha* (Koehne)重新组合为毛瓣藏樱[*C. trichantha* (Koehne) C. L. Li & S. Y. Jiang]；未收录《中国植物志》第38卷记载的红毛樱(*C. rufa* Wall.)及变种[*C. rufa* var. *trichantha* (Koehne) Yu et Li]、海南樱桃(*C. hainanensis* G. A. Fu & Y. S. Lin)。共整理记载樱属植物43种及8个变种(33种为特有种，引种5种)。

2007年，王贤荣等发表新种鹤峰樱(*C. hefengensis* X. R. Wang & C. B. Shang)及新变种武夷红樱(*C. campanulata* var. *wuyiensis* X. R. Wang, X. G. Yi & C. P. Xie)。南程慧等(2013)发表新种雪落樱(*C. xueluoensis* C. H. Nan & X. R. Wang)。Chen Zilin 等于2013年发表新种 *Prunus pananensis* Z. L. Chen, W. J. Chen & X. F. Jin。2014年，王贤荣在专著《中国樱花品种图志》中记录樱属植物48种及10个变种，记载部分新类群，并对19个种及5个变种67个品种进行了详细描述。

24.1.2 樱属植物实验分类学研究

近年来，微形态、细胞分类、生物化学及分子标记等各种方法被应用于樱属植物分类学领域，现代试验分析结果为樱属植物分类及系统演化提供了更客观的证据。

24.1.2.1 微形态学分类研究

樱属植物分类依据主要为芽、叶、花与果实形态，微形态学分类研究主要集中在樱属植物叶腺体、叶表皮及花粉等显微及电镜观察。樱属植物叶腺体为本属共同特征，在其叶柄顶端一般具1~3或更多腺体，叶锯齿边腺体普遍着生。L. J. Hickey 等(1975)粗略地对蔷薇科叶柄及叶边锯齿上着生腺体推测为排水器(hydathoda)。王贤荣(1997)进行了樱属植物叶腺体的光学显微镜和扫描电镜观察研究，叶腺体的着生位置有顶生、基生和边生3种类型；发现腺体内有从叶脉延伸而来的维管束结构，腺体外部被分泌物覆盖，证实其为分泌组织，腺体形状可分为盘状、圆锥状、棒状、乳头状、瘤状等，大小也相差悬殊，有大到肉眼可辨的长棒状，也有小到直径仅达2.38μm的球状体。王贤荣(1997)、伊贤贵(2007, 2008)和南程慧(2012)等对樱属植物进行了叶表皮微形态观察，认为樱属植物叶表皮细胞均为不规则的四至七边形，毛状体皆为不分枝的单毛，由两个细胞组成；气孔器皆分布于下表皮，上表皮无气孔，基本分为环列型、不规则型和放射型3种，角质层也有纹饰的变化；樱属植物叶表皮毛被、气孔及外拱盖等形态特征，在种内表现稳定，种间差异较大。随着扫描电镜在孢粉学研究中的成熟应用，樱属花粉微形态报道较多。高博静等(1994)、王伏雄(1995)、朱岭仁(1995)、蓝盛银(1996)等相继对毛樱桃(*C. tomentosa*)、毛叶欧李(*C. dictyoneura*)、樱桃(*C. pseudocerasus*)、山樱花(*C. serrulta*)、东京樱花(*C. yedoensis*)的花粉形态进行了描述。刘忠民(1996)对山东广义李属9个种及1个变种的花粉进行了扫描电镜研究。王贤荣(1998)对樱属11个种和变种的花粉形态进行了扫描电镜观察。周丽华(1999)对国产蔷薇科李亚科的花粉形态进行了研究，观察了高盆樱(*C. cerasoides*)的花粉形态。雷海清(2001)对樱属9个种和变种的花粉形态进行扫描电镜观察，伊贤贵(2007)和南程慧等(2012)对武夷山、天目山等地区樱属植物花粉进行了电镜观察。以上观察结果较一致，樱属花粉的极面观为圆形或近三裂圆形，赤道面观为椭圆形、三孔沟，外壁纹饰多为条纹状，属内特征基本一致，但种间存在着花粉大小和外壁纹饰的细微差别。

微形态学研究可以解决樱属一些类群在分类系统上的地位问题。樱属腺体位置形状在种间差异较大，同种则相对稳定，可在分类中起一定参考作用；樱属植物的叶表皮毛被有无、毛被密度及长短，以及表皮毛形态、气孔外拱盖及内缘纹饰、气孔形状与大小以及表皮蜡层纹饰等微形态特征，种间差异较大，可以作为樱属分类的重要依据。花粉微形态在樱属属内形态特征基本一致，但种间存在着花粉形态、花粉大小、外壁纹饰等变化，可为樱属某些种或种下等级的分类鉴定提供佐证。

24.1.2.2 细胞及化学分类学研究

樱属植物在细胞及生物化学层面开展分类研究较少，主要对象为食用樱桃及樱属观赏品种的分类。Kobel(1927)，C. D Darlington(1928)，E. J Olden(1959)等学者对李属植物染色体数目进行了研究，并对 *P. cerasus* 起源进行了探讨，认为 *P. avium*($2n=16$)为较原始种，*P. cerasus* ($2n=4X=32$)由种间杂交而来。日本学者对一些樱属植物(含园艺品种)和广义李属的部分种类，进行过染色体数目的统计和核型研究(K. Oginuma，1987a，1987b；Y. I watsubo，2002，2003，2004)，结果表明樱属植物大部分为二倍体($2n=16$)，少数园艺品种为多倍体，并且日本晚樱(*C. serrulata* var. *lannesiana*)种系下的三倍体品种花期晚于其原变种。陈瑞阳等(2003)统计过山樱花和日本樱花的染色体数目并给出了核型公式。B. D. Mowrey 等(1990)利用同工酶标记技术对34种李属植物(包括 Subgen. *Cerasus* 的12种)进行了系统发育研究，发现樱亚属内植物可以聚合为一类，只是其下等级组有所调整，并推测 *P. cerasus* 为 *P. avium* 与 *P. fruticosa* ($2n=4X=32$)的杂交种，*P. gonduinii* 为 *P. ceraus* 与 *P. avium* 的杂交种。A. R. Granger 等(1993)等通过对甜樱桃叶内同工酶的分析，探讨了甜樱桃栽培种的分类和遗传多样性方面的问题。周春玲(2008)利用酯酶同工酶技术对青岛市19个樱花品种进行亲缘关系鉴定和品种分类研究，其聚类结果与传统分类学结果具有一致性。

总体而言，细胞及生物化学分类涉及类群较少，仅能对樱属植物系统分类少数种系处理提供依据。随着流式细胞术(FCM)的应用，植物核基因组大小研究受到关注，通过测定精度较高的染色体基数 x 的 DNA 含量(Cx 值)与体细胞 DNA 含量(2C 值)，结合核型分析可为樱属植物分类、鉴定及演化提高更为可靠的依据。

24.1.2.3 樱属分子系统学及亲缘关系研究

各种分子标记在樱属研究中都有采用，主要对 cpDNA 与 nrDNA 基因组信息进行分析，探讨樱属种间、种内以及品种间的差异与分化。

M. L. Badenes 等(1995)第一次把 PCR-RFLP 技术运用甜樱桃育种中来，评估了其 cpDNA 的多样性，研究了甜樱桃与酸樱桃关系。Brettin 等(2000)、D. Wang(2000)、A. Mohanty(2001)、Boritzki(2002)、Hisayo(2002)、Sauris(2003)等对欧洲酸樱桃及甜樱桃品种进行了大量的研究，报道了不同单倍型、品种群分类以及基因连锁图谱构建。曹东伟(2006，2007)对樱亚属 10 个种进行分子亲缘地理学研究，认为托叶樱(*C. stipulacea*)和毛樱桃亲缘关系最近；微毛樱(*C. clarofolia*)、华中樱(*C. conadinea*)和盘腺樱(*C. discadenia*)亲缘关系比较近；郁李(*C. japonica*)、细齿樱(*C. serrula*)、多毛樱(*C. polytricha*)、山樱花和樱桃聚为一类；樱桃、毛樱桃、郁李、细齿樱桃和山樱花较为原始，托叶樱、华中樱和微毛樱较为进化；结果与传统分类系统差异明显，无法和形态特征结合分析。RFLP 标记在樱属研究开展较早，主要集中于樱属品种分类及育种研究，对象主要为甜樱桃及酸樱桃。从研究结果来看，RFLP 标记技术对樱属系统分类的贡献不大。因涉及复杂分子生物学技术，操作烦琐，成本高，效率低，在分子系统学的应用越来越少。

H. Y. Yang 等(1994)用 RAPD 技术鉴别出樱桃野生型及突变型。H. K. Gerlach(1997)、S. Takehiko 等(1999)、J. I. Hormaza(1999)、张开春等(2000)、张胜利(2002)、陈晓流等(2004)、王彩虹等(2005)、蔡宇良等(2006，2007)、Y. L. Cai(2007)等，利用 RAPD 标记分析樱桃、甜樱桃等类群的遗传多样性及其变异，从分子水平来讨论种及品种间的亲缘关系。T. Shimada 等(2001)对矮生樱亚属(subgen. *Lithocerasus*)4 个种进行遗传多样性分析，认为毛樱桃(*P. tomentosa*)、郁李(*P. japonica*)、麦李(*P. glandulosa*)、西沙樱桃(*P. besseyi*)，比起樱亚属(subgenen. *Cerasus*)来更接近于李亚属(subgen. *Prunophora*)和桃亚属(subgen. *Amygdalus*)。Z. Zamani 等(2012)结合形态学及 RAPD 分子标记技术对伊朗 *P. avium*、*P. cerasus*、*P. mahaleb*、*P. microcarpa*、*P. incana*、*P. brachypetala* 及 4 个栽培品种进行了分析研究，认为形态学分析结果与分子标记结果没有很明显的相关性。RAPD 分子标记技术能较有效地进行樱属种质资源亲缘关系的遗传分析，从分子水平揭示种间系统发育关系。

B. Sosinski 等(2000)、E. Dirlewanger 等(2002)、M. J. Aranzana 等(2003)等学者，从樱属及相近属种中获得引物进行扩增试验，表明其 SSR 引物在广义李属中有较强的通用性且多态性丰富，可以进行遗传多样性分析、指纹图谱绘制、品种鉴定及亲缘关系等研究。L. D. Suzanne 等(2000)对黑樱桃(*P. serotina*)进行遗传多样性研究，认为来自厄瓜多尔、墨西哥的居群亲缘关系较近，来自密歇根的居群与前两个居群亲缘关系较远。沈志军(2003)分析了樱桃与桃、梅、杏、李在系统发育上的地位，认为樱桃种内遗传变异最复杂。吕月良(2006)、苏倩(2007)对钟花樱(*C. campanulata*)的 12 个野生居群进行遗传多样性研究，得出各群体遗传分化系数及聚类结果。张琪静(2007)分析聚类结果为欧李、郁李及麦李为一组，毛樱桃为另一平行组；毛樱桃种内，垂枝类毛樱桃独立成组，其他毛樱桃形成了几组，基本反映了地理来源。李苗苗(2009)对樱亚属10个种的47个居群进行了分子亲缘地理学及中国樱桃遗传多样性研究，表明樱亚属种间及自然居群间存在较高遗传变异，种内居群间遗传变异较低。Y. Tsuda等(2009)对红山樱(*C. jamasakura*)12个自然居群的遗传结构进行了分析，表明群体可分为支系两(组)，两支系在Honshu岛西部区域有交混，可将两支系当成不同的保护单元。M. N. Nas(2011)对土耳其 *P. microcarpa* subsp. *tortusa* 进行了研究，表明其有丰富的遗传多样性，对其系统关系的分析表明，其与甜樱桃亲缘关系较接近，与李属其他类群独立为一支。K. Antonius等(2012)对芬兰区 *P. cerasus* 栽培品种进行了遗传及表型多样性分析，表明其出现了不同群组的分化。S. Kato等(2012)对日本215个无性系品种进行分析(主要类群为 *P. lannesiana*、*P. jamasakura*、*P. pendula*、*P. yedoensis*)，表明SSR标记能有效地进行樱属种及品种间的鉴定。

M. M. Li(2009)利用ISSR技术分析表明樱桃居群发生较高水平遗传分化；A. Shahi-Gharahlar等(2011)利用ISSR对伊朗6种樱亚属植物进行遗传多样性研究。D. Struss等(2001)结合AFLP标记对甜樱桃的种质进行鉴定研究。T. Ogawa等(2012)利用AFLP技术成功追溯 *Prunus* × *kanzakura* 'Atami-zakura'、*Prunus* × *kanzakura* 'Kawazu-zakura'的来源亲本。

王俊英等(2002)分析了樱桃ACC氧化酶基因DNA序列，表明其与桃的ACC基因DNA序列同源性为98.7%。朱墨等(2005)成功鉴别了花粉决定了候选基因樱桃SFB4(自交不亲和)及SFB4'(自交亲和)单元型。张开春等(2000)对马哈利樱桃(圆叶樱桃) *P. mahaleb* 的PGIP基因克隆及全序列测定，研究了其与杏的同源性(96.7%)。B. Szikriszt(2013)利用自交不亲和植物S基因(复合等位基因)序列，分析了黑海岸地区的甜樱桃及相近类群(包括 *P. avium*、*P. specios*、*P. armeniaca*、*P. mume*)的亲缘关系。C. Peace等(2012)进行了二倍体甜樱桃及四倍体酸樱桃(*P. cerasus*) Illumina Infinium 6K SNP(单核苷酸多态性)分析研究。Z. L. Chen(2013)通过对atpB-rbcL与trn L-F序列测定，报道了樱属植物一新种。

各种分子标记手段在樱属研究中都有报道，SSR(微卫星)标记因引物开发成熟且通用性高，效果较好，报道也较多。樱属分子系统学研究，因试验样本较少，目前各类报道涉及种系、种或部分类群不超过13个，且种系亲缘关系判断与经典分类相距甚远。随着测序技术广泛应用，DNA序列认知及重建片段的开发，分子亲缘地理学(phylogeography)发展迅速，可为樱属植物的种内水平微进化(microevolution)等群体遗传学，以及物种形成与分化、种间水平大进化(macroevolution)等系统分类学提供更多的证据。总体而言，樱属植物分布广，变异大，涉及的类群较少，分子标记手段不够丰富，樱属分子分类系统依然需要进一步深入。

24.2 樱属植物分布、起源及演化

24.2.1 樱属植物地理分布

樱属植物生长区域的地貌、气候和土壤环境较为复杂，天然杂交及物种分化变异

较为普遍，物种多样性较高且分布范围广。从世界分布来看，有广泛生长在欧亚大陆西南端比利牛斯山脉北部、阿尔卑斯山脉的圆叶樱桃，及向东到波罗的海南岸东欧地区生长的草原樱桃(*C. fruticosa*)；有分布于大不列颠岛南部到高加索山脉地区的欧洲甜樱桃，又有分布于西亚与哈萨克斯坦的欧洲酸樱桃；有分布于中亚与天山山脉南侧的天山樱桃(*C. tianshanica*)，有广布中国华北与东北的毛樱桃，又有东亚中纬度地区广泛分布的山樱花；在北美地区，有沿着落基山脉北部南下到美国亚利桑那州，沿西太平洋地区广泛分布的苦樱桃(*C. emarginata*)；南半球野生种类未见报道，但在澳大利亚，南美的智利都有栽培种(车厘子)类供食用。

总体而言，樱属植物主要分布于北半球的温带地区。亚洲、欧洲至北美洲均有分布，主要集中在东亚地区，其中中国西部、西南部及日本和朝鲜一线(即喜马拉雅—日本)集中了世界樱属植物的大部分种类。中国、日本、前苏联、韩国等为樱属植物分布最为集中地几个国家(地区)。国内外部分专著记载樱属植物资源见表 24-1。

表 24-1 部分专著樱属植物记载

记 录	分类	种类	记 录	分类	种类
《Plantae Wilsonianae》(1912)	Subgen. *Cerasus*	32	《安徽植物志》(1990)	*Cerasus*	12(1)
《中国树木分类学》(1937)	Subgen. *Cerasus*	34	《the Flora of Canada》(1990)	*Prunus*	5
《东北木本植物图志》(1955)	*Cerasus*	6	《浙江植物志》(1993)	*Prunus*	18(3)
《湖北植物志》(1979)	*Prunus*	17	《Flora Korea》(1996)	*Prunus*	14(3)
《Flora of U. S. S. R》(1971)	*Cerasus*	21	《国产樱属分类学研究》(1997)	*Cerasus*	58(10)
《江苏植物志》(1982)	*Prunus*	9(2)	《山东植物志》(1997)	*Prunus*	9
《Manual of Japanese Flowering Cherries》(1982)	*Prunus*	20(3)	《山西植物志》(1998)	*Cerasus*	10(2)
《福建植物志》(1985)	*Prunus*	9	《黑龙江植物志》(1998)	*Prunus*	6
《西藏植物志》(1985)	*Prunus*	10	《湖南植物志》(2000)	*cerasus*	12(1)
《中国树木志》(1985)	Subgen. *Cerasus*	48(5)	《Flora of Japan》(2001)	*Cerasus*	27(11)
《贵州植物志》(1986)	*Prunus*	13	《Flora of China》(2003)	*Cerasus*	52(8)
《中国植物志》(1986)	*Cerasus*	55(10)	《江西植物志》(2004)	*cerasus*	12(1)
《台湾树木志》(1987)	*Prunus*	11	《云南植物志》(2006)	*Cerasus*	23(2)
《河南植物志》(1988)	*Prunus*	20(7)	《New Flora of the British Isles》(2010)	*Prunus*	8(2)
《河北植物志》(1989)	*Prunus*	9(2)	《中国樱花品种图志》(2014)	*Cerasus*	58(10)

中国有最丰富的樱属种质资源，共计 48 种及 10 个变种(王贤荣，2014)，广泛分布于中国的温带及亚热带区域：从云南、西藏、四川、贵州等西南高山地区，到湖北、陕西、湖南、安徽、江苏、浙江、福建、江西、广西、广东等亚热带地区，再到山西、河北、山东、黑龙江、吉林、辽宁等温带地区均有分布(表 24-2)。①中国樱属有 25 个以上的种普遍分布于四川、云南地区，有些种分布范围可达西藏。主要包括樱亚属的多数种，如反萼组的总状系、伞形系、小苞系和直萼组的重齿系的多数种，分布的垂直海拔一般在 1500~3600m。其中仅分布于云南及西藏的种有蒙自樱(*C. henryi*)、尖尾樱(*C. caudate*)、山楂叶樱(*C. crataetigifolia*)、偃樱(*C. mugus*)、高盆樱(*C. cerasoides*)、

红毛樱(*C. rufa*)6 个种及其变种；和四川共有的种还有西南樱(*C. duclouxii*)、云南樱(*C. yunnanensis*)、散毛樱(*C. patentipila*)、细齿樱(*C. serrula*)4 个种，可见西南特有的种就有 10 个之多，占全国种的 20% 以上。而其中的总状系被认为是本属较原始的类群，具有近总状伞房花序，花序轴上具叶状苞片。由于具有较稳定的地史和气候条件，古老的中国西南部高山地区为本属的现代分布中心、原始种保存中心及特有分布中心。②重齿系的多数种分布于云南、四川及西藏，刺毛樱(*C. setulosa*)也见于贵州、陕西和甘肃地区，托叶樱(*C. stipulacea*)延伸分布于陕西、甘肃和青海，这两个种的分布区可以认为是由西南向西北的延伸。③川东至鄂西山区是樱属植物另外一个分布密度较大的区域。如光叶樱(*C. glabra*)仅分布于重庆的南川、四川都江堰和湖北的利川、秭归、巴东、兴山、鹤峰一带，其他多数种如微毛樱(*C. clarofolia*)、襄阳山樱(*C. cyclamina*)、尾叶樱(*C. dielsiana*)等也都在川东至鄂西地区广泛分布，只是其分布区向东延伸较远，分布范围较广，由四川、重庆、湖北延伸至湖南、江西和两广地区，海拔也随之下降至 600~1500m。④直萼组除重齿系外的多数种分布较广，主要分布于从湖北向东的长江中下游及华东地区，而西南分布较少。如华中樱(*C. conradinae*)、山樱花(*C. serrulata*)及其变种为本属分布最广的种，从西部的四川、重庆、云南、贵州到湖北、湖南、河南、陕西至广西都有分布；特别是山樱花，甚至分布到华东的江苏、浙江、江西、福建和北部的河北与黑龙江，海拔在 500~1500m。⑤矮生樱亚属分布更广，其分布区延伸至包括新疆在内的西北广大地区。相对于樱亚属来讲，矮生樱亚属更耐寒、耐旱和喜光。由本属形态演化的趋势可知，矮生樱亚属为本属中较进化的类型，由此可以推测其分布于更高纬度带的特点是由矮生樱亚属适应更寒冷的气候而形成的。

表 24-2 国产樱属物种及变种的地理分布

序号	种类	地理分布	海拔(m)
1	圆叶樱(*C. mahaleb*)	原产欧洲及亚洲西部和南部。我国引种，辽宁、河北、北京等地有栽培	200~800
2	草原樱(*C. fruticosa*)	新疆：石河子、乌鲁木齐	800~1500
3	欧洲酸樱桃(*C. vulgaris*)	原产欧洲，西亚和南亚。我国引种，辽宁、河北、山东、江苏等多地有栽培	200~600
4	欧洲甜樱桃(*C. avium*)	原产欧洲，西亚和南亚。我国引种，东北、华北等地有栽培	100~700
5	散毛樱(*C. patentipila*)	云南西北部	2150~3000
6	长腺樱(*C. dolichadenia*)	甘肃；山西：灵空山、翼城、恒曲、介休、洪洞；陕西；四川	1400~2300
7	四川樱(*C. szechuanica*)	河南；陕西：太白山、渭南、华山；湖北；四川：巫山、峨眉山、屏山；重庆	1200~2600
8	锥腺樱(*C. conadenia*)	河北：涞水；河南：西峡；山西：南五台山；陕西：榆林；甘肃；湖北：兴山、巴东；贵州：遵义；四川：康定、九龙、雅江、甘孜、石棉、洪雅、宝兴、黑水、平武、茂县、马尔康、天全、金川(大金)、小金、理县；重庆：城口；云南：维西、德钦、丽江、永宁；西藏：色吉拉山、察隅	2000~3600
9	黑樱桃(*C. maximowiczii*)	黑龙江：清河、哈尔滨；吉林：大顶山；辽宁	400~1200
10	康定樱(*C. tatsienensis*)	陕西：华阳；河南：西峡；山西：阳城、翼城；甘肃：岷县；湖北：兴山；四川：巫山、金川、洪雅；重庆：南川；云南：丽江	900~3000

（续）

序号	种类	地理分布	海拔(m)
11	多变樱(*C. variabilis*)	山西：洪洞、南五台山、永河；河北；陕西：太白山、佛坪；甘肃：舟曲、武山、天水、文县、西固；湖北：兴山；四川：泸定、马尔康、石棉；云南：维西	500～1500
12	微毛樱(*C. clarofolia*)	甘肃；陕西；山西；河北；安徽：黄山；湖北：兴山、鹤峰、宣恩、利川；贵州：梵净山；四川：石棉、普雄、峨眉山、马尔康、峨边、康定、金川、万源、奉节、天全、宝兴；重庆：南川；云南：丽江、维西	600～3600
13	毛筒樱(*C. rehderiana*)	陕西：太白山；四川：马尔康、宝兴	800～1200
14	多毛樱(*C. polytricha*)	陕西：太白山、宁陕、耀州；甘肃：临潭、清水、天水；湖北：利川；四川：金川、平武、马尔康、理县、宝兴、雷波、松岗；重庆：城口	1100～3700
15	云南樱(*C. yunnanensis*)	四川：木里、平武、石棉、宝兴；云南：洱源、维西沧江、泸沽湖、易门、昆明、德钦、大理；广西	1200～2600
16	蒙自樱(*C. henryi*)	云南：昆明、开远、大理	1400～2000
17a	光叶樱(*C. glabra*)	湖北：秭归、巴东、兴山、利川、鹤峰；四川：都江堰；重庆：南川	600～1400
17b	长柱光叶樱(*C. glabra* var. *longistyla*)	湖北：兴山	600～800
18	迎春樱(*C. discoidea*)	安徽：黄山；浙江：丽水、杭州、天目山、遂昌、昌化；福建：武夷山；江西：庐山、婺源、南丰、永新、黄岗山；云南：鹤庆	200～1200
19	浙闽樱(*C. schneideriana*)	浙江：龙泉、遂昌；福建：崇安；江西：黎川；广西：临桂、龙胜	600～1500
20	西南樱(*C. duclouxii*)	四川；云南：昆明、双柏；广西	2000～2500
21	岩樱(*C. scopulorum*)	陕西；甘肃；湖北：秭归、巴东、兴山、利川；贵州；四川：万县、巫山	700～1300
22a	襄阳山樱(*C. cyclamina*)	湖南：龙山；湖北：鹤峰；四川；重庆：南川、巫山、北碚、石柱；广西：龙胜；广东	700～1300
22b	双花山樱(*C. cyclamina* var. *biflora*)	湖北：鹤峰、秭归、巴东；湖南；四川	700～1400
23a	尾叶樱(*C. dielsiana*)	河南；安徽：黄山；江苏；浙江：昌化、龙泉；福建：武夷山；江西；湖南；湖北：鹤峰；贵州；四川；重庆：南川、巫山；广东	500～1200
23b	长柱尾叶樱(*C. dielsina* var. *longistyla*)	福建：武夷山	600～800
24	樱桃(*C. pseudocerasus*)	辽宁；河北；北京：妙峰山、西山；陕西：宁陕；山西；甘肃：武都；河南：商城、伏牛山、紫阳；山东：烟台；安徽；江苏：南京；浙江：天目山；江西：南昌；福建；湖北；湖南；贵州；四川：宝兴；重庆：城口；云南	200～1600
25	尖尾樱(*C. caudata*)	四川；云南：昆明、丽江、维西、中甸、德钦；西藏	2500～3600
26	山楂叶樱(*C. crataegifolia*)	云南：德钦、贡山；西藏东南部	3400～4000
27	偃樱(*C. mugus*)	云南西北部；西藏	3200～3700
28	刺毛樱(*C. setulosa*)	陕西：太白山、岚皋；甘肃：漳县、榆中、临潭、武山、西固、天水、崆峒山、岷县；宁夏；青海；湖北；贵州；四川：茂县；西藏	1300～2600
29	托叶樱(*C. stipulacea*)	陕西：太白山；甘肃；青海；四川：松潘、小金	1800～3900

（续）

序号	种类	地理分布	海拔(m)
30	川西樱(*C. trichostoma*)	陕西：宁陕；甘肃：天水、西固；青海；四川：木里、晃宁、小金、雷波、普雄、西康、仁寿、盐源、凉山、洪溪、茂县、马尔康、天全、甘孜、峨边、九龙、峨眉山、平武、雅江、理县、都江堰、阿坝、小金、金川；重庆：城口、巫溪；云南：鹤庆、丽江、漾濞、维西、贡山；西藏：亚东	1000~4000
31	细齿樱(*C. serrula*)	青海；贵州；四川：康定、马尔康、金川、小金、雅江、盐源、九龙、阿坝、稻城；云南：中甸、德钦、丽江；西藏：察瓦龙	2100~3900
32	红毛樱(*C. rufa*)	云南：贡山、德钦；西藏：色吉拉山、鲁朗、觉木沟	2500~4000
33a	山樱花(*C. serrulata*)	辽宁：本溪、兴城、凤凰山；河北：易县、桃源；陕西：佛坪；山西：太原；河南；山东：昆嵛山、崂山、泰山；安徽：九华山、黄山；江苏：句容、溧阳；浙江：天目山、昌化、天台；江西：永休、武功山、遂川、庐山；福建：武夷山；湖北：宜昌、巴东、兴山、秭归、利川；湖南：衡山	400~2000
33b	毛叶山樱花(*C. serrulata* var. *pubescens*)	黑龙江；陕西：佛坪；辽宁：本溪、兴城；河北；河南；陕西；山西；山东：泰山、崂山；安徽；江苏：宜兴、连云港；浙江：天目山、昌化；福建：武夷山	400~1500
34	红山樱(*C. jamasakura*)	江西：武功山；福建：武夷山	800~1400
35	鹤峰樱(*C. hefenensis*)	湖北：鹤峰	800~1200
36	高盆樱(*C. cerasoides*)	云南：双柏、昆明、麻栗坡、墨江、普洱、风庆、芒市、维西、大理、建水、屏边、镇康、凤庆、泸水；西藏	1300~2200
37a	钟花樱(*C. campanulata*)	湖南；江西：铅山；浙江：杭州；福建：武夷山、崇安、永定、长汀；广西：龙胜、临桂；广东：曲江、北河、信宜、罗浮山、平远；台湾；海南	100~1000
37b	武夷红樱(*C. campanulata* var. *wuyiensis*)	福建：武夷山	500~800
38	华中樱(*Cerasus conradinae*)	陕西；河南：鸡公山、西峡；甘肃；浙江：淳安、遂昌、龙泉；福建：武夷山；江西：黎川、武功山；湖北：鹤峰、宜昌、建始、利川；湖南：雪峰山、黔阳、莽山；四川：平武、苍溪、普格、沐川、金城山、屏山、峨眉山、都江堰、马尔康、青城山、天全；重庆：巫山、南川、奉节、合川、城口、璧山、北碚；云南：漾濞、木里；西藏：林芝；贵州：务川、望谟、罗甸、遵义、凯里、荔波；广西：龙胜、临桂	500~2300
39	东京樱花(*C. yedoensis*)	原产日本。我国引种，北京、大连、青岛、南京、武汉、长沙等地栽培	50~1000
40a	大叶早樱(*C. subhirtella*)	模式标本采自日本，为栽培植物。我国引种，北京、青岛、江苏、武汉等地栽培	100~800
40b	野生早樱(*C. subhirtella* var. *ascendens*)	安徽：乌石垅；浙江：天目山；江苏：宝华山；福建：武夷山；湖北：利川、鹤峰；四川：万县	600~1200
41a	毛柱郁李(*C. pogonostyla*)	浙江；福建：崇安；台湾；江西；湖南；广东	200~500
41b	长尾毛柱郁李(*C. pogonostyla* var. *obovata*)	湖南；福建；台湾；广东	100~500
42	毛叶欧李(*C. dictyoneura*)	河北；山西；陕西：太白山；甘肃；宁夏；河南；江苏	400~1600

（续）

序号	种类	地理分布	海拔(m)
43	欧李(*C. humilis*)	黑龙江；吉林：东陵、集安；辽宁；内蒙古；河北；山西；山东；河南；江苏；四川	100～1800
44	麦李(*C. glandulosa*)	陕西；河南；山东；安徽；江苏；浙江：遂昌；福建；湖南；湖北；贵州；四川；云南；广西；广东	800～2300
45a	郁李(*C. japonica*)	黑龙江；吉林；辽宁；河北；河南；山东；浙江；福建	200～800
45b	长梗郁李(*C. japonica* var. *nakaii*)	黑龙江；吉林；辽宁	300～600
46	雪落樱(*C. xueluoensis*)	江西：井冈山、庐山；湖北：利川、鹤峰；湖南：大围山；四川：峨眉山；云南：福贡、怒江	1100～1430
47	毛樱桃(*C. tomentosa*)	黑龙江；吉林；辽宁：义县；河北；陕西；山西；内蒙古；甘肃；宁夏；青海；河南；山东；湖北；贵州；四川：金川；云南；西藏	100～3200
48	天山樱(*C. tianshanica*)	新疆：霍城	700～1600

由此可见，国产樱属植物的现代分布中心、原始种保存中心以及特有中心皆在西南部的高山地区，由此分化产生的种分别向东部和北部迁徙，适应不同环境条件，形成了现代的分布格局。

24.2.2 樱属植物起源与演化

古植物化石资料是探讨植物起源及演化的重要证据。白垩纪晚世，黑龙江地区出现了珍珠梅属(*Sorbaria*)叶化石，可推测蔷薇科起源时间为白垩纪早白垩世(陆玲娣，1996)；第三纪始新世后期出现了李属化石，至中新世后期山楂属、苹果属以及蔷薇属植物化石也陆续出现(俞德俊，1984)；结合蔷薇科系统演化关系，可推测樱属植物的起源时间为第三纪始新世至中新世。

曹东伟(2007)根据单倍型及其分布模式，推测云贵川地区为樱属植物起源演化中心，秦岭南坡和大巴山东段为其次生分化中心；认为樱属植物从云贵川起源后，沿不同的路线向其他地区迁移；第四纪冰川来临时，樱属植物迁移过程中，曾在云南、清凉峰、秦岭南坡、梵净山、北京和山东 6 个避难所寻求庇护；冰期结束后，云南的微毛樱单倍型向长江中下游黄山、清凉峰、庐山迁移，樱桃单倍型向西至岷山地区，山樱花单倍型向北迁移至秦岭南坡。清凉峰分布山樱花单倍型只在黄山、庐山小范围内迁徙；秦岭南坡和湖北大巴山的毛樱桃与多毛樱两个单倍型，向西迁移到四川岷山山脉；梵净山微毛樱单倍型向北部沿武陵山迁移到壶瓶山，再到大巴山；泰山的山樱花单倍型则向辽宁本溪迁移；北京的部分毛樱桃单倍型也向东迁移扩散到辽宁大连。李苗苗(2009)将 47 个居群 30 个单倍型划分为西南部、中部、东部和北部 4 个地理单元，推测樱属的分布中心在第四纪冰川来临之前已经形成，且经历了云贵高原—华中山地—华东江南丘陵的迁移，云南，四川盆地，武陵山地区，秦巴山区和江淮地区曾是樱属植物避难所；冰期结束后，樱亚属植物以冰期时的避难所为中心向四周扩散，江淮地区的居群向北扩散至山东，四川的居群向东北方扩散经秦岭、太行山到达华北和辽宁，形成现今樱属植物分布格局。

樱属植物起源具体地点较难确定，其涉及冰期避难所与冰期后重新扩散、溯祖、遗传漂变及基因流等亲缘地理学理论。我国中西部地区为蔷薇科植物的现代分布及分化中心，从樱属植物现代分布格局中可知，中国西南地区集中分布了樱属的主要种类，且特有种较多，符合樱属的起源地条件，结合川滇古陆区系古老且丰富的特点，可以推测古老的中国西南部高山地区为本属起源及分布中心。

24.3 问题与讨论

24.3.1 樱属系统发育与进化

樱属分类地位及与广义李属各类群亲缘关系研究，主要经历了从形态特征、地理分布阶段及细胞学、孢粉学、同工酶到分子水平阶段。因樱、李、杏、梅、桃等在形态分类学上相似性高、种类多、分布广，且分类观点不一致，对于樱属系统定位及进化关系存在一定分歧。

樱属与其他核果类群系统进化关系有以下几种观点：①俞德浚(1984)、褚孟媛等(1988)、汪祖华等(1991)、周建涛等(1990)等认为进化关系为樱桃→李→杏(→梅)→桃。②Kaneko等(1986)、王业遴等(1992)、包满珠和陈俊愉(1992，1995)认为其演化顺序为李→樱桃→杏(→梅)→桃。③张俊卫等(1998)、沈向等(1999)等认为甜樱桃和樱桃分别属于李和杏的两个进化枝上。④Joey和Randall(2004)、刘艳玲等(2007)、王化坤(2010)等，认为樱属较其他原始，结果为樱桃→李→杏；李→桃，杏→梅。较多的研究证据表明，樱属在不同分子标记下都构成一单系分支，且位于系统发育树的基部。

国内学者多采用俞德浚(1979)的观点，将以上核果类群直接分为桃属(*Amygdalus*)、李属(*Prunus*)、杏属(*Armeniaca*)和樱属(*Cerasus*)(包括典型樱亚属和矮生樱亚属)；还有一些学者将其归为1个属或1个亚属(魏文娜等，1996)，或者将其分为2个属或2个亚属即樱属(亚属)与李属(亚属)(刘艳玲，2007；S. Shi，2013)；国外学者大多持1个属(分若干亚属或若干组)的观点(Linnaeus，1754；Lee et Wen，2001；Bortiri et al.，2002)。分类观点不一致不影响樱花类群范围的界定，但亚属间的亲缘关系和系统分类地位依然存在争议。Yoshidat(2001)等认为矮生樱亚属(*Lithocerasus*)和樱属(*Cerasus*)具有相同的分类地位，建议将矮生樱亚属中的4个种分别划入李亚属和桃亚属；张琪静(2007)SSR标记结果显示，4种矮生樱亚属的种没有单独形成一组，欧李、郁李、麦李与李聚到一组，毛樱桃与桃属榆叶梅(*Amygdalus triloba*)聚到一组且与李关系较近；S. Shi(2013)根据不同基因组片段序列分析，将矮生樱类4个种(欧李*P. humilis*、郁李*P. japonica*、麦李*P. glandulosa*、天山樱桃*P. tianshanica*)，从樱亚属中分出并入到李亚属。所以，樱属特别是矮生樱类与其他类群的关系存在较大的争议。

樱属植物由于共征聚在一起，樱属分类系统根据形态特征标记来建立。因种类多，种间差异相对较小，个体间差异相对较大，种间的亲缘关系及种内变异处理困难较大，且相关报道与传统樱属分类系统分歧较大。曹东伟(2006)推测托叶樱和毛樱亲缘关系最近；微毛樱、华中樱和盘腺樱亲缘关系比较近；郁李、细齿、多毛樱、山樱花和中国樱聚一类；中国野生樱亚属还存在有物种隔离，种间缺乏基因交流，已出现了显著的遗传分化和生殖隔离；樱亚属在很久以前就产生了分化；樱桃、多毛樱桃、郁李、细齿樱桃和山樱花较为原始；托叶樱桃、盘腺樱桃、华中樱桃和微毛樱桃较为进化。结果与传统分类系统差异明显。刘艳玲等(2007)分析欧洲甜樱桃、酸樱桃和樱桃显示了较近的亲缘关系(自展支持率100%)，但欧洲甜樱桃和酸樱桃在经典分类系统中为芽鳞组，而樱桃为裂瓣组。相关报道表明分子标记及传统形态标记存在较大的分歧。樱属植物种类多，地理分布广，变异明显，所以在物种分化及亲缘关系界定等需要处理。同时受到样本及标记手段的限制，樱属植物分子分类系统的建立难度很大，樱属植物种间关系及系统进化研究需要更多的工作。

24.3.2 山樱花复合体及其他类群处理

所谓的山樱花于1928(1930)年被Lindley最先描述为具有花复瓣并发表为*P. serrulata*，Wilson(1916)认为其描述标本为栽培类群，并发表花单瓣的野生类群作为山樱花变种即野生山樱花(*P. serrulata* var. *spontanea*)。不同学者对两者关系有不同观点，一些学者(Kitamura & Murata，1979；Ohwi，1984；俞德俊，1986；李朝銮，2003)将两者归并，一些学者(Koehne，1913；Wilson，1916；Lee，1980；Lee，1996)支持野生山樱花变种的成立。Wilson(1916)记录另一有毛的山樱花即毛叶山樱花(*P. serrulata* var. *pubescens*)。Kitamura & Murata(1979)，Lee(1980)，Ohwi(1984)，and Ohba(2001)根据花期(晚2周)成立*P. leveilleana*与*P. jamsakura*(红山樱)，不过Kuitert & Peterse(1999)根据观察，认为花期不足以证明两者差异性，而只支持*P. serrulata* var. *punescens*的成立。晚樱*C. serrulata* var. *lannesiana*(*C. lannesiana*)，据*Flora of Japan*报道，都为栽培品种，主要亲本为大岛樱(*C. speciosa*)、大山樱(*C. jamasakura*及*C. sargentii*)。种间及种内杂交，已经无法用分类等级来表明之间的关系。

山樱花复合体为重要的观赏花卉，因形态特征变化多样，花、叶果不同期，给分类工作带来困难。经过长期大量的野外调查发现山樱花变异明显，幼叶颜色、花叶开放情况、毛被性状以及果实等都出现了不同程度的变异(高山居群尤为明显)；张毅等(1999)记录报道一新变种*C. serrulata* var. *taishanens*。山樱花分布甚广，广布于中国以及韩国与日本，出现连续、交叉的形态特征变异，对其进行完全与准确描述与记录较为困难，对其分类处理未形成一致观点，种间及种下等级的处理，复合体各类群之间的关系需进一步研究，特别是*C. serrulata*与*C. jamasakura*的关系以及山樱花高山居群需更深入研究；应用亲缘地理学理论研究探讨其遗传多样性分布中心区域，以及在分布区内的迁居演化路线具代表意义。

其他种的变异也很丰富，西部广大地区的种类均需进行深入整理和形态描述的修订。

24.3.3 中国樱属种质资源利用前景

中国有最丰富的樱属资源，其他类群分类研究报道较多，如早樱种系(王贤荣等，2000、2007)，记录有大叶早樱(*C. subhietella*)和野生早樱(*C. subhirtella* var. *ascendens*)，但各地变异较大，武夷山地区记载樱属种与大叶早樱相近，但萼筒为短管状，对其系统定位有待进一步研究。钟花樱种系(2007),报道新变种(*C. campanulata* var. *wuyiensis*)。其他新种报道有(*P. pananensis*)(Chen, 2013);矮生樱亚属报道新种(*C. xueluoensis*)(南程慧, 2013)。随着樱属专类调查研究的开展,新的变异性状及新的植株不断发现,进一步丰富了中国樱属种质资源。

然而,我国樱花资源丰富,但对本土资源开发利用不够重视,樱花资源开发远远落后于日本。目前除了产于我国的山樱花、高盆樱、迎春樱、钟花樱等少数种进行过繁殖利用等方面的研究外,多数种类尚处于野生未开发状态,许多观赏价值较高的资源被忽视而浪费。面对目前国内樱花产业现状,业内及社会有识之士,都已经意识到开展国产樱花资源开发的必要性和迫切性。随着对资源与环境质量更高的要求,国产樱花有着巨大的消费市场,同时国产樱花资源的开发,可带动相关产业的发展,潜力巨大;樱属植物乡土种质资源适应性更强,优秀的具有独立知识产权的樱花品种将具有极大的竞争能力。因此,通过对国产野生优良樱属植物资源的收集,选育观赏价值高、性状稳定且具有知识产权的樱花新品种,并建立完整的快繁体系,可以让世界认识、了解并应用中国樱花品种,打破国外樱花品种垄断地位,带动相关产业发展,发挥国产樱属种质资源应有的经济、文化与社会效益。

参考文献

本田正次,林弥荣. 1974. 日本的樱花[M]. 东京:诚文堂新光社.

蔡宇良. 2006. 野生樱桃种质资源的遗传分析及其栽培品种的 DNA 指纹鉴定[D]. 西安:西北大学.

曹东伟. 2006. 李属樱亚属植物分子亲缘地理学研究[D]. 西安:西北大学.

曹东伟. 2007. 中国樱桃的 PCR-RFLP 分析[J]. 西北农林科技大学学报(自然科学版),35(5):173 - 178.

川崎哲也. 1994. 日本的樱花[M]. 东京:山と溪谷社.

陈嵘. 1937. 中国树木分类学[M]. 南京:中华农学会,473 - 481.

陈晓流,陈学森,束怀瑞,等. 2004. 15 个樱桃品种的 RAPD 分析[J]. 果树学报,21(6):556 - 559.

陈志伟. 2011. 黄山微毛樱居群数量特征及离体快繁研究[D]. 南京:南京林业大学.

陈志伟,王贤荣. 2011. 微毛樱离体快繁初步研究[J]. 福建林学院学报,31(4):49 - 53.

大场秀章,川崎哲也,田中秀明. 2007. 新日本の樱[M]. 日本:山と溪谷社.

大井次三郎. 1978. 日本植物志[M]. 东京:至文堂.

段晓梅. 2003. 冬樱花扦插繁殖研究[J]. 西南林学院学报,23(1):43 - 45.

冯宝元,谢思敏. 1997. 毛樱桃一新变种[J]. 植物分类学报,35(3):268.

高博静,李绮,李莹. 1994. 蔷薇属和李属植物花粉形态结构的扫描电镜观察[J]. 辽宁大学学报(自然科学版),21(1):80 - 84.

蓝盛银,徐珍秀. 1996. 植物花粉剥离观察扫描电镜图解[M]. 北京:科学出版社.

雷海清. 2001. 樱属花粉形态研究[J]. 亚热带植物科学,30(4):14 - 17.

黎录松. 2010. 武夷山华中樱群落物种组成与结构特征[J]. 安徽农业科学,38(6):3234 - 3237.

李蒙. 2013. 山樱花高山居群生态学特征及组织培养[D]. 南京:南京林业大学.

李蒙,严邦祥,赵昌高,等. 2013. 大仰山高山湿地山樱花种群数量结构特征[J]. 南京林业大学学报(自然科学版),37(5):40 - 44.

李苗苗. 2009. 樱亚属植物分子亲缘地理学及中国樱桃自然居群遗传多样性研究[D]. 西安:西北大

学.
林弥荣. 1974. 樱花[M]. 东京：诚文堂新光社.
刘艳玲，徐立铭，程中平. 2007. 基于ITS序列探讨核果类果树桃、李、杏、梅、樱的系统发育关系[J]. 园艺学报，34(1)：23-28.
刘忠民，孙京田，徐砚田. 1996. 山东李属花粉的扫面电镜研究[J]. 山东师范大学学报(自然科学版)，11(1)：81-83.
陆玲娣. 1996. 中国蔷薇科绣线菊亚科的演化、分布—兼述世界绣线菊亚科植物的分布[J]. 植物分类学报，34(4)：361-375.
吕月良. 2006. 福建山樱花群体遗传多样性、繁育技术体系和育种策略研究[D]. 南京：南京林业大学.
吕月良，陈璋，施季森，等. 2006a. 福建山樱花不定芽诱导和植株再生规模化繁殖试验[J]. 南京林业大学学报(自然科学版)，30(3)：105-108.
吕月良，陈璋，施季森，等. 2006b. 福建山樱花扦插繁殖及其影响因子研究[J]. 福建林业科技，33(2)：1-6.
牧野. 1940. 日本植物图鉴[M]. 大阪：保育社.
南程慧. 2012. 迎春樱居群变异与繁殖生物学研究[D]. 南京：南京林业大学.
沈志军. 2003. 基于微卫星标记的核果类果树亲缘关系研究[D]. 南京：南京农业大学.
三好学. 1938. 樱[M]. 东京：富山房.
藤木俊雄. 2009. 日本樱花(增补改定版)[M]. 东京：日本写真印刷株式会社.
时玉娣. 2007. 樱属品种资源调查及分类研究[D]. 南京：南京林业大学.
苏倩. 2007. 福建山樱花种源遗传多样性研究[D]. 南京：南京林业大学.
王彩虹，田义轲，赵静，等. 2005. 樱桃品种资源间遗传差异的RAPD分析[J]. 西北植物学报，25(12)：2431-2435.
王伏雄. 1995. 中国植物花粉形态[M]. 北京：科学出版社.
王光泮，黄敏仁. 2002. 福建山樱花的组织培养及植株再生[J]. 南京林业大学学报(自然科学版)，26(2)：73-75.
王俊英，张开春，王俊平，等. 2002. 樱桃ACC氧化酶基因的克隆和序列分析[J]. 华北农学报，16(1)：11-15.
王贤荣. 1997. 国产樱属分类学研究[D]. 南京：南京林业大学.
王贤荣. 2000. 早樱种系的分类及其观赏价值[J]. 南京林业大学学报，24(6)：44-46.
王贤荣，黄国富. 2001. 中国樱花类植物资源及其开发利用[J]. 林业科技开发，15(6)：3-6.
王贤荣，向其柏. 1997. 樱属植物叶腺体形态研究及其在分类中的意义[J]. 南京林业大学学报(自然科学版)，21(04)：62-67.
王贤荣，向其柏. 1998. 樱属植物分类订正[J]. 南京林业大学学报(自然科学版)，22(4)：60-62.
王贤荣，向其柏. 1999. 樱属植物分类研究[J]. 南京林业大学学报，23(6)：61-64.
王贤荣，闫道良，伊贤贵. 2006. 钟花樱群落结构特征与物种多样性研究[J]. 西南林学院学报，26(4)：9-13.
王贤荣，伊贤贵，谢春平，等. 2007. 武夷山樱属一新变种——武夷红樱[J]. 云南植物研究，29(9)：616.
谢春平. 2007. 不同居群野生早樱形态特征及其群落学研究[D]. 南京：南京林业大学.
谢春平，方彦，伊贤贵. 等. 2011. 宝华山野生早樱群落特征的初步研究[J]. 浙江林学院学报(3)：56-59.
谢春平，伊贤贵，王贤荣. 2008. 野生早樱群落乔木层优势种群生态位研究[J]. 浙江大学学报(农业与生命科学版)，34(5)：578－585.

闫道良．2005. 钟花樱居群特征与繁殖技术研究[D]．南京：南京林业大学．

姚庆渭．1982. 樱花史考[J]．南京林产工业学院学报(2)：91－99.

伊贤贵．2007. 武夷山樱属植物资源调查及开发利用研究[D]．南京：南京林业大学．

伊贤贵，王贤荣，谢春平，等．2008. 武夷山樱属植物叶表皮形态扫描电镜观察[J]．南京林业大学学报(自然科学版)，32(增刊)：59－64.

俞德浚．1984. 蔷薇科植物的起源和进化[D]．植物分类学报，22(6)：431－444.

俞德浚，陆玲娣，谷粹芝，等．1985. 中国蔷薇科植物分类之研究(五)[J]．植物分类学报，23(3)：209－216.

俞德浚，李朝銮，陈绍煋．1986. 中国植物志[M]．38 卷．北京：科学出版社：41－87.

张开春，张军科．2000. 马哈利樱桃 PGIP 基因克隆及全序列测定[J]．农业生物技术学报，8(3)：281－283.

张琪静．2007. 毛樱桃资源遗传多样性及李属近缘种亲缘关系研究[D]．沈阳：沈阳农业大学．

张琼．2013. 樱属观赏品种资源调查及部分种与品种 SSR 分析[D]．南京：南京林业大学．

张胜利．2002. 桃 F 基因的 SCAR 转化研究及樱桃品种的 RAPD 鉴定[D]．呼和浩特：内蒙古农业大学.

张毅，史传铎．1999. 山东樱属一新变种——泰山野樱花[J]．植物分类学报，7(1)：87－88.

郑维列．2000. 西藏樱属(蔷薇科)一新种[J]．植物分类学报，38(2)：195－197.

中国科学院植物研究所．1972. 中国高等植物图鉴[M]．第二册．北京：科学出版社，306－313.

周丽华，韦仲新，吴征镒．1999. 国产蔷薇科李亚科的花粉形态[J]．云南植物研究，21(2)：207－211.

朱岭仁，孙京田．1995. 山东蔷薇科植物花粉亚显微形态研究[J]．山东师范大学学报(自然科学版)，10(2)：192－196.

朱墨，张开春，姜立杰，等．2005. 甜樱桃 SFB4 与 SFB4’基因的鉴别[J]．园艺学报，32(1)：97－100.

ANTONIUS K, AALTONEN M, UOSUKAINEN M, et al. 2012. Genotypic and phenotypic diversity in Finnish cultivated sour cherry(*Prunus cerasus* L.)[J]. Genetic Resources and Crop Evolution, 59: 375－388.

ARANZANA M J, CARBÓ J, ARÚS P. 2003. Microsatellite variability in peach [*Prunus persica* (L.) Batsch]: cultivar identification, marker mutation, pedigree inferences and population structure[J]. Theoretical and Applied Genetics, 106(8): 1341－1352.

BADENES M L, PARFITT D E. 1995. Phylogenetic relationships of cultivated Prunus species from an analysis of chloroplast DNA variation[J]. Theoretical and Applied Genetics, 90: 1035－1041.

BALSAMO R A, BAUER A M, DAVIS S D, et al. 2003. Leaf biomechanics, morphology, and anatomy of the deciduous mesophyte *Prunus serrulata*(Rosaceae) and the evergreen sclerophyllous shrub *Heteromeles arbutifolia*(Rosaceae)[J]. American Journal of Botany, 90: 72－77.

BORTIRI E, HEUVEL B V, POTTER D. 2006, Phylogenetic analysis of morphology in *Prunus* reveals extensive Homoplasy[J]. Plant Systematics and Evolution, 259(1): 53－71.

BORTIRI E, OH S H, JIANG J G, et al. 2001. Phylogeny and Systematics of *Prunus*(Rosaceae) as Determined by Sequence Analysis of ITS and the Chloroplast trnL-trnF Spacer DNA[J]. Systematic Botany, 26(4): 797－807.

CANDOLLE A P. 1825. Prodromus Systematis Naturalis Regni Vegetabilis 2[M]. Paris: Treuttel & Würtz: 535－541.

CANTINI C, IEZZONI A F, LAMBOY W F, et al. 2001. DNA Fingerprinting of Tetraploid Cherry Germplasm

Using Simple Sequence Repeats[J]. Journal of the American Society for Horticultural Science, 126(2): 205 – 209.

CAI Y L, CAO D W, ZHAO G F. 2007. Studies on genetic variation in cherry germplasm using RAPD analysis[J]. Scientia Horticulturae, 111: 248 – 254.

CHABANE K, ABLETT G A, CORDEIRO G M, et al. 2005. EST versus genomic derived microsatellite markers for genotyping wild and cultivated barley[J]. Genetic Resources and Crop Evolution, 52(7): 903 – 909.

CHANG K S, CHANG C S. PARK T Y, et al. 2007. Reconsideration of the *Prunus serrulata* complex(Rosaceae) and related taxa in eastern Asia[J]. Botanical Journal of the Linnean Society, 154(1): 35 – 54.

CHENG-HUI NAN, XIAN-RONG WANG, GENG-GUO TANG, et al. 2013. *Cerasus xueluoensis*(Rosaceae), a New Species from China[J]. Annales Botanici Fennici, 50: 79 – 82.

CHEN Z L, CHEN W J, CHEN H, et al. 2013. *Prunus pananensis*(Rosaceae), a New Species from Pan'an of Central Zhejiang, China[J]. Plos One, 8(1): 1 – 6.

CIPRIANI G, LOT G, HUANG W G, et al. 1999. AC/GT and AG/CT microsatellite repeats in peach [*Prunus persica*(L.) Batch]: isolation, characterization and cross-species amplification in *Prunus*[J]. TAG Theoretical and Applied Genetics, 99(1 – 2): 65 – 72.

DARLINGTOCN C D. 1928. Studies in *Prunus* Ⅰ and Ⅱ[J]. Journal of Genetics, 19: 213 – 256.

DIRLEWANGER E, COSSON P, TAVAUD M, et al. 2002. Development of microsatellite markers in peach [*Prunus persica*(L.) Batch] and their use in genetic diversity analysis in peach and sweet cherry(*Prunus avium* L.)[J]. Theoretical and Applied Genetics, 105(1): 127 – 138.

DOWNEY S L, IEZZONI A F. 2000. Polymorphic DNA Markers in Black Cherry(*Prunus serotina*) Are Identified Using Sequences from Sweet Cherry, Peach, and Sour Cherry[J]. Journal of the American Society for Horticultural Science, 125(1): 76 – 80.

FOCKE W O. 1888. Pflanzenefamilten [M]. Vol. Ⅲ. 3. Leipzig: Verlag von Wilhelm Engelmanu: 54 – 55.

GERLACH H K, STOSSER R. 1997. Patterns of random amplified polymorphic DNAs for sweet cherry (*Prunus avium* L.) cultivar identification[J]. Angewandte Botanik, 71: 212 – 218.

GHARAHLAR A S, ZAMANI Z, FATAHI R, et al. 2011. Estimation of genetic diversity in some Iranian wild *Prunus subgenus Cerasus* accessions using inter-simple sequence repeat(ISSR) markers[J]. Biochemical Systematics and Ecology, 39: 826 – 833.

GOLDBLATT P, JOHNSON D E. 1988. Index to plant chromosome numbers 1986—1987[M]. Missouri: Missouri Botanical Garden: 169.

GRANGER A R, CLARKE G R, JACKSON J F. 1993. Sweet cherry cultivar identification by leaf isozyme polymorphism[J]. TAG Theoretical and Applied Genetics, 86(4): 458 – 464.

HASKELL G. 1954. Stamen number and variation in diploid and tetraploid cherries[J]. Annals of Botany, 18 (1): 95 – 111.

HICKEY L J, WOLFE J A. 1975. The bases of angiosperm phylogeny: vegetative morphology[J]. Annals of the Missouri Botanical Garden, 62: 538 – 589.

HOOKER J D. 1879. Flora of British India[M]. Vol. 2. London: L. Reeve & Co: 312 – 316.

IWATSUBO Y, KAWASAKI T, NARUHASHI N. 2002 . Chromosome numbers of 193 cultivated taxa of *Prunus subg. Cerasus in Japan*[J]. Journal of Phytogeography and Taxonomy, 50: 21 – 34.

IWATSUBO Y, KAWASAKI T, NARUHASHI N. 2003. Chromosome numbers of 41 cultivated taxa of *Prunus subg. Cerasus in Japan*[J]. Journal of Phytogeography and Taxonomy, 51: 165 – 168.

IWATSUBO Y, SENGI Y, NARUHASHI N. 2004. Chromosome numbers of 36 cultivated taxa of *Prunus* subg. *Cerasus* in Japan[J]. Journal of Phytogeography and Taxonomy, 52: 73－76.

IWATSUKI K, BOUFFORD D E, OHBA H. 2001. Flora of Japan[M]. Vol. Ⅱb. Tokyo: Kodansha.

J I HORMAZA. 1999. Early selection in cherry combining RAPDs with embryo culture[J]. Scientia horticulture, (79): 121－126.

JUNG H A, KIM A R, CHUNG H Y, et al. 2002. In *vitro* antioxidant activity of some selected prunus species in Korea[J]. Arch. Pharm. Res., 25(6): 865－872.

JUNG H A, CHUNG H Y, JUNG J H, et al. 2004. A new pentacyclic triterpenoid glucoside from *Prunus serrulata* var. *spontanea*[J]. Chem. Pharm. Bull., 52(1): 157－159.

JUSSIEU A L D. 1789. Genera plantarum. Paris: Herissant & Barrois, 340－341.

KATO S, MATSUMOTO A, YOSHIMURA K, et al. 2012. Clone identification in Japanese flowering cherry (*Prunus* subgenus *Cerasus*) cultivars using nuclear SSR markers[J]. Breeding Science, 62: 248－255.

KOEHNE E. 1912. Plantae Wilsonianae [M]. Part 1. Cambridge: Cambridge University Press: 59: 226－273.

KOBEL F. 1927. Zytologische Untersuchungen an Prunoideen und Pomoideen[J]. Arch. Jul. Klaus-Stift. Vererbforsch., 3: 1－84.

LEE B B, CHA M R, KIM S Y, et al. 2007. Antioxidative and Anticancer Activity of Extracts of Cherry (*Prunus serrulata* var. *spontanea*) Blossoms[J]. Plant Foods for Human Nutrition, 62(2): 79－84.

LEE S, WEN J. 2001. A Phylogenetic analysis of Prunus and the Amygdaloideae(Rosaceae) using its sequences of nuclear ribosomal DNA[J]. American Journal of Botany, 88(1): 150－160.

LI C L, BRUCE B. 2003. Flora of China[M]. Vol. 9. Beijing: Science Press; St. Louis: Missouri Botanical Garden Press: 404－420.

LI M M, CAI Y L, QIAN Z Q, et al. 2009. Genetic diversity and differentiation in Chinese sour cherry *Prunus pseudocerasus* Lindl., and its implications for Conservation[J]. Genetic Resources and Crop Evolution, 56: 455－464.

LERSTEN N R, HOMER H T. 2000. Calcium oxalate crystal types and trends in their distribution patterns in leaves of *Prunus*(Rosaceae: Prunoideae)[J]. Plant Systematics and Evolution, 224: 83－96.

LINNAEUS C. 1753. Species Plantarum[M]. Vol I. Holmiæ(Stockholm): Impensis Laurentii Salvii: 473.

MANABU M. 1916. Die japanischen Bergkirschen, ihre Wildformen und Kulturrassen[J]. J. Coll. Sci. Imp. Unv. Tokyo, 34(1): 1－175.

MILLER P. 1754. Gardeners Dictionary[M]. 4th ed. London: Ce307－ Ce314.

MILLER P. 1768. Gardeners Dictionary[M]. 8th ed. London: Cer242－ Cer244.

MOWREY B D, WERNER D J. 1990. Phylogenetic relationships among species of *Prunus* as inferred by isozyme markers[J]. Theoretical and Applied Genetics, 80: 129－133.

NAS M N, BOLEK Y, BARDAK A. 2011. Genetic diversity and phylogenetic relationships of *Prunus microcarpa* C. A. Mey. subsp. *tortusa* analyzed by simple sequence repeats(SSRs)[J]. Scientia Horticulturae, 127: 220－227.

NATHANAEL R. HAUCK, IKEDA K, TAO R, et al. 2006. The Mutated S1-Haplotype in Sour Cherry Has an Altered S-Haplotype Specific F-Box Protein Gene[J]. Journal of Heredity, 97(5): 514－520.

OHBA H. 1992. Japanese cherry trees under the genus *Cerasus*(Rosaceae)[J]. the Journal of Japanese Botany, 67: 276－281.

OHTA S, KATSUKI T, TANAKA T, et al. 2005. Genetic Variation in Flowering Cherries(*Prunus* subgenus *Cerasus*) Characterized by SSR Markers[J]. Breeding Science, 55: 415－424.

OHTA S, OSUMI S, KATSUKI T, et al. 2006. Genetic Characterization of Flowering Cherries(*Prunus* subge-

nus Cerasus) Using rpl16-rpl14 Spacer Sequences of Chloroplast DNA[J]. Journal of the Japanese society for Horticultural Science, 75(1): 72 – 78.

OHTA S, YAMAMOTO T, NISHITANI C, et al. 2007. Phylogenetic relationships among Japanese flowering cherries(*Prunus* subgenus *Cerasus*) based on nucleotide sequences of chloroplast DNA[J]. Plant Systematics and Evolution, 263: 209 – 225.

OGAWAA T, KAMEYAMAA Y, KANAZAWAB Y, et al. 2012. Origins of early-flowering cherry cultivars, *Prunus × kanzakura* cv. 'Atami-zakura' and *Prunus × kanzakura* cv. 'Kawazu-zakura', revealed by experimental crosses and AFLP analysis[J]. Scientia Horticulturae, 140: 140 – 148.

OLDEN E J. 1959. VaxtforBdling av korsbar vid Balsglrd[J]. Sver. Pomol. Foren. Arsskr. (English summary).

PEACE C, BASSIL N, MAIN D, et al. 2012. Development and Evaluation of a Genome-Wide 6K SNP Array for Diploid Sweet Cherry and Tetraploid Sour Cherry[J]. Plos One, 7(12): e48305.

PERSOON C H. 1807. Synopsis Plantarum[M]. Paris: Cramer: 34 – 36.

POYARKOVA A I. 1971. Flora of USSR. Vol. X. Jerusalem. Keter Press, 407 – 428.

POYARKOVA A I. 1941. *Cerasus*. In V. L. Komarov(ed). Flora URSS. Vol. X [M]. Nauk: Mosqua / Lenigrad: 547 – 575.

POYARKOVA A I, CERASUS, SHISHKIN B K, et al. 1971. Flora of U. S. S. R. Volume X [M]. Jerusalem: Israel Program for Scientific Translations: 407 – 428.

REHDER A. 1951. Manual of cultivated trees&shrubs[M]. 2nd ed. Massachusetts: Aronold abroretum publication: 466 – 477.

SCHNEIDER C K. 1905. Illustriertes Handbuch der Laubholzkunde[M]. Band 1. Jena: Verlag von Gustav Fischer: 589 – 590.

SHAW J, SMALL R. 2004. Addressing the "Hardest puzzle in American pomology" Phylogeny of *Prunus* sect. *Prunocerasus*(Rosaceae) based on seven noncoding chloroplast DNA regions[J]. American Journal of Botany, 91(6): 985 – 996.

SHISHKIN B K, YUZEPCHUK S V. 1971. Flora of U. S. S. R. Volume XI [M]. Jerusalem: Israel Program for Scientific Translations. , 9: 155 – 165.

SHIMADA T, HAYAMA H, NISHIMURA K, et al. 2001. The genetic diversities of 4 species of subg. *Lithocerasus*(*Prunus*, Rosaceae) revealed by RAPD analysis[J]. Euphytica, 117: 85 – 90.

SHIMADA T, SHIRATORI T, HAYAMA H, et al. 1999. Genetic diversity of cherries characterized by RAPD analysis. Journal of the Japanese Society for Horticultural Science, 68(5): 984 – 986.

SILVIO S, ALXANDRA T, MIRKO S, et al. 2003. Characterization of microsatellites in wild and sweet cherry (*Prunus avium*) markers for individual identification and reproductive processes [J]. Genome, 46: 95 – 102.

SOSINSKI B, GANNAVARAPU M, HAGER L D, et al. 2000. Characterization of microsatellite markers in peach *Prunus persica*(L.) Batsch[J]. Theoretical and Applied Genetics, 101: 421 – 428.

STRUSS D, BORITZKI M, GLOSSER K, et al. 2001. Detection of genetic diversity among populations of sweet cherry(*Prunus avium*) by AFLP. Journal of the Horticultural Science & Biotechnology, 76(3): 362 – 367.

SUZANNE L D, AMY F I. 2000. Polymorphic DNA markers in black cherry(*Prunus serotina*) are identified using sequences from sweet cherry, peach, and sour cherry[J]. Journal of the American Society for Horticultural Science, 125(1): 76 – 80.

SZIKRISZT B, DOĞAN A, ERCISLI S, et al. 2013. Molecular typing of the self-incompatibility locus of

Turkish sweet cherry genotypes reflects phylogenetic relationships among cherries and other *Prunus species* [J]. Tree Genetics & Genomes, 9: 155 - 165.

TSUKAMOTO T, POTTER D, TAO R, et al. 2008. Genetic and molecular characterization of three novel Shaplotypes in sour cherry(*Prunus cerasus*)[J]. Journal of Experimental Botany, 59(11): 3169 - 3185.

TSUDA Y, KIMURA M, KATO S, et al. 2009. Genetic structure of *Cerasus jamasakura*, a Japanese flowering cherry, revealed by nuclear SSRs: implications for conservation[J]. Journal of Plant Research, 122: 367 - 375.

TSUDA Y, UENO S, KATO S, et al. 2009. Development of 13 EST-SSRs for *Cerasus jamasakura* and their transferability for Japanese flowering cherries[J]. Conservation Genetics, 10: 685 - 688.

TUTIN T G, HEYWOOD V H, BURGES N A, et al. 1968. Flora Europaea[M]. Vol. 2. Cambridge: Cambridge University Press.

WANG X R, SHANG C B. 2007. *Cerasus hefengensis*(Rosaceae), a new species from SW Hubei, China[J]. Annales Botanici Fennici, 44: 151 - 152.

WESTON R. 1770. Botanicus Universalis et Hortulanus[M]. Vol I. London: Bell et al. : 224.

WILSON E H. 1916. The Cherries of Japan[M]. No. 7. Massachusetts: Arnold arboretum publication.

YANG H Y. 1994. Selection of a mutant from adventitious shoots formed in X-ray treated cherry leaves and differentiation of standard and mutant with RAPDs[J]. Euphytica, 77: 89 - 92.

YASAKA H, MASSATAUGU H. 1982. Manual of Japanese Flowering Cherries[M]. Tokyo: the Flower Association of Japan: 1 - 609.

YPERE L D, CHAERLE P, MIJNSBRUGGE K V, et al. 2007. Stony Endocarp Dimension and Shape Variation in *Prunus* Section *Prunus*[J]. Annals of Botany, 100: 1585 - 1597.

ZAMANI Z, GHARAHLAR A S, FATAHI R, et al. 2012. Genetic relatedness among some wild cherry (*Prunus* subgenus *Cerasus*) genotypes native to Iran assayed by morphological traits and random amplified polymorphic DNA analysis[J]. Plant Systematics and Evolution, 298: 499 - 509.

作者简介

王贤荣：南京林业大学生物与环境学院，博士，教授；E-mail：wangxianrong66@njfu. edu. cn；

伊贤贵：南京林业大学生物与环境学院，博士，讲师；354067272@qq. com。

专题 25 中国海棠种质资源及园林应用*

Germplasm Resources and Landscape Application of Crabapple in China

许晓岗，汤庚国

南京林业大学南方现代林业协同创新中心，生物与环境学院　江苏南京 210037

【内容提要】苹果属(*Malus*)植物是我国一种重要的果树资源。本专题主要就苹果属植物研究进展，垂丝海棠、湖北海棠、西府海棠、丽江山荆子、山荆子、三叶海棠、紫叶海棠等的分类及其园林应用进行了详细的介绍，并把数量分类学中的聚类分析方法应用于鉴定命名的花果性状齐全的海棠品种的分类，结果表明花瓣数和果实形状应作为海棠划分品种群的标准。此外，聚类分析还表明花朵大小，果实大小，花梗和果梗是否下垂，有无刺状枝，花序下嫩枝长，开花时幼叶颜色和着毛状况，花丝颜色等性状可以作为品种群下划分品种的标准。

25.1 海棠分类的研究

25.1.1 苹果属植物分类简史

早期的植物学者多将苹果、梨、花楸等植物合为一属，属的范围较广(王宇霖，1988)。1753 年由瑞典植物学家林奈发表梨属学名(*Pyrus* L. sp. pl. 459，1753)，1754 年英国植物学家 Miller 将苹果与梨分开为两属，成立了苹果属 *Malus* Mill，给野生森林苹果定名为 *M. sylvestris*(L.)Mill，给乐园苹果改定为 *M. pumila* Mill。1803 年德国学者 Borkhausen 将栽培苹果定名为 *M. domestica* Borkh.，并将原已定入梨属中的 4 个苹果属的种改定名为 *M. baccata*(L.)Borkh(山荆子)，*M. praecox*(Pall.)Borkh(道生苹果)，*M. prunifolia*(Willd.)Borkh.(楸子)和 *M. spectabilis*(Ait.)Borkh.(海棠花)。

在分类学上，1890 年 Koehne 根据果实的宿萼与脱萼将苹果属植物分为宿萼组 Cynomeles 与脱萼组 Gymnomeles，但两组之间尚混有过渡类型的种类。1897 年 Folgner 又以苹果属植物叶在芽内卷曲或折叠的特征作为苹果属分类的依据。1903 年 Zabel 根据

---

* 本章彩图统一排，见 P397 – P404。

叶片全缘或浅裂将苹果属植物分为叶全缘的真苹果组 Eumalus Zabel 和叶片浅裂的花楸苹果组 Sorbomalus Zabel，但仍有中间类型的存在。

1906 年 Schneider 综合了上述学者的分类根据，将萼片宿存或脱落的特征纳入叶片分裂或不分裂两组之下；将过渡性种、杂种、栽培或半栽培种与基本种并列，皆加入了分类系统，把人为与自然分类揉为一体。1949 年 Rehder 总结了以上诸家在苹果属植物分类上的成就，利用苹果属植物形态差异的多种性状作为分类的依据，将苹果属植物分为 5 组 6 系 24 种(表 25-1)。由于 Rehder 制订的分类系统较以前的分类系统对形态特征的选择较广，依据较为全面，较符合本属植物起源演化的自然谱系，因此，迄今为各国大多数学者所接受(陆秋农等，1999)。

表 25-1 世界苹果属植物 Render 分类系统

Tab. 25-1 Render' classification system of genus *Malus* in the world

组	系	种
第 1 组 真苹果组 Sect. 1 Eumalus Zabel	系 1. 苹果系 Ser 1. Pumila Rehd.	1. 苹果(*M. pumila*) 2. 楸子(*M. prunifolia*) 3. 海棠花(*M. spectabilis*)
	系 2. 山荆子系 Ser2. Baccatae Rehd.	4. 山荆子(*M. baccata*) 5. 湖北海棠(*M. hupehensis*) 6. 垂丝海棠(*M. halliana*)
第 2 组 花楸苹果组 Sect. 2 Sorbomalus Zabel	系 3. 三叶海棠系 Ser. Siebeboldiae Rehd.	7. 多花海棠(*M. floribunda*) 8. 珠眉海棠(*M. zumi*) 9. 三叶海棠(*M. sieboldii*) 10. 沙金海棠(*M. sargenti*)
	系 4. 弗洛伦萨海棠系 Ser. 4. Florentinae Rehd.	11. 弗洛伦萨海棠 (*M. florentina*)
	系 5. 陇东海棠系 Ser. 5. Kansuenses Rehd.	12. 褐海棠(*M. fusca*) 13. 变叶海棠(*M. toringoide*) 14. 陇东海棠(*M. kansuensis*)
	系 6. 滇池海棠系 Ser. 6. yunnanenses Rehd.	15. 西蜀海棠(*M. prattii*) 16. 滇池海棠(*M. yunnanensis*)
第 3 组 绿苹果组 Sect. 3 Chloromeles(Decene)Rehd.		17. 扁果海棠(*M. platycarpa*) 18. 粉绿叶海棠(*M. glaucescens*) 19. 披针叶海棠(*M. lancifolia*) 20. 野香海棠(*M. coronaria*) 21. 草原海棠(*M. ioensis*)
第 4 组 三裂叶海棠组 Sect. 4 Eriolobus(D. C.)Schneid		22. 三裂叶海棠(*M. trilbata*)
第 5 组 多胜海棠组 Sect. 5 Docyniopsis Schneid.		23. 乔劳斯基海棠(*M. tschonoskii*)

1934 年日本 A. Koidzunii 和 1974 年前苏联 F. D. Likhonos 继承 Koehne 分类原则，对苹果属进行分类。1989 年 H. S. Alduinckle、1970 年前苏联 Langenfeld V. 在 Render A. 分类基础上提出各自的分类系统。

中国是苹果属植物的最大起源中心，在苹果属植物分类史上具有重要地位。苹果属植物不仅种类多、分布广，且利用历史悠久，但是有关研究长期落后。原产中国的种类，最基本的采集、分类定名等工作也依赖外国人。我国苹果属植物科学的系统分类起步较晚，19 世纪上半叶吴其睿的《植物名录实图考》始有苹果属植物的分类雏形。1937 年陈嵘的《中国树木分类学》按自然分类法在蔷薇科梨亚科下设下苹果属，共描述 12 个种和 11 个变种，在此后的半个世纪中，大都参照该书的分类。1956 俞德浚和阎振茏应用了 Rehder 分类系统的框架，对中国原产的 15 个野生种和 5 个栽培种进行了描述，并提出了《中国苹果属植物分类系统》(表 25-2)，同时俞德浚(1956)制订了中国苹果属植物的分类检索表。1974 年出版的《中国植物志》36 卷中俞德浚、谷粹芝对苹果属植物的分类又进了一步，在苹果属下分 3 组 6 系 22 种。1979 年在《中国果树分类学》中，增加了锡金海棠[*M. sikkimensis* (Wenzig.) Koehne]。1983 年，成明昊和江宁拱等发现了小金海棠(*M. xiaojinensis*)，从而使我国原产的苹果属植物达到 24 种。1988 年阎振茏将我国原产的 24 种苹果属植物按其分类依据分为 3 组 6 系。1985 年陈景新等在《河北苹果志》中又描述了扁棱海棠[*M. robusta* (Carr.) Rehd.]、大鲜果(*M. soulardii*)。四川、辽宁等地先后发现一些新种金县山荆子(*M. jinxianensis*)(邓家琪等，1987)、稻城海棠(*M. douchengensis*)(李朝銮，1989)、昭觉海棠(*M. zhaojaoensis*)(江宁拱，1991)、保山海棠(*M. buoshanensis*)(邓国涛等，1991)、马尔康海棠(*M. maerkangenensi*s)(成明昊等，1992)。

苹果属植物的分类在 20 世纪 20 年代开始逐步走上试验阶段，在细胞学、酶学和孢粉学等方面，对本属植物的系统研究提供了试验报告，对建立苹果属植物分类新体系，有重要参考价值。1994 年李育农根据以上研究提出了中国苹果属植物分类的新方案，这一方案将苹果属植物分为野生种和栽培种两大系统(表 25-3、表 25-4)。1999 年《中国果树志·苹果卷》又将柰定为一个种(陆秋农等，1999)。

由以上介绍可见，苹果属植物的分类至今尚未解决。由于苹果属植物个体因异花授粉而高度杂合，群体则以较为混杂的形式存在，致使苹果属植物种间杂交现象相当普遍。种间杂种的外部特征通常介于两亲本之间或较偏近于亲本之一，从而造成形态间渡。有些种间杂种由于子二代的分离能产生范围广泛的一系列形态变异。同时苹果属 30% 的植物存在无融合生殖特性，给遗传育种和栽培应用等方面带来方便，却给本属分类造成极大困难。无融合生殖类群在分类学上是最难区分的。在无融合复合体中，每一个无融合体都能营养繁殖或无配子生殖而形成一个无融合系，其中所有个体在形态上和亲本完全一样。不同的无融合系之间因不能自由交流基因而彼此保持各别。更因为无融合生殖是兼性的，即同一植株既能产生无性的种子，又能产生受精的种子。所以这种个体可以同时产生两种后代，一种与母株基本相同，另一种则有不同程度的差异。对我国的苹果属来说，在彻底查明其生物学特性之前，应分出尽可能少而不是尽可能多的种，如 20 世纪 70 年代，国外学者将苹果属的许多看来好像是“好种”的降为亚种或变种。与此相反，20 世纪 80 年代以来国内却发表了不少新种。

25.1.2 我国海棠栽培简史

我国第一部诗歌总集《诗经》就有海棠的记载，《诗经·昭南·甘棠》提到“蔽芾甘棠，勿剪勿伐”；“蔽芾甘棠，勿剪勿收”；“蔽芾甘棠，勿剪勿拜”。甘棠也是海棠这一类的植物。《诗经·唐风·杕杜》与《诗经·唐风·有杕之杜》所提到的“杕杜”“有杕之杜”；按《尔雅》解释，杕是甘棠，开白花的称棠，开红花的称杜。经考证，《诗经》所记载的“甘棠”为杜梨，不是海棠类植物。

表 25-2 中国苹果属植物俞德浚分类系统

Tab. 25-2 Yu Junde'classification system of genus *Malus* in China

组	系	种
第1组 真苹果组 Sect. 1 Eumalus Zabel	系1. 山荆子系 Ser1. Baccatae Rehd.	1. 山荆子 *M. baccata* 2. 毛山荆子 *M. mandshurica* 3. 丽江山荆子 *M. rockii* 4. 锡金海棠 *M. sikkihensis* 5. 湖北海棠 *M. hupehensis* 6. 垂丝海棠 *M. halliana*
	系2. 苹果系 Ser 2. Pumila Rehd.	7. 苹果 *M. pumila* 8. 新疆野苹果 *M. sieverrsii* 9. 花红 *M. asiatica* 10. 楸子 *M. prunifolia* 11. 海棠花 *M. spectabilis* 12. 西府海棠 *M. micromalus*
第2组 花楸苹果组 Sect. 2 Sorbomalus Zabel	系3. 三叶海棠系 Ser. 3 Siebeboldiae Rehd.	13. 三叶海棠 *M. sieboldii*
	系4. 陇东海棠系 Ser. 4. Kansuenses Rehd.	14. 陇东海棠 *M. kansuensis* 15. 变叶海棠 *M. toringoides* 16. 花叶海棠 *M. transitoria* 17. 山楂海棠 *M. komarovii*
	系5. 滇池海棠系 Ser. 5. Yunnanenses Rehd.	18. 西蜀海棠 *M. prattii* 19. 沧江海棠 *M. ombrophila* 20. 滇池海棠 *M. yunnanensis* 21. 河南海棠 *M. honanensis*
第3组 多胜海棠组 Sect. 3 Docyniopsis Schneid.		22. 台湾林檎 *M. doumeri* 23. 尖嘴林檎 *M. melliana*

表 25-3 中国苹果属植物的野生种分类系统(李育农，2001)

Tab. 25-3 Li Yunong' classification system of genus wild *Malus* in China

组	系	种
第1组 苹果组 Sect. 1 Malus Langenf.	系1. 新疆野苹果系 Ser. 1 Sieversinae Langenf	1. 新疆野苹果 *M. sieversii*(Led.)Roem.
第2组 山荆子组 Sect. 2 Baccatus Jiang	系2. 山荆子系 Ser. 2 Baccatae Rehd.	2. 山荆子 *M. baccata* 毛山荆子亚种 subsp. *mandshurica* 3. 喜马拉雅山荆子 *M. himalaica*
	系3. 湖北海棠系 Ser. 3 Hupehenses Langenf	4. 湖北海棠 *M. hupehensis* 5. 垂丝海棠 *M. halliana*
	系4. 锡金海棠系 Ser. 4 Sikkimenses Jiang	6. 锡金海棠 *M. sikkihensis*
第3组 花楸苹果组 Sect. 3 Sorbomalus Zabel.	系5. 三叶海棠系 Ser. 5 Siebeboldiae Rehd.	7. 三叶海棠 *M. sieboldii*
	系6. 陇东海棠系 Ser. 6 Kansuenses Rehd.	8. 陇东海棠 *M. kansuensis* 9. 花叶海棠 *M. transitoria* 10. 变叶海棠 *M. toringoides* 11. 山楂海棠 *M. komarovii*

（续）

组	系	种
第3组 花楸苹果组 Sect. 3 Sorbomalus Zabel.	系7. 滇池海棠系 Ser. 7 Yunnanenses Rehd.	12. 滇池海棠 *M. yunnanensis* 13. 西蜀海棠 *M. prattii* 14. 沧江海棠 *M. ombrophila* 15. 河南海棠 *M. honanensis*
第4组 多胜海棠组 Sect. 4 Docyniopsis Schneid.		16. 台湾林檎 *M. doumeri* 17. 尖嘴林檎 *M. melliana*

表25-4 中国苹果属植物栽培种分类系统(李育农，2001)

Tab. 25-4 Li Yunong' classification system of genus cultivated *Malus* in China

1. 苹果 *M. domestica*	3. 楸子 *M.* ×*prunifolia*
中国苹果亚种 subsp. *chinensis* Li	4. 扁棱海棠 *M.* ×*robusta*
香果变种 var. *xiangguo* li	5. 西府海棠 *M.* ×*micromalus*
2. 花红 *M. asiatica*	6. 海棠花 *M. spectabilis*
巴县矮花红变种 var. *nana* Li	粉红重瓣海棠花 var. *rivesii*
槟子变种 var. *binzi* Li	白色重瓣海棠花 var. *albiplena*
林檎变种 var. *rinki*(Koidz.)Li	7. 大鲜果 *M. soulardii*

战国时期，也见海棠的记载。《山海经·西山经》提到中皇之山，“其下多蕙、棠”；《山海经·山中经》提到岷山“其木多梅、棠”。根据古今地域名称对照来看，当时的陕西、甘肃、四川一带，有海棠类植物的分布。

西汉司马相如的《上林赋》中记载“楟柰厚朴”(陆秋农等，1999)，这是第一次出现对柰的记载。“柰”古时指中国绵苹果及小果的苹果属植物，楟是指野生梨，这说明将苹果与梨分开为两种，在汉代已有记载。汉代开始出现海棠品种的记载，海棠作为一种观赏树种开始出现于园林中。晋代葛洪(1985)在《西京杂记》中记有“汉武帝修上林苑，诏群臣献奇花异果。”其中记载有“柰三：白柰、紫柰、绿柰”，“棠四：赤棠、白棠、青棠、沙棠”。据《中国花经》(陈俊愉等，1990)、《造园史》(陈吾)考究“柰”指花红，“白、紫、绿”指花色，“棠”指海棠一类。

魏晋南北朝时期海棠常见于诗之中(程兆熊，1985)，海棠的观赏价值逐渐被人们所重视。《齐民要术》(贾思勰，1959)说“柰、林檎不同种，但栽之。种之虽生，但味不佳。取栽，如压桑法。”可见晋代已对林檎其树性较熟悉，已广为栽培。“林檎”是指小果类苹果属植物。《本草经集注》记载：“大而长圆者为柰，小圆者为林檎。”可见当时江南也多有栽培。西晋郭义恭的《广志》对柰的生产有了记载：“柰有白、青、赤三种。张掖有白柰、酒泉有赤柰、西方例多柰，家家收切曝干为脯，数十百斛以为蓄积，谓之频婆粮。”晋代西府海棠得名，因生长在西府(今安徽地名)而得名(胡正山等，1994)。

唐代我国在宫苑中广为栽培海棠，《赏心乐事》记载有“五色林檎”新品种(程兆熊，1985)。

海棠是宋代的花，宋代文人每喜以海棠为题材，或诗、或文，宋代帝王也十分重视海棠，这时已与牡丹相抗衡。“海棠”这个名字在宋代首次出现。庆历(1041—1048)中，吴人沈立作《海棠记》一卷，其中记载主要是垂丝海棠(陆秋农等，1999)。钱塘陈思在南宋庆元年(1259)著《海棠谱》。书中记载品种有"重叶海棠""多叶海棠"及"南海海棠"(南海海棠木性无异，惟枝多屈曲，数数有刺如杜梨，花亦繁盛，开花稍早)。《吴郡志》提到"莲花海棠"(周维权，1999)，即重瓣西府海棠。四川嘉州一带，海棠有芳香品种(舒迎澜，1993)。垦岳有"金林檎""大楼子海棠"(周维权，1999)。

明代，《学圃杂疏》首先把柰与频婆分开，又把频婆改称苹果。《汝南圃史》(周文华，1620)、《瓶史》中提到西府海棠之中，有名'紫锦'品种(花瓣多，色深浓)。王象晋在《群芳谱》中分别记述了柰、林檎、苹果和海棠；其中"林檎"系指花红(沙果)，记载有金、红、水蜜、黑等色，夏末成熟；"柰"分为素柰、丹柰、朱柰、绿柰，皆夏熟；"海棠"有4种：贴梗海棠、垂丝海棠、西府海棠、木瓜海棠，并提到有黄花品种、南海海棠(枝多屈多刺)。此外，李时珍在《本草纲目》(1979)中分别记有海红、柰、林檎。

清代陈淏子《花镜》(1979)中记载柰具有多样性，果有大小，花色、果色各异，多数夏熟，少数晚熟；记载林檎"二月(农历)开粉红花，似西府，但花六出。实而圆而味甘，……五月中熟者，蜜林檎为第一。"这里的林檎主要是指现代的沙果。

近代，1949年黄岳渊、黄德邻等的《花经》对苹果、林檎、花红、海棠果、红殿子进行了系统的介绍。台湾杨恭毅在《杨氏园艺植物大名典》(1984)曾有垂枝山荆子、白花垂丝海棠、红色湖北海棠、白色重瓣海棠花、红色海棠花、秋叶变红的滇池海棠等记载。

以上是中国古代及近代对海棠(包括木瓜属植物)及海棠品种的记载的概述。由于当时对种的分类与现在相差很大，很难与现在对应起来。具体品种极少详述。由于历史的局限性，既不能进行品种资源的全面调查，更不能进行品种分类理论的探讨和系统的研究。

25.1.3 苹果属植物的国内外分布

就全球而言，苹果属植物主要分布于北温带，横跨欧亚大陆和北美洲，纬向幅度宽达30°N(20°~50°N)。1989年李育农报道，世界上苹果属植物定有种名的有37~60种，其中24个起源于中国，4~7个起源于北美，欧洲和高加索各有2~3种，中亚西亚有1~10种或变种，日本有4种。各起源中心分布的苹果属种类见表25-5。

表25-5 世界苹果属植物的分布表

Tab. 25-5 Distribution of species world genus *Malus* plants

起源分布区域	数 量	种 名	
北 美	4~7	窄叶海棠 *M. angustifolia* 奥涅金海棠 *M. fusca* 草原海棠 *M. glancescens* 扁果海棠 *M. platycarpa*	野香海棠 *M. moronaia* 粉绿叶海棠 *M. glancescens* 披针叶海棠 *M. lancifolia*
欧 洲	2~3	森林苹果 *M. sylvestris* (包括变种 *M. pumila* var. *domestica*)	栽培苹果 *M. pumila*
高加索	2~3	东方苹果 *M. orientalis*	蒙大拿苹果 *M. montana*

（续）

起源分布区域	数 量	种 名	
中 亚	1~10	塞威士苹果 *M. sieversii* Roem. 包括以下 10 个变种：	
		红叶苹果 *M. sieversii* var. *persicifolia*(M. pop)	
		土库曼苹果 *M. sieversii* var. *turkmenorum*(Tuz，et M. pop)	
		库金切夫苹果 *M. sieversii* var. *kudrjaschevii*(Sumn.)	
		异叶型苹果 *M. sieversii* var. *ainsophylla*(Sumn.)	
		基士尔从基苹果 *M. sieversii* var. *juzepczukii*(Vass)	
		库叶岛苹果 *M. sieversii* var. *schischkinii*(P. poljak)	
		加摩凌柯苹果 *M. sieversii* var. *jarmolenkoi*(P. poljak)	
		林切夫斯基苹果 *M. sieversii* var. *linczevskii*(P. poljak)	
		天山苹果 *M. sieversii* var. *tianshanina*(Sumn.)	
		吉尔吉斯苹果 *M. sieversii* var. *kirjhisorum*(Al.)	
中 国	24	山荆子 *M. baccata*	毛山荆子 *M. manchuria*
		丽江山荆子 *M. rockii*	湖北海棠 *M. hupehensis*
		垂丝海棠 *M. halliana*	锡金海棠 *M. sikkihensis*
		绵苹果 *M. pumila*	花红 *M. asiatica*
		楸子 *M. prunifolia*	海棠花 *M. spectabilis*
		西府海棠 *M. micromalus*	新疆野苹果 *M. sieversii*
		三叶海棠 *M. sieboldii*	陇东海棠 *M. kansuensis*
		花叶海棠 *M. transitoria*	河南海棠 *M. honanensis*
		小金海棠 *M. xiaojinensis*	变叶海棠 *M. toringoides*
		山楂海棠 *M. komarovii*	滇池海棠 *M. yunnanensis*
		西蜀海棠 *M. prattii*	沧江海棠 *M. ombrophila*
		河南海棠 *M. honanensis*	台湾林檎 *M. doumeri*
		尖嘴林檎 *M. melliana*	
日 本	4	多花海棠 *M. floribanda*	乔劳斯基海棠 *M. tshnoskii*
		珠眉海棠 *M. zumi*	沙金海棠 *M. sargentii*

阎振茏在 1988 年指出，原产于我国的苹果属植物主要分布于西北和西南，其中四川有 20 个种，陕西有 13 个种，甘肃有 12 个种，云南有 11 个种。而李育农调查后于 1989 年认为，在我国原产的苹果属植物中，四川有 19 个种，陕西有 12 个种，甘肃有 11 个种，云南有 8 个种，川滇古陆地带(四川和云南西部)分布有 12 种。

25.1.4 国内外海棠品种分类现状

25.1.4.1 国内海棠品种分类现状

从我国海棠的栽培简史可以看出，长期以来对于海棠的研究还只停留在原种与变种、变型的植物学分类和记载上，分类仅限于以食用为目的的品种分类，而缺乏观花、观果品种方面系统的分类和研究。

1984 年俞德俊将苹果属品种分为苹果、花红和海棠三大品种系统。其中苹果系统分为中国品种群、西洋苹果品种群。花红系统分为红沙果品种群、白沙果品种群、槟子品种群；海棠品种系统分为尖嘴海棠品种群、平顶海棠品种群。《中国果树志 · 苹果卷》中将苹果属品种分为中国原产、中国选育、从国外引入 3 类。其中中国原产的品种分为绵苹果系统、花红系统、其他小果系统；绵苹果系统分为绵苹果品种群、香果品种群、新疆地方品种及类型（含红肉苹果、吉尔吉斯苹果等）；花红系统分为红沙果品种群、白沙果品种群、槟楸品种群；其他小果系统（含海棠果、西府海棠、扁棱海棠等）分为平顶品种群、尖顶品种群。中国选育的和从国外引入的品种分为寒地栽培品种和普通栽培品种，后者又分为早熟、早中熟、中熟、晚中熟品种。

以上品种分类系统限于以食用为目的的大果类，或以作砧木用的小果类（果径仍大于2cm）。种仅限于苹果、新疆野苹果、花红、楸子、西府海棠，而对广泛应用于园林的垂丝海棠、湖北海棠、海棠花、山荆子等缺乏研究，特别是对裂叶类海棠毫无研究。其中绝大多数品种不能指出属于哪一个种或变种，更谈不上品种的起源及品种间的演化规律。分类的依据主要有成熟期、风味、色泽等，花不作为分类依据。

25.1.4.2 国外海棠品种分类研究

原产国外的海棠种类较少。1780年前，中国的海棠传入北美，于18世纪传到欧洲，深受西方人士的重视。美国原产的狭叶海棠（*M. ioensis*）1885年起才有栽培记录。后经过园艺工作者200多年不断地搜集和选种，通过杂交育种，栽培出许多受人欢迎的品种。特别是对有观赏价值的种类收罗无余，广为栽培，并经人工杂交育成了许多前所未有的新品种。

美国农业部1972年发行了杰弗逊（R. M. Jefferson）1965年所著《小苹果起源的历史、地点和其准亲本》（Jefferson，1965）文献，记录了具有观赏价值的苹果属植物，包括野生种和栽培品种的小苹果（Crabapple）共375个，其中观赏价值高的有150个品种。1996年英国出版的《园艺植物百科全书》（Michael，1989）中描写了可供观赏的海棠新品种76个，其中少数是Jefferson书中曾经加以推荐过的种类。

关于栽培品种的数量，目前争议较大，有200~700个，这些品种仅指果实直径在5.08cm以下的苹果属植物。它们在树体、花、果、叶上具有丰富的变异；树体矮小的仅有1.5m高，垂枝品种较为普遍；花具芳香也十分常见，花瓣可达60多个，花径最小的仅有1cm，花色虽较中国丰富，但仍无黄色、绿色花的记载；果实观赏性很高，大多数宿存于寒冬或第2年春天，色彩也异常丰富，其中紫蓝色果实国内尚未记载；叶色丰富，春叶红、紫，秋叶红、紫、黄等，具有很高的观赏价值。

美国、欧洲海棠品种分类也存在不少问题：一是品种分类未能建立在种的基础上；二是未能形成一套合理的分类系统，仅是品种的描述；三是品种划分过细，很多品种未能发现不同之处，如花色略有不同很可能是由于栽培条件的不同而引起的，不一定为一个新品种。因此所记载的700多个品种值得怀疑。

25.1.5 海棠分类研究的趋势、意义和主要途径

海棠不仅在我国具有丰富的多样性，在世界范围内更是拥有巨大的潜在的多样性，因而加强对海棠品种的收集、保存及研究具有重要的科学价值和现实意义。因此，需要研究、理清我国现有海棠品种资源；在品种调查的基础上，对海棠与历史考古结合进行形态分类，进一步利用数量分类方法，进行系统分类研究，提出合理的分类体系；特别是对湖北海棠（图25-1）、西府海棠（图25-2）、裂叶海棠、山荆子（图25-3）提出分类方案；并对如何在园林中运用海棠加以研究。

25.2　海棠品种资源多样性的调查及研究

25.2.1　海棠品种资源的调查

25.2.1.1　调查范围

原产于我国的海棠主要分布于我国西北和西南地区，在园林应用较多的却在沪、苏、浙、鲁、京等东部地区。因此，本专题中的调查地区仅限于我国大部分海棠分布产地。

25.2.1.2　调查方法及品种形态记载标准

本次调查内容为苹果属植物中除苹果外的所有种，本专题“海棠”一词是指所有种类的通称(涉及具体种时会特别说明)。

调查过程中，统一取样部位(含方位)、统一观测时间，取样要典型、标准一致。

叶取生长发育正常的春梢，能受光的外围10根延长枝，每枝中部选发育完全的叶各1片。叶柄、花径、果径等数量性状取20个样品取平均值(果实在正常成熟时调查)。花色在盛花期观测，观测时间在晴天下午，颜色以色谱(中国科学院，1957)为准。冠形必须未经整形，最好是孤植。

树冠多呈广椭圆形、扁圆形、卵形、倒卵形、圆形、伞形及不规则形等。

树姿依主枝基角分组，分直立(<40°)、半开张(40°~65°)、开张(66°~85°)、下垂(>85°)。

花期：单朵花的花期指一朵花从开放到凋谢的时间。应选取中花枝、短花枝中部花朵进行花期记录。群体花期是指初开5%至花谢95%的时间。初花期指开花数约占总数的5%；盛花期指开花数约占总数的50%；末花期指花凋谢数占花量的80%以上。

花瓣：单瓣指每朵花具花瓣一层，即5~7瓣。半重瓣指具花瓣2层，即8~14瓣。重瓣3层至更多，即15瓣以上。花瓣数记载每个品种至少检查10朵花，分别记下数目，品种的花瓣数以平均数或数量范围来表示。

花径：选择本品种盛开的大、中、小形各3~5朵花，分别量其直径，记录其平均值及花径范围(表25-6)。

表25-6　海棠品种性状登记表

Tab. 25-6　Registration form of characters for *Malus* cultivated varieties

编号：　种名：　学名：　品种名称(中文)　品种名称(英文)　种植地点：　调查者：　调查日期
1. 生长地概况：海拔____m，地势____，坡度____，坡向____，土壤类型____，周围环境____
2. 品种概况：来源____，栽培年限____，品种比重______%，树龄____年，生物学年龄时期____，繁殖方法____，所有砧木种类____，树皮脱落情况____，树势：强、中、弱，树姿：直立、半开张、开张、下垂，树高____m，冠形____，枝展____m，干高____m，主枝数目____，干径____cm
3. 枝：嫩梢生长状态____，色泽____，茸毛：密、稀、无，一年生新梢色泽____，节间平均长度____cm，皮孔：多、中、少；大、中、小；密、稀、无，形状____，枝刺：大、小；有、无，冬芽颜色____，叶芽：大、小，形状____，花芽：大、小；形状____，1年生枝平均长度____cm，粗度____cm，阳面晕色____，节部瘤状凸起：有、无，枝条密度：密、中、稀

（续）

4. 叶：叶芽内幼叶：对折、席卷，形状____，幼叶色泽____，大小：长__cm；宽____cm，托叶形状____，叶尖__，平均长度____cm，叶基____，叶色（叶表__叶背__），分裂：是（裂片形状____）、否，叶被毛情况：（叶表__叶背__），叶柄：平均长__cm；粗、中、细，被毛情况____，色泽____，锯齿：钝、锐、细，大、小、整齐、不整齐、单、重，叶片厚薄：革质、厚、中、薄，叶面：光滑、中、粗；平、皱；有光泽、无光泽
5. 花：花序类型____，每花序花数目____朵，花瓣数目____，花色____，脉纹____，花蕾色泽____，花序直径____cm，花瓣形状____，大小：长____cm；宽____cm，花冠：大、中、小；直径____cm，花瓣开展率____%，花萼片形状____；颜色____；先端____；被毛情况____；与萼筒相比：长、短、等长；萼筒形状____，色泽____，被毛____，着花情况：密、中、稀，花梗：长____cm；色泽____；下垂：是、否；花香：有、无，雄蕊数目____个，花药颜色____，雌蕊：比雄蕊低、高、等高，花柱____个，基部被毛：是、否
6. 果：大小纵径____cm；横径____cm，形状____，大小整齐度：整齐、较一般、不整齐，果顶____果：粗糙、平滑、光泽、棱突（______个）、锈斑（位置____大小____）；色泽：底色____阳面色泽及______，果梗：长度____cm；粗、中、细；被毛情况____；色泽____；直立、下垂；果点：大、中、小；多，中、少；凸、平、凹，梗洼：深、中、浅；广、深广、浅广、浅平，萼片：宿存、残存；脱落、直立、反卷；形状____萼洼：浅广、深广、狭深
7. 主要物候期：叶（萌发期、开始展叶期、全部展叶期、落叶期），花（初花期、盛花期、终花期、末花期），果（幼果出现期、果着色期、果实成熟期、可观赏期____天）
8. 抗性：耐寒力：强、弱，耐旱力：强、弱，耐盐碱：强、弱，抗风力：强、弱，耐瘠薄：强、弱，抗虫力：不抗、低抗、中抗、高抗，抗病力：不抗、低抗、中抗、高抗，对不良环境条件的适应性：强、中、弱

经调查整理，浙江、江苏、北京、辽宁园林应用苹果属植物23种（表25-7），其中原产中国的有20种，国外引进3种。品种有100余个，其中垂丝海棠有27个品种，湖北海棠13个品种，西府海棠有9个品种，三叶海棠有6个品种，山荆子有7个品种。

表25-7 海棠调查种类表

Tab. 25-7 Survey form of *Malus* species

原产中国种类	花红（*Malus asiatica* Nakai）、楸子（海棠果）[*Malus prunifolia*（Willd.）Borkh.]、八楞（扁棱）海棠（*Malus robusta*）、西府海棠（*Malus* × *micromalus* Makino）、海棠花[*Malus spectabilis*（Ait.）Borkh.]、山荆子[*Malus baccata*（L.）Borkh.]、毛山荆子[*Malus mandshurica*（Maxim.）Kom.]、丽江山荆子（*Malus rockii* Rehd.）、湖北海棠[*Malus hupehensis*（Pamp.）Rehd.]、垂丝海棠（*Malus halliana* Koehne）、锡金海棠[*Malus sikkimensis*（Wenzig）Koehne]、裂叶海棠（*Malus sieboldii*）、花叶海棠[*Malus transitoria*（Batal.）Schneid.]、变叶海棠[*Malus toringoides*（Rehd.）Hughes]、河南海棠（*Malus honanensis* Rehd.）、锡金海棠[*Malus sikkimensis*（Wenzig）Koehne]、小金海棠（*Malus xiaojinensis*）、尖嘴林檎[*Malus doumeri*（Bois）Chev]、新疆野苹果[*Malus sieversii*（Ledeb.）Roem.]
引种种类	森林苹果（*Malus sylvestris* Mill.）、草原海棠（*Malus ioensis*）、珠眉海棠（*Malus zumi* Mats）

25.2.2 海棠品种的主要形态学特征

（1）枝型

海棠的枝型丰富，有直枝型、垂枝型、龙游型，其中龙游型仅垂丝海棠部分具有；而垂枝型已十分普遍，垂丝海棠、湖北海棠、西府海棠、丽江山荆子、山荆子、三叶海棠、紫叶海棠等都具备垂枝的品种。湖北海棠、垂丝海棠、变叶海棠、小金海棠、锡金海棠、山荆子、三叶海棠、丽江山荆子都发现具有刺状短枝的品种。

（2）树形

海棠的树形有高大乔木、小乔木、矮灌木，花叶海棠与丽江山荆子都有匍匐状的品种。

(3)花

海棠花色较为丰富，白、粉、红、紫等单色或复色(图25-4至图25-7)，历史上记载的黄色品种、绿色品种此次调查未能发现。

花径有1~2cm的小花型，也有3~4cm的一般花型，5~6cm以上的大花型屡见不鲜。

海棠的花瓣数具有明显的差异，花瓣数由原始的5瓣，发展到10~25瓣，部分品种在花萼及花丝瓣化后达到50~60瓣(如*Malas*'Prince Geoges'花瓣53~61)(图25-8、图25-9)。

花期也有较大差异：垂丝海棠、森林苹果开花最早，湖北海棠、西府海棠次之，而紫花海棠、山荆子、丽江山荆子等则开花较晚。

花具芳香品种在古代有所记载，在国外也较常见，本次调查未发现。

(4)果

海棠的果型非常丰富，球形、梨形、扁圆形、椭圆形、锥形、卵圆形。果色有绿、黄、红、紫等单色或复色(图25-10)，并且有的品种多彩色条纹。果径一般较小，多为2cm以下，其中楸子、海棠花等种的果径大于2cm。

25.3 海棠品种分类系统

花卉品种分类是研究、保护花卉种质资源的基础，更是进行花卉选种育种的依据。鉴定、引种花卉品种，建立花卉品种资源圃，都必须在相对准确、固定的分类系统的前提下进行。

花卉品种分类以前长期停留在以形态比较为依据的水平上。从20世纪60年代开始，陈俊愉、周家琪在梅花、牡丹、芍药中开始尝试二元分类法(陈俊愉，1998)，将品种演化关系与园林栽培应用相结合，此后逐渐推广应用于菊花(陈俊愉，1999)、荷花(王其超等，1998，1999)、山茶(中国农学会遗传资源学会，1994)、芍药(洪涛等，1992)、紫薇(陈俊愉，1999)、蜀葵(赵会恩等，1998)、玫瑰(刘庆华，1999)、桃花(张秀英，1993)等名花中。

二元分类法所采用的主要研究方法包括历史——考古的方法、育种试验的方法，比较形态分析和微观测试的方法。多种方法需要相互补充、印证，以任何单一的方法分析品种分类和演化都是不全面的。

本专题对垂丝海棠，严格按照《国际栽培植物命名法规》(汤庚国，1995；袁以苇等，1987)，提出一套科学性和实用性较强，又兼顾传统习惯的分类系统；同时也对湖北海棠、西府海棠、山荆子、三叶海棠进行形态品种分类。

25.3.1 垂丝海棠品种分类系统

25.3.1.1 分类的标准

品种分类标准之确定关系该体系之成败。分类标准既要抓得准，又要把几项标准按其重要性而排好次序；同时还应层次分明，且不宜过多。因为品种分类层次多少对花卉品种分类体系的质量好坏，以及使用方便与否影响颇多。

本专题对收集的 27 个品种进行分类，划分为 5 个品种群：直脚海棠品种群、迷你海棠品种群、单叶海棠品种群、多叶海棠品种群、垂枝海棠品种群。

在遵照《国际栽培植物命名法规》的基础上，又考虑到 3 个原则：①弄清各品种的主要特征和其变异性状。②考虑传统的分类方法和园林应用的情况。③尽可能反映品种进化关系，使其建立在科学的理论基础上。初步建立了一个三级标准的垂丝海棠品种分类系统。

第一级标准：以枝条下垂或直立、斜出把垂丝海棠分为两大类。把垂枝品种与其他品种分开。

把枝条姿态当作垂丝海棠品种分类的第一级标准，既反映各品种之间的演化关系（垂枝品种出现较直枝、枝斜出的品种晚得多），也代表它们在园林实践应用上的不同特长——直脚海棠品种适合一般栽培，而垂枝品种最宜水畔石际栽植。

在调查研究的过程中，湖北海棠、山荆子、丽江山荆子等垂丝海棠的近缘种，至今未曾发现（或极少发现）天然的重瓣品种，而重枝品种都已较普遍，则表明在种内发生枝型变异的可能性要远远大于花瓣的变异。

第二级标准（花径、花型）：花应该作为第二级标准并无异议，但究竟把花型、花色、花的大小哪方面作为明确的等级标准，则需要来自多方的证据。

垂丝海棠花色变异较小，绝大部分都属红色系，故不能作为重要分类依据。而花瓣的数量变异较大，形成“单瓣—半重瓣—重瓣”的次序，由此也可反映出它们的演化趋向。花径对垂丝海棠品种分类非常重要，迷你海棠品种群内所有品种花径小于 2.5cm，和其他品种相差较大，并且有很高的观赏价值。所以将花径作分类依据，既能考虑花径由小到大的演化关系，又便于在实际生产中应用。

第三级标准：幼叶色泽、花期、花梗直立或下垂、能否结实、花色、刺状短枝的有无等。这里包括的内容很多，也无明显偏重点，至于是哪一个或数个性状重要，则视实际情况需要灵活掌握（图 25-11）。

25.3.1.2 垂丝海棠品种分类检索表

1. 枝直立或斜出（Ⅰ直脚海棠品种群）
    2. 枝直立
        3. 花单瓣
            4. 花红；具刺状短枝
                5. 叶暗红 ………………………… 1. 红叶直脚海棠
                5. 叶绿色 ………………………… 2. 单瓣直脚海棠
            4. 花紫红；不具刺状短枝 ………………………… 3. 南京紫海棠
        3. 花半重瓣、重瓣
            6. 花半重瓣
                7. 幼叶绿 ………………………… 4. 重瓣直脚海棠
                7. 幼叶红 ………………………… 5. 希望海棠
            6. 花重瓣

8. 短枝正常
9. 花期正常
10. 花色浅粉红 ………………………………………… 6. 照手粉海棠
10. 花色玫瑰红 ………………………………………… 7. 照手红海棠
9. 花期晚 7~10d ………………………………………… 8. 晚花直脚海棠
8. 短枝不发达近无 …………………………………………… 9. 王子海棠
2. 枝斜出
11. 花径小于 2.5cm，花梗小于 2.5cm（Ⅱ迷你海棠品种群）
12. 花单瓣，花径 1.5~2cm，花梗直立，正常结实 …………… 10. 单瓣迷你海棠
12. 花半重瓣、重瓣
13. 花柱 2~4 个
14. 具发达刺状短枝；花梗直立 ………………………… 11. 直梗迷你海棠
14. 不具刺状短枝
15. 花梗下垂，花瓣不直立 ………………………… 12. 重瓣迷你海棠
15. 花梗直立，花瓣直立；短枝近无 ………………… 13. 直瓣迷你海棠
13. 花柱 0~1 个，花梗直立；无刺状短枝 …………………… 14. 红楼海棠
11. 花径大于 2.5cm
16. 花单瓣（Ⅲ单叶海棠品种群）
17. 具发达刺状短枝 …………………………………………… 15. 南海海棠
17. 不具刺状短枝
18. 短枝正常
19. 幼叶绿色 …………………………………………………… 16. 单叶海棠
19. 幼叶红色 …………………………………………………… 17. 红叶单海棠
18. 短枝不发达，树体极强健 ………………………………… 18. 单叶长枝海棠
16. 花半重瓣，重瓣（Ⅳ多叶海棠品种群）
20. 花色红
21. 花柱 1~5 个，正常结实
22. 花中大，2.5~4.5cm
23. 花期正常
24. 幼叶黄色 ………………………………………… 19. 重叶海棠
24. 幼叶红色 ………………………………………… 20. 明星海棠
23. 花期晚 7~10d
25. 花特繁，花深红 ………………………………… 21. 多叶海棠
25. 花不显、叶显，花淡红 ………………………… 22. 少花海棠
22. 花大，花径 4.5~6cm，花柱 3~5 个，花梗 4.5~6cm ……… 23. 莫愁海棠
21. 花柱 0~3 个，不结实
26. 花期正常，花径 4~4.5cm …………………………… 24. 东坡海棠
26. 花期晚 7~10d，花径 3~3.5cm；具刺状短枝 ………… 25. 送春海棠
20. 花色白，仅存少量红色，花瓣肉质具光泽 ……………… 26. 白雪公主海棠
1. 枝下垂；半重瓣（Ⅴ垂枝海棠品种群）…………………………… 27. 垂枝垂丝海棠

25.3.1.3 海棠品种分类的几个问题(以垂丝海棠为例)

(1)关于分类对象

本次分类主要对所调查记载的品种，国内外所记载品种因不详细，数据不全，无法判断是否为新品种的都未进行分类。此次调查过程中共记载50余个品种，其中部分品种性状不为典型垂丝海棠，可能含有其他种的成分，在没有研究其亲本的情况下，没有将这类品种进行分类。同时在调查中发现秋叶红色、四花瓣等优良品种，但因对花、果观测数据不全，也未将列入此次分类。

(2)关于品种划分依据

在进行品种分类时不宜过多或太细，失之于烦琐，同时对部分性状变异不同判断是否因栽培条件引起的品种都未定为新品种。如花色：垂丝海棠花自粉色至深红色都有(单瓣较重瓣色浅)，但栽培条件(特别是光照)、花期的不同花色有一定变化。同时花径也变异较大，2.5~5cm之间的品种也没有细分。有待进一步研究之后再判断是否为新品种。

(3)关于枝干扭曲

垂丝海棠部分品种枝干严重扭曲，极具观赏价值。在梅花品种分类中，陈俊愉认为枝干扭曲的龙游梅较直枝(或斜出)和枝下垂的品种更为进化，同时也便于园林应用。但在垂丝海棠中，凡直脚品种群品种枝干大都不扭曲，而枝斜出、下垂者枝干多有扭曲，但幼树的多不扭曲。所以此次分类未将枝干扭曲是否作为分类依据，以免造成同一品种的幼树、成年树分类结果不一致。

25.3.1.4 垂丝海棠品种记载

Ⅰ. 直脚海棠品种群

(1)'红叶直脚'海棠(*Malus halliana* 'Hongyezhijiao' cv. nov.)

主要特征：枝直立，具刺状短枝，叶暗红，花单瓣，果红褐色。

树高2m，树势强健。枝直立，树皮灰褐，具发达刺状短枝。叶近革质，长5.1cm，宽2.7cm，叶尖渐尖，叶基圆形，叶柄长2cm，锯齿锐。每花序3~4朵花，花单瓣，花径2.5cm；花萼片三角形，先端钝；花梗长2cm；雄蕊15个，花药白色；雌蕊比雄蕊高，花柱3~4个。着花密。果卵状扁圆形，纵径0.9cm，横径1.0cm，果顶平；果色自黄绿色逐渐变为褐色；果梗2.1cm，梗洼浅平。

本品种果色、叶色特殊，为珍贵的园艺品种。

(2)'单瓣直脚'海棠(*Malus halliana* 'Danbanzhijiao' cv. nov.)

主要特征：枝直立，具刺状短枝，花单瓣，与红叶直脚海棠区别在于枝干扭曲，叶绿色，果红黄色，花色浅，树皮灰褐。

树高3m，树势强健，树姿直立。枝干扭曲，具刺状短枝，树皮灰褐。叶长6.9cm，宽2.3cm，叶尖渐尖，叶基楔形，叶柄长2.1cm，锯齿锐。每花序具花4~5朵，花单瓣，花径2.8cm；花萼片三角形，先端尖；花梗长2.5cm，雄蕊15个，雌蕊比雄蕊高，花柱3个；着花密。果卵圆略扁，纵径0.9cm，横径1.1cm；果顶平；果红黄色；果梗长3.1cm，梗洼浅。

此品种为直脚品种群中唯一枝干扭曲的品种，具很高观赏价值。

(3)‘南京紫’海棠(*Malus halliana*‘Nanjingzi’cv. nov.)

主要特征：花紫红色，枝直立，幼叶紫红，花单瓣。

树高4m，枝直立，树体强健。无刺状短枝。叶厚，革质，长4~8cm，宽4.4cm，叶尖短突尖，叶基圆形；叶柄长2.5cm，锯齿锐，幼叶紫红色。花单瓣，花蕾紫色，花径3.5cm；花梗4cm，紫色；雄蕊20个，雌蕊比雄蕊高，花柱4~5个，着花密。

本品种为稀有品种，具有很高的观赏价值，也是难得的育种材料。

(4)‘重瓣直脚’海棠(*Malus halliana*‘Chongbanzhijiao’cv. nov.)

主要特征：枝直立，无刺状短枝，花半重瓣。

树体强健，枝直立，无刺状短枝。叶长6.9cm，宽3.6cm，叶尖突尖，叶基楔形；叶柄长2.0cm，锯齿锐。花5~15瓣，花径3.5cm；花梗长4cm；雄蕊25个，雌蕊比雄蕊高，花柱3个；花较密。果较密，近球形，果梗长3.2cm。

(5)‘希望’海棠(*Malus halliana*‘Xiwang’cv. nov.)

主要特征：枝直立，无刺状短枝，花半重瓣。幼叶红。

树高3m，树势强。枝直立，无刺状短枝。叶长6.5cm，宽3.5cm，叶尖突尖，叶基宽楔形；叶柄长0.8cm，锯齿锐。花5~13瓣，比正常色略红；花径3.5cm；花梗长3.5cm；雄蕊25个，雌蕊比雄蕊略高，花柱2~4个；着花中等。结果较密，果卵圆形，果梗长3.7cm。

本品种幼叶红色，观赏价值较高，是培育四季红叶品种的优良材料。

(6)‘照手粉’海棠(*Malus halliana*‘Zhaoshoufen’cv. nov.)

主要特征：树体高大，树皮灰黑色，枝直立，无刺状短枝，花半重瓣，短枝正常。与王子海棠区别在于：短枝正常，树体高大。

树高6.7m，树形似红叶李，树体强健。枝直立，干高1.0m，主枝6个，无刺状短枝。每花序具花3~5朵，花瓣13~17，花径3.5cm；花萼片三角形，先端钝；花梗长3.5cm；雄蕊30个，雌蕊比雄蕊高，花柱4~5个；着花密。

(7)‘照手红’海棠(*Malus halliana*‘Zhaoshouhong’cv. nov.)

主要特征：树体高大，枝直立，无刺状短枝，花半重瓣，短枝正常。与‘照手粉’海棠区别：花蕾、花玫瑰红，照手粉海棠花色明显浅于照手红海棠。

树高5~6m，树体强健。枝直立，无刺状短枝。每花序具花4~5朵，花半重瓣，花径3.5cm；花梗长3.5cm；雄蕊30个，雌蕊与雄蕊近等高，花柱3~4个；着花密。

本品种与‘照手粉’海棠，为所有品种中枝姿最直立的，并非常高大，与红叶李相似，颇有发展前途。

(8)‘晚花直脚’海棠(*Malus halliana*‘Wanhuazhijiao’cv. nov.)

主要特征：枝直立，无刺状短枝，花半重瓣，花期晚。

树高2.2m，枝直立，树势强。无刺状短枝，树皮淡灰褐色。叶长7.2cm，宽4.0cm，叶尖突尖，叶基近圆形；叶柄长1.6cm，锯齿钝。花期晚，花15瓣左右，花径4.5cm；花梗长3.5cm；雄蕊30个，雌蕊比雄蕊略高，花柱1~5个；着花密。着果中等，果梨形，果梗长3.8cm。

此品种是直脚海棠品种群中花期最晚的，可与其他品种配植延长花期。

(9)'王子'海棠(*Malus halliana* 'Wangzi' cv. nov.)

主要特征：枝直立，短枝不发达近无，花瓣15，树皮黄褐。

树高3m，树体强健，枝直立。短枝不发达近无，树皮黄褐。叶近革质，长5.9cm，宽3.2cm，叶尖突尖，叶基楔形；叶柄长2.0cm，锯齿锐；秋叶黄红色，少量鲜红色。每花序具花4~5朵，每朵花15瓣左右，花径3cm；花萼片三角形，先端钝；花梗长4cm；雄蕊25个，雌蕊比雄蕊高，花柱3~4个；着花密。果梨形，橘红色，纵径0.8cm，横径0.7cm；果顶尖；果梗纤细，长3.3cm；萼洼浅广，梗洼略突；果色自黄逐渐变至橘红。

此品种长枝发达、短枝近无，花、果、叶都具很高的观赏价值，为稀有园艺品种。

Ⅱ. 迷你海棠品种群

此品种群花径明显小于其他品种群，为海棠品种中珍品，都具有较高观赏价值。

(10)'单瓣迷你'海棠[*Malus halliana* 'Spontanea' (*Malus halliana* var. *spontanea* Rehd. 1939)]

主要特征：花小，花梗直立，花瓣细长，树矮小，枝斜出，花单瓣，色偏白。

树高1.5m，枝斜出，树体弱。无刺状短枝。叶厚，长7.8cm，宽3.7cm，花期叶极小；叶尖突尖，叶基楔形，叶柄长1.1cm，锯齿钝。每花序具花3~5朵，单瓣，花瓣细长；花色白色略红，花径小于2cm；花梗1.5cm，直立；雄蕊15个，雌蕊比雄蕊高，花柱3~4个；着花稀。果近梨形，黄色，纵径0.6cm，横径0.8cm；果梗极细，长4.5cm；梗洼凸。

(11)'直梗迷你'海棠(*Malus halliana* 'Zhigengmini' cv. nov.)

主要特征：枝斜出，花小，叶小，花半重瓣，具发达刺状短枝，花梗直立。

树高1.8m，树势中。枝斜出，枝干扭曲，具刺状短枝。叶小，厚革质，暗绿色，长3.1cm，宽1.1cm，叶尖渐尖。叶基楔形；叶柄0.9cm，锯齿钝。花半重瓣，花径2.2cm；花梗长1.5cm；雄蕊20，雌蕊比雄蕊低，花柱1~3个；着花密。

垂丝海棠因花梗下垂而得名，此品种却花梗直立，为极稀有品种，观赏价值颇高。

(12)'重瓣迷你'海棠(*Malus halliana* 'Chongbanmini' cv. nov.)

主要特征：花小，树矮，枝斜出，花重瓣，花色偏白，不能结实。

树高2m，枝斜出，树体弱。枝条稀，无刺状短枝。叶长6.5cm，宽2.4cm，花期叶极小；叶尖突尖，叶基楔形；叶柄长1.7cm，锯齿钝。每花序具花4~5朵，花重瓣，花径2cm；花梗长2cm，下垂；雄蕊25个，雌蕊比雄蕊高，花柱3~4个；着花稀。

(13)'直瓣迷你'海棠(*Malus halliana* 'Zhibanmini' cv. nov.)

主要特征：枝斜出，花稀、半重瓣，无刺状短枝，花梗直立、花瓣直立，短枝不发达近无。

树高1.6m，树势弱。枝斜出，短枝不发达近无，无刺状短枝，树皮灰褐。叶小，暗绿色，长4.6cm，宽1.8cm，叶尖渐尖，叶基楔形；叶柄长1.1cm，锯齿钝。花5~10瓣，花径2~2.5cm，花梗2.6cm，雄蕊15个，雌蕊比雄蕊高，花柱3~5个；着花稀。正常结实。

此品种不仅花梗直立，花瓣也上举，是稀有园艺品种。

(14)‘红楼’海棠(*Malus halliana*‘Honglou’ cv. nov.)

主要特征：枝斜出，花径小，花半重瓣，花梗直立，花柱0~1个，不结实。

树高1.7m，树势中，枝斜出，无刺状短枝。叶色、大小正常，叶长6.1cm，叶宽2.5cm，叶基宽楔形，叶尖渐尖；叶柄长0.9cm。花半重瓣(10)，花径2.5cm，花近直立，花梗长1.6cm，雄蕊15~20个，雌蕊比雄蕊低，花柱0~1个；着花稀。不结实。

此品种与‘直梗迷你’海棠具相同观赏价值。

Ⅲ. 单叶海棠品种群

该品种群花因单瓣而观赏价值不高，但生长都很旺盛，适应环境能力很强，是育种的好材料。

(15)‘南海’海棠(沈立，海棠谱，1259)(*Malus halliana*‘Nanhai’ cv. nov.)

主要特征：枝斜出，花单瓣，具极发达刺状短枝。

树高2m，树势极强健，枝斜出。树皮暗灰褐，具发达刺状短枝。叶长6.2cm，宽4cm，叶尖略突，叶基圆形；叶柄长1.9cm，锯齿钝；幼叶红紫色。每花序具花2~5朵；花单瓣，花径2~5cm；花梗长2.5cm；雄蕊15个，雌蕊比雄蕊高或等高，花柱3~4个；着花密。果卵圆形，底色黄，阳面色泽为玫瑰红；果顶平；果梗长2.3cm；梗洼浅广，萼洼浅广。

(16)‘单叶’海棠(*Malus halliana*‘Danye’ cv. nov.)

主要特征：枝斜出，花单瓣，无刺状短枝，短枝正常。

树高3.5m，树势中，枝斜出，枝干扭曲。树皮灰褐，无刺状短枝。叶长6.2cm，宽2.6cm，叶尖渐尖，叶基楔形；叶柄长1.7cm，锯齿钝。每花序具3~6朵花，花单瓣，花红色，深浅相差较大；花径2~3cm；花萼片三角状，披针形，先端尖；花梗长2.3cm；雄蕊15~20个，雌蕊比雄蕊低，花柱3~5个；着花密。果卵圆形，浅红色，纵径0.9cm，横径1.1cm；果顶平；果柄长2.3cm；梗洼浅平，萼洼浅广。

此品种在园林应用中广泛，观赏价值一般。

(17)‘红叶单’海棠(*Malus halliana*‘Hongyedan’ cv. nov.)

主要特征：枝斜出，花单瓣，无刺状短枝，短枝正常，与单叶海棠区别在于：幼叶红色，花径略大，枝干不扭曲，锯齿锐。

树高2m，树势中。枝斜出，无刺状短枝。叶革质，长4.6cm，宽2.3cm，幼叶红色，叶尖渐尖，叶基圆形；叶柄长1.2cm，锯齿锐。花单瓣，花径3~3.5cm，花梗长2.5cm，雄蕊20个，雌蕊比雄蕊高，花柱3个。着花稀。

此品种因幼叶红色而具较高观赏价值。

(18)‘单叶长枝’海棠(*Malus halliana*‘Danyechangzhi’ cv. nov.)

主要特征：枝斜出，花单瓣，无刺状短枝；短枝不发达近无。

树高2.5m，树势极强健。枝斜出，树皮灰褐，无刺状短枝，短枝不发达近无。叶尖渐尖，叶基宽楔形；叶柄长0.8cm，锯齿钝。每花序具花4~6朵，花单瓣，花径3.5cm；花萼三角形，先端尖；花梗长2.5cm；雄蕊20个，雌蕊比雄蕊低，花柱3个；着花中等。果近球形，纵径0.8cm，横径0.9cm，红色；果顶平；果梗长3.5cm，梗洼浅，萼洼浅广。

Ⅳ. 多叶海棠品种群

(19)‘重叶’海棠(沈立，海棠谱，1259)[*Malus halliana*‘Parkmanii’(*Malus halliana* var. *parkmanii* Rehd. 1939)]

主要特征：枝斜出，花半重瓣，无刺状短枝。

树高3.5m，树势中。枝斜出，枝干扭曲，树皮灰褐，无刺状短枝。叶长6.7cm，宽3.1cm，叶尖渐尖；叶柄长1.2cm，锯齿钝。每花序具花3~7朵花，花半重瓣，花径2.5~3.5cm；花梗长3~3.5cm；雌蕊比雄蕊低，花柱1~3个；着花密。果卵圆形，纵径0.7cm，横径0.7cm；果顶平；果梗长3cm，梗洼浅平。

此品种广泛应用于园林绿地之中，观赏价值较高。

(20)‘明星’海棠(*Malus halliana*‘Minging’ cv. nov.)

主要特征：枝斜出，花半重瓣，幼叶红色，花径2.5~3cm，花期正常。

树高1.8m，树势中。枝斜出，无刺状短枝，树皮红褐。幼叶亮红色，成叶黄绿色，边缘及锯齿为红色；叶长5.5cm，宽3.1cm，叶尖突尖，叶基近圆形；叶柄长1.6cm，锯齿锐。花半重瓣瓣，花色比正常略红，花径3.3cm；花梗长2.6cm；雄蕊30个，雌蕊比雄蕊高，花柱3个；着花中等。着果较密，果梨形，果顶平，果梗3.2cm。

此品种花瓣较多，幼叶红色，观赏价值颇高。

(21)‘多叶’海棠(沈立，海棠谱，1259)(*Malus halliana*‘Duoye’ cv. nov.)

主要特征：枝斜出，花大，重瓣，花期长，着花特繁。

树高5m，树势中。树体扭曲，枝斜出，无刺状短枝，树皮灰褐。叶长6.1m，宽2.8m，叶尖突尖，叶基楔形；叶柄长2.0cm，锯齿钝。花重瓣，花径5cm，花梗长4.6cm，雌蕊比雄蕊低，花柱4~5个；着花特繁密。果黄红色(图25-12)。

此品种花特繁，花期长，观赏价值高。

(22)‘少花’海棠(*Malus halliana*‘Shaohua’ cv. nov.)

主要特征：枝斜出，无刺状短枝，花中大，花半重瓣、重瓣，花期长。

树高4m，树势强。枝斜出，无刺状短枝。叶长7.0cm，宽3.8cm，叶尖突尖，叶基宽楔形；叶柄粗，长2.0cm；锯齿锐。花瓣15个左右，花径4.5cm；花梗长5cm；雄蕊21个，雌蕊比雄蕊略高，花柱3个；着花稀，花期叶特别显。着果稀，果梨形，果梗长3.7cm。

此品种花期长，着花稀，观赏价值不高，是优良育种材料。

(23)‘莫愁’海棠(*Malus halliana*‘Mochou’ cv. nov.)

主要特征：枝斜出，花半重、重瓣，花大，花梗长，无刺状短枝。

树高5m，树势中。枝斜出，枝干扭曲，树皮灰褐，无刺状短枝，枝条稀。叶长8.4cm，宽3.0cm，叶尖渐尖，叶基楔形；叶柄长1.5cm；锯齿钝。每花序具花3~7朵，花瓣11~13，花径4.5~6cm；花梗4~6cm；雄蕊25~30，雌蕊比雄蕊高或等高，花柱3~5个；着花稀。果卵圆形，纵径1.1cm，横径1.3cm；果顶平；果梗4.5cm，梗洼浅平，萼洼浅广。

此品种花大、梗长，观赏价值很高。

(24)‘东坡’海棠(*Malus halliana*‘Dongpo’ cv. nov.)

主要特征：枝斜出，花半重瓣、重瓣，不结实。

图 25-1　湖北海棠

图 25-2　西府海棠

图 25-3　山荆子花形和果实

图 25-4 花色白色

图 25-5　花色粉色

图 25-6　花色红色

图 25-7　花色紫色

图 25-10　观果海棠系列

图 25-8 ‘Prince Geoges’

图 25-9 ‘Prince Geoges’

图 25-11 垂丝海棠的花形和果型

图 25-12 ‘多叶’海棠

图 25-13 Malus halliana‘Chuizhi’ cv. nov

图 25-14 湖北海棠花形和树形

图 25-15 西府海棠花形和树形

图 25-16　三叶海棠果形和树形

图 25-17　紫花海棠花形

图 25-19　海棠应用于古典园林

图 25-20　孤植海棠

图 25-21　列植海棠

图 25-23　古建配植海棠

图 25-22　海棠谷

图 25-24　海棠花径

图 25-25　盆景式海棠

图 25-26　多品种搭配下的海棠专类园

图 25-27　海棠枝干造景

图 25-28　海棠应用于寺观园林

树高4m，树势中。枝斜出，无刺状短枝，枝干扭曲。叶长7.0cm，宽2.7cm，叶尖渐尖，叶基楔形；叶柄长2.0cm；锯齿钝。每花序具花3~6朵花，花瓣11~20，花径4.5cm；花梗长4cm；雄蕊20个，花柱0~2个。不结实。

此品种观赏价值较高。

(25)'送春'海棠(*Malus halliana* 'Songchun' cv. nov.)

主要特征：枝斜出，具刺状短枝，花中大，花重瓣。

树高2m，树势中。枝斜出，树体自然扭曲，具刺状短枝。叶绿色具黄斑，叶长6.9cm，宽2.9cm，叶尖渐尖，叶基楔形；叶柄2.6cm；锯齿锐。花15~17瓣，花径3.5cm；花梗长4.2cm；雄蕊35个，雌蕊比雄蕊低，花柱0~3个；着花密。着果稀近无，果扁圆形，果梗长3.6cm。

此品种花大、花期长，是优良园艺品种。

(26)'白雪公主'海棠(*Malus halliana* 'Baixuegongzhu' cv. nov.)

主要特征：枝斜出，花白色、重瓣，无刺状短枝。

树高2m，树势中。枝斜出，枝干扭曲，无刺状短枝，枝条稀。叶长6.3cm，叶宽3.2cm，叶尖渐尖，叶基圆形；叶柄1.3cm，较粗。每花序3~4朵花，花瓣15~20，花径5~5.5cm，花色白边缘略红，花瓣肉质具透明光泽；花萼片三角形，先端凹；花梗长3cm；雄蕊25~30个，雌蕊比雄蕊高，花柱2~3个；着花稀。

此品种花白色，是稀有园艺品种。

V. 垂枝海棠品种群

(27)'垂枝'垂丝海棠(*Malus halliana* 'Chuizhi' cv. nov.)(图25-13)

主要特征：枝下垂，半重瓣，无刺状短枝。

树高8m，树势中。枝下垂，无刺状短枝，枝条稀。叶长8.1cm，宽4.1cm，叶尖渐尖，叶基宽楔形；叶柄1.0cm；锯齿锐。每花序具花3~5朵，花瓣10朵左右，花径3.5~4.5cm；花萼片三角形，先端纯；花梗4.5~5cm；雄蕊35个，雌蕊比雄蕊高，花柱3~5个。果卵圆形，纵径0.8cm，横径0.9cm，果顶平；果梗细，长4.3cm，梗洼浅平，萼洼浅广。

此品种枝下垂，观赏价值颇高，具很广的应用前途。

25.3.2 湖北海棠品种分类

湖北海棠在园林应用中不及垂丝海棠、西府海棠普遍，栽培应用历史也较晚，所以变异较小。特别是花大部分为单瓣，极少为半重瓣。但是果密集、形状各异，或黄或红或紫，挂果时间较长，也比垂丝海棠果大，极具观赏价值(图25-14)。所以就要根据其果实划分为13个品种。

25.3.2.1 湖北海棠品种检索表

1. 枝直立或斜出
  2. 具刺状短枝
    3. 枝直立 …………………………………………………… 1. 直枝茶海棠
    3. 枝斜出

4. 果卵圆近球形，橘黄色，具暗灰斑点 ………………………… 2. 星星茶海棠
4. 果大，椭圆形，红色 ………………………………………………… 3. 尖顶茶海棠
2. 不具刺状短枝
5. 果色黄绿、黄、红等，不为紫红色、紫色
6. 果径较大，大于1cm
7. 果青绿或黄
8. 果卵圆形，青绿色；花粉红 ……………………………… 4. 粉花茶海棠
8. 果扁圆，黄色；花白色 ……………………………………… 5. 黄果茶海棠
7. 果橘红
9. 枝斜出；果卵圆；花具光泽，花叶少毛 ………………… 6. 玄武茶海棠
9. 枝直立；果扁圆；花无光泽，花叶多毛 ………………… 7. 莫愁茶海棠
6. 果径较小，小于1cm
10. 果稀，橘红；花半重瓣，花略红 ……………………… 8. 重瓣茶海棠
10. 果密，淡红；花单瓣，白色 …………………………… 9. 红果茶海棠
5. 果色紫色
11. 果极少0.6~0.7cm，果球形，经冬不落 ……………………… 10. 泰山海棠
11. 果实较大，扁圆形
12. 果径0.9~1.1cm，果极密，果梗长 ……………………… 11. 平邑甜茶
12. 果径0.9~2cm，果梗短，经冬不落 ……………………………… 12. 甜茶
1. 枝下垂 ………………………………………………………………… 13. 垂枝茶海棠

25.3.2.2 湖北海棠品种记载

(1)'直枝'茶海棠(*Malus hupehensis* 'Upright Branch')

主要特征：枝直立，具刺状短枝，果近球形。

树高1.7m，树势中。枝直立，具刺状短枝。叶长3.6cm，宽2.1cm，叶尖突尖，叶基近圆形；叶柄长1.5cm；锯齿细。花单瓣，花径2.3cm；花梗2cm；雄蕊20个，花柱3个，雌蕊比雄蕊高；着花密。果多、密集，近球形，果梗长2.0cm。

(2)'星星'茶海棠(*Malus hupehensis* 'Xingxing')

主要特征：枝斜出，具刺状短枝，橘黄色果实近球形。

树高1.7m，树势强。枝斜出，树皮灰褐，具刺状短枝。叶长6.8cm，宽3.5cm，叶尖渐尖，叶基圆形；叶柄长2.5cm；锯齿细。花单瓣，花径3cm；花梗长3.2cm；雄蕊20个，雌蕊比雄蕊高，花柱3个；着花中等。果近球形，纵径0.9cm，横径1cm，果顶平，果橘黄色，果梗长2.5cm，梗洼浅，萼洼浅广。着果密。

(3)'尖顶'茶海棠(*Malus hupehensis* 'Sharp Top')

主要特征：枝斜出，具刺状短枝，果大、椭圆形，红色。

树高2.5m，树势强，枝斜出。具刺状短枝。叶长7.5cm，宽3.6cm，叶尖尾尖，叶基宽楔形；叶柄长2.8cm；锯齿锐。花单瓣，花径4.3cm；花梗长2.6cm；雄蕊20个，花柱3~4个；着花密。果密集，椭圆形，红色，果顶尖，果梗长2~3cm。

（4）'粉花'茶海棠（*Malus hupehensis* 'Fenhua'）

主要特征：枝斜出，无刺状短枝，花粉红，果青绿。

树高4 m，树势强。枝斜出，无刺状短枝。叶长6.9 cm，宽3.1 cm，叶尖渐尖，叶基近圆形；叶柄长2.8 cm；锯齿尖。花单瓣，粉红色，花径3.5 cm；花梗长2.0 cm；雄蕊15个，雌蕊比雄蕊高，花柱4个；着花稀。果卵圆形，青绿色，纵径1.1 cm，横径1.3 cm；果顶平，具棱突3~4个；果梗长2.0 cm，萼洼浅广。

该品种花色特殊，有望培育出花红色的品种。

（5）'黄果'茶海棠（*Malus hupehensis* 'Huangguo'）

主要特征：枝斜出，不具刺状短枝，果顶平，扁圆形果黄色。

树高6m，树势中。枝斜出，无刺状短枝，叶长6.9cm，宽3.4cm，叶尖渐尖，叶基楔形；叶柄长2.5cm；锯齿细。花单瓣，花径3.5cm；花梗长2.5cm；雄蕊25个，雌蕊比雄蕊略高，花柱3个；着花稀。果扁圆形，纵径1cm，横径1.3cm，淡黄色；果梗长2.8cm，梗洼中，萼洼浅广；着果稀。

（6）'玄武'茶海棠（*Malus hupehensis*'Xuanwu'）

主要特征：枝斜出，不具刺状短枝，果卵圆形，橘红色。

树高3.5m，树势高。枝斜出，无刺状短枝。叶长8cm，宽4.5cm，叶短突尖，叶其宽楔形；叶柄长3.6cm；锯齿锐。花单瓣，花径4.5cm；花梗长3.8cm；雄蕊20个，雌蕊比雄蕊高，花柱3~5个；着花密。果橘红色，卵圆形，果大，纵径1.2cm，横径1.4cm；果梗长3cm，梗洼中，萼洼浅广；着果密。

（7）'莫愁'茶海棠（*Malus hupehensis*'Mochou'）

主要特征：枝直立，不具刺状短枝，果扁圆，橘红色。

树高2m，树势中。枝直立，无刺状短枝。叶长6.2cm，宽2.9cm。花单瓣，花径3.5cm；花梗长3cm；雄蕊20个，雌蕊比雄蕊高，花柱30个；着花中。果橘色扁圆形，纵径1.0cm，横径1.5cm；果顶平，具棱突；果梗长3.2cm，梗洼浅广，萼洼浅。

（8）'重瓣'茶海棠（*Malus hupehensis*'Chongban'）

主要特征：枝斜出，不具刺状短枝，果小卵圆形，花半重瓣。

树高1.8m，树势中。枝斜出，无刺状短枝。叶长6.7cm，宽3.0cm，叶尖渐尖，叶基楔形；叶柄长2.5cm；锯齿钝。花半重瓣(5~13)，花径3~4cm；花梗2.5cm；雄蕊20个，花柱3~4个；着花密。果卵圆形，纵径0.8cm，横径1.1cm；果顶平；果梗长2.6cm。

（9）'红果'茶海棠（*Malus hupehensis*'Hongguo'）

主要特征：枝直立，不具刺状短枝，果扁圆形，黄色。

树高2.5m，树势强。枝直立，无刺状短枝。叶长5.3cm，宽2.8cm，叶基楔形；叶柄长1.5cm；锯齿细。花单瓣，花径2.3cm；花梗长3.2cm；雄蕊20个，雌蕊比雄蕊高，花柱3~4个；着花密。果扁圆形，黄色，纵径0.9cm，横径1.3cm；果顶平；果梗长3cm。

（10）泰山海棠[*Malus hupehensis*（pamp）Reld taiensis]

主要特征：枝斜出，无刺状短枝，果紫红，梨形，经冬不落。

树高6m，树势强。枝斜出，无刺状短枝。长5.6cm，宽3.0cm，叶尖短突尖，叶基圆楔形；叶柄长2.7cm；锯齿锐。果梨形，亮紫色，经冬不落，纵径0.7cm，横径0.9cm；果梗长4.0cm。

(11)平邑甜茶[*Malus hupehensis*（pamp）Reld mengshanensisi]

主要特征：无机化，果小，果梗短长。

树高7.5m，树势强。枝斜出，无刺状短枝，枝条密。叶长9.9cm，宽4.8cm，叶尖突尖，叶基楔形；叶柄长4.8cm；锯齿锐。果扁圆形，纵径0.9cm，横径1.1cm，紫红色；果梗长5.2cm；果极密。

(12)甜茶[*Rubus chingii* var. *suavissimus*(S. Lee) L. T. Lu]

主要特征：枝斜出，无刺状短枝，果扁圆形，紫色，果极密，果梗短。

树高4.5m，树势强。枝斜出，无刺状短枝，枝条密。叶长8cm，宽3.7cm，叶尖渐尖，叶基楔形；叶柄长4.6cm；锯齿锐。果大，纵径0.9cm，横径2cm，扁圆形，紫红色；果梗长3.6cm。

(13)'垂枝'茶海棠[*Malus hupehensis* 'Hanger Branch']

主要特征：枝下垂，果梨形。

树高4.0m，树势强。枝下垂，无刺状短枝，树皮灰褐。叶长6.6cm，宽5.0cm，叶尖突尖，叶基楔形；叶柄长1.5cm；锯齿锐。花单瓣，花径4.0cm；花梗长4.5cm；雄蕊20，雌蕊与雄蕊等高，花柱4。果近梨形，纵径0.8cm；横径0.8cm；果梗长4.4cm。

25.3.3 西府海棠品种分类

西府海棠自古以来广为栽培。并根据推断，它是山荆子与海棠花的自然杂交种，所以它在花、果方面的变异很大(图25-15)。目前主要根据其花和果划分为9个品种。

25.3.3.1 西府海棠品种分类检索表

1. 枝直立或斜出
  2. 花单瓣
    3. 花不呈蝶状，花期正常，花略红
      4. 果黄色 ………………………………………………………… 1. 黄果西府海棠
      4. 果带红
        5. 果大，浓红、紫红 ………………………………………………… 2. 海红
        5. 果小，阳面暗红 ……………………………………………………… 3. 兰艳
    3. 花呈蝶状，花期晚，花色白，具光泽；花梗纤细，果红 …… 4. 红果西府海棠
  2. 花半重、重瓣
    6. 花柱3~5个，能结果
      7. 花大特显，似樱花 …………………………………………………… 5. 似樱海棠
      7. 叶显，不似樱花
        8. 花径3.5~4.5cm，花瓣7~15，花柱3~5个 ……………… 6. 莲花海棠
        8. 花径5~6cm，花瓣20，花柱20个；果顶极凸，花期晚 … 7. 多柱西府海棠
    6. 花柱0~3个；不结果 ……………………………………………… 8. 无籽西府海棠

1. 枝条下垂；半重瓣，花粉红；果扁圆形，萼片宿存 ………………… 9. 垂枝西府海棠

25.3.3.2 西府海棠品种记载

(1)'黄果'西府海棠(*Malus micromalus*'Huangguo')

主要特征：花单瓣，果扁圆形黄色。

树高6m，树势中。枝斜出，无刺状短枝。叶长7.2cm，叶宽3.7cm，叶尖突尖，叶基楔形；叶柄长2.2cm；锯齿锐。花单瓣，花径3.5cm；花梗长3.5cm；雄蕊25个，雌蕊比雄蕊略高，花柱4~5个；着花密。果扁圆形，黄色，纵径1.5cm，横径2.2cm；果顶凹，具棱突5个；果梗长3.4cm，梗洼深广。

(2)'红果'西府海棠(*Malus micromalus*'Hongguo')

主要特征：花呈蝶状，花期晚，花色白，果红色。

树高2m，树势强。枝直立，无刺状短枝。叶长4.6cm，宽2.8cm，叶尖渐尖，叶基楔形；叶柄长2.4cm；锯齿锐。花单瓣，呈碗型；花白色，花径3.5cm；花梗长5cm；雄蕊20个，呈放射状，雌蕊与雄蕊高，花柱3~5个；着花特密。果卵圆形，紫红色，纵径1.2cm，横径1.1cm；果梗长4.5cm，梗洼浅广。

(3)'似樱'海棠(*Malus micromalus*'Siying')

主要特征：花半重瓣，着花特繁似樱花。

树高7~8m，树势强。枝直立，无刺状短枝。叶长9.4cm，宽5.4cm，叶尖突尖，叶基圆形；叶柄长2.6cm；锯齿钝。花瓣13~15，花径4.5cm；花梗长4cm，雄蕊40个；雌蕊比雄蕊高，花柱4~10个；着花特繁，似樱花。果卵状梨形，果顶凹，棱突4~5个；果梗长3.3cm，梗洼浅平；萼片脱落，萼洼狭深。

(4)莲花海棠(吴郡志，1192)(*Malus micromalus*'Lianhua')

主要特征：花半重瓣，花径中。

树高5m，树势弱。枝斜出，无枝刺。花半重瓣，花径4cm；花梗3cm；雄蕊25个，雌蕊比雄蕊高，花柱3~5个；着花稀。

(5)'多柱'西府海棠(*Malus micromalus*'Duozhu')

主要特征：花重瓣，果顶极突，花柱多，花期晚，花径大。

树高8~10m，树势强。枝斜出，无刺状短枝。叶长8.5cm，宽3.5cm，叶基楔形；叶柄长2.7cm；锯齿锐。花重瓣(20)，花径5.5cm；花梗长3cm；雄蕊50个，雌蕊比雄蕊低，花柱20个；着花密。果淡黄色，纵径2cm，横径2.3cm；果顶极突；果梗长3cm；萼片宿存、直立。

(6)'无籽'西府海棠(*Malus micromalus*'Wuzi')

主要特征：花单瓣，花柱0~3，不结实。

树高4m，树势中。枝直立，无刺状短枝。花单瓣(5~7)，花径4.5cm；花梗长2cm，雄蕊20个，雌蕊比雄蕊高；花柱0~3个。不结实。

(7)'垂枝'西府海棠(*Malus micromalus*'Hanger Branch')

主要特征：枝下垂，花半重瓣，果扁圆。

树高10m，树势中。枝下垂。叶长7.5cm，宽4.2cm，叶尖突尖，叶基圆形；锯齿钝。花半重瓣，花径4.5cm；花梗长3.5cm，雄蕊15~20个，雌蕊比雄蕊高。果扁圆

形，纵径 1.7，横径 2.1cm，具棱突 3～5 个；果梗长 3.5cm；萼片宿存。

25.3.4 山荆子品种分类

山荆子花繁果美，观赏价值较高，其中果变异较大。根据果划分以下 7 个品种：

(1)'垂枝'山荆子(北 013)

主要特征：枝下垂。果大 1.2～1.5cm，扁圆形，红色，果顶平。

(2)'梨果'山荆子(辽 037)

主要特征：果密集，紫红色，果径 1cm，梨型；果柄黄，果柄细长 5.3cm；果顶平。

(3)'椭圆果'山荆子(辽 036)

主要特征：果密集，红紫色，椭圆形；果柄淡红；果顶平。

(4)'锥果'山荆子(辽 035)

主要特征：果较密，具刺状枝，果锥形；橘红色，果径 1.3～1.5cm，果顶尖。

(5)'红云'山荆子(鲁青 006)

主要特征：果极密，果大 1.7～2.0cm，扁圆形；具棱突，紫红色；果柄黄。

(6)'球果'山荆子(074)

主要特征：果小 0.9～1cm，近球形，果顶具圆斑，果橘黄。

(7)'小果'山荆子(075)

主要特征：果密集，果小 0.8mm，卵圆形，果顶具圆斑。

25.3.5 三叶海棠品种分类(图 25-16)

三叶海棠在园林应用中，因叶常不分裂而被误认为是山荆子等、其果变异较大，具较高观赏价值，根据其枝、果分为以下 6 个品种。

(1)'红'三叶

主要特征：果红色，球形，径 1.0～1.2cm，萼洼锈斑直径 5～7mm。

(2)'黄'三叶

主要特征：果黄绿，球形，径 0.7～0.6cm，阳面微带红晕。

(3)'紫'三叶

主要特征：果红紫，径 0.8～1.0cm，小叶。

(4)'梨果'三叶北(013)

主要特征：果红色，梨形，径 0.7cm。

(5)'垂枝'三叶(北 006)

主要特征：枝下垂，花特繁，果梨形，红色。

(6)'尖顶'三叶(075)

主要特征：果顶突起，果卵圆形，黄色，果径 0.8～1.0cm。

25.3.6 紫花海棠(图 25-17)

近年来从国外引种了不少紫色花的海棠品种，一般统称为"紫花海棠"。调查中共发现 1 个种、3 个品种具紫色花。

(1)'凯西'(*Malus* 'Kelsey')

这是中国科学院植物园近年来从美国引入的新品种。株型茁壮，花为紫红，花量繁茂。

(2)'红心子'(*Malus* 'Hope')

近年来中国科学院植物园引入。花为紫色，但一簇花的中心花先开放，不久花瓣变白而边缘花的大花蕾尚为紫红色，形成一束红白镶嵌的花色景观，花量也大。

(3)'雷蒙'(*Malus* 'Lemoinei')

新叶紫色，老叶紫绿色。花蕾深红色，开后红色，花单瓣至半重瓣。

(4)'多花'海棠(*Malus* floribunda)

花蕾为紫红色，花量繁茂，但花开出后花瓣色渐变浅。

25.3.7　其他海棠优良品种

(1)'垂枝'丽江山荆子(北007)

主要特征：枝条下垂；花白色，着花密集，果实长椭圆形。

(2)'匍匐'丽江山荆子(008)

主要特征：枝条下垂，分枝低呈铺地状；花白色，果卵圆形。

(3)'卷萼楸子'(051)

主要特征：萼极其反卷。

(4)'芭蕾'苹果

芭蕾苹果('Ballerina' apple)是1998年英国东茂林园艺研究所培育出的4个极特殊的苹果品种，又称'株型'苹果(Columnar apple)。它们是极紧凑型、极短枝型的新品种。4个品种为：'舞乐''舞佳''舞姿''舞美'，其中'舞美'是一个观赏品种。

'舞美'：树独干型，树干皮紫红色。幼叶鲜红或绛红色，至夏季逐渐变至绿色，秋季老叶变至红褐或紫红色，少数新叶鲜红。5月中旬开花，花极艳丽，鲜胭脂红色，花多密集环绕干上，似装饰花环。花后幼果即现紫红色，至秋季成熟均具很高观赏价值。

25.4　海棠品种的数量分类学研究

数量分类学方法是指选取多个分类单位OTU(operational taxonomic unit)的多个性状进行测量和定量，运用计算机将测定的数据进行综合分析，从而对生物进行分类，并且探讨其分类群之间系统关系的方法(徐克学，1994)。数量分类学的诞生促进了生物分类学的发展。我国花卉品种资源丰富，是多种世界名贵花卉的起源地和分布中心。应用数量分类学方法研究我国名花的品种分类，主要体现在梅花、菊花(戴思兰等，1995；戴思兰，1994；刘春迎等，1995；刘胜祥，1992；杜晓林，1989)、牡丹(骆红梅，1989)、芍药、荷花(钟杨等，1987)、玫瑰(刘庆华，1998)、兰花(黄家平等，1998)、桃花(张春英等，1999)等种类上。在海棠品种分类标准和体系尚处于探索阶段。

应用数量分类学方法可以用数量化的方法评价类群间的相似性，从而克服以往比较形态学仅以个别性状之间的相似性来比较生物之间遗传关系而带来的误差方面的缺陷，可以根据数量化的相似性把相应的类群归入更高阶层的分类群(钟杨等，1994)。

25.4.1 供试样本材料

以调查记载的垂丝海棠 27 个品种作为数量分类研究的样本，即为分类运算单位(OTU)。27 个品种样本概况见表 25-8。

表 25-8 垂丝海棠试验材料

Tab. 25-8 Experimental materials of *Malus halliana*

编号	材料名称	编号	材料名称	编号	材料名称
1	红叶直脚海棠	10	单瓣迷你海棠	19	重叶海棠
2	单瓣直脚海棠	11	直梗迷你海棠	20	明星海棠
3	南京紫海棠	12	重瓣迷你海棠	21	多叶海棠
4	重瓣直脚海棠	13	直瓣迷你海棠	22	少花海棠
5	希望海棠	14	红楼海棠	23	莫愁海棠
6	照手粉海棠	15	南海海棠	24	东坡海棠
7	照手红海棠	16	单叶海棠	25	送春海棠
8	晚花直脚海棠	17	红叶单海棠	26	白雪公主海棠
9	王子海棠	18	单叶长枝海棠	27	垂枝垂丝海棠

25.4.2 数据编码方法

通过对垂丝海棠品种的枝型、花、叶、果的形态观察，分别选取了 20 个性状，进行数量分类。

在性状数量化中，采用以下 3 种编码方法：

二态性状(two-state character)如刺状短枝有无等性状，以 0、1 表示。

定量多态性状(quantitative multistate characters)如花瓣数等性状，以 0、1、2 表示。

定性多态性状(quanlittive multistate characters)如枝型性状，以 0、1、2……表示。

所选性状的详细编码方法见表 25-9。

表 25-9 垂丝海棠数量分类性状及其编码

Tab. 25-9 Characters with corresponding codes of *Malus halliana* in quantitative classification

序号	性 状	编 码			
		0	1	2	3
1	树体	0 高大	/1 中等	/2 矮小	
2	树姿	0 直立	/1 半开张	/2 开张	/3 垂枝
3	刺状短枝	0 无	/1 有		
4	短枝正常	0 不正常近无	/1 正常		
5	材干色	0 灰褐	/1 红褐	/2 灰黑	
6	着花状态	0 稀疏	/1 中等	/2 密	/3 极密
7	花色	0 白	/0.5 粉	/1 红	/2 紫
8	花径	0 <2.5cm	/12.5~4cm	/2 >4cm	
9	花瓣数	0≤5	/16~15	/2 >15	

（续）

序号	性 状	编 码			
		0	1	2	3
10	花梗长	0≤2cm	/12~3.5cm	/23.5~5cm	/3 >5cm
11	花梗直立	0 不直立	/1 直立		
12	花柱	0 0~3	/11~5		
13	叶长/叶宽(实际值)				
14	叶长(实测)				
15	叶色	1 浅绿 /1.5 中绿	/2 深绿	/3 红色	/4 紫红
16	幼叶色	0 黄绿	/1 红色		
17	果形	0 梨形	/1 扁圆	/1.5 卵圆形	/4 球形
18	花期	0 正常	/1 花期长		
19	叶尖	0 渐尖	/1 突尖		

25.4.3 聚类结果及分析

数量分类中性状的选取直接影响着分类的结果，因而有必要对所选性状间的关系进行研究。通过对性状的聚类分析，可以分析各性状间的关系，又能对样本分析的性状选取是否合理进行验证。

对垂丝海棠品种性状聚类结果如图 25-18 所示。有少数性状在聚类图上表现两两相关或关系密切，但仔细分析发现它们并不是逻辑相关，而是可能具有不同的遗传背景，应当保留。

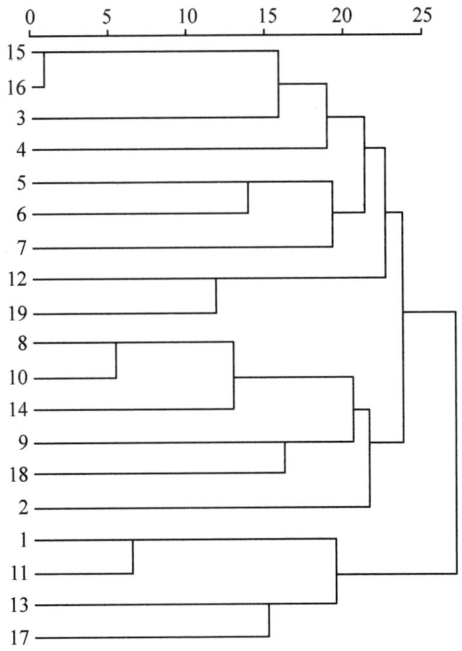

图 25-18 垂丝海棠品种性状系统聚类图

Fig. 25-18 Dendrogram of cluster analysis of characters for *Malus halliana*

从结果分析上看，茎、叶、花的性状选择基本上是正确的，运算结果说明各观测性状具有相对独立性。事实上，在运算前已去掉了明显的逻辑相关性的性状，目前的性状在聚类分析时各有其独立的价值，无须加权处理。

总之，性状间的相关性不强，性状分布分散，没有明显地分成几个大组，在较高水平成组的性状间并没有找到进化上的必然联系。虽然在样本选择上还有待进一步扩充，但形态学性状的变异在相当程度上是独立的。这也可以进一步解释栽培品种变异类型的丰富性。由于性状间相当独立，各单个性状有可能独自向着某一方向进化，如花色、叶色、枝姿、株型等重要观赏性状都互不干扰地独自演化，从而形成了今日纷繁多样的品种。

参照样本聚类分析树系图可知：

①由结合线 l_1 可将分类群划分为两大类群。A组仅有OTU27一个样本。B组包括枝直立、枝斜出的所有26个样本。

②由结合线 l_2 又将B组明显分为两组：C、D。C组全部为直脚海棠品种群的品种。D组包括所有枝斜出的品种和OTU6。

①、②充分说明了枝姿作为分类一级标准是正确的。取得了与形态分类结果完全一致的结果。

③结合线 l_3 将枝斜出的D组划分为E、F、G、H 4个小组。E组仅含OTU11。F组含OTU10、OTU12-14，它们都属于迷你海棠品种群。G组含OTU15、OTU17、OTU18三个样本，它们都属于单叶海棠品种群。H组包括OTU19-26、OTU6、OTU16，该组除OTU6、OTU16外，都为重叶海棠品种群。

以上E、F、G、H 4个小组划分与形态分类差别极小，说明以花径、花的瓣性作为二级标准是正确的。

④在H组(即多叶海棠品种群)中，聚类较乱，无明显规律。这说明形态分类采用一组特征作为分类三级标准是合理的。

总之，系统聚类的结果与形态分类结果一致(几少数品种略有差异)。事实证明，数量分类方法本身虽不产生任何新的资料，也不提供一个新的分类系统，其作用在于客观地检查现有的分类结果，还在许多情况下为修改和改进现有的分类提供某些有用的启示。尤其是在研究栽培植物品种时，这一方法可以帮助我们有效地从纷繁复杂的现象中，迅速阐明主要问题，加之数量分类方法可检验和重复，同时避免主观因素的影响，弥补形态分类的不足，从而使分类方案和结果更完善、更准确，因此在研究栽培植物品种分类中应该充分加以利用。

25.5 海棠的园林应用研究

25.5.1 海棠的美学价值

我国历代给予赞誉最多且品第最高的花非梅花与牡丹莫属，在众芳谱中有如双峰对峙，领袖群伦。回溯我国的花史发现，除梅花、牡丹之外，尚有一花亦曾获得甚为尊崇的地位，值其盛时，竟直逼牡丹而绝无逊色，以至当时人们用“抗衡”一词，以比两者的关系，此花就是风姿绰约、娇艳动人的海棠花(何小颜，1999)。

古往今来，人们酷爱海棠，主要是它有三大优点：色艳、神韵、花果共赏。

海棠所以能与牡丹、梅花争胜，主要因为它丽质天生，色艳惊人，这正是海棠花的绝胜处。海棠于春季二三月开花，花质柔嫩，花色艳丽，各品种的花或是艳红，或是粉红，或是淡红，或是紫红，或是白中微有红晕，总之，花多红色，纯白的种、品种当然也有；所以典型的海棠，往往是那类红中有白、白中泛红的花色，好似少女的唇颊，不胜骄羞，而绝无做作。所以王象晋《二如堂群芳谱》这样赞道："其花甚中，……望之绰约如处女，非若他花冶容不正者可比。盖色之美者，惟海棠，视之如浅绛红，英英数点，如深胭脂，此诗家所以难为状也。"而且每界春期，红苞金蕊应候而开之时，只见满树的花朵，摇曳枝头，远望之，有如红霞一片，降落尘寰，令人叹为观止。它那雪白霞红别具风韵的明媚花色，它那有如少女怀春娇柔婀娜的姿色，自来为人所称道，甚至，有人认为海棠的"色"，是花中绝色，应居花中第一。唐人吴融作有海棠诗二首，其中一首就毫无顾忌地说道：海棠花乃"占春颜色最风流"，简直是目无它花。海棠的花色美，确乎令许多人为之心醉，以至我们常常读到这样的诗文："淡淡微红色不深，依依偏重似春心"(唐·刘兼)，"东风用意设颜色，艳丽偏宜著雨时"(宋·赵)，"今日栏边见颜色，梦魂不复到西州"(宋·韩维)，"海棠不惜胭脂色，独立蒙蒙细雨中"(宋·陈与义)，"蜀姬艳妆肯让人，花前顿觉无颜色"(宋·陆游)，等等，都抓住其"颜色"不肯轻易放过。海棠花有"国艳"之誉，就是因为其花色艳丽之故(何小颜，1999)。

唐代宰相贾元靖称海棠为"花中神仙"就是因为海棠的神韵。俚俗常言，快活似神仙，海棠在大众印象中也就成为快乐天使了。苏轼诗的"朱唇得酒晕生脸。翠袖卷纱红映肉"。"嫣然一笑竹篱间，桃李满山总粗俗"。把海棠之韵胜格高，描写得淋漓尽致。人们在观赏海棠花时，总是感到它在向你微笑。清宋先进思想家龚自珍写海棠："如八万四千天女洗脸罢，齐向此地做胭脂"。中国名花繁多，各有其美的特色，令人对花相视而笑的唯有海棠。社会应酬中，赠送一枝海棠花，表示祝您快乐，这一花语的形成，其历史根源，已如上述(胡正山等，1994)。

海棠种类丰富，不少种、品种不仅花美，果亦可爱。不少种类味美，供鲜食，北京市场供应的一种深受欢迎的土特产——蜜饯海棠，即西府海棠的果实制成。海棠果中珍品八楞海棠，是河北怀来特产。据《钦膳正要》上说："此果药用治泻痢。"从欣赏角度来说，海棠花落后，点点红果挂枝头，长达半年之久，使人感到愉悦而又充满希望，"美渊于功利"这是海棠受到普遍喜爱的又一大原因(徐海滨，1996)。

海棠花经常被比作美女。晋代荆州刺史石崇，曾对着盛开的海棠叹说道："汝若能香，当以金屋贮汝"此语用的是《汉武故史》中的典故：汉武帝还在儿时，长公主抱他于膝上，问他以已女阿娇配之好否？他笑曰"好！若能得阿娇作妇，当作金屋贮之也。"把海棠花比作美女，也就从此开了头。《杨太真外传》曰，唐玄宗李隆基偏宠杨贵妃而冷落六宫粉黛。一日，游览沉香亭，奇花异葩，姹紫嫣红，不觉心旷神怡，欲与环共赏评说，知贵妃因昨夜醉酒尚无起身，于是遣人召之。杨贵妃见皇上有诏，不及梳妆，便匆匆而来，但见她醉容桃红，残妆依留，钗横鬓乱，发垂如瀑，胜似雨后海棠，出水芙蓉，如娇似怯，楚楚动人，唐明皇不禁笑曰："海棠春睡，尚无醒乎?"将一个睡眼惺忪、酒意未退、秀色可餐之佳丽比喻成海棠春睡，确是惟妙惟肖、妙趣横生。

25.5.2 海棠在古典园林中的应用

海棠原产我国，它花团锦簇，重葩叠萼，一树千花，艳似红云，灿若锦霞。有的花梗上举，姿态潇洒；有的群葩倒悬，在绿叶间时隐时现，似少女掩面，颇有羞涩之感。它虽荣耀花坛较晚，然而英姿焕发，十分喜人。我国海棠栽培历史久远，而成名卉则较之梅花、牡丹为晚，然而它大器晚成，大有后来者居上之势，咄咄逼人。

西汉皇家园林上林苑中，就栽有海棠，东汉私家园林金谷园也有海棠栽培的记载。可见当时园林已应用海棠。在秦汉以前，关于海棠在园苑中的配置问题还不清楚，在记载的造园文献中均无专门描述。植物就近栽种于宫中或临近村边、宅旁的园内，除提供生产、生活资料外，海棠、梅花、桃花等树木已成为人们喜爱的花木。当然植物偏重于实用价值，观赏的功能尚在其次。《洛阳伽蓝记》记有："承光寺亦多果木，柰味甚美，适于京师。"当时海棠已应用于寺观园林之中。河间寺(王府园)"素柰朱李，枝条入檐，觯仕女楼上，坐而摘实"(陈植，1992)。可见当时的海棠种植，主要是实用，兼作观赏之用。

象征意义是中国古典园林植物应用的主要特点。古典园林中将玉兰、海棠、牡丹、桂花、竹、芭蕉、梅花、兰花配植，广泛应用于庭园，称为庭园名花八品，其寓意为"玉堂富贵，竹报平安"。宫苑中多用"玉、棠、春、富、贵"(即玉兰、海棠、迎春、牡丹、桂花)配植形式。其中原因之一在于花色，红色代表喜庆，黄色代表富贵。如颐和园内栽有玉兰、海棠(乐寿棠前)、牡丹(仁寿殿两侧的国花台)和桂花(盆栽)。我国民间一些地区在欢乐的日子里，如家中能有玉兰、海棠、迎春、牡丹、桂花开放，哪怕是其中一种，都会认为将带来全年的快乐和安慰。

自隋唐起，山水画、山水美学的发展和诗、词、赋的盛行对我国园林植物的造景产生很大影响，越来越重视艺术性。唐时的华清宫(皇家园林)利用海棠等植物进行配置突出各景区景点的风景特色。并利用料石切成形似盛开的海棠花的汤池，供杨贵妃专用，名曰"海棠汤"，亦名"贵妃汤"。唐时郊野别墅园平泉庄之嵇山就以海棠、榧、桧为主要景色。北宋的皇家园林——垦岳，出现以海棠命名的景点，如海棠川、海棠屏。南宋皇家园林后苑、德寿宫也有灿锦堂、照妆亭等赏析金林檎、大楼子海棠的景点。宋朝的私家园林后乐园、南沈尚书园、北沈尚书园等广为栽培海棠。明朝的皇家园林御花园钦安殿等布置在大小小的方形花池，种植海棠等名贵花卉。明末私家园林影园中，水际多木芙蓉，牡丹池边有梅、玉兰、垂丝海棠、桃花等。清朝北方的私家园林中，春夏秋三季更迭不断的花灌木如丁香、海棠、牡丹、芍药、荷花等构成园林植物造景的主题。清朝海棠广泛应用于寺观园林之中，如法华寺有海棠院，海棠成为法源寺的名花("悯忠寺前花千树，只有游人看海棠")。清时公共园林如杜甫草堂，少数民族园林如西藏的庄园园林广泛运用海棠。

古典园林中运用海棠多用于春季观花，与其他植物配植营造春季景色，如《花镜》所述"梅呈人艳，柳破金芽；海棠红媚、兰瑞芳夸；梨梢月浸，桃浪风斜"。来描绘春天的繁华，赏春的快乐。更有一些以碧桃、紫荆、海棠、月季等春花为主的空间，称之为"活跃空间"。

海棠在古典园林中的多用于形成花径。明朝高谦《遵生八笺》提到以江梅、海棠、桃、李、橘、杏、红梅、碧桃、芙蓉形成九径。

苏州拙政园有一园中之园，庭院中寥寥几株海棠，门楣上题额为“海棠春坞”。在景点命名上体现了植物与建筑的巧妙结合。红花朵朵，暖意丝丝，晨雾弥漫中如烟如云，带到了“烟云连绵人欣欣”的春意，红花统调了小院。此院南面院墙嵌以湖石，并种慈孝竹，嫣红苍翠，雅致清丽(徐德嘉，1997)。此院以海棠为主景(图25-19)。

苏州狮子林有一景点“问梅阁”，用海棠、枸骨、夹竹桃等相配，使其繁荣春色并以常绿树种相配景。它以梅花为主景，衬托性的植物在较远位置栽植。网师园的“小山丛桂轩”以桂花为主，间以蜡梅、白玉兰、槭树、西府海棠等，突出“小山丛桂轩”主题，又使“枝相缭”，也丰富了冬春景色，做到四季有景。以上两景点海棠为配景。

古典园林中海棠多植于庭前、旁道、湖畔池边、亭台周围和丛植边缘，也有作行道树的记载(“二千里地佳山水，无数海棠官道旁”)。种植形式有孤植、列植、丛植、对植等，其用于水滨及小庭一隅。郭稹海棠诗“朱栏明媚照黄塘，芳树交加枕短墙”，就是其配置手法的写照。“种处静宜临野水”“宜似佳人照碧池”等诗句中可以看出，植于水边是我国传统的配置手法。值落叶缤纷，流水潺潺之际，确有诗情画意。小庭院内，可于建筑物前后栽植数株，则花枕短墙，绰绰可爱。

25.5.3 海棠与文学、名人

海棠花红艳绮霞，堆锦叠绣，故寓意“娇艳侨丽”；又因仪态万方，幽姿淑态，又寓意“风姿绰约”(顾雪梁，2000)。海棠的花，虽无梅花素净，但比它丰满；不及桃花娇艳，但比它淡雅。初开时，则如胭脂点点，开后则渐成缬晕似霞，花落时又宿妆淡粉。加之叶茂枝柔，十分娇妍动人。

海棠、牡丹、梅花、兰花被称之为“春花四绝”，分别为国艳、国花、国魂、国香(何小颜，1999)。

海棠成名于唐，唐相贾耽在《百花谱》中称海棠为“花中神仙”，使海棠得以成名，唐玄宗把海棠比作杨贵妃。唐韩偓的诗句“海棠花在否，侧卧卷帘看”在街头民间广为流传。四川的海棠在唐代开始闻名，大诗人杜甫避地蜀中，吟遍了当地各种花卉，而唯独没有见到他歌唱海棠的诗篇。此乃在历史上成为一谜，并引起文人长期猜测。9世纪中叶，唐代许昌薛能最早指出蜀海棠有闻而诗无闻，因杜甫居蜀时已有海棠栽培。后来苏东坡有诗提到“恰似酬杜工部(指杜甫)，海棠虽好不吟诗”。吴中复提到：“子美(即杜甫)诗才伏搁笔，至今寂寞锦城中”，他们认为海棠姿色妖冶，连杜甫都很难下笔予以描绘。陆游认为杜甫有海棠诗，但已失传。《王禹偁诗话》及《益都淡资》认为杜子美不写海棠诗是由于讳母乳名之故。而清人吴景则不以为然，曰纯属偶然。仁者见仁，智者见智，不一而足，需进一步考证。

海棠盛于宋。宋代帝王十分重视海棠，无论是北宋的太宗、真宗或者是南宋的光宗，都有题咏海棠的诗篇，因而使此花始显闻于时，并盛传于世。真宗皇帝御制莼杂花十题，以海棠为首章，赐近臣唱和，这时的海棠已与牡丹相抗衡。宋时海棠被评为名花十友之名友，名花十二师。

苏东坡为四川人，对海棠情有独钟。苏轼一生写了许多海棠诗。他把海棠放在风中、雾中、月中、烛光中来欣赏，从不同色度感受上烘托出了海棠的娇媚。如“东风嫋嫋泛崇光，香雾霏霏月转廊。只想夜深花睡去，高烧银烛照红妆。”苏轼不仅歌颂海棠，还亲自引种和栽培，并有一株幸存至今。江苏宜兴闸口永定树，有一株千年垂丝海棠，是北宋元丰六年(1083 年)苏东坡谪居常州，来闸口探望邵民瞻，并栽植所携海棠于邵氏天远堂前。此树六枯六荣，1929 年，民国政府曾修筑围墙，砌屋之间，委派专人看管，并题匾为“海棠园”。1953 年被台风刮断，后从树干基部萌生新枝。1982 年重建海棠园。《广群芳谱》也有范仲淹种植海棠的记载。

陆游爱海棠，恐与他中年旅居蜀中近十载有关，他写了许多海棠诗，而且笔底生花，声情并茂。他赞美海棠是“蜀地名花擅古今，一枝气可压千林”；“若使海棠根可移，扬州芍药应羞死”。他在赏花的时候，兴致勃勃，“哀翁不减少年狂，起马直与飞蝶竞”。有时赏到深夜仍不愿归去，“贪看不辞持夜烛，倚狂直欲擅春风”。陆游爱海棠到了如醉如狂的程度，他在《花时遍游诸家园》诗中写道：“为爱名花抵死狂，只愁风日损红芳。绿章夜奏通明殿，乞借春阴护海棠。”他的《海棠歌》写道：“我初入蜀鬓未霜，南充樊亭看海棠，当时已谓目未睹，岂知更有碧鸡坊，碧鸡海棠天下绝，枝之似染猩之血，蜀姬艳妆肯让人，花前顿觉无颜色。”诗人离蜀东去后，仍念念不忘当地的海棠花，《海棠歌》又写道：“风雨春残杜鹃哭，夜夜寒衾梦还蜀，何从乞得不死方，更看千年未为足。”难怪后人称陆游有海棠癖。

诗人秦少游醉卧海棠，亦是一段佳话。秦少游应邀饮于老书生家。友人家居海棠桥，海棠遍植。是日，海棠丛开，云蒸霞蔚，光彩照人。秦少游把酒赏花，竟醉卧花下。次日雅兴不减，遂题一诗以咏海题，为诗坛传扬。“唤起一声人悄，衾暖梦寒空晓，章雨过，海棠开，春色又添多少。社瓮酿成微笑，半破瘿，瓢共舀，党健到，急投床，醉乡广大人间小。”

北宋杰出女词人李清照，也十分爱海棠，她为海棠专赋一词《如梦令》脍炙人口，广为传诵：“昨夜雨疏风骤，浓睡不消残酒，试问卷帘人，却道海棠依旧。知否？知否？应是绿肥红瘦。”

宋时有一位隐士名叫徐佺，攀到自家的海棠树上，结巢为屋，若有客人拜访，引梯而上，在巢中作接客之饮，当时黄山谷有诗称其巢居为“徐老海棠巢”，这也是堪称世间一奇。

宋时出现了海棠的专著《海棠记》《海棠谱》。庆历(1041—1048)中，吴人沈立在四川洪雅做官，该地海棠出名，因春多暇日，花开繁艳，故作《海棠记》一卷，叙述海棠的形态、种植技术与分布状况，并汇编历代歌咏海棠的诗句于后，他本人也有五言百韵诗一章，四韵诗一章，附于卷末。沈立描述海棠的：“其根色黄而盘劲，其木坚而多草，其外白而中赤，其枝柔密的而修畅，其叶类林，大者缥绿色，而小者浅紫色，其红卷五出，初极红，如胭脂点点，及开则浙成缬晕，至落则宿妆淡粉矣。其蒂长寸余，淡紫色，于中境或三萼至五萼，为丛而生，……其实如梨，大若樱桃，至秋熟可食，其味甘而微酸。”可见浓立所描述的是垂丝海棠。

《海棠谱》为南宋陈思所作，该谱采纳了有关海棠的诸家杂录，以及自唐以来咏海棠的著名诗篇。《海棠谱》还搜集了许多有关海棠的故事，如此谱引释惠洪《冷斋夜话》提到北宋著名音乐家刘渊材曾说平生无所恨，所恨者五事：“第一恨鲫鱼多骨，第二恨金橘太酸，第三恨莼菜性冷，第四恨海棠无香，第五恨曾子固不能作诗。”后来，渊材得知四川昌州海棠独香，喜不自禁。

慈禧太后也十分喜爱海棠。颐和园乐寿堂内的西府海棠，原植在北京西直外门外极乐寺中，由于娇艳俏丽，每逢花期，游人终绎不绝。后因太后喜爱移植到颐和园内，深锁宫苑。

《花径》评海棠为六品四命，垂丝海棠为三品七命；《瓶花谱》评西府海棠为二品八命。

周恩来总理也很爱海棠花，在中南海住所，种有海棠10多株。他常常在繁忙之余，散步观赏海赏花，即使在夜晚他也喜爱在海棠花停留。1946年5月，周恩来在梅园新村同国民党政府谈判期间，在紧张的谈判间隙，经常伫立院中观赏海棠。

古典名著《红楼梦》中其中15回提到海棠花。曹雪芹以花喻人，以海棠喻作史湘云。宝玉的怡红院：“院中点衬风块山石，一边种着数本芭蕉；那一边一棵西府海棠，其势若伞，红重翠缕，葩吐丹砂。”命名“怡红”的由来就是门前有株海棠花。海棠红、芭蕉绿实质是暗示了怡红院及其主认的脂粉气与书卷气，这与宝玉的顽石本象，嗜红癖及“我见了女儿便清爽”的性格不无关系。林黛玉等举办“海棠诗社”，之所以取此名，与“海棠”比作美女不无关系。诗社所吟海棠是指的重瓣白海棠。

近代文人朱自清、梁实秋、胡适、林语堂等在各自作品中都对海棠作较高评价。如朱自清《爱花》一文中写道“海棠的花繁得好，也淡得好，艳极了，却没一丝荡意，疏疏的高杆子，英气隐隐逼人”。

25.5.4　海棠的现代园林应用

海棠品种分类的主要目的之一就是为了海棠的进一步推广利用。海棠是我国传统名花，素以色艳、神韵著称于世，自古以来，备受人们青睐，广泛应用于园林之中。在古代海棠多以孤植、对植、丛植等形式应用于宫宛、宅园、庭院，也有作盆景的记载。现代海棠以其广泛的栽培、丰富的品种得到了更加普遍的应用，常用于各种公园绿地、海棠专类园、盆景、古树奇观、海棠插瓶等，并被乐山市定为市花，这对于今后进一步发挥海棠在园林绿化中的作用，无疑有着深远的意义。笔者全面调查了海棠在南京、杭州、苏州、北京、大连等地园林中的造景情况，提出了海棠的配置原则、应用形式(图25-20、图25-21)。

25.5.4.1　应用原则

海棠在园林中的应用已有两千多年的历史，古人积累了许多经验。“海棠韵娇，宜雕墙峻宇，障以碧纱，烧以银烛，或凭栏或欹枕其中……。”这段论述当推为古人总结的应用海棠的指导性原则。现代园林中常利用海棠作为主景、配景，与其他树种合理搭配，形成相对稳定的植物组景，创造优美的景观。一般来说，在具体应用时，都尽量遵循以下几个原则：

(1)根据海棠生物学及生态学特性进行造景

海棠首先必须考虑海棠的生物学及生态学特性，尽可能将海棠配植在最适合它生长的地方，同时该地点也应适合其他搭配植物的生长。海棠花多喜光、不耐阴、耐寒、耐旱，在高燥的向阳地最宜生长，具体种差异较大。园林中进行植物配置时，喜土层资源，肥沃，微酸至中性的壤土中生长。

必须综合考虑光照、水分、养分等各方面的因素，以期获得最佳效果。一般说来，海棠除单独栽植外，多居于第二层，上层选择树冠稀疏的落叶性大乔木，第三层为比较耐阴的花灌木，林下种植耐阴地被植物，这样既能充分利用光、水、肥，又有利于形成结构稳定、层次丰富、和谐持久的景观。

西府海棠、垂丝海棠均能抗二氧化硫污染，它们能把二氧化硫加工成硫联基(—S—)，用以制造蛋白质。它们可用于工厂绿化。

(2)海棠造景应遵循一般艺术美学原理

符合统一与变化、节奏与韵律、对比与谐调等美学原则。

25.5.4.2 海棠应用形式

(1)海棠专类园

我国的植物园大多数具有海棠专类园(图25-22)，如北京植物园(南园、北园)、重庆市花卉园、杭州植物园、成都植物园，其他植物园绝大多数在蔷薇园中栽植海棠独立形成一景点。各公园也多运用海棠形成春季景色，如南京莫愁湖公园以海棠专类公园自1981年起每年举办海棠节，花盛开期间，举办“海棠花会”。届时邀请画家、书法家吟诗作画，参观人群络绎不绝，以海棠品种多样性展示的科普形式，为人们认识、了解海棠资源提供了生动的园地，形成了自己独特的魅力，吸引着众多市民和周边地区的人们前来观赏。但在专类园的建设中，应加强品种选择，将不同花色、花期的品种合理搭配，以形成色彩丰富、观赏期长的景观。

(2)与古建配置

海棠最易古建、仿古建筑相配。古典园林中海棠常与建筑物、山、石相配，物静花动，别有一番韵味。亭、台、楼、阁、草坪山林，点缀以海棠，协调中更具美感。适用粉墙、漏窗、月门、花廊、亭台、假山、水池等环境衬托使花的美从完整的立体画中显示出来(图25-23)。

(3)花径

花径在园林中是具有特殊风趣的。它是在一定的道路空间里，以花的姿态和色彩创造一种浓郁的气氛，给游人艺术享受。海棠开花丰富，花形美丽，花色鲜明，花期较长，可形成海棠花径。设计时株距要小，既要密植，又要有背景树。如玄武湖的海棠花径春暖花开，粉红朵朵，一片烂漫。再如莫愁湖的海棠花径，路面2m，两旁栽植垂丝海棠、西府海棠，树冠覆盖路面，每年3月中、下旬，花盛之时，花径之意境油然而生(图25-24)。

(4)盆景

盆景是中华民族千百年来形成的独特造型艺术，有1200年以上的历史，有中国微型园林之称。它以植物山石等为素材，运用缩龙成寸、咫尺千里的艺术布局手法，特殊的园林栽培技术和细致加工，在盆盎之中再现大自然的神韵。它可以美化环境，家居、宾馆、庭院、公共场所无不相宜；可以陶冶性情，丰富人们的精神文化生活(中国盆景——佳作赏析与技艺，1988)(图25-25)。

海棠自古以来就以盆景形式被广泛应用。清嘉庆年间(1796—1821 年)玉溪苏灵著有《盆景偶录》二卷，书中把盆景植物分成四大家、七贤、十八学士，其中十八学士含西府海棠(邵忠，1993)。海棠春花艳丽，婀娜多姿，入秋则硕果累累，色泽多变，具有极高的观赏价值而备受人们的青睐。作为盆景的海棠品种应具体树体矮化，根系发达、粗壮，枝条节间短，叶片较小，结果早，花授粉结实率高，果大色艳，成熟期晚，落果少，抗病能力强等特点(王兆毅，1995)。

花红、海棠花、楸子、垂丝海棠、西府海棠作为盆景应用较多(杨念慈等，1987；徐晓白等，1985)。树形宜作斜干式、曲干式和悬崖式等，枝干宜挺秀舒展，并注意疏密适当，以利花枝繁茂，花色娇艳，增加观赏效果。

(5)与其他植物材料配置

①与红叶李　红叶李花期略早于海棠，可延长花期。海棠开花时，红叶李紫叶已展，可充当海棠的背景。特别是'照手粉'海棠和'照手红'海棠与红叶李树体相似。

②与桂花　最好是观果类海棠与桂花配置，常绿与落叶互补短长，观花、观果、花香兼得，桂花久香之时正值海棠观果之际，四季有景，春秋尤其突出。桂花枝叶繁密，作背景树衬托出海棠的婀娜多姿。

③与樱花　樱花比海棠花期略早，配置在一起可延长花期。西府海棠与樱花树体相似，真假难辨，特别是'似樱'海棠。

④与梅花、牡丹　"梅花占于春前，牡丹殿于春后"，海棠花期位于两花之间。三者配置在一起，花期达 3 个月。

⑤与灌木、地被　海棠树干高大，根深叶茂，可以吸收群落上层强的直射光和较深层土壤中的矿质养分；林下灌木或地被只能吸收林下较弱的散射光和较浅土中的矿质养分，较好地利用海棠林下的阴生环境。两类植物在个体大小、根系深浅、养分需求差异较大，即可避免种间竞争，又能最大限度地利用空间和环境资源，并丰富群落层次，提高景观效果和稳定性。

⑥石榴、海棠、桃　三者配置在一起寓意"福、禄、寿"。

⑦"玉棠富贵，竹报平安"或"玉棠春富贵"　古为今用、特别是居住区环境设计中，应借鉴优良传统，做到既有高雅的诗情画意，又兼顾民族的传统习俗。

⑧与贴梗海棠、木瓜类植物配置　自古以来我国对海棠的概念是广义的，它包括苹果属的海棠和木瓜属的贴梗海棠。贴梗海棠花期早于海棠，花色也较海棠丰富，若配置在一起，可延长花期，丰富观赏内容。

⑨海棠不能与胡桃、圆柏等植物配置　因为胡桃分泌物对海棠有害；圆柏海棠锈病的病菌以圆柏为越冬寄主。

(6)海棠种、品种搭配(图 25-26)

海棠种、品种内存在花期差异，以南京为例，早花品种与晚花品种相差约有 40d。在园景布局和栽植植株数量上早、中、晚花品种应有合理配比。初步拟定了 3:4:3 的比例。若按小区分植则应将早花品种栽植于向阳温暖处，以利提早开花；晚花品种则安排栽植于迎风寒冷的小气候下，以推迟开花，以充分发挥早开花品种和晚开花品种的花期，拉长观赏期的功用。

(7)枝干造景(图25-27)

海棠花类在老化和风蚀后，则有扭曲的枝条形态，配置在深色植物或其他中性物体的背景前面，会使该光秃的枝条和形象更为生动突出，凋零的稀疏枝干投影在路面和墙上时，可以造成迷人的景象。特别在冬季，对单调乏味的铺地或是一面空墙，疏影映照有助于消除单调感。

(8)营造空间

海棠类植物为小乔木，可构成半开敞空间，与其他树种构成垂直空间、完全封闭空间，适合用于受面积限制的小空间，或要求较精细的地方，也可作为焦点和构图中心，入口附近、通往空间的标志、突出的空间末端，序列地布置，引导人们从一个空间进入另一个空间。

(9)应用于寺观园林

海棠的应用源远流长，在长期的发展过程中，紧密地与宗教结合。现在寺观园林中仍发扬优良传统应用海棠进行造景。

25.5.4.3　现代园林中海棠造景存在的问题

综观海棠在园林中的应用可以发现，从大型公园到小块绿地，几乎无处不用海棠，其普遍性可想而知。从现状来看，海棠应用于各种园林绿地，其形式多种多样，形成的景观也丰富多彩，虽说取得一定成绩，但也存在一些问题，有待于改进。

①应用的海棠的种类单一，与我国丰富的海棠资源不相称。现在应用的主要有垂丝海棠、西府海棠、湖北海棠、海棠花；而对其他具有很高观赏价值的海棠种类极少利用，特别是裂叶的海棠种类。今后应加强野生海棠树种的利用工作，以丰富园林造景材料。

②重视种而轻视品种，海棠品种丰富，从树形、花期、花色、枝型、花型等各具特色，完全可以用不同品种创造不同效果的景观。但在实际应用中由于缺乏品种分类的指导，只认“种”不认“品种”，致使不少优良品种(如垂枝类)闲搁一边，实则遗憾。

③重观花而轻观果。海棠是一种难得的既观花又观果的园林树种，而在实际应用中都只重春季观花，而忽略秋冬观果。

④造景水平有待提高，应充分利用其本身特性，加强与其他造景材料的研究，提高造景方式与手法。

参考文献

包满珠，陈俊愉．1995．梅及近缘种数量分类初探[J]．园艺学报，22(1)：67－72

陈淏子．1979．花镜(修订版)[M]．北京：中国农业出版社．

陈俊愉．1999．中国农业百科全书·观赏园艺卷[M]．北京：中国农业出版社．

陈俊愉，程绪珂．1990．中国花经[M]．上海：上海文化出版社

陈俊愉．1998．“二元分类”——中国花卉品种分类新体系[J]．北京林业大学学报，20(2)：1－5．

陈俊愉．1999．中国花卉品种分类学[M]．北京：中国林业出版社．

陈思．2013．海棠谱[M]．北京：商务印书馆．

陈吾．1990．造园史[M]．南京：南京林业大学林学系园林教研室．

陈植 . 1992. 中国历代造园文选[M]. 黄山书社 .
成明昊，江宁拱 . 1983. 苹果属一新种——小金海棠[J]. 西南农学院学报，1：44.
陈嵘 . 1937. 中国树木分类学[M]. 南京：中国图书发行公司 .
成明昊，梁国鲁，李晓林，等 . 1992. 苹果属新种—马尔康海棠[J]. 西南农业大学学报，14(4)：317 - 319.
程兆熊 . 1985. 中华园艺史[M]. 台湾：商务印书馆 .
戴思兰 . 1994. 中国栽培菊花起源的综合研究[D]. 北京：北京林业大学 .
戴思兰，钟杨，等 . 1995. 中国菊属植物部分种的数量分类学研究[J]. 北京林业大学学报，17(4)：9 - 14.
邓国涛，李大福，等 . 1991. 云南苹果属植物——保山海棠新种[J]. 四川农业大学学报，9(1)：47 - 51.
邓家琪，洪建源 . 1987. 苹果属一新种——金县山荆子[J]. 植物分类学报，25(4).
杜晓林 . 1989. 用聚类分析对大菊品种进行分类初报研究[J]. 北京农学院学报，3：121 - 127.
葛洪(晋). 1985. 西京杂记[M]. 北京：中华书局 .
郭璞(晋). 1991. 四库笔记小说丛书——山海经[M]. 上海：上海古籍出版社 .
韩振海，等 . 1995. 落叶果树种质资源学[M]. 北京：中国农业出版社 .
洪涛，张家勋，李家珏 . 1992. 中国野生牡丹研究(一)：芍药属牡丹组新分类群[J]. 植物研究，12(3)：223 - 224.
胡正山，陈立君 . 1994. 花卉鉴赏辞典[M]. 长沙：湖南科学技术出版社 .
黄岳渊，黄德邻 . 1985. 花经[M]. 上海：上海书店影印本 .
贾思勰 . 1959. 齐民要术今释[M]. 石汉声，校译 . 北京：科学出版社 .
江宁拱 . 1991. 苹果属植物——昭觉海棠新种[J]. 西南农业大学学报，13(6)：599 - 600.
李朝銮 . 1989. 苹果属一新种——稻城海棠[J]. 植物分类学报，27(4).
李时珍 . 1979. 本草纲目(校点本)[M]. 北京：人民卫生出版社 .
李育农 . 2001. 苹果属植物种质资源研究[M]. 北京：中国农业出版社 .
刘春迎，王莲英 . 1995. 菊花品种的数量分类研究[D]. 北京林业大学学报，17(2)：79 - 87.
刘春迎，王莲英 . 1995. 芍药品种的数量分类研究[J]. 植物科学学报(02)：116 - 126.
刘庆华 . 1998. 中国玫瑰品种及其系统分类研究[D]. 北京：北京林业大学 .
刘胜祥 . 1992. 菊科各族相互亲缘关系的数量分析[J]. 华中师范大学学报(自然科学版)，6(3)：333 - 339.
陆秋农，贾定贤 . 1999. 中国果树志 · 苹果卷[M]. 北京：中国农业科技出版社，中国林业出版社 .
骆红梅 . 1989. 牡丹品种数量分类的初步研究[D]. 北京：北京林业大学 .
毛汉书，陈俊愉 . 1995. 中国梅花品种的数量分支分析研究[J]. 北京林业大学学报(S1)：31 - 36.
毛汉书，马燕，等 . 1992. 中国梅花品种的数量分类学研究[J]. 北京林业大学学报，14(4)：56 - 65.
邵忠 . 1993. 中国盆景技艺[M]. 上海：上海科学技术出版社 .
舒迎澜 . 1993. 古代花卉[M]. 北京：中国农业出版社 .
苏本一，马文其 . 1997. 当代中国盆景艺术[M]. 北京：中国林业出版社 .
汤庚国 . 1995. “国际栽培植物命名法规”撷要[J]. 中国桂花，42 - 48.
王其超，张行言 . 1997. 荷花品种分类新系统[J]. 武汉植物学研究，15(1)：19 - 26.
王其超，张行言 . 1998. 二元分类法在荷花品种分类中的应用[J]. 北京林业大学学报，20(2)：33 - 37.
王宇霖 . 1988. 落叶果树种类学[M]. 北京：中国农业出版社 .
王兆毅 . 1995. 果树盆栽与盆景技艺[M]. 北京：中国林业出版社 .

吴其睿 . 1963. 植物名录实图考[M]. 北京：中华书局 .
辛树帜 . 1983. 中国果树史研究[M]. 北京：中国农业出版社 .
徐德嘉 . 1997. 古典园林植物景观配制[M]. 北京：中国环境科学出版社 .
徐海滨 . 1996. 赏花指南[M]. 北京：中国农业出版社 .
徐克学 . 1994. 数量分类学[M]. 北京：科学出版社 .
徐晓白，吴诗华 . 1985. 中国盆景[M]. 合肥：安徽科学技术出版社 .
杨恭毅 . 1984. 杨氏园艺植物大名典[M]. 台北：中国花卉杂志社 .
杨念慈，冯钦铎 . 1987. 花木与盆景手册[M]. 济南：山东科学技术出版社 .
俞德浚 . 1984. 落叶果树分类学[M]. 上海：上海科学技术出版社 .
俞德浚 . 1982. 中国果树分类学[M]. 北京：中国农业出版社 .
俞德浚，阎振茏 . 1956. 中国之苹果属植物[J]. 植物分类学报，52：77 - 100.
袁以苇，许定法，译 . 1987.《国际栽培植物命名法规(1980 年版)》[C]. 南京中山植物园研究论文集 .
张春英，戴思兰，张秀英，等 . 1999. 桃花种质资源的数量分类学研究[J]. 北京林业大学学报，21(3)：41 - 45.
张丰荣 . 1999. 基础盆景栽培[M]. 台湾：冠伦出版社 .
张秀英 . 1993. 桃花品种分类第二报[J]. 广东园林，3：33 - 38.
赵会恩，吴涤新 . 1998. 蜀葵园艺品种花型分类初探[J]. 北京林业大学学报，20(2)：104 - 106.
中国科学院中国植物志编辑委员会 . 1974. 中国植物志[M]. 北京：中国农业出版社 .
中国农学会遗传资源学会 . 1994. 中国作物遗传资源[M]. 北京：农业出版社.
钟杨 . 1994. 分支分类学的理论与方法[M]. 北京：科学出版社 .
钟杨，张晓艳 . 1987. 荷花品种的数量分类研究[J]. 武汉植物学研究，5(1)：49 - 50.
周维权 . 1999. 中国古典园林史[M]. 2 版 . 北京：清华大学出版社 .
ANITA & PEREIRE. 1990. Arbustes Arbes[M]. Hachette.
DAVID CARR. 1991. Garden Trees[M]. Swindon: The Crowood Press.
JARDIN. 1990. Plantes&Fleurs[M]. Paris: Bordas.
JEFFERSON R M. 1965. History, Progeny, and Locations of Crab apples of Documented Authentic Origin [M]. 1 - 24.
MICHAEL E. EPP. 1989. Manual of cultivated broad—leaved trees and shrubs[J]. Brittonia, 37(4): 359.
SONIA KINAHANi. 1990. Gardening With Trees [M]. London: Christopher helm.

作者简介

许晓岗：南京林业大学生物与环境学院，博士，副教授；E-mail：1208657126@QQ. com；

汤庚国：南京林业大学生物与环境学院，博士，教授；E-mail：Ggtang1950@gmail. com。

专题26　分子生物学技术在竹类植物系统进化及发育研究中的应用

Application of Molecular Biotechnology in Phyletic Evolution and Development Researches of Bamboo

魏　强，丁雨龙

南京林业大学南方现代林业协同创新中心，竹类研究所　江苏南京　210037

【内容提要】本专题介绍了竹子分子生物学研究现状，描述了常用的分子标记技术、同源克隆技术、高通量转录组测序技术及它们在竹类植物研究中的应用现状。包括3小节内容：分子标记检测竹子遗传多样性及辅助分类；RACE-PCR结合模式植物转基因系统，分析模式植物同源基因在竹子中的功能；高通量测序结合生物信息学分析研究竹类植物生长发育特性的分子生物学机制。

竹类是世界重要的森林资源之一。全世界竹类植物有70多属1200多种，主要分布在热带及亚热带地区，少数竹类分布在温带和寒带(周芳纯，1998)。中国是世界上竹子资源最丰富的国家，据不完全统计，在中国，竹类植物共有50多属500多种(周芳纯，1998)。早在先秦时代中国古人即用竹简书写文字。目前，竹子被广泛应用于造纸、建筑、手工艺品、食品、景观及生态建设等方面。

相比于竹子的应用研究，其上游的基础生物学研究目前仍非常的薄弱，特别是分子生物学研究更是接近空白。一些竹子特有的生物学过程，如竹笋的高生长，地下笋芽的初生增粗生长，竹子开花的长周期、不可预测性，以及竹秆节间基本组织特有的长、短薄壁细胞分布，使得竹子在一些基础生物学理论研究上具有不可替代性。但是由于绝大多数竹子开花周期长，植株高大，转基因体系的极不成熟，使得经典的分子生物学研究手段，如突变体创制、图位克隆等手段难以应用到竹类植物系统。这也使得目前竹类植物的分子生物学研究基本上都局限在以下3个方面：①分子标记检测竹子遗传多样性及辅助分类；②RACE-PCR(rapid amplification of cDNA ends，RACE)技术(Frohman et al.，1988)结合模式植物转基因系统，探讨模式植物同源基因在竹子中的功能；③高通量测序结合生物信息学分析研究竹类植物生长发育特性的分子生物学机制。

26.1 分子标记检测竹类遗传多样性及辅助分类

竹子由于无性繁殖、适应性较强，同一个竹种由于适应不同的生长环境或者芽变等，往往会形成变异体(李华等，2008)。据不完全统计，我国500余种竹子中有近100余种为变种或缘故变型(邱尔发等，2001)。对竹类植物的遗传多样性进行研究，为其形态学上有争议的分类结果提供分子依据，对研究竹类植物的起源以及系统演化具有重要的意义(李华等，2008)(表26-1)。

26.1.1 常用的分子标记体系(李华等，2008)

(1)限制性片段长度多态性标记(restriction fragment length polymorphism，RFLP)

RFLP技术由Grodzicker等于1975年创立(Grodzicker et al.，1975)，是指基因型之间限制性片段长度的差异，这种差异是由限制性酶切位点上碱基的插入、缺失、重排或点突变所引起的。一般包括如下步骤：DNA提取→用限制性内切酶酶切DNA→用凝胶电泳分开DNA片段→把DNA片段转移到滤膜上→利用放射性标记的探针杂交显示特定的DNA片段(Southern杂交)和结果分析。RFLP进行多态性分析具有较高可靠性，多样性等优点，但实验操作费时、烦琐，对DNA含量与纯度要求高，多态性水平低，技术难度高(王和勇等，1999)。

(2)随机扩增多态性DNA标记(random amplification polymorphism DNA，RAPD)

RAPD是由Williams等于1990年创立的，是建立在PCR(polymerase chain reaction)基础之上的一种可对整个未知序列的基因组进行多态性分析的分子技术(Williams et al.，1990)。其以基因组DNA为模板，以单个人工合成的随机多态核苷酸序列为引物，进行PCR扩增。扩增产物经电泳分离、溴化乙锭或Goldenview染色后，在紫外检测仪上检测多态性。扩增产物的多态性反映了基因组的多态性。RAPD标记具有丰富性、探测性、简便性、高效性几个优点，但其不足之处在于实验重复性较差，结果可靠性较低(李华等，2008；马虹，2007)。

(3)序列特征化扩增区域(sequence characterized amplified region，SCAR)

SCAR标记是Paran在1993年提出的在RAPD标记技术的基础上拓展出的一种新的标记方法(Paran et al.，1993)。该标记通过对多态性RAPD产物进行SCAR标记，主要特点有：① 不受季节、环境限制；② 数量多；③ 多态性高；④ 表现中性；⑤ 能区别纯合体和杂合体(李华等，2008；潘爱虎，2006)。

(4)简单序列重复标记(simple sequence repeat，SSR)

SSR是Litt与Luty于1989年创立(Litt et al.，1989)。SSR即微卫星DNA，尽管其分布于整个基因组的不同位置，但两端序列多是保守的单拷贝序列，因此可以根据这两端的序列设计一对特异引物，通过PCR技术将其间的核心微卫星DNA序列扩增出来，利用电泳分析技术就可获得其长度多态性，即SSR标记(李华等，2008；肖新超等，2007)。SSR标记的主要特点有：①数量丰富；②多态性信息丰富；③共显性标记；④实验重复性好，结果可靠；⑤开发有一定困难(李华等，2008)。

(5)内转录间隔序列(internal transcribed sepacers, ITS)

在 ITS 区两侧的 18S、518S、28S 编码区具有非常保守的区域，通过特异引物对 ITS2 区进行 PCR 扩增，克隆测序，计算序列相似性，对生物亲缘关系进行分析(李华等，2008)。

(6)扩展片段长度多态性标记(amplified fragment length polymorphism, AFLP)

AFLP 技术(Vos et al. , 1995)结合了 RFLP 的稳定性和 PCR 技术的简便高效性，同时又能克服 RFLP 带型少、信息量小以及 RAPD 技术不稳定的缺点。主要步骤：模板 DNA 的制备，引物的组装，酶切片段扩增(李华等，2008；马虹，2007)。AFLP 标记的主要特点有：①兼具可靠性和高效性；②其引物在不同物种之间是通用的；③表现共显性；④分辨率高，结果可靠；⑤技术要求苛刻，成本高(李华等，2008)。

26.1.2 分子标记在竹类植物遗传多样性、系统分类及辅助分类等上的应用

利用上述遗传标记体系，相关人员对竹类的遗传多样性、系统分类、种质资源鉴定等进行了研究，见表 26-1。

表 26-1 分子标记在我国竹类植物研究中的应用(参考胡尚连，2012，部分修改)

分子标记技术类型	竹子种类	研究内容	原始参考文献
RAPD	雷竹(*Phyllostachys praecox*'Preverhalis')的 19 个栽培类型及 2 个近缘种	辅助分类	(方伟等，2001)
	6 个群体 30 丛撑篙竹(*Bambusa pervariabilis*)个体	遗传多样性分析	(邢新婷等，2003)
	22 个不同栽培类型的绿竹(*Bambusa oldhamii*)	遗传多样性分析	(余学军等，2005)
RAPD、ISSR (Inter-Simple Sequence Repeat)	四川不同地区梁山慈竹(*Dendrocalamus farinosus*)	遗传多样性分析	(将瑶等，2008)
	四川不同地区硬头黄竹(*Bambusa rigida*)	遗传多样性分析	(蒋瑶等，2009)
	慈竹(*Bambusa emeiensis*)不同居群	遗传多样性分析	(陈其兵等，2009)
ISSR	假毛竹(*Phyllostachys kwangsiensis*)与毛竹(*Phyllostachys edulis*)正反交杂种	杂种鉴定	(娄永峰等，2010)
SSR	3 个杂交竹种	杂种鉴定	(卢江杰等，2009)
	4 个杂种丛生竹	杂种鉴定	(吴妙丹等，2009)
EST(Expressing Sequence Tag)-SSR	毛竹(*Phyllostachys edulis*)、菲白竹(*Arundinaria fortunei*)等 12 个竹种	遗传多样性分析	(张智俊等，2011)
	慈竹(*Bambusa emeiensis*)及其变异类型竹种	遗传多样性分析	(高志民等，2012)
AFLP	21 个不同居群的绿竹(*Bambusa oldhamii*)	遗传多样性分析	(卢江杰等，2008)
	刚竹属(*Phyllostachys*)、苦竹属(*Pleioblastus*)、唐竹属(*Sinobambusa*)26 个竹种	竹子类群系统关系	(李潞滨等，2008)
	箬竹属(*Indocalamus*)	遗传多样性分析	(牟少华等，2009)
AFLP、ISSR、SRAP	毛竹(*Phyllostachys edulis*)	种质资源鉴定	(郭起荣等，2010)
核糖体 ITS 序列	青篱竹属(*Arundinaria*)	亲缘关系研究	(诸葛强等，2005)
	广义青篱竹属(*Arundinaria*)	亲缘关系研究	(诸葛强等，2004)

26.2 RACE-PCR 结合模式植物分析系统，分析模式植物同源基因在竹类中的功能

由于竹类植物功能基因组学研究严重落后于水稻(*Oryza sativa*)、玉米(*Zea mays*)和拟南芥(*Arabidopsis thaliana*)等模式植物，相关基因的克隆一段时间以来都依靠 cDNA 末端快速扩增技术——RACE 来获得的(表 26-2)。相应的基因功能分析因竹子遗传转化体系的极不成熟而都依靠模式植物而进行。虽然随着毛竹基因组草图的完成，以及高通量转录组测序技术的兴起，相关基因的克隆变得更为简单，但是 RACE-PCR 作为一种辅助技术，在完整 cDNA 序列获得上仍具有不可替代的作用。RACE 技术是一种基于 mRNA 反转录和 PCR 技术建立起来的，以已知部分 cDNA 序列为基础，扩增基因转录本未知区域，从而获得 mRNA(cDNA) 完整序列的方法。

RACE 不同于传统的植物基因克隆方法，它应用了 PCR 技术而使得完整 cDNA 序

表 26-2 RACE-PCR 技术在竹类植物相关基因研究中的应用

竹子种类	基因	研究内容	参考文献
金丝慈竹(*Bambusa emeiensis* 'Viridiflavus')	*BeNAP*1	叶片衰老	Chen et al., 2011
	*BeNYE*1	叶片衰老	Chen et al., 2013
	*BeCRN*1	叶片衰老	Wei et al., 2013
绿竹(*Bambusa oldhamii*)	COBRA 相像蛋白 *BoCOBL*	细胞壁的生物合成等角度研究竹子速生	高志民等，2013
	捕光叶绿素 a/b 结合蛋白，*cab-BO*1	光合生理	高志民等，2007
	捕光叶绿素 a/b 结合蛋白，*cab-BO*2	光合生理	高志民等，2007
	捕光叶绿素复合蛋白基因 *BoLhca*4-1	光合生理	李雪平等，2010
	咖啡酰辅酶 A-O-甲基转移酶 *BoCCoAOMT*	木质素合成	李雪平等，2008
	咖啡酸-O-甲基转移酶 *BoCOMT*1	木质素合成	李雪平等，2007
	花发育相关基因 *BoAP*3	竹子开花	朱龙飞等，2013
	锌指蛋白基因 *BoBZF*	抗旱	高志民等，2012
毛竹(*Phyllostachys edulis*)	*PeAP*2	抗逆等	陈东亮等，2013
	*PeMADS*1	开花	高志民等，2010
	液泡膜 Na^+/H^+ 逆向运输蛋白，*PeNHX*1	抗盐	张智俊等，2011
	木质素合成相关基因 *C4H*	木质素合成	金顺玉等，2010
麻竹(*Dendrocalamus latiflorus*)	*DlMADS*18	竹子开花	田波等，2005
	同源异型盒基因 *DlKNOX*1	竹子开花	刘青等，2014
慈竹(*Bambusa emeiensis*)	木质素生物合成酶 4CL 基因 *Na4CL*	木质素合成	(胡尚连等，2009)
	咖啡酰辅酶 A-O-甲基转移酶	木质素合成	(吴晓宇等，2012)
	LEAFY 基因	开花	(白琼等，2014)
	木质素合成关键基因 *C4H*	木质素合成	(卢学琴等，2014)
七彩红竹(*Indosasa hispida* 'Rainbow')	查耳酮合成酶 *IhCHS*1	竹秆颜色变异	(周旭等，2014)
孝顺竹(*Bambusa multiplex*)	肉桂醇脱氢酶	木质素合成	(卞林玲等，2011)

列的获得更为简便和灵敏(郭玉娟，2010)。传统的植物基因克隆方法，如 cDNA 文库筛选技术、图谱克隆技术、转座子标签技术以及 mRNA 差异显示技术等都存在着实验周期长、技术步骤烦琐、工作量大等局限性(郭玉娟，2010)。例如，建立 cDNA 文库，通过筛选来获得目的 cDNA 克隆，但这些克隆经常会缺失对应于 mRNA 5′末端的序列，因而需要筛选更多的克隆才能获得这些缺失的序列，因此建立所需的文库是一项费时费力的工作，而且在建库时也可能丢失一些所需要的低丰度表达的 mRNA，使得信息丢失(郭玉娟，2010)。下面以 Clontech 公司的 SMARTer™ RACE 技术，简要介绍 RACE 的原理及其步骤(SMARTer™ RACE cDNA Amplification Kit User Manual, Cat. Nos. 634923 & 634924, Protocol No. PT4096-1, Version No. 011312)。其中目的基因部分序列的获得可根据已知的不同物种同源基因的保守性，设计简并引物，常规 PCR 扩增获得。

26.2.1 3′-RACE 的原理

3′-RACE 的原理是：首先利用 mRNA 的 3′末端 poly(A) 尾巴作为引物结合位点，用 Oligo(dT) 和一个接头组成的接头引物(adaptor primer, AP)，即图 26-1 中的 3′-CDS，以 mRNA 为模板得到加有接头引物(图 26-1 黑色矩形框)的第一链 cDNA。根据目的基因部分已知序列设计基因特异引物 GSP2(gene specific primer, GSP)，然后再以 GSP2 作为引物，以带有已知接头序列的 cDNA 序列作为模板，进行一轮 PCR。随后以 GSP2，

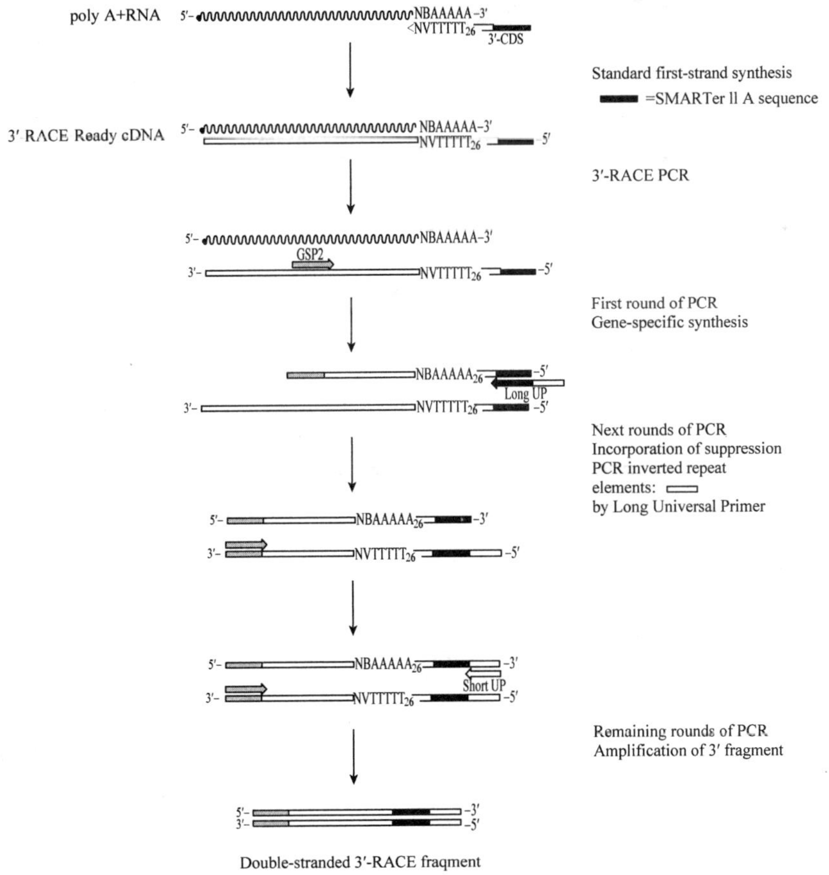

图 26-1 3′-RACE 原理(SMARTer™ RACE cDNA Amplification Kit User Manual)

Long UP 和 Short UP 引物进行常规 PCR 扩增得到位于已知序列区域和 poly(A)尾之间的未知 3′端 mRNA 序列。为了防止非特异性条带的产生，还可以进行第二轮巢式 PCR 扩增。

26.2.2 5′-RACE 的原理

首先利用 5′-CDS 引物(图 26-2 中所示引物)反转录生成所需的 cDNA 模板，由于所用反转录酶的特殊性(Clontech 公司开发)，在反转录进行到 mRNA 末端序列时，会在 cDNA 末端加上几个非模板的碱基序列(图 26-2 中叉号所示)。SMART Ⅱ A 引物会特异性结合到这段碱基序列，并作为反转录模板继续指导反转录的进行，最终完成反转录的 cDNA 在 5′端会带有一段已知的接头序列(图 26-2 中黑色矩形框所示)。然后再用一个基因特异引物 GSP1 和 2 个含有部分接头序列的引物 Long UP 和 Short UP 引物进行常规 PCR，扩增得到位于已知序列区域和 5′端之间的未知序列。为了防止非特异性条带的产生，还可以进行第二轮巢式 PCR 扩增。

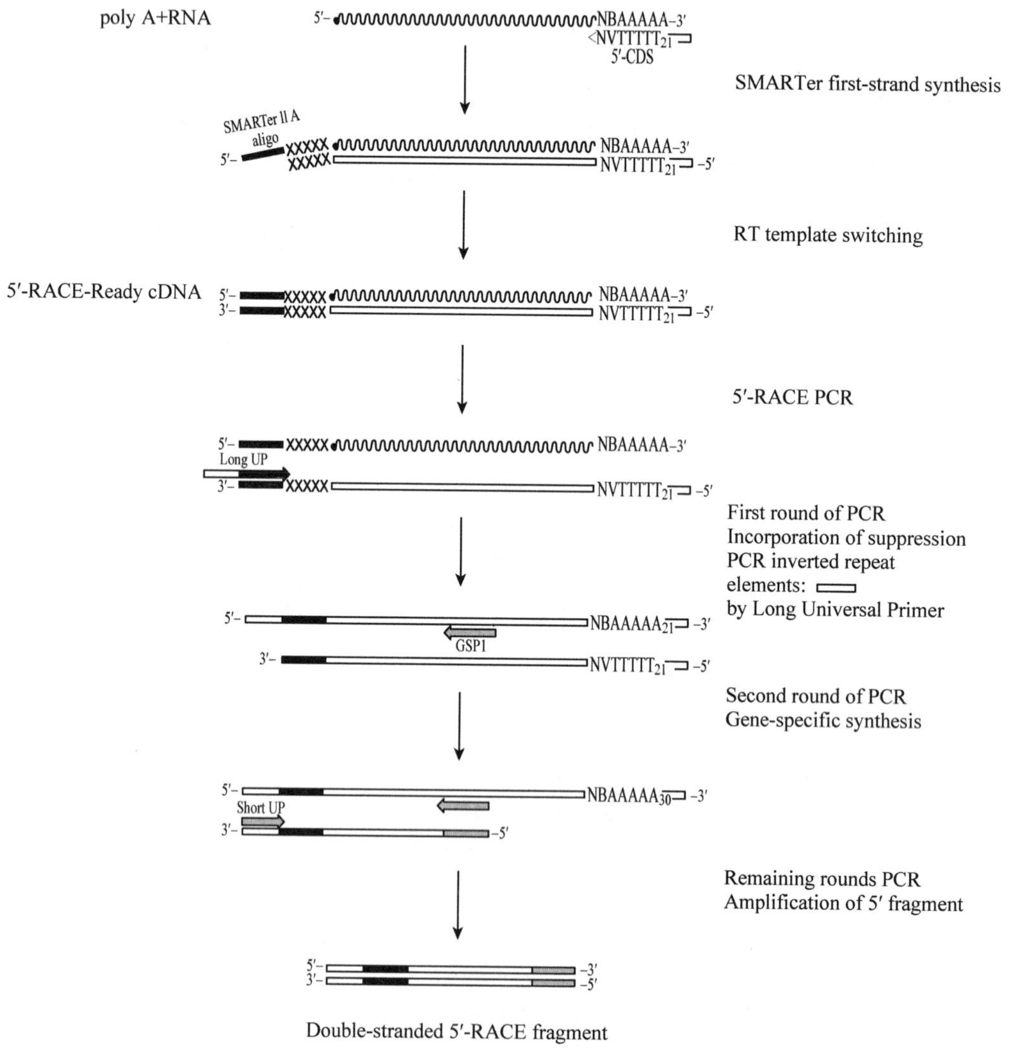

图 26-2 5′-RACE 原理(SMARTer™ RACE cDNA Amplification Kit User Manual)

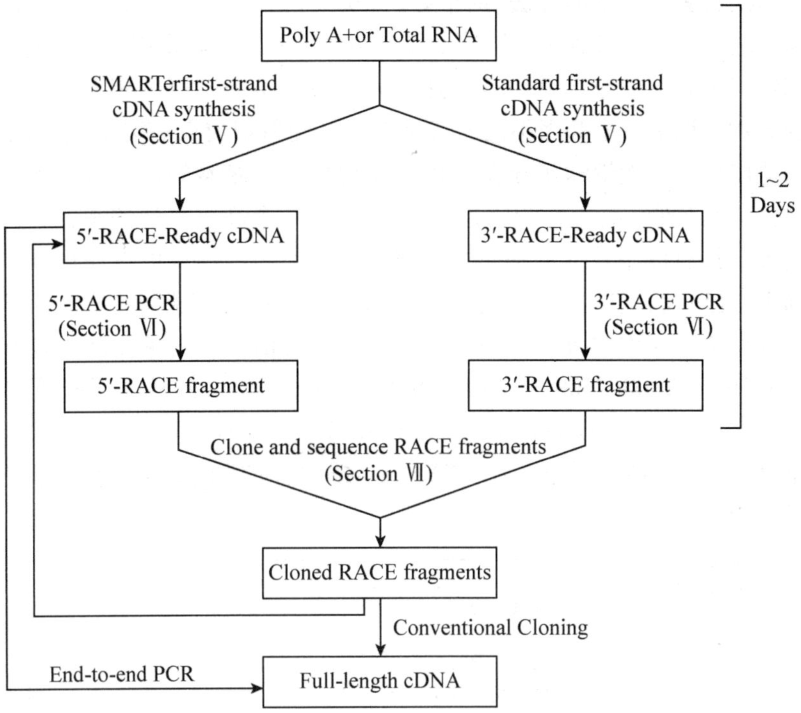

图 26-3 RACE 反应程序总图(SMARTer™ RACE cDNA Amplification Kit User Manual)

最后，通过 3′RACE 序列，5′RACE 序列和已知的部分序列拼接得到全长 cDNA，或者通过分析 RACE 产物的 3′和 5′端序列，合成相应引物，常规 PCR 扩增出全长 cDNA。整个 RACE 反应程序如图 26-3 所示。

26.3 高通量转录组测序结合生物信息学分析研究竹类植物生长发育特性的分子生物学机制

转录组代表细胞或组织内全部的 RNA 转录本，包括编码蛋白质的 mRNA 和各种非编码 RNA(rRNA、tRNA、microRNA 等)(刘红亮等，2013)。转录组研究是一个发掘功能基因的重要途径，是基因功能及结构研究的基础和出发点(周华等，2012)。转录组学相对于基因组学而言，只研究被转录的基因，研究范围缩小，针对性更强(周华等，2012)。对于大多数非模式植物而言，比如竹子，虽然具有模式植物缺少的特征，如节间快速生长，但是由于大量的人力和财力都投入到了模式植物的基因组研究当中，导致非模式植物的基因组信息严重缺乏，没有相应物种的参考基因组信息，使得非模式植物转录组的研究举步维艰(刘红亮等，2013)，但对其转录组的研究对解决基因演化、遗传育种以及生态等诸多方面的问题具有重要意义(刘红亮等，2013)。而传统的研究方法如 cDNA 文库建立结合 Sanger 法测序获得基因等，其操作复杂，实验周期长，花费大，让很多研究人员望而却步(刘红亮等，2013)。而且这些技术不能胜任对大量的植物基因进行全面、系统的分析，也不能对细胞内基因表达进行准确的定量研究(周华等，2012)。近年来，基于新一代测序技术的转录组测序(RNA-seq)成为大规模研究转录组的一种新的且更为有效的方法(周华等，2012)。

RNA-seq 也称为转录组测序，该技术可以高通量的测定转录组 cDNA 的序列，揭示特定细胞或组织中表达的全部基因或表达序列标签、不同基因的相对表达丰度、发现转录水平的 SNP、识别一个基因不同的转录本和可变剪切位点(不同拼接)、SSR 等遗传多态性和遗传标记，能够检测未知基因，发现新的转录本等，是目前深入研究植物转录组的强大工具(刘红亮等，2013)。RNA-seq 是一个高度灵活的平台，与其他转录组学技术比较，具有以下优点：通量高、成本低、灵敏度高，可以获得低丰度的表达基因，不局限于已知的基因组序列信息，适用于未知基因组序列的物种，不需要克隆的步骤，操作简单，应用领域广(周华等，2012)。目前，高通量测序主要有 3 种测序平台 Illumina(HiSeq 2000/2500)，ABI/SOLiD，Roche/454。此外，还有第三代测序平台：如 Pacific Biosciences，Oxford Nanopore 以及 Complete Genomics。但是目前应用的最为广泛的是 Illumina 公司的测序平台。RNA-seq 技术研究非模式生物转录组的一般流程及方法详见图 26-4。

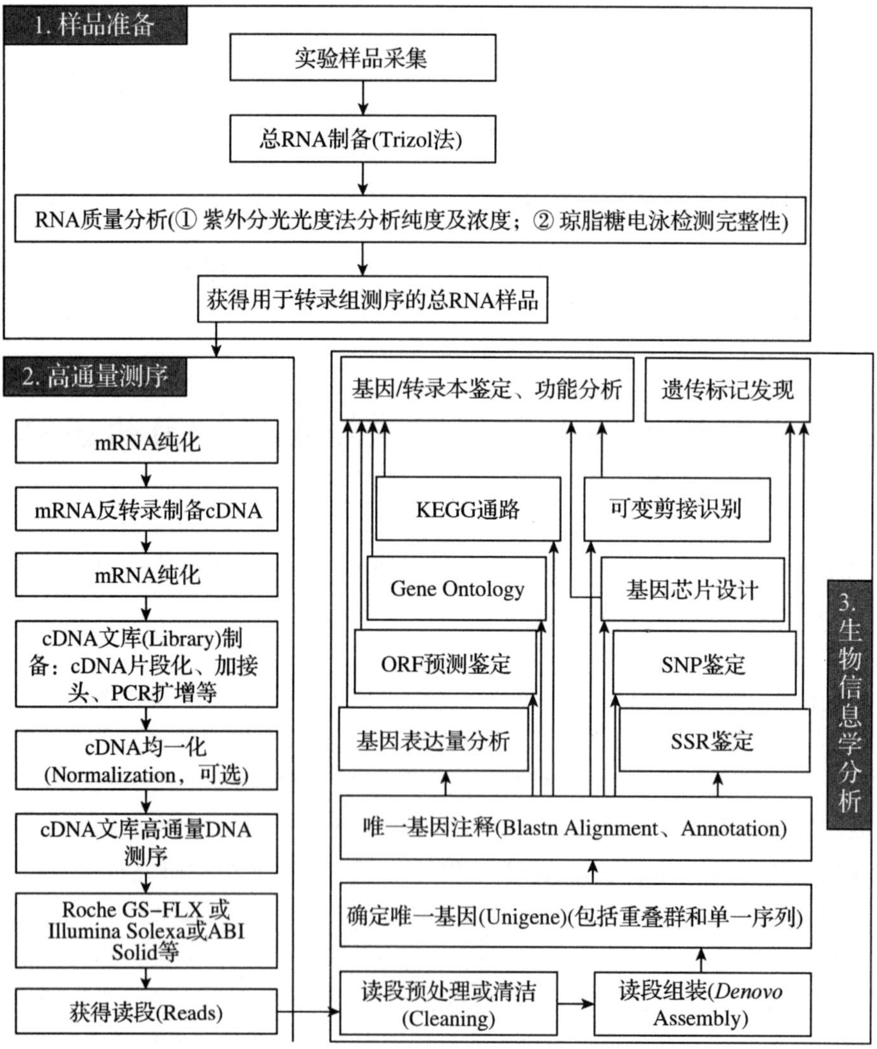

图 26-4 非模式生物转录组的一般流程(刘红亮等，2013)

至目前为止，高通量 RNA-seq 测序技术已经成功用于水稻、玉米、拟南芥等模式植物以及橄榄（*Olea europaea*）（Alagna et al.，2009）、黑松（*Pinus contorta*）（Parchman et al.，2010）、竹类植物（Shih et al.，2014）等非模式植物的大规模 EST 测序研究上，在竹类特性生物学研究上亦越来越广泛（表 26-3）。

表 26-3 高通量转录组测序技术在竹类植物相关基因研究中的应用

竹子种类	测序技术	研究内容	参考文献
毛竹（*Phyllostachys edulis*）	Illumina	竹子开花	（Gao et al.，2014）
	Illumina	竹子高生长	（He et al.，2013）
	Illumina	竹子高生长	（Peng et al.，2013）
乌脚绿竹（*Bambusa edulis*）	Illumina 与 Roche 454	竹子开花	（Shih et al.，2014）
麻竹（*Dendrocalamus latiflorus*）	Illumina	竹子开花等	（Liu et al.，2012）

由于竹类植物系统的复杂性，有关竹类植物分子生物学的研究一直没有很好的切入点。高通量转录组测序技术的不断发展，以及相关生物信息学分析技术的不断进步，使得目前竹类研究人员可以从反向遗传学的角度很好地理解竹子特有的一些发育生物学过程。配合今后竹子转基因技术体系的建立，从分子生物学层面了解竹子特有的生命现象将会有所突破。

参考文献

白琼，孙晓娇，于丽霞，等．2014．慈竹 LEAFY 基因和启动子的克隆及序列分析[J]．竹子研究汇刊，33(02)：16－24.

卞林玲，范军，程备久，等．2011．孝顺竹肉桂醇脱氢酶基因的克隆及表达研究[J]．激光生物学报，20(01)：67－73.

陈东亮，彭镇华，高志民．2013．毛竹 PeAP2 基因及其启动子的克隆与表达初步分析[J]．林业科学研究，26(02)：200－206.

陈其兵，蒋瑶，卢学琴，等．2009．四川不同地区慈竹的遗传多样性研究[J]．西北农林科技大学学报（自然科学版）(06)：187－193.

方伟，何祯祥，黄坚钦，等．2004．雷竹不同栽培类型 RAPD 分子标记的研究[J]．浙江林学院学报，18(1)：1－5.

高志民，陈颖，胡陶，等．2013．绿竹 BoCOBL 基因的分子特征及其表达分析[J]．热带亚热带植物学报(06)：560－565.

高志民，李雪平，彭镇华，等．2007．竹子捕光叶绿素 a/b 结合蛋白基因全长的克隆和序列分析[J]．林业科学(03)：34－38.

高志民，李雪平，岳永德，等．2007．绿竹 cab-BO2 基因的克隆及其表达载体的构建[J]．分子植物育种(03)：431－435.

高志民，刘青，牟少华，等．2013．绿竹锌指蛋白基因 BoBZF 克隆及功能初步分析[J]．林业科学，48(10)：49－54.

高志民，杨丽，李彩丽，等．2012．麻竹 EST-SSR 标记开发及其对慈竹变异类型的分析研究[J]．热带亚热带植物学报(05)：462－468.

高志民，郑波，彭镇华．2011．毛竹 PeMADS1 基因的克隆及转化拟南芥初步研究[J]．林业科学，46

(10)：37－41.
郭起荣，任立宁，牟少华，等.2011. 毛竹种质分子鉴别SRAP、AFLP、ISSR联合分析[J]. 江西农业大学学报，32(5)：982－986.
郭玉娟.2010. 高羊茅中AtNYE1、AtNAP同源基因的分离及功能分析[D]. 上海：复旦大学.
胡尚连.2012. 竹子分子生物学研究进展[C]. 中国林学会竹子分会成立20周年暨第五次会员代表大会、第八届中国竹业学术大会，浙江诸暨.
胡尚连，曹颖，黄胜雄，等.2009. 慈竹4CL基因的克隆及其生物信息学分析[J]. 西北农林科技大学学报(自然科学版)，204－210.
蒋瑶，胡尚连，陈其兵，等.2008. 四川省不同地区梁山慈竹RAPD与ISSR遗传多样性研究[J]. 福建林学院学报(03)：276－280.
蒋瑶，胡尚连，陈其兵，等. 2009. 四川不同地区硬头黄竹RAPD和ISSR分析[J]. 竹子研究汇刊，28(1)：6－11.
金顺玉，卢孟柱，高健.2010. 毛竹木质素合成相关基因C4H的克隆及组织表达分析[J]. 林业科学研究(03).
李华，辉朝茂，杨爱芝.2008. DNA分子标记在竹类植物遗传多样性研究中的应用[J]. 世界竹藤通讯(03)：14－18.
李潞滨，郭晓军，彭镇华，等.2008. AFLP引物组合数量对准确研究竹子系统关系的影响[J]. 植物学通报，25(04)：449－454.
李雪平，高志民，彭镇华，等.2007. 绿竹咖啡酸-O-甲基转移酶基因(COMT)的克隆及相关分析[J]. 林业科学研究，20(5)：722－725.
李雪平，高志民，彭镇华，等. 2008. 绿竹咖啡酰辅酶A-O-甲基转移酶基因的克隆与分析[J]. 分子植物育种(03)：587－592.
李雪平，彭镇华，高志民，等.2010. 绿竹光系统Ⅰ捕光叶绿素a/b结合蛋白基因的cDNA全长克隆及分析[J]. 安徽农业大学学报(04)：643－648.
刘红亮，郑丽明，刘青青，等.2013. 非模式生物转录组研究[J]. 遗传，35(8)：955－970.
刘青，汪玉凤，赵韩生，等.2014. 麻竹同源异型盒基因DlKNOX1的克隆及功能初步分析[J]. 林业科学(02)：56－62.
娄永峰，方伟，彭九生，等.2010. 假毛竹和毛竹正反交杂种的ISSR鉴定[J]. 分子植物育种(05)：958－962.
卢江杰，吉永胜彦，方伟，等.2009. 3种竹类植物杂种的分子鉴定[J]. 林业科学(3)：29－34.
卢江杰，郑蓉，杨萍，等.2009. 利用AFLP技术研究不同产地绿竹的遗传多样性[J]. 世界竹藤通讯(05)：10－14.
卢学琴，周美娟，胡尚连，等.2014. 慈竹木质素合成关键基因C4H克隆及组织表达分析[J]. 竹子研究汇刊(02).
马虹. 2007. 利用RAPD标记研究百合的遗传多样性[D]. 上海：上海交通大学.
牟少华，彭镇华，孙启祥，等.2009. 部分箬竹属植物的荧光AFLP分析[J]. 林业科学，45(11)：32－35.
潘爱虎.2006. 5种杂交粳稻亲本SCAR标记的建立及其在真伪纯度鉴定中的应用[D]. 福建：厦门大学，805－809.
邱尔发，洪伟，郑郁善. 2001. 中国竹子多样性及其利用评述[J]. 竹子研究汇刊(02)：11－14.
田波，陈永燕，严远鑫，等.2005. 一个竹类植物MADS盒基因的克隆及其在拟南芥中的表达[J]. 科学通报，50(2)：145－151.
王和勇，陈敏，廖志华，等.1999. RFLP、RAPD、AFLP分子标记及其在植物生物技术中的应用[J].

生物学杂志(4)：24－25.
吴妙丹，董文娟，汤定钦.2009.4个丛生杂种竹的SSR分子鉴定[J]. 分子植物育种(05)：959－965.
吴晓宇，胡尚连，曹颖，等.2012. 慈竹CCoAOMT基因的克隆及生物信息学分析[J]. 南京林业大学学报(自然科学版)，36(03)：17－22.
肖新超，金群英，彭华正，等.2007. 竹子分子生物学研究进展[J]. 竹子研究汇刊，26(2)：1－5.
邢新婷，傅懋毅，费学谦，等.2003. 撑篙竹遗传变异的RAPD分析[J]. 林业科学研究，16(6)：655－660.
余学军，张立钦，方伟，等.2005. 绿竹不同栽培类型RAPD分子标记的研究[J]. 西南林学院学报，25(4)：98－101.
张智俊，管雨，杨丽，等.2011. 毛竹EST资源SSR标记分析与筛选[J]. 园艺学报，38(05)：989－996.
张智俊，杨洋，罗淑萍，等.2011. 毛竹液泡膜Na^+/H^+逆向运输蛋白基因克隆及表达分析[J]. 农业生物技术学报，19(01)：69－76.
周芳纯.1998. 竹林培育和利用[M]. 南京：南京林业大学印刷厂.
周华，张新，刘腾云，等.2012. 高通量转录组测序的数据分析与基因发掘[J]. 江西科学，30(5)：607－611.
周旭，王晨晨，毕玮，等.2014. 七彩红竹查耳酮合成酶IhCHS1基因的克隆与分析简介[J]. 竹子研究汇刊，33(03)：11－16.
朱龙飞，徐英武，林新春.2013. 绿竹花发育相关基因BoAP3的克隆与分析[J]. 浙江农林大学学报(6)：839－843.
诸葛强，丁雨龙，续晨，等.2004. 广义青篱竹属(*Arundinaria*)核糖体DNAITS序列及亲缘关系研究[J]. 遗传学报，31(4)：349－356.
诸葛强，丁雨龙，续晨，等. 2005. 基于核糖体DNA ITS序列和叶绿体DNA trnL-F序列的青篱竹属*Arundinaria*及近缘属系统发育关系的初步研究(英文)[J]. Journal of Forestry Research(01)：5－8.
ALAGNA F, D'Agostino N, TORCHIA L, et al. 2009. Comparative 454 pyrosequencing of transcripts from two olive genotypes during fruit development[J]. BMC Genomics, 10: 399.
CHEN Y, QIU K, KUAI B, et al. 2011. Identification of an NAP-like transcription factor BeNAC1 regulating leaf senescence in bamboo(*Bambusa emeiensis* 'Viridiflavus')[J]. Physiol Plant, 142(4): 361－371.
CHEN Y X, WEI Q, KUAI B K, et al. 2013. Molecular cloning and characterization of a chlorophyll degradation regulatory gene from bamboo[J]. Biologia Plantarum, 57(1): 63－69.
FROHMAN M A, DUSH M K, MARTIN G R. 1988. Rapid production of full-length cDNAs from rare transcripts: amplification using a single gene-specific oligonucleotide primer[J]. Proc Natl Acad Sci U S A, 85(23): 8998－9002.
GAO J, ZHANG Y, ZHANG C, et al. 2014. Characterization of the floral transcriptome of Moso bamboo(*Phyllostachys edulis*) at different flowering developmental stages by transcriptome sequencing and RNA-seq analysis[J]. PLoS One, 9(6): e98910.
GRODZICKER T, WILLIAMS J, SHARP P, et al. 1975. Physical mapping of temperature-sensitive mutations of adenoviruses[J]. Cold Spring Harb Symp Quant Biol, 39(1): 439－446.
HE C Y, CUI K, ZHANG J G, et al. 2013. Next-generation sequencing-based mRNA and microRNA expression profiling analysis revealed pathways involved in the rapid growth of developing culms in Moso bamboo[J]. BMC Plant Biol, 13: 119.
LITT M, LUTY J A. 1989. A hypervariable microsatellite revealed by in vitro amplification of a dinucleotide repeat within the cardiac muscle actin gene[J]. Am J Hum Genet, 44(3): 397－401.

LIU M, QIAO G, JIANG J, et al. 2012. Transcriptome sequencing and de novo analysis for Ma bamboo(*Dendrocalamus latiflorus* Munro) using the Illumina platform[J]. PLoS One, 7(10): e46766.

PARAN I, MICHELMORE R W. 1993. Development of reliable PCR-based markers linked to downy mildew resistance genes in lettuce[J]. Theor Appl Genet, 85(8): 985 -993.

PARCHMAN T L, GEIST K S, GRAHNEN J A, et al. 2010. Transcriptome sequencing in an ecologically important tree species: assembly, annotation, and marker discovery[J]. BMC Genomics, 2010, 11: 180.

PENG Z, ZHANG C, ZHANG Y, et al. 2013. Transcriptome sequencing and analysis of the fast growing shoots of moso bamboo(*Phyllostachys edulis*)[J]. PLoS One, 8(11): e78944.

SHIH M C, CHOU M L, YUE J J, et al. 2014. BeMADS1 is a key to delivery MADSs into nucleus in reproductive tissues-De novo characterization of Bambusa edulis transcriptome and study of MADS genes in bamboo floral development[J]. BMC Plant Biol, 14: 179.

VOS P, HOGERS R, BLEEKER M, et al. 1995. AFLP: a new technique for DNA fingerprinting[J]. Nucleic Acids Res, 23(21): 4407 -4414.

WEI Q, CAO H, LI Z, et al. 2013. Identification of an AtCRN1-like chloroplast protein BeCRN1 and its distinctive role in chlorophyll breakdown during leaf senescence in bamboo(*Bambusa emeiensis* 'Viridiflavus')[J]. Plant cell tissue and organ culture, 114(1): 1 -10.

WILLIAMS J G, KUBELIK A R, LIVAK K J, et al. 1990. DNA polymorphisms amplified by arbitrary primers are useful as genetic markers[J]. Nucleic Acids Res, 18(22): 6531 -6535.

作者简介

魏强：南京林业大学竹类研究所，博士，副教授；E-mail：weiqiang@njfu.edu.cn；

丁雨龙：南京林业大学竹类研究所，博士，教授；E-mail：ylding@vip.163.com。

专题 27　花楸属系统分类研究进展

Phylogeny and Taxonomy of *Sorbus* (Maloideae, Rosaceae)

陈　昕

南京林业大学南方现代林业协同创新中心，生物与环境学院　江苏南京　210037

【内容提要】花楸属(*Sorbus* L.)隶属于蔷薇科苹果亚科，其属和种的界定一直存在较大分歧，不同分类学者的差异表达很好地说明了不同分类证据对于类群划分的影响以及分类明显的个性特征，也很好地反映了分类进程对类群间亲缘关系和自然进化过程的探求。本专题包括花楸属的分类简史、系统分类研究方法、种的界定、系统位置和属下类群划分 4 部分内容。

花楸属(*Sorbus* L.)隶属于蔷薇科苹果亚科(Maloideae, Rosaceae)，大约 100 种，我国产 67 种(Lu & Spongberg, 2003)。花楸属植物为落叶乔灌木，单叶或奇数羽状复叶，春季白花满树，秋季枝头挂满红色、黄色或白色果实，可供观赏；有些种类果实中含丰富的维生素和糖分，可作果酱、果糕及酿酒；木材可供作器物；嫩枝和叶可作饲料；种子含脂肪和苦杏仁素，可供制肥皂及医药工业用；枝皮含单宁，在鞣皮工业中可以利用，是观赏价值高、经济用途广的植物类群(俞德浚，1974；郑万钧，1987)。

花楸属主要分布于北温带，其多样性中心为喜马拉雅地区和中国西部，第二大中心为高加索地区，其中有些种类延伸到北半球高纬度地区，如格林兰岛和西伯利亚，甚至分布至热带亚洲(马来西亚)，本属植物可能起源于东亚，然后由该区域向欧洲和北美迁移(Aldasoro et al., 1998；Gabrielian, 1978；Jankun, 1993)。

花楸属是单系还是复系一直是国内外学者争论的焦点，至今仍无统一的认知。花楸属系统分类研究资料的整理，可以很好地反映这个类群分类的复杂性和分类研究方法的综合性，通过不同学者对这一类群分类的不同理解，可见分类是随着自然认知不断深入和实验手段不断改进的过程，是探求自然历史真实的不懈努力。

27.1　花楸属分类简史

花楸属由瑞典植物学家 Linnaeus 于 1753 年建立，当时仅含复叶的两个种 *S. aucuparia* 和 *S. domestica*，单叶的花楸 *S. aria* 和 *S. torminalis* 归入同亚科的山楂属(*Crataegus*)，*S. arbutifolia* 和 *S. chamaemespilus* 归入欧楂属(*Mespilus*)(Linnaeus, 1753)。Linnaeus 的观点是 *Sorbus* 仅指复叶的种类，在其后的分类研究中，对花楸属的界定出现了分歧，有持 Linnaeus 的狭义花楸属 *Sorbus* s. str. 概念，也有持广义花楸属 *Sorbus* s. l. 概念——即花楸属包括复叶和单叶的种类。

在苹果亚科的第一篇专著"*Observations on the Natural Group of Plants Called Pomaceae*"中，Lindley(1822)将花楸属植物分别置于广义梨属(*Pyrus*)的5个组中：*Aria*、*Chamaemespilus*、*Torminalis*、*Sorbus* 和 *Cormus*。De Candolle(1825)在蔷薇科分类时认可了 Lindley 广义梨属的概念，但将广义花楸属复叶的 *Cormus* 并入 *Sorbus*。

Roemer's(1847)延续了 Linnaeus 狭义花楸属的概念，将 Lindley 放置于广义梨属的花楸植物5组提升到属的地位。

Decaisne(1874)在其苹果亚科分类专著中虽然采用了狭义花楸属概念，但并没有完全沿用 Roemer 的小属概念，而是通过花和果实的解剖观察增加新属 *Micromeles*、将 *Chamaemespilus* 归入 *Aria*、并将 *Eriolobus* 和 *Malus* 的一个种 *M. florentina* 归入 *Cormus*，形成与 Roemer 内涵不同的5个小属：*Aria*、*Micromeles*、*Torminalis*、*Sorbus* 和 *Cormus*。

Wenzig(1883)的苹果亚科分类处理采用广义花楸属概念，将 Decaisne 的小属作为亚属处理，将 *Micromeles* 归于 *Aria*，且将 *Aronia* 和 *Eriolobus* 也归于广义花楸属，因而其花楸属下分7个亚属：*Aria*、*Chamaemespilus*、*Torminaria*、*Cormus*、*Sorbus*、*Aronia* 和 *Eriolobus*。其后的植物志及植物手册采用了 Wenzig's 花楸属的概念，不同的是常将 *Eriolobus* 归入 *Malus*。Wenzig 也明确了一些分类群的杂交起源，如：*Aria* × *Pyrus*、*Aria* × *Torminaria*、*Aria* × *Aronia*，以及 *Aronia* × *Sorbus*。

Focke(1888)在蔷薇科分类处理时，采用广义梨属概念，广义花楸属的植物被置于2个亚属之中，*Aria*、*Chamaemespilus*、*Cormus* 和 *Sorbus* 归于 *Pyrus* subg. *Sorbus*，而将 *Torminaria* 归于 *Pyrus* subg. *Hahnia*。

Koehne(1890，1891)对苹果亚科进行分类修订时采用了 Decaisne 狭义花楸属概念，将广义花楸属划分为5个小属，并第一次尝试分析苹果亚科属间的亲缘关系；将广义花楸属植物分在了苹果亚科3个不用的组，*Sorbus* 组仅包括 *Sorbus*，即包括复叶和小果的植物，*Aria* 组包括广义花楸属的 *Chamaemespilus*，*Micromeles* 和苹果亚科其他的6个属，而 *Cormus* 和 *Torminaria* 则处理在 *Malus* 组。认为 *Aria* 同 *Photinia* 而不是 *Sorbus* 的亲缘关系更近。

Fritsch(1898—1899)在进行花楸属系统分类"Zur Systematik der Gattung *Sorbus*"时，采用了广义花楸属的概念，其花楸属包含了 Lindley 的5个组。Hedlund(1901)的〈*Monographie der Gattung Sorbus*〉是广义花楸属唯一的世界性分类专著，将广义花楸属分为6个组：*Cormus*、*Aucuparia*、*Aria*、*Chamaemespilus*、*Torminaria*、*Aronia*。

Rehder(1940，1949)也采用了广义花楸属概念，属下划分为4个组：*Aria*（包括 *Torminaria* 和 *Chamaemespilus*）、*Micromeles*、*Sorbus*、*Cormus*，其属的界定被广泛接受，包括俞德浚(1974)花楸属的处理。

Robertson 等(1991)采用了与 Roemer 相同的狭义花楸属概念，其 *Aria* 包括了 *Micromeles*。

Phipps 等(1990)发表的苹果亚科名录采用了广义花楸属的概念，将该属划分为6个亚属：*Aria*、*Chamaemespilus*、*Micromeles*、*Torminaria*、*Cormus*、*Sorbus*。前4个是单

叶的种类，后2个亚属是复叶的种类。而 Aldasoro 等(2004)最新的单叶花楸分类修订虽仍采用广义花楸属概念，但将 *Chamaemespilus* 和 *Micromeles* 归入了 *Aria*，单叶花楸被分成2个亚属 *Aria* 和 *Torminaria*，赞同将复叶的种类分成两个亚属 *Cormus*、*Sorbus*。

由此可见，广义花楸属的属下分类处理一直是观点纷呈，至今未达成共识，主要原因是苹果亚科各属的亲缘关系十分接近，界限不甚明确，分类处理非常复杂。就广义花楸属而言，有争议的类群主要是 *Torminaria*(× *Malosorbus*)、*Chamaemespilus* 和 *Micromeles*，它们是成为独立的分类群还是包含于另外3个分类群之中，是不同分类处理中小属或者是亚属、组等数量变化的关键。总的来说，经典分类中花楸属的分类处理大致有以下3种情形：

①采用狭义花楸属的概念，即 *Sorbus* 仅指复叶种类，如 Linnaeus(1753)、Roemer(1847)、Decaisne(1874)、Koehne(1890，1891)、Robertson et al. (1991)等。

②将花楸属置于广义的梨属中，如 Lindley(1822)、De Candolle(1825)、Focke(1888)等。

③采用广义花楸属概念，即 *Sorbus* 包括复叶和单叶的种类，如 Wenzig(1883)、Hedlund(1901)、俞德浚(1974)、Gabrielian(1978)、Phipps 等(1990)、Aldasoro 等(2004)、Lu & Spongberg(2003)等。

27.2 花楸属分类研究方法

27.2.1 形态和解剖学研究

花楸属植物叶在结构上有单叶和复叶之分，不论是经典分类还是现代的分子技术研究结果均支持叶的结构作为一级分类特征。叶的其他重要分类性状还包括：小叶对数(复叶类)，叶形(长、宽、基部到最宽处的长度)、叶柄长度、侧脉数量、叶脉角度、锯齿长度等。花楸属植物叶形和大小不仅种间差异大，同种植物随着生态环境变化差异也很大，甚至同一单株上的变化都很显著(Gabrielian，1978；Kovanda，1961)。遗憾的是花楸属植物叶形变异幅度大这一特点后来被完全忽略，同一种植物的变异类型被作为小种处理，大多数花楸小种仅基于叶的颜色、大小和基部形态、锯齿形态来加以区分，而这些特征的变异往往是连续的，许多小种形态上缺乏识别性，给分类造成困难。Aldasoro 等(1998)研究认为欧洲与北非27个描述的分类群用形态统计是难以区分的，并在 Iberian peninsula 发现了花楸属植物叶形态变异的连续性。除叶而外，营养器官分类特征还包括枝条皮孔和毛被，芽的长度、表面的毛被、先端和黏性等。

花楸属的花果不仅是重要的分类特征，其色彩、特别是果实的丰富色彩还是这类植物引人注目且被引种栽培的重要因素。花楸属的花有白色和粉红之分，花萼果期宿存或脱落、被毛或光滑，花柱基部分离或联合、被毛或光滑。梨果的颜色、大小、皮孔大小与密度等亦是重要分类性状，果实不仅大小有异，果色也有白色、黄色、粉红、玫瑰红色、深红色之分，还有些种类的果实呈现渐变的色彩。

花楸属超微结构研究主要集中在茎、叶、果实、种子等方面。朱俊义(2002)对花楸树(*S. pohuashanensis*)茎次生木质部进行离析研究，发现其导管穿孔板除网状穿孔板和单穿孔板外，还有5种过度类型；而张庆有等(2006)对花楸树、水榆花楸(*S. alnifolia*)茎次生木质部结构比较研究发现，水榆花楸茎次生木质部的导管分子穿孔板均为单穿孔板，认为花楸树、水榆花楸在系统演化过程存在着水平差异，水榆花楸较花楸树更为进化。Čanova等(2012)采用扫描电镜对广义花楸属的4个二倍体种*S. aria*、*S. aucuparia*、*S. chamaemespilus*、*S. torminalis*以及2个杂交种*S. hazslinszkyana*、*S. intermedia*的气孔大小和密度进行了观察比较，结果显示不同种间差异显著，可以作为种类划分的佐证。Ďurkovic等(2012)通过试验验证叶的形态、维管束扫描特征可很好区别亲本和天然杂交小种。果实的表皮结构、皮下组织特征和组成、果肉中是否存在单宁细胞群、短石细胞大小、果核的存在、种子排列、淀粉和水的含量，以及种皮和表皮厚度、胚乳层数目和厚度，以及种子形态、大小、扫描电镜下表面纹饰等均对花楸属植物的分类鉴定具有重要作用(Aldasoro et al.，1998，2004；Maciejewska-Rutkowska & B ednorz，2004)。

27.2.2 花粉形态

花楸属的花粉存在显著变异(Gabrielian 1958)，Bednorz等(2005)进行了波兰5种花楸的花粉形态比较，通过花粉形态可以很好区分地产种类和不同亚属植物，但*Aria*亚属内植物花粉形态差异不大，如*S. aucuparia*的亚种就难以通过花粉有效区分。我国花楸属花粉报道仅见*S. prattii*，其花粉近球形，极面观三裂圆形，具有三孔沟，外壁纹饰为条纹—穴状，同苹果亚科其他属一样在蔷薇科处于相对比较原始的地位(周丽华等，2000)。

27.2.3 细胞学研究

花楸属的染色体基数$x=17$(Sax，1929，1931)，与苹果亚科其他属一致，同时本属植物也与同亚科的苹果、栒子、山楂等属一样，存在大量杂交起源的多倍体(Campbell et al.，1991；Jankun，1993；Lepsi et al.，2009；Gonzalez-Gonzalez et al.，2010)，可以说天然杂交和多倍体是花楸属植物种类形成和进化的重要因素(Ďurkovic et al.，2012)。通过根尖染色体计数发现本属有2*x*、3*x*和4*x* 3种倍性形式，且同种植物不同个体染色体倍性也可能有变化，如*S. chamaemespilus*有3*x*和4*x* 2种倍性的植株(Aldasoro et al.，1998；Bailey et al.，2008)。由于经典形态分类难以准确区分多倍体小种，染色体计数和流式细胞术(FCM：Flow cytometry)广泛应用于欧洲花楸属植物的分类和演化研究。FCM是通过测定植物体细胞2C DNA含量判断其倍性水平(Greilhuber et al.，2005)，可用于探讨杂交种的演化关系(Bennert et al.，2011；Marques et al.，2012)，是研究群体倍性动态分布的理想工具(Suda et al.，2007；Marhold et al.，2010)。英国花楸复合体细胞型变化的FCM研究发现了2*x*、3*x*、4*x*和5*x* 4种倍性形式，在这以前5*x*仅报道过一个样本，而这次报道5*x*在不同地点的两个分类群中出现。FCM研究结果可为花楸属争议类群处理、低频率细胞型存在的确认提供有效依据，也可为了解控制花楸属多倍体形成和建立的遗传途径分子研究提供基础资料(Pellicer et al.，2012)。

27.2.4 化学分类研究

花楸属植物化学成分研究发现 *Torminalis* 中类黄酮同狭义 *Sorbus* 不同，*Chamaemespilus* 中的类黄酮与 *Torminalis* 而不是 *Aria* 更相似，为小属的划分提供了有力证据（Challice & Kovanda，1978）。

27.2.5 分子生物学研究

分子生物学方法被广泛用于花楸属系统分类和种间亲缘关系研究。近年来基于 ITS 和 cpDNA 序列、nDNA 分子标记研究显示花楸属为复系类群，不支持广义花楸属的界定，但属下类群划分并未得出一致的结果（Campbell et al.，2007；Potter et al.，2007；Eugenia & Donoghue，2012）。Dluzewska（2013）采用 ITS 序列对产自波兰 Pieniny Mts. 的 4 种花楸进行了系统进化分析，构建了分子系统树，ITS 序列的区别度虽然小，但可以将不同花楸亚属的植物很好区分。特产于阿兰岛两种花楸 *S. arranensis* 和 *S. pseudofennica* 的同工酶标记、核内含子数据、cpDNA 数据研究表明：*S. arranensis* 源于 *S. aucuparia* 和 *S. rupicola* 的杂交，而 *S. pseudofennica* 则是 *S. arranensis* 和 *S. aucuparia* 的多次杂交的产物（Robertson et al.，2004a，b）；RFLP 和微卫星分析也证实 *S. intermedia* 含有 *S. aria*，*S. aucuparia* 和 *S. torminalis* 3 个亲本的遗传基因，是名副其实的中间种（Nelson-Jones et al.，2002）；通过 6 个质体 DNA 微卫星片段对英伦三岛花楸属多倍体种的起源研究表明 *S. aria* 组的种类均具有 Aria 单倍型，仅一种例外，*S. anglica* 组的种类均具有 Aucuparia 单倍型，*S. latifolia* 组的种类均具有 Torminalis 单倍型，很好地证明了形成 *S. anglica* 组和 *S. latifolia* 组植物种类的杂交事件多以 *S. aria* 组植物为父本（Chester et al.，2007）。可见分子标记在证实花楸属杂交种起源上的重要性和有效性，可为花楸属无融合生殖多倍体的起源和演化提供更本质的依据。

27.3 花楸属系统位置及分类

27.3.1 花楸属系统位置

花楸属植物可能起源于东亚，而后从东亚迁移到欧洲和北美（Gabrielian，1978；Jankun，1993）。花楸属植物化石在亚洲和北美均有报道，出现于第三纪初期到近代的地层中，北美的花楸化石叶片分裂，同现存的相似，单叶的化石中、东亚有报道，分布中心为我国西南（Phipps et al.，1991）。

花楸属占据苹果亚科较为原始的中心地位，在演化系列中仍处于较为初级到中级的发展阶段，本属植物"叶型多种多样，叶缘从全缘、锯齿到深裂；花序呈复伞房状，心皮 5~2，部分或全部与花托联和，子房半下位到下位，果实形状多种，顶端萼片宿存或脱落，5~2 室；每室含 2~1 个种子；具有高度的变异性并具有演化为其他各属的可能性"（俞德浚，1984）。花楸属同苹果亚科其他属间界限不甚明确，杂交很容易成功，相互嫁接也易于成活，如 *Sorbopyrus*（*Pyrus* × *Sorbus*）、×*Amelosorbus*（*Amelanchier* × *Sorbus*）、×*Pyronia*（*Cydonia* × *Pyrus*）、×*Pyracomeles*（*Pyracantha* × *Osteomeles*）、×*Sorbo*-

cotaneaster, ×*Sorbaronia*, ×*Amelosorbus*, ×*Crataegosorbus* 等，从生物演化观点分析，这是繁衍杂交高度发展的必然结果(Campbell et al.，1991)。但因为这种高度变异造成的复杂性导致了花楸属不同的分类处理，属的系统位置、界定和杂交起源类群的位置均成为花楸属系统分类争议的焦点，也是有待进一步研究的问题。

27.3.2 花楸属分类

由花楸属的分类简史可见，花楸属的概念有广义和狭义之分，狭义的 *Sorbus* s. str. 包括全部或部分的复叶种类，广义的 *Sorbus* s. l. 则包括了复叶和单叶的种类。尽管多年来对该属植物进行了胚胎学、传粉学、细胞学、分子生物学等方面的研究(Sax，1929；Liljefors，1953，1955；Campbell et al.，1995；Robinson et al.，2001；Potter et al.，2002)，Aldasoro 等(2004)对世界范围的单叶花楸进行了分类修订，McAllister (2005)发表了狭义 *Sorbus* s. str. 的专著，但该属是单系亦或复系一直都是悬而未决的问题，属下分类也未达成共识。

部分学者采用了广义花楸属 *Sorbus* s. l. 概念，但在属下类群的划分、类群间亲缘关系的认知上均存在一定分歧。俞德浚和关克俭(1963)根据叶片类型、子房位置、心皮数目、果实上萼片宿存和脱落等情况将中国产的花楸属植物分为 3 个组：*Aria*、*Micromeles* 和 *Sorbus*；Gabrielian(1978)将东亚和喜马拉雅地区的花楸属植物划分为6 个组：*Cormus*、*Aucuparia*、*Aria*、*Chamaemespilus*、*Torminaria*、*Aronia*；Phipps 等(1990)整理蔷薇科苹果亚科植物名录时，将花楸属分为 6 个亚属：*Aria*、*Chamaemespilus*、*Micromeles*、*Torminaria*、*Cormus*、*Sorbus*。而 Aldasoro 等基于果肉细胞中都含有单宁这一特征，将亚属 *Chamaemespilus* 和 *Micromeles* 合并到 *Aria* 中，因而将广义花楸属分为 4 个亚属：*Aria*、*Torminaria*、*Cormus* 和 *Sorbus*。王国勋，张明理(2011)用 ITS 序列探讨广义花楸属下系统关系，结果却表明花楸属为自然的单系类群，并且得到很高的支持率，*Aria*、*Micromeles* 和 *Sorbus* 3 个亚属各自不能形成单系，甚至单叶类群和复叶类群的分类学界限都不是很清楚。

另有学者主张花楸属是复系类群，但对广义花楸属小属间的亲缘关系有不同认知。Koehne(1890，1891)将广义花楸属植物处理在苹果亚科 3 个不同的类群中，小属也不是近缘的。Kovanda & Challice(1981)也认为 *Micromeles* 同 *Rhaphiolepis* 的亲缘关系较 *Sorbus* 近，但 Rohrer 等(1994)基于果实特征的研究认为 *Micromeles* 与 *Rhaphiolepis* 差异大于相似，同 *Aria* 和 *Chamaemespilus* 亚属相关联，建议将 *Aria* 和 *Micromeles* 2 个亚属合并为一个属 *Aria*，鉴于特异的花型，将 *Chamaemespilus* 单列一属，因而广义花楸属被划分为 5 个小属 *Sorbus*、*Cormus*、*Aria*、*Torminaria*、*Chamaemespilus*，认为 *Aria* 同 *Pyrus* 和 *Malus* 的关系较同复叶类群更近。欧洲和西亚的分类学家和植物志编写者之所以采用广义花楸属概念，是因为中间有许多无融合生殖的杂交小种，狭义属的界定分歧也部分源于不同属和亚属植物之间的弱生殖障碍(Robertson et al.，1991；Campbell et al.，1995)。分支和表征分析研究也表明广义花楸属是一个非单系类群，外类群完全镶嵌于其中(郑冬梅，张明理，2007)。

近年来基于 ITS、cpDNA 序列、nDNA 分子标记、形态和解剖特征的苹果亚科系统发育研究大多认为花楸属为复系类群。Campbell 等(2007)采用 cpDNA、nDNA 和非分子数据对梨族 Pyrinae(即 Maloideae)的系统演化关系进行研究，结果支持梨族分为 3 个进化枝，虽然广义花楸属 5 个小属 *Sorbus*、*Cormus*、*Aria*、*Chamaemespilus* 和 *Torminalis* 的系统关系在不同系统树中存在不一致的结果，但复叶和单叶花楸分别位于不同进化枝上，显然不支持广义花楸属的界定；且 cpDNA 和 nDNA 数据均显示 *Chamaemespilus* 是杂交起源的，其叶绿体基因组来源于 *Torminalis*，而其 nDNA 来源于 *Aria*，由于 *Aria* 和 *Chamaemespilus* 果肉特征成分混杂，才致使 Robertson 等(1991)和 Aldasoro 等(2004)认为两者是一个"自然单元"。Potter 等(2007)研究蔷薇科系统分类，结果也表明花楸属为非单系起源，支持上述 5 个小属的划分。Eugenia & Donoghue(2012)梨族系统演化研究结果显示，cpDNA 和 ITS 结果支持广义花楸属分为 2 个分离的、不连续的分支，且总体上支持 6 个小属的划分，即上述 5 个属加上 *Micromeles*，但 *Micromeles* 的分类位置出现了矛盾的结果，推测其可能为杂交起源，同 McAllister 研究花楸属的一些杂交小种是跨类群的结论一致(McAllister，2005)。

由此可见，广义花楸属下的分类界定、属内种间的系统进化关系并无令人信服的统一认知，需要进一步的研究探寻；同时，植物类群的划分也是随着认知的深入而逐渐完善的过程，分类工作永远都是探求自然历史进程的进行时。

27.4 花楸属种的界定

27.4.1 对种的认知差异

截至目前，花楸属共有 347 种、亚种、变种、变型名称发表(http：//www. tropicos. org/)。自 1901 年 Hedlund 在瑞典发表花楸属的专著以后，再无该属植物的世界性分类专著发表，分类文献分散于区域性的专著和分类修订、地方植物志、新种描述文章及栽培植物手册中。广义花楸属的最新名录由 Phipps 等(1990)发表，记录超过 250 种，其中高加索和土耳其约 35 种，欧洲 91 种(70 个为杂交种)，东亚 111 种。而 Aldasoro 等(2004)花楸属单叶种类的分类修订认为单叶花楸一共有 42 种；McAllister(2005)发表了狭义 *Sorbus* s. str. 的专著，根据果实颜色及细胞是否含有显著地色质体将之划分为两个亚属 *Sorbus* 和 *Albocarmesinae*，记录 69 种，其中，新种 28 个，新种主要分布于我国西南地区，另外提出了一个 *Sorbus* sp. nov. 和两个杂交种；复叶的另一属 *Cormus* 1 种，*C. demestica*；因而，最新的世界性修订广义花楸属植物共 114 种。

我国作为花楸属的资源分布和多样性中心，国产花楸属资源的世界了解相对较差，FOC 记载国产单叶种类 31 种 6 变种，其中 22 种 3 变种为特有种类(Lu & Spongberg，2003)，而 Aldasoro 等(2004)世界单叶类花楸分类修订中，中国产 22 种(包括 1 新种)被认可，FOC 记录的其他种被作为异名、非法名称处理或存疑。Aldosoro 等(2004)文中有些结论是在并未看见模式标本的情况下得出的，因而最新修订对我国种类的处理还有待进一步的研究确认。复叶种类最新的世界性修订涉及中国种类同 FOC 的处理也相去甚远。清晰国产花楸属植物资源，做好国产种类的资源调查和分类修订工作，对于世界花楸属植物的科学认知具有重要意义。

27.4.2 种的界定

花楸属种的界定分歧很大，主要源于不同分类学家对种的理解和认知差异，特别是对天然杂交、多倍体和属间杂交有着不同处理。

部分学者认为无融合生殖复合群小种为真正的种，如 Rich 等认为花楸属无融合生殖多倍体本身可以作为种来对待，并通过叶、果实测量特征和微卫星数据发表了 1 个新种和 4 个天然多倍体杂交种：三倍体的 *Sorbus* × *avonensis* 是 *S. aria* 和 *S. porrigentiformis* 的杂交种，四倍体的 *Sorbus* × *houstoniae* 是 *S. aria*、*S. bristoliensis* 的杂交种，可能是三倍体的 *Sorbus* × *robertsonii* 是 *S. aria* 和 *S. eminen* 的杂交种，三倍体的 *Sorbus* × *proctoris* 是 *S. aucuparia* 和 *S. scalaris* 的杂交种，三倍体的 *Sorbusleighensis* 是属于 *S. aria* × *S. porrigentiformis* 的可区别的无性系。同时，认为这些分类群生殖是隔离的，且遗传上是分离的，因此可以作为种和杂交种对待(Rich et al. , 2009)；Lepší 等将 2 个无融合生殖三倍体 *S. portae-bohemicae* 和 *S. albensis* 作为新种发表，因为二者是可孕的，能产生发育良好的种子，采用了微卫星、染色体计数、FCM、多元几何形态测量技术来进行种的变异和特征描述，并推断是起源于 *S. danubialis* 和 *S. torminalis* 的属间杂交种，认为从叶形和果实性状上可以与相同起源的 *S. bohemica* 区分开来(Lepší et al. , 2009)；Nemeth (2012)发表了 *Tormaria* 亚属(*Sorbus latifolia* group)的 2 个新种，推测为起源于 *S. aria* group 某个成员和 *S. torminalis* 的杂交无融合生殖种，通过叶形、侧脉数量、毛被等经典分类方法进行了区分。Aldasoro 等(1998)则认为大量被认作杂交起源的花楸属小种是不可区分的，大多数花楸小种是基于叶特征加以区分的，忽略了花楸属植物叶形态变异的连续性。他们采用形态测量的方法研究了欧洲和北非的 127 份标本和西班牙的 9 个种群，认为北非和欧洲共 12 个种，另外的 27 个分类群很难通过形态和统计方法区分。FOC 也采用大种的概念，认为世界花楸属共约 100 种。

属间杂交种的分类处理也是花楸属种界定的关键问题之一，Robertson(1991)引用了几个复叶花楸同苹果亚科其他属属间杂交的例子，如 × *Sorbocotaneaster*， × *Sorbaronia*， × *Amelosorbus*， × *Crataegosorbus*，从这些例子作者得出结论"界定属的时候应该排除属间杂交的影响"。Phipps(1990)等在整理苹果亚科名录时，对属间杂交类群采取了 Valentine and Chater(1968)在 Flora Europaea 中的处理方法，即采用 3 个属间杂交组 *Aria* × *Aucuparia*、*Torminaria* × *Aucuparia*、*Chamaemespilus* × *Aucuparia*，并认为可能一些种的起源较这些处理更加复杂；断定 Gabrielian(1978)的 Lobatae 组至少代表了 2 个以上的属间杂交组，文章中并没有处理，因为这种处理涉及 *Sorbus* 属内和属间杂交类群完整的系统修订。McAllister(2005)也认为花楸属的小种跨越主要分类群，造成小种本身鉴别困难，也给小属的界定造成不便。鉴于此，花楸属种的界定分歧需要综合运用多种分类研究方法，寻求具有分类价值的性状体系，正确处理种及种下类群，形成共识。该属植物世界范围内的分类修订还是一项任重道远的工作，有待分类学者的努力。

参考文献

王国勋，张明理. 2011. 应用核 DNA ITS 序列探讨广义花楸属(*Sorbus* L.)属下系统关系[J]. 园艺学报，38(12)：2387－2394.
俞德浚，关克俭．1963. 中国蔷薇科植物分类之研究(一)[J]. 植物分类学报，8(3)：202－236.
俞德浚，等，1974. 蔷薇科，中国植物志(第三十六卷)[M]. 北京：科学出版社．
俞德浚．1984. 蔷薇科植物的起源和进化[J]. 植物分类学报，22(6)：431－444.
张庆有，邓志刚，肖智．2006. 花楸树、水榆花楸茎次生木质部结构比较研究[J]. 通化师范学院学报，27(2)：71－72.
朱俊义．2002. 花楸(*Sorbus pohuashanensis*)导管分子穿孔板的类型及演化[J]. 植物研究，22(3)：285－287，385.
郑冬梅，张明理．2007. 运用形态特征和分支、表征方法探讨广义花楸属(*Sorbus* L.)属下分类关系[J]. 园艺学报，34(3)：723－728.
郑万钧．1987. 中国树木志[M]. 2卷．北京：中国林业出版社．
周丽华，韦仲新，吴征镒．2000. 国产蔷薇科苹果亚科的花粉形态[J]. 云南植物研究，22(1)：47－52.
ALDASOR J J, AEDO C, NAVARRO C, et al. 1998. The Genus *Sorbus*(Maloideae, Rosaceae) in Europe and in North Africa: Morphological Analysis and Systematics[J]. Systematic Botany, 23(2): 189－212.
ALDASOR J J, CARLO A, GARMENDIA F M, et al. 2004. Revision of *Sorbus* Subgenera Aria and Torminaria(Rosaceae-Maloideae)[J]. Systematic Botany Monographs, 69: 1－148.
BAILEY J P, KAY Q O N, MCALLISTER H, et al. 2008. Chromosome numbers in *Sorbus* L. (Rosaceae) in the British Isles[J]. Watsonia, 27: 69－72.
BEDNORZ L, MACIEJEWSKA-RUTKOWSKA I, WRONSKA-PILAREK D, et al. 2005. Pollen morphology of the Polish species of the genus *Sorbus* L. [J]. Acta Societatis Botaicorum Poloniae, 74(4): 315－322.
BENNERT H W, HORN K, KAUTH M, et al. 2011. Flow cytometry confirms reticulatee volution and reveals triploidy in Central European *Diphasiastrum* taxa(Lycopodiaceae, Lycophyta)[J]. Annals of Botany, 108: 67－76.
CAMPBELL C S, GREENE C W, DICKINSONT A. 1991. Reproductive biology in subfam. Maloideae, Rosaceae[J]. Systematic Botany, 16: 303－332.
CAMPBELL C S, DONOGHUE M J, BALDWIN B G, et al. 1995. Phylogenetic relationshps in Maloideae(Rosaceae): evidence from sequences of the internal transcribed spacers of nuclear ribosomal DNA and its congruence with morphology[J]. American Journal of Botany, 82: 903－918.
CAMPBELL C S, EVANS R C, MORGAN D R, et al. 2007. Phylogeny of subtribe Pyrinae(formerly the Maloideae, Rosaceae): Limited resolution of a complex evolutionary history[J]. Plant Systematics and Evolution, 266: 119－145.
ČANOVA I, ĎURKOVIC J, HLADKA D, et al. 2012. Changes in stomatal characteristics and photochemical efficiency during leaf development in six species of *Sorbus*[J]. Photosynthetica, 50(4): 635－640.
CHALLICE J, KOVANDA M. 1978. Flavonoids as markers of taxonomic relationships in the genus *Sorbus* in Europe[J]. Preslia, 50: 305－320.
CHESTER M, COWAN R S, FAY M F, et al. 2007. Parentage of endemic *Sorbus* L. (Rosaceae) species in the British Ilses: evidence from plastid DNA[J]. Botanical Journal of the Linnean Society, 154: 291－304.
DECAISNE M J. 1874. Memoirs sur le famille des Pomacees[J]. Nouvelles Archives du Muséum d'Histoire Naturelle, 10: 113－192.
DE CANDOLLE A P, 1825. Rosaceae[J]. Prodromus(2): 525－639.

DLUZEWSKA J, ŚLESAK I, KRUK J. 2013. Molecular Analysis of Sorbus Sp. from the Pieniny Mts. and its Relation to other *Sorbus* Species[J]. Acta Biologica Cracoviensia Series Botanica, 55(1): 86 – 92.

ĎURKOVIC J, KARDOSOVA M, ČANOVA I, et al. 2012. Leaf traits in parental and hybrid species of *Sorbus* (Rosaceae)[J]. American Journal of Botany, 99(9): 1489 – 1500.

EUGENIA Y Y Lo, DONOGHUE M J. 2012. Expanded phylogenetic and dating analyses of the apples and their relatives(Pyreae, Rosaceae)[J]. Molecular Phylogenetics and Evolution, 63: 230 – 243.

FOCKE W O. 1888. Rosaceae[J]. Nat Pflanzenfam, Ⅲ(3): 1 – 61.

FRITSCH K. 1898—1899. Zur Systematik der Gattung Sorbus[J]. Osterreichische botanische zeitschrift Z. 48: 1 – 4, 47 – 49, 167 – 171; 49: 381 – 385, 426 – 429.

GABRIELIAN E. 1978. Rjabiny(*Sorbus* L.) Zapadnoj Aziii Gimalaev[M]. Yerevan. (In Russian)

GABRIELIAN E. 1958. The fruit anatomy and floral morphology of the Caucasian species of the genus *Sorbus* L [J]. Izvestiya Akademiya Nauk Armyanskoi SSR. Biologicheskie Sel'skokhozyaistvennie Nauki, 11(7): 79 – 89.

GONZALEZ-GONZALEZo E A, GONZALEZ-PEREZ M A, RIVERO E, et al. 2010. Isolation and characterization of microsatellite loci in *Sorbus aria* (Rosaceae)[J]. Conservation Genetic Resource, 2: 341 – 343.

GREIHUBER J, DOLEZEL J, LYSAK M A, et al. 2005. The origin, evolution and proposed stabilization of the terms 'genome size' and 'c-value' to describe nuclear DNA contents[J]. Annals of Botany, 95: 255 – 260.

HEDLUND T. 1901. Monographie der Gattung *Sorbus*[J]. Kongliga Svenska Vetenskaps-Akademiens Handlingar. 35(1): 1 – 147. [See especially figs. 35 – 36, 124.]

JANKUN A. 1993. Evolutive significance of apomixis in the genus *Sorbus*(Rosaceae)[J]. Fragmenta Floristica et Geobotanica, 38(2): 627 – 686.

KOEHNE E. 1890. Die Gattungen der Pomaceen[M]. Berlin: Wissenschaftliche Beilagezum Programm des Falk- Realgymnasiumszu.

KOEHNE E. 1891. Die Gattungen der Pomaceen[J]. Garten-flora, 40: 4 – 7, 35 – 38, 59 – 61.

KOVANDA M. 1961. Flower and fruit morphology of *Sorbus* in correlation to the taxonomy of the genus[J]. Preslia, 33: 1 – 16.

KOVADA M, CHALLICE J. 1981. The genus *Micromeles* revisited[J]. Folia Geobotanica et Phytotaxonomica, 16: 181 – 193.

LEPSI M, VIT P, LEPSI P, et al. 2009. *Sorbusportae-bohemicae* and *Sorbus albensis*, two new endemic apomictic species recognized based on a revision of *Sorbus bohemica*[J]. Preslia, 81: 63 – 89.

LIBNDLEY J. 1822. Observations on the natural group of plants called Pomaceae[J]. Transactions of the Linnean Society of London, 13: 88 – 106.

LINNAEUS C. 1753. Species Plantarum[M]. Stockholm: Laurentius Salvius, 1: 475 – 479.

LU L D, SPONGBERG S A. 2003. *Sorbus* Linnaeus. In: Wu Z Y, Raven P H, Hong D Y(eds.), *Flora of China*, vol. 9, *Rosaceae* [M]. Beijing: Science Press; St. Louis: Missouri Botanical Garden Press: 144 – 170.

MACIEJEWSKA-RUTKOWSKA I, BEDNORZ L. 2004. SEM and stereoscope microscope observations on the seeds of the Polish species of the genus *Sorbus* L. (Rosaceae)[J]. Acta Societatis Botanicorum Poloniae, 73(4): 293 – 300.

MARHOLD K, KUDOH H, PAK J H, et al. 2010. Cytotype diversity and genome size variation in eastern Asianpolyploid Cardamine(Brassicaceae) species[J]. Annals of Botany, 105: 249 – 264.

MARGUES I, NIETO-FELINER G, MARTINS-LOUCAO M A, et al. 2012. Genome size and base composition variation in natural and experimental Narcissus (Amaryllidaceae) hybrids[J]. Annals of Botany, 109: 257 -264.

MCALLISTER H. 2005. The Genus *Sorbus*-Mountain Ash and Other Rowans[M]. London: Royal Botanical Gardens, Kew.

NELSON-JONES E B, BRIGGS D, SMITH A G. 2002. The origin of intermediate species of the genus *Sorbus* [J]. Theoretical and Applied Genetics, 105: 953 -963.

PELLICER J, CLERMONT S, HOUSTON T, et al. 2012. Cytotype diversity in the *Sorbus* complex(Rosaceae) in Britain: sorting out the puzzle[J]. Annals of Botany, 110(6): 1185 -1193.

PHIPPS J B, ROBERTSON K, ROHERE J, et al. 1991. Origins and Evolution of Subfam. Maloideae(Rosaceae)[J]. Systematic Botany, 16(2): 303 -332.

PHIPPS J B, ROBERTSON K, SMITH P G, et al. 1990. A checklist of the subfamily Maloideae Rosaceae [J]. Canadian Journal of Botany, 68: 2209 -2269.

POTTER D, ERIKSSON T, EVANS R C, et al. 2007. Phylogeny and classification of Rosaceae[J]. Plant Systematics and Evolution, 266: 5 -43.

REHDER A. 1940. Manual of cultivated trees and shrubs hardy in North America exclusive of the subtropical and warmer temperature regions, 2nd ed[M]. New York: Macmillan.

REHDER A. 1949. Bibliography of cultivated trees and shrubs hardy in the cooler temperature regions of the northern hemisphere[M]. Massachusetts: Arnold Arboretum of Harvard University.

ROBERTSON K R, PHIPPS J B, ROHRER J R, et al. 1991. A synopsis of genera in Maloideae(Rosaceae) [J]. Systematic Botany, 16: 376 -394.

ROBERTSON A, NEWTON A C, ENNOS R A. 2004a. Multiple hybrid origins, genetic diversity and population genetic structure of two endemic *Sorbus* taxa on the Isle of Arran, Scotland[J]. Molecular Ecology, 13: 123 -134.

ROBERTSON A, NEWTON A C, ENNOS R A. 2004b. Breeding systems and continuing evolution in the endemic *Sorbus* taxa on Arran[J]. Heredity(93): 487 -495.

ROEMER M J. 1847. Familiarum naturalium regni vegetabilis synopses monographicae. Ⅲ. Rosiflorae. Amygdalacea rumet Pomacearum[M]. Weimar: Landes-Industrie-Comptoir.

ROHRER J R, ROBERTSON K R, PHIPPS J B. 1994. Floral morphology of Maloideae(Rosaceae) and its systematic relevance[J]. American Journal of Botany, 81: 574 -581.

SAX K. 1929. Chromosome behavior in *Sorbopyrus* and *Sorbaronia*[J]. Genetics, 15: 844 -845.

SAX K. 1931. The origin and relationships of Pomoideae[J]. Journal of the Arnold Arboretum, 12: 3 -22.

SUDA J, WEISS-SCHNEEWEISS H, TRIBSCH A, et al. 2007. Complex distribution patterns of di-, tetra-, and hexa ploidcyto types in the European high mountain plant *Seneciocarniolicus* (Asteraceae). American Journal of Botany, 94: 1391 -1401.

WENZIG T. 1883. Die Pomaceen[J]. Charaktere der Gattungen und Arten, 2: 287 -307.

作者简介

陈昕：南京林业大学生物与环境学院，博士，副教授；E-mail：Chenxinzhou@ hotmail. com。